面向新工科的电工电子信息基础课程系列教材

教育部高等学校电工电子基础课程教学指导分委员会推荐教材

普通高等教育“十一五”国家级规划教材

河南省“十四五”普通高等教育规划教材

电磁场与电磁波

（第3版）

邹澎　马力　周晓萍　杨明珊　张长命　编著

清華大學出版社
北　京

内容简介

本书介绍电磁场与电磁波的基本规律、基本概念和一些基本的分析、计算方法，帮助学生学会分析、解决一些实际的工程电磁场与电磁波问题。本书保持了电磁场与电磁波基础理论的系统性、完整性，对基本概念、基本方法力求讲深讲透。妥善处理好“电磁场与电磁波”与前期课程（“矢量分析”“电磁学”）和后续课程（“微波技术”“天线”等）的衔接，减少重复内容，突出本课程的教学重点。依据认知的规律和作者三十多年的教学经验，在教学内容的编排，重点、难点讲解的方法上下了很大功夫，使教学内容深入浅出，有利于培养学生的自学能力。紧紧围绕基本概念、基本方法精选例题、习题。

本书为新形态教材，实现了纸质教材与电子资源的有效融合。通过扫描二维码，可观看全部讲课视频，可阅读很多应用案例，使学生能够将所学的理论与实际结合起来。

本书可作为大学本科电子信息工程、通信工程等专业的教材，也可供从事电波传播、射频技术、微波技术、电磁兼容技术的科研和工程技术人员参考。

图书在版编目(CIP)数据

电磁场与电磁波/邹澎等编著. —3版. —北京：清华大学出版社，2020.11（2024.1重印）
面向新工科的电工电子信息基础课程系列教材
ISBN 978-7-302-56559-8

Ⅰ. ①电… Ⅱ. ①邹… Ⅲ. ①电磁场－高等学校－教材 ②电磁波－高等学校－教材
Ⅳ. ①O441.4

中国版本图书馆CIP数据核字(2020)第187172号

责任编辑：文　怡
封面设计：王昭红
责任校对：李建庄
责任印制：丛怀宇

出版发行：清华大学出版社
网　　址：https://www.tup.com.cn，https://www.wqxuetang.com
地　　址：北京清华大学学研大厦A座　　邮　　编：100084
社 总 机：010-83470000　　邮　　购：010-62786544
投稿与读者服务：010-62776969，c-service@tup.tsinghua.edu.cn
质量反馈：010-62772015，zhiliang@tup.tsinghua.edu.cn
课件下载：https://www.tup.com.cn，010-83470236
印 装 者：三河市龙大印装有限公司
经　　销：全国新华书店
开　　本：185mm×260mm　　印　张：23.75　　字　　数：546千字
版　　次：2008年6月第1版　2020年11月第3版　　印　　次：2024年1月第4次印刷
印　　数：4001～5000
定　　价：69.00元

产品编号：088025-01

第3版前言

本书的第1版于2008年6月出版，第2版于2016年2月出版。承蒙广大读者和出版社的支持，即将出版第3版。本书第3版已入选教育部高等学校电工电子基础课程教学指导分委员会推荐的“面向新工科的电工电子信息基础课程系列教材”。

本书第3版是在第2版的基础上补充、修改完成的新形态教材，实现了纸质教材与电子教学资源的融合。例如书中的每一节都可以扫描书上的二维码观看全部的讲课视频录像，便于课程教学和读者自学；每一章后面都可以扫描二维码阅读很多应用案例或观看相应视频，扩大知识面，了解电磁场与电磁波理论在现代科学技术中的应用。

本书第3版的修订由邹澎、马力、周晓萍、杨明珊、张长命完成。

作　者

2020年9月

教学大纲＋课件

第2版前言

本书的第1版于2008年6月出版。七年以来,作者在“电磁场与电磁波”课程的教学实践中又有一些探索和尝试,也收到一些使用本书的教师和读者提出的宝贵意见和建议,在此基础上编写了本书的第2版。

本书第2版的更新主要包括:

(1) 补充了一些新的教学内容。例如,补充了运流电流,使电流的概念更加完整;补充了部分电感,在实际电路上分析接地系统的导体电感时非常有用;补充了时域有限差分法,可以解决时域中一些实际电磁场的边值问题;补充了单极天线,在电磁场的测量中用得很多。

(2) 在保证电磁场与电磁波理论比较完整的基础上,补充了一些电磁场与电磁波理论应用的案例,可以作为阅读材料使学生们了解电磁场与电磁波理论在一些前沿学科及生产、生活、科学研究、军事领域中的应用。

(3) 为了便于查阅,书后增加了专业词汇索引。

本书第2版的修订由邹澎、周晓萍、马力、杨明珊、张长命完成。

作　者

2015年10月

第1版前言

“电磁场与电磁波”是电子信息工程专业和通信工程专业的一门专业基础课，使学生掌握电磁场与电磁波的基本规律、基本概念和一些基本的分析、计算方法；学会分析、解决一些实际的工程电磁场与电磁波问题。本课程对培养学生的科学方法、创造能力和实际工作能力都起着十分重要的作用。本书是教育部高等学校电子电气基础课程教学指导分委员会组织编写的电子信息学科基础课程系列教材之一。

本书保持了电磁场与电磁波基础理论的系统性、完整性，对基本概念、基本方法力求讲深讲透。妥善处理好“电磁场与电磁波”课程与前期课程（矢量分析、电磁学）和后续课程（微波技术、天线等）的衔接，减少重复内容，突出本课程中的教学重点。依据认知的规律和作者二十多年的教学经验，在教学内容的编排，重点、难点讲解的方法上下了很大工夫，使教学内容深入浅出，有利于培养学生的自学能力。紧紧围绕基本概念、基本方法的教学精选例题、习题。增加了应用与发展性专题，适当介绍电磁场与电磁波的应用和电磁科学研究领域中新的进展。兼顾教学内容的基础性与先进性，注重培养学生的创新思想。

本书共 8 章。第 2.1 节和第 3.1 节简要地复习了大学物理电磁学中相关的主要内容，起到了衔接作用，也避免了过多地重复。电磁场数值计算方法在科学研究和工程技术中的应用越来越广泛，本书在第 4.6 节比较详细地介绍了有限差分法的原理和方法。目录中带 * 号的内容，例如第 4.3.2 节、第 6.6 节和第 6.7.4 节是深入探讨的内容，可以根据专业的需要和教学要求选讲。如果后续课程中开设微波技术，第 7 章可以不讲。如果后续课程中开设天线原理，第 8 章中带 ** 号的内容可以不讲。

有些学生在学习电磁场与电磁波课程时常常提出一个问题：学习这门课程有什么用？本书除了在绪论中介绍了电磁场与电磁波在专业学习中的地位和作用以外，在各章节中也适当介绍电磁场与电磁波理论在工程技术中的应用。例如在第 2.7.5 节和第 2.8 节中介绍了静电场在工程技术中的应用；在第 3.7 节中介绍了磁场在工程技术中的应用；在第 6 章的各节中也适当介绍了电磁波技术在工程技术中的应用等。

本书第 1～6 章由邹澎编写，第 7 章和第 8 章由周晓萍和邹澎编写，刘黎刚和张长命编写了部分习题。

第1版前言

本书可以作为大学本科电子信息工程、通信工程等专业的教材，也可供从事电波传播、射频技术、微波技术、电磁兼容技术的科研和工程技术人员参考。读者若发现本书中有错误和不当之处，恳请指出或提出修正的意见，请发到以下邮箱：tupwenyi@163.com。

作　者

目录

绪论 …… 2

第 1 章　矢量分析 …… 7

1.1　矢量运算 …… 8

1.2　空间矢量 …… 9

1.3　矢量场和标量场 …… 10

1.4　三种常用的正交坐标系 …… 10

1.4.1　直角坐标系 …… 10

1.4.2　圆柱坐标系 …… 11

1.4.3　球坐标系 …… 13

1.5　矢量的微分 …… 15

1.5.1　矢量场的散度与散度定理 …… 15

1.5.2　矢量场的旋度与斯托克斯定理 …… 19

1.5.3　标量场的梯度 …… 23

1.6　亥姆霍兹定理 …… 24

1.7　微分算符 …… 26

第 1 章习题 …… 27

第 2 章　静电场分析 …… 31

2.1　静电场的基本规律 …… 32

2.1.1　电荷与电荷分布 …… 32

2.1.2　场强 E 和电位 Φ …… 33

2.1.3　静电场的基本方程 …… 34

2.1.4　场强 E 和电位 Φ 的计算 …… 36

2.1.5　静电场中的导体 …… 42

2.1.6　静电场中的电介质 …… 42

2.1.7　电力线方程和等位面方程 …… 46

2.2　静电场的边界条件 …… 48

2.2.1　两种电介质界面上的边界条件 …… 48

2.2.2　导体与电介质分界面上的边界条件 …… 51

2.3　泊松方程和拉普拉斯方程 …… 53

2.4　唯一性定理 …… 55

目录

2.4.1 格林定理 …… 55
2.4.2 静电场的边值问题 …… 55
2.4.3 唯一性定理 …… 56
2.5 导体系统的电容 …… 59
2.5.1 两导体间的电容 …… 59
2.5.2 部分电容 …… 60
2.6 静电场的能量与力 …… 62
2.6.1 静电场的能量 …… 62
2.6.2 利用虚位移原理计算电场力 …… 66
2.7 恒定电场(恒定电流场) …… 67
2.7.1 电流与电流密度 …… 67
2.7.2 恒定电场的基本方程和边界条件 …… 70
2.7.3 导电媒质中的传导电流 …… 72
2.7.4 运流电流 …… 76
2.7.5 导电媒质中恒定电场与静电场的比拟 …… 76
2.7.6 接地 …… 79
2.8 静电场的应用(电子资源) …… 81
2.8.1 半导体　2.8.2 超导　2.8.3 太阳能电池
2.8.4 从白炽灯、荧光灯到 LED　2.8.5 电偏转和电聚集　2.8.6 喷墨打印机
2.8.7 静电除尘　2.8.8 静电复印　2.8.9 静电屏蔽
2.8.10 接触式静电电压表　2.8.11 静电的危害与防护
第 2 章习题 …… 81

第 3 章 恒定磁场 …… 88
3.1 恒定磁场的基本规律 …… 89
3.1.1 磁感应强度 B …… 89
3.1.2 恒定磁场的基本方程 …… 89
3.1.3 磁介质的磁化 …… 92
3.1.4 磁场的计算方法 …… 94
3.1.5 磁路 …… 99
3.2 恒定磁场的边界条件 …… 101
3.2.1 两种磁介质界面上的边界条件 …… 101

目录

3.2.2 铁磁质表面的边界条件 …… 102
3.3 矢量磁位 …… 103
3.3.1 矢量磁位 A 的引入 …… 103
3.3.2 矢量磁位 A 的微分方程及其解 …… 103
3.3.3 矢量磁位 A 的边界条件 …… 105
3.3.4 利用矢量磁位 A 计算磁场 …… 105
3.3.5 磁偶极子及其磁场 …… 109
3.4 标量磁位 …… 110
3.5 电感 …… 111
3.5.1 自感系数和互感系数 …… 111
3.5.2 M 和 L 的计算 …… 111
3.5.3 部分电感 …… 117
3.6 磁场的能量和力 …… 121
3.6.1 电流回路系统的能量 …… 121
3.6.2 磁场的能量 …… 123
3.6.3 磁场力 …… 124
3.7 恒定磁场的应用(电子资源) …… 127
3.7.1 磁屏蔽　3.7.2 磁记录　3.7.3 回旋加速器
3.7.4 磁聚焦　3.7.5 等离子体的磁约束　3.7.6 电磁传感器
3.7.7 霍尔效应及应用
第 3 章习题 …… 128

第 4 章 静态场边值问题的解法 …… 132
4.1 电磁场边值问题概述 …… 133
4.2 直角坐标系中的分离变量法 …… 134
4.3 圆柱坐标系中的分离变量法 …… 140
4.3.1 圆柱坐标系中二维场的分离变量法 …… 140
4.3.2 圆柱坐标系中三维场的分离变量法* …… 146
4.4 球坐标系中的分离变量法 …… 150
4.5 镜像法 …… 154
4.5.1 点电荷对无限大导体平面的镜像 …… 154
4.5.2 点电荷对介质平面的镜像 …… 156

目录

4.5.3 电流对铁板平面的镜像 …… 158

4.5.4 点电荷对导体球的镜像 …… 158

4.5.5 电轴法 …… 162

4.6 有限差分法 …… 167

4.6.1 差分原理 …… 167

4.6.2 有限差分法的基本方法 …… 168

4.6.3 轴对称场的计算 …… 173

4.6.4 场强 E、H、B 的计算 …… 175

4.6.5 时域有限差分法简介 …… 176

第 4 章习题 …… 181

第 5 章 时变电磁场 …… 187

5.1 电磁感应定律 …… 188

5.2 位移电流 …… 191

5.3 麦克斯韦方程组 …… 192

5.4 时变场的边界条件 …… 193

5.5 坡印廷定理和坡印廷矢量 …… 196

5.6 时变电磁场的矢量位和标量位 …… 198

5.6.1 矢量位 A 和标量位 Φ 的引入 …… 198

5.6.2 达朗贝尔方程 …… 199

5.7 应用案例 电磁场在医学领域的应用(电子资源) …… 200

5.7.1 CT 5.7.2 磁共振成像 5.7.3 微波切除肿瘤

第 5 章习题 …… 200

第 6 章 平面电磁波 …… 203

6.1 正弦电磁场的复数表示方法 …… 204

6.2 平均坡印廷矢量 …… 206

6.3 理想介质中的均匀平面波 …… 208

6.3.1 电磁波传播的基本方程 …… 208

6.3.2 均匀平面电磁波 …… 209

6.4 波的极化特性 …… 212

6.5 损耗媒质中的均匀平面波 …… 216

6.6 电磁波在各向异性介质中的传播* …… 221
6.6.1 等离子体中的均匀平面波 …… 222
6.6.2 铁氧体中的均匀平面波 …… 229
6.7 平面上的垂直入射 …… 235
6.7.1 两种媒质分界面上的垂直入射 …… 235
6.7.2 理想导体表面的反射、驻波 …… 237
6.7.3 两种理想介质界面的反射、驻波比 …… 241
6.8 平面上的斜入射 …… 243
6.8.1 理想导体表面的斜入射 …… 243
6.8.2 理想介质表面的斜入射 …… 246
6.9 相速度与群速度 …… 250
6.10 应用案例(电子资源) …… 251
6.10.1 电磁频谱
6.10.2 极化技术的应用(简介)
6.10.3 频射识别技术
6.10.4 电磁波增透技术与隐身技术
6.10.5 电子战经典案例
第6章习题 …… 252

第7章 导行电磁波 …… 257
7.1 传输线 …… 258
7.1.1 传输线的分布参数及其等效电路 …… 258
7.1.2 均匀传输线方程及其解 …… 259
7.1.3 传输线上行波的特性参数 …… 261
7.1.4 传输线的工作参数 …… 263
7.1.5 无耗传输线工作状态分析 …… 264
7.1.6 史密斯圆图 …… 267
7.2 波导 …… 270
7.2.1 波导的一般分析方法 …… 270
7.2.2 规则金属波导 …… 274
7.2.3 同轴线 …… 280
7.2.4 微带线简介 …… 282
7.3 谐振腔 …… 288
7.4 应用案例(电子资源) …… 290

目录

7.4.1 短路、开路技术的应用 7.4.2 s参数 7.4.3 微波炉

第7章习题 …… 290

第8章 电磁波辐射 …… 295

8.1 滞后位 …… 296

8.2 电偶极子天线辐射 …… 297

8.3 磁偶极子天线辐射 …… 301

8.3.1 电与磁的对偶性 …… 301

8.3.2 磁偶极子天线的辐射 …… 302

8.4 天线的辐射特性和基本参数 …… 303

8.5 接收天线 …… 307

8.6 常用的线天线 …… 308

8.7 天线阵** …… 314

8.7.1 二元直线阵与方向图乘积定理 …… 314

8.7.2 均匀直线阵 …… 316

8.8 面天线基础** …… 318

8.8.1 惠更斯元的辐射 …… 318

8.8.2 平面口径的辐射 …… 320

8.8.3 常用的面天线 …… 322

8.9 应用案例(电子资源) …… 324

8.9.1 GPS定位 8.9.2 雷达 8.9.3 条形码阅读器

8.9.4 电磁兼容技术简介 8.9.5 广州白云机场导航系统受到干扰(视频)

第8章习题 …… 324

附录1 部分习题参考答案 …… 327

附录2 符号表 …… 339

附录3 常用的数学公式 …… 341

附录4 电磁单位制 …… 345

附录5 常用的物理常数 …… 348

目录

附录 6　常用材料的参数 …………………………………………………………… 349

附录 7　史密斯阻抗圆图 …………………………………………………………… 350

索引 ……………………………………………………………………………………… 351

参考文献 ………………………………………………………………………………… 361

麦克斯韦

(James Clerk Maxwell,1831—1879,英国)

麦克斯韦总结了19世纪中叶以前电磁现象的研究成果,建立了电磁场的基本方程,即麦克斯韦方程组。1931年爱因斯坦在麦克斯韦诞辰百年纪念会上曾指出:麦克斯韦的工作“是牛顿以来,物理学最深刻和最富有成果的工作”。

绪论

1. 电磁场与电磁波课程研究的内容

电磁场与电磁波是电磁学的后续课程，在电磁学课程中介绍了电场、磁场、电磁感应现象……最后总结了电磁场的基本规律，得到麦克斯韦方程组。在电磁场课程中将利用麦克斯韦方程组更深入地研究电磁现象的基本规律，介绍在实际问题中求解电磁场和电磁波问题的一些基本方法。

扫码看讲课录像　绪论

2. 电磁场与电磁波课程在专业学习中的地位和作用

电磁场与电磁波是电子信息工程、通信工程等专业一门重要的专业基础课。因为所有的信息都是通过电磁场和电磁波传递的，因此电子信息工程、通信工程、电子科学与技术等专业的学生必须掌握电磁场和电磁波的基本规律。电磁场理论又是进一步学习一些后续课程的基础，例如微波技术、天线、电波传播、光纤通信、电磁兼容技术等。

电磁场理论的研究在科学技术发展的过程中起着十分重要的作用。首先，一些重要的发现和发明都是以电磁场理论的研究为基础的，例如指南针、电话、电报、电动机、发电机等。特别是无线电技术，完全是在电磁场理论研究的基础上发明、发展起来的：1864 年，麦克斯韦(英)总结了前人研究的成果，提出了系统的电磁场理论，并预言了电磁波的存在；1888 年，赫兹(德)通过实验证实了电磁波的存在；1896 年，波波夫(俄)和马克尼(意)各自独立地实现了电磁波通讯试验，开始了无线电技术的新纪元。

当前，电磁场理论在一些前沿学科，例如光纤通信、超导技术、电子对抗、电磁兼容、生物电磁学、环境电磁学等领域中，仍起着十分重要的作用。

例 1：电子对抗。

电子对抗也称为电子战，是指利用电磁能量、电磁频谱进行的军事对抗，包括电子侦察(利用卫星、预警飞机等)；电子攻击(例如电磁干扰、反辐射攻击、定向能武器等)；电子防护(电子反侦察、电子欺骗、隐身技术、抗干扰技术等)。电子战不仅能够截获敌方的军事情报、破坏敌方的指挥通信系统，还能直接摧毁敌方武器系统中的电子设备。

1991 年的“海湾战争”是美军大规模实施电子对抗技术的战例，例如美军充分利用了电磁干扰技术和隐身技术。首先利用隐形飞机、巡航导弹摧毁了伊军的指挥通信系统，然后利用电磁干扰飞机发射强大的电磁干扰信号，覆盖了伊拉克军用通信信号的整个频段，使伊军的通信设备完全瘫痪了，以致萨达姆最后下达的停火命令都是由美军传达的。隐身技术是利用电磁波吸收涂料和特殊的外形设计对电磁波的吸收、散射作用，使雷达接收不到飞机的回波信号。庞大的 B-2 轰炸机的雷达截面仅和天空中的一个小鸟相当，以至于眼睛都看到飞机了，雷达还找不到。

“海湾战争”以后，电子对抗技术在世界上引起很大的震动。我国也非常重视，投入很大的人力、物力进行研究，现在已经具备了进行大规模电子战的能力。电子战已经成为一种直接用于攻防的重要作战手段，继制空权、制海权之后，现代化战争中又出现了“制电磁权”的争夺战。

例 2：电磁兼容。

随着科学技术的发展，越来越多的电子、电气设备进入了生产和生活的各个领域，这些设备在正常运行的同时也向外辐射电磁能量，可能对其他设备产生不良的影响，甚至造成严重的危害，这就是电磁干扰。据统计，全世界空间电磁能量平均每年增长 7%～14%。在有限的空间和有限的频率资源条件下，由于各种电子、电气设备的数量与日俱增，使用的密集程度越来越大，电磁干扰的严重性也就越来越突出。下面举几个电磁干扰的实例。

在电视机旁使用电吹风，会对电视机产生干扰。收音机放在计算机旁，收音机会受到明显的干扰。

美国研制的 B1 轰炸机的机头上装有大量的电子设备，分离试验时这些设备都符合技术标准，把这些设备装上机头再测试，许多设备的性能大幅度下降，经过专家们大量的试验和分析，发现是由于这些设备之间相互的电磁干扰造成的。

1962 年，民兵Ⅰ导弹进行实弹飞行试验时，前两次都失败了，故障现象相似，都是在第Ⅰ级发动机关机前炸毁了，炸毁前，用于制导的计算机都受到了脉冲干扰。经过分析和试验，发现故障原因是导弹飞行到一定高度时，在相互绝缘的弹头和弹体之间发生了静电放电，使导弹提前爆炸。

英阿“马岛战争”中，英国谢菲尔德号导弹驱逐舰上的雷达和通信系统互相干扰，为了确保通信不受干扰而暂时关闭了本舰雷达，导致没有及时发现来袭的飞鱼导弹，造成舰毁人亡的后果。

2002 年 1 月 20 日，广州白云机场由于附近无线寻呼台发射机群信号的干扰(互调、带外辐射)，迫使导航系统关闭通信扇面，导致大量的飞机在空中盘旋等待，使 90 多架航班延误，6000 多旅客滞留机场，类似事件在我国已发生多起。美国航空无线电委员会(RTCA)也曾在一份文件中提到，一位旅客在飞机上使用调频收音机使飞机导航系统的指示偏离 10°以上。

采用一定的技术手段，使同一电磁环境中的各种电子、电气设备都能正常工作，并且不干扰其他设备的正常工作，这就是电磁兼容(Electromagnetic Compatibility，EMC)。电磁兼容性学科研究的对象不仅限于各种电子、电气设备，而且包括各种电磁环境(自然电磁干扰、核电磁脉冲、静电放电、人为电磁辐射等)对人体的生态效应，信息处理设备因电磁泄漏造成的泄密等。电磁兼容性涉及的领域十分广泛，通信、广播电视、科学仪器、信息设备、航空、航天、机车、舰船、电力、军工、医疗设备、计算机、家用电器等领域中都存在电磁干扰和电磁兼容性问题。

可以看出，许多新技术的产生和发展都与电磁理论的研究有关，所以有专家指出：**电磁场理论的研究是一个新技术的生长点。**

3. 电磁理论与电路的关系

电子信息工程、通信工程等专业的基础课和专业基础课可以分为两大类，一类是与场有关的课程，例如电磁学、电磁场与电磁波、微波、天线、电波传播……，另一类是与路有关的课程,例如电路分析、模拟电路、数字电路、高频电路……。这两类课程都是研究电磁现象的,但是方法不同。场的方法是利用麦克斯韦方程组,在给定的边界条件和初始条件下,求解空间各点电磁场量(**E**、**B**、**W**……)的变化规律,是逐点研究某一系统中的电磁过程。路的方法是引入电压、电流、电阻、电容、电感等概念,在某些条件下,利用等效电路来研究一个系统的电磁现象,而电阻、电容、电感等参数是由媒质的电磁参数(σ、ε、μ)确定的。

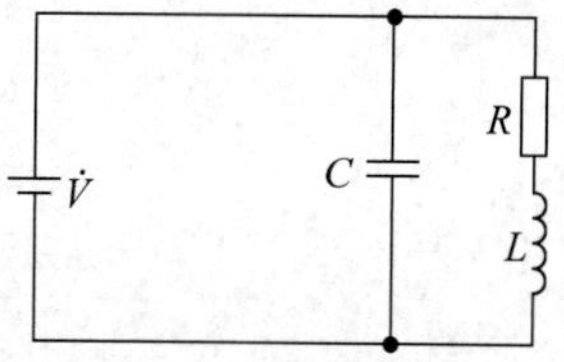

图 0.1　稳恒或低频电路

例如,在稳恒、低频的条件下($\lambda \gg$电路的尺寸),电路中的电阻可用等效电阻代替,电场的能量都集中在电容器中,磁场的能量都集中在电感器中,R、C、L 都是集中参数(如图 0.1 所示),所以这类问题可用电路的方法研究(也可用电场的方法)。

对一些高频、微波问题(λ 与电路的尺寸L 可比,或$\lambda < L$),沿导线电压、电流的振幅、相位是不同的,沿导线处处都存在电阻、电容、电感(如图 0.2 所示),不能用集中的电阻器、电容器、电感器代替,称为分布电阻、分布电容、分布电感。可用分布参数电路计算,而这些分布参数需要用场的方法计算,所以这类问题需要把场和路的方法结合起来研究。

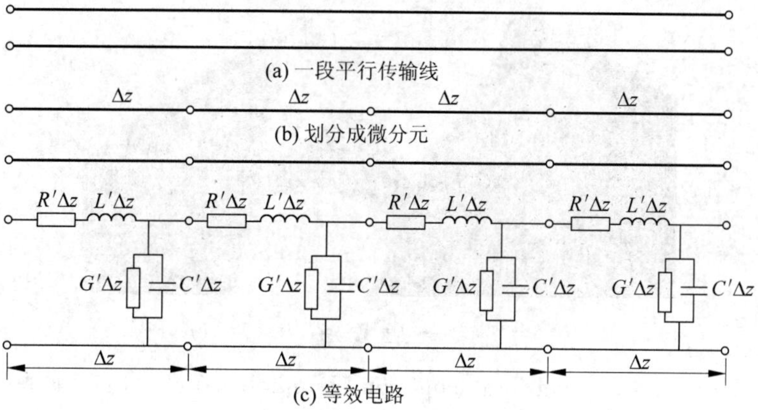

图 0.2　高频、微波电路

研究天线、电波传播、波导、谐振腔、光纤等问题时,电压、电流等概念失去了确切的意义,只能用场的方法研究。

总之,"场"和"路"是研究电磁现象的两种基本方法,同学们都应当很好地掌握。

亥姆霍兹

(Hermann Ludwig Ferdinand von Helmholtz,1821—1894,德国)

第一次以数学方式提出能量守恒定律。由于他的一系列讲演,麦克斯韦的电磁理论才真正引起欧洲物理学家的注意,他的学生赫兹于1887年用实验证实了电磁波的存在。亥姆霍兹对电磁学发展的另一重大贡献是他积极参与了电磁学单位制的建立。亥姆霍兹定理确立了研究矢量场的基本方法。

第1章 矢量分析

1.1 矢量运算

1. 单位矢量

扫码看讲课录像
1.1-1.4.3

单位矢量只表示矢量的方向,大小(模)是1。任意矢量 $\boldsymbol{R}$ 可以写为

$$\boldsymbol{R}=R\cdot\boldsymbol{e}_R \tag{1.1}$$

或

$$\boldsymbol{e}_R=\frac{\boldsymbol{R}}{R} \tag{1.2}$$

例如,直角坐标系中的单位矢量为 $\boldsymbol{e}_x$、$\boldsymbol{e}_y$、$\boldsymbol{e}_z$,圆柱坐标系中的单位矢量为 $\boldsymbol{e}_r$、$\boldsymbol{e}_\varphi$、$\boldsymbol{e}_z$,球坐标系中的单位矢量为 $\boldsymbol{e}_r$、$\boldsymbol{e}_\theta$、$\boldsymbol{e}_\varphi$。点电荷场强的表达式可以写为

$$\boldsymbol{E}=\frac{1}{4\pi\varepsilon_0}\frac{q}{R^2}\boldsymbol{e}_R=\frac{q}{4\pi\varepsilon_0}\frac{\boldsymbol{R}}{R^3} \tag{1.3}$$

其中 $\boldsymbol{e}_R$ 由源点指向场点。

2. 矢量加减法

矢量加减法可以用平行四边形法则(如图1.1所示)或三角形法则(如图1.2所示)表示;也可以各分量分别相加、减。例如,在直角坐标系中,两个矢量 $\boldsymbol{A}=\boldsymbol{e}_xA_x+\boldsymbol{e}_yA_y+\boldsymbol{e}_zA_z$ 与 $\boldsymbol{B}=\boldsymbol{e}_xB_x+\boldsymbol{e}_yB_y+\boldsymbol{e}_zB_z$ 之和为

$$\boldsymbol{A}+\boldsymbol{B}=\boldsymbol{e}_x(A_x+B_x)+\boldsymbol{e}_y(A_y+B_y)+\boldsymbol{e}_z(A_z+B_z) \tag{1.4}$$

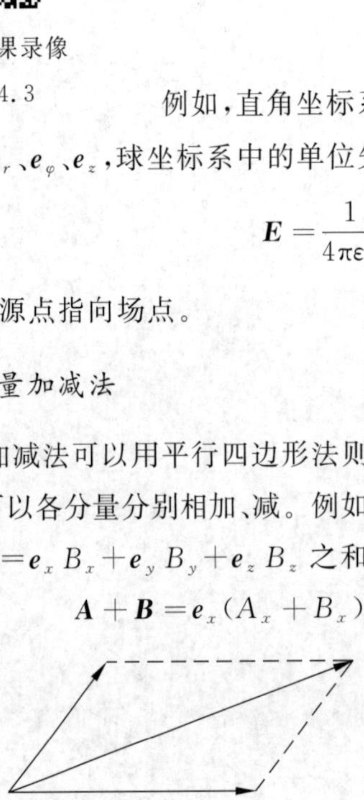

图1.1 平行四边形法则

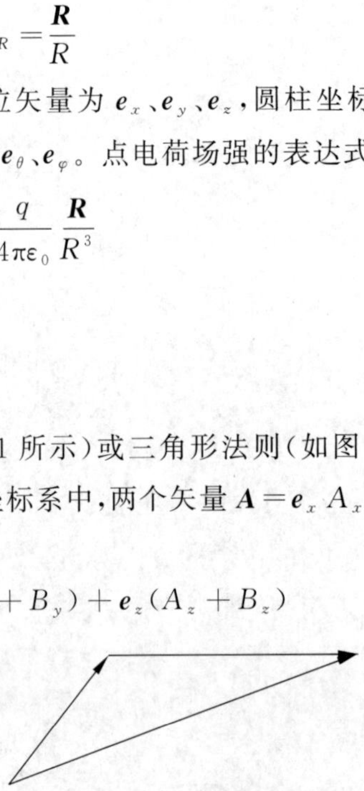

图1.2 三角形法则

3. 标量积(点乘)

两矢量的标量积为

$$\boldsymbol{A}\cdot\boldsymbol{B}=AB\cos\theta \tag{1.5}$$

其中 θ 是 $\boldsymbol{A}$ 和 $\boldsymbol{B}$ 的夹角。

4. 矢量积(叉乘)

两矢量的矢量积仍是一个矢量

$$\boldsymbol{A}\times\boldsymbol{B}=\boldsymbol{C} \tag{1.6}$$

其数值 $|\boldsymbol{A}\times\boldsymbol{B}|=AB\sin\theta$,方向由右手定则确定。两矢量的矢量积也可以用行列式表示为

$$\boldsymbol{A}\times\boldsymbol{B}=\begin{vmatrix}\boldsymbol{e}_x & \boldsymbol{e}_y & \boldsymbol{e}_z\\ A_x & A_y & A_z\\ B_x & B_y & B_z\end{vmatrix} \tag{1.7}$$

5. 混合积

两矢量的混合积可以表示为$\boldsymbol{A}\cdot(\boldsymbol{B}\times\boldsymbol{C})$,常用的变换式为

$$\boldsymbol{A}\cdot(\boldsymbol{B}\times\boldsymbol{C})=\boldsymbol{B}\cdot(\boldsymbol{C}\times\boldsymbol{A})=\boldsymbol{C}\cdot(\boldsymbol{A}\times\boldsymbol{B}) \tag{1.8}$$

6. 常用的矢量变换式

常用的矢量变换式见附录3。

1.2 空间矢量

空间任一点可用一个矢量表示,由原点指向该点。例如,图1.3中的$P(x、y、z)$点可以用矢量表示为

$$\boldsymbol{r}=\boldsymbol{e}_x x+\boldsymbol{e}_y y+\boldsymbol{e}_z z \tag{1.9}$$

$P'(x',y',z')$点可以表示为

$$\boldsymbol{r}'=\boldsymbol{e}_x x'+\boldsymbol{e}_y y'+\boldsymbol{e}_z z' \tag{1.10}$$

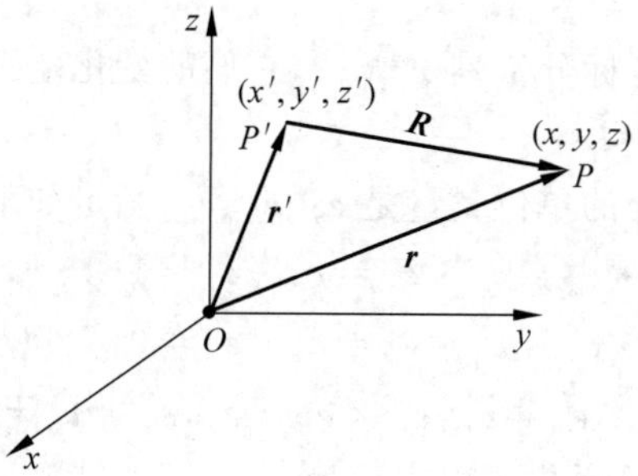

图1.3 位置矢量和距离矢量

其中,$\boldsymbol{r}$、$\boldsymbol{r}'$称为位置矢量。在$P'(x',y',z')$点放一个点电荷q(或一个带电体),求$P(x、y、z)$点的场强,$P'(x',y',z')$点称为源点,$P(x、y、z)$点称为场点。由源点指向场点的距离矢量为$\boldsymbol{R}=\boldsymbol{r}-\boldsymbol{r}'$,$R$的大小(模)为

$$|\boldsymbol{R}|=|\boldsymbol{r}-\boldsymbol{r}'|=\sqrt{(x-x')^2+(y-y')^2+(z-z')^2} \tag{1.11}$$

方向为

$$\boldsymbol{e}_R=\frac{\boldsymbol{R}}{R}=\frac{\boldsymbol{r}-\boldsymbol{r}'}{|\boldsymbol{r}-\boldsymbol{r}'|} \tag{1.12}$$

例如,点电荷的场强可以表示为

$$\boldsymbol{E}(\boldsymbol{r})=\frac{q(\boldsymbol{r}')}{4\pi\varepsilon_0}\frac{\boldsymbol{e}_R}{R^2}=\frac{q(\boldsymbol{r}')}{4\pi\varepsilon_0}\frac{\boldsymbol{r}-\boldsymbol{r}'}{|\boldsymbol{r}-\boldsymbol{r}'|^3} \tag{1.13}$$

1.3 矢量场和标量场

1. 矢量场

电场中每一点都可以定义一个电场强度 $\boldsymbol{E}_1$、$\boldsymbol{E}_2$……(电场强度和空间的点是一一对应的),这些矢量的总和构成一个矢量场 $\boldsymbol{E}(x、y、z、t)$,矢量场可以用场线表示,如电力线。磁场、电流密度场、流速场、引力场等也是矢量场。

2. 标量场

电场中每一点都可以定义一个电位 U_1、U_2…… $\left(U=\int_P^{P_0}\boldsymbol{E}\cdot \mathrm{d}\boldsymbol{l}\right.$,电位和空间的点也是一一对应的$\left.\right)$,这些标量的总和构成一个标量场 $U(x、y、z、t)$,标量场可以用等值面表示,如等位面。电流强度场、温度场、密度场等也是标量场。

1.4 三种常用的正交坐标系

1.4.1 直角坐标系

直角坐标系中的三个坐标分量是 x、y、z,它们的变化范围分别是

$$-\infty<x<\infty,\quad -\infty<y<\infty,\quad -\infty<z<\infty$$

直角坐标系中三个相互正交的单位矢量是 $\boldsymbol{e}_x$、$\boldsymbol{e}_y$、$\boldsymbol{e}_z$,满足如下的关系

$$\boldsymbol{e}_x\cdot\boldsymbol{e}_x=\boldsymbol{e}_y\cdot\boldsymbol{e}_y=\boldsymbol{e}_z\cdot\boldsymbol{e}_z=1 \tag{1.14}$$

$$\boldsymbol{e}_x\cdot\boldsymbol{e}_y=\boldsymbol{e}_y\cdot\boldsymbol{e}_z=\boldsymbol{e}_z\cdot\boldsymbol{e}_x=0 \tag{1.15}$$

$$\boldsymbol{e}_x\times\boldsymbol{e}_y=\boldsymbol{e}_z,\boldsymbol{e}_y\times\boldsymbol{e}_z=\boldsymbol{e}_x,\boldsymbol{e}_z\times\boldsymbol{e}_x=\boldsymbol{e}_y \tag{1.16}$$

任一矢量 $\boldsymbol{A}$ 在直角坐标系中可以表示为

$$\boldsymbol{A}=\boldsymbol{e}_xA_x+\boldsymbol{e}_yA_y+\boldsymbol{e}_zA_z \tag{1.17}$$

直角坐标系中的位置矢量为

$$\boldsymbol{r}=\boldsymbol{e}_xx+\boldsymbol{e}_yy+\boldsymbol{e}_zz \tag{1.18}$$

微分线元为

$$\mathrm{d}\boldsymbol{r}=\boldsymbol{e}_x\mathrm{d}x+\boldsymbol{e}_y\mathrm{d}y+\boldsymbol{e}_z\mathrm{d}z \tag{1.19}$$

与三个坐标方向相垂直的三个面积元分别为

$$\begin{cases}\mathrm{d}S_x=\mathrm{d}y\mathrm{d}z\\ \mathrm{d}S_y=\mathrm{d}x\mathrm{d}z\\ \mathrm{d}S_z=\mathrm{d}x\mathrm{d}y\end{cases} \tag{1.20}$$

如图 1.4 所示。直角坐标系中的体积元为

$$\mathrm{d}V=\mathrm{d}x\mathrm{d}y\mathrm{d}z \tag{1.21}$$

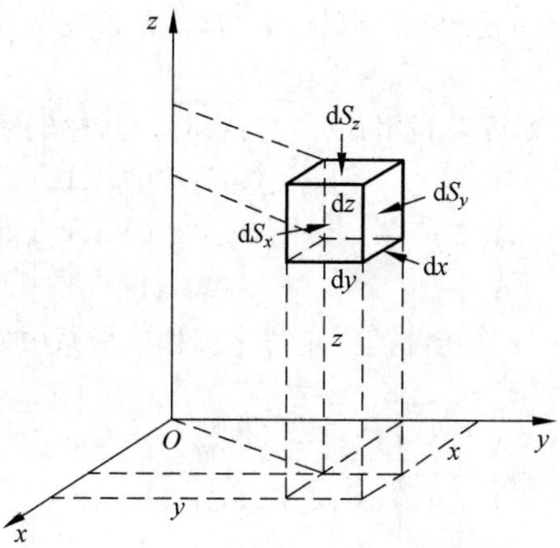

图 1.4　直角坐标系中的长度元、面积元和体积元

1.4.2　圆柱坐标系

圆柱坐标系中的三个坐标分量是 r、φ、z，它们的变化范围分别是

$$0 \leqslant r < \infty, \quad 0 \leqslant \varphi \leqslant 2\pi, \quad -\infty < z < \infty$$

圆柱坐标系与直角坐标系之间的变换关系为

$$r = \sqrt{x^2 + y^2}, \quad \tan\varphi = \frac{y}{x}, \quad z = z \tag{1.22}$$

或

$$x = r\cos\varphi, \quad y = r\sin\varphi, \quad z = z \tag{1.23}$$

圆柱坐标系中三个相互正交的单位矢量是 $\boldsymbol{e}_r$、$\boldsymbol{e}_\varphi$、$\boldsymbol{e}_z$，满足如下的关系

$$\boldsymbol{e}_r \cdot \boldsymbol{e}_r = \boldsymbol{e}_\varphi \cdot \boldsymbol{e}_\varphi = \boldsymbol{e}_z \cdot \boldsymbol{e}_z = 1 \tag{1.24}$$

$$\boldsymbol{e}_r \cdot \boldsymbol{e}_\varphi = \boldsymbol{e}_\varphi \cdot \boldsymbol{e}_z = \boldsymbol{e}_z \cdot \boldsymbol{e}_r = 0 \tag{1.25}$$

$$\boldsymbol{e}_r \times \boldsymbol{e}_\varphi = \boldsymbol{e}_z, \boldsymbol{e}_\varphi \times \boldsymbol{e}_z = \boldsymbol{e}_r, \boldsymbol{e}_z \times \boldsymbol{e}_r = \boldsymbol{e}_\varphi \tag{1.26}$$

圆柱坐标系中的单位矢量与直角坐标系中单位矢量的换算关系为

$$\begin{bmatrix} \boldsymbol{e}_r \\ \boldsymbol{e}_\varphi \\ \boldsymbol{e}_z \end{bmatrix} = \begin{bmatrix} \cos\varphi & \sin\varphi & 0 \\ -\sin\varphi & \cos\varphi & 0 \\ 0 & 0 & 1 \end{bmatrix} \begin{bmatrix} \boldsymbol{e}_x \\ \boldsymbol{e}_y \\ \boldsymbol{e}_z \end{bmatrix} \tag{1.27}$$

或

$$\begin{bmatrix} \boldsymbol{e}_x \\ \boldsymbol{e}_y \\ \boldsymbol{e}_z \end{bmatrix} = \begin{bmatrix} \cos\varphi & -\sin\varphi & 0 \\ \sin\varphi & \cos\varphi & 0 \\ 0 & 0 & 1 \end{bmatrix} \begin{bmatrix} \boldsymbol{e}_r \\ \boldsymbol{e}_\varphi \\ \boldsymbol{e}_z \end{bmatrix} \tag{1.28}$$

而且

$$\frac{\mathrm{d}\boldsymbol{e}_r}{\mathrm{d}\varphi} = -\boldsymbol{e}_x \sin\varphi + \boldsymbol{e}_y \cos\varphi = \boldsymbol{e}_\varphi \tag{1.29}$$

$$\frac{\mathrm{d}\boldsymbol{e}_\varphi}{\mathrm{d}\varphi} = -\boldsymbol{e}_x \cos\varphi - \boldsymbol{e}_y \sin\varphi = -\boldsymbol{e}_r \tag{1.30}$$

应当注意,圆柱坐标系中的单位矢量 $\boldsymbol{e}_r$、$\boldsymbol{e}_\varphi$ 都不是常矢量,因为它们的方向是随空间位置的变化而变化的。

直角坐标系中的矢量 **A** 可以利用式(1.31)换算为圆柱坐标系中的矢量

$$\begin{bmatrix} A_r \\ A_\varphi \\ A_z \end{bmatrix} = \begin{bmatrix} \cos\varphi & \sin\varphi & 0 \\ -\sin\varphi & \cos\varphi & 0 \\ 0 & 0 & 1 \end{bmatrix} \begin{bmatrix} A_x \\ A_y \\ A_z \end{bmatrix} \tag{1.31}$$

同样,可以利用式(1.31)中变换矩阵的逆矩阵把圆柱坐标系中的矢量 **A** 换算为直角坐标系中的矢量

$$\begin{bmatrix} A_x \\ A_y \\ A_z \end{bmatrix} = \begin{bmatrix} \cos\varphi & -\sin\varphi & 0 \\ \sin\varphi & \cos\varphi & 0 \\ 0 & 0 & 1 \end{bmatrix} \begin{bmatrix} A_r \\ A_\varphi \\ A_z \end{bmatrix} \tag{1.32}$$

例 1.1 将矢量 $\boldsymbol{A} = \boldsymbol{e}_r 3\cos\varphi - \boldsymbol{e}_\varphi 2r + \boldsymbol{e}_z 5$ 变换到直角坐标系中。

解 利用式(1.32)可得

$$\begin{bmatrix} A_x \\ A_y \\ A_z \end{bmatrix} = \begin{bmatrix} \cos\varphi & -\sin\varphi & 0 \\ \sin\varphi & \cos\varphi & 0 \\ 0 & 0 & 1 \end{bmatrix} \begin{bmatrix} 3\cos\varphi \\ -2r \\ 5 \end{bmatrix}$$

或

$$\boldsymbol{A} = \boldsymbol{e}_x(3\cos^2\varphi + 2r\sin\varphi) + \boldsymbol{e}_y(3\sin\varphi\cos\varphi - 2r\cos\varphi) + \boldsymbol{e}_z 5$$

再由式(1.22)和式(1.23)得

$$\cos\varphi = \frac{x}{\sqrt{x^2+y^2}}, \quad \sin\varphi = \frac{y}{\sqrt{x^2+y^2}}$$

所以

$$\boldsymbol{A} = \boldsymbol{e}_x\left(\frac{3x^2}{x^2+y^2} + 2y\right) + \boldsymbol{e}_y\left(\frac{3xy}{x^2+y^2} - 2x\right) + \boldsymbol{e}_z 5$$

任一矢量 **A** 在圆柱坐标系中可以表示为

$$\boldsymbol{A} = \boldsymbol{e}_r A_r + \boldsymbol{e}_\varphi A_\varphi + \boldsymbol{e}_z A_z \tag{1.33}$$

圆柱坐标系中的位置矢量为

$$\boldsymbol{r} = \boldsymbol{e}_r r + \boldsymbol{e}_z z \tag{1.34}$$

其中不显含 φ 分量,已包含在 $\boldsymbol{e}_r$ 的方向中。微分线元为

$$\mathrm{d}\boldsymbol{r} = \boldsymbol{e}_r \mathrm{d}r + \boldsymbol{e}_\varphi r\mathrm{d}\varphi + \boldsymbol{e}_z \mathrm{d}z \tag{1.35}$$

可以看出,在 r、φ、z 增加方向上的微分元分别为 $\mathrm{d}r$、$r\mathrm{d}\varphi$、$\mathrm{d}z$,如图 1.5 所示。

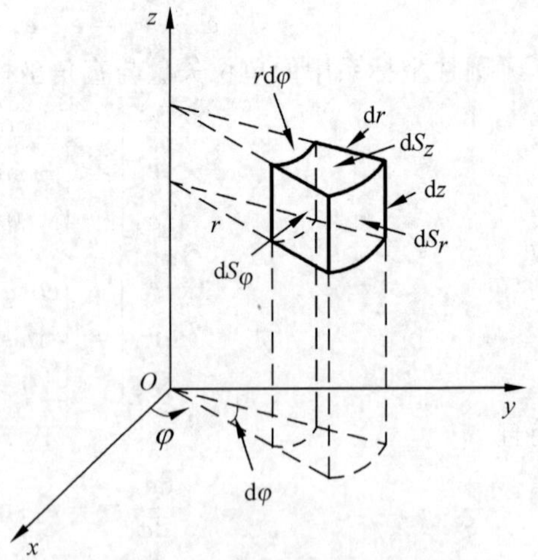

图 1.5 圆柱坐标系中的长度元、面积元和体积元

圆柱坐标系中与三个坐标方向相垂直的三个面积元分别为

$$\mathrm{d}S_r = r\mathrm{d}\varphi\mathrm{d}z, \quad \mathrm{d}S_\varphi = \mathrm{d}r\mathrm{d}z, \quad \mathrm{d}S_z = r\mathrm{d}r\mathrm{d}\varphi \tag{1.36}$$

如图 1.5 所示。圆柱坐标系中的体积元为

$$dV = r\,dr\,d\varphi\,dz \tag{1.37}$$

1.4.3 球坐标系

球坐标系中的三个坐标分量是 r、θ、φ，它们的变化范围分别是

$$0 \leqslant r < \infty,\quad 0 \leqslant \theta \leqslant \pi,\quad 0 \leqslant \varphi \leqslant 2\pi$$

球坐标系与直角坐标系之间的变换关系为

$$r = \sqrt{x^2 + y^2 + z^2},\quad \tan\theta = \frac{\sqrt{x^2 + y^2}}{z},\quad \tan\varphi = \frac{y}{x} \tag{1.38}$$

或

$$x = r\sin\theta\cos\varphi,\quad y = r\sin\theta\sin\varphi,\quad z = r\cos\theta \tag{1.39}$$

球坐标系中三个相互正交的单位矢量是 $\boldsymbol{e}_r$、$\boldsymbol{e}_\theta$、$\boldsymbol{e}_\varphi$，满足如下的关系

$$\boldsymbol{e}_r \cdot \boldsymbol{e}_r = \boldsymbol{e}_\theta \cdot \boldsymbol{e}_\theta = \boldsymbol{e}_\varphi \cdot \boldsymbol{e}_\varphi = 1 \tag{1.40}$$

$$\boldsymbol{e}_r \cdot \boldsymbol{e}_\theta = \boldsymbol{e}_\theta \cdot \boldsymbol{e}_\varphi = \boldsymbol{e}_\varphi \cdot \boldsymbol{e}_r = 0 \tag{1.41}$$

$$\boldsymbol{e}_r \times \boldsymbol{e}_\theta = \boldsymbol{e}_\varphi,\ \boldsymbol{e}_\theta \times \boldsymbol{e}_\varphi = \boldsymbol{e}_r,\ \boldsymbol{e}_\varphi \times \boldsymbol{e}_r = \boldsymbol{e}_\theta \tag{1.42}$$

球坐标系中的单位矢量与直角坐标系中单位矢量的换算关系为

$$\begin{bmatrix} \boldsymbol{e}_r \\ \boldsymbol{e}_\theta \\ \boldsymbol{e}_\varphi \end{bmatrix} = \begin{bmatrix} \sin\theta\cos\varphi & \sin\theta\sin\varphi & \cos\theta \\ \cos\theta\cos\varphi & \cos\theta\sin\varphi & -\sin\theta \\ -\sin\varphi & \cos\varphi & 0 \end{bmatrix} \begin{bmatrix} \boldsymbol{e}_x \\ \boldsymbol{e}_y \\ \boldsymbol{e}_z \end{bmatrix} \tag{1.43}$$

或

$$\begin{bmatrix} \boldsymbol{e}_x \\ \boldsymbol{e}_y \\ \boldsymbol{e}_z \end{bmatrix} = \begin{bmatrix} \sin\theta\cos\varphi & \cos\theta\cos\varphi & -\sin\varphi \\ \sin\theta\sin\varphi & \cos\theta\sin\varphi & \cos\varphi \\ \cos\theta & -\sin\theta & 0 \end{bmatrix} \begin{bmatrix} \boldsymbol{e}_r \\ \boldsymbol{e}_\theta \\ \boldsymbol{e}_\varphi \end{bmatrix} \tag{1.44}$$

而且

$$\begin{cases} \dfrac{\partial \boldsymbol{e}_r}{\partial \theta} = \boldsymbol{e}_\theta,\ \dfrac{\partial \boldsymbol{e}_r}{\partial \varphi} = \boldsymbol{e}_\varphi \sin\theta \\ \dfrac{\partial \boldsymbol{e}_\theta}{\partial \theta} = -\boldsymbol{e}_r,\ \dfrac{\partial \boldsymbol{e}_\theta}{\partial \varphi} = \boldsymbol{e}_\varphi \cos\theta \\ \dfrac{\partial \boldsymbol{e}_\varphi}{\partial \theta} = 0,\ \dfrac{\partial \boldsymbol{e}_\varphi}{\partial \varphi} = -\boldsymbol{e}_r \sin\theta - \boldsymbol{e}_\theta \cos\theta \end{cases} \tag{1.45}$$

应当注意，球坐标系中的单位矢量 $\boldsymbol{e}_r$、$\boldsymbol{e}_\theta$、$\boldsymbol{e}_\varphi$ 都不是常矢量，因为它们的方向是随空间位置变化而变化的。

直角坐标系中的矢量 **A** 可以利用式(1.46)换算为球坐标系中的矢量

$$\begin{bmatrix} A_r \\ A_\theta \\ A_\varphi \end{bmatrix} = \begin{bmatrix} \sin\theta\cos\varphi & \sin\theta\sin\varphi & \cos\theta \\ \cos\theta\cos\varphi & \cos\theta\sin\varphi & -\sin\theta \\ -\sin\varphi & \cos\varphi & 0 \end{bmatrix} \begin{bmatrix} A_x \\ A_y \\ A_z \end{bmatrix} \tag{1.46}$$

同样,可以利用式(1.46)中变换矩阵的逆矩阵把球坐标系中的矢量 **A** 换算为直角坐标系中的矢量

$$\begin{bmatrix} A_x \\ A_y \\ A_z \end{bmatrix} = \begin{bmatrix} \sin\theta\cos\varphi & \cos\theta\cos\varphi & -\sin\varphi \\ \sin\theta\sin\varphi & \cos\theta\sin\varphi & \cos\varphi \\ \cos\theta & -\sin\theta & 0 \end{bmatrix} \begin{bmatrix} A_r \\ A_\theta \\ A_\varphi \end{bmatrix} \tag{1.47}$$

任一矢量 **A** 在球坐标系中可以表示为

$$\boldsymbol{A} = \boldsymbol{e}_r A_r + \boldsymbol{e}_\theta A_\theta + \boldsymbol{e}_\varphi A_\varphi \tag{1.48}$$

球坐标系中的位置矢量为

$$\boldsymbol{r} = \boldsymbol{e}_r r \tag{1.49}$$

其中不显含 θ 分量和 φ 分量,已包含在 $\boldsymbol{e}_r$ 的方向中。

微分线元为

$$\mathrm{d}\boldsymbol{r} = \boldsymbol{e}_r \mathrm{d}r + \boldsymbol{e}_\theta r\,\mathrm{d}\theta + \boldsymbol{e}_\varphi r\sin\theta\,\mathrm{d}\varphi \tag{1.50}$$

可以看出,在 r、θ、φ 增加方向上的微分元分别为 $\mathrm{d}r$、$r\,\mathrm{d}\theta$、$r\sin\theta\,\mathrm{d}\varphi$,如图 1.6 所示。

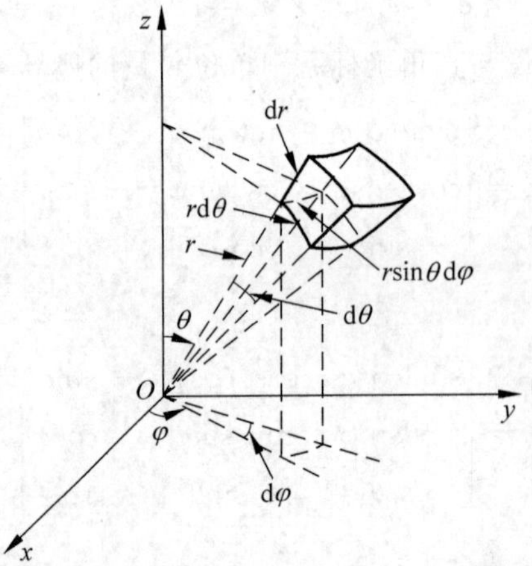

图 1.6　球坐标系中的长度元、面积元和体积元

球坐标系中与三个坐标方向相垂直的三个面积元分别为

$$\begin{cases} \mathrm{d}S_r = r^2\sin\theta\,\mathrm{d}\theta\,\mathrm{d}\varphi \\ \mathrm{d}S_\theta = r\sin\theta\,\mathrm{d}r\,\mathrm{d}\varphi \\ \mathrm{d}S_\varphi = r\,\mathrm{d}r\,\mathrm{d}\theta \end{cases} \tag{1.51}$$

如图 1.6 所示。球坐标系中的体积元为

$$\mathrm{d}V = r^2\sin\theta\,\mathrm{d}r\,\mathrm{d}\theta\,\mathrm{d}\varphi \tag{1.52}$$

1.5 矢量的微分

1.5.1 矢量场的散度与散度定理

扫码看讲课
录像1.5.1

1. 矢量的通量

首先定义面元矢量为

$$d\boldsymbol{S}=\hat{\boldsymbol{n}}dS \quad 或 \quad dS=\hat{\boldsymbol{n}}\cdot d\boldsymbol{S} \tag{1.53}$$

其中，$\hat{\boldsymbol{n}}$ 是面元的单位法线矢量。

设有一矢量场 $\boldsymbol{A}$，在场中任取一面元 $d\boldsymbol{S}$，如图 1.7 所示，则

$$d\Phi=\boldsymbol{A}\cdot d\boldsymbol{S}=A\cos\theta dS \tag{1.54}$$

称为 $\boldsymbol{A}$ 穿过 $d\boldsymbol{S}$ 的通量。

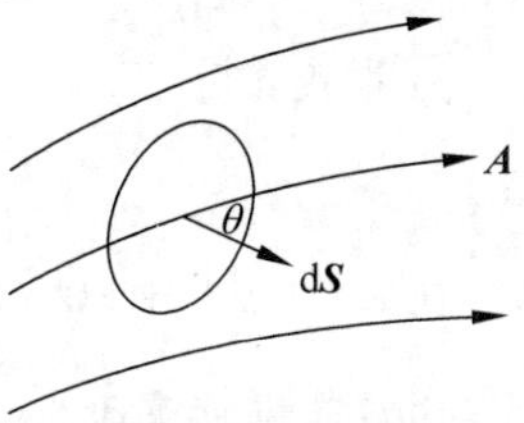

图 1.7　$\boldsymbol{A}$ 穿过 $d\boldsymbol{S}$ 的通量

例如，在电场中，电通量 $d\Phi_E=\boldsymbol{E}\cdot d\boldsymbol{S}$。在磁场中，磁通量 $d\Phi_B=\boldsymbol{B}\cdot d\boldsymbol{S}$。穿过曲面 S 的通量为

$$\Phi=\iint_S \boldsymbol{A}\cdot d\boldsymbol{S} \tag{1.55}$$

2. 矢量场的散度

1）穿过闭合曲面的通量及其物理定义

如图 1.8 所示，在矢量场 $\boldsymbol{A}$ 中，围绕某一点 P 作一闭合曲面 S，法线方向向外，则 $\Phi=\oint\!\!\oint_S \boldsymbol{A}\cdot d\boldsymbol{S}$ 是矢量 $\boldsymbol{A}$ 穿过闭合曲面 S 的通量或发散量。

若 $\Phi>0$，则流出 S 面的通量大于流入的通量，即通量由 S 面内向外扩散，说明 S 面内有正源，如图 1.9 所示。

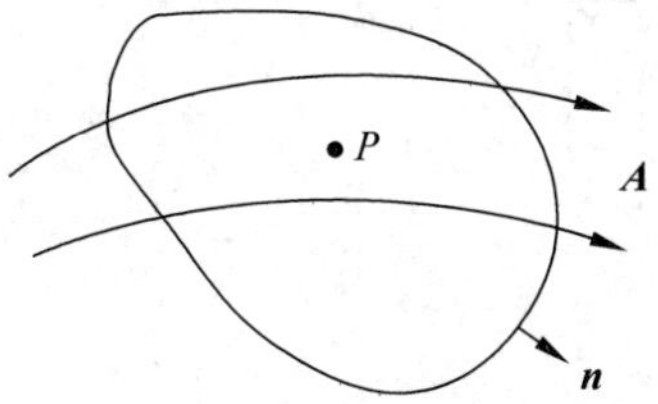

图 1.8　矢量 $\boldsymbol{A}$ 穿过闭合曲面 S 的通量

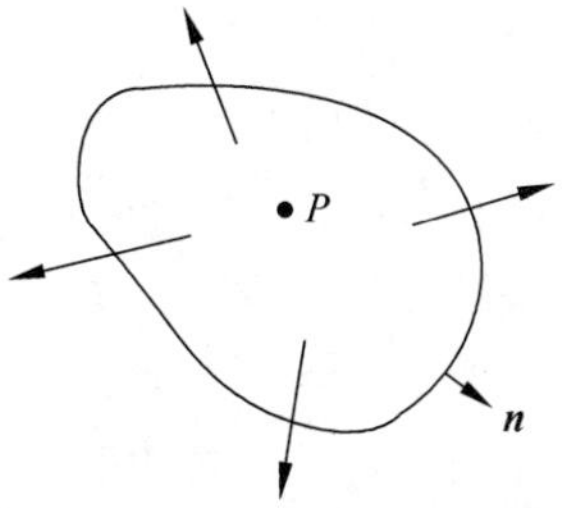

图 1.9　通量由 S 面内向外扩散

若 $\Phi<0$，则流入 S 面的通量大于流出的通量，即通量向 S 面内汇集，说明 S 面内有负源，如图 1.10 所示。

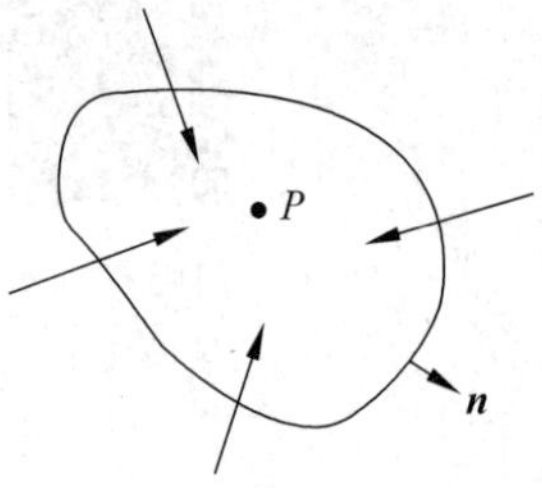

图 1.10 通量向 S 面内汇集

若 $\Phi=0$,则流入 S 面的通量等于流出的通量,说明 S 面内无源,如图 1.8 所示。

例如,对于静电场,$\Phi_E=\oint\!\!\oint_S \boldsymbol{E}\cdot \mathrm{d}\boldsymbol{S}=\dfrac{q}{\varepsilon_0}$,如果 S 面内的净余电荷为正,$\Phi_E>0$,说明电通量由 S 面内向外扩散;如果 S 面内的净余电荷为负,$\Phi_E<0$,说明电通量向 S 面内汇集,由此可以证明电力线是从正电荷发出,终止于负电荷。对于磁场,$\oint\!\!\oint_S \boldsymbol{B}\cdot \mathrm{d}\boldsymbol{S}=0$,说明 S 面内无源,所以 $\boldsymbol{B}$ 线是闭合曲线。

2)散度的定义

在矢量场 $\boldsymbol{A}$ 中,设闭合曲面 S 包围的体积为 ΔV,则 $\dfrac{\oint\!\!\oint_S \boldsymbol{A}\cdot \mathrm{d}\boldsymbol{S}}{\Delta V}$ 称为矢量场 $\boldsymbol{A}$ 在 ΔV 内的平均发散量,令 $\Delta V\to 0$,就得到矢量场 $\boldsymbol{A}$ 在 P 点的发散量或散度,记作 $\mathrm{div}\boldsymbol{A}$,即

$$\mathrm{div}\boldsymbol{A}=\lim_{\Delta V\to 0}\frac{\oint\!\!\oint_S \boldsymbol{A}\cdot \mathrm{d}\boldsymbol{S}}{\Delta V} \tag{1.56}$$

可以看出,矢量(场)的散度是一个标量(场)。

3)散度的表达式

下面以在直角坐标系中为例推导散度的表达式,在矢量场 $\boldsymbol{A}$ 中作一平行六面体,边长分别为 Δx、Δy、Δz,x、y、z 具有最小值的顶点的坐标为 $P(x,y,z)$点,如图 1.11 所示。分别计算穿过三对表面的通量。计算时应注意:在每个面上 $\mathrm{d}\boldsymbol{S}$ 的方向总是向外的。从左右一对侧面穿出的净余通量为

$$\iint_{左右}\boldsymbol{A}\cdot \mathrm{d}\boldsymbol{S}=-A_y(y)\Delta z\Delta x+\left[A_y(y)+\frac{\partial A_y}{\partial y}\Delta y\right]\Delta z\Delta x=\frac{\partial A_y}{\partial y}\Delta x\Delta y\Delta z$$

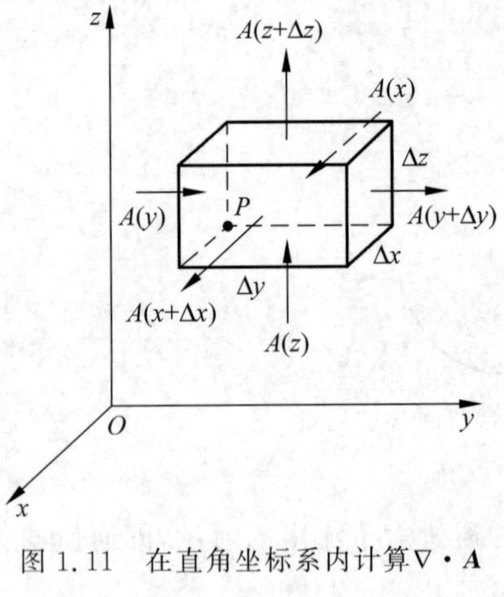

图 1.11 在直角坐标系内计算$\nabla\cdot\boldsymbol{A}$

从上下一对底面穿出的净余通量为

$$\iint_{\text{上下}} \boldsymbol{A} \cdot \mathrm{d}\boldsymbol{S} = -A_z(z)\Delta x \Delta y + \left[A_z(z) + \frac{\partial A_z}{\partial z}\Delta z\right]\Delta x \Delta y = \frac{\partial A_z}{\partial z}\Delta x \Delta y \Delta z$$

从前后一对侧面穿出的净余通量为

$$\iint_{\text{前后}} \boldsymbol{A} \cdot \mathrm{d}\boldsymbol{S} = -A_x(x)\Delta y \Delta z + \left[A_x(x) + \frac{\partial A_x}{\partial x}\Delta x\right]\Delta y \Delta z = \frac{\partial A_x}{\partial x}\Delta x \Delta y \Delta z$$

而 $\Delta x \Delta y \Delta z = \Delta V$，代入式(1.56)可得

$$\lim_{\Delta V \to 0} \frac{\oint\!\!\!\oint_S \boldsymbol{A} \cdot \mathrm{d}\boldsymbol{S}}{\Delta V} = \lim_{\Delta V \to 0} \frac{\left(\frac{\partial A_x}{\partial x} + \frac{\partial A_y}{\partial y} + \frac{\partial A_z}{\partial z}\right)\Delta x \Delta y \Delta z}{\Delta x \Delta y \Delta z} = \frac{\partial A_x}{\partial x} + \frac{\partial A_y}{\partial y} + \frac{\partial A_z}{\partial z}$$

所以在直角坐标系中 $\boldsymbol{A}$ 的散度为

$$\mathrm{div}\boldsymbol{A} = \frac{\partial A_x}{\partial x} + \frac{\partial A_y}{\partial y} + \frac{\partial A_z}{\partial z} \tag{1.57}$$

在直角坐标系中，哈密顿算符可以写为

$$\nabla = \boldsymbol{e}_x \frac{\partial}{\partial x} + \boldsymbol{e}_y \frac{\partial}{\partial y} + \boldsymbol{e}_z \frac{\partial}{\partial z} \tag{1.58}$$

所以 $\boldsymbol{A}$ 的散度也可以写为

$$\begin{aligned}\nabla \cdot \boldsymbol{A} &= \left(\boldsymbol{e}_x \frac{\partial}{\partial x} + \boldsymbol{e}_y \frac{\partial}{\partial y} + \boldsymbol{e}_z \frac{\partial}{\partial z}\right) \cdot (\boldsymbol{e}_x A_x + \boldsymbol{e}_y A_y + \boldsymbol{e}_z A_z) \\ &= \frac{\partial A_x}{\partial x} + \frac{\partial A_y}{\partial y} + \frac{\partial A_z}{\partial z}\end{aligned} \tag{1.59}$$

圆柱坐标系和球坐标系中散度的表达式见附录3。

3. 散度定理(高斯定理)

散度定理可以表述为：矢量场 $\boldsymbol{A}$ 穿过任一闭合曲面 S 的通量等于它所包围的体积 V 内 $\boldsymbol{A}$ 散度的积分，即

$$\oint\!\!\!\oint_S \boldsymbol{A} \cdot \mathrm{d}\boldsymbol{S} = \iiint_V \nabla \cdot \boldsymbol{A}\,\mathrm{d}V \tag{1.60}$$

利用散度定理，可以把面积分变为体积分，也可以把体积分变为面积分。为了证明散度定理，把闭合曲面 S 所包围的体积 V 分割成许多个小体积元 ΔV_1、ΔV_2……如图1.12所示，对于任意一个小体积元 ΔV_i，由式(1.56)可以写出

$$\oint\!\!\!\oint_{S_i} \boldsymbol{A} \cdot \mathrm{d}\boldsymbol{S} = (\nabla \cdot \boldsymbol{A})\Delta V_i$$

其中，S_i 是包围 ΔV_i 的表面。矢量场 $\boldsymbol{A}$ 穿过闭合曲面 S 总的通量可以写为

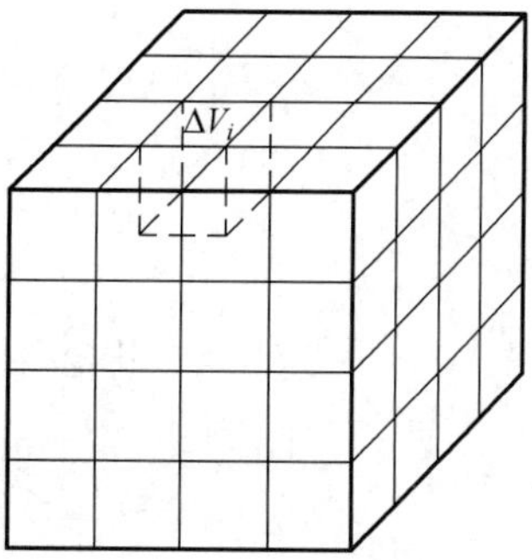

图1.12　证明散度定理

$$\oint_S \boldsymbol{A}\cdot \mathrm{d}\boldsymbol{S}=\oint_{S_1}\boldsymbol{A}\cdot \mathrm{d}\boldsymbol{S}+\oint_{S_2}\boldsymbol{A}\cdot \mathrm{d}\boldsymbol{S}+\cdots$$

$$=(\nabla\cdot \boldsymbol{A})\Delta V_1+(\nabla\cdot \boldsymbol{A})\Delta V_2+\cdots$$

$$=\iiint_V \nabla\cdot \boldsymbol{A}\,\mathrm{d}V$$

由于穿过相邻的两体积元之间公共表面的通量互相抵消(对于一个体积元穿出的通量，对于相邻的体积元一定是穿入)，所以对 $\oint_{S_i}\boldsymbol{A}\cdot \mathrm{d}\boldsymbol{S}$ 求和就可以得到穿过闭合曲面 S 的总的通量，这样就证明了散度定理。

利用散度定理，可以把麦克斯韦方程组中电场的高斯定理和磁场的高斯定理由积分形式改写为微分形式。电场的高斯定理

$$\oint_S \boldsymbol{D}\cdot \mathrm{d}\boldsymbol{S}=\sum q_0=\iiint_V \rho_0\,\mathrm{d}V \tag{1.61}$$

V 是闭合曲面 S 包围的体积。由散度定理

$$\oint_S \boldsymbol{D}\cdot \mathrm{d}\boldsymbol{S}=\iiint_V \nabla\cdot \boldsymbol{D}\,\mathrm{d}V \tag{1.62}$$

由式(1.61)和式(1.62)可得

$$\nabla\cdot \boldsymbol{D}=\rho_0 \tag{1.63}$$

式(1.63)即是电场高斯定理的微分形式。

同理，可以把磁场的高斯定理

$$\oint_S \boldsymbol{B}\cdot \mathrm{d}\boldsymbol{S}=0 \tag{1.64}$$

改写为微分形式

$$\nabla\cdot \boldsymbol{B}=0 \tag{1.65}$$

例 1.2 已知矢量 $\boldsymbol{A}=\boldsymbol{e}_x x^2+\boldsymbol{e}_y x^2y^2+\boldsymbol{e}_z 24x^2y^2z^3$，对中心在原点的一个单位立方体验证散度定理。

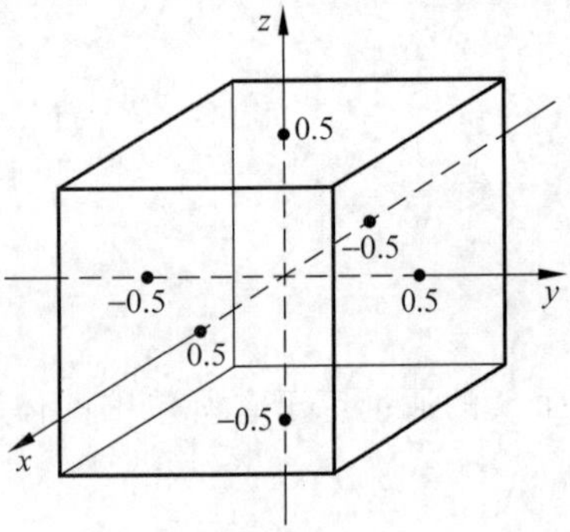

图 1.13 例 1.2 用图

解 如图 1.13 所示。

$$\oint_S \boldsymbol{A}\cdot \mathrm{d}\boldsymbol{S}=\oint_S(\boldsymbol{e}_x x^2+\boldsymbol{e}_y x^2y^2+\boldsymbol{e}_z 24x^2y^2z^3)\cdot \mathrm{d}\boldsymbol{S}$$

$$=\iint_{x=0.5} x^2\,\mathrm{d}y\,\mathrm{d}z-\iint_{x=-0.5} x^2\,\mathrm{d}y\,\mathrm{d}z+\iint_{y=0.5} x^2y^2\,\mathrm{d}x\,\mathrm{d}z-\iint_{y=-0.5} x^2y^2\,\mathrm{d}x\,\mathrm{d}z$$

$$+\iint_{z=0.5} 24x^2y^2z^3\,\mathrm{d}x\,\mathrm{d}y-\iint_{z=-0.5} 24x^2y^2z^3\,\mathrm{d}x\,\mathrm{d}y=\frac{1}{24}$$

$$\nabla\cdot \boldsymbol{A}=\frac{\partial A_x}{\partial x}+\frac{\partial A_y}{\partial y}+\frac{\partial A_z}{\partial z}=2x+2x^2y+72x^2y^2z^2$$

$$\iiint_V \nabla\cdot \boldsymbol{A}\,\mathrm{d}V=\int_{-0.5}^{0.5}\int_{-0.5}^{0.5}\int_{-0.5}^{0.5}(2x+2x^2y+72x^2y^2z^2)\,\mathrm{d}x\,\mathrm{d}y\,\mathrm{d}z=\frac{1}{24}$$

则

$$\iiint_V \nabla\cdot \boldsymbol{A}\,\mathrm{d}V = \oiint_S \boldsymbol{A}\cdot \mathrm{d}\boldsymbol{S}$$

1.5.2 矢量场的旋度与斯托克斯定理

扫码看讲课录像
1.5.2-1.5.3

1. 矢量的环流

矢量 **A** 沿闭合回路 l 的线积分称为环流。

$$\Gamma_A = \oint_l \boldsymbol{A}\cdot \mathrm{d}\boldsymbol{l} \tag{1.66}$$

若 $\Gamma_A \neq 0$,则矢量场 **A** 为涡旋场,场线是连续的闭合曲线。例如,对于磁场

$$\oint_l \boldsymbol{H}\cdot \mathrm{d}\boldsymbol{l} = I_0 + \iint_S \frac{\partial \boldsymbol{D}}{\partial t}\cdot \mathrm{d}\boldsymbol{S} \neq 0$$

所以磁力线是连续的闭合曲线。

若 $\Gamma_A = 0$,则矢量场 **A** 为无旋场,可以引入位的概念。例如,对于静电场

$$\oint_l \boldsymbol{E}\cdot \mathrm{d}\boldsymbol{l} = 0$$

所以电力线不闭合,引入了电位。

2. 矢量场的旋度

1) 旋度的定义

设闭合回路 l 所围的面积为 ΔS,其法线矢量 $\hat{\boldsymbol{n}}$ 与 l 构成右手关系,则 $\dfrac{\oint_l \boldsymbol{A}\cdot \mathrm{d}\boldsymbol{l}}{\Delta S}$ 称为矢量场 **A** 在 ΔS 内沿 $\hat{\boldsymbol{n}}$ 方向的平均涡旋量,令 $\Delta S \to 0$(ΔS 收缩成一点 P)就得到矢量场 **A** 在 P 点处沿 $\hat{\boldsymbol{n}}$ 方向的涡旋量

$$\lim_{\Delta S \to 0} \frac{\oint_l \boldsymbol{A}\cdot \mathrm{d}\boldsymbol{l}}{\Delta S} = (\mathrm{rot})_n \boldsymbol{A} \tag{1.67}$$

例如,一导线载有电流 I,在导线周围产生的磁场 **H** 如图 1.14 所示,任取一环路 $\boldsymbol{l}$,则

$$\lim_{\Delta S \to 0} \frac{\oint_l \boldsymbol{H}\cdot \mathrm{d}\boldsymbol{l}}{\Delta S} = (\mathrm{rot})_n \boldsymbol{H}$$

当 $\mathrm{d}\boldsymbol{S}$ 与 I 同方向时,**H** 与 $\mathrm{d}l$ 方向处处相同,$(\mathrm{rot})_n \boldsymbol{H}$ 最大,称为 **H** 的旋度,记为

$$\mathrm{rot}\boldsymbol{H} \quad 或 \quad \nabla\times \boldsymbol{H}$$

所以矢量场 **A** 中某一点的旋度是一个矢量,大小等于该点处 $(\mathrm{rot})_n \boldsymbol{A}$ 正的最大值;方向沿该点处 $(\mathrm{rot})_n \boldsymbol{A}$ 取正的最大值

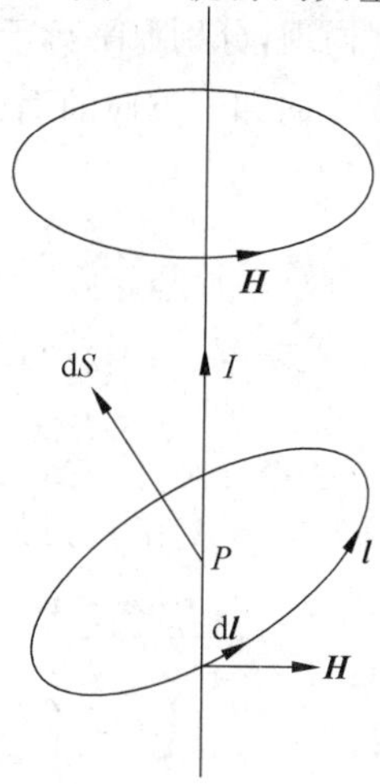

图 1.14 载流导线的磁场

时 $\hat{\boldsymbol{n}}$ 的方向。

2）旋度的表达式

下面在直角坐标系中推导旋度的表达式。在矢量场 $\boldsymbol{A}$ 中取一个平行于 yz 平面的矩形小面元,边长分别为 Δy、Δz,面积为 ΔS_x,y、z 具有最小值的顶点的坐标为 $P(x,y,z)$ 点,如图 1.15 所示。$\boldsymbol{A}$ 沿回路 1234 的积分为

$$\begin{aligned}\oint_l \boldsymbol{A}\cdot \mathrm{d}\boldsymbol{l} &= \int_1 \boldsymbol{A}\cdot \mathrm{d}\boldsymbol{l}+\int_2 \boldsymbol{A}\cdot \mathrm{d}\boldsymbol{l}+\int_3 \boldsymbol{A}\cdot \mathrm{d}\boldsymbol{l}+\int_4 \boldsymbol{A}\cdot \mathrm{d}\boldsymbol{l}\\ &= A_y\Delta y+\left(A_z+\frac{\partial A_z}{\partial y}\Delta y\right)\Delta z-\left(A_y+\frac{\partial A_y}{\partial z}\Delta z\right)\Delta y-A_z\Delta z\\ &=\left(\frac{\partial A_z}{\partial y}-\frac{\partial A_y}{\partial z}\right)\Delta y\Delta z\end{aligned}$$

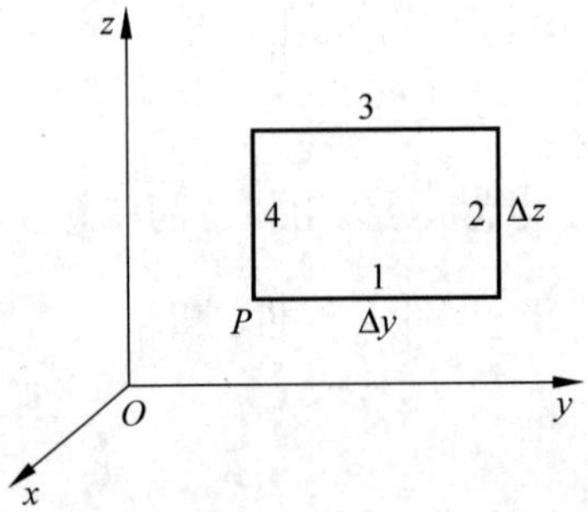

图 1.15　在直角坐标系内计算$\nabla\times\boldsymbol{A}$

所以矢量场 $\boldsymbol{A}$ 在 P 点处沿 x 方向的涡旋量为

$$(\mathrm{rot})_x \boldsymbol{A}=\lim_{\Delta S_x\to 0}\frac{\oint_l \boldsymbol{A}\cdot \mathrm{d}\boldsymbol{l}}{\Delta S_x}=\frac{\partial A_z}{\partial y}-\frac{\partial A_y}{\partial z}$$

同理,分别取平行于 xz 平面和 xy 平面的矩形小面元,可以导出矢量场 $\boldsymbol{A}$ 在 P 点处沿 y 方向和 z 方向的涡旋量

$$(\mathrm{rot})_y \boldsymbol{A}=\lim_{\Delta S_y\to 0}\frac{\oint_l \boldsymbol{A}\cdot \mathrm{d}\boldsymbol{l}}{\Delta S_y}=\frac{\partial A_x}{\partial z}-\frac{\partial A_z}{\partial x}$$

$$(\mathrm{rot})_z \boldsymbol{A}=\lim_{\Delta S_z\to 0}\frac{\oint_l \boldsymbol{A}\cdot \mathrm{d}\boldsymbol{l}}{\Delta S_z}=\frac{\partial A_y}{\partial x}-\frac{\partial A_x}{\partial y}$$

所以矢量场 $\boldsymbol{A}$ 在 P 点处的旋度为

$$\begin{aligned}\mathrm{rot}\boldsymbol{A}&=\boldsymbol{e}_x(\mathrm{rot})_x\boldsymbol{A}+\boldsymbol{e}_y(\mathrm{rot})_y\boldsymbol{A}+\boldsymbol{e}_z(\mathrm{rot})_z\boldsymbol{A}\\ &=\boldsymbol{e}_x\left(\frac{\partial A_z}{\partial y}-\frac{\partial A_y}{\partial z}\right)+\boldsymbol{e}_y\left(\frac{\partial A_x}{\partial z}-\frac{\partial A_z}{\partial x}\right)+\boldsymbol{e}_z\left(\frac{\partial A_y}{\partial x}-\frac{\partial A_x}{\partial y}\right)\end{aligned}\tag{1.68}$$

或

$$\nabla\times\boldsymbol{A}=\begin{vmatrix}\boldsymbol{e}_x & \boldsymbol{e}_y & \boldsymbol{e}_z\\ \dfrac{\partial}{\partial x} & \dfrac{\partial}{\partial y} & \dfrac{\partial}{\partial z}\\ A_x & A_y & A_z\end{vmatrix} \tag{1.69}$$

圆柱坐标系和球坐标系中旋度的表达式见附录3。

3）旋度的一个重要性质

旋度的一个重要性质为：一个矢量场旋度的散度恒等于零，即

$$\nabla\cdot\nabla\times\boldsymbol{A}=0 \tag{1.70}$$

下面在直角坐标系中证明这个性质。

$$\begin{aligned}\nabla\cdot\nabla\times\boldsymbol{A}&=\left(\boldsymbol{e}_x\frac{\partial}{\partial x}+\boldsymbol{e}_y\frac{\partial}{\partial y}+\boldsymbol{e}_z\frac{\partial}{\partial z}\right)\\&\quad\cdot\left[\boldsymbol{e}_x\left(\frac{\partial A_z}{\partial y}-\frac{\partial A_y}{\partial z}\right)+\boldsymbol{e}_y\left(\frac{\partial A_x}{\partial z}-\frac{\partial A_z}{\partial x}\right)+\boldsymbol{e}_z\left(\frac{\partial A_y}{\partial x}-\frac{\partial A_x}{\partial y}\right)\right]\\&=\frac{\partial}{\partial x}\left(\frac{\partial A_z}{\partial y}-\frac{\partial A_y}{\partial z}\right)+\frac{\partial}{\partial y}\left(\frac{\partial A_x}{\partial z}-\frac{\partial A_z}{\partial x}\right)+\frac{\partial}{\partial z}\left(\frac{\partial A_y}{\partial x}-\frac{\partial A_x}{\partial y}\right)\\&=0\end{aligned}$$

3. 斯托克斯定理

斯托克斯定理可以表述为：矢量场 $\boldsymbol{A}$ 沿任意闭合回路 l 上的环量等于以 l 为边界的曲面 S 上 $\boldsymbol{A}$ 旋度的积分，即

$$\oint_l \boldsymbol{A}\cdot\mathrm{d}\boldsymbol{l}=\iint_S(\nabla\times\boldsymbol{A})\cdot\mathrm{d}\boldsymbol{S} \tag{1.71}$$

利用斯托克斯定理，可以把线积分变为面积分，也可以把面积分变为线积分。为了证明斯托克斯定理，把闭合回路 l 所包围的曲面 S 分割成许多个小面元 ΔS_1、ΔS_2……包围每一个小面元的闭合回路的方向与大回路 l 的方向相同，如图1.16所示，对于任意一个小面元 ΔS_i，由式(1.66)可以写出

$$\oint_{l_i}\boldsymbol{A}\cdot\mathrm{d}\boldsymbol{l}=(\mathrm{rot})_{n_i}\boldsymbol{A}\,\mathrm{d}\boldsymbol{S}_i=\nabla\times\boldsymbol{A}\cdot\mathrm{d}\boldsymbol{S}_i$$

其中 l_i 是面元 ΔS_i 的边界。矢量场 $\boldsymbol{A}$ 沿回路 l 的环流可以写为

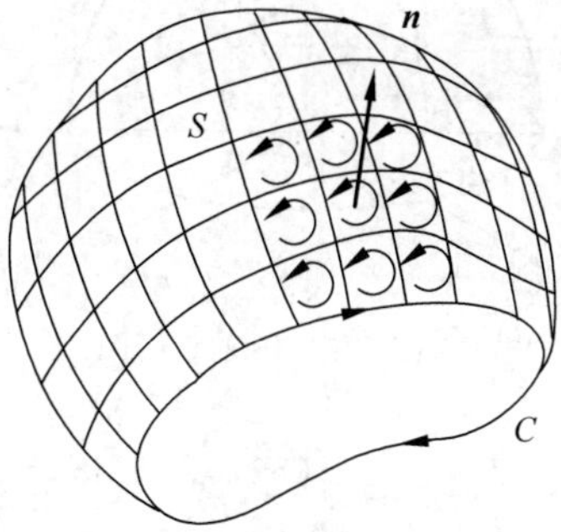

图1.16　证明斯托克斯定理

$$\begin{aligned}\oint_l\boldsymbol{A}\cdot\mathrm{d}\boldsymbol{l}&=\oint_{l_1}\boldsymbol{A}\cdot\mathrm{d}\boldsymbol{l}+\oint_{l_2}\boldsymbol{A}\cdot\mathrm{d}\boldsymbol{l}+\cdots\\&=\nabla\times\boldsymbol{A}\cdot\mathrm{d}\boldsymbol{S}_1+\nabla\times\boldsymbol{A}\cdot\mathrm{d}\boldsymbol{S}_2+\cdots=\iint_S\nabla\times\boldsymbol{A}\cdot\mathrm{d}\boldsymbol{S}\end{aligned}$$

由于相邻的两面元在公共边界上的环流方向相反，互相抵消，所以对 $\oint_{l_i}\boldsymbol{A}\cdot\mathrm{d}\boldsymbol{l}$ 求和就可以得到沿回路 l 的总的环流，这样就证明了斯托克斯定理。

利用斯托克斯定理,可以把麦克斯韦方程组中磁场的环路定理和电场的环路定理由积分形式改写为微分形式。磁场的环路定理

$$\oint_l \boldsymbol{H} \cdot \mathrm{d}\boldsymbol{l} = I_0 + \iint_S \frac{\partial \boldsymbol{D}}{\partial t} \cdot \mathrm{d}\boldsymbol{S} = \iint_S \left(\boldsymbol{J} + \frac{\partial \boldsymbol{D}}{\partial t}\right) \cdot \mathrm{d}\boldsymbol{S} \tag{1.72}$$

S 是闭合回路 l 包围的面积。由斯托克斯定理

$$\oint_l \boldsymbol{H} \cdot \mathrm{d}\boldsymbol{l} = \iint_S (\nabla \times \boldsymbol{H}) \cdot \mathrm{d}\boldsymbol{S} \tag{1.73}$$

由式(1.72)和式(1.73)可得

$$\nabla \times \boldsymbol{H} = \boldsymbol{J} + \frac{\partial \boldsymbol{D}}{\partial t} \tag{1.74}$$

式(1.74)即是磁场环路定理的微分形式。

同理,可以把电场的环路定理(法拉第电磁感应定律)

$$\oint_l \boldsymbol{E} \cdot \mathrm{d}\boldsymbol{l} = -\iint_S \frac{\partial \boldsymbol{B}}{\partial t} \cdot \mathrm{d}\boldsymbol{S} \tag{1.75}$$

改写为微分形式

$$\nabla \times \boldsymbol{E} = -\frac{\partial \boldsymbol{B}}{\partial t} \tag{1.76}$$

例 1.3 已知矢量场 $\boldsymbol{A}(\boldsymbol{r}) = \boldsymbol{e}_x z + \boldsymbol{e}_y x + \boldsymbol{e}_z y$,对半球面 $S(x^2+y^2+z^2=1, z \geqslant 0)$ 验证斯托克斯定理。

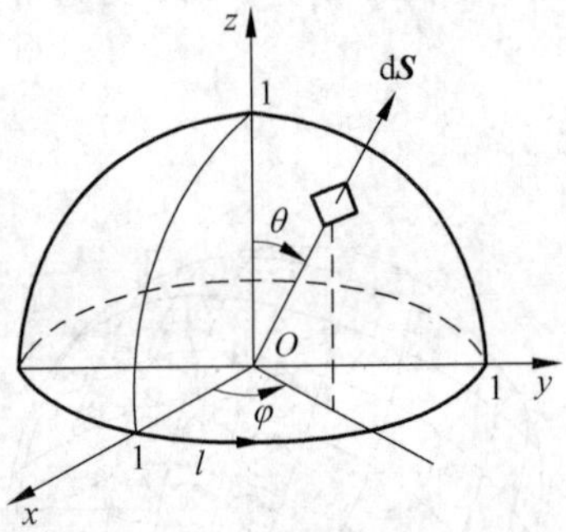

图 1.17 例 1.3 用图

解 如图 1.17 所示,在球坐标系内,半球面上的面元矢量为

$$\mathrm{d}\boldsymbol{S} = \boldsymbol{e}_r r^2 \sin\theta \mathrm{d}\theta \mathrm{d}\varphi = \boldsymbol{e}_r \sin\theta \mathrm{d}\theta \mathrm{d}\varphi$$

在直角坐标系中,$\boldsymbol{A}$ 的旋度为

$$\nabla \times \boldsymbol{A} = \begin{vmatrix} \boldsymbol{e}_x & \boldsymbol{e}_y & \boldsymbol{e}_z \\ \dfrac{\partial}{\partial x} & \dfrac{\partial}{\partial y} & \dfrac{\partial}{\partial z} \\ z & x & y \end{vmatrix} = \boldsymbol{e}_x + \boldsymbol{e}_y + \boldsymbol{e}_z$$

所以

$$\begin{aligned}
\iint_S (\nabla \times \boldsymbol{A}) \cdot \mathrm{d}\boldsymbol{S} &= \iint_S (\boldsymbol{e}_x + \boldsymbol{e}_y + \boldsymbol{e}_z) \cdot \boldsymbol{e}_r \sin\theta \mathrm{d}\theta \mathrm{d}\varphi \\
&= \iint_S (\boldsymbol{e}_x \cdot \boldsymbol{e}_r + \boldsymbol{e}_y \cdot \boldsymbol{e}_r + \boldsymbol{e}_z \cdot \boldsymbol{e}_r) \sin\theta \mathrm{d}\theta \mathrm{d}\varphi \\
&= \int_0^{2\pi} \int_0^{\pi/2} (\sin\theta\cos\varphi + \sin\theta\sin\varphi + \cos\theta) \sin\theta \mathrm{d}\theta \mathrm{d}\varphi \\
&= \int_0^{2\pi} \cos\varphi \mathrm{d}\varphi \int_0^{\pi/2} \sin^2\theta \mathrm{d}\theta + \int_0^{2\pi} \sin\varphi \mathrm{d}\varphi \int_0^{\pi/2} \sin^2\theta \mathrm{d}\theta \\
&\quad + 2\pi \int_0^{\pi/2} \sin\theta\cos\theta \mathrm{d}\theta \\
&= \pi
\end{aligned}$$

半球面 S 的边界是 xy 平面内的圆 $x^2+y^2=1$,边界上的线元 $\mathrm{d}\boldsymbol{l} = \boldsymbol{e}_x \mathrm{d}x + \boldsymbol{e}_y \mathrm{d}y$,沿

边界的环流为

$$\oint_l \boldsymbol{A}\cdot \mathrm{d}\boldsymbol{l} = \oint_l (z\mathrm{d}x + x\mathrm{d}y)$$
$$= \oint_l x\mathrm{d}y$$
$$= \int_{-1}^{1}\sqrt{1-y^2}\,\mathrm{d}y + \int_{1}^{-1}(-\sqrt{1-y^2})\,\mathrm{d}y$$
$$= \pi$$

则

$$\oint_l \boldsymbol{A}\cdot \mathrm{d}\boldsymbol{l} = \iint_S (\nabla\times\boldsymbol{A})\cdot \mathrm{d}\boldsymbol{S}$$

1.5.3 标量场的梯度

1. 梯度的定义

标量场的梯度是一个矢量场，表示某一点处标量场的变化率，梯度方向指向标量增加率最大的方向（等值面的法线方向），梯度的数值等于该方向上标量的增加率。

例如，对于电场，空间各点的电位 Φ 构成一个标量场，任选两个等位面 Φ 和 $\Phi+\mathrm{d}\Phi$，如图 1.18 所示。可以看出沿不同的方向，Φ 的变化率不同，$\boldsymbol{e}_n$ 为 Φ 增大方向等位面的法线矢量，$\boldsymbol{e}_l$ 沿任意方向。可以看出 $\mathrm{d}l\cos\theta=\mathrm{d}l_n$，所以

$$\frac{\mathrm{d}\Phi}{\mathrm{d}l_n}=\frac{\mathrm{d}\Phi}{\mathrm{d}l}\cdot\frac{1}{\cos\theta}\quad 或 \quad \frac{\mathrm{d}\Phi}{\mathrm{d}l}=\frac{\mathrm{d}\Phi}{\mathrm{d}l_n}\cdot\cos\theta$$

因此，沿 $\boldsymbol{e}_n$ 方向 Φ 的变化率最大，根据定义，电位 Φ 的梯度为

$$\nabla\Phi=\boldsymbol{e}_n\frac{\partial\Phi}{\partial l_n}$$

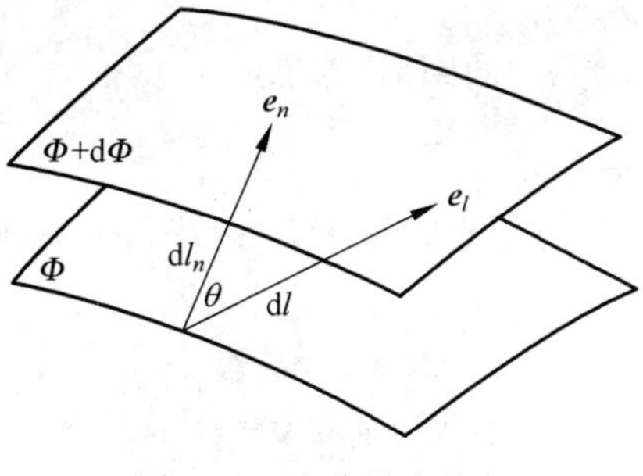

图 1.18 电位的变化率

2. 梯度的表达式

在直角坐标系中，梯度的表达式为

$$\nabla u=\left(\boldsymbol{e}_x\frac{\partial}{\partial x}+\boldsymbol{e}_y\frac{\partial}{\partial y}+\boldsymbol{e}_z\frac{\partial}{\partial z}\right)u=\boldsymbol{e}_x\frac{\partial u}{\partial x}+\boldsymbol{e}_y\frac{\partial u}{\partial y}+\boldsymbol{e}_z\frac{\partial u}{\partial z} \tag{1.77}$$

圆柱坐标系和球坐标系中梯度的表达式见附录 3。

3. 梯度的一个重要性质

梯度的一个重要性质为：对一个标量场的梯度再取旋度恒等于 0，即

$$\nabla\times\nabla u=0 \tag{1.78}$$

下面在直角坐标系中证明式(1.78)：

$$\nabla\times\nabla u=\left(\boldsymbol{e}_x\frac{\partial}{\partial x}+\boldsymbol{e}_y\frac{\partial}{\partial y}+\boldsymbol{e}_z\frac{\partial}{\partial z}\right)\times\left(\boldsymbol{e}_x\frac{\partial u}{\partial x}+\boldsymbol{e}_y\frac{\partial u}{\partial y}+\boldsymbol{e}_z\frac{\partial u}{\partial z}\right)$$

$$=\boldsymbol{e}_x\left(\frac{\partial}{\partial y}\frac{\partial u}{\partial z}-\frac{\partial}{\partial z}\frac{\partial u}{\partial y}\right)+\boldsymbol{e}_y\left(\frac{\partial}{\partial z}\frac{\partial u}{\partial x}-\frac{\partial}{\partial x}\frac{\partial u}{\partial z}\right)+\boldsymbol{e}_z\left(\frac{\partial}{\partial x}\frac{\partial u}{\partial y}-\frac{\partial}{\partial y}\frac{\partial u}{\partial x}\right)=0$$

根据这一性质，若一矢量场的旋度处处为 0，则可以引入标量位，即若$\nabla\times\boldsymbol{A}=0$，则 $\boldsymbol{A}$ 可以写为 $\boldsymbol{A}=-\nabla u$。例如，对于静电场，因为有$\nabla\times\boldsymbol{E}=0$，所以引入电位 $\boldsymbol{E}=-\nabla\Phi$。

扫码看讲课录像
1.6-1.7

1.6 亥姆霍兹定理

亥姆霍兹定理是矢量场一个重要的定理。亥姆霍兹定理表明，若矢量场 $\boldsymbol{F}(\boldsymbol{r})$在无界空间中处处单值，且其导数连续有界，场源分布在有限区域 V' 中，**则该矢量场唯一地由其散度和旋度确定**，且可以被表示为一个标量函数的梯度和一个矢量函数的旋度之和，即

$$\boldsymbol{F}(\boldsymbol{r})=-\nabla\phi(\boldsymbol{r})+\nabla\times\boldsymbol{A}(\boldsymbol{r}) \tag{1.79}$$

其中

$$\phi(\boldsymbol{r})=\frac{1}{4\pi}\int_{V'}\frac{\nabla'\cdot\boldsymbol{F}(\boldsymbol{r}')}{|\boldsymbol{r}-\boldsymbol{r}'|}\mathrm{d}V' \tag{1.80}$$

$$\boldsymbol{A}(\boldsymbol{r})=\frac{1}{4\pi}\int_{V'}\frac{\nabla'\times\boldsymbol{F}(\boldsymbol{r}')}{|\boldsymbol{r}-\boldsymbol{r}'|}\mathrm{d}V' \tag{1.81}$$

其中$|\boldsymbol{r}-\boldsymbol{r}'|$是源点($\boldsymbol{r}$)到场点($\boldsymbol{r}'$)的距离，算子$\nabla'=\boldsymbol{e}_x\dfrac{\partial}{\partial x'}+\boldsymbol{e}_y\dfrac{\partial}{\partial y'}+\boldsymbol{e}_z\dfrac{\partial}{\partial z'}$是对源点坐标微分，积分也是对源点坐标积分。

下面对亥姆霍兹定理作一简要的证明。设在无界空间中有两个矢量函数 $\boldsymbol{F}$ 和 $\boldsymbol{G}$，它们有相同的散度和旋度，即

$$\nabla\cdot\boldsymbol{F}=\nabla\cdot\boldsymbol{G} \tag{1.82}$$

$$\nabla\times\boldsymbol{F}=\nabla\times\boldsymbol{G} \tag{1.83}$$

利用反证法，设 $\boldsymbol{F}\neq\boldsymbol{G}$，令

$$\boldsymbol{F}=\boldsymbol{G}+\boldsymbol{g} \tag{1.84}$$

对式(1.84)两端取散度

$$\nabla\cdot\boldsymbol{F}=\nabla\cdot\boldsymbol{G}+\nabla\cdot\boldsymbol{g} \tag{1.85}$$

对比式(1.82)和式(1.85)可得

$$\nabla\cdot\boldsymbol{g}=0 \tag{1.86}$$

再对式(1.84)两端取旋度

$$\nabla\times \boldsymbol{F}=\nabla\times \boldsymbol{G}+\nabla\times \boldsymbol{g} \tag{1.87}$$

对比式(1.83)和式(1.87)可得

$$\nabla\times \boldsymbol{g}=0 \tag{1.88}$$

由式(1.78)和式(1.88),可以令

$$\boldsymbol{g}=\nabla\phi \tag{1.89}$$

把式(1.89)代入式(1.86)可得

$$\nabla\cdot\nabla\phi=\nabla^2\phi=0 \tag{1.90}$$

式(1.90)中的二阶偏微分方程是拉普拉斯方程,满足拉普拉斯方程的函数不会出现极值,而 ϕ 又是在无界空间中取值的任意函数,因此 ϕ 只能是一个常数 $\phi=C$,从而求得

$$\boldsymbol{g}=\nabla\phi=0$$

于是由式(1.84)可得 $\boldsymbol{F}=\boldsymbol{G}$,即给定散度和旋度所决定的矢量场是唯一的。这样也就证明了亥姆霍兹定理。

在无界空间中一个既有散度又有旋度的矢量场,可以表示为一个无旋场 $\boldsymbol{F}_d$(有散度)和一个无散场 $\boldsymbol{F}_c$(有旋度)之和

$$\boldsymbol{F}=\boldsymbol{F}_d+\boldsymbol{F}_c \tag{1.91}$$

对于无旋场 $\boldsymbol{F}_d$ 来说,$\nabla\times\boldsymbol{F}_d=0$,但这个场的散度不会处处为0。因为任何一个物理场必然有源来激发它,若这个场的旋涡源和通量源都为0,那么这个场就不存在了,因此无旋场必然对应于有散场,设其散度等于 $\rho(\boldsymbol{r})$,即$\nabla\cdot\boldsymbol{F}_d=\rho$。根据矢量恒等式$\nabla\times\nabla\phi=0$,可令

$$\boldsymbol{F}_d=-\nabla\phi \tag{1.92}$$

对于无散场 $\boldsymbol{F}_c$,$\nabla\cdot\boldsymbol{F}_c=0$,但是这个场的旋度不会处处为0,设其旋度等于$\boldsymbol{J}(\boldsymbol{r})$,即$\nabla\times\boldsymbol{F}_c=\boldsymbol{J}$。根据矢量恒等式$\nabla\cdot\nabla\times\boldsymbol{A}=0$,可以令

$$\boldsymbol{F}_c=\nabla\times\boldsymbol{A} \tag{1.93}$$

把式(1.92)和式(1.93)代入式(1.91)可得

$$\boldsymbol{F}=-\nabla\phi+\nabla\times\boldsymbol{A} \tag{1.94}$$

即矢量场 $\boldsymbol{F}$ 可表示为一个标量场的梯度再加上一个矢量场的旋度。

设无旋场 $\boldsymbol{F}_d$ 的散度等于 $\rho(\boldsymbol{r})$,无散场 $\boldsymbol{F}_c$ 的旋度等于 $\boldsymbol{J}(\boldsymbol{r})$,则

$$\nabla\cdot\boldsymbol{F}=\nabla\cdot(\boldsymbol{F}_d+\boldsymbol{F}_c)=\nabla\cdot\boldsymbol{F}_d=\rho \tag{1.95}$$

$$\nabla\times\boldsymbol{F}=\nabla\times(\boldsymbol{F}_d+\boldsymbol{F}_c)=\nabla\times\boldsymbol{F}_c=\boldsymbol{J} \tag{1.96}$$

可以看出,$\boldsymbol{F}$ 的散度代表产生矢量场 $\boldsymbol{F}$ 的一种“源”ρ,而 $\boldsymbol{F}$ 的旋度则代表产生矢量场 $\boldsymbol{F}$ 的另一种“源”$\boldsymbol{J}$,当这两种源在空间的分布确定时,矢量场也就唯一地确定了。

根据亥姆霍兹定理,研究一个矢量场,必须研究它的散度和旋度,才能确定该矢量场的性质。例如,静电场的基本方程为

$$\oint_S \boldsymbol{D}\cdot d\boldsymbol{S}=\sum q_0,\quad \nabla\cdot\boldsymbol{D}=\rho_0$$

$$\oint_l \boldsymbol{E}\cdot d\boldsymbol{l}=0,\qquad \nabla\times\boldsymbol{E}=0$$

即给定了静电场的散度和旋度,说明静电场是有源的无旋场。稳恒磁场的基本方程为

$$\oint_l \boldsymbol{H} \cdot d\boldsymbol{l} = \sum I_0, \quad \nabla \times \boldsymbol{H} = \boldsymbol{J}$$

$$\oiint_S \boldsymbol{B} \cdot d\boldsymbol{S} = 0, \qquad \nabla \cdot \boldsymbol{B} = 0$$

也给定了稳恒磁场的散度和旋度,说明稳恒磁场是无源的涡旋场。对于时变电场、时变磁场,读者可以做类似的讨论。

1.7 微分算符

1. Hamilton 算符

在矢量分析中,经常用到 Hamilton 算符,记作"∇"(读作"del"或"纳布拉"),在直角坐标系中,Hamilton 算符的展开式为

$$\nabla = \boldsymbol{e}_x \frac{\partial}{\partial x} + \boldsymbol{e}_y \frac{\partial}{\partial y} + \boldsymbol{e}_z \frac{\partial}{\partial z} \tag{1.97}$$

在圆柱坐标系和球坐标系中,Hamilton 算符的展开式见附录 3。

2. Laplacian 算符

Laplacian 算符可以写为

$$\nabla^2 = \nabla \cdot \nabla \tag{1.98}$$

在直角坐标系中,Laplacian 算符的展开式为

$$\nabla^2 = \frac{\partial^2}{\partial x^2} + \frac{\partial^2}{\partial y^2} + \frac{\partial^2}{\partial z^2} \tag{1.99}$$

在圆柱坐标系和球坐标系中,Laplacian 算符的展开式见附录 3。

3. 微分算符的常用变换式见附录 3

例 1.4 对于距离矢量 $\boldsymbol{R} = \boldsymbol{r} - \boldsymbol{r}'$,证明:

(1)
$$\nabla R = -\nabla' R = \frac{\boldsymbol{R}}{R} = \boldsymbol{e}_R \tag{1.100}$$

(2)
$$\nabla \frac{1}{R} = -\nabla' \frac{1}{R} = -\frac{\boldsymbol{R}}{R^3} = -\frac{\boldsymbol{e}_R}{R^2} \tag{1.101}$$

解

$$\boldsymbol{r} = \boldsymbol{e}_x x + \boldsymbol{e}_y y + \boldsymbol{e}_z z, \quad \boldsymbol{r}' = \boldsymbol{e}_x x' + \boldsymbol{e}_y y' + \boldsymbol{e}_z z'$$

距离矢量的模为

$$R = |\boldsymbol{r} - \boldsymbol{r}'| = [(x - x')^2 + (y - y')^2 + (z - z')^2]^{\frac{1}{2}}$$

∇表示对场点坐标进行微分

$$\nabla = \boldsymbol{e}_x \frac{\partial}{\partial x} + \boldsymbol{e}_y \frac{\partial}{\partial y} + \boldsymbol{e}_z \frac{\partial}{\partial z} \tag{1.102}$$

∇'表示对源点坐标进行微分

$$\nabla'=\boldsymbol{e}_x\frac{\partial}{\partial x'}+\boldsymbol{e}_y\frac{\partial}{\partial y'}+\boldsymbol{e}_z\frac{\partial}{\partial z'} \tag{1.103}$$

（1）

$$\begin{aligned}\nabla R&=\boldsymbol{e}_x\frac{\partial R}{\partial x}+\boldsymbol{e}_y\frac{\partial R}{\partial y}+\boldsymbol{e}_z\frac{\partial R}{\partial z}\\&=\boldsymbol{e}_x\frac{x-x'}{R}+\boldsymbol{e}_y\frac{y-y'}{R}+\boldsymbol{e}_z\frac{z-z'}{R}\\&=\frac{1}{R}(\boldsymbol{r}-\boldsymbol{r}')=\frac{\boldsymbol{R}}{R}=\boldsymbol{e}_R\end{aligned}$$

$$\begin{aligned}\nabla' R&=\boldsymbol{e}_x\frac{\partial R}{\partial x'}+\boldsymbol{e}_y\frac{\partial R}{\partial y'}+\boldsymbol{e}_z\frac{\partial R}{\partial z'}\\&=-\boldsymbol{e}_x\frac{x-x'}{R}-\boldsymbol{e}_y\frac{y-y'}{R}-\boldsymbol{e}_z\frac{z-z'}{R}\\&=-\frac{1}{R}(\boldsymbol{r}-\boldsymbol{r}')=-\frac{\boldsymbol{R}}{R}=-\boldsymbol{e}_R\end{aligned}$$

（2）

$$\begin{aligned}\nabla\frac{1}{R}&=\boldsymbol{e}_x\frac{\partial}{\partial x}\left(\frac{1}{R}\right)+\boldsymbol{e}_y\frac{\partial}{\partial y}\left(\frac{1}{R}\right)+\boldsymbol{e}_z\frac{\partial}{\partial z}\left(\frac{1}{R}\right)\\&=-\boldsymbol{e}_x\frac{x-x'}{R^3}-\boldsymbol{e}_y\frac{y-y'}{R^3}-\boldsymbol{e}_z\frac{z-z'}{R^3}\\&=-\frac{1}{R^3}(\boldsymbol{r}-\boldsymbol{r}')=-\frac{\boldsymbol{R}}{R^3}=-\frac{\boldsymbol{e}_R}{R^2}\end{aligned}$$

$$\begin{aligned}\nabla'\frac{1}{R}&=\boldsymbol{e}_x\frac{\partial}{\partial x'}\left(\frac{1}{R}\right)+\boldsymbol{e}_y\frac{\partial}{\partial y'}\left(\frac{1}{R}\right)+\boldsymbol{e}_z\frac{\partial}{\partial z'}\left(\frac{1}{R}\right)\\&=\boldsymbol{e}_x\frac{x-x'}{R^3}+\boldsymbol{e}_y\frac{y-y'}{R^3}+\boldsymbol{e}_z\frac{z-z'}{R^3}\\&=\frac{1}{R^3}(\boldsymbol{r}-\boldsymbol{r}')=\frac{\boldsymbol{R}}{R^3}=\frac{\boldsymbol{e}_R}{R^2}\end{aligned}$$

式(1.100)和式(1.101)可以作为公式使用。

第1章习题

1-1 利用矢量的方法证明三角形的余弦定理。

1-2 在直角坐标系中证明以下矢量恒等式：

(1) $\nabla(\Phi\Psi)=\Phi\nabla\Psi+\Psi\nabla\Phi$；

(2) $\nabla\cdot(\Phi\boldsymbol{A})=\Phi\nabla\cdot\boldsymbol{A}+\boldsymbol{A}\cdot\nabla\Phi$；

(3) $\nabla\times(\Phi\boldsymbol{A})=\Phi\nabla\times\boldsymbol{A}+\nabla\Phi\times\boldsymbol{A}$。

1-3 试求距离矢量的模$|\boldsymbol{r}_1-\boldsymbol{r}_2|$在直角坐标系、圆柱坐标系和球坐标系中的表

达式。

1-4　在圆柱坐标系中,一点的位置由$(4,2\pi/3,3)$定出,求该点在:(1)直角坐标系中的坐标;(2)球坐标系中的坐标。

1-5　用球坐标系表示的场$\boldsymbol{E}=\boldsymbol{e}_r 25/r^2$,求在直角坐标系中点$(-3,4,-5)$处的$\boldsymbol{E}$。

1-6　已知直角坐标系中的矢量$\boldsymbol{A}=\boldsymbol{e}_x a+\boldsymbol{e}_y b+\boldsymbol{e}_z c$,式中$a$、$b$、$c$均为常数,试求该矢量在圆柱坐标系及球坐标系中的表示式。

1-7　在由$r=5$、$z=0$和$z=4$围成的圆柱形区域,对矢量$\boldsymbol{A}=\boldsymbol{e}_r \boldsymbol{r}^2+\boldsymbol{e}_z 2z$验证散度定理。

1-8　计算矢量$\boldsymbol{r}$对一个球心在原点半径为a的球表面的积分,并求$\nabla\cdot\boldsymbol{r}$对球体积的积分,验证散度定理。

1-9　求矢量$\boldsymbol{A}=\boldsymbol{e}_x x+\boldsymbol{e}_y x^2+\boldsymbol{e}_z y^2 z$沿$xy$平面上的一个边长为2的正方形回路的线积分,此正方形的两边分别与x轴和y轴重合。再求$\nabla\times\boldsymbol{A}$对此回路所包围的表面积分,验证斯托克斯定理。

1-10　求矢量$\boldsymbol{A}=\boldsymbol{e}_x x+\boldsymbol{e}_y xy^2$沿圆周$x^2+y^2=a^2$的线积分,再计算$\nabla\times\boldsymbol{A}$对此圆面积的积分,验证斯托克斯定理。

1-11　给定矢量函数$\boldsymbol{E}=\boldsymbol{e}_x y+\boldsymbol{e}_y x$,试求:

(1) 沿抛物线$x=2y^2$;

(2) 沿连接该两点的直线,分别计算从$P_1(2,1,-1)$到$P_2(8,2,-1)$的线积分$\int\boldsymbol{E}\cdot\mathrm{d}\boldsymbol{l}$的值。这个$\boldsymbol{E}$是否是保守场?

1-12　求数量场$u=\ln(x+2y+z^2)$通过点$P(1,3,2)$的等值面方程。

1-13　求标量函数$\Psi=x^2yz$的梯度及Ψ在一个指定方向的方向导数。此方向由单位矢量$\boldsymbol{e}_x 3/\sqrt{50}+\boldsymbol{e}_y 4/\sqrt{50}+\boldsymbol{e}_z 5/\sqrt{50}$定出,求$(2,3,1)$点的导数值。

1-14　方程$u=\dfrac{x^2}{a^2}+\dfrac{y^2}{b^2}+\dfrac{z^2}{c^2}$给出一个椭球族。求椭球表面上任意点的单位法向矢量。

1-15　现有3个矢量场$\boldsymbol{A}$、$\boldsymbol{B}$、$\boldsymbol{C}$:

$$\boldsymbol{A}=\boldsymbol{e}_r\sin\theta\cos\varphi+\boldsymbol{e}_\theta\cos\theta\cos\varphi-\boldsymbol{e}_\varphi\sin\varphi$$

$$\boldsymbol{B}=\boldsymbol{e}_r z^2\sin\varphi+\boldsymbol{e}_\varphi z^2\cos\varphi+\boldsymbol{e}_z 2rz\sin\varphi$$

$$\boldsymbol{C}=\boldsymbol{e}_x(3y^2-2x)+\boldsymbol{e}_y x^2+\boldsymbol{a}_z 2z$$

问:

(1) 哪些矢量可以由一个标量函数的梯度表示?哪些矢量可以由一个矢量的旋度表示?

(2) 求出这些矢量的源分布。

1-16　写出时变电磁场的基本方程,由亥姆霍兹定理说明场的性质被唯一地确定。

1-17　证明:

(1) $\nabla \cdot \boldsymbol{R}=3$;

(2) $\nabla \times \boldsymbol{R}=0$;

(3) $\nabla(\boldsymbol{A} \cdot \boldsymbol{R})=\boldsymbol{A}$;

其中 $\boldsymbol{R}=\boldsymbol{e}_x x+\boldsymbol{e}_y y+\boldsymbol{e}_z z$,$\boldsymbol{A}$ 为一个常矢量。

1-18 在球坐标系中证明$\nabla^2 \frac{\mathrm{e}^{-kr}}{r}=k^2 \frac{\mathrm{e}^{-kr}}{r}$,其中 k 是常数。

库仑

(Charles Augustin de Coulomb，1736—1806，法国)

库仑定律是电学发展史上的第一个定量规律，它使电学的研究从定性进入定量阶段，是电学史上的重要的里程碑。

第2章 静电场分析

2.1 静电场的基本规律

本节简要地复习大学物理中已经学过的静电场的基本规律。

扫码看讲课录像
2.1.1-2.1.3

2.1.1 电荷与电荷分布

电荷是产生静电场的源，从微观上看，电荷是以离散的方式分布在空间中的，但是从宏观电磁学的观点看，当大量带电粒子密集地出现在某一空间范围内时，可以假定电荷是以连续的形式分布在这个范围中。根据电荷分布区域的具体情况，可以用体电荷密度 ρ、面电荷密度 ρ_S 和线电荷密度 ρ_l 来描述电荷在空间体积、曲面和曲线中的分布。

1. 体电荷密度

当电荷在某一空间体积内连续分布时，用体电荷密度来描述电荷在空间的分布特性，体电荷密度定义为空间某点处单位体积中的电荷量，即

$$\rho(\boldsymbol{r})=\lim_{\Delta V\to 0}\frac{\Delta q}{\Delta V} \tag{2.1}$$

$\rho(\boldsymbol{r})$的单位是 $\mathrm{C/m^3}$。$\rho(\boldsymbol{r})$是一个空间位置的连续函数，描述了电荷在空间的分布情况，构成一个标量场。利用 $\rho(\boldsymbol{r})$通过体积分可以求出某个体积 V 中总的电量，即

$$q=\iiint_V \rho(\boldsymbol{r})\mathrm{d}V \tag{2.2}$$

2. 面电荷密度

可以将电荷在一个极薄的薄层空间中的连续分布视为面电荷分布，如电荷在导体表面和电介质表面的分布。用面电荷密度来描述面电荷的分布特性，面电荷密度定义为某点处单位面积上的电荷量，即

$$\rho_S(\boldsymbol{r})=\lim_{\Delta S\to 0}\frac{\Delta q}{\Delta S} \tag{2.3}$$

$\rho_S(\boldsymbol{r})$的单位是 $\mathrm{C/m^2}$。$\rho_S(\boldsymbol{r})$是一个空间位置的连续函数，描述了电荷在某一曲面上的分布情况，构成一个标量场。利用 $\rho_S(\boldsymbol{r})$通过面积分可以求出某个曲面 S 上总的电量，即

$$q=\iint_S \rho(\boldsymbol{r})\mathrm{d}S \tag{2.4}$$

3. 线电荷密度

将电荷在半径极小的管形空间中的分布视为线电荷分布。用线电荷密度来描述线电荷的分布特性，线电荷密度定义为某点处单位长度上的电荷量，即

$$\rho_l(\boldsymbol{r})=\lim_{\Delta l\to 0}\frac{\Delta q}{\Delta l} \tag{2.5}$$

$\rho_l(\boldsymbol{r})$的单位是 C/m。利用 $\rho_l(\boldsymbol{r})$通过线积分可以求出某段曲线 l 上总的电量,即

$$q=\int_l \rho(\boldsymbol{r})\mathrm{d}l \tag{2.6}$$

4. 点电荷与点电荷的 δ 函数表示法

点电荷是电磁场理论中的一个理想模型,点电荷的电量为 q,占据的体积为趋近于 0 的一个几何点。显然,点电荷所在处的体电荷密度趋近于无穷大。为了定量地描述点电荷的分布,定义 δ 函数

$$\delta(\boldsymbol{r}-\boldsymbol{r}')=\begin{cases}0, & \boldsymbol{r}\neq\boldsymbol{r}' \\ \infty, & \boldsymbol{r}=\boldsymbol{r}'\end{cases} \tag{2.7}$$

$$\iiint_V \delta(\boldsymbol{r}-\boldsymbol{r}')\mathrm{d}V=\begin{cases}0, & \boldsymbol{r}' \text{ 不在 } V \text{ 内} \\ 1, & \boldsymbol{r}' \text{ 在 } V \text{ 内}\end{cases} \tag{2.8}$$

可以用 δ 函数表示点电荷的体电荷密度

$$\rho(\boldsymbol{r})=q\delta(\boldsymbol{r}-\boldsymbol{r}')=\begin{cases}0, & \boldsymbol{r}\neq\boldsymbol{r}' \\ \infty, & \boldsymbol{r}=\boldsymbol{r}'\end{cases} \tag{2.9}$$

对于点电荷,空间任意体积 V 中总的电量 Q 可以由式(2.10)给出,即

$$Q=\iiint_V \rho(\boldsymbol{r})\mathrm{d}V=q\iiint_V \delta(\boldsymbol{r}-\boldsymbol{r}')\mathrm{d}V=\begin{cases}0, & \boldsymbol{r} \text{ 不在 } V \text{ 内} \\ q, & \boldsymbol{r}' \text{ 在 } V \text{ 内}\end{cases} \tag{2.10}$$

式(2.9)和式(2.10)具有明确的物理意义,并且符合客观事实。

2.1.2 场强 $\boldsymbol{E}$ 和电位 $\boldsymbol{\Phi}$

电场强度 $\boldsymbol{E}$ 和电位 Φ 是研究静电场最基本的两个物理量。空间某点处的电场强度定义为单位正的试探电荷在该点受的电场力

$$\boldsymbol{E}(\boldsymbol{r})=\frac{\boldsymbol{F}(\boldsymbol{r})}{q_0} \tag{2.11}$$

电场强度是一个矢量,在空间构成一个矢量场 $\boldsymbol{E}(\boldsymbol{r})$,所以可以用研究矢量场的方法来研究静电场,如利用电力线、高斯定理、环路定理、矢量场的散度、矢量场的旋度等。

空间某点电位的定义为

$$\Phi(\boldsymbol{r})=\int_P^Q \boldsymbol{E}\cdot\mathrm{d}\boldsymbol{l} \tag{2.12}$$

其中,P 是待求电位的场点;Q 是电位的参考点。电位是一个标量,在空间构成一个标量场 $\Phi(\boldsymbol{r})$,所以也可以用研究标量场的方法研究静电场,如利用等位面、电位梯度、泊松方程、拉普拉斯方程等。

两点之间的电位差称为电压,可以写为

$$\Phi_{P_1}-\Phi_{P_2}=\int_{P1}^Q \boldsymbol{E}\cdot\mathrm{d}\boldsymbol{l}-\int_{P_2}^Q \boldsymbol{E}\cdot\mathrm{d}\boldsymbol{l}=\int_{P_1}^{P_2} \boldsymbol{E}\cdot\mathrm{d}\boldsymbol{l} \tag{2.13}$$

$\boldsymbol{E}$ 和 Φ 之间满足以下关系式

$$\Phi(r)=\int_P^Q \boldsymbol{E}\cdot \mathrm{d}\boldsymbol{l}$$
$$\boldsymbol{E}(\boldsymbol{r})=-\nabla\Phi(\boldsymbol{r}) \tag{2.14}$$

2.1.3 静电场的基本方程

静电场的基本方程包括高斯定理和环路定理

$$\begin{cases}\oint\!\!\!\oint_S \boldsymbol{E}\cdot \mathrm{d}\boldsymbol{S}=\dfrac{1}{\varepsilon}\sum_i q_i & (2.15)\\ \oint_l \boldsymbol{E}\cdot \mathrm{d}\boldsymbol{l}=0 & (2.16)\end{cases}$$

其中，$\sum_i q_i$ 是 S 面内包围的所有电荷(包括自由电荷和极化电荷)。有电介质时，静电场的基本方程可以写为

$$\begin{cases}\oint\!\!\!\oint_S \boldsymbol{D}\cdot \mathrm{d}\boldsymbol{S}=\sum_i q_0 & (2.17)\\ \oint_l \boldsymbol{E}\cdot \mathrm{d}\boldsymbol{l}=0 & (2.18)\end{cases}$$

其中，$\sum_i q_0$ 是 S 面内包围的所有自由电荷。

为了证明式(2.17)，先介绍有关立体角的概念。在一个半径为 R 的球面上任取一个面元 $\mathrm{d}S$，此面元边上各点与球心的连线构成一个该面元对球心的立体角

$$\mathrm{d}\Omega=\frac{\mathrm{d}S}{R^2} \tag{2.19}$$

如图 2.1 所示，立体角的单位是球面度。整个球面对球心的立体角 $\Omega=\dfrac{4\pi R^2}{R^2}=4\pi$ 球面度。为了计算不在球面上的任一面元 $\mathrm{d}\boldsymbol{S}$ 对一点(O 点)的立体角，可以 O 点为球心，以 O 点到 $\mathrm{d}\boldsymbol{S}$ 的距离 R 为半径作一个球面，$\mathrm{d}\boldsymbol{S}\cdot\boldsymbol{e}_R$ 为 $\mathrm{d}\boldsymbol{S}$ 在球面上的投影，则

$$\mathrm{d}\Omega=\frac{\mathrm{d}\boldsymbol{S}\cdot\boldsymbol{e}_R}{R^2}=\frac{\mathrm{d}S\cos\theta}{R^2} \tag{2.20}$$

如图 2.2 所示。

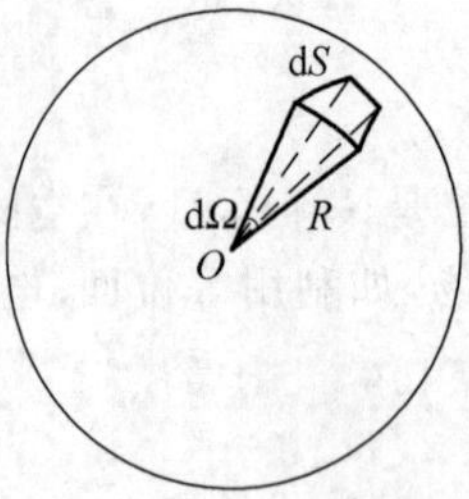

图 2.1 球面上的面元对球心的立体角

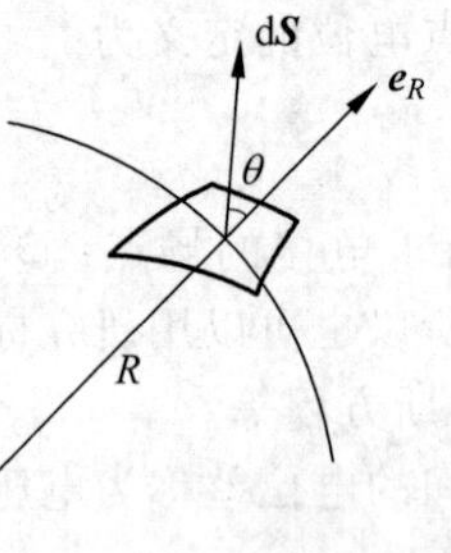

图 2.2 任一面元对一点的立体角

一个任意形状的闭合曲面对一点 O 所张立体角，如果 O 点在闭合曲面内，可以以 O 点为球心，在闭合曲面内作一个球面，如图 2.3(a)所示，可以看出该闭合曲面对 O 点所张的立体角和球面对 O 点的立体角是相等的，即为 4π 球面度。如果 O 点位于闭合曲面之外，如图 2.3(b)所示。从 O 点向闭合曲面作切线，所有的切点构成的曲线把闭合曲面分成两部分：S_1 面和 S_2 面，S_1 面对 O 点的立体角是 Ω_1，是负值；S_2 面对 O 点的立体角是 Ω_2，与 Ω_1 等量异号，所以整个闭合曲面对 O 点所张的立体角 $\Omega=\Omega_1+\Omega_2=0$。

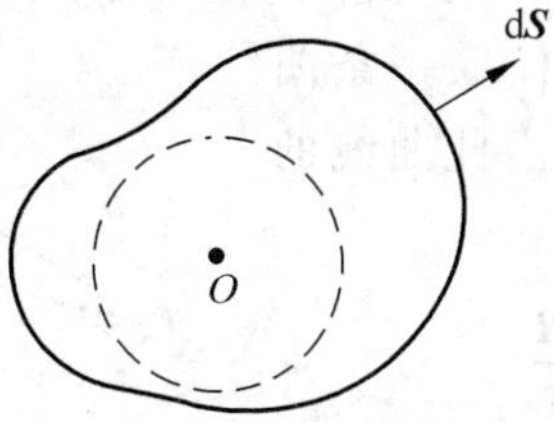

(a) O点在闭合曲面内

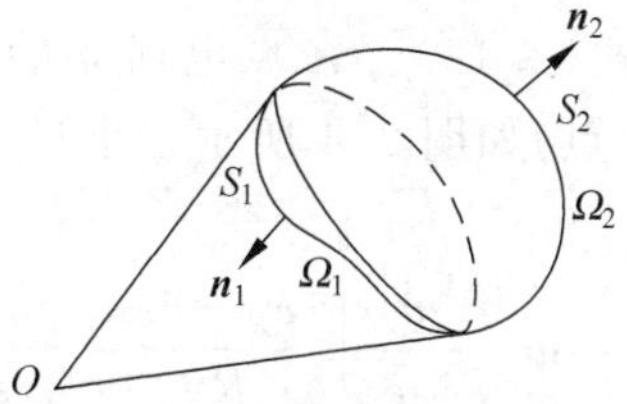

(b) O点位于闭合曲面外

图 2.3 闭合面的立体角

现在证明高斯定理式(2.17)。先研究无界真空中只有一个点电荷的情况

$$\oint\!\!\!\oint_S \boldsymbol{D}\cdot \mathrm{d}\boldsymbol{S}=\oint\!\!\!\oint_S \frac{q\boldsymbol{e}_r}{4\pi R^2}\cdot \mathrm{d}\boldsymbol{S}=\frac{q}{4\pi}\oint\!\!\!\oint_S \frac{\boldsymbol{e}_r\cdot \mathrm{d}\boldsymbol{S}}{R^2} \tag{2.21}$$

式中，$\frac{\boldsymbol{e}_r\cdot \mathrm{d}\boldsymbol{S}}{R^2}$是面元 $\mathrm{d}\boldsymbol{S}$ 对点电荷 q 所张的立体角 $\mathrm{d}\Omega$，对闭合曲面积分就是闭合曲面对电荷 q 所张的立体角。若电荷 q 在闭合面内，则该立体角为 4π，若电荷 q 在闭合面之外，则该立体角为 0。因此，式(2.21)可以写为

$$\oint\!\!\!\oint_S \boldsymbol{D}\cdot \mathrm{d}\boldsymbol{S}=\begin{cases} q, & q\ \text{在闭合曲面内} \\ 0, & q\ \text{在闭合曲面外} \end{cases} \tag{2.22}$$

如果无界真空中有 N 个点电荷 $q_1,q_2,\cdots,q_k,\cdots,q_N$，而闭合曲面内包围的点电荷为 $q_1,q_2,\cdots,q_k$，则穿过闭合面 S 的电位移通量为

$$\begin{aligned}\oint\!\!\!\oint_S \boldsymbol{D}\cdot \mathrm{d}\boldsymbol{S}&=\oint\!\!\!\oint_S (\boldsymbol{D}_1+\boldsymbol{D}_2+\cdots+\boldsymbol{D}_k+\cdots+\boldsymbol{D}_N)\cdot \mathrm{d}\boldsymbol{S}\\&=\oint\!\!\!\oint_S \boldsymbol{D}_1\cdot \mathrm{d}\boldsymbol{S}+\oint\!\!\!\oint_S \boldsymbol{D}_2\cdot \mathrm{d}\boldsymbol{S}+\cdots+\oint\!\!\!\oint_S \boldsymbol{D}_k\cdot \mathrm{d}\boldsymbol{S}+\cdots+\oint\!\!\!\oint_S \boldsymbol{D}_N\cdot \mathrm{d}\boldsymbol{S}\\&=q_1+q_2+\cdots+q_k=\sum_{i=1}^{k} q_i\end{aligned} \tag{2.23}$$

尽管空间各点的 D_i 与产生它的所有场源点电荷有关，但式(2.23)表明，穿过闭合曲面 S 的电位移通量$\oint\!\!\!\oint_S \boldsymbol{D}\cdot \mathrm{d}\boldsymbol{S}$ 仅与闭合曲面 S 内场源电荷的代数和 $\sum_{i=1}^{k} q_i$ 有关。式(2.23)可推广到体电荷、面电荷和线电荷的情况。电荷以体密度 ρ 分布时，式(2.23)的右边 $\sum_{i=1}^{k} q_i$ 变

成积分$\iiint\limits_V \rho \mathrm{d}V$,利用散度定理,式(2.23)可以写为

$$\oint_S \boldsymbol{D} \cdot \mathrm{d}\boldsymbol{S} = \iiint_V \nabla \cdot \boldsymbol{D} \mathrm{d}V = \iiint_V \rho \mathrm{d}V \tag{2.24}$$

因为 S 是任意的闭合曲面,高斯定理的微分形式为

$$\nabla \cdot \boldsymbol{D} = \rho \tag{2.25}$$

式(2.25)表明,电位移矢量 $\boldsymbol{D}$ 在某点的空间变化率等于该点的电荷体密度 ρ。

下面证明式(2.18)。在点电荷 q 的电场中任取一条曲线连接 A、B 两点,如图 2.4 所示。求场量 $\boldsymbol{E}(\boldsymbol{r})$ 沿此曲线的积分

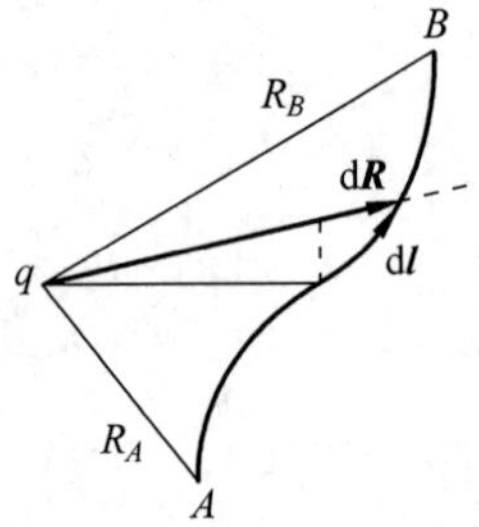

图 2.4 $\boldsymbol{E}$ 沿曲线的积分

$$\begin{aligned}\int_l \boldsymbol{E} \cdot \mathrm{d}\boldsymbol{l} &= \frac{q}{4\pi\varepsilon_0}\int_l \frac{\boldsymbol{e}_R \cdot \mathrm{d}\boldsymbol{l}}{R^2} = \frac{q}{4\pi\varepsilon_0}\int_{R_A}^{R_B} \frac{\mathrm{d}\boldsymbol{R}}{R^2} \\ &= \frac{q}{4\pi\varepsilon_0}\left(\frac{1}{R_A} - \frac{1}{R_B}\right)\end{aligned} \tag{2.26}$$

当积分路径是闭合回路,即 A、B 两点重合时,可得

$$\int_l \boldsymbol{E} \cdot \mathrm{d}\boldsymbol{l} = 0 \tag{2.27}$$

式(2.27)虽然是从点电荷的电场中得到的结论,但很容易推广到任意电荷分布的电场中,所以式(2.27)表示了静电场的一个共同特性。以电场力做功为例,当某试验电荷 q 在电场中沿闭合回路移动一周时,电场力所做的功为$\int_l q\boldsymbol{E} \cdot \mathrm{d}\boldsymbol{l} = q\int_l \boldsymbol{E} \cdot \mathrm{d}\boldsymbol{l} = 0$,即当电荷 q 在电场中移动一周回到出发点时,电场力做的功为零,电场能量不变,这说明静电场是保守场。

利用斯托克斯定理可以写出式(2.27)的微分形式,即

$$\nabla \times \boldsymbol{E} = 0 \tag{2.28}$$

式(2.25)和式(2.28)给定了静电场的散度和旋度,根据亥姆霍兹定理,静电场的性质是完全确定的。

2.1.4 场强 $\boldsymbol{E}$ 和电位 $\boldsymbol{\Phi}$ 的计算

扫码看讲课录像 2.1.4

下面复习并总结大学物理中已经学过的场强 $\boldsymbol{E}$ 和电位 Φ 的计算方法。

1. *方法 1*

第一步:利用点电荷场强公式和场强的叠加原理求 $\boldsymbol{E}$。

点电荷的场强

$$\boldsymbol{E}(\boldsymbol{r}) = \frac{1}{4\pi\varepsilon_0}\frac{q(\boldsymbol{r}')}{R^2}\boldsymbol{e}_R \tag{2.29}$$

点电荷组的场强

$$\boldsymbol{E}(\boldsymbol{r})=\frac{1}{4\pi\varepsilon_0}\sum_{i=1}^{n}\frac{q_i(\boldsymbol{r}'_i)}{R_i^2}\boldsymbol{e}_{R_i} \tag{2.30}$$

电荷连续分布的场强

$$\boldsymbol{E}(\boldsymbol{r})=\frac{1}{4\pi\varepsilon}\int\frac{\mathrm{d}q(\boldsymbol{r}')}{R^2}\boldsymbol{e}_R \tag{2.31}$$

电荷连续分布包括线分布、面分布和体分布，对于线电荷分布

$$\mathrm{d}q(\boldsymbol{r}')=\rho_l(\boldsymbol{r}')\mathrm{d}l \tag{2.32}$$

对于面电荷分布

$$\mathrm{d}q(\boldsymbol{r}')=\rho_S(\boldsymbol{r}')\mathrm{d}S \tag{2.33}$$

对于体电荷分布

$$\mathrm{d}q(\boldsymbol{r}')=\rho(\boldsymbol{r}')\mathrm{d}V \tag{2.34}$$

第二步：

$$\Phi(\boldsymbol{r})=\int_P^Q\boldsymbol{E}\cdot\mathrm{d}\boldsymbol{l} \tag{2.35}$$

其中，P 点是待求电位的场点；Q 点是电位的参考点。如果电荷分布在有限区域内，一般取无穷远处作参考点，如果电荷不是分布在有限区域内，需要根据具体情况选择参考点。

例 2.1 真空中有一电偶极子，如图 2.5 所示，电偶极子由一对点电荷组成，一个是正电荷 $q_1=q$，另一个是负电荷 $q_2=-q$，正、负点电荷之间的距离非常小，是一段微分线元 l，试求电偶极子在远处产生的场强。

解 选用球坐标系，点电荷的场强为

$$\boldsymbol{E}(\boldsymbol{r})=\frac{1}{4\pi\varepsilon_0}\frac{q}{R^2}\boldsymbol{e}_R=\frac{q}{4\pi\varepsilon_0}\frac{\boldsymbol{R}}{R^3}$$
$$=-\frac{q}{4\pi\varepsilon_0}\nabla\frac{1}{R} \tag{2.36}$$

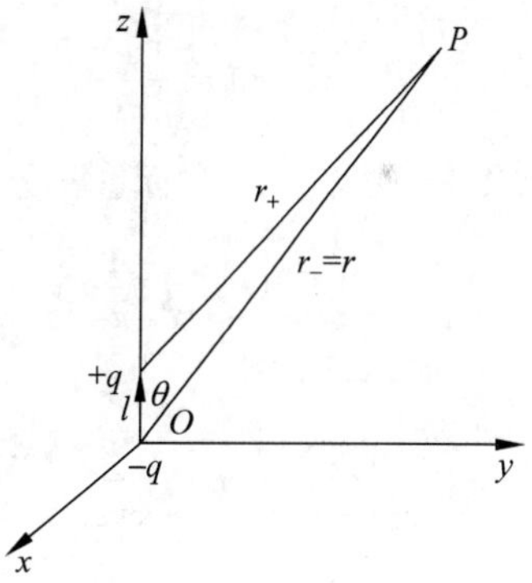

图 2.5 例 2.1 用图

上面的推导中利用了式(1.101)。电偶极子在 P 点产生的场强为

$$\boldsymbol{E}(\boldsymbol{r})=-\frac{q}{4\pi\varepsilon_0}\left(\nabla\frac{1}{r_+}-\nabla\frac{1}{r}\right) \tag{2.37}$$

其中，$r_+=(r^2+l^2-2rl\cos\theta)^{1/2}$，$l\ll r$。利用幂级数展开式

$$\frac{1}{(1+x)^{1/2}}=1-\frac{1}{2}x+\frac{3}{8}x^2-\cdots,\quad -1<x\leqslant 1$$

可以写出

$$\frac{1}{r_+}\approx\frac{1}{(r^2-2rl\cos\theta)^{1/2}}=\frac{1}{r\left(1-\dfrac{2l\cos\theta}{r}\right)^{1/2}}\approx\frac{1}{r}\left(1+\frac{l\cos\theta}{r}\right)$$

把上式代入式(2.37)可得

$$\boldsymbol{E}(\boldsymbol{r})=-\frac{q}{4\pi\varepsilon_0}\nabla\left(\frac{l\cos\theta}{r^2}\right)=\boldsymbol{e}_r\frac{ql\cos\theta}{2\pi\varepsilon_0 r^3}+\boldsymbol{e}_\theta\frac{ql\sin\theta}{4\pi\varepsilon_0 r^3}\tag{2.38}$$

定义 $\boldsymbol{p}=q\boldsymbol{l}$ 为电偶极子的电矩矢量,$\boldsymbol{l}$ 的方向规定为由 $-q$ 指向 q。式(2.38)可以写为

$$\boldsymbol{E}(\boldsymbol{r})=-\frac{1}{4\pi\varepsilon_0}\nabla\left(\frac{\boldsymbol{p}\cdot\boldsymbol{r}}{r^3}\right)=\boldsymbol{e}_r\frac{p\cos\theta}{2\pi\varepsilon_0 r^3}+\boldsymbol{e}_\theta\frac{p\sin\theta}{4\pi\varepsilon_0 r^3}\tag{2.39}$$

例 2.2 真空中长度为 l 的直线上的线电荷密度为 ρ_l,如图 2.6 所示,求此线电荷周围的电场。

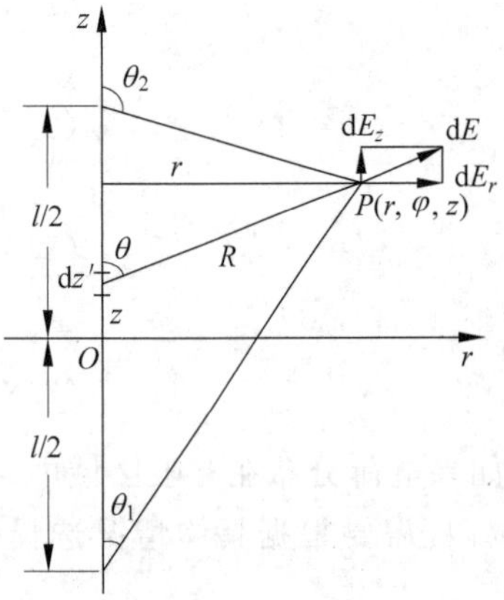

图 2.6 例 2.2 用图

解 采用圆柱坐标系,使线电荷与 z 轴重合,原点位于线电荷的中点。电荷及电场的分布具有轴对称性,可以只在 φ 为常数的平面内计算电场的分布。直线上线元 $\rho_l\mathrm{d}z'$ 在 P 点产生的场强为

$$\mathrm{d}\boldsymbol{E}(\boldsymbol{r})=\frac{1}{4\pi\varepsilon_0}\frac{\rho_l\mathrm{d}z'}{R^2}\boldsymbol{e}_R=\frac{1}{4\pi\varepsilon_0}\frac{\rho_l\mathrm{d}z'}{R^3}\boldsymbol{R}\tag{2.40}$$

其中 P 点处的位置矢量为 $\boldsymbol{r}=\boldsymbol{e}_r r+\boldsymbol{e}_z z$,线元 $\rho_l\mathrm{d}z'$ 的位置矢量为 $\boldsymbol{e}_z z'$,所以 $\boldsymbol{R}=\boldsymbol{e}_r r+\boldsymbol{e}_z(z-z')$,代入式(2.40)可得

$$\mathrm{d}\boldsymbol{E}(\boldsymbol{r})=\frac{1}{4\pi\varepsilon_0}\frac{\rho_l\mathrm{d}z'[\boldsymbol{e}_r r+\boldsymbol{e}_z(z-z')]}{[r^2+(z-z')^2]^{3/2}}=\boldsymbol{e}_r\mathrm{d}E_r(\boldsymbol{r})+\boldsymbol{e}_z\mathrm{d}E_z(\boldsymbol{r})$$

上式可以分解为两个标量积分,$\boldsymbol{e}_r$ 分量的积分为

$$E_r(\boldsymbol{r})=\frac{1}{4\pi\varepsilon_0}\int_{-l/2}^{l/2}\frac{\rho_l r\,\mathrm{d}z'}{[r^2+(z-z')^2]^{3/2}}=\frac{\rho_l}{4\pi\varepsilon_0 r}\left\{\frac{z+\frac{l}{2}}{\left[r^2+\left(z+\frac{l}{2}\right)^2\right]^{1/2}}-\frac{z-\frac{l}{2}}{\left[r^2+\left(z-\frac{l}{2}\right)^2\right]^{1/2}}\right\}$$

由

$$\cos\theta_1=\frac{z+\frac{l}{2}}{\left[r^2+\left(z+\frac{l}{2}\right)^2\right]^{1/2}},\quad \cos\theta_2=\frac{z-\frac{l}{2}}{\left[r^2+\left(z-\frac{l}{2}\right)^2\right]^{1/2}}$$

所以

$$E_r(\boldsymbol{r})=\frac{\rho_l}{4\pi\varepsilon_0 r}(\cos\theta_1-\cos\theta_2)\tag{2.41}$$

$\boldsymbol{e}_z$ 分量的积分为

$$E_z(\boldsymbol{r})=\frac{1}{4\pi\varepsilon_0}\int_{-l/2}^{l/2}\frac{\rho_l(z-z')\mathrm{d}z'}{[r^2+(z-z')^2]^{3/2}}=\frac{\rho_l}{4\pi\varepsilon_0 r}(\sin\theta_2-\sin\theta_1)\tag{2.42}$$

式(2.41)、式(2.42)中的 θ_1、θ_2 如图 2.6 所示。

如果该均匀带电的直线在两端无限延长变为无限长线电荷，其周围的电场可以从式(2.41)、式(2.42)求出，只要令 $\theta_1 \to 0, \theta_2 \to 180°$，可得

$$E_r(\boldsymbol{r}) = \frac{\rho_l}{2\pi\varepsilon_0 r}, \quad E_z(\boldsymbol{r}) = 0$$

写成矢量形式为

$$\boldsymbol{E}_r(\boldsymbol{r}) = \boldsymbol{e}_r \frac{\rho_l}{2\pi\varepsilon_0 r} \tag{2.43}$$

方法 1 评述：这种方法要用矢量的叠加或积分，运算比较复杂。

2. *方法 2*

电荷分布具有对称性，包括球对称、面对称、轴对称。

第一步：利用高斯定理求 $\boldsymbol{E}$；

第二步：$\Phi(\boldsymbol{r}) = \int_P^Q \boldsymbol{E} \cdot \mathrm{d}\boldsymbol{l}$。

例 2.3 已知球坐标系中电荷的分布 $\rho(r) = \rho_0 \dfrac{r}{R}, 0 \leqslant r \leqslant R$，求球体内、外场强和电位的分布。

解 本题中电荷的分布是球对称的，所以电场的分布也是球对称的。首先利用高斯定理求 $\boldsymbol{E}$。在 $r<R$ 的区域中，过待求场强的 P_1 点作一个与球体同心的球形高斯面，半径为 r，如图 2.7 所示。利用高斯定理

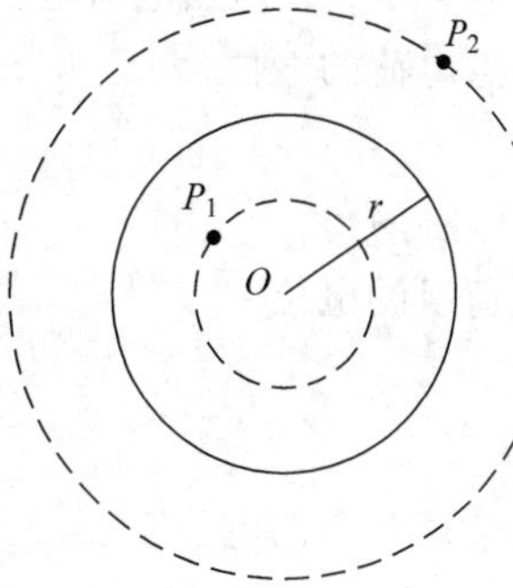

图 2.7 例 2.3 用图

$$\oint_S \boldsymbol{E} \cdot \mathrm{d}\boldsymbol{S} = \frac{1}{\varepsilon_0} \sum q = \frac{1}{\varepsilon_0} \iiint_V \rho(r) \cdot \mathrm{d}V \tag{2.44}$$

式(2.44)的左边

$$\oint_S \boldsymbol{E} \cdot \mathrm{d}\boldsymbol{S} = \oint_S E \cdot \mathrm{d}S = E \cdot 4\pi r^2$$

式(2.44)的右边

$$\iiint_V \rho(r) \cdot \mathrm{d}V = \int_0^r \int_0^\pi \int_0^{2\pi} \frac{\rho_0}{R} r \cdot r^2 \sin\theta \cdot \mathrm{d}r\,\mathrm{d}\theta\,\mathrm{d}\varphi = \frac{4\pi\rho_0}{R} \int_0^r r^3 \cdot \mathrm{d}r = \frac{\pi\rho_0 r^4}{R}$$

把以上两式代入高斯定理式(2.44)可得

$$E \cdot 4\pi r^2 = \frac{1}{\varepsilon_0} \frac{\pi\rho_0 r^4}{R}$$

所以在 $r<R$ 的区域中的场强为

$$\boldsymbol{E}_1 = \frac{\rho_0 r^2}{4\varepsilon_0 R} \boldsymbol{e}_r \tag{2.45}$$

在 $r>R$ 的区域中，过待求场强的 P_2 点作一个与球体同心的球形高斯面，半径为 r，如图 2.7 所示。可以求出高斯定理等式的左边仍为 $E \cdot 4\pi r^2$，等式的右边为

$$\iiint_V \rho(r)\mathrm{d}V = \frac{4\pi\rho_0}{R}\int_0^R r^3\mathrm{d}r = \pi\rho_0 R^3$$

代入高斯定理(式(2.44))可得

$$E \cdot 4\pi r^2 = \frac{1}{\varepsilon_0}\pi\rho_0 R^3$$

所以在 $r>R$ 的区域中的场强为

$$\boldsymbol{E}_2 = \frac{\rho_0 R^3}{4\varepsilon_0 r^2}\boldsymbol{e}_r \tag{2.46}$$

下面计算电位 Φ。在 $r<R$ 的区域中

$$\Phi(\boldsymbol{r}) = \int_r^\infty \boldsymbol{E}\cdot\mathrm{d}\boldsymbol{r} = \int_r^R E_1\mathrm{d}r + \int_R^\infty E_2\mathrm{d}r = \frac{\rho_0}{4\varepsilon_0 R}\cdot\frac{1}{3}(R^3 - r^3) + \frac{\rho_0 R^2}{4\varepsilon_0}$$

在 $r>R$ 的区域中

$$\Phi(\boldsymbol{r}) = \int_r^\infty \boldsymbol{E}\cdot\mathrm{d}\boldsymbol{r} = \int_r^\infty E_2\mathrm{d}r = \frac{\rho_0 R^3}{4\varepsilon_0 r}$$

方法2评述：这种方法计算比较简单，只要场的分布具有对称性，都应当选用这种方法。

3. *方法3*

第一步：利用点电荷电位的公式和电位的叠加原理求 Φ。

点电荷的电位

$$\Phi(\boldsymbol{r}) = \frac{1}{4\pi\varepsilon_0}\frac{q(\boldsymbol{r}')}{R} \tag{2.47}$$

点电荷组的电位

$$\Phi(\boldsymbol{r}) = \frac{1}{4\pi\varepsilon_0}\sum_{i=1}^{n}\frac{q_i(\boldsymbol{r}'_i)}{R_i} \tag{2.48}$$

电荷连续分布的电位

$$\Phi(\boldsymbol{r}) = \frac{1}{4\pi\varepsilon_0}\int\frac{\mathrm{d}q(\boldsymbol{r}')}{R} \tag{2.49}$$

线电荷元、面电荷元、体电荷元的表达式仍为式(2.32)～式(2.34)，代入式(2.49)，可以分别求出线电荷、面电荷、体电荷产生的电位的表达式

$$\Phi(\boldsymbol{r}) = \frac{1}{4\pi\varepsilon_0}\int_l\frac{\rho_l(\boldsymbol{r}')\mathrm{d}l}{R} \tag{2.50}$$

$$\Phi(\boldsymbol{r}) = \frac{1}{4\pi\varepsilon_0}\iint_S\frac{\rho_S(\boldsymbol{r}')\mathrm{d}S}{R} \tag{2.51}$$

$$\Phi(\boldsymbol{r}) = \frac{1}{4\pi\varepsilon_0}\iiint_V\frac{\rho(\boldsymbol{r}')\mathrm{d}V}{R} \tag{2.52}$$

第二步：利用电位梯度求场强

$$\boldsymbol{E} = -\nabla\Phi \tag{2.53}$$

例 2.4 利用方法 3 求电偶极子在远处产生的电位和场强。

解 选用球坐标系，仍如图 2.5 所示，场点 P 处的电位等于两个点电荷电位的叠加

$$\Phi=\frac{q}{4\pi\varepsilon_0}\left(\frac{1}{r_+}-\frac{1}{r}\right) \tag{2.54}$$

从图 2.5 中可以看出 $r_+^2=r^2+l^2-2rl\cos\theta$，所以

$$\frac{1}{r_+}=\frac{1}{(r^2+l^2-2rl\cos\theta)^{1/2}}$$

由于 $l\ll r$，利用幂级数展开式可以写出

$$\frac{1}{r_+}\approx\frac{1}{(r^2-2rl\cos\theta)^{1/2}}\approx\frac{1}{r}\left(1+\frac{l\cos\theta}{r}\right)$$

代入式(2.54)可得

$$\Phi=\frac{1}{4\pi\varepsilon_0}\frac{ql\cos\theta}{r^2}=\frac{1}{4\pi\varepsilon_0}\frac{\boldsymbol{p}\cdot\boldsymbol{r}}{r^3} \tag{2.55}$$

电偶极子在远处产生的场强为

$$\boldsymbol{E}=-\nabla\Phi=\boldsymbol{e}_r\frac{p\cos\theta}{2\pi\varepsilon_0 r^3}+\boldsymbol{e}_\theta\frac{p\sin\theta}{4\pi\varepsilon_0 r^3}=-\frac{1}{4\pi\varepsilon_0}\nabla\left(\frac{\boldsymbol{p}\cdot\boldsymbol{r}}{r^3}\right)$$

与例 2.1 中的结果完全相同。

例 2.5 半径为 a 的圆平面上均匀分布着面密度为 ρ_S 的面电荷，求圆平面中心垂直轴线上任意点处的电位和电场强度。

解 本题中的圆平面是有限大的，不能用高斯定理，需要用电位的叠加原理和微积分的方法来解。首先把圆平面无限分割，比较简单的方法是分割成无数多个同心的细圆环，如图 2.8 所示。任取一半径为 r' 的细圆环，圆环上任一面元上的电量为 $\rho_S r'\mathrm{d}r'\mathrm{d}\varphi'$，该面元距 P 点的距离为 $R=\sqrt{z^2+r'^2}$，细圆环上的电荷在 P 点产生的电位为

$$\mathrm{d}\Phi=\int_0^{2\pi}\frac{\rho_S r'\mathrm{d}r'\mathrm{d}\varphi'}{4\pi\varepsilon_0\sqrt{z^2+r'^2}}=\frac{\rho_S r'\mathrm{d}r'}{2\varepsilon_0\sqrt{z^2+r'^2}}$$

整个圆平面上的电荷在 P 点产生的电位为

$$\Phi(z)=\frac{\rho_S}{2\varepsilon_0}\int_0^a\frac{r'\mathrm{d}r'}{\sqrt{z^2+r'^2}}=\frac{\rho_S}{2\varepsilon_0}\left[\sqrt{z^2+a^2}-|z|\right]$$

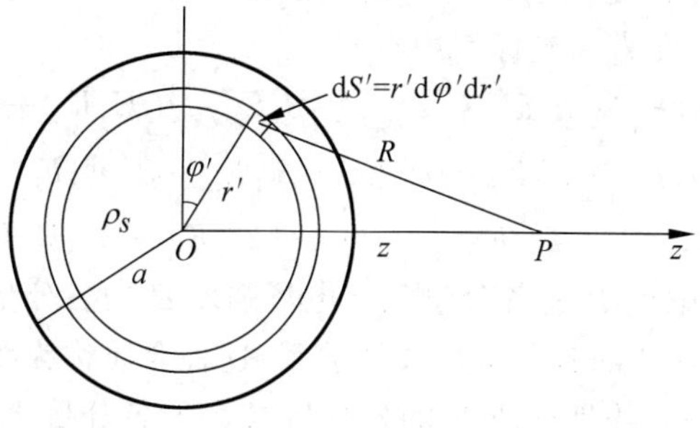

图 2.8 例 2.5 用图

从图 2.8 中可以看出,由对称性,P 点的电场强度 $\boldsymbol{E}$ 沿 z 方向,所以

$$\boldsymbol{E}(z)=-\nabla\Phi(z)=-\boldsymbol{e}_z\frac{\partial\Phi(z)}{\partial z}=\begin{cases}\boldsymbol{e}_z\dfrac{\rho_S}{2\varepsilon_0}\left[1-\dfrac{z}{\sqrt{z^2+a^2}}\right], & z>0\\ -\boldsymbol{e}_z\dfrac{\rho_S}{2\varepsilon_0}\left[1+\dfrac{z}{\sqrt{z^2+a^2}}\right], & z<0\end{cases}$$

方法 3 评述:由于这种方法是利用标量场的叠加或积分,计算比较简单。若场的分布没有对称性,这是求解电位和电场强度的一般方法。

2.1.5 静电场中的导体

扫码看讲课录像
2.1.5-2.1.6

下面列出静电平衡时导体的电特性,在分析一些问题时非常有用。

(1) 导体内电场强度处处为 0。

(2) 导体是等位体,导体的表面是等位面。

(3) 导体内无电荷分布,电荷只分布在导体的表面。孤立导体表面的电荷分布与曲率有关,曲率比较大(凸出而尖锐)的地方,面电荷密度比较大;曲率比较小(比较平坦)的地方,面电荷密度也比较小;曲率为负值(凹进去)的地方,面电荷密度更小。

(4) 导体表面附近,电场强度的方向与表面垂直,电场强度的大小等于该点附近导体表面的面电荷密度除以 ε_0,所以导体表面附近的电场强度为

$$\boldsymbol{E}=\hat{\boldsymbol{n}}\frac{\rho_S}{\varepsilon_0} \tag{2.56}$$

其中,$\hat{\boldsymbol{n}}$ 是导体表面处的单位法线矢量,式(2.56)可以用高斯定理证明。

2.1.6 静电场中的电介质

1. 电介质的分类

1) 线性和非线性介质

实验证明,极化强度 $\boldsymbol{P}$ 是电场强度 $\boldsymbol{E}$ 的函数,$\boldsymbol{P}=\boldsymbol{P}(\boldsymbol{E})$,$\boldsymbol{P}$ 的各分量可由电场强度 $\boldsymbol{E}$ 的各分量的幂级数表示,在直角坐标系中有

$$\begin{cases}P_x=\alpha_1E_x+\alpha_2E_y+\alpha_3E_z+\beta_1E_x^2+\beta_2E_xE_y+\cdots\\ P_y=\alpha'_1E_x+\alpha'_2E_y+\alpha'_3E_z+\beta'_1E_x^2+\beta'_2E_xE_y+\cdots\\ P_z=\alpha''_1E_x+\alpha''_2E_y+\alpha''_3E_z+\beta''_1E_x^2+\beta''_2E_xE_y+\cdots\end{cases} \tag{2.57}$$

如果电介质的极化强度 $\boldsymbol{P}$ 的各分量只与电场强度 $\boldsymbol{E}$ 的各分量的一次项有关,与高次项无关,且 $\boldsymbol{P}$ 的各分量与 $\boldsymbol{E}$ 的各分量呈线性关系,这种介质称为线性介质,否则即为非线性介质。在直角坐标系中,线性介质 $\boldsymbol{P}$ 的各分量与 $\boldsymbol{E}$ 的各分量之间的关系可以用矩阵形式表示为

$$\begin{bmatrix} P_x \\ P_y \\ P_z \end{bmatrix} = \varepsilon_0 \begin{bmatrix} \chi_{xx} & \chi_{xy} & \chi_{xz} \\ \chi_{yx} & \chi_{yy} & \chi_{yz} \\ \chi_{zx} & \chi_{zy} & \chi_{zz} \end{bmatrix} \begin{bmatrix} E_x \\ E_y \\ E_z \end{bmatrix} \tag{2.58}$$

其中，比例系数 χ_{ij}（i、j 分别取 x、y、z）称为电介质的极化率。对于线性介质，χ_{ij} 是与 $\boldsymbol{E}$ 无关的常数。

2）各向同性和各向异性介质

如果电介质内部某点的物理特性在所有方向上都相同，与外加场 $\boldsymbol{E}$ 的方向无关，这种介质称为各向同性介质，否则称为各向异性介质。对于各向同性介质，式(2.58)中比例系数与电场的方向无关，即 $i \neq j$ 时 $\chi_{ij}=0$，且 $\chi_{xx}=\chi_{yy}=\chi_{zz}$，极化强度 $\boldsymbol{P}$ 和电场强度 $\boldsymbol{E}$ 的关系可以表示为

$$\boldsymbol{P}=\varepsilon_0 \chi_e \boldsymbol{E} \tag{2.59}$$

即极化强度矢量与电场强度方向相同。

对于线性、各向同性电介质，式(2.59)中的 χ_e 是与 $\boldsymbol{E}$ 无关的常数。

3）均匀介质和非均匀介质

如果电介质内的介电常数 ε 处处相同，与空间位置无关，即 $\nabla\varepsilon=0$，则称这种介质为均匀介质，否则称为非均匀介质。

本书重点讨论线性、各向同性的均匀电介质中电场的特性，满足如下的关系

$$\boldsymbol{P}=\varepsilon_0\chi_e \boldsymbol{E}, \quad \boldsymbol{D}=\varepsilon_0\varepsilon_r \boldsymbol{E}, \quad \varepsilon_r=1+\chi_e$$

其中 χ_e、ε_r 均为常数。一些常见介质的相对介电常数如表 2.1 所示。

表 2.1　一些常见介质的相对介电常数

材料	ε_r	绝缘强度/(kV·m^{-1})	材料	ε_r	绝缘强度/(kV·m^{-1})
空气	1.0	3×10^3	聚乙烯	2.3	18×10^3
蒸馏水	80.0		石英	5.0	30×10^3
海水	81		橡胶	3.0	25×10^3
干土	3～4		玻璃	5～10	$10\sim25\times10^3$
陶瓷	5.7～6.8	$6\sim20\times10^3$	云母	3.7～7.5	$80\sim200\times10^3$
电木	7.6	$10\sim20\times10^3$	环氧树脂	4	35×10^3
石蜡	2.2	29×10^3	变压器油	2～3	12×10^3
纸	2～4	14×10^3	木材	2.5～8	
有机玻璃	3.4				

2. 电介质极化的机理和电偶极子模型

1）有极分子电介质和无极分子电介质

任何物质的分子都是由原子组成的，而原子都是由带正电的原子核和带负电的电子组成，整个分子中电荷的代数和为 0。在远离分子的地方，分子中全部负电荷的影响可以用一个负的点电荷等效，这个等效负点电荷的位置称为这个分子负电荷的中心。同样，

分子中全部的正电荷也可以用一个正的点电荷等效，这个等效正点电荷的位置称为这个分子正电荷的中心。

当没有外电场时，如果电介质分子中正负电荷的中心是重合的，这类电介质称为无极分子电介质；如果电介质分子中正负电荷的中心不重合，这类电介质称为有极分子电介质。有极分子电介质中正负电荷的中心错开一定的距离，形成一个电偶极矩，称为分子的固有电矩。

2）位移极化和取向极化

在没有外电场时，无极分子电介质的分子中没有电矩。加上外电场，在电场力的作用下，每个分子中的正、负电荷的中心被拉开一定的距离，形成了一个电偶极子，分子电矩的方向沿外电场方向，如图 2.9(a)所示。外电场越强，每个分子中的正、负电荷的中心被拉开的距离越大，一定体积中分子电矩的矢量和也越大。无极分子电介质的这种极化机理称为位移极化。

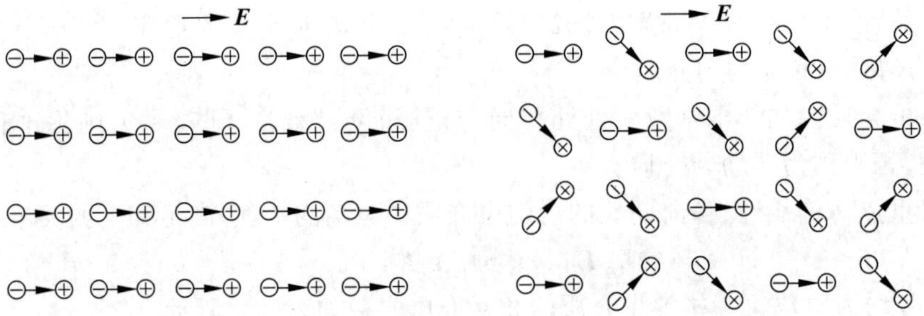

(a) 位移极化　　(b) 取向极化

图 2.9　电介质的极化机理

在没有外电场时，虽然有极分子电介质中每一个分子都具有固有电矩，但是由于分子的不规则热运动，分子电矩的排列是杂乱无章的，在任一体积元中，所有分子电矩的矢量和为零。加上外电场，每个分子电矩都受到一个力矩的作用，使分子电矩在一定程度上转向外电场方向，于是一定体积中分子电矩的矢量和就不是零了，如图 2.9(b)所示。外电场越强，分子电矩排列得越整齐，一定体积中分子电矩的矢量和就越大。有极分子电介质的这种极化机理称为取向极化。

应当指出，位移极化在任何电介质中都存在，而取向极化只是有极分子电介质所独有的。在有极分子电介质中，取向极化的效应比位移极化强得多(约大一个数量级)。在无极分子电介质中，位移极化则是唯一的极化机制。

从图 2.9 中可以看出，无论是无极分子电介质，还是有极分子电介质，在外电场中被极化，均匀电介质内部的电荷相互抵消，一个端面上出现正电荷，另一个端面上出现负电荷，这就是**极化电荷**。极化电荷与导体中的**自由电荷**不同，不能自由运动，也称为**束缚电荷**。

无论是无极分子电介质，还是有极分子电介质，在外电场中，分子中的正、负电荷的中心错开一定的距离，形成了一个电偶极子(分子电矩为 $\boldsymbol{p}=q\boldsymbol{l}$)，所以可以用电偶极子模型研究电介质。外电场越强，一定体积中分子电矩的矢量和越大，极化强度矢量就定义为单位体积中分子电矩的矢量和

$$\boldsymbol{P}=\lim_{\Delta V\to 0}\frac{\sum \boldsymbol{p}}{\Delta V} \tag{2.60}$$

3. 计算电介质问题常用的公式

有电介质时静电场的高斯定理为

$$\oint_S \boldsymbol{D}\cdot \mathrm{d}\boldsymbol{S}=\sum q_0 \tag{2.61}$$

引入电位移矢量 $\boldsymbol{D}$,高斯定理右边只对自由电荷求和,不出现极化电荷,使计算大为简化。

电位移矢量的定义为

$$\boldsymbol{D}=\varepsilon_0\boldsymbol{E}+\boldsymbol{P} \tag{2.62}$$

其中,$\boldsymbol{P}$ 是介质的极化强度矢量。电位移矢量与电场强度满足以下关系式

$$\boldsymbol{D}=\varepsilon_0\varepsilon_r\boldsymbol{E} \tag{2.63}$$

式(2.63)适用于线性的各向同性电介质,其中 ε_0、ε_r 分别是真空介电常数和介质的相对介电常数。极化强度矢量与电场强度满足以下关系式

$$\boldsymbol{P}=\varepsilon_0\chi_e\boldsymbol{E} \tag{2.64}$$

式(2.64)适用于线性的各向同性电介质,其中 χ_e 是介质的极化率。介质表面的面极化电荷密度为

$$\rho_{SP}=\boldsymbol{P}\cdot\hat{\boldsymbol{n}} \tag{2.65}$$

其中 $\hat{\boldsymbol{n}}$ 是介质表面处的单位法线矢量。介质内部的体极化电荷密度为

$$\rho_P=-\nabla\cdot\boldsymbol{P} \tag{2.66}$$

介质的介电常数、真空介电常数、介质的相对介电常数、介质的极化率满足以下关系式

$$\varepsilon=\varepsilon_0\varepsilon_r \tag{2.67}$$

$$\varepsilon_r=1+\chi_e \tag{2.68}$$

电介质的计算规律性比较强,一般是给定自由电荷分布,由式(2.61)先求出电位移矢量 $\boldsymbol{D}$,然后利用式(2.63)和式(2.64)就可以分别求出电场强度 $\boldsymbol{E}$ 和极化强度矢量 $\boldsymbol{P}$,利用极化强度矢量 $\boldsymbol{P}$ 和式(2.65)和式(2.66)就可以分别求出介质表面的面极化电荷密度和介质内部的体极化电荷密度。

例 2.6 证明 $\rho_{SP}=\boldsymbol{P}\cdot\hat{\boldsymbol{n}}$ 和 $\rho_P=-\nabla\cdot\boldsymbol{P}$。

证明 电偶极子的电位:

$$\Phi=\frac{1}{4\pi\varepsilon_0}\frac{\boldsymbol{p}\cdot\boldsymbol{e}_r}{r^2} \tag{2.69}$$

把电介质分割成许多个小体积元,如图2.10所示。设电介质内的极化强度矢量为 $\boldsymbol{P}$,由式(2.60)可知,任一小体积元 $\mathrm{d}V'$ 内分子电矩的矢量和为

$$\sum\boldsymbol{p}=\boldsymbol{P}\cdot\mathrm{d}V' \tag{2.70}$$

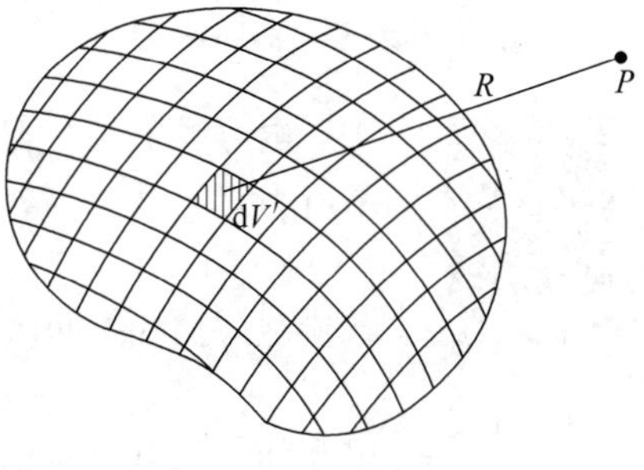

图2.10 例2.6用图

把式(2.70)代入式(2.69),dV'内的分子电矩在电介质外任意点P产生的电位为

$$d\Phi(\boldsymbol{R})=\frac{1}{4\pi\varepsilon_0}\frac{\boldsymbol{P}\cdot\boldsymbol{e}_R}{R^2}dV'$$

整块电介质在P点产生的电位为

$$\Phi(\boldsymbol{R})=\frac{1}{4\pi\varepsilon_0}\int_{V'}\frac{\boldsymbol{P}(\boldsymbol{r}')\cdot\boldsymbol{e}_R}{R^2}dV'$$

由

$$\frac{\boldsymbol{e}_R}{R^2}=\nabla'\frac{1}{R}$$

所以

$$\Phi(\boldsymbol{R})=\frac{1}{4\pi\varepsilon_0}\int_{V'}\boldsymbol{P}(\boldsymbol{r}')\cdot\nabla'\frac{1}{R}dV'$$

利用矢量恒等式

$$\boldsymbol{A}\cdot\nabla\psi=\nabla\cdot(\psi\boldsymbol{A})-\psi\nabla\cdot\boldsymbol{A}$$

所以

$$\Phi(\boldsymbol{r})=\frac{1}{4\pi\varepsilon_0}\int_{V'}-\frac{1}{R}\nabla'\cdot\boldsymbol{P}(\boldsymbol{r}')dV'+\frac{1}{4\pi\varepsilon_0}\int_{V'}\nabla'\cdot\frac{\boldsymbol{P}(\boldsymbol{r}')}{R}dV'$$

利用散度定理

$$\Phi(\boldsymbol{r})=\frac{1}{4\pi\varepsilon_0}\int_{V'}-\frac{\nabla'\cdot\boldsymbol{P}(\boldsymbol{r}')}{R}dV'+\frac{1}{4\pi\varepsilon_0}\oint_{S'}\frac{\boldsymbol{P}(\boldsymbol{r}')}{R}\cdot\hat{\boldsymbol{n}}dS'$$

由于电介质外P点处的电位是由电介质内的体极化电荷和电介质表面的面极化电荷产生的,所以上式可以写为

$$\Phi(\boldsymbol{r})=\frac{1}{4\pi\varepsilon_0}\int_{V'}\frac{\rho_P}{R}dV'+\frac{1}{4\pi\varepsilon_0}\oint_{S'}\frac{\rho_{SP}}{R}dS'$$

可得

$$\rho_{SP}=\boldsymbol{P}\cdot\hat{\boldsymbol{n}},\quad \rho_P=-\nabla\cdot\boldsymbol{P}$$

2.1.7 电力线方程和等位面方程

1. 电力线方程

扫码看讲课录像2.1.7

电力线上某一点处的切线方向表示该点电场强度的方向,若$d\boldsymbol{l}$表示电力线上某一点处切线方向的线元,在该点处

$$\boldsymbol{E}=k\,d\boldsymbol{l} \tag{2.71}$$

把式(2.71)在直角坐标系中展开

$$\boldsymbol{e}_xE_x+\boldsymbol{e}_yE_y+\boldsymbol{e}_zE_z=\boldsymbol{e}_xk\,dx+\boldsymbol{e}_yk\,dy+\boldsymbol{e}_zk\,dz$$

上式两端各分量分别相等,则

$$E_x=k\,dx,\quad E_y=k\,dy,\quad E_z=k\,dz$$

所以直角坐标系中的电力线方程为

$$\frac{\mathrm{d}x}{E_x}=\frac{\mathrm{d}y}{E_y}=\frac{\mathrm{d}z}{E_z} \tag{2.72}$$

用相同的方法可以导出圆柱坐标系中的电力线方程

$$\frac{\mathrm{d}r}{E_r}=\frac{r\mathrm{d}\varphi}{E_\varphi}=\frac{\mathrm{d}z}{E_z} \tag{2.73}$$

和球坐标系中的电力线方程

$$\frac{\mathrm{d}r}{E_r}=\frac{r\mathrm{d}\theta}{E_\theta}=\frac{r\sin\theta\mathrm{d}\varphi}{E_\varphi} \tag{2.74}$$

2. 等位面方程

空间电位相等的各点构成的曲面称为等位面，等位面方程可以写为

$$\Phi(x,y,z)=C \tag{2.75}$$

其中 C 是一个常数。

例 2.7 求电偶极子的电力线方程和等位面方程。

解 选用球坐标系，由式(2.55)可以写出电偶极子的等位面方程

$$\Phi=\frac{p\cos\theta}{4\pi\varepsilon_0 r^2}=V$$

其中 V 是一个常数，经过整理可得

$$r^2=\frac{p\cos\theta}{4\pi\varepsilon_0 V}=C_1\cos\theta \tag{2.76}$$

由式(2.39)可知，电偶极子在远区产生的电场强度与坐标 φ 无关，在球坐标系中的电力线方程为

$$\frac{\mathrm{d}r}{E_r}=\frac{r\mathrm{d}\theta}{E_\theta}$$

把式(2.39)代入上式可得

$$\frac{\mathrm{d}r}{\frac{1}{2\pi\varepsilon_0}\frac{p\cos\theta}{r^3}}=\frac{r\mathrm{d}\theta}{\frac{1}{4\pi\varepsilon_0}\frac{p\sin\theta}{r^3}}$$

可化简为

$$\frac{\mathrm{d}r}{r}=2\cot\theta\mathrm{d}\theta$$

积分可得

$$\ln r=2\ln\sin\theta+\ln C_2=\ln C_2\sin^2\theta$$

电偶极子的电力线方程为

$$r=C_2\sin^2\theta \tag{2.77}$$

利用式(2.76)和式(2.77)绘出的电偶极子的电力线和等位面如图 2.11 所示，把图 2.11 绕 z 轴旋转一周就是电偶极子的电力线和等位面的三维立体图。

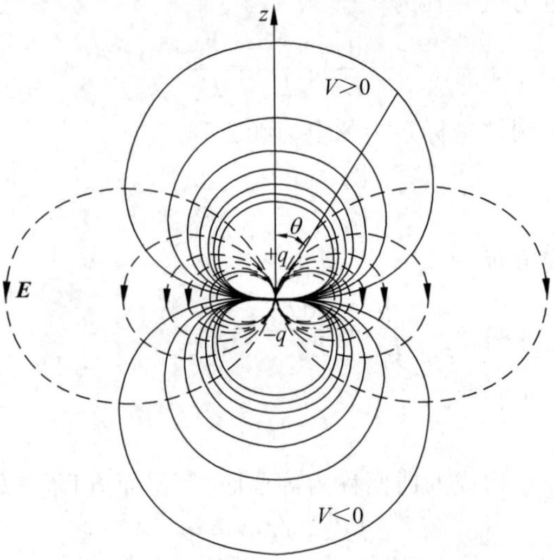

图 2.11　电偶极子的电力线和等位面

2.2　静电场的边界条件

边界条件是指在两种介质的分界面上,场量($\boldsymbol{E}$、$\boldsymbol{D}$、Φ……)的变化所满足的关系式。利用边界条件解边值问题是电磁场课程与大学物理中电磁学部分的重要区别。在 2.1 节中复习 $\boldsymbol{E}$ 和 Φ 的计算方法时,都是计算无限大空间中一个孤立的带电体产生的 $\boldsymbol{E}$ 和 Φ,如果考虑边值问题,情况就不一样了。例如,计算点电荷周围的 $\boldsymbol{E}$ 和 Φ 很容易,如果在点电荷附近放置一接地的导体平板,如图 2.12 所示,导体板上方 $\boldsymbol{P}$ 点处的 $\boldsymbol{E}$(或 Φ),就等于点电荷在 $\boldsymbol{P}$ 点处产生的 $\boldsymbol{E}$(或 Φ)再叠加导体板上所有感应电荷在 $\boldsymbol{P}$ 点处产生的 $\boldsymbol{E}$(或 Φ)。由于导体板上感应电荷的分布是不均匀的,求解很困难,求解导体板上所有感应电荷在 $\boldsymbol{P}$ 点处产生的 $\boldsymbol{E}$(或 Φ)也很困难,这就需要用边界条件来求解。所以掌握和运用边界条件是电磁场课程学习的重要内容。

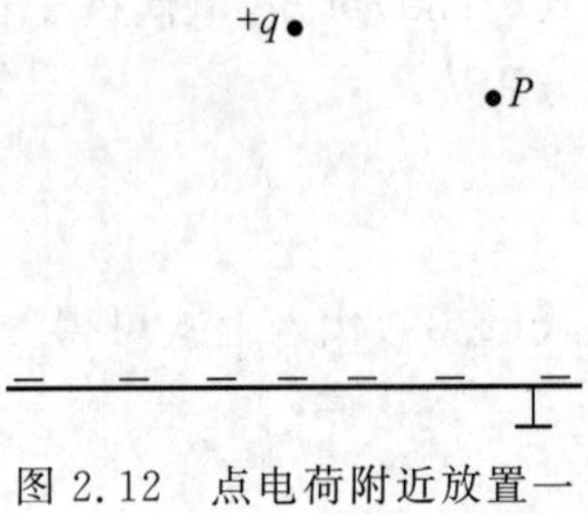

图 2.12　点电荷附近放置一接地的导体平板

扫码看讲课录像 2.2.1

2.2.1　两种电介质界面上的边界条件

1. $\boldsymbol{E}$ 和 $\boldsymbol{D}$ 的边界条件

1) $\boldsymbol{D}$ 法向分量的边界条件

图 2.13 给出了两种电介质的分界面,介电常数分别是 ε_1、ε_2,两种介质中的电位移矢量分别是 $\boldsymbol{D}_1$、$\boldsymbol{D}_2$,与分界面法线的夹角分别是 θ_1、θ_2。在两种电介质的分界面上作一

个极扁的圆柱形高斯面，上、下底面分别在两种电介质中，侧面与边界垂直，上、下底面的外法线矢量分别为 $\hat{\boldsymbol{n}}_1$、$\hat{\boldsymbol{n}}_2$，利用高斯定理

$$\oint\!\!\!\oint_S \boldsymbol{D}\cdot \mathrm{d}\boldsymbol{S}=\rho_S\Delta S \tag{2.78}$$

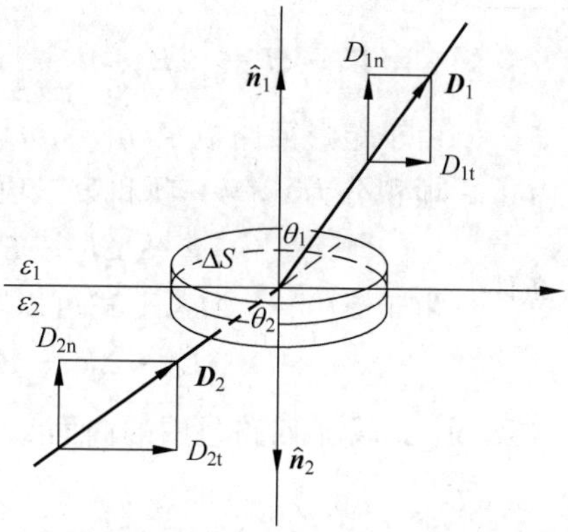

图 2.13 **D** 法向分量的边界条件

式(2.78)左边对闭合曲面的积分可以写为对上底面、下底面和侧面积分之和

$$\iint_{上}\boldsymbol{D}_1\cdot \mathrm{d}\boldsymbol{S}+\iint_{下}\boldsymbol{D}_2\cdot \mathrm{d}\boldsymbol{S}+\iint_{侧}\boldsymbol{D}\cdot \mathrm{d}\boldsymbol{S}=\rho_S\cdot\Delta S \tag{2.79}$$

其中

$$\iint\boldsymbol{D}_1\cdot \mathrm{d}\boldsymbol{S}=\iint D_1\mathrm{d}S\cos\theta_1=\iint D_{1n}\mathrm{d}S=D_{1n}\Delta S$$

$$\iint\boldsymbol{D}_2\cdot \mathrm{d}\boldsymbol{S}=\iint D_2\mathrm{d}S\cos(\pi-\theta_2)=-D_{2n}\Delta S$$

$$\iint_{侧}\boldsymbol{D}\cdot \mathrm{d}\boldsymbol{S}=0$$

把以上三式代入式(2.79)可得

$$D_{1n}\Delta S-D_{2n}\Delta S=\rho_S\Delta S$$

D 的法向分量满足的边界条件为

$$D_{1n}-D_{2n}=\rho_S \tag{2.80}$$

分界面上没有自由电荷时，

$$D_{1n}=D_{2n} \tag{2.81}$$

所以在两种电介质的分界面上，**D** 的法向分量是连续的。式(2.81)也可以写成矢量方程

$$\hat{\boldsymbol{n}}_1\cdot\boldsymbol{D}_1=\hat{\boldsymbol{n}}_1\cdot\boldsymbol{D}_2 \tag{2.82}$$

2) **E** 切向分量的边界条件

图 2.14 是两种电介质的分界面，介电常数分别是 ε_1、ε_2，两种介质中的电场强度分别是 $\boldsymbol{E}_1$、$\boldsymbol{E}_2$，与分界面法线的夹角分别是 θ_1、θ_2。在两种电介质的分界面上作一个极窄的矩形回路 $abcda$，$ab=cd=\Delta l$，$bc=da\to0$，ab 边在介质 1 中，cd 边在介质 2 中，如

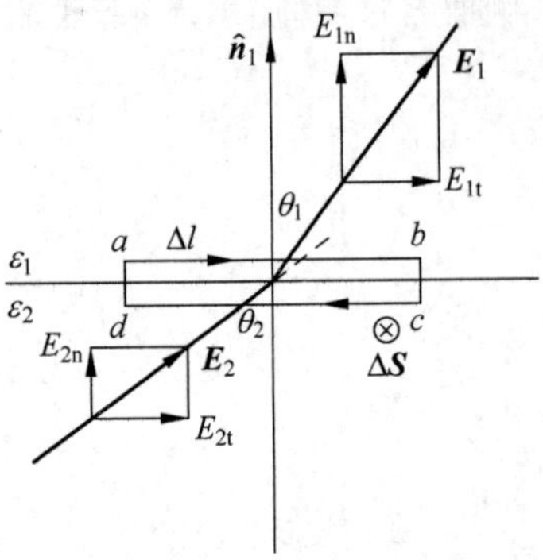

图 2.14　$\boldsymbol{E}$ 切向分量的边界条件

图 2.14 所示。利用静电场的环路定理

$$\oint_l \boldsymbol{E} \cdot \mathrm{d}\boldsymbol{l} = 0$$

上式左边对闭合环路的积分可以写为对四个边的线积分之和

$$\int_{ab} \boldsymbol{E}_1 \cdot \mathrm{d}\boldsymbol{l} + \int_{bc} \boldsymbol{E} \cdot \mathrm{d}\boldsymbol{l} + \int_{cd} \boldsymbol{E}_2 \cdot \mathrm{d}\boldsymbol{l} + \int_{da} \boldsymbol{E} \cdot \mathrm{d}\boldsymbol{l} = 0$$

由于矩形回路极窄，$bc = da \to 0$，上式中第二项和第四项积分为 0，第一项和第三项积分可以写为

$$\boldsymbol{E}_1 \cdot \Delta \boldsymbol{l}_1 + \boldsymbol{E}_2 \cdot \Delta \boldsymbol{l}_2 = 0$$

由于 $\Delta \boldsymbol{l}_2 = -\Delta \boldsymbol{l}_1$，上式可以写为

$$\boldsymbol{E}_1 \cdot \Delta \boldsymbol{l}_1 - \boldsymbol{E}_2 \cdot \Delta \boldsymbol{l}_1 = 0$$

从图 2.14 中可以看出，$\Delta \boldsymbol{l}_1 = \hat{\boldsymbol{s}} \times \hat{\boldsymbol{n}}_1 \Delta l$，$\hat{\boldsymbol{s}}$ 是回路包围的曲面 ΔS 的法线矢量，所以上式可以写为

$$\boldsymbol{E}_1 \cdot (\hat{\boldsymbol{s}} \times \hat{\boldsymbol{n}}_1) \Delta l - \boldsymbol{E}_2 \cdot (\hat{\boldsymbol{s}} \times \hat{\boldsymbol{n}}_1) \Delta l = 0$$

利用矢量混合积变换公式(见附录 3 中的式(A3-2))，上式可以写为

$$\hat{s} \cdot (\hat{\boldsymbol{n}}_1 \times \boldsymbol{E}_1) - \hat{s} \cdot (\hat{\boldsymbol{n}}_1 \times \boldsymbol{E}_2) = 0$$

$\hat{\boldsymbol{s}}$ 与 $\hat{\boldsymbol{n}}_1 \times \boldsymbol{E}_1$、$\hat{\boldsymbol{n}}_1 \times \boldsymbol{E}_2$ 的方向都相同，可以写出 $\boldsymbol{E}$ 切向分量满足的边界条件

$$\hat{\boldsymbol{n}}_1 \times \boldsymbol{E}_1 = \hat{\boldsymbol{n}}_1 \times \boldsymbol{E}_2 \tag{2.83}$$

式(2.83)两边数值相等

$$E_1 \sin\theta_1 = E_2 \sin\theta_2$$

由图 2.14 可以看出，上式可以写为

$$E_{1t} = E_{2t} \tag{2.84}$$

所以在两种电介质的分界面上，$\boldsymbol{E}$ 的切向分量是连续的。

3) $\boldsymbol{E}$ 线和 $\boldsymbol{D}$ 线在分界面上的折射

由图 2.14 可以看出

$$\tan\theta_1 = \frac{E_{1t}}{E_{1n}}, \quad \tan\theta_2 = \frac{E_{2t}}{E_{2n}}$$

所以

$$\frac{\tan\theta_1}{\tan\theta_2} = \frac{E_{1t}}{E_{1n}} \cdot \frac{E_{2n}}{E_{2t}} = \frac{E_{2n}}{E_{1n}} \tag{2.85}$$

利用公式 $E_{2n} = \dfrac{D_{2n}}{\varepsilon_2}$，$E_{1n} = \dfrac{D_{1n}}{\varepsilon_1}$ 和 $D_{1n} = D_{2n}$，式(2.85)可以写为

$$\frac{\tan\theta_1}{\tan\theta_2} = \frac{\varepsilon_1}{\varepsilon_2} \tag{2.86}$$

一般情况下 $\varepsilon_1 \neq \varepsilon_2$，所以 $\theta_1 \neq \theta_2$，即 $\boldsymbol{E}$ 线在界面上发生了折射。

2. 电位的边界条件

图 2.15 是两种电介质的分界面，介电常数分别是 ε_1、ε_2。

（1）a_1 点、a_2 点分别位于分界面的两侧，两点之间的距离 $\overline{a_1a_2}\to 0$，两点之间的电位差为

$$\Phi_1-\Phi_2=\int_{a_2}^{a_1}\boldsymbol{E}\cdot \mathrm{d}\boldsymbol{l}$$

由于电场强度 $\boldsymbol{E}$ 是有限值，a_1、a_2 两点之间的距离 $\overline{a_1a_2}\to 0$，所以上式积分为 0，就可以得到介质分界面上电位满足的边界条件

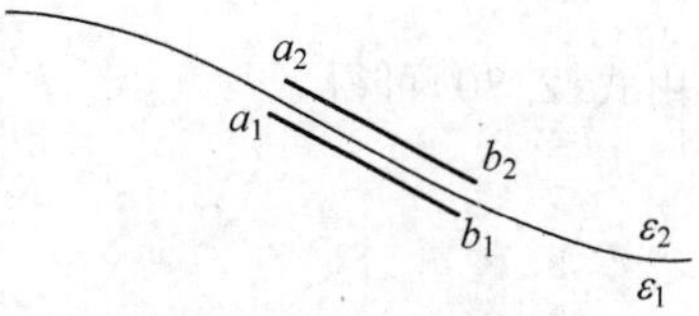

图 2.15　电位的边界条件

$$\Phi_1=\Phi_2 \tag{2.87}$$

所以在两种电介质的分界面上，电位 Φ 是连续的。

从图 2.15 可以看出，

$$\Phi_{a1}=\Phi_{a2},\quad \Phi_{b1}=\Phi_{b2}$$

所以 a_1、b_1 两点之间的电位差与 a_2、b_2 两点之间的电位差相等，即 $U_{a_1b_1}=U_{a_2b_2}$，而

$$U_{a_1b_1}=E_{1\mathrm{t}}\Delta l,\quad U_{a_2b_2}=E_{2\mathrm{t}}\Delta l$$

所以

$$E_{1\mathrm{t}}=E_{2\mathrm{t}}$$

所以式(2.87)与式(2.84)是等价的。

（2）由式(2.80)

$$D_{1\mathrm{n}}-D_{2\mathrm{n}}=\rho_S$$

其中

$$D_{1\mathrm{n}}=\varepsilon_1E_{1\mathrm{n}}=-\varepsilon_1\frac{\partial\Phi_1}{\partial n},\quad D_{2\mathrm{n}}=\varepsilon_2E_{2\mathrm{n}}=-\varepsilon_2\frac{\partial\Phi_2}{\partial n}$$

由此可以得到介质分界面上电位的法向导数满足的边界条件

$$-\varepsilon_1\frac{\partial\Phi_1}{\partial n}+\varepsilon_2\frac{\partial\Phi_2}{\partial n}=\rho_S \tag{2.88}$$

显然，式(2.88)和式(2.80)是等价的。

若分界面上没有自由电荷分布，式(2.88)可以写为

$$\varepsilon_1\frac{\partial\Phi_1}{\partial n}=\varepsilon_2\frac{\partial\Phi_2}{\partial n} \tag{2.89}$$

2.2.2　导体与电介质分界面上的边界条件

为了讨论方便，约定导体的下标为 2，介质的下标为 1。

扫码看讲课录像

2.2.2-2.4.2

1. **E** 和 **D** 的边界条件

由导体的电特性：$E_2=0$,所以在电介质一侧

$$E_{1t}=E_{2t}=0$$

再由式(2.80)可得

$$D_{1n}=\rho_S \quad \text{或} \quad E_{1n}=\frac{\rho_S}{\varepsilon}$$

以上两式可以写为

$$E_{1t}\mid_S=0 \tag{2.90}$$

$$D_{1n}\mid_S=\rho_S \tag{2.91}$$

2. 电位 Φ 的边界条件

在导体与电介质的分界面上,电位 Φ 仍然是连续的,即

$$\Phi_1=\Phi_2 \tag{2.92}$$

再由 $D_{1n}=\rho_S$ 和 $D_{1n}=\varepsilon_1 E_{1n}=-\varepsilon_1\dfrac{\partial\Phi_1}{\partial n}$ 可以得到在导体与电介质的分界面上电位的法向导数满足的边界条件

$$\varepsilon_1\frac{\partial\Phi_1}{\partial n}=-\rho_S \tag{2.93}$$

例 2.8 已知 $y=0$ 的平面为两种电介质的分界面,介质 2 一侧的电场强度为 $\boldsymbol{E}_2=\boldsymbol{e}_x10+\boldsymbol{e}_y20\text{V/m}$,分界面两侧的介电常数分别为 $\varepsilon_1=5\varepsilon_0$,$\varepsilon_2=3\varepsilon_0$。求 $\boldsymbol{D}_2$、$\boldsymbol{D}_1$ 和 $\boldsymbol{E}_1$。

解 先由 $\boldsymbol{E}_2$ 求出 $\boldsymbol{D}_2$

$$\boldsymbol{D}_2=\varepsilon_2\boldsymbol{E}_2=\varepsilon_0(\boldsymbol{e}_x30+\boldsymbol{e}_y60)$$

由题中条件可知,相对于两种电介质的分界面,$\boldsymbol{e}_y$ 分量是法向分量,$\boldsymbol{e}_x$ 分量是切向分量。利用边界条件式(2.81)可得

$$D_{1n}=D_{2n}=60\varepsilon_0$$

进而可以求出 E_{1n}

$$E_{1n}=\frac{D_{1n}}{\varepsilon_1}=12$$

利用边界条件式(2.84)可得

$$E_{1t}=E_{2t}=10$$

进而可以求出

$$D_{1t}=\varepsilon_1E_{1t}=50\varepsilon_0$$

所以

$$\boldsymbol{D}_1=\varepsilon_0(\boldsymbol{e}_x50+\boldsymbol{e}_y60)\quad \text{C/m}^2$$

$$\boldsymbol{E}_1=\boldsymbol{e}_x10+\boldsymbol{e}_y12\quad \text{V/m}$$

2.3 泊松方程和拉普拉斯方程

泊松方程和拉普拉斯方程是电位 Φ 的微分方程。

1. 泊松方程和拉普拉斯方程的导出

由静电场的基本方程

$$\nabla\cdot \boldsymbol{D}=\rho \tag{2.94}$$

其中

$$\boldsymbol{D}=\varepsilon \boldsymbol{E},\quad \boldsymbol{E}=-\nabla\Phi$$

把以上两式代入式(2.94)

$$\nabla\cdot \boldsymbol{D}=\nabla\cdot \varepsilon\boldsymbol{E}=\varepsilon\ \nabla\cdot(-\nabla\Phi)=-\varepsilon\ \nabla\cdot\nabla\Phi=\rho$$

经过整理可得

$$\nabla^2\Phi=-\frac{\rho}{\varepsilon} \tag{2.95}$$

这就是泊松方程。对于没有电荷分布的区域

$$\nabla^2\Phi=0 \tag{2.96}$$

这就是拉普拉斯方程。应当强调指出，泊松方程和拉普拉斯方程都是微分方程，都是针对场中某一点而言的。例如，泊松方程右边的 ρ 是场中某一点的体电荷密度，左边的 Φ 是该点处的电位。泊松方程和拉普拉斯方程在三种坐标系中的展开式详见附录3。

2. 应用举例

1）利用泊松方程求体电荷密度 ρ

例 2.9 已知空间电位的分布为 $\Phi=Ar^2\sin\varphi+Brz$，求电场强度 $\boldsymbol{E}$ 和体电荷密度 ρ 的分布。

解 可以看出，本题选用圆柱坐标系

$$\begin{aligned}\boldsymbol{E}&=-\nabla\Phi=-\left(\boldsymbol{e}_r\frac{\partial\Phi}{\partial r}+\boldsymbol{e}_\varphi\frac{1}{r}\frac{\partial\Phi}{\partial\varphi}+\boldsymbol{e}_z\frac{\partial\Phi}{\partial z}\right)\\&=-[\boldsymbol{e}_r(2Ar\sin\varphi+Bz)+\boldsymbol{e}_\varphi Ar\cos\varphi+\boldsymbol{e}_zBr]\end{aligned}$$

$$\begin{aligned}\rho&=-\varepsilon\ \nabla^2\Phi=-\varepsilon\left[\frac{1}{r}\frac{\partial}{\partial r}\left(r\frac{\partial\Phi}{\partial r}\right)+\frac{1}{r^2}\frac{\partial^2\Phi}{\partial\varphi^2}+\frac{\partial^2\Phi}{\partial z^2}\right]\\&=-\varepsilon\left(3A\sin\varphi+\frac{Bz}{r}\right)\end{aligned}$$

2）利用泊松方程求电位 Φ

例 2.10 一平行板电容器，两极板间的电位差是 U_0，其间充满体电荷密度为 ρ 的电荷，如图 2.16 所示，求电容器内电位 Φ 和场强 $\boldsymbol{E}$ 的分布。

解 可以看出本题中电位 Φ 仅是 x 的函数，所以在直角坐标系中，泊松方程可以

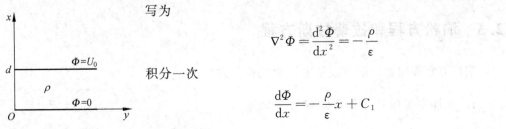

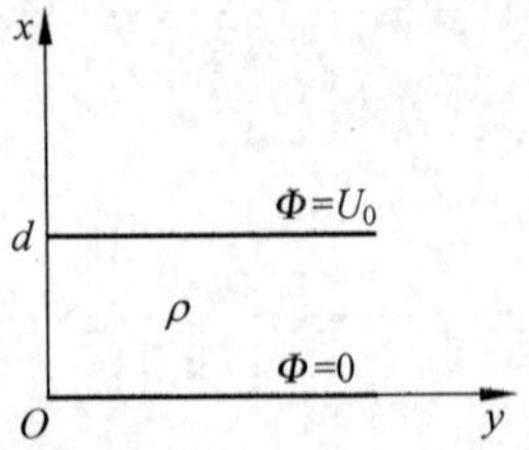

图 2.16　例 2.10 用图

写为

$$\nabla^2\Phi=\frac{\mathrm{d}^2\Phi}{\mathrm{d}x^2}=-\frac{\rho}{\varepsilon}$$

积分一次

$$\frac{\mathrm{d}\Phi}{\mathrm{d}x}=-\frac{\rho}{\varepsilon}x+C_1$$

再积分一次

$$\Phi=-\frac{\rho}{2\varepsilon}x^2+C_1x+C_2 \tag{2.97}$$

下面利用边界条件确定积分常数 C_1、C_2。由图 2.16 可以看出,本题的边界条件是

$$x=0,\quad \Phi=0 \tag{2.98}$$

$$x=d,\quad \Phi=U_0 \tag{2.99}$$

把边界条件式(2.98)代入式(2.97)可得

$$C_2=0 \tag{2.100}$$

把边界条件式(2.99)代入式(2.97)可得

$$U_0=-\frac{\rho}{2\varepsilon}d^2+C_1d$$

可以解出

$$C_1=\frac{U_0}{d}+\frac{\rho}{2\varepsilon}d \tag{2.101}$$

把式(2.100)和式(2.101)代入式(2.97)可得电位的分布为

$$\Phi=-\frac{\rho}{2\varepsilon}x^2+\left(\frac{U_0}{d}+\frac{\rho}{2\varepsilon}d\right)x$$

利用电位梯度可以求出电场强度

$$\boldsymbol{E}=-\nabla\Phi=-\boldsymbol{e}_x\frac{\mathrm{d}\Phi}{\mathrm{d}x}=\boldsymbol{e}_x\left(\frac{\rho}{\varepsilon}x-\frac{U_0}{d}-\frac{\rho d}{2\varepsilon}\right)$$

这种解法通过两次积分求解泊松方程,称为**直接积分法**,直接积分法只能求解一维泊松方程。

3. 点电荷的泊松方程

由式(2.9),点电荷的体电荷密度为

$$\rho(\boldsymbol{r})=q\delta(\boldsymbol{r}-\boldsymbol{r}')=\begin{cases}0, & \boldsymbol{r}\neq\boldsymbol{r}'\\ \infty, & \boldsymbol{r}=\boldsymbol{r}'\end{cases}$$

所以点电荷的泊松方程可以写为

$$\nabla^2\Phi=-\frac{q\delta(\boldsymbol{r}-\boldsymbol{r}')}{\varepsilon_0} \tag{2.102}$$

2.4 唯一性定理

2.4.1 格林定理

由散度定理

$$\iiint_V \nabla\cdot \boldsymbol{A}\,\mathrm{d}V=\oiint_S \boldsymbol{A}\cdot \mathrm{d}\boldsymbol{S} \tag{2.103}$$

其中 S 是包围区域 V 的闭合曲面，面元 $\mathrm{d}S$ 可以写为 $\hat{\boldsymbol{n}}\mathrm{d}S$，$\boldsymbol{A}$ 是区域 V 内的任一矢量。令 $\boldsymbol{A}=\phi\,\nabla\psi$，$\phi$ 和 ψ 是区域 V 内的任意两个标量，则

$$\nabla\cdot \boldsymbol{A}=\nabla\cdot(\phi\,\nabla\psi)=\phi\,\nabla^2\psi+\nabla\phi\cdot\nabla\psi \tag{2.104}$$

$$\boldsymbol{A}\cdot\hat{\boldsymbol{n}}=\phi\,\nabla\psi\cdot\hat{\boldsymbol{n}}=\phi\,\frac{\partial\psi}{\partial n} \tag{2.105}$$

把式(2.104)和式(2.105)代入式(2.103)可得

$$\iiint_V(\phi\,\nabla^2\psi+\nabla\phi\cdot\nabla\psi)\mathrm{d}V=\oiint_S \phi\,\frac{\partial\psi}{\partial n}\mathrm{d}S \tag{2.106}$$

式(2.106)称为格林第一恒等式。

在上述推导中，把 ϕ 与 ψ 对换一下，即令 $\boldsymbol{A}=\psi\,\nabla\phi$，则

$$\iiint_V(\psi\,\nabla^2\phi+\nabla\psi\cdot\nabla\phi)\mathrm{d}V=\oiint_S \psi\,\frac{\partial\phi}{\partial n}\mathrm{d}S \tag{2.107}$$

式(2.106)减式(2.107)可得

$$\iiint_V(\phi\,\nabla^2\psi-\psi\,\nabla^2\phi)\mathrm{d}V=\oiint_S\left(\phi\,\frac{\partial\psi}{\partial n}-\psi\,\frac{\partial\phi}{\partial n}\right)\mathrm{d}S \tag{2.108}$$

式(2.108)称为格林第二恒等式或格林定理。

2.4.2 静电场的边值问题

静电场的边值问题是指在给定的边界条件下，求泊松方程或拉普拉斯方程的解，可分为三类。

(1) 第一类边值问题：给定边界面上的电位 $\Phi|_S$。

(2) 第二类边值问题：给定边界面上电位的法向导数$\left.\frac{\partial\Phi}{\partial n}\right|_S$，对于导体就是给定导体表面电荷的分布，这是因为导体表面的面电荷密度 $\rho_S=\varepsilon E_{\mathrm{n}}=-\frac{\partial\Phi}{\partial n}$。

(3) 第三类边值问题：一部分边界上给定边界面上的电位 $\Phi|_S$，另一部分边界上给定边界面上电位的法向导数$\left.\frac{\partial\Phi}{\partial n}\right|_S$(对于导体就是给定导体表面电荷的分布)。

2.4.3 唯一性定理

扫码看讲课录像 2.4.3

求解静电场的边值问题,2.3 节介绍了直接积分法,只能求解一维的泊松方程或拉普拉斯方程。对于比较复杂的问题,以后还要介绍其他一些解法,如镜像法、电轴法、分离变量法、复变函数法、有限差分法等,这就出现一个问题:对于同一个边值问题,用不同的方法求得的解是不是都是相同的?也就是说,一个边值问题的解是不是唯一的?或者说在哪些条件下解才是唯一的?这就需要介绍唯一性定理。

1. 唯一性定理的内容

对于某一空间区域 V,边界面为 S,电位 Φ 满足

$$\nabla^2\Phi=-\frac{\rho}{\varepsilon}\quad \text{或}\quad \nabla^2\Phi=0$$

若给定电荷的分布 ρ,给定边界面上的电位 $\Phi|_S$ 或边界面上电位的法向导数 $\left.\frac{\partial\Phi}{\partial n}\right|_S$(对于导体就是给定导体表面电荷的分布),则解是唯一的。

下面证明唯一性定理,利用反证法,设泊松方程有两个解 Φ、Φ' 都满足给定的边界条件,即

$$\nabla^2\Phi=-\frac{\rho}{\varepsilon},\quad \nabla^2\Phi'=-\frac{\rho}{\varepsilon}$$

令 $\Phi^*=\Phi-\Phi'$,上面两式相减可得

$$\nabla^2\Phi^*=0 \tag{2.109}$$

由格林第一恒等式

$$\iiint_V(\phi\,\nabla^2\psi+\nabla\phi\cdot\nabla\psi)\mathrm{d}V=\oint_S\phi\,\frac{\partial\psi}{\partial n}\mathrm{d}S$$

令 $\psi=\phi=\Phi^*$,则

$$\iiint_V(\Phi^*\,\nabla^2\Phi^*+\nabla\Phi^*\cdot\nabla\Phi^*)\mathrm{d}V=\oint_S\Phi^*\,\frac{\partial\Phi^*}{\partial n}\mathrm{d}S$$

由式(2.109)可得

$$\iiint_V(\nabla\Phi^*)^2\mathrm{d}V=\oint_S\Phi^*\,\frac{\partial\Phi^*}{\partial n}\mathrm{d}S \tag{2.110}$$

(1) 对于第一类边值问题,给定边界面上的电位 $\Phi|_S$,在 S 面上 $\Phi=\Phi'$,所以 $\Phi^*=0$,式(2.110)右边为 0,所以

$$\iiint_V(\nabla\Phi^*)^2\mathrm{d}V=0 \tag{2.111}$$

由于式(2.111)中的被积函数 $(\nabla\Phi^*)^2\geqslant0$,所以只有 $\nabla\Phi^*=0$,Φ^* 是常数。又因为在 S 面上 $\Phi^*=0$,所以在 V 内任意点都有 $\Phi^*=0$,即 $\Phi=\Phi'$,解是唯一的。

(2) 对于第二类边值问题,给定边界面上电位的法向导数$\left.\frac{\partial \Phi}{\partial n}\right|_S$,在 S 面上$\frac{\partial \Phi}{\partial n}=\frac{\partial \Phi'}{\partial n}$,所以$\frac{\partial \Phi^*}{\partial n}=0$,式(2.110)右边仍为0,所以仍有

$$\iiint_V (\nabla \Phi^*)^2 \mathrm{d}V = 0$$

同样可以得到 Φ^* 是常数,即 $\Phi-\Phi'=$常数。电位差是一个常数,可以看作是参考点的选取不同引起的,所以解仍是唯一的。

(3) 对于第三类边值问题,可以设 S 面由两部分组成,即 $S=S_1+S_2$,在 S_1 面上给定边界面上的电位 $\Phi|_{S_1}$,在 S_2 面上给定边界面上电位的法向导数$\left.\frac{\partial \Phi}{\partial n}\right|_S$,式(2.110)可以写为

$$\iiint_V (\nabla \Phi^*)^2 \mathrm{d}V = \iint_{S_1} \Phi^* \frac{\partial \Phi^*}{\partial n}\mathrm{d}S + \iint_{S_2} \Phi^* \frac{\partial \Phi^*}{\partial n}\mathrm{d}S$$

上式中右边第一项中 $\Phi^*=0$,第二项中$\frac{\partial \Phi^*}{\partial n}=0$,所以

$$\iiint_V (\nabla \Phi^*)^2 \mathrm{d}V = 0$$

仍然可以得到 $\Phi^*=0$ 或常数,根据前面的分析,解仍是唯一的。

这样就在三类边值问题的条件下证明了唯一性定理。

2. 唯一性定理的意义和作用

只要满足唯一性定理中的条件,边值问题的解是唯一的,所以可以用能想到的最简便的方法求解(如直接积分法、镜像法、分离变量法、复变函数法等),还可以由经验先写出试探解,只要满足给定的边界条件,也是唯一的解。不满足唯一性定理中的条件,边值问题无解或有多解。

例 2.11 一个不带电的孤立导体球,半径为 a,位于均匀电场 $\boldsymbol{E}_0=\boldsymbol{e}_z E_0$ 中,如图 2.17 所示,求球外电位函数的分布。

解 导体球在外电场中,导体球表面出现感应电荷,如图 2.17 所示。导体球外任一点(如 P 点)的电位等于外电场在 P 点产生的电位与导体球表面所有感应电荷产生的电位叠加。首先讨论没有放入导体球时,外电场 $\boldsymbol{E}_0$ 在 P 点产生的电位(均匀外电场 $\boldsymbol{E}_0$ 可以看作是由无穷远处的电荷产生的,所以可以选球心处为电位参考点)

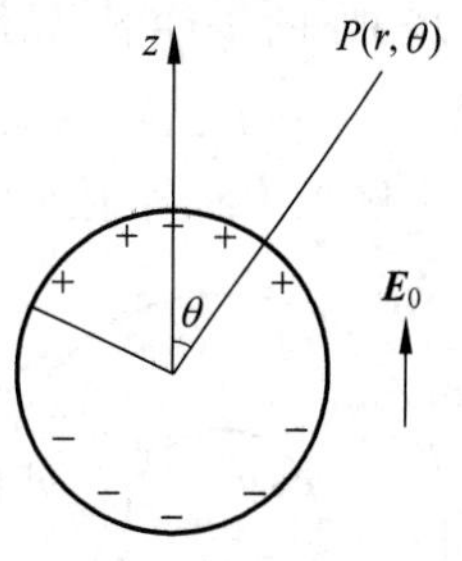

图 2.17 例 2.11 用图

$$\Phi' = \int \boldsymbol{E}_0 \cdot \mathrm{d}\boldsymbol{l}$$

其中 $\boldsymbol{E}_0=\boldsymbol{e}_z E_0$,$\mathrm{d}\boldsymbol{l}=-\boldsymbol{e}_r \mathrm{d}r$,代入上式可得

$$\Phi' = \int E_0 \mathrm{d}r\cos(\pi-\theta) = -\int E_0 \mathrm{d}r\cos\theta = -E_0 r\cos\theta + C$$

利用边界条件 $r=0$ 时，$\Phi'=0$，所以 $C=0$，由此可得

$$\Phi' = -E_0 r\cos\theta \tag{2.112}$$

放入导体球后，导体球外 P 点的电位

$$\Phi = \Phi' + \Phi''$$

其中，Φ''是导体球表面所有感应电荷在 P 点产生的电位。下面来计算 Φ''，如图 2.17 所示，球面上感应电荷的分布是对称的，可以看作是无数多个平行的电偶极子，电偶极子的电位

$$\Phi = \frac{1}{4\pi\varepsilon_0}\frac{p\cos\theta}{r^2} \propto \frac{\cos\theta}{r^2}$$

所以可以认为

$$\Phi'' \propto \frac{\cos\theta}{r^2}$$

由此可以写出 Φ 的试探解

$$\Phi = -E_0 r\cos\theta + \frac{k\cos\theta}{r^2} + k_0 \tag{2.113}$$

其中，k_0 是由于前两项选用不同的电位参考点而引入的一个常数。利用边界条件：

① $r\to\infty$时，导体球面上感应电荷的影响趋近于零，所以

$$\Phi = \Phi' = -E_0 r\cos\theta$$

把这个边界条件代入式(2.113)可得 $k_0=0$。

② 由于导体球是一个等位体，所以 $r=a$ 时，$\Phi=0$，代入式(2.113)可得

$$-E_0 a\cos\theta + \frac{k\cos\theta}{a^2} = 0$$

可以解出 $k=E_0a^3$。所以导体球外的电位为

$$\Phi = -E_0 r\cos\theta + E_0 a^3\frac{\cos\theta}{r^2} \tag{2.114}$$

从本例题中可以看出，在导体球外没有电荷分布，电位满足拉普拉斯方程，在给定外电场 $\boldsymbol{E}_0$ 的条件下，导体球表面感应电荷的分布是一定的，给定了所求场域边界面上($r=a$，$r=\infty$)的电位，满足唯一性定理中的条件，所以式(2.114)是唯一的解。

例 2.12 半径分别为 a 和 b 的同轴线，外加电压 U，如图 2.18 所示。圆柱面电极间在图示 θ 角部分充满介电常数为 ε 的电介质，其余部分为空气，求介质与空气中的电场和单位长度的电容量。

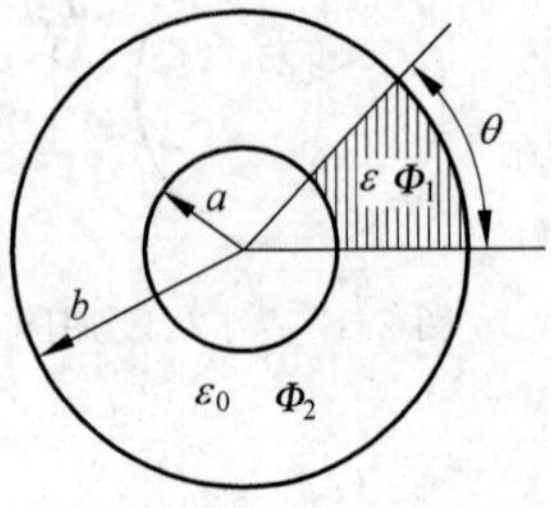

图 2.18 例 2.12 用图

解 根据唯一性定理，采用试探的方法求解。如果同轴线内没有这部分电介质，利用高斯定理很容易求出两圆柱面间的电位

$$\Phi = A\ln r + B$$

所以可以设两个区域内的电位函数分别为

$$\Phi_1(r) = A\ln r + B, \quad \Phi_2(r) = C\ln r + D$$

已知边界条件：$r=a$ 时，$\Phi_1(a)=\Phi_2(a)=U$，$r=b$ 时，$\Phi_1(b)=\Phi_2(b)=0$，所以一定有 A

$=C, B=D$，因此两个区域内电位的分布相同

$$\Phi_1(r)=\Phi_2(r)=A\ln r+B$$

利用边界条件可得

$$\Phi(a)=A\ln a+B=U,\quad \Phi(b)=A\ln b+B=0$$

联立求解以上方程，可得

$$A=\frac{\begin{vmatrix} U & 1 \\ 0 & 1 \end{vmatrix}}{\begin{vmatrix} \ln a & 1 \\ \ln b & 1 \end{vmatrix}}=\frac{U}{\ln\dfrac{a}{b}},\quad B=\frac{\begin{vmatrix} \ln a & U \\ \ln b & 0 \end{vmatrix}}{\left|\ln\dfrac{a}{b}\right|}=-\frac{U}{\ln\dfrac{a}{b}}\ln b$$

所以

$$\Phi_1=\Phi_2=\left(\frac{U}{\ln\dfrac{b}{a}}\right)\ln\left(\frac{b}{r}\right)$$

利用 $\boldsymbol{E}=-\nabla\Phi$ 可以求出场强的分布

$$\boldsymbol{E}_1=\boldsymbol{E}_2=\boldsymbol{e}_r\frac{U}{\ln\dfrac{b}{a}}\left(\frac{1}{r}\right)$$

从本例题中可以看出，两个区域内的电位都满足拉普拉斯方程；给定外加电压 U，电荷的分布是一定的；在 $r=a$，$r=b$ 的边界上给定了电位的分布，在介质与空气的分界面上满足边界条件 $E_{1t}=E_{2t}$，$D_{1n}=D_{2n}$，所以满足唯一性定理中的条件，解是唯一的。

下面计算同轴线单位长度的电容量。先根据 $r=a$ 处的边界条件，求得内导体表面单位长度上的电荷量为

$$\begin{aligned}\rho_l&=\rho_{S1}a\theta+\rho_{S2}a(2\pi-\theta)=\varepsilon E_{1r}a\theta+\varepsilon_0E_{2r}a(2\pi-\theta)\\&=\frac{\varepsilon Ua\theta}{a\ln\dfrac{b}{a}}+\frac{\varepsilon_0Ua(2\pi-\theta)}{a\ln\dfrac{b}{a}}=\frac{\varepsilon U\theta}{\ln\dfrac{b}{a}}+\frac{\varepsilon_0U(2\pi-\theta)}{\ln\dfrac{b}{a}}\end{aligned}$$

因此同轴线单位长度上的电容为

$$C_0=\frac{\rho_l}{U}=\frac{\varepsilon\theta+\varepsilon_0(2\pi-\theta)}{\ln\dfrac{b}{a}}$$

2.5 导体系统的电容

2.5.1 两导体间的电容

扫码看讲课录像

2.5.1-2.5.2

两导体间的电容为

$$C=\frac{q_A}{\Phi_A-\Phi_B} \tag{2.115}$$

q_A 是其中一个导体上的电荷量，$\Phi_A-\Phi_B$ 是两导体之间的电位差。

例 2.13 两平行长直导线的半径为 a，相距 $2h(2h\gg a)$，如图 2.19 所示，求两导线间单位长度的电容。

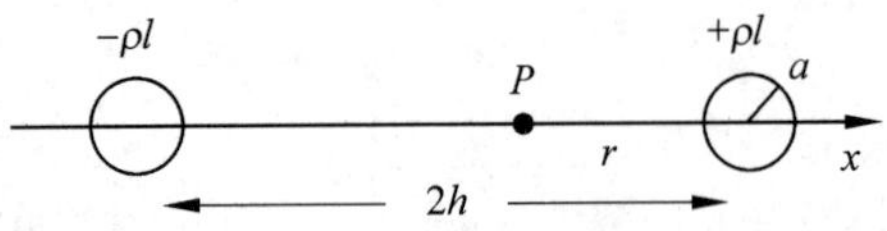

图 2.19 例 2.13 用图

解 设两导线单位长度上的电荷分别为 $\pm\rho_l$，两导线连线上任一点 P 点的场强可由高斯定理求出

$$E=\frac{\rho_l}{2\pi\varepsilon_0 r}+\frac{\rho_l}{2\pi\varepsilon_0(2h-r)}$$

方向沿 $-x$ 轴方向。两导线之间的电位差为

$$\Phi_1-\Phi_2=\int_a^{2h-a}\boldsymbol{E}\cdot\mathrm{d}\boldsymbol{l}=\frac{\rho_l}{\pi\varepsilon_0}\ln\frac{2h-a}{a}\approx\frac{\rho_l}{\pi\varepsilon_0}\ln\frac{2h}{a}$$

两导线间单位长度的电容为

$$C_0=\frac{\rho_l}{\Phi_1-\Phi_2}=\frac{\pi\varepsilon_0}{\ln\dfrac{2h}{a}}$$

2.5.2 部分电容

式(2.115)只能计算两导体间的电容，对于多导体系统(如图 2.20 所示)，每两个导体间的电位差不仅与两导体上所带的电量有关，还要受到其他导体上电荷的影响，为了计算多导体系统中导体间的电容，引入部分电容的概念。

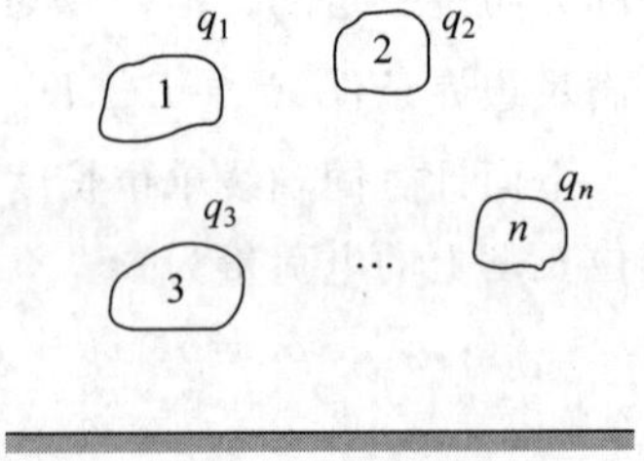

图 2.20 多导体系统

1. 电位系数

对于一个孤立的多导体系统，每一个导体的电位不仅与该导体上所带的电量有关，而且受其他导体上所带电量的影响，根据叠加原理

$$\begin{cases}\Phi_1=p_{11}q_1+p_{12}q_2+\cdots+p_{1n}q_n\\ \quad\vdots\\ \Phi_i=p_{i1}q_1+p_{i2}q_2+\cdots+p_{in}q_n\\ \quad\vdots\\ \Phi_n=p_{n1}q_1+p_{n2}q_2+\cdots+p_{nn}q_n\end{cases} \tag{2.116}$$

可以写出通式为

$$\Phi_i=\sum_{j=1}^{n}p_{ij}q_j$$

其中 p_{ij} 称为电位系数，表示第 j 个电荷对第 i 个导体电位的影响。$i=j$，β_{ij} 称为自电位

系数；$i\neq j$，β_{ij} 称为互电位系数。

2. 感应系数(电容系数)

由式(2.116)可以解出

$$\begin{cases} q_1=\beta_{11}\Phi_1+\beta_{12}\Phi_2+\cdots+\beta_{1n}\Phi_n \\ \vdots \\ q_i=\beta_{i1}\Phi_1+\beta_{i2}\Phi_2+\cdots+\beta_{in}\Phi_n \\ \vdots \\ q_n=\beta_{n1}\Phi_1+\beta_{n2}\Phi_2+\cdots+\beta_{nn}\Phi_n \end{cases} \tag{2.117}$$

通式为

$$q_i=\sum_{j=1}^{n}\beta_{ij}\Phi_j$$

$i=j$，β_{ij} 称为电容系数；$i\neq j$，β_{ij} 称为感应系数。β_{ij} 与 p_{ij} 的联系为

$$\beta_{ij}=\frac{P_{ij}}{\Delta} \tag{2.118}$$

其中 Δ 为电位系数行列式 p_{ij}，P_{ij} 是 p_{ij} 的代数余子式。

3. 部分电容

改写式(2.117)，每一项都减 Φ_i，再加 Φ_i

$$\begin{aligned} q_i&=\beta_{i1}(\Phi_1-\Phi_i+\Phi_i)+\beta_{i2}(\Phi_2-\Phi_i+\Phi_i)+\cdots+\beta_{ii}(\Phi_i-\Phi_i+\Phi_i)+\cdots \\ &\quad+\beta_{in}(\Phi_n-\Phi_i+\Phi_i) \\ &=\beta_{i1}(\Phi_1-\Phi_i)+\beta_{i2}(\Phi_2-\Phi_i)+\cdots+(\beta_{i1}+\beta_{i2}+\cdots+\beta_{in})\Phi_i+\cdots \\ &\quad+\beta_{in}(\Phi_n-\Phi_i) \\ &=C_{i1}(\Phi_i-\Phi_1)+C_{i2}(\Phi_i-\Phi_2)+\cdots+C_{ii}\Phi_i+\cdots+C_{in}(\Phi_i-\Phi_n) \end{aligned}$$

其中

$$C_{ij}=-\beta_{ij}\quad i\neq j$$

$$C_{ii}=\beta_{i1}+\beta_{i2}+\cdots+\beta_{in}=\sum_{j=1}^{n}\beta_{ij}$$

式(2.117)可以写为

$$\begin{cases} q_1=C_{11}\Phi_1+C_{12}(\Phi_1-\Phi_2)+\cdots+C_{1n}(\Phi_1-\Phi_n) \\ q_2=C_{21}(\Phi_2-\Phi_1)+C_{22}\Phi_2+\cdots+C_{2n}(\Phi_2-\Phi_n) \\ \vdots \\ q_n=C_{n1}(\Phi_n-\Phi_1)+C_{n2}(\Phi_n-\Phi_2)+\cdots+C_{nn}\Phi_n \end{cases} \tag{2.119}$$

其中 $C_{ij}(i\neq j)$称为互有部分电容，表示第 i 个导体与第 j 个导体间的部分电容；C_{ii} 称为自有部分电容，表示第 i 个导体与地间的部分电容。

需要说明：①p_{ij}、β_{ij}、C_{ij} 仅与各导体的大小、形状、相对位置及周围的介质有关，对于一个给定的导体系统，p_{ij}、β_{ij}、C_{ij} 均为常数。②$p_{ij}=p_{ji}$，$\beta_{ij}=\beta_{ji}$，$C_{ij}=C_{ji}$，所以电位

系数矩阵、感应系数矩阵、部分电容矩阵都是对称矩阵。

例 2.14 某一对称的三芯电缆,结构如图 2.21 所示,若将三根芯线相连,测得与铅皮间的电容为 0.051μF,若将两根芯线与铅皮相连,测得与另一芯线间的电容为 0.037μF,求电缆的各部分电容。

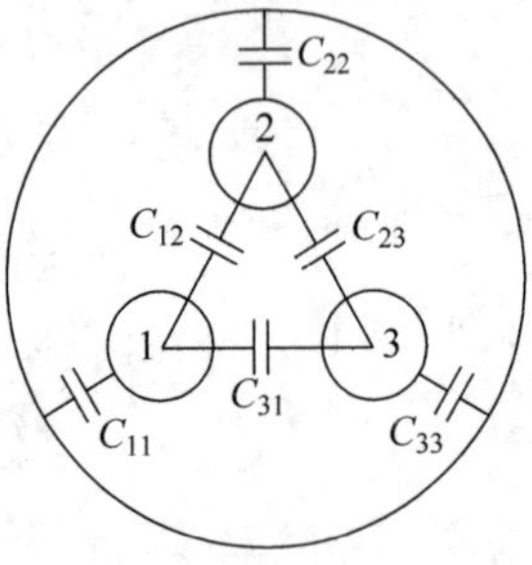

图 2.21 例 2.14 用图

解 由于三芯线对称,所以

$$C_{11}=C_{22}=C_{33},\quad C_{12}=C_{23}=C_{31}$$

三芯线相连,C_{12}、C_{23}、C_{31} 被短路,C_{11}、C_{22}、C_{33} 并联,所以

$$C_{11}=C_{22}=C_{33}=\frac{0.051}{3}=0.017(\mu\mathrm{F})$$

两导体与铅皮相连(如导体 2、3 与铅皮相连),C_{22}、C_{33}、C_{23} 被短路,C_{11}、C_{12}、C_{31} 并联,所以

$$C_{11}+C_{12}+C_{31}=0.037(\mu\mathrm{F})$$

所以

$$C_{12}=C_{31}=\frac{0.037-C_{11}}{2}=0.01(\mu\mathrm{F})$$

$$C_{23}=0.01(\mu\mathrm{F})$$

2.6 静电场的能量与力

2.6.1 静电场的能量

扫码看讲课录像 2.6.1

电磁学课程中利用平行板电容器的特例导出了静电场能量的表达式,能量密度为

$$w_e=\frac{1}{2}\boldsymbol{D}\cdot\boldsymbol{E} \tag{2.120}$$

静电场的能量为

$$W_e=\iiint_V \frac{1}{2}\boldsymbol{D}\cdot\boldsymbol{E}\,\mathrm{d}V \tag{2.121}$$

现在可以更普遍、更深入地讨论静电场的能量问题。

1. 电荷系统的能量

一个电荷系统的能量等于在建立该电荷系统的过程中外力做的功。把一个带电体所带的电量无限分割,分割成许多个小电荷元,如图 2.22 所示。设该物体原来不带电,这些电荷元都是从无穷远处一份一份移到该物体上来的。把第一个电荷元 $\mathrm{d}q_1$ 从无穷远处以匀速直线运动移到该物体上的过程中,不需要

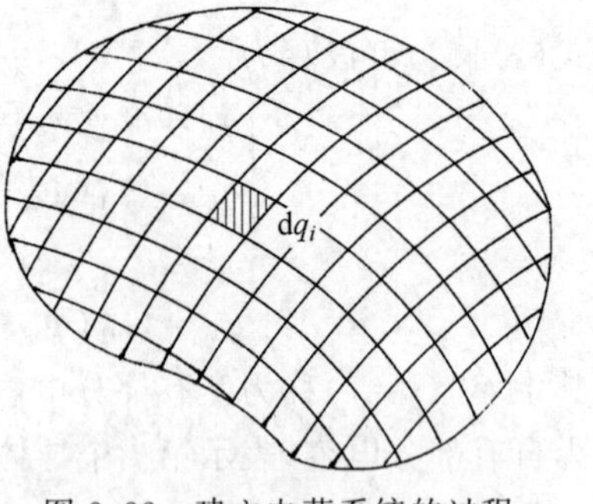

图 2.22 建立电荷系统的过程

做功。物体带有电量 dq_1 后，就建立一个电场，移动第二份电荷 dq_2 时，就需要克服电场力做功。设在移动电荷过程中的某一时刻，电场中某一点的电位是 $\Phi_i(x,y,z)$，把电荷元 dq_i 移动到该点需要做的功为

$$dA=\Phi_i dq_i \tag{2.122}$$

对于线性介质中的电场，建立某一电荷系统外力做的功是一定的，与建立该电荷系统的过程无关。设在建立该电荷系统的过程中，电荷密度按比例均匀增大，即体电荷密度由 0 到 $\rho(x,y,z)$ 按比例均匀增大，面电荷密度由 0 到 $\sigma(x,y,z)$ 按比例均匀增大，对于给定的点，$\rho(x,y,z)$、$\sigma(x,y,z)$ 都是确定的常数。其间任一时刻

$$\rho'=\alpha\rho,\quad \sigma'=\alpha\sigma \tag{2.123}$$

在建立该电荷系统的过程中，α 由 0 均匀增大到 1。ρ'、σ' 的增量为

$$d\rho'=\rho d\alpha,\quad d\sigma'=\sigma d\alpha \tag{2.124}$$

移动的电荷为

$$dq_i=d\rho' dV+d\sigma' dS \tag{2.125}$$

在此过程中，各点的电位也按比例均匀增大

$$\Phi_i=\alpha\Phi \tag{2.126}$$

所以外力做的功为

$$dA=\Phi_i dq_i=\Phi_i d\rho' dV+\Phi_i d\sigma' dS$$

在建立该电荷系统的过程中，外力做的功即总的静电能为

$$W_e=A=\iiint_V \Phi_i d\rho' dV+\iint_S \Phi_i d\sigma' dS$$

把式(2.124)和式(2.126)代入上式可得

$$\begin{aligned}W_e&=\int_0^1 \alpha d\alpha\iiint_V \rho\Phi dV+\int_0^1 \alpha d\alpha\iint_S \sigma\Phi dS\\&=\frac{1}{2}\iiint_V \rho\Phi dV+\frac{1}{2}\iint_S \sigma\Phi dS\end{aligned} \tag{2.127}$$

式(2.127)即是电荷系统的能量。

对于一多导体系统，电荷只分布在各导体表面，电荷系统的能量为

$$W_e=\frac{1}{2}\iint_S \sigma\Phi dS=\sum_{i=1}^{n}\frac{1}{2}\iint_{S_i}\sigma_i\Phi_i dS$$

等式右边是对每一个导体的表面求和。由于每一导体表面都是等位面，所以

$$W_e=\sum_{i=1}^{n}\frac{1}{2}\Phi_i\iint_{S_i}\sigma_i dS=\sum_{i=1}^{n}\frac{1}{2}\Phi_i q_i \tag{2.128}$$

利用式(2.128)可以计算一个多导体系统的能量。

2. 静电场的能量

在式(2.127)中

$$\rho=\nabla\cdot\boldsymbol{D},\quad \sigma=D_n=\boldsymbol{D}\cdot\hat{\boldsymbol{n}}$$

所以

$$W_e=\frac{1}{2}\iiint_V \Phi\,\nabla\cdot\boldsymbol{D}\,\mathrm{d}V+\frac{1}{2}\iint_{S_1}\Phi\boldsymbol{D}\cdot\hat{\boldsymbol{n}}\,\mathrm{d}S \tag{2.129}$$

其中,V 是电场不等于零的整个空间区域;S_1 为所有导体的表面。由矢量恒等式

$$\nabla\cdot(\psi\boldsymbol{A})=\psi\,\nabla\cdot\boldsymbol{A}+\boldsymbol{A}\cdot\nabla\psi$$

所以

$$\Phi\,\nabla\cdot\boldsymbol{D}=\nabla\cdot(\Phi\boldsymbol{D})-\boldsymbol{D}\cdot\nabla\Phi$$

代入式(2.129)可得

$$W_e=\frac{1}{2}\iiint_V \nabla\cdot(\Phi\boldsymbol{D})\,\mathrm{d}V+\frac{1}{2}\iiint_V \boldsymbol{D}\cdot\boldsymbol{E}\,\mathrm{d}V+\frac{1}{2}\iint_{S_1}\Phi\boldsymbol{D}\cdot\hat{\boldsymbol{n}}\,\mathrm{d}S$$

把第一项利用散度定理变换成面积分可得

$$W_e=\frac{1}{2}\iint_{S+S_1}\Phi\boldsymbol{D}\cdot\hat{\boldsymbol{n}}_1\,\mathrm{d}S+\frac{1}{2}\iiint_V \boldsymbol{D}\cdot\boldsymbol{E}\,\mathrm{d}V$$

$$+\frac{1}{2}\iint_{S_1}\Phi\boldsymbol{D}\cdot\hat{\boldsymbol{n}}\,\mathrm{d}S \tag{2.130}$$

其中,$S+S_1$ 是空间区域 V 的表面,包括两部分:空间区域 V 的外表面和各导体的表面(各导体内部场强为0);$\hat{\boldsymbol{n}}_1$ 是空间区域 V 外表面的外法向矢量;$\hat{\boldsymbol{n}}$ 是各导体表面的外法向矢量。如图2.23所示,可以看出 $\hat{\boldsymbol{n}}_1=-\hat{\boldsymbol{n}}$。式(2.130)可以写为

$$W_e=\frac{1}{2}\iint_S \Phi\boldsymbol{D}\cdot\hat{\boldsymbol{n}}_1\,\mathrm{d}S+\frac{1}{2}\iiint_V \boldsymbol{D}\cdot\boldsymbol{E}\,\mathrm{d}V+\frac{1}{2}\iint_{S_1}\Phi\boldsymbol{D}\cdot(\hat{\boldsymbol{n}}_1+\hat{\boldsymbol{n}})\,\mathrm{d}S$$

上式中第三项为0,第一项中的 S 是空间区域 V 的外表面,包围电场不等于零的整个区域,可以选在∞处,在∞处,$\Phi\to 0$,$\boldsymbol{D}\to 0$,所以第一项积分也趋近于零,静电场能量的表达式为

$$W_e=\iiint_V \frac{1}{2}\boldsymbol{D}\cdot\boldsymbol{E}\,\mathrm{d}V$$

静电场的能量密度为

$$w_e=\frac{1}{2}\boldsymbol{D}\cdot\boldsymbol{E}$$

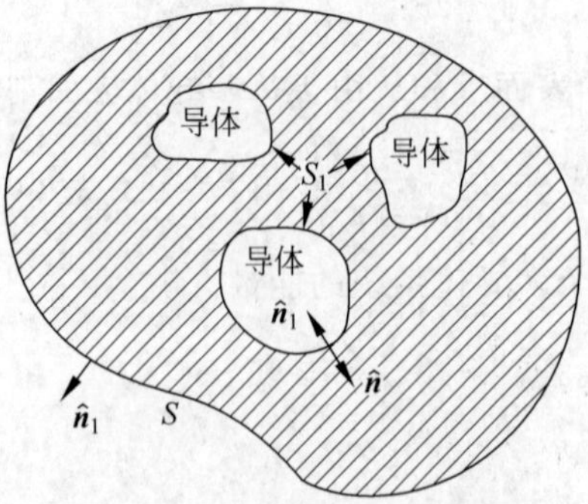

图2.23 计算静电场的能量

对于各向同性线性介质，静电场的能量密度可以写为

$$w_e = \frac{1}{2}\varepsilon E^2 \tag{2.131}$$

例 2.15 按照卢瑟福模型，一个原子可以看成是由一个带正电荷 q 的原子核被总量等于 $-q$ 且均匀分布于球形体积内的负电荷所包围，如图 2.24 所示，求原子的结合能。

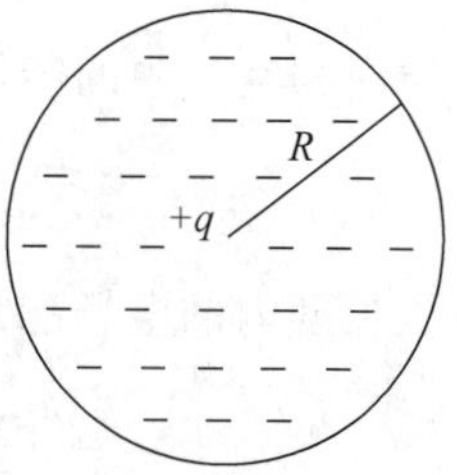

图 2.24 例 2.15 用图

解 原子的结合能包括两部分：负电荷系统的自有能量和正电荷与负电荷系统的相互作用能。由式(2.127)，负电荷系统的自有能量为

$$W_1 = \frac{1}{2}\iiint_V \rho\Phi \mathrm{d}V \tag{2.132}$$

负电荷系统的体电荷密度为

$$\rho = \frac{-q}{\frac{4}{3}\pi R^3} \tag{2.133}$$

利用高斯定理可以求出只有负电荷系统存在时球形区域内、外电场强度的分布为

$$E_1 = \frac{\rho r}{3\varepsilon_0}, \quad r < R$$

$$E_2 = \frac{\rho R^3}{3\varepsilon_0 r^2}, \quad r > R$$

只有负电荷系统存在时球形区域内电位的分布为

$$\Phi = \int_r^{\infty} \boldsymbol{E} \cdot \mathrm{d}\boldsymbol{l} = \int_r^R \boldsymbol{E}_1 \cdot \mathrm{d}\boldsymbol{l} + \int_R^{\infty} \boldsymbol{E}_2 \cdot \mathrm{d}\boldsymbol{l} = \frac{\rho}{2\varepsilon_0}\left(R^2 - \frac{r^2}{3}\right) \tag{2.134}$$

把式(2.133)和式(2.134)代入式(2.132)可得

$$W_1 = \frac{\rho^2}{4\varepsilon_0}\int_0^R \left(R^2 - \frac{r^2}{3}\right) 4\pi r^2 \mathrm{d}r = \frac{4\pi R^5 \rho^2}{15\varepsilon_0} = \frac{3q^2}{20\pi\varepsilon_0 R}$$

正电荷与负电荷系统的相互作用能就是正电荷在负电荷电场中的电位能，可以写为

$$W_2 = q\,\Phi_-(0)$$

其中 $\Phi_-(0)$ 是负电荷在 $r=0$ 处产生的电位，由式(2.134)可得

$$\Phi_-(0) = \frac{\rho R^2}{2\varepsilon_0} = \frac{-3q}{8\pi\varepsilon_0 R}$$

正电荷与负电荷系统的相互作用能为

$$W_2 = -\frac{3q^2}{8\pi\varepsilon_0 R}$$

原子的结合能为

$$W = W_1 + W_2 = -\frac{9q^2}{40\pi\varepsilon_0 R}$$

例 2.16 例 2.12 中部分填充介质的同轴线，求单位长度内的电场能量。

解 例 2.12 中已经解出介质内和空气中的电场强度相等,都是

$$\boldsymbol{E}_1=\boldsymbol{E}_2=\boldsymbol{e}_r\ \frac{U}{\ln\dfrac{b}{a}}\left(\frac{1}{r}\right)$$

介质内和空气中的能量密度分别为

$$w_{e1}=\frac{1}{2}\varepsilon E_1^2,\quad w_{e2}=\frac{1}{2}\varepsilon_0 E_2^2$$

单位长度内的电场能量为

$$\begin{aligned}W_e&=\frac{1}{2}\int_a^b\int_0^\theta\varepsilon E_1^2 r\,\mathrm{d}r\,\mathrm{d}\varphi+\frac{1}{2}\int_a^b\int_0^{2\pi-\theta}\varepsilon_0 E_2^2 r\,\mathrm{d}r\,\mathrm{d}\varphi\\&=\frac{1}{2}U_0^2\left[\frac{\varepsilon\theta_1}{\ln\dfrac{b}{a}}+\frac{\varepsilon_0(2\pi-\theta_1)}{\ln\dfrac{b}{a}}\right]\end{aligned}$$

2.6.2 利用虚位移原理计算电场力

扫码看讲课录像 2.6.2

对于一个导体系统,外部给系统提供的能量 dW 应等于系统内静电能量的增量 $\mathrm{d}W_e$ 再加上电场力做的功,即

$$\mathrm{d}W=\mathrm{d}W_e+f\,\mathrm{d}g \tag{2.135}$$

其中,f 是广义力;$\mathrm{d}g$ 是广义坐标。若 f 是力,$\mathrm{d}g$ 是在力的方向上移动的距离,若 f 是力矩;$\mathrm{d}g$ 就是在力矩的作用下转动的角度。

1. 若各导体电荷不变,$\mathrm{d}q=0$

例如,切断电源,不为系统提供能量,即 $\mathrm{d}W=0$,由式(2.135)可得

$$f\,\mathrm{d}g=-\mathrm{d}W_e\big|_{q=C}$$

即电场力做功,静电能减少,电场力为

$$f=-\frac{\partial W_e}{\partial g}\bigg|_{q=C} \tag{2.136}$$

2. 若各导体电位不变

例如,电源不断开,电源对导体系统提供的能量为

$$\mathrm{d}W=\sum_i\Phi_i\,\mathrm{d}q_i$$

这就是前面 2.6.1 节所讨论的移动电荷所做的功。导体系统增加的静电能为

$$\mathrm{d}W_e=\frac{1}{2}\sum_i\Phi_i\,\mathrm{d}q_i$$

上式可由式(2.128)微分得到。所以

$$f\,\mathrm{d}g=\mathrm{d}W-\mathrm{d}W_e=\frac{1}{2}\sum_i\Phi_i\,\mathrm{d}q_i=\mathrm{d}W_e$$

电场力为

$$f=\left.\frac{\partial W_e}{\partial g}\right|_{\Phi=C} \tag{2.137}$$

例 2.17 一平行板电容器，极板面积为 S，板间距离为 x，极板间充满空气，两极板间的电压为 U，如图 2.25 所示，求每个极板受的力。

解 两极板间的电场强度为 $E=U/x$，能量密度为

$$w_e=\frac{1}{2}\varepsilon E^2$$

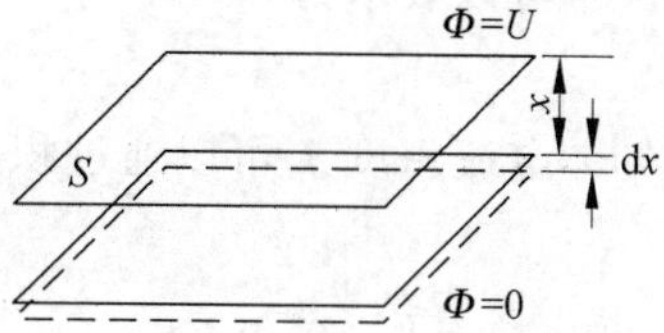

图 2.25 例 2.17 用图

两极板间的电场能量为

$$W_e=w_e\cdot Sx=\frac{\varepsilon U^2 S}{2x}$$

每个极板受的电场力为

$$f=\left.\frac{\partial W_e}{\partial x}\right|_{\Phi=C}=-\frac{\varepsilon U^2 S}{2x^2}$$

请注意，求解这类问题时，实际上是先假定电容器的极板有一个很小的位移 dx，引起电容器中能量的变化 dW_e，然后求出电场力。所以把这种方法称为利用虚位移原理计算电场力，“虚位移原理”是借用了理论力学中的一个概念。

2.7 恒定电场（恒定电流场）

在静电场中，电荷是静止的，电场的分布不随时间变化。在恒定电场中，电荷是运动的，但是电场的分布也不随时间变化，因此产生恒定电流。

2.7.1 电流与电流密度

扫码看讲课录像 2.7.1

1. 电流密度

1）体电流密度 $\boldsymbol{J}$

体电流密度矢量描述导体内电流的分布，定义为穿过某点单位垂直截面的电流强度，数值为

$$J=\frac{dI}{dS_{\perp}} \tag{2.138}$$

方向沿该点处电流的方向。

设导体内的体电荷密度为 ρ，平均漂移速度为 $\boldsymbol{v}$，在导体内通过某一点选一个与 $\boldsymbol{v}$ 垂直的截面 $dS_{\perp}$，如图 2.26 所示，则 Δt 内通过 $dS_{\perp}$ 的电量为

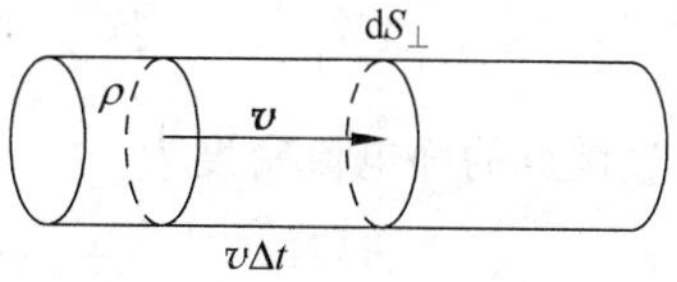

图 2.26 计算体电流密度

$$\Delta q=\rho\cdot v\,\Delta t\,dS_{\perp}$$

通过 $dS_{\perp}$ 的电流强度为

$$I=\frac{\Delta q}{\Delta t}=\rho v\,\mathrm{d}S_{\perp}$$

通过该点的体电流密度为

$$J=\frac{I}{\mathrm{d}S_{\perp}}=\rho v$$

用矢量可以表示为

$$\boldsymbol{J}=\rho\boldsymbol{v}\tag{2.139}$$

已知体电流密度 $\boldsymbol{J}$ 可以通过积分计算通过某一截面的体电流强度

$$I=\iint_{S}\boldsymbol{J}\cdot\mathrm{d}\boldsymbol{S}\tag{2.140}$$

2）面电流密度 $\boldsymbol{J}_S$

如果电流分布在导体表面厚度趋近于零的薄层内(例如，$f=100\mathrm{MHz}$ 时，由于趋肤效应，电流分布在铜导线表面厚度约为 $6.6\mu\mathrm{m}$ 的薄层内)，与电流方向垂直的横截面的面积趋近于零，无法用体电流密度描述导体表面电流的分布，所以引入面电流密度。面电流密度 $\boldsymbol{J}_S$ 定义为穿过某点表面单位垂直长度的电流强度，如图 2.27 所示。面电流密度矢量的数值为

$$\boldsymbol{J}_S=\frac{\mathrm{d}I}{\mathrm{d}l_{\perp}}\tag{2.141}$$

方向沿该点处面电流的方向。

设导体表面的面电荷密度为 ρ_S，平均漂移速度为 $\boldsymbol{v}$，在导体表面通过某一点选一个与 $\boldsymbol{v}$ 垂直的线元 $\mathrm{d}l_{\perp}$，如图 2.27 所示，则 Δt 内通过 $\mathrm{d}l_{\perp}$ 的电量为

$$\Delta q=\rho_S\cdot v\,\Delta t\,\mathrm{d}l_{\perp}$$

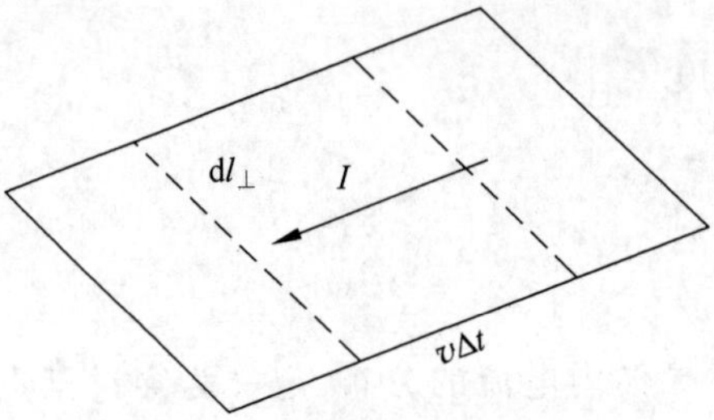

图 2.27　计算面电流密度

通过 $\mathrm{d}l_{\perp}$ 的电流强度为

$$I=\frac{\Delta q}{\Delta t}=\rho_S v\,\mathrm{d}l_{\perp}$$

通过该点的面电流密度为

$$J_S=\frac{I}{\mathrm{d}l_{\perp}}=\rho_S v$$

用矢量可以表示为

$$\boldsymbol{J}_S=\rho_S\boldsymbol{v}\tag{2.142}$$

下面利用面电流密度 $\boldsymbol{J}_S$ 计算面电流。设面电流密度为 $\boldsymbol{J}_S$，与一有方向的线元 $\Delta\boldsymbol{l}$ 的夹角为 α，$\Delta\boldsymbol{l}$ 在与 $\boldsymbol{J}_S$ 垂直的方向上的投影为 $\Delta l_{\perp}$，如图 2.28 所示。由式(2.141)

$$\Delta I = J_S \Delta l_{\perp} = J_S \Delta l \sin\alpha \tag{2.143}$$

设 $\hat{\boldsymbol{j}}$、$\hat{\boldsymbol{l}}$、$\hat{\boldsymbol{n}}$ 分别是 $\boldsymbol{J}_S$、$\Delta\boldsymbol{l}$、$\boldsymbol{S}$ 表面法线的单位矢量，则

$$\sin\alpha = \hat{\boldsymbol{n}} \cdot \hat{\boldsymbol{n}} \sin\alpha = \hat{\boldsymbol{n}} \cdot (\hat{\boldsymbol{l}} \times \hat{\boldsymbol{j}})$$

代入式(2.143)可得

$$\Delta I = \hat{\boldsymbol{n}} \cdot (\hat{\boldsymbol{l}} \Delta l \times \hat{\boldsymbol{j}} J_S) = \hat{\boldsymbol{n}} \cdot (\Delta\boldsymbol{l} \times \boldsymbol{J}_S)$$

所以面电流可以写为

$$I = \int_l \hat{\boldsymbol{n}} \cdot (\mathrm{d}\boldsymbol{l} \times \boldsymbol{J}_S) = \int_l \boldsymbol{J}_S \cdot (\hat{\boldsymbol{n}} \times \mathrm{d}\boldsymbol{l}) \tag{2.144}$$

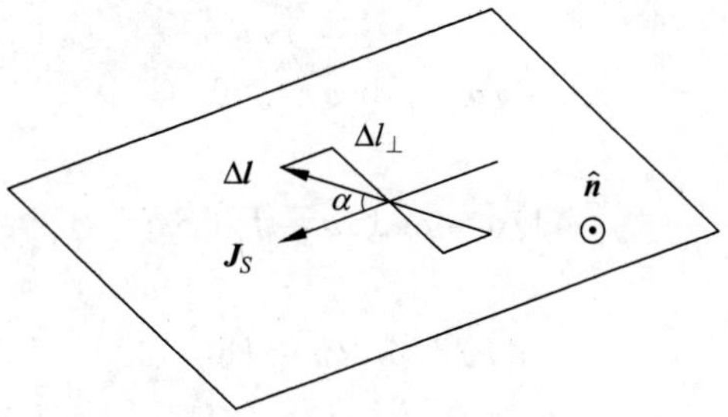

图 2.28 计算面电流

例 2.18 若导体表面的面电流密度矢量为 $\boldsymbol{J}_S(\boldsymbol{r}) = (\boldsymbol{e}_x y + \boldsymbol{e}_y x)$ A/m，计算穿过表面两点(2,1)、(5,1)间的线段的面电流。

解 首先由式(2.72)求出场线方程，绘出电流场图，了解该电流场的概貌。由欧姆定律

$$\boldsymbol{J} = \sigma \boldsymbol{E} \tag{2.145}$$

$\boldsymbol{J}$ 线和 $\boldsymbol{E}$ 线形式上相同，所以场线的微分方程为

$$\frac{\mathrm{d}x}{J_x} = \frac{\mathrm{d}y}{J_y}$$

把 J_x 和 J_y 代入可得

$$\frac{\mathrm{d}x}{y} = \frac{\mathrm{d}y}{x} \quad 或 \quad x\,\mathrm{d}x = y\,\mathrm{d}y$$

积分后得

$$x^2 - y^2 = K^2$$

其中 $K = 0,1,2,\cdots$，所绘出的电流场如图 2.29 所示。

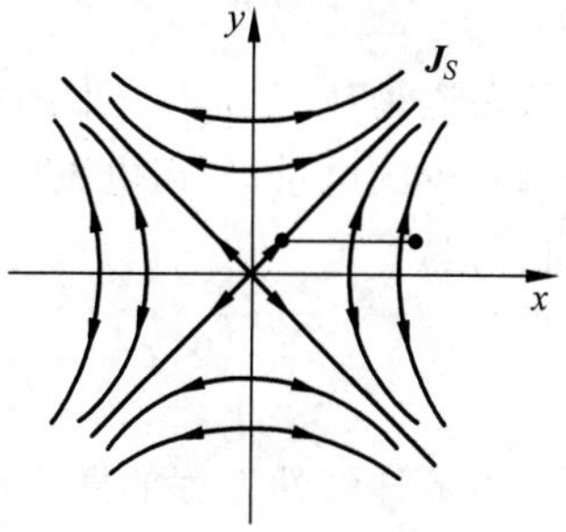

图 2.29 电流场

由式(2.144)可以求出穿过表面两点(2,1)、(5,1)间的线段的面电流。其中 $\mathrm{d}\boldsymbol{l} = \boldsymbol{e}_x \mathrm{d}x$，$\hat{\boldsymbol{n}} = \boldsymbol{e}_z$，代入式(2.144)可得

$$I = \int (\boldsymbol{e}_x y + \boldsymbol{e}_y x) \cdot (\boldsymbol{e}_z \times \boldsymbol{e}_x \mathrm{d}x) = \int_{2\times10^{-2}}^{5\times10^{-2}} x\,\mathrm{d}x$$

$$=1.05\times10^{-3}A=1.05\text{mA}$$

3）线电流

沿一细导线流动的电流称为线电流，即与电流方向垂直的横截面积 $S_{\perp}\to0$。设线电荷密度为 ρ_l，电荷的平均漂移速度为$\boldsymbol{v}$，如图 2.30 所示，则 Δt 内通过某一点的电量为

$$\Delta q=\rho_l\cdot v\Delta t$$

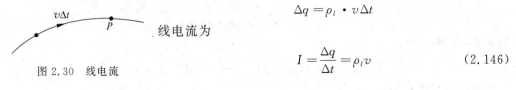

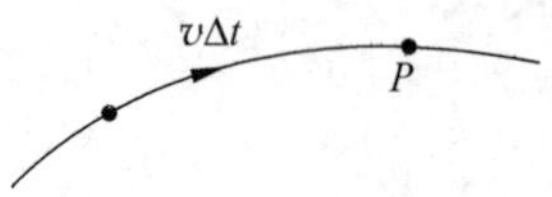

图 2.30　线电流

线电流为

$$I=\frac{\Delta q}{\Delta t}=\rho_l v \tag{2.146}$$

2. 电流元

电荷定向运动形成电流，电荷元 $\mathrm{d}q$ 以速度$\boldsymbol{v}$ 运动，$\mathrm{d}q\boldsymbol{v}$ 称为电流元。常用的有体电流元

$$\mathrm{d}q\boldsymbol{v}=\rho\mathrm{d}V\boldsymbol{v}=\boldsymbol{J}\mathrm{d}V \tag{2.147}$$

面电流元

$$\mathrm{d}q\boldsymbol{v}=\rho_S\mathrm{d}S\boldsymbol{v}=\boldsymbol{J}_S\mathrm{d}S \tag{2.148}$$

线电流元

$$\mathrm{d}q\boldsymbol{v}=\rho_l\mathrm{d}l\boldsymbol{v}=I\mathrm{d}\boldsymbol{l} \tag{2.149}$$

扫码看讲课录像 2.7.2

2.7.2　恒定电场的基本方程和边界条件

1. 矢量场方程

1）电流连续性方程

电流连续性方程的积分形式为

$$\oint\!\!\!\oint_S\boldsymbol{J}\cdot\mathrm{d}\boldsymbol{S}=-\frac{\partial q}{\partial t} \tag{2.150}$$

等式左边是从 S 面内流出的电流，即单位时间内流出的电量；等式右边是 S 面内单位时间内减少的电量，所以电流连续性方程的实质是电荷守恒定律。利用散度定理，式(2.150)可以写为

$$\iiint_V\nabla\cdot\boldsymbol{J}\mathrm{d}V=-\iiint_V\frac{\partial\rho}{\partial t}\mathrm{d}V$$

所以电流连续性方程的微分形式为

$$\nabla\cdot\boldsymbol{J}+\frac{\partial\rho}{\partial t}=0 \tag{2.151}$$

对于恒定电场，电荷的分布不变，$\frac{\partial q}{\partial t}=0$，电流连续性方程的积分形式为

$$\oint\!\!\!\oint_S\boldsymbol{J}\cdot\mathrm{d}\boldsymbol{S}=0 \tag{2.152}$$

微分形式为

$$\nabla\cdot \boldsymbol{J}=0 \tag{2.153}$$

式(2.152)表明，在恒定电场中，对于任一闭合曲面(可以小到只包围一个点)，单位时间内流入的电量总是等于流出的电量。所以恒定电场中，电荷是运动的，但是电荷的分布不变。

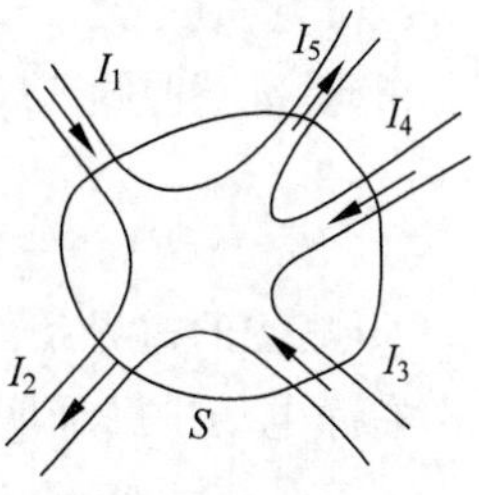

图 2.31 节点电流定理

对于直流电路(恒定电场)或低频电路(电路的尺寸远远小于波长)，作一个闭合曲面包围一个电路节点，如图 2.31 所示，则

$$\oint\!\!\!\oint_S \boldsymbol{J}\cdot \mathrm{d}\boldsymbol{S}=0$$

可以写为

$$\sum_k I_k=0 \tag{2.154}$$

这正是电路理论中的基尔霍夫节点电流定理。

2) 环路定理

恒定电场的环路定理与静电场相同

$$\oint_l \boldsymbol{E}\cdot \mathrm{d}\boldsymbol{l}=0 \tag{2.155}$$

微分形式为

$$\nabla\times \boldsymbol{E}=0 \tag{2.156}$$

由式(2.156)和$\nabla\times\nabla\Phi=0$，在恒定电场中也可以引入电位

$$\boldsymbol{E}=-\nabla\Phi \tag{2.157}$$

2. 位函数方程

由电流连续性方程$\nabla\cdot\boldsymbol{J}=0$和欧姆定律$\boldsymbol{J}=\sigma\boldsymbol{E}$

$$\nabla\cdot \boldsymbol{J}=\nabla\cdot(\sigma\boldsymbol{E})=\sigma\,\nabla\cdot(-\nabla\Phi)=-\sigma\,\nabla^2\Phi=0$$

所以

$$\nabla^2\Phi=0 \tag{2.158}$$

恒定电场中的电位满足拉普拉斯方程，一维边值问题也可以用直接积分法求解。

3. 恒定电场的边界条件

1) $\boldsymbol{E}$ 和 $\boldsymbol{J}$ 的边界条件

与静电场中推导不同介质分界面上边界条件的方法相似(详见 2.2.1 节)，利用恒定电场的环路定理$\oint_l \boldsymbol{E}\cdot\mathrm{d}\boldsymbol{l}=0$，可以导出 $\boldsymbol{E}$ 的切向分量满足的边界条件

$$E_{1\mathrm{t}}=E_{2\mathrm{t}} \tag{2.159}$$

用矢量可以写为

$$\hat{\boldsymbol{n}}\times(\boldsymbol{E}_1-\boldsymbol{E}_2)=0 \tag{2.160}$$

利用电流连续性方程$\oint\!\!\oint_S \boldsymbol{J}\cdot\mathrm{d}\boldsymbol{S}=0$，可以导出 $\boldsymbol{J}$ 的法向分量满足的边界条件

$$J_{1n}=J_{2n} \tag{2.161}$$

用矢量可以写为

$$\hat{\boldsymbol{n}}\cdot(\boldsymbol{J}_1-\boldsymbol{J}_2)=0 \tag{2.162}$$

由式(2.159)和式(2.161)可以导出电流场线在两种导电媒质界面发生折射的关系式

$$\frac{\tan\theta_1}{\tan\theta_2}=\frac{\sigma_1}{\sigma_2} \tag{2.163}$$

2) 电位的边界条件

在静电场中已证明与式(2.159)等价的电位的边界条件为

$$\Phi_1=\Phi_2 \tag{2.164}$$

式(2.164)也是恒定电场中电位满足的边界条件。另外,由

$$J_{1n}=\sigma_1 E_{1n}=\sigma_1\left(-\frac{\partial\Phi_1}{\partial n}\right),\quad J_{2n}=\sigma_2 E_{2n}=\sigma_2\left(-\frac{\partial\Phi_2}{\partial n}\right)$$

代入式(2.161)可得

$$\sigma_1\frac{\partial\Phi_1}{\partial n}=\sigma_2\frac{\partial\Phi_2}{\partial n} \tag{2.165}$$

可以把恒定电场的边界条件与静电场的边界条件进行对比,便于记忆。

2.7.3 导电媒质中的传导电流

扫码看讲课录像2.7.3

1. 电源电动势

图2.32是一个简单的恒定电路,在电源的外部,在电场力的作用下正电荷从电源的正极出发,经过外电路和负载到达负极。为了维持电路中的恒定电流,必须把正电荷经电源内部再搬运到正极,在这个过程中需要克服电场力做功,这种做功的力只能是非静电力。电源的作用就是提供这种非静电力,如化学力、洛伦兹力、感应电场力等。

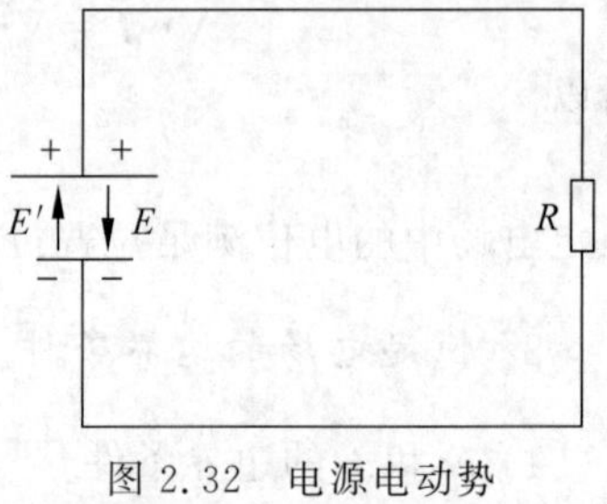

图2.32 电源电动势

电源电动势定义为非静电力把单位正电荷从电源内由负极移到正极所做的功,可以表示为

$$e=\int_l \boldsymbol{E}'\cdot\mathrm{d}\boldsymbol{l} \tag{2.166}$$

其中$\boldsymbol{E}'$是单位正电荷受的非静电力,称为非静电场强。例如,对于洛伦兹力

$$\boldsymbol{f}=q\boldsymbol{v}\times\boldsymbol{B}$$

非静电场强为

$$\boldsymbol{E}'=\frac{\boldsymbol{f}}{q}=\boldsymbol{v}\times\boldsymbol{B}$$

电源电动势为

$$e=\int_l(\boldsymbol{v}\times\boldsymbol{B})\cdot\mathrm{d}\boldsymbol{l}$$

这就是动生电动势的表达式。

2. 电阻和电导

对于均匀横截面的导体，电阻的表达式为

$$R=\rho\frac{l}{S}=\frac{l}{\sigma S} \tag{2.167}$$

其中 ρ 是导体的电阻率；σ 是电导率；l 是导体的长度；S 是横截面积。对于横截面不均匀的导体(见图 2.33)电阻的表达式为

$$\mathrm{d}R=\rho\frac{\mathrm{d}l}{S} \tag{2.168}$$

$$R=\int_l\rho\frac{\mathrm{d}l}{S}=\int_l\frac{\mathrm{d}l}{\sigma S} \tag{2.169}$$

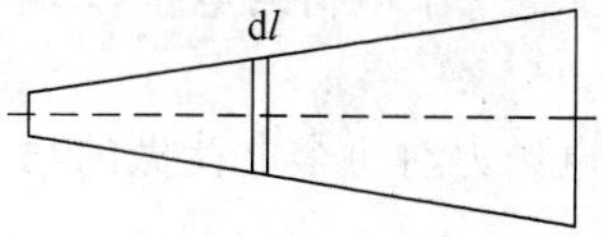

图 2.33　横截面不均匀的导体的电阻

导体的电导是电阻的倒数

$$G=\frac{1}{R} \tag{2.170}$$

一些材料的电阻率和电导率如表 2.2 所示。

表 2.2　一些材料的电阻率和电导率

材料		$\rho/\Omega\cdot\mathrm{m}$	$\sigma/\mathrm{S}\cdot\mathrm{m}^{-1}$	材料		$\rho/\Omega\cdot\mathrm{m}$	$\sigma/\mathrm{S}\cdot\mathrm{m}^{-1}$
金属	银	1.49×10^{-8}	6.17×10^{7}	半导体	锗	0.42	2.38
	铜	1.72×10^{-8}	5.80×10^{7}		硅	2.6×10^{3}	3.85×10^{-4}
	金	2.44×10^{-8}	4.10×10^{7}	绝缘体	蜡	1×10^{11}	1×10^{-11}
	铝	2.61×10^{-8}	3.82×10^{7}		聚乙烯	1×10^{13}	1×10^{-13}
	黄铜	6.37×10^{-8}	1.57×10^{7}		石英	1×10^{17}	1×10^{-17}
	铁	10^{-7}	1.00×10^{7}		橡胶	1×10^{15}	1×10^{-15}
	钨	5.49×10^{-8}	1.82×10^{7}		瓷	5×10^{12}	2×10^{-13}
	碳(石墨)	3.5×10^{-5}	2.86×10^{4}		玻璃	1×10^{12}	1×10^{-12}
	海水	0.2	5		变压器油	1×10^{11}	1×10^{-11}

3. 欧姆定律

欧姆定律的积分形式为

$$I=\frac{U}{R} \tag{2.171}$$

式(2.171)适用于一段导体，式中 I、U、R 都是积分量

$$I=\iint_S\boldsymbol{J}\cdot\mathrm{d}\boldsymbol{S},\quad U=\int_l\boldsymbol{E}\cdot\mathrm{d}\boldsymbol{l},\quad R=\int_l\rho\frac{\mathrm{d}l}{S}$$

欧姆定律的微分形式为

$$\boldsymbol{J}=\sigma\boldsymbol{E} \tag{2.172}$$

式(2.172)给出某一点处体电流密度与电场强度的关系。

4. 焦耳定律

焦耳定律的积分形式为

$$P = I^2 R \tag{2.173}$$

式(2.173)中 P、I、R 都是积分量。

下面推导焦耳定律的微分形式,设导体单位体积内有 N 个自由电荷,平均漂移速度为$\boldsymbol{v}$,则体电流密度可以写为

$$\boldsymbol{J} = \rho\boldsymbol{v} = Nq\boldsymbol{v}$$

其中 q 是每个电荷的电量,每个电荷受的力为

$$\boldsymbol{f} = q\boldsymbol{E}$$

$\mathrm{d}t$ 内电场力对每个电荷做的功为

$$\mathrm{d}A = \boldsymbol{f} \cdot \mathrm{d}\boldsymbol{l} = q\boldsymbol{E} \cdot \boldsymbol{v}\mathrm{d}t$$

$\mathrm{d}t$ 内电场力对 $\mathrm{d}V$ 内所有电荷做的功为

$$\mathrm{d}A = N\mathrm{d}V \cdot q\boldsymbol{E} \cdot \boldsymbol{v}\,\mathrm{d}t = \boldsymbol{J} \cdot \boldsymbol{E}\mathrm{d}V\mathrm{d}t$$

$\mathrm{d}t$ 内电场力对 $\mathrm{d}V$ 内所有电荷做的功率为

$$\mathrm{d}P = \frac{\mathrm{d}A}{\mathrm{d}t} = \boldsymbol{J} \cdot \boldsymbol{E}\mathrm{d}V$$

$\mathrm{d}t$ 内电场力对 $\mathrm{d}V$ 内所有电荷做的功率密度为

$$p = \frac{\mathrm{d}P}{\mathrm{d}V} = \boldsymbol{J} \cdot \boldsymbol{E} \tag{2.174}$$

式(2.174)就是焦耳定律的微分形式。

5. 导体内的净余电荷

静电场中导体内没有净余电荷,下面讨论恒定电场的情况。由电流连续性方程和欧姆定律

$$\nabla\cdot \boldsymbol{J} = 0, \quad \boldsymbol{J} = \sigma\boldsymbol{E}$$

所以

$$\sigma\,\nabla\cdot \boldsymbol{E} = 0$$

可以得到

$$\nabla\cdot \boldsymbol{E} = 0$$

再由高斯定理

$$\nabla\cdot \boldsymbol{E} = \frac{\rho}{\varepsilon}$$

比较以上两式可得 $\rho=0$,所以恒定电场中导体内也没有净余电荷。

下面讨论给导体充电时,电荷在导体内运动的过程。给导体充电时,还没有达到稳恒状态,由电流连续性方程

$$\nabla\cdot \boldsymbol{J} + \frac{\partial\rho}{\partial t} = 0$$

所以

$$\frac{\partial\rho}{\partial t}=-\nabla\cdot\boldsymbol{J}=-\sigma\nabla\cdot\boldsymbol{E}=-\frac{\sigma}{\varepsilon}\nabla\cdot\boldsymbol{D}=-\frac{\sigma}{\varepsilon}\rho$$

可以解出

$$\rho=\rho_0\mathrm{e}^{-\frac{\sigma}{\varepsilon}t}=\rho_0\mathrm{e}^{-\frac{t}{\tau}}\tag{2.175}$$

其中 $\tau=\varepsilon/\sigma$ 称为弛豫时间，表示导体内体电荷密度 ρ 衰减的速度，经过 τ 秒

$$\rho=\rho_0\mathrm{e}^{-1}=\frac{\rho_0}{\mathrm{e}}$$

导体内体电荷密度 ρ 衰减到 $t=0$ 时刻的 $1/\mathrm{e}$。例如，对于铜 $\sigma=5.8\times10^7\,\mathrm{S/m}$，$\varepsilon=\varepsilon_0$，可以算出 $\tau\approx10^{-19}\,\mathrm{s}$。所以给导体充入电荷，经过极短的时间，电荷都扩散到导体表面，导体内部没有净余电荷。

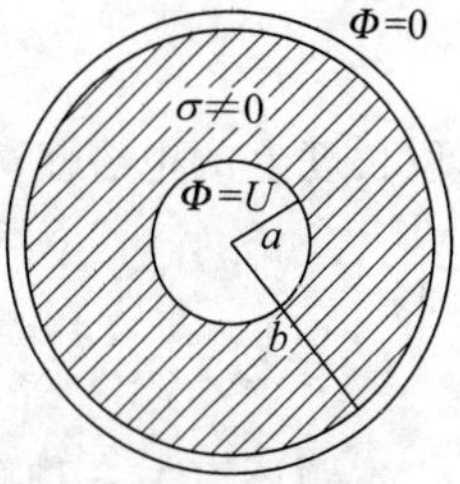

图 2.34　例 2.19 用图

例 2.19　如图 2.34 所示，同轴线的内、外半径分别为 a 和 b，填充的介质 $\sigma\neq0$，有漏电现象。同轴线外加电压为 U，求漏电介质内的 Φ、$\boldsymbol{E}$、$\boldsymbol{J}$、单位长度上的漏电电导和单位长度上的电容。

解　同轴线的内、外导体中有轴向流动的电流，由 $\boldsymbol{J}=\sigma\boldsymbol{E}$，对于良导体构成的同轴线，$\sigma\to\infty$，所以导体内的轴向电场 E_z 很小。其次内、外导体表面有面电荷分布，内导体表面为正的面电荷，外导体内表面为负的面电荷，它们是电源充电时扩散而稳定分布在导体表面的，故在漏电介质中存在径向电场分量 E_r。设内、外导体是理想导体，则 $E_z=0$，内、外导体表面是等位面，漏电介质中的电位只是 r 的函数，拉普拉斯方程为

$$\frac{1}{r}\frac{\mathrm{d}}{\mathrm{d}r}\left(r\frac{\mathrm{d}\Phi}{\mathrm{d}r}\right)=0$$

边界条件为 $r=a$，$\Phi=U$；$r=b$，$\Phi=0$。利用直接积分法可以解出

$$\Phi(r)=\frac{U}{\ln\frac{b}{a}}\cdot\ln\frac{b}{r}$$

电场强度为

$$\boldsymbol{E}(\boldsymbol{r})=-\boldsymbol{e}_r\frac{\mathrm{d}\Phi}{\mathrm{d}r}=\boldsymbol{e}_r\frac{U}{r\ln\frac{b}{a}}$$

漏电介质中的电流密度为

$$\boldsymbol{J}=\sigma\boldsymbol{E}=\boldsymbol{e}_r\frac{\sigma U}{r\ln\frac{b}{a}}$$

同轴线内单位长度的漏电流为

$$I_0=2\pi r\cdot1\cdot\frac{\sigma U}{r\ln\frac{b}{a}}=\frac{2\pi\sigma U}{\ln\frac{b}{a}}$$

单位长度的漏电导为

$$G_0=\frac{I_0}{U}=\frac{2\pi\sigma}{\ln\dfrac{b}{a}}$$

设漏电介质的介电常数为 ε,则内导体表面上的面电荷密度为

$$\rho_S=\varepsilon E_r=\frac{\varepsilon U}{a\ln\dfrac{b}{a}}$$

所以单位长度上的电荷量为

$$\rho_l=2\pi a\cdot 1\cdot\rho_S=\frac{2\pi\varepsilon U}{\ln\dfrac{b}{a}}$$

单位长度上的电容量为

$$C_0=\frac{\rho_l}{U}=\frac{2\pi\varepsilon}{\ln\dfrac{b}{a}}$$

本题还有另一种解法：先求单位长度的漏电阻 $R_0\to G_0\to I_0\to\boldsymbol{J}\to\boldsymbol{E}\to\Phi$。

2.7.4 运流电流

电荷定向运动形成电流,根据形成电流的机制不同,分为传导电流、运流电流和位移电流(详见 5.2 节)。

电荷在不导电的空间,例如真空、极稀薄气体或液体中的有规则运动所形成的电流称为运流电流(convection current)。真空电子管中由阴极发射到阳极的电子流,带电的雷云运动所形成的电流都是运流电流。

设电荷的体密度为 ρ,在电场的作用下,电荷的平均速度是 v,则电荷运动形成的运流电流密度为

$$\boldsymbol{J}=\rho\boldsymbol{v}\tag{2.176}$$

通过某一截面的运流电流为

$$I=\iint_S\boldsymbol{J}\cdot\mathrm{d}\boldsymbol{S}\tag{2.177}$$

因为对于运流电流而言,电荷运动不受到晶格的碰撞阻滞作用,电场力对电荷所做的功转变为电荷的动能,而不是转变为电荷与晶格碰撞的热能,所以运流电流不遵从欧姆定律和焦耳定律。

运流电流和传导电流一般不会同时存在。运流电流产生的磁场与传导电流产生的磁场性质相同,都满足高斯定理和安培环路定理。

扫码看讲课录像
2.7.5-2.7.6

2.7.5 导电媒质中恒定电场与静电场的比拟

首先对比恒定电场与静电场的基本方程,如表 2.3 所示。

表 2.3 对比恒定电场与静电场的基本方程

对比项目	恒定电场	静电场
基本方程	$\nabla\times\boldsymbol{E}=0(\boldsymbol{E}=-\nabla\Phi)$ $\nabla\cdot\boldsymbol{J}=0$,导体内没有电荷分布 $\nabla^2\Phi=0$,导体内没有电荷分布	$\nabla\times\boldsymbol{E}=0(\boldsymbol{E}=-\nabla\Phi)$ $\nabla\cdot\boldsymbol{D}=0$,没有电荷分布的区域 $\nabla^2\Phi=0$,没有电荷分布的区域
边界条件	$J_{1n}=J_{2n}$ $E_{1t}=E_{2t}$ $\Phi_1=\Phi_2$ $\sigma_1\dfrac{\partial\Phi_1}{\partial n}=\sigma_2\dfrac{\partial\Phi_2}{\partial n}$	$D_{1n}=D_{2n}$ $E_{1t}=E_{2t}$ $\Phi_1=\Phi_2$ $\varepsilon_1\dfrac{\partial\Phi_1}{\partial n}=\varepsilon_2\dfrac{\partial\Phi_2}{\partial n}$
积分量	$I=\iint_S\boldsymbol{J}\cdot d\boldsymbol{S}$ $U=\int\boldsymbol{E}\cdot d\boldsymbol{l}$ $G=I/U$	$q=\oint_S\boldsymbol{D}\cdot d\boldsymbol{S}$ $U=\int\boldsymbol{E}\cdot d\boldsymbol{l}$ $C=q/U$
本构关系	$\boldsymbol{J}=\sigma\boldsymbol{E}$	$\boldsymbol{D}=\varepsilon\boldsymbol{E}$

可以看出,恒定电场与静电场的基本方程相似,只要把 $\boldsymbol{J}\to\boldsymbol{D}, I\to q, \sigma\to\varepsilon, G\to C$,恒定电场的方程就变为静电场的方程。所以恒定电场与静电场的性质也相似,利用这种相似性可以解决一些理论问题和实际问题。

(1) 静电场中的一些结论可以推广到恒定电场中。例如,求解静电场的一些基本方法(如直接积分法、分离变量法、镜像法等)也都可以用来求解恒定电场的问题。

(2) 可用恒定电场(电流场)模拟静电场。

直接测量静电场很困难,其一,测量仪器只能采用静电仪表,一般用的磁电式仪表有电流才有反应,而静电场中没有电流,自然不起作用;其二,仪表本身总是导体或电介质,一旦把仪表放入静电场中,原来的静电场将被改变。

从表 2.3 中可以看出,恒定电场与静电场的电位 Φ 都是拉普拉斯方程的解,如果满足相同的边界条件,则两种场的解必定是相同的,所以可以用电流场模拟静电场。一般采用装有电极的水槽(或导电纸)进行模拟测量,利用导电性能好的金属做成各种形状的电极。在两电极间加上稳定的电压时,会有电流在水中(或沿导电纸表面)流过,形成稳恒电流场的分布。理论和实验可以证明,只要水(或导电纸)的电导率比电极的电导率小得多,电极的表面就可以看作是一个等位面,水中(或导电纸上)的电位分布就与被模拟的静电系统完全类似;又由于水(或导电纸)的电阻率比空气小得多,只要选用伏特计的内阻比水(或导电纸)的电阻高得多,引入伏特计所带来的测量误差就可以忽略不计,这就解决了直接测量静电场的困难。

比拟法可以直接用在恒定电场和静电场的计算中。例如,两导体之间的电容定义为

$$C=\frac{q}{U_{ab}}=\frac{\int_S\rho_S\,dS}{\int_a^b\boldsymbol{E}\cdot d\boldsymbol{l}}=\frac{\int_S\varepsilon E_n\,dS}{\int_a^b\boldsymbol{E}\cdot d\boldsymbol{l}} \tag{2.178}$$

两导体之间的电导定义为

$$G=\frac{I}{U_{ab}}=\frac{\int_S \boldsymbol{J}\cdot d\boldsymbol{S}}{\int_a^b \boldsymbol{E}\cdot d\boldsymbol{l}}=\frac{\int_S \sigma E_n dS}{\int_a^b \boldsymbol{E}\cdot d\boldsymbol{l}} \tag{2.179}$$

比较式(2.178)和式(2.179)可得

$$G=\frac{\sigma}{\varepsilon}C \tag{2.180}$$

所以只要知道了一种导体结构的电容,就可以求出电导和电阻,反之亦然。

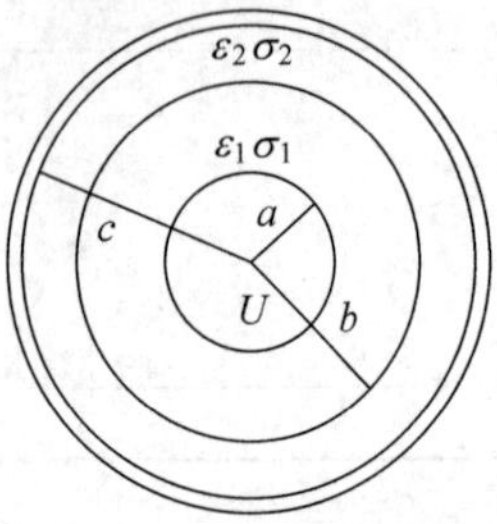

图 2.35　例 2.20 用图

例 2.20　有两层介质的同轴电缆,内导体的半径为 a,两层介质分界面的半径为 b,外导体的内半径为 c,两层介质的介电常数分别为 ε_1、ε_2,漏电导率分别为 σ_1、σ_2,如图 2.35 所示。外加电压 U 时,求两层介质中的电场强度、分界面上的自由电荷密度、单位长度的电容和漏电导。

解　先讨论静电场。求单位长度的电容,设同轴电缆单位长度上带有电荷 ρ_l,由高斯定理可以求出两层介质中的电场强度分别为

$$E_1=\frac{\rho_l}{2\pi\varepsilon_1 r},\quad E_2=\frac{\rho_l}{2\pi\varepsilon_2 r}$$

同轴线内、外导体之间的电位差为

$$U=\int_a^b \boldsymbol{E}_1\cdot d\boldsymbol{r}+\int_b^c \boldsymbol{E}_2\cdot d\boldsymbol{r}=\frac{\rho_l}{2\pi}\left(\frac{1}{\varepsilon_1}\ln\frac{b}{a}+\frac{1}{\varepsilon_2}\ln\frac{c}{b}\right)$$

同轴线单位长度的电容为

$$C_0=\frac{\rho_l}{U}=\frac{2\pi\varepsilon_1\varepsilon_2}{\varepsilon_2\ln\dfrac{b}{a}+\varepsilon_1\ln\dfrac{c}{b}}$$

对于恒定电场,由式(2.180),单位长度的电导为

$$G_0=\frac{2\pi\sigma_1\sigma_2}{\sigma_2\ln\dfrac{b}{a}+\sigma_1\ln\dfrac{c}{b}}$$

同轴线中单位长度的漏电流为

$$I=UG_0=\frac{2\pi\sigma_1\sigma_2 U}{\sigma_2\ln\dfrac{b}{a}+\sigma_1\ln\dfrac{c}{b}}$$

漏电流密度为

$$J=\frac{I}{2\pi r}=\frac{\sigma_1\sigma_2 U}{r\left(\sigma_2\ln\dfrac{b}{a}+\sigma_1\ln\dfrac{c}{b}\right)}$$

两层介质中的电场强度分别为

$$E_1=\frac{J}{\sigma_1}=\frac{\sigma_2 U}{r\left(\sigma_2\ln\frac{b}{a}+\sigma_1\ln\frac{c}{b}\right)},\quad E_2=\frac{J}{\sigma_2}=\frac{\sigma_1 U}{r\left(\sigma_2\ln\frac{b}{a}+\sigma_1\ln\frac{c}{b}\right)}$$

由高斯定理可以求出两层介质分界面上的自由电荷密度

$$\rho_S=D_2-D_1=\varepsilon_2E_2-\varepsilon_1E_1=\frac{(\varepsilon_2\sigma_1-\varepsilon_1\sigma_2)U}{b\left(\sigma_2\ln\frac{b}{a}+\sigma_1\ln\frac{c}{b}\right)}$$

2.7.6 接地

1. 接地的概念

接地就是要保证电路和设备与大地良好连接，对地保持零电位。可以分为以下两大类。

(1) 安全接地，包括安全用电接地和防止雷击接地。

例如，由于线路故障（如绝缘损坏等），设备机壳带电，可能造成触电事故，如图2.36(a)所示。在皮肤干燥、无破损的条件下，人体电阻可达40～100kΩ；人体出汗、潮湿时，降至1kΩ左右。若设备接地，接地电阻＜10Ω，通过人体的电流很小，是安全的，如图2.36(b)所示。

防雷接地是将雷电电流由避雷针经地线引入大地，保护建筑物、设备和人身的安全。

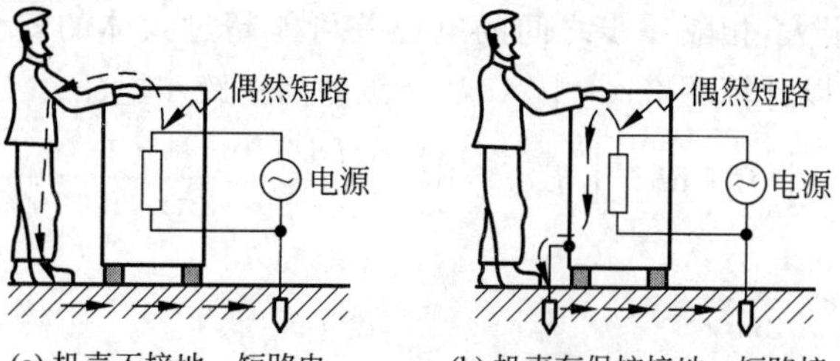

(a) 机壳不接地，短路电流流经人体后入地　(b) 机壳有保护接地、短路接地，短路电流不经人体入地

图2.36　设备安全接地

(2) 工作接地（信号接地），使设备可靠地工作，包括电路接地、电源接地、屏蔽接地、静电接地等。

2. 接地电阻

接地电阻＝接地导线的电阻＋接地体的电阻＋接地体与大地之间的接触电阻＋大地的电阻≈大地的电阻，一般要求接地电阻小于2Ω。

例2.21　一半球形导体接地电极，半径为a，大地电导率为σ，如图2.37所示，求接地电阻。

解　设接地电流为I，则大地中的电流密度为

$$J=\frac{I}{2\pi r^2}$$

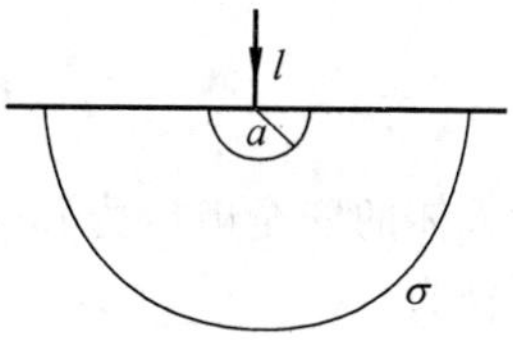

图2.37　例2.21用图

大地中的场强为

$$E=\frac{J}{\sigma}=\frac{I}{2\pi\sigma r^{2}} \tag{2.181}$$

接地电极表面的电位

$$U=\int_{a}^{\infty}\boldsymbol{E}\cdot \mathrm{d}\boldsymbol{l}=\int_{a}^{\infty}\frac{I\mathrm{d}r}{2\pi\sigma r^{2}}=\frac{I}{2\pi\sigma a}$$

接地电阻为

$$R=\frac{U}{I}=\frac{1}{2\pi\sigma a}$$

可以看出,电导率 σ 增大,接地电阻 R 减小。可以采用在接地电极附近灌盐水、埋木炭或其他降阻剂等方法减小接地电阻。

3. 跨步电压

由式(2.181),接地电极附近地面上任一点的电位可以写为

$$\Phi=\int_{r}^{\infty}\boldsymbol{E}\cdot \mathrm{d}\boldsymbol{l}=\int_{r}^{\infty}\frac{I\mathrm{d}r}{2\pi\sigma r^{2}}=\frac{I}{2\pi\sigma r} \tag{2.182}$$

由式(2.182)可以绘出沿地面电位 Φ 随距离 r 变化的曲线,如图 2.38 所示。可以看出,如果入地电流比较大(如电力系统的接地电极和防雷系统的接地电极),在接地电极附近地面上的电位梯度很大,相隔一步之间的电位差可能超过人体的安全电压,称为跨步电压。由式(2.181)可以计算图 2.38 中 A、B 两点之间的跨步电压

$$U_{AB}=\int_{A}^{B}\boldsymbol{E}\cdot \mathrm{d}\boldsymbol{l}=\int_{A}^{B}E\mathrm{d}r=\int_{r}^{r+b}\frac{I\mathrm{d}r}{2\pi\sigma r^{2}}=\frac{I}{2\pi\sigma}\left(\frac{1}{r}-\frac{1}{r+b}\right)$$

$$\approx\frac{Ib}{2\pi\sigma r^{2}} \tag{2.183}$$

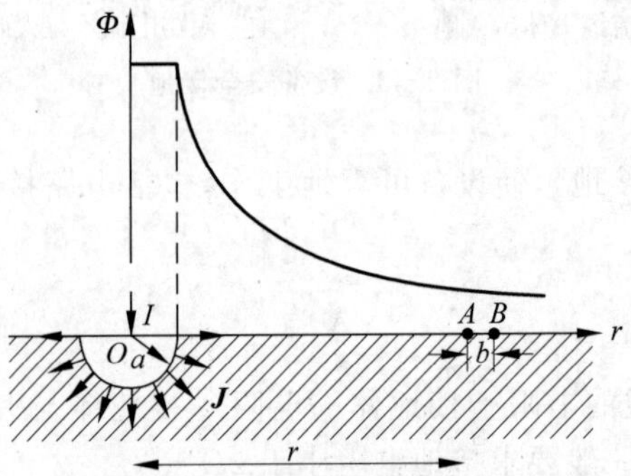

图 2.38 跨步电压

设人体的安全电压为 U_0(一般取为交流 30V,直流 50V),由式(2.183)可以求出危险区的半径为

$$r_0=\sqrt{\frac{Ib}{2\pi\sigma U_0}} \tag{2.184}$$

2.8 静电场的应用(电子资源)

2.8.1 半导体　2.8.2 超导　2.8.3 太阳能电池
2.8.4 从白炽灯、荧光灯到 LED　2.8.5 电偏转和电聚集　2.8.6 喷墨打印机
2.8.7 静电除尘　2.8.8 静电复印　2.8.9 静电屏蔽
2.8.10 接触式静电电压表　2.8.11 静电的危害与防护

扫码看讲课录像
2.8 静电场的应用

扫码阅读
2.8 静电场的应用

第2章习题

2-1 半径为 a 的球内充满介电常数为 ε_1 的均匀介质,球外是介电常数为 ε_2 的均匀介质。若已知球内和球外的电位分别为

$$\begin{cases}\Phi_1(r,\theta)=Ar\theta, & r\leqslant a\\ \Phi_2(r,\theta)=\dfrac{Aa^2\theta}{r}, & r\geqslant a\end{cases}$$

式中 A 为常数。求:

(1) 两种介质中的 $\boldsymbol{E}$ 和 $\boldsymbol{D}$;

(2) 两种介质中的自由电荷密度。

2-2 如图题 2-2 所示,一个半径为 a 的半圆环上均匀分布线电荷 ρ_l,求垂直于半圆环平面的轴线 $z=a$ 处的电场强度。

2-3 长度为 L 的线电荷,线电荷密度为常数 ρ_l。(1)计算线电荷垂直平分面上的电位函数 Φ;(2)利用积分法计算垂直平分面上的 $\boldsymbol{E}$,并用 $\boldsymbol{E}=-\nabla\Phi$ 核对。

2-4 电荷均匀分布于两平行的圆柱面间的区域中,体密度为 ρ,两圆柱半径分别为 a 和 b,轴线相距 c,$a+c<b$,如图题 2-4 所示。求空间各区域的电场强度。

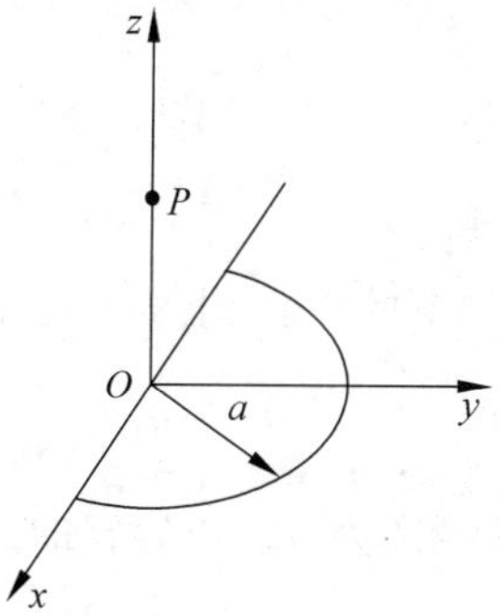

图题 2-2

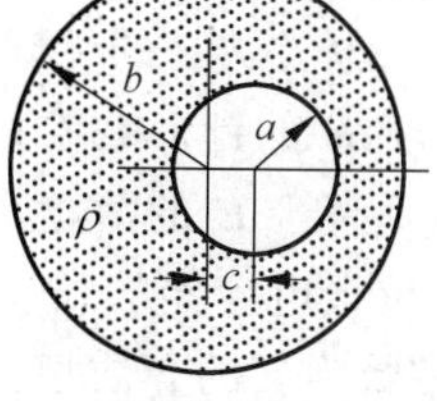

图题 2-4

2-5　电荷按体密度 $\rho(\boldsymbol{r})=\rho_0(1-r^2/a^2)$ 分布于一个半径为 a 的球形区域内，其中 ρ_0 为常数。试计算球内、外的场强和电位。

2-6　一个半径为 a 的薄导体球壳内表面涂覆了一薄层绝缘膜，球内充满了总电荷量为 Q 的体电荷，球壳上又另充有电量 Q，已知内部的电场为 $\boldsymbol{E}=\boldsymbol{e}_r\left(\frac{r}{a}\right)^4$，设球内介质为真空。计算：

(1) 球内的电荷分布；

(2) 球外表面的面电荷分布。

2-7　中心位于原点，边长为 L 的电介质立方体极化强度矢量为 $\boldsymbol{P}=P_0(\boldsymbol{e}_x x+\boldsymbol{e}_y y+\boldsymbol{e}_z z)$。

(1) 计算面极化和体极化电荷密度；

(2) 证明总的极化电荷为零。

2-8　一个半径为 R 的介质球内极化强度 $\boldsymbol{P}=\boldsymbol{e}_r K/r$，其中 K 是一个常数。

(1) 计算极化电荷的体密度和面密度；

(2) 计算自由电荷密度；

(3) 计算球内、外的电位分布。

2-9　同轴线的内导体半径为 a，外导体半径为 b，其间填充相对介电常数为 $\varepsilon_r=r/a$ 的介质。当外导体接地，内导体的电位为 U_0 时，求：

(1) 介质中的 $\boldsymbol{E}$ 和 $\boldsymbol{D}$；

(2) 介质中的极化电荷分布；

(3) 同轴线单位长度的电容。

2-10　一点电荷 $+q$ 位于 $(-a,0,0)$，另一点电荷 $-2q$ 位于 $(a,0,0)$，试证明空间的零电位面是一个球面，求出球心的坐标和球面的半径。

2-11　(1) 求数量场 $\Phi=(x+y)^2-z$ 通过点 $M(1,0,1)$ 的等值面方程；

(2) 求矢量场 $A=\boldsymbol{e}_x xy^2+\boldsymbol{e}_y x^2 y+\boldsymbol{e}_z zy^2$ 的矢量线方程。

2-12　两电介质的分界面为 $z=0$ 平面。已知 $\varepsilon_{r1}=2$ 和 $\varepsilon_{r2}=3$，如果已知区域 1 中的 $\boldsymbol{E}_1=\boldsymbol{e}_x 2y-\boldsymbol{e}_y 2x+\boldsymbol{e}_z(5+z)$，能求出区域 2 中哪些地方的 $\boldsymbol{E}_2$ 和 $\boldsymbol{D}_2$？求出 $\boldsymbol{E}_2$ 和 $\boldsymbol{D}_2$。

2-13　电场中一个半径为 a 的介质球，已知球内、外的电位函数分别为

$$\Phi_1=-E_0 r\cos\theta+\frac{\varepsilon-\varepsilon_0}{\varepsilon+2\varepsilon_0}a^3 E_0\frac{\cos\theta}{r^2},\quad r\geqslant a$$

$$\Phi_2=-\frac{3\varepsilon_0}{\varepsilon+2\varepsilon_0}E_0 r\cos\theta,\quad r\leqslant a$$

验证球表面的边界条件，并计算球表面的极化电荷密度。

2-14　在介电常数 ε 的无限大均匀介质中，开有如下的空腔，求各空腔中的 $\boldsymbol{E}$ 和 $\boldsymbol{D}$：

(1) 平行于 $\boldsymbol{E}$ 的针形空腔；

(2) 底面垂直于 $\boldsymbol{E}$ 的薄盘形空腔。

2-15　平行板电容器的长、宽分别为 a 和 b，板间距离为 d。电容器的一半厚度($0\sim d/2$)用介电常数为 ε 的介质填充。

(1) 板上外加电压 U_0，求板上的自由电荷面密度、极化电荷面密度；

(2) 若已知极板上的自由电荷总量 Q,求此时极板间电压和极化电荷面密度;

(3) 求电容器的电容量。

2-16　一个半径为 b 的球体内充满密度为 $\rho=b^2-r^2$ 的电荷,试用直接积分法计算球内和球外的电位和场强。

2-17　两块半无限大的导电平板构成夹角为 α 的电极系统,设板间电压为 U_0,如图题 2-17 所示。试求导体板间的电场,并绘出场图。

2-18　两块无限大接地导体平板分别置于 $x=0$ 和 $x=a$ 处,在两板之间的 $x=b$ 处有一面密度为 ρ_S 的均匀电荷分布,如图题 2-18 所示。求两导体板之间的电位和场强。

2-19　已知 $y>0$ 的空间中没有电荷,下列几个函数中哪些可能是电位函数的解?

(1) $e^y\cosh x$;(2) $e^{-y}\cos x$;(3) $e^{-\sqrt{2}y}\sin x\cos x$;(4) $\sin x\sin y\sin z$。

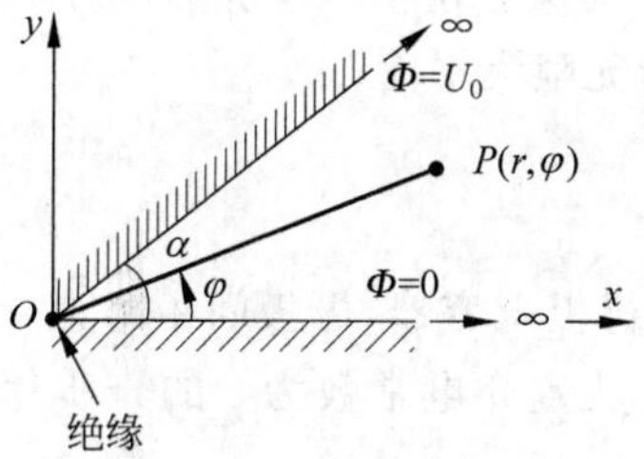

图题　2-17

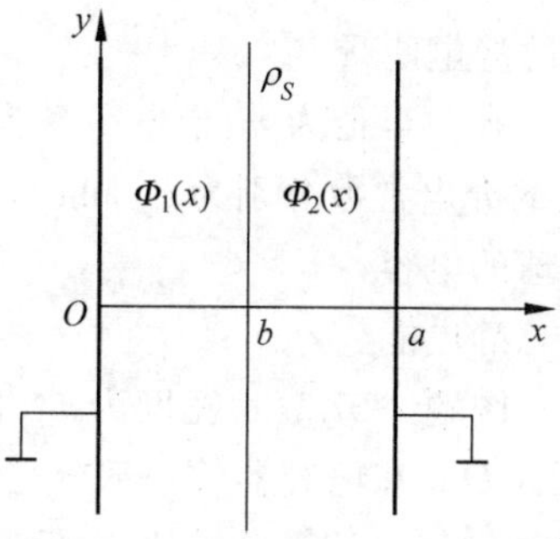

图题　2-18

2-20　在面积为 S 的平行板电容器内填充介电常数作线性变化的介质,从一极板 $(y=0)$ 处的 ε_1 变化到另一极板 $(y=d)$ 处的 ε_2,试求电容量。

2-21　如图题 2-21 所示,内、外半径分别为 a 和 b 的球形电容器,上半部分填充介电常数为 ε_1 的介质,下半部分填充介电常数为 ε_2 的另一种介质,在两极板上加电压 U,试求:

(1) 球形电容器内部的电位和场强;

(2) 极板上和介质分界面上的电荷分布;

(3) 电容器的电容。

2-22　图题 2-22 是一个静电屏蔽装置,设备 1 不带电,试利用部分电容证明设备 1 与设备 3 之间没有耦合。

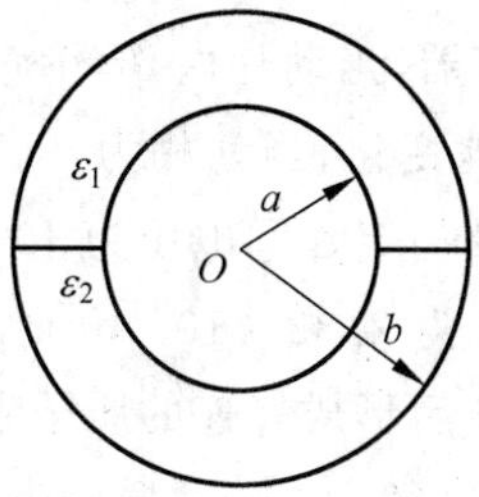

图题　2-21

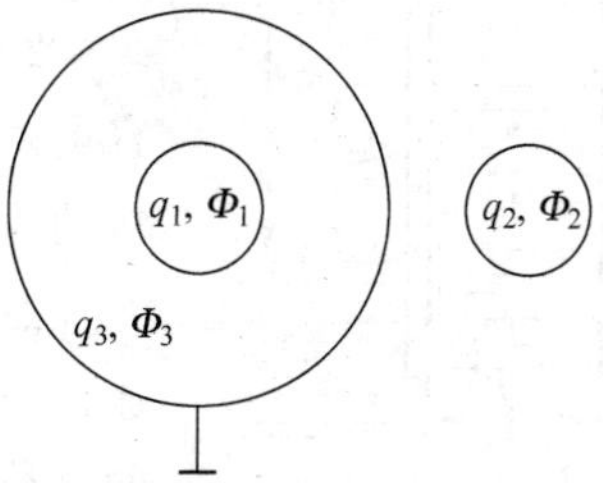

图题　2-22

2-23　已知两个半径分别为 a_1 和 a_2 的导体球，相隔距离为 r，设 $r \gg a_1$，$r \gg a_2$，最初导体 1 不带电，而导体 2 带电荷量为 q，然后用一根细导线把两导体连接在一起，试用电位系数求：

(1) 从导体 2 流入导体 1 的电荷量；

(2) 导体系统最后的电位。

2-24　计算在电场强度 $\boldsymbol{E}=\boldsymbol{e}_x y+\boldsymbol{e}_y x$ 的电场中把带电量为 $-2\mu C$ 的点电荷从(2,1,−1)移到(8,2,−1)时电场所做的功：

(1) 沿曲线 $x=2y^2$；

(2) 沿连接该两点的直线。

2-25　分别用公式 $W_e=\frac{1}{2}\int_V \boldsymbol{D}\cdot\boldsymbol{E}\,dV$、$W_e=\frac{1}{2}\int_V \rho\Phi\,dV$ 计算一个半径为 a，均匀带电 q 的球体的静电能量。

2-26　有一半径为 a、带电荷量为 q 的导体球，其球心位于两种介质的分界面上，此两种介质的介电常数分别为 ε_1 和 ε_2，分界面可视为无限大平面，求：

(1) 球的电容；

(2) 总静电能。

2-27　图题 2-27 表示宽度为 w、长度为 l 的平行板电容器，极板间距离为 d，两极板间的电压为 U。在电容器的一部分空间(宽度为 x)放置介电常数为 ε 的介质片，另一部分空间仍为空气。计算介质片所受到的电场力。

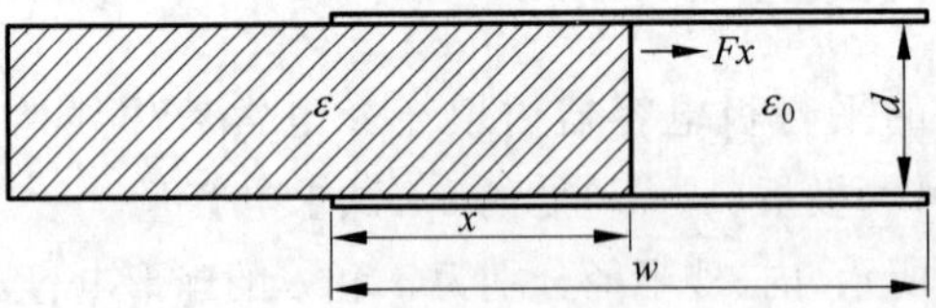

图题　2-27

2-28　把一个电量为 q、半径为 a 的导体球切成两半，求两半球之间的电场力。

2-29　如图题 2-29 所示，两平行的金属板，板间距离为 d，竖直地插在介电常数为 ε 的液体中，板间电压为 U_0。证明液体面升高为 $\Delta h=\frac{\varepsilon-\varepsilon_0}{2mg}\left(\frac{U}{d}\right)^2$，其中 m 为液体密度，g 为重力加速度。

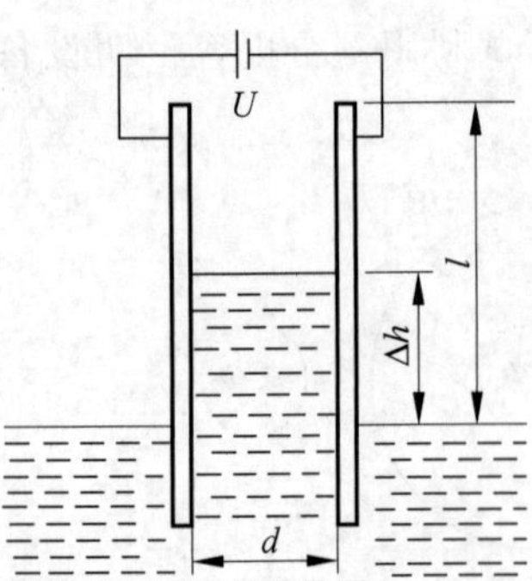

图题　2-29

2-30　空气可变电容器，当动片由 0～180°旋转时，电容量由 25～350pF 线性地变化，当动片为 θ 角时，求作用在动片上的力矩。设动片与定片间电压为 400V。

2-31　一个体密度 ρ 为 $2.32\times10^{-7}C/m^3$ 的质子束，通过 10 000V 的电压加速后形成等速的质子束，质子束内的电荷均匀分布，质子束直径为 2mm，质子束外没有电荷分布。试求电流密度和电流。

2-32 一个半径为 a 的球内均匀分布总电荷量为 Q 的电荷,球体以匀角速度 ω 绕一个直径旋转,求球内的电流密度。

2-33 一个半径为 a 的导体球带电荷量为 Q,以匀角速度 ω 绕一个直径旋转,求球表面的面电流密度。

2-34 在平行板电容器的两极板之间,填充两导电媒质片,如图题 2-34 所示。若在电极之间外加电压 U_0,求:

(1) 两种介质片中的 $\boldsymbol{E}$、$\boldsymbol{J}$;

(2) 每种介质片上的电压;

(3) 介质分界面上的自由电荷面密度。

2-35 考虑一电导率不为零的电介质(σ,ε),设其介质特性和导电特性都是不均匀的。证明当介质中有恒定电流 $\boldsymbol{J}$ 时,体积内将出现自由电荷,体密度为 $\rho=\boldsymbol{J}\cdot\nabla(\varepsilon/\sigma)$。试问有没有束缚体电荷 ρ_P? 若有则进一步求出 ρ_P。

2-36 在电参数为 ε、σ 的无界均匀漏电介质内有两个理想导体小球,半径分别为 R_1 和 R_2,两球间的距离为 $d(d\gg R_1, d\gg R_2)$,求两小导体球间的电阻(求近似解)。

2-37 在一块厚为 d 的导体材料板上,由两个半径为 r_1 和 r_2 的圆弧和夹角为 α 的两半径割出的一块扇形体,如图题 2-37 所示。求:

(1) 沿厚度方向的电阻;

(2) 两圆弧面间的电阻;

(3) 沿 α 方向的电阻。

导电材料的电导率为 σ。(外加电压时电极的面积与相应电阻的截面相同,电极为理想导体。)

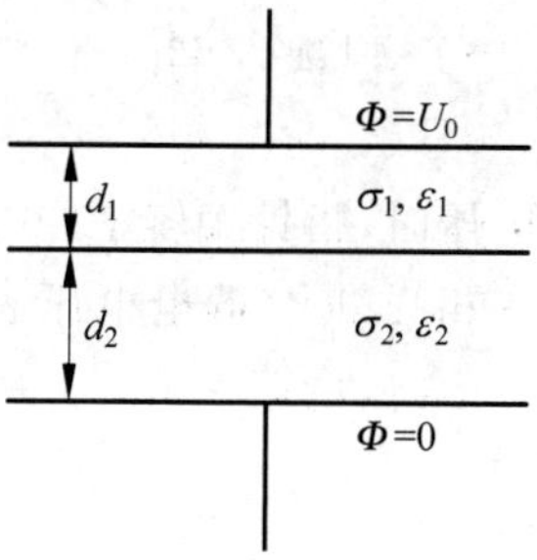

图题 2-34

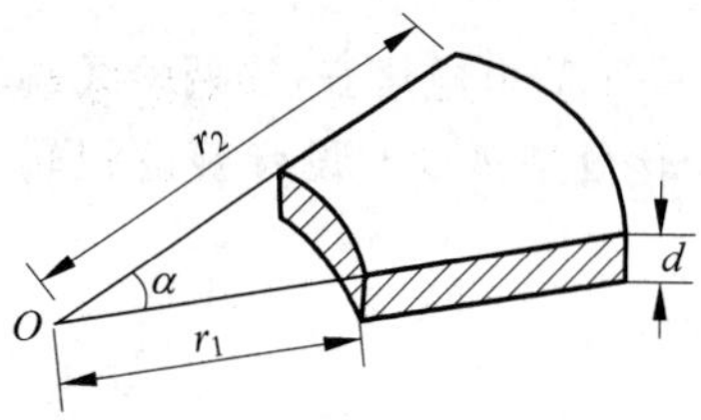

图题 2-37

2-38 设同轴线内导体半径为 a,外导体半径为 b,填充媒质的电导率为 σ。利用直接积分法计算单位长度同轴线的漏电导。

2-39 如图题 2-39 所示,半径分别为 a 和 b 的两同心导体球壳之间填充以两种导电媒质,上半部电导率为 σ_1,下半部电导率为 σ_2,并在两导体球壳之间外加电压 U_0,试求:

(1) 球壳之间的电场强度;

(2) 导电媒质中的电流分布;

(3) 球壳电阻器的电阻。

2-40　如图题 2-40 所示,一个半径为 a 的导体球,作为接地电极深埋于地下,设大地的等效电导率为 σ,求接地电阻。

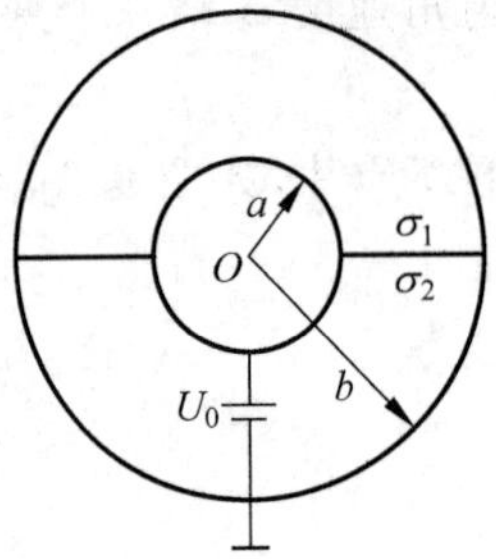

图题　2-39

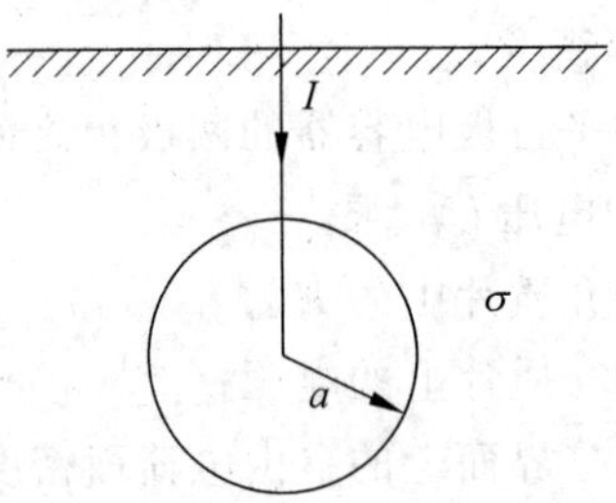

图题　2-40

2-41　如图题 2-41 所示的半球形接地体,如果由接地体流出的电流强度为 I,在离球心 r 远处的电流密度为多少?场强为多少?地面上 AB 两点(AB 两点距球心的距离分别为 a、b,$a>R_0$,$b>R_0$)间的跨步电压为多少?

2-42　如图题 2-42 所示,半球形导体接地电极,半径为 a,大地电导率为 σ。若在接地电极周围半径为 b 的范围内把电导率提高到 σ_1(如灌盐水),求接地电阻。

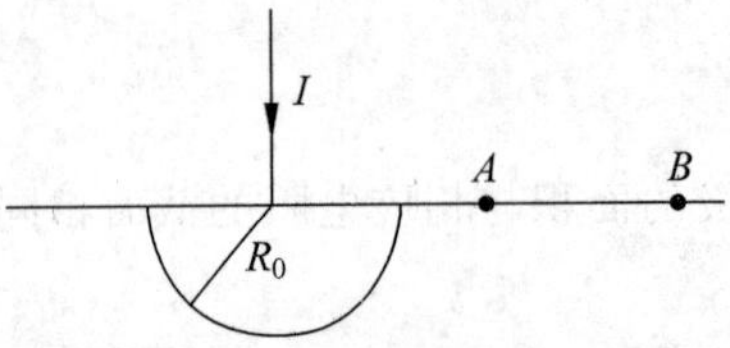

图题　2-41

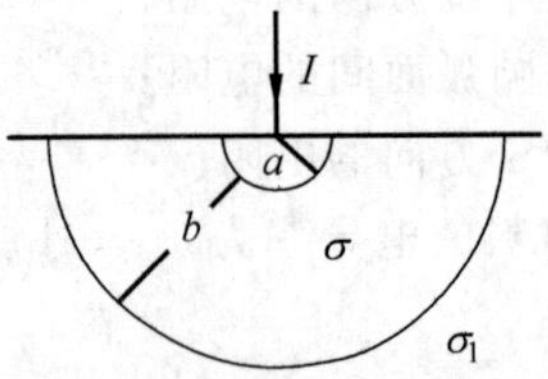

图题　2-42

2-43　一个静电电压表,当两接线端间加有 100V 电压时,指针偏转了 30°,求每弧度电容量的变化量是多少?设弹簧的扭转常数为 1.5N·m/rad。(静电电压表见教学指导书)

安培

(André Marie Ampère,1775—1836,法国)

安培发现了安培定则(右手螺旋定则)、电流之间的相互作用规律(安培力),发明了电流计,提出分子电流假说、安培定律和安培环路定理。由于在电磁学领域的重要贡献,他被麦克斯韦誉为“电学中的牛顿”。

第3章 恒定磁场

3.1 恒定磁场的基本规律

扫码看讲课录像
3.1.1-3.1.2

本节简要地复习大学物理中已经学过的恒定磁场的基本规律。

3.1.1 磁感应强度 B

1. 毕奥-萨伐尔定律

毕奥-萨伐尔定律给出一个电流元产生的磁场

$$\mathrm{d}\boldsymbol{B}=\frac{\mu}{4\pi}\frac{I\mathrm{d}\boldsymbol{l}'\times\boldsymbol{e}_r}{r^2} \tag{3.1}$$

其中 r 是电流元与场点之间的距离，$\boldsymbol{e}_r$ 是由电流元指向场点的单位矢量。一个线电流回路产生的磁场为

$$\boldsymbol{B}=\frac{\mu}{4\pi}\oint_l\frac{I\mathrm{d}\boldsymbol{l}'\times\boldsymbol{e}_r}{r^2} \tag{3.2}$$

同理，可以写出体电流和面电流产生的磁场

$$\boldsymbol{B}=\frac{\mu}{4\pi}\iiint_V\frac{\boldsymbol{J}\mathrm{d}V'\times\boldsymbol{e}_r}{r^2} \tag{3.3}$$

$$\boldsymbol{B}=\frac{\mu}{4\pi}\iint_S\frac{\boldsymbol{J}_S\mathrm{d}S'\times\boldsymbol{e}_r}{r^2} \tag{3.4}$$

2. 磁感应线方程

可以仿照电力线方程写出磁感应线方程，在直角坐标系中为

$$\frac{\mathrm{d}x}{B_x}=\frac{\mathrm{d}y}{B_y}=\frac{\mathrm{d}z}{B_z} \tag{3.5}$$

圆柱坐标系中的磁感应线方程为

$$\frac{\mathrm{d}r}{B_r}=\frac{r\mathrm{d}\varphi}{B_\varphi}=\frac{\mathrm{d}z}{B_z} \tag{3.6}$$

球坐标系中的磁感应线方程为

$$\frac{\mathrm{d}r}{B_r}=\frac{r\mathrm{d}\theta}{B_\theta}=\frac{r\sin\theta\mathrm{d}\varphi}{B_\varphi} \tag{3.7}$$

3.1.2 恒定磁场的基本方程

恒定磁场的基本方程也是包括高斯定理和环路定理

$$\begin{cases} \oiint_S \boldsymbol{B} \cdot d\boldsymbol{S} = 0 & (3.8) \\ \oint_l \boldsymbol{B} \cdot d\boldsymbol{l} = \mu_0 \sum_i I_i & (3.9) \end{cases}$$

其中 $\sum_i I_i$ 是闭合回路 l 内包围的所有电流(包括传导电流和磁化电流)。有磁介质时，恒定磁场的基本方程可以写为

$$\begin{cases} \oiint_S \boldsymbol{B} \cdot d\boldsymbol{S} = 0 & (3.10) \\ \oint_l \boldsymbol{H} \cdot d\boldsymbol{l} = \sum_i I_{0i} & (3.11) \end{cases}$$

其中 $\sum_i I_0$ 是闭合回路 l 内包围的所有传导电流。

下面来证明式(3.10),为了简化,只讨论无界真空中的磁场。在直流回路 C 的磁场中任取一闭合曲面 S,穿过 S 面的磁通量为

$$\begin{aligned} \oiint_S \boldsymbol{B} \cdot d\boldsymbol{S} &= \oiint_S \left(\frac{\mu_0}{4\pi} \oint_C \frac{I d\boldsymbol{l} \times \boldsymbol{e}_R}{R^2} \right) \cdot d\boldsymbol{S} = \oint_C \frac{\mu_0 I d\boldsymbol{l}}{4\pi} \cdot \oiint_S \frac{\boldsymbol{e}_R \times d\boldsymbol{S}}{R^2} \\ &= \oint_C \frac{\mu_0 I d\boldsymbol{l}}{4\pi} \cdot \oiint_S \left(-\nabla \frac{1}{R} \times d\boldsymbol{S} \right) \end{aligned}$$

上式的推导中利用了式(1.101)。利用矢量恒等式 $\oiint_S (\boldsymbol{n} \times \boldsymbol{A}) dS = \iiint_V \nabla \times \boldsymbol{A} dV$ (见附录 3)可得

$$\oiint_S \boldsymbol{B} \cdot d\boldsymbol{S} = \oint_C \frac{\mu_0 I d\boldsymbol{l}}{4\pi} \cdot \iiint_V \nabla \times \nabla \frac{1}{R} dV$$

因为 $\nabla \times \nabla \frac{1}{R} = 0$,所以

$$\oiint_S \boldsymbol{B} \cdot d\boldsymbol{S} = 0 \tag{3.12}$$

由高斯定理可以写出式(3.12)的微分形式

$$\nabla \cdot \boldsymbol{B} = 0 \tag{3.13}$$

下面就来证明式(3.11)。在直流闭合回路 C 的磁场中任取一个闭合回路 L,如图 3.1 所示,由毕奥-萨伐尔定律可以写出

$$\begin{aligned} \oint_L \boldsymbol{H} \cdot d\boldsymbol{l} &= \oint_L \frac{I}{4\pi} \oint_C \frac{d\boldsymbol{l}' \times \boldsymbol{e}_R}{R^2} \cdot d\boldsymbol{l} = \frac{I}{4\pi} \oint_L \oint_C \frac{(d\boldsymbol{l} \times d\boldsymbol{l}') \cdot \boldsymbol{e}_R}{R^2} \\ &= -\frac{I}{4\pi} \oint_L \oint_C \frac{(-d\boldsymbol{l} \times d\boldsymbol{l}') \cdot \boldsymbol{e}_R}{R^2} \end{aligned} \tag{3.14}$$

图 3.1 中的 P 点(场点)是积分路径 L 上的一个点,电流回路 C 所包围的表面对场点 P 构成的立体角为 Ω。P 点沿回路 L 位移 $d\boldsymbol{l}$ 时,立体角改变 $d\Omega$,这同保持 P 点不动,而回路 C 位移 $-d\boldsymbol{l}$ 时立体角的改变是完全一样的。从图 3.1 中可以看出,如果回路 C

位移$-\mathrm{d}\boldsymbol{l}$，则回路包围的表面由 S 变为S'，表面的增量为 $\mathrm{d}S=S'-S=\oint_C(-\mathrm{d}\boldsymbol{l}\times\mathrm{d}\boldsymbol{l}')$，即图中 S 与S'之间的环形表面($-\mathrm{d}\boldsymbol{l}\times\mathrm{d}\boldsymbol{l}'$是图中阴影部分平行四边形的面积)，$\mathrm{d}S$ 对 P 点的立体角为

$$\mathrm{d}\Omega=\frac{\mathrm{d}\boldsymbol{S}\cdot(-\boldsymbol{e}_R)}{R^2}$$

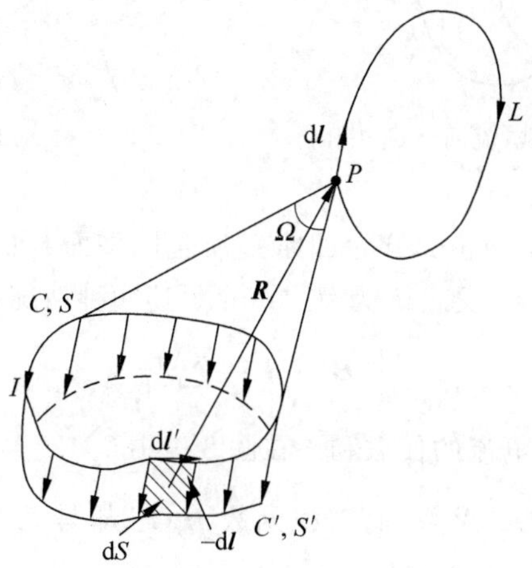

图 3.1 证明安培环路定理示意图

S、S'、$\mathrm{d}S$ 构成的闭合曲面对 P 点的立体角为零，即$-\Omega_1+\Omega_2+\mathrm{d}\Omega=0$，所以立体角的变化为

$$\Omega_2-\Omega_1=-\mathrm{d}\Omega=\oint_C\frac{(-\mathrm{d}\boldsymbol{l}\times\mathrm{d}\boldsymbol{l}')\cdot\boldsymbol{e}_R}{R^2}$$

这就是 P 点位移 $\mathrm{d}\boldsymbol{l}$ 时立体角的改变量。P 点沿着回路 L 移动一周时，立体角的变化为

$$-\Delta\Omega=\oint_L\oint_C\frac{(-\mathrm{d}\boldsymbol{l}\times\mathrm{d}\boldsymbol{l}')\cdot\boldsymbol{e}_R}{R^2}\tag{3.15}$$

比较式(3.14)和式(3.15)可得

$$\oint_L\boldsymbol{H}\cdot\mathrm{d}\boldsymbol{l}=\frac{I}{4\pi}\Delta\Omega\tag{3.16}$$

环积分的结果取决于 $\Delta\Omega$，一般分为两种情况。

(1) 积分回路 L 不与电流回路C 套链，如图 3.1 所示。可以看出，当从某点开始沿闭合回路 L 绕行一周并回到起始点时，立体角又回复到原来的值，即 $\Delta\Omega=0$，由式(3.16)

$$\oint_L\boldsymbol{H}\cdot\mathrm{d}\boldsymbol{l}=0\tag{3.17}$$

(2) 若积分回路 L 与电流回路C 相套链，即 L 穿过C 所包围的面S，如图 3.2 所示。如果取积分回路的起点为 S 面上侧的A 点，终点为在 S 面下侧的B 点。由于面元对它上表面上的点所张的立体角为(-2π)，对下表面上的点所张的立体角为$(+2\pi)$，所以 S 对A 点的立体角为(-2π)，对 B 点的立体角为$(+2\pi)$，$\Delta\Omega=2\pi-(-2\pi)=4\pi$，由

式(3.16)

$$\oint_L \boldsymbol{H} \cdot \mathrm{d}\boldsymbol{l} = \frac{I}{4\pi} \cdot 4\pi = I \tag{3.18}$$

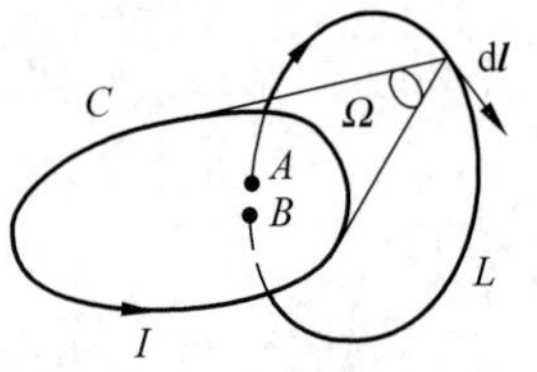

图 3.2　积分回路 L 与电流回路 C 相套链

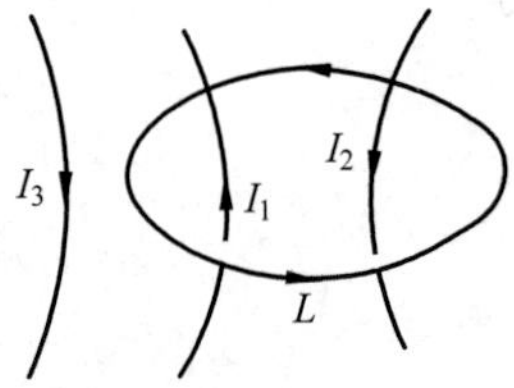

图 3.3　积分回路 L 包围的电流

因为 L 与 C 相套链，I 也就是穿过回路 L 所包围平面 S 的电流，而且当电流与回路 L 成右手螺旋关系时 I 为正，反之 I 为负。综合上述两种情况，可以用一个方程表示为

$$\oint_L \boldsymbol{H} \cdot \mathrm{d}\boldsymbol{l} = \sum_i I_i \tag{3.19}$$

其中 $\sum_i I_i$ 是 L 所包围的电流的代数和。在图 3.3 中，$\sum_i I_i = I_1 - I_2$，积分与 I_3 无关。必须说明的是：环积分与 I_3 无关，而被积函数 $\boldsymbol{H}(\boldsymbol{r})$ 却是 3 个电流回路产生的总磁场强度。

由斯托克斯定理，式(3.18)的微分形式可以写为

$$\nabla \times \boldsymbol{H} = \boldsymbol{J} \tag{3.20}$$

式(3.13)和式(3.20)给定了恒定磁场的散度和旋度，根据亥姆霍兹定理，恒定磁场的性质是完全确定的。

3.1.3　磁介质的磁化

扫码看讲课录像 3.1.3

常用公式

$$\oint_l \boldsymbol{H} \cdot \mathrm{d}\boldsymbol{l} = \sum_i I_0 \tag{3.21}$$

$$\boldsymbol{H} = \frac{\boldsymbol{B}}{\mu_0} - \boldsymbol{M} \tag{3.22}$$

其中 $\boldsymbol{M}$ 是磁化强度矢量。

$$\boldsymbol{B} = \mu_0 \mu_r \boldsymbol{H} \tag{3.23}$$

$$\boldsymbol{M} = \chi_m \boldsymbol{H} \tag{3.24}$$

以上两式适用于各向同性的线性介质，其中 χ_m 是介质的磁化率。面磁化电流密度和体磁化电流密度分别为

$$\boldsymbol{J}_{mS} = \boldsymbol{M} \times \hat{\boldsymbol{n}} \tag{3.25}$$

$$\boldsymbol{J}_m = \nabla \times \boldsymbol{M} \tag{3.26}$$

磁导率和磁化率的关系可以写为

$$\mu = \mu_0 \mu_r \tag{3.27}$$

$$\mu_r = 1 + \chi_m \tag{3.28}$$

其中，μ 是介质的磁导率；μ_0 是真空磁导率；μ_r 是介质的相对磁导率。根据 μ_r 和 χ_m 的取值可以把磁介质分为顺磁质、抗磁质(顺磁质和抗磁质统称为非铁磁质)和铁磁质，顺磁质的 $\chi_m>0$(如铝、锰、氧等)，抗磁质的 $\chi_m<0$(如铜、银、氢等)，真空中的 $\chi_m=0$。顺磁质和抗磁质的 χ_m 都非常接近于 0，所以 μ_r 都非常接近于 1，因此工程上对于非铁磁性物质 μ_r 都取为 1。铁磁质是非线性介质，式(3.23)和式(3.24)都不成立，铁磁质的 $\mu_r \gg 1$(如铁、钴、镍等)，并且不是常数，随磁场的强弱变化(从铁磁质的磁滞回线上可以看出)。

关于线性和非线性介质、各向同性和各向异性介质、均匀和非均匀介质的概念与 2.1.6 节中介绍的电介质中的相关概念类似。

例 3.1 证明式(3.26)$\boldsymbol{J}_m = \nabla \times \boldsymbol{M}$。

证明 研究磁介质可以用分子电流模型，任何物质的分子都是由原子组成的，原子中原子核带正电，电子带负电，绕原子核运动。分子中所有电子的运动可以等效为一个电流 i，称为分子电流。分子电流与其环绕的面积 $\boldsymbol{S}$ 的乘积称为分子磁矩 $\boldsymbol{p}_m$，表达式为

$$\boldsymbol{p}_m = i\boldsymbol{S} \tag{3.29}$$

其中，i 和 $\boldsymbol{S}$、$\boldsymbol{p}_m$ 的方向满足右手关系，如图 3.4 所示。没有外磁场时，由于介质内大量分子无规则的热运动，各分子磁矩的排列是杂乱无章的，这时介质没有被磁化。在外磁场中，每个分子磁矩都受到一个力矩的作用，使其在一定程度上转向外磁场方向，介质被磁化，如图 3.5 所示。外磁场越强，分子磁矩的排列越整齐，单位体积中分子磁矩的矢量和就越大，定义磁化强度矢量等于单位体积中分子磁矩的矢量和

$$\boldsymbol{M} = \frac{\Sigma \boldsymbol{p}_m}{\Delta V} \tag{3.30}$$

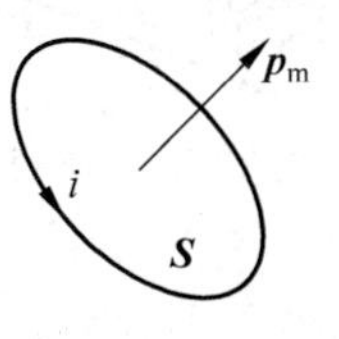

图 3.4 分子电流和分子磁矩

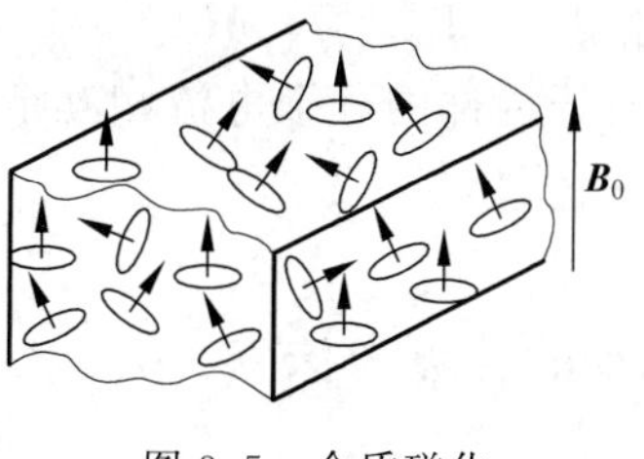

图 3.5 介质磁化

先计算穿过介质内任一曲面 S 的磁化电流 I_m，曲面 S 的边界为 C，如图 3.6 所示。可以看出，在所有的分子电流中，只有环绕边界 C 的分子电流对穿过 S 面的磁化电流有贡献。为了计算所有环绕边界 C 的分子电流，采用微积分的方法，先计算环绕边界 C 上任一线元 $\mathrm{d}\boldsymbol{l}$ 的分子电流。以 $\mathrm{d}\boldsymbol{l}$ 为轴线作一个斜的圆柱面，底面 ΔS 等于分子电流的面积，并与分子电流平行，长度为 $\mathrm{d}\boldsymbol{l}$，如图 3.7 所示。可以看出，只有中心在圆柱面内的分子电流环绕 $\mathrm{d}\boldsymbol{l}$，而中心在圆柱面内的分子电流的数目，就是圆柱面内分子的数

目。设介质的分子密度为 N，分子电流为 i，则环绕线元 $\mathrm{d}\boldsymbol{l}$ 的分子电流对磁化电流的贡献为

$$\mathrm{d}I_{\mathrm{m}}=N\mathrm{d}l\cos\theta Si=N\mathrm{d}l\cos\theta p_{\mathrm{m}}$$

由式(3.30)可以写出

$$\boldsymbol{M}=N\boldsymbol{p}_{\mathrm{m}} \tag{3.31}$$

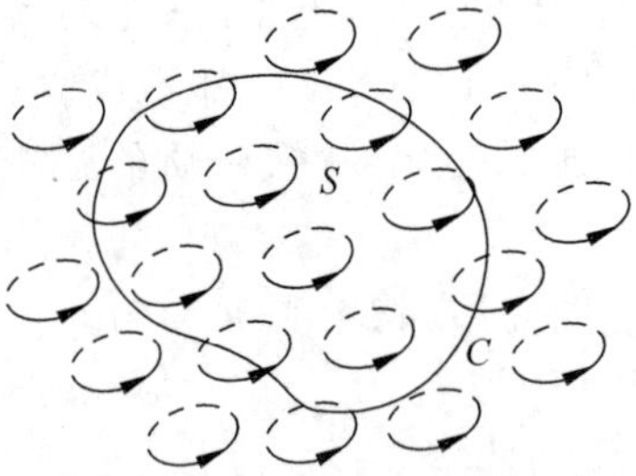

图 3.6　穿过介质内 S 面的磁化电流

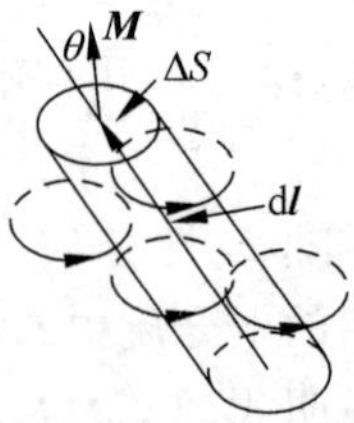

图 3.7　环绕线元 dl 的分子电流

所以

$$\mathrm{d}I_{\mathrm{m}}=M\mathrm{d}l\cos\theta=\boldsymbol{M}\cdot\mathrm{d}\boldsymbol{l}$$

穿过 S 面的总的磁化电流为

$$I_{\mathrm{m}}=\oint_{l}\boldsymbol{M}\cdot\mathrm{d}\boldsymbol{l}$$

上式左侧的磁化电流可以写成体磁化电流密度对 S 面的积分，右侧的线积分可以利用斯托克斯定理变换为面积分，可得

$$\iint_{S}\boldsymbol{J}_{\mathrm{m}}\cdot\mathrm{d}\boldsymbol{S}=\iint_{S}(\nabla\times\boldsymbol{M})\cdot\mathrm{d}\boldsymbol{S}$$

最后可得

$$\boldsymbol{J}_{\mathrm{m}}=\nabla\times\boldsymbol{M}$$

均匀磁介质内部的分子电流相互抵消，介质表面出现**磁化电流**，如图 3.8 所示。

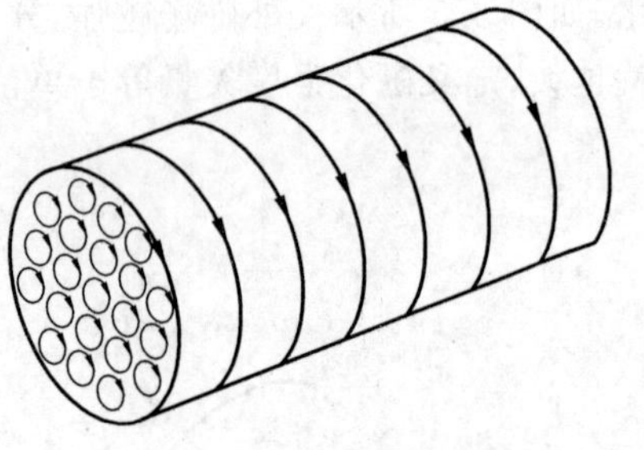

图 3.8　磁介质表面的磁化电流

3.1.4　磁场的计算方法

扫码看讲课录像 3.1.4

下面复习一下大学物理中已经学过的磁场的几种计算方法。

1. 利用毕奥-萨伐尔定律计算磁场

根据毕奥-萨伐尔定律，线电流产生的磁感应强度为

$$\boldsymbol{B}=\frac{\mu_0}{4\pi}\oint_{l}\frac{I\mathrm{d}\boldsymbol{l}\times\boldsymbol{e}_r}{r^2}=\frac{\mu_0}{4\pi}\oint_{l}\frac{I\mathrm{d}\boldsymbol{l}\times\boldsymbol{r}}{r^3} \tag{3.32}$$

体电流、面电流产生的磁感应强度，可以写出类似的方程。利用毕奥-萨伐尔定律计算磁

场，有下面两类问题。

1）直接利用毕-萨定律积分

例 3.2 计算长度为 l 的直线电流 I 的磁场。

解 采用圆柱坐标系，直线电流与 z 轴重合，直线电流的中点位于坐标原点，如图 3.9 所示。显然磁场的分布具有轴对称性，可以只在 φ 等于某一常数的平面内计算磁场。从图 3.9 中可以看出，直线电流上的任一电流元 $I\mathrm{d}\boldsymbol{l}'=\boldsymbol{e}_zI\mathrm{d}z'$，场点 P 的位置矢量 $\boldsymbol{r}=\boldsymbol{e}_rr+\boldsymbol{e}_zz$，源点的位置矢量 $\boldsymbol{r}'=\boldsymbol{e}_zz'$，$I\mathrm{d}\boldsymbol{l}'$ 到场点 P 的距离矢量为 $\boldsymbol{R}=\boldsymbol{r}-\boldsymbol{r}'=\boldsymbol{e}_rr+\boldsymbol{e}_z(z-z')$，代入式(3.32)可得

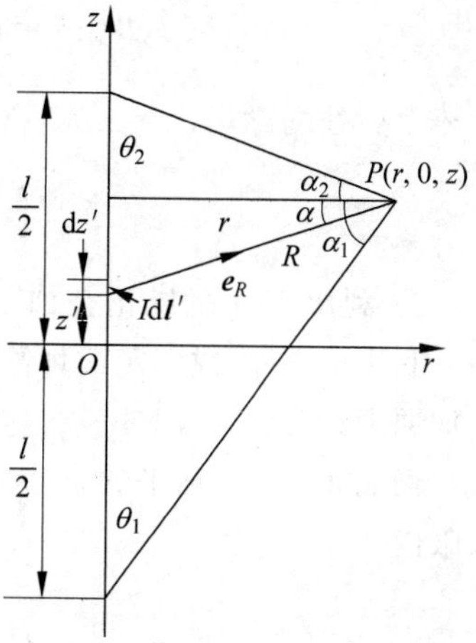

图 3.9 计算直线电流的磁场

$$
\begin{aligned}
\boldsymbol{B}(\boldsymbol{r})&=\frac{\mu_0}{4\pi}\int_{-l/2}^{+l/2}\frac{\boldsymbol{e}_zI\mathrm{d}z'\times[\boldsymbol{e}_rr+\boldsymbol{e}_z(z-z')]}{[r^2+(z-z')^2]^{3/2}}\\
&=\boldsymbol{e}_\varphi\frac{\mu_0I}{4\pi}\int_{-l/2}^{+l/2}\frac{r\mathrm{d}z'}{[r^2+(z-z')^2]^{3/2}}\\
&=\boldsymbol{e}_\varphi\frac{\mu_0I}{4\pi r}(\cos\theta_1-\cos\theta_2)\\
&=\boldsymbol{e}_\varphi\frac{\mu_0I}{4\pi r}(\sin\alpha_1-\sin\alpha_2)
\end{aligned}
\tag{3.33}
$$

式(3.33)中的 θ_1、θ_2、α_1、α_2 如图 3.9 所示。一段直线电流的两端无限延长即得到无限长直线电流，即 $\alpha_1\to\pi/2$，$\alpha_2\to-\pi/2$，利用式(3.33)可以求得无限长直线电流所产生的磁场为

$$
\boldsymbol{B}(\boldsymbol{r})=\boldsymbol{e}_\varphi\frac{\mu_0I}{2\pi r}\tag{3.34}
$$

例 3.3 求半径为 a 的线电流圆环在其垂直轴线上的磁场。

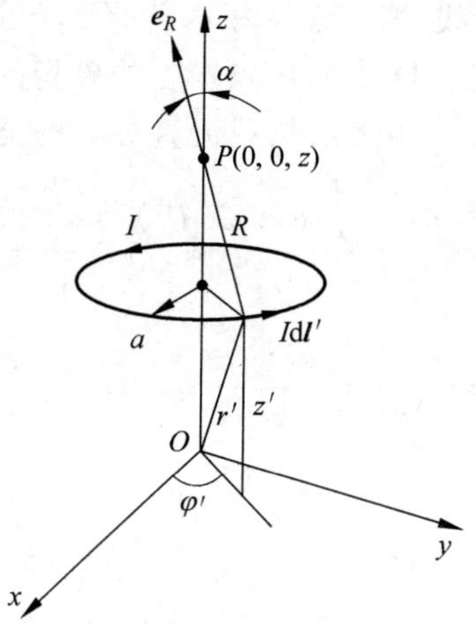

图 3.10 计算载流圆环轴线上的磁场

解 采用圆柱坐标系，圆环轴线与 z 轴重合，圆环位于 $z=z'$ 平面内，如图 3.10 所示。圆环上的任一电流元 $I\mathrm{d}\boldsymbol{l}'=\boldsymbol{e}_\varphi Ia\mathrm{d}\varphi'$，场点 P 的位置矢量 $\boldsymbol{r}=\boldsymbol{e}_zz$，源点的位置矢量 $\boldsymbol{r}'=\boldsymbol{e}_ra+\boldsymbol{e}_zz'$，$I\mathrm{d}\boldsymbol{l}'$ 到场点 P 的距离矢量为 $\boldsymbol{R}=\boldsymbol{r}-\boldsymbol{r}'=-\boldsymbol{e}_ra+\boldsymbol{e}_z(z-z')$，$\boldsymbol{R}$ 的模为 $R=\sqrt{a^2+(z-z')^2}$，所以

$$
\begin{aligned}
\boldsymbol{R}=\boldsymbol{e}_RR&=R\left[-\boldsymbol{e}_r\frac{a}{\sqrt{a^2+(z-z')^2}}+\boldsymbol{e}_z\frac{z-z'}{\sqrt{a^2+(z-z')^2}}\right]\\
&=R(-\boldsymbol{e}_r\sin\alpha+\boldsymbol{e}_z\cos\alpha)
\end{aligned}
$$

把 $I\mathrm{d}\boldsymbol{l}'$ 和 $\boldsymbol{R}$ 代入式(3.32)可得

$$
\boldsymbol{B}(z)=\frac{\mu_0I}{4\pi}\oint_l\frac{\mathrm{d}\boldsymbol{l}'\times\boldsymbol{R}}{R^3}=\frac{\mu_0Ia}{4\pi R^2}\int_0^{2\pi}\boldsymbol{e}_\varphi\times(-\boldsymbol{e}_r\sin\alpha+\boldsymbol{e}_z\cos\alpha)\mathrm{d}\varphi'
$$

$$=\frac{\mu_0 Ia}{4\pi R^2}\left(\boldsymbol{e}_z\sin\alpha\int_0^{2\pi}\mathrm{d}\varphi'+\cos\alpha\int_0^{2\pi}\boldsymbol{e}_r\mathrm{d}\varphi'\right)$$

上式中 $\sin\alpha=\dfrac{a}{R}$,$\int_0^{2\pi}\boldsymbol{e}_r\mathrm{d}\varphi'=0$,因此

$$\boldsymbol{B}(z)=\boldsymbol{e}_z\frac{\mu_0 Ia^2}{2R^3}=\boldsymbol{e}_z\frac{\mu_0 Ia^2}{2[a^2+(z-z')^2]^{3/2}}\tag{3.35}$$

圆环中心处的磁场($z=z'$)为

$$\boldsymbol{B}(z')=\boldsymbol{e}_z\frac{\mu_0 I}{2a}\tag{3.36}$$

2) 利用 1)中的结论叠加

利用毕奥-萨伐尔定律计算磁场的另一类问题需要利用式(3.34)或式(3.35),再利用叠加原理计算。

例 3.4 一条扁平的直导体带,宽为 $2a$,中心线与轴 z 重合,流过电流 I,证明在第一象限内

$$B_x=-\frac{\mu_0 I}{4\pi a}\alpha,\quad B_y=\frac{\mu_0 I}{4\pi a}\ln\frac{r_2}{r_1}$$

其中 α、r_1、r_2 如图 3.11 所示。

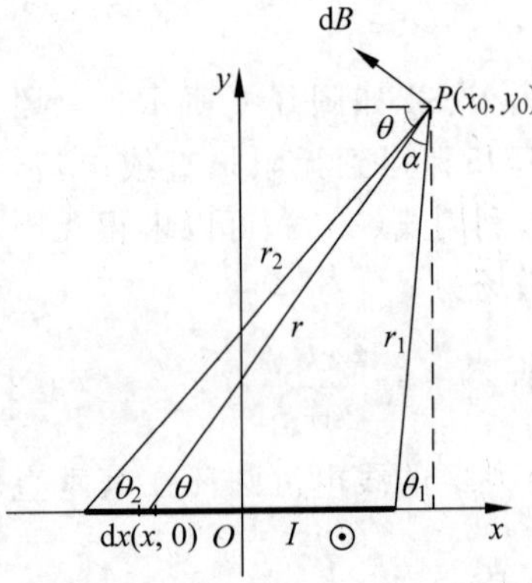

图 3.11 例 3.4 用图

解 利用微积分的方法求解,把导体带分割成许多条无限长载流直导线,第一象限内 P 点的磁场等于所有这些无限长载流直导线在 P 点产生的磁场的叠加。设分割出的任意一条无限长载流直导线的宽度为 $\mathrm{d}x$,其上的电流为 $\mathrm{d}I=\dfrac{I}{2a}\mathrm{d}x$,在 P 点产生的磁场为

$$\mathrm{d}B=\frac{\mu_0\mathrm{d}I}{2\pi r}=\frac{\mu_0 I\mathrm{d}x}{4\pi a r}$$

x 分量为

$$\mathrm{d}B_x=\mathrm{d}B\cos\left(\frac{\pi}{2}-\theta\right)=\frac{\mu_0 I\mathrm{d}x}{4\pi a r}\sin\theta\tag{3.37}$$

式(3.37)中含有 3 个变量 x、r、θ,作一个变量代换,由

$$\sin\theta=\frac{y_0}{\sqrt{(x_0-x)^2+y_0^2}}$$

所以

$$\mathrm{d}\theta=\frac{y_0\mathrm{d}x}{r^2},\quad \mathrm{d}x=\frac{r^2\mathrm{d}\theta}{y_0}$$

代入式(3.37)可得

$$dB_x=\frac{\mu_0 I}{4\pi a}d\theta$$

$$B_x=\frac{\mu_0 I}{4\pi a}\int_{\theta_2}^{\theta_1}d\theta=\frac{\mu_0 I}{4\pi a}(\theta_1-\theta_2)=\frac{\mu_0 I}{4\pi a}\alpha$$

由图 3.11 中可以看出，$\theta_1=\alpha+\theta_2$，B_x 沿 $-x$ 方向。dB 的 y 分量为

$$dB_y=dB\sin\left(\frac{\pi}{2}-\theta\right)=\frac{\mu_0 I dx}{4\pi a r}\cos\theta \tag{3.38}$$

同样需要作一个变量代换，由

$$r=\sqrt{y_0^2+(x_0-x)^2},\quad dr=-\frac{(x_0-x)dx}{r}$$

代入式(3.38)可得

$$dB_y=-\frac{\mu_0 I dr}{4\pi a r}$$

$$B_y=-\frac{\mu_0 I}{4\pi a}\int_{r_2}^{r_1}\frac{dr}{r}=\frac{\mu_0 I}{4\pi a}\ln\frac{r_2}{r_1}$$

2. 利用安培环路定理计算

具有轴对称、面对称的问题，计算磁场时可以利用安培环路定理，没有磁介质时安培环路定理的表达式为

$$\oint_l \boldsymbol{B}\cdot d\boldsymbol{l}=\mu_0\sum_i I_i$$

有磁介质时安培环路定理的表达式为

$$\oint_l \boldsymbol{H}\cdot d\boldsymbol{l}=\sum_i I_{0i}$$

等式右侧是对环路所包围的所有传导电流求和。

例 3.5 长直导体圆柱中电流均匀分布，电流密度为 J，其中有一平行的圆柱形空腔，如图 3.12 所示。计算空腔内的磁场，并证明空腔内的磁场是均匀的。

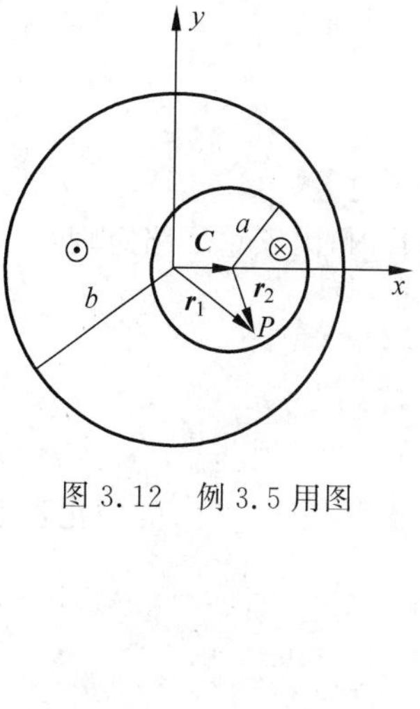

图 3.12 例 3.5 用图

解 设半径为 b 带有空腔的导体中的电流方向为⊙，可以看成是由半径为 b 的实心导体圆柱(电流方向为⊙)与半径为 a 的实心导体圆柱(电流方向为⊗)的叠加。半径为 b 的实心导体圆柱单独存在时，由安培环路定理

$$\oint_l \boldsymbol{B}_1\cdot d\boldsymbol{l}=\mu_0\sum_i I_i,\quad B_1\cdot 2\pi r_1=\mu_0 J\pi r_1^2$$

可以解出

$$B_1=\frac{\mu_0 J r_1}{2}$$

用矢量可以表示为

$$\boldsymbol{B}_1=\frac{\mu_0 J r_1}{2}\boldsymbol{e}_z\times\boldsymbol{e}_{r1}=\frac{\mu_0 J}{2}\boldsymbol{e}_z\times\boldsymbol{r}_1$$

半径为 a 的实心导体圆柱单独存在时,由安培环路定理可以解出

$$B_2=\frac{\mu_0 J r_2}{2},\quad \boldsymbol{B}_2=\frac{\mu_0 J}{2}\boldsymbol{e}_z\times(-\boldsymbol{r}_2)$$

空腔内的磁场为

$$\boldsymbol{B}=\boldsymbol{B}_1+\boldsymbol{B}_2=\frac{\mu_0 J}{2}\boldsymbol{e}_z\times(\boldsymbol{r}_1-\boldsymbol{r}_2)=\frac{\mu_0 J}{2}\boldsymbol{e}_z\times\boldsymbol{C}$$

其中 $\boldsymbol{C}$ 是在如图3.12所示的横截面内,由半径为 b 的实心导体圆柱的轴线指向半径为 a 的实心导体圆柱轴线的一个常矢量,所以空腔内的磁场是均匀的。

例3.6 铁质的无限长圆管中通有电流 I,管的内、外半径分别是 a 和 b。已知铁的磁导率是 μ,求管壁中、管内、外的磁感应强度 $\boldsymbol{B}$,并计算管壁中的体磁化电流密度 $\boldsymbol{J}_{\mathrm{m}}$ 和面磁化电流密度 $\boldsymbol{J}_{\mathrm{mS}}$。

解 设圆柱坐标系的 z 轴与圆管的轴线重合,场是轴对称的。电流沿 z 轴方向流动,磁场只有 φ 分量,管壁中,由安培环路定理

$$\oint_l \boldsymbol{H}_2\cdot \mathrm{d}\boldsymbol{l}=H_{2\varphi}\cdot 2\pi r=\frac{I}{\pi(b^2-a^2)}\pi(r^2-a^2)$$

所以

$$\boldsymbol{H}_2=\boldsymbol{e}_\varphi\left(\frac{r^2-a^2}{b^2-a^2}\right)\frac{I}{2\pi r},\quad a\leqslant r\leqslant b$$

$$\boldsymbol{B}_2=\mu\boldsymbol{H}_2=\boldsymbol{e}_\varphi\mu\left(\frac{r^2-a^2}{b^2-a^2}\right)\frac{I}{2\pi r},\quad a\leqslant r\leqslant b$$

圆管外,由安培环路定理

$$\oint_l \boldsymbol{H}_1\cdot \mathrm{d}\boldsymbol{l}=H_{1\varphi}\cdot 2\pi r=I$$

所以

$$\boldsymbol{H}_1=\boldsymbol{e}_\varphi\frac{I}{2\pi r},\quad b<r<\infty$$

$$\boldsymbol{B}_1=\mu_0\boldsymbol{H}_1=\boldsymbol{e}_\varphi\frac{\mu_0 I}{2\pi r},\quad b<r<\infty$$

圆管内,由安培环路定理

$$\oint_l \boldsymbol{H}_3\cdot \mathrm{d}\boldsymbol{l}=H_{3\varphi}\cdot 2\pi r=0$$

所以

$$H_{3\varphi}=0,\quad B_{3\varphi}=0,\quad 0\leqslant r<a$$

管壁中($a\leqslant r\leqslant b$)的磁化强度为

$$\boldsymbol{M}_2=\boldsymbol{e}_\varphi\left(\frac{\boldsymbol{B}_2}{\mu_0}-\boldsymbol{H}_2\right)=\boldsymbol{e}_\varphi\left(\frac{\mu}{\mu_0}-1\right)\left(\frac{r^2-a^2}{b^2-a^2}\right)\frac{I}{2\pi r}$$

管壁中的体磁化电流密度为

$$\boldsymbol{J}_{\mathrm{m}}=\nabla\times\boldsymbol{M}_2=\boldsymbol{e}_z\frac{1}{r}\frac{\partial}{\partial r}(rM_{2\varphi})=\boldsymbol{e}_z\left(\frac{\mu}{\mu_0}-1\right)\frac{I}{\pi(b^2-a^2)}$$

在 $r=a$、$r=b$ 处的面磁化电流密度为

$$\boldsymbol{J}_{\mathrm{mS}}\big|_{r=a}=\boldsymbol{M}_2\times(-\boldsymbol{e}_r)=0$$

$$\boldsymbol{J}_{\mathrm{mS}}\big|_{r=b}=\boldsymbol{M}_2\times\boldsymbol{e}_r=\boldsymbol{e}_z\left[-\left(\frac{\mu}{\mu_0}-1\right)\frac{I}{2\pi b}\right]$$

3.1.5 磁路

扫码看讲课录像 3.1.5

由于磁力线形成闭合回路，因而可以将磁通和闭合电路中的电流相比拟。磁通在磁性材料中流动的闭合通路称为磁路(magnetic circuit)。在电路中电流完全在导线内流动，在导线外部没有任何泄漏。磁性材料中的磁通不能完全被限定在给定的路径中，总有一些漏磁，但是如果磁性材料的磁导率比周围物质的磁导率大得多，绝大部分磁通将集中在磁性材料内，泄漏的磁通可以被忽略。磁路在分析、计算电机、变压器、电磁铁、继电器等器件的问题时有广泛的应用。

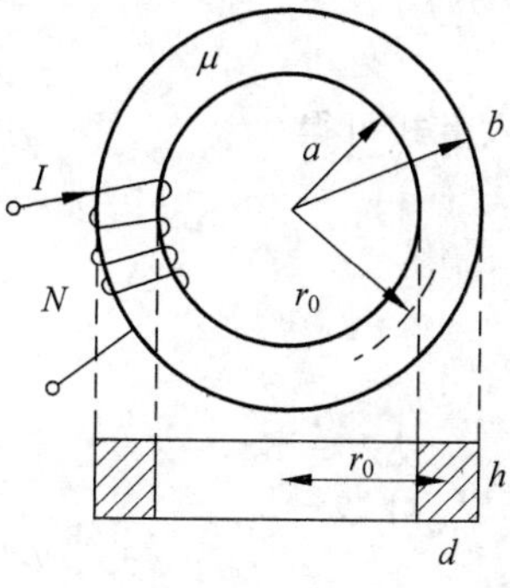

图 3.13 闭合磁路

1. 磁路的欧姆定律

如图 3.13 所示，一个铁心磁环上绕有 N 匝线圈，通以电流 I，由于铁心的磁导率 $\mu\gg\mu_0$，磁感应线主要在磁环内流通，在忽略环外漏磁的条件下，$\boldsymbol{H}$ 沿磁环内的积分为

$$\oint_l\boldsymbol{H}\cdot\mathrm{d}\boldsymbol{l}=H_\varphi\cdot 2\pi r=NI$$

可以解出铁心内的 H 和 B 分别为

$$H_\varphi=\frac{NI}{2\pi r},\quad B_\varphi=\frac{\mu NI}{2\pi r}$$

铁心内的磁通为

$$\Phi=\iint_S B_\varphi\,\mathrm{d}S=\int_a^b\frac{\mu NI}{2\pi r}\cdot h\,\mathrm{d}r=\frac{\mu NI}{2\pi}h\ln\frac{b}{a}=\frac{\mu NI}{2\pi}h\ln\frac{r_0+\dfrac{d}{2}}{r_0-\dfrac{d}{2}}$$

其中 r_0 是磁环的平均半径，当 $r_0>d$ 时，利用泰勒级数展开，取一级近似值，可得

$$\ln\frac{1+\dfrac{d}{2r_0}}{1-\dfrac{d}{2r_0}}\approx\frac{d}{r_0}$$

所以

$$\Phi=\frac{\mu NI}{2\pi r_0}hd=\frac{\mu NI}{l}S$$

其中 $l=2\pi r_0$ 是磁环的周长，$S=hd$ 是磁环的横截面积。若令 $NI=e_m$（安匝数）为磁动势，$\frac{l}{\mu S}=R_m$ 为磁阻，则

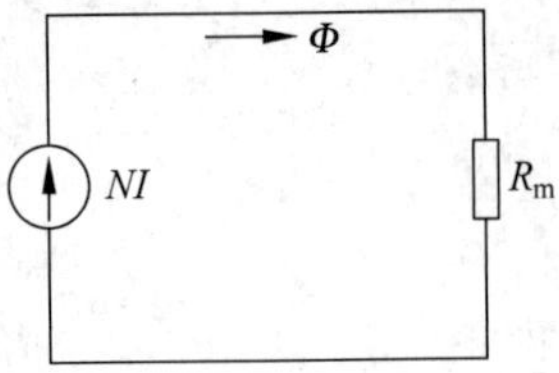

图 3.14　闭合磁路的等效回路

$$\Phi=\frac{e_m}{R_m} \tag{3.39}$$

模仿电路的概念，式(3.39)称为磁路的欧姆定律。可以画出如图 3.13 的等效回路，如图 3.14 所示。由于铁磁材料是非线性介质，磁导率是磁通密度的函数，所以由铁磁材料构成的磁路是非线性磁路。

2. 有气隙的磁路

如果在磁环上开一个很小的切口，即磁路上有一个很窄的空气隙时，如图 3.15 所示。可以近似地认为 B 线穿过空气隙时仍然均匀地分布在 $S=hd$ 横截面上，即铁心内的 $\boldsymbol{B}$ 和空气隙中的 $\boldsymbol{B}$ 相等。但是铁心内、外的 $\boldsymbol{H}$ 不同，分别设为 $\boldsymbol{H}_i$ 和 $\boldsymbol{H}_g$，利用安培环路定理可以得到

$$\oint_l \boldsymbol{H}\cdot \mathrm{d}\boldsymbol{l}=H_i\cdot(2\pi r_0-t)+H_g\cdot t=NI$$

上式中的 t 是空气隙宽度($t\ll 2\pi r_0$)，由 $H_i=\frac{B}{\mu}$，$H_g=\frac{B}{\mu_0}$，代入上式可得

$$\frac{B}{\mu}\cdot(2\pi r_0-t)+\frac{B}{\mu_0}\cdot t=NI$$

上式左边分子和分母同乘以 $S=hd$ 可得

$$\Phi\cdot\left(\frac{2\pi r_0-t}{\mu S}+\frac{t}{\mu_0 S}\right)=NI$$

因为 $\frac{2\pi r_0-t}{\mu S}=R_{mi}$，$\frac{t}{\mu_0 S}=R_{mt}$ 分别是铁心部分和空气隙部分的磁阻，所以铁心和空气隙组成了两个磁阻串联的磁路，等效回路如图 3.16 所示，磁路中的磁通量为

$$\Phi=\frac{e_m}{R_{mi}+R_{mt}}$$

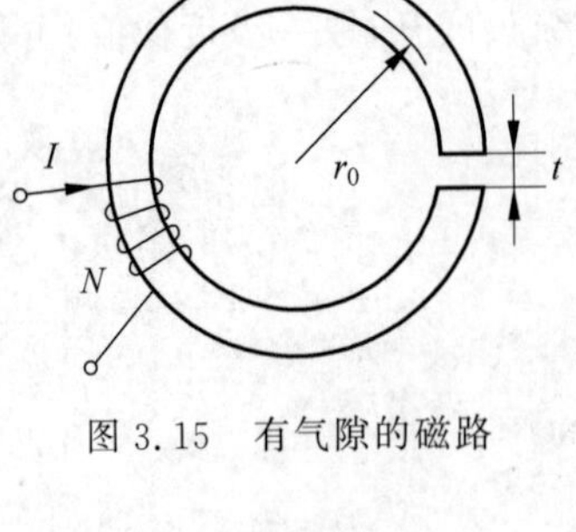

图 3.15　有气隙的磁路

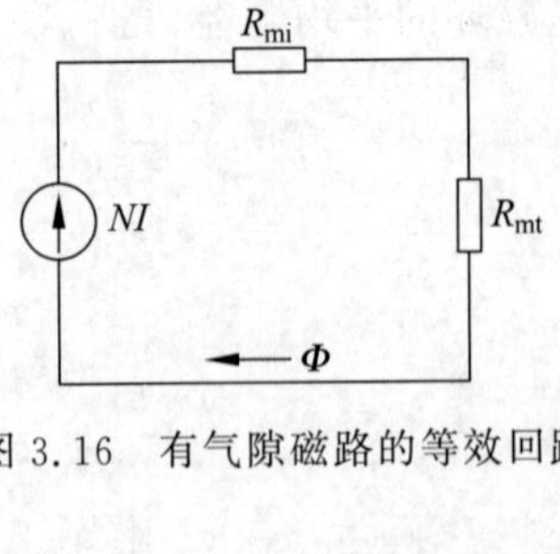

图 3.16　有气隙磁路的等效回路

铁心和空气隙中的磁感应强度为

$$B=\frac{\Phi}{S}=\frac{e_{\mathrm{m}}}{S(R_{\mathrm{mi}}+R_{\mathrm{mt}})}=\frac{NI}{\dfrac{2\pi r_0-t}{\mu}+\dfrac{t}{\mu_0}}$$

铁心和空气隙中的磁场强度分别为

$$H_{\mathrm{i}}=\frac{B}{\mu}=\frac{NI\mu_0}{2\pi r_0\mu_0+t(\mu-\mu_0)},\quad H_{\mathrm{g}}=\frac{B}{\mu_0}=\frac{NI\mu}{2\pi r_0\mu_0+t(\mu-\mu_0)}$$

因为 $\mu\gg\mu_0$，所以 $H_{\mathrm{g}}\gg H_{\mathrm{i}}$。

3.2 恒定磁场的边界条件

3.2.1 两种磁介质界面上的边界条件

扫码看讲课录像

3.2.1-3.2.2

1. ***H*** 切向分量的边界条件

图 3.17 是两种磁介质的分界面，磁导率分别是 μ_1、μ_2，两种介质中的磁场强度分别是 $\boldsymbol{H}_1$、$\boldsymbol{H}_2$，与分界面法线的夹角分别是 θ_1，θ_2，单位法线矢量 $\hat{\boldsymbol{n}}$ 由介质 2 指向介质 1。在两种磁介质的分界面上作一个极窄的矩形回路 $ABCDA$，$AB=CD=\Delta l$，$BC=DA\to0$，如图 3.17 所示。利用安培环路定理

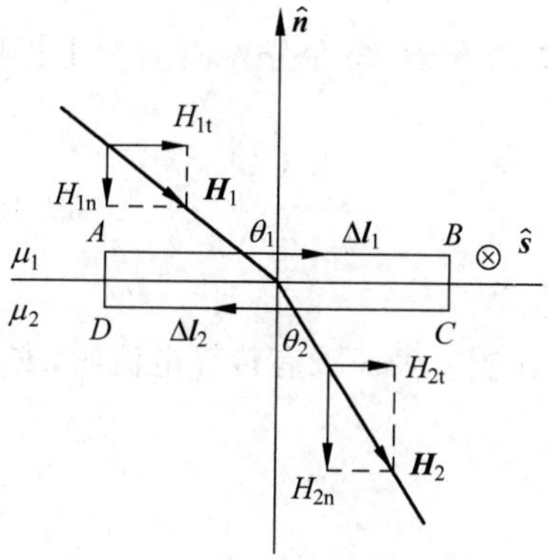

图 3.17 ***H*** 切向分量的边界条件

$$\oint_l \boldsymbol{H}\cdot\mathrm{d}\boldsymbol{l}=\sum_i I_{0i} \tag{3.40}$$

式(3.40)的左边可以写为

$$\oint_l \boldsymbol{H}\cdot\mathrm{d}\boldsymbol{l}=\int_{AB}\boldsymbol{H}_1\cdot\mathrm{d}\boldsymbol{l}+\int_{BC}\boldsymbol{H}\cdot\mathrm{d}\boldsymbol{l}+\int_{CD}\boldsymbol{H}_2\cdot\mathrm{d}\boldsymbol{l}+\int_{DA}\boldsymbol{H}\cdot\mathrm{d}\boldsymbol{l}$$

由于矩形回路极窄，$BC=DA\to0$，上式中第二项和第四项积分为零，所以

$$\oint_l \boldsymbol{H}\cdot\mathrm{d}\boldsymbol{l}=\boldsymbol{H}_1\cdot\Delta\boldsymbol{l}_1+\boldsymbol{H}_2\cdot\Delta\boldsymbol{l}_2=(\boldsymbol{H}_1-\boldsymbol{H}_2)\cdot\Delta\boldsymbol{l}_1$$

由图 3.17 可以看出，$\Delta\boldsymbol{l}_1=\hat{\boldsymbol{s}}\times\hat{\boldsymbol{n}}\Delta l$，$\hat{\boldsymbol{s}}$ 是回路包围的曲面 ΔS 的单位法线矢量，所以上式可以写为

$$\oint_l \boldsymbol{H}\cdot\mathrm{d}\boldsymbol{l}=(\boldsymbol{H}_1-\boldsymbol{H}_2)\cdot(\hat{\boldsymbol{s}}\times\hat{\boldsymbol{n}})\Delta l=[\hat{\boldsymbol{n}}\times(\boldsymbol{H}_1-\boldsymbol{H}_2)]\cdot\hat{\boldsymbol{s}}\Delta l \tag{3.41}$$

式(3.40)的右边可以写为

$$\sum_i I_{0i}=\boldsymbol{J}_S\cdot\hat{\boldsymbol{s}}\Delta l \tag{3.42}$$

把式(3.41)和式(3.42)代入式(3.40)可得

$$\hat{\boldsymbol{n}} \times (\boldsymbol{H}_1 - \boldsymbol{H}_2) = \boldsymbol{J}_S \tag{3.43}$$

界面上无面电流时

$$\hat{\boldsymbol{n}} \times (\boldsymbol{H}_1 - \boldsymbol{H}_2) = 0 \tag{3.44}$$

所以

$$\boldsymbol{H}_1 \sin\theta_1 = \boldsymbol{H}_2 \sin\theta_2$$

从图 3.17 可以看出,上式可以写为

$$H_{1t} = H_{2t} \tag{3.45}$$

所以在两种磁介质的分界面上,$\boldsymbol{H}$ 的切向分量是连续的。

2. $\boldsymbol{B}$ 法向分量的边界条件

由恒定磁场的高斯定理 $\oiint_S \boldsymbol{B} \cdot \mathrm{d}\boldsymbol{S} = 0$,在两种磁介质的分界面上作一个极扁的圆柱形高斯面,仿照 2.2.1 节中 $\boldsymbol{D}$ 的法向分量边界条件的推导方法可以导出

$$B_{1n} = B_{2n} \tag{3.46}$$

或者

$$\hat{\boldsymbol{n}} \cdot (\boldsymbol{B}_1 - \boldsymbol{B}_2) = 0 \tag{3.47}$$

3. $\boldsymbol{B}$ 线和 $\boldsymbol{H}$ 线在分界面的折射

仿照 2.2.1 节中推导式(2.86)的方法,可以导出 $\boldsymbol{B}$ 线和 $\boldsymbol{H}$ 线在分界面上发生折射的关系式

$$\frac{\tan\theta_1}{\tan\theta_2} = \frac{\mu_1}{\mu_2} \tag{3.48}$$

例 3.7 试导出介质表面磁化电流密度 $\boldsymbol{J}_{mS}$ 的表达式。

解 设图 3.17 中介质 1 是真空,介质 2 是磁介质,介质 2 表面没有传导电流时,安培环路定理可以写为

$$\oint_l \boldsymbol{B} \cdot \mathrm{d}\boldsymbol{l} = \mu_0 \sum_i I_{mi}$$

上式右边是对环路包围的所有磁化电流求和。用与推导式(3.43)相同的方法可以导出

$$\hat{\boldsymbol{n}} \times (\boldsymbol{B}_1 - \boldsymbol{B}_2) = \mu_0 \boldsymbol{J}_{mS} \tag{3.49}$$

由 $\boldsymbol{H} = \dfrac{\boldsymbol{B}}{\mu_0} - \boldsymbol{M}$,真空中 $\boldsymbol{B}_1 = \mu_0 \boldsymbol{H}_1$,介质中 $\boldsymbol{B}_2 = \mu_0 \boldsymbol{H}_2 + \mu_0 \boldsymbol{M}$ 代入式(3.49)可得

$$\hat{\boldsymbol{n}} \times \mu_0 \boldsymbol{H}_1 - \hat{\boldsymbol{n}} \times (\mu_0 \boldsymbol{H}_2 + \mu_0 \boldsymbol{M}) = \mu_0 \boldsymbol{J}_{mS}$$

由于介质 2 表面没有传导电流,由式(3.44)$\hat{\boldsymbol{n}} \times (\boldsymbol{H}_1 - \boldsymbol{H}_2) = 0$,代入上式可得

$$-\hat{\boldsymbol{n}} \times \mu_0 \boldsymbol{M} = \mu_0 \boldsymbol{J}_{mS}, \quad \boldsymbol{J}_{mS} = \boldsymbol{M} \times \hat{\boldsymbol{n}}$$

3.2.2 铁磁质表面的边界条件

约定铁磁质的下标为 2,另一种介质的下标为 1。对于铁磁质,边界条件式(3.45)、

式(3.46)和式(3.48)仍然成立。由式(3.46)

$$B_{1n}=B_{2n}$$

在与磁通垂直的界面上,磁感应强度 $\boldsymbol{B}$ 是连续的。由于 $\mu \gg \mu_0$,给定 $\boldsymbol{B}$,铁磁质内的磁场强度 $H\approx 0$,由边界条件式(3.45)

$$H_{1t}=H_{2t}\rightarrow 0$$

所以铁磁质表面处磁力线(磁感应线)与界面垂直。

3.3 矢量磁位

扫码看讲课录像
3.3.1-3.3.3

3.3.1 矢量磁位 A 的引入

由 $\nabla\cdot\boldsymbol{B}=0$ 和矢量恒等式 $\nabla\cdot(\nabla\times\boldsymbol{A})=0$,$\boldsymbol{B}$ 可以写为

$$\boldsymbol{B}=\nabla\times\boldsymbol{A} \tag{3.50}$$

$\boldsymbol{A}$ 称为矢量磁位,单位是特斯拉·米或韦伯/米(T·m 或 Wb/m)。由式(3.50)定义的 $\boldsymbol{A}$ 不是唯一的。例如,设另一矢量 $\boldsymbol{A}'=\boldsymbol{A}+\nabla\psi$,$\psi$ 为任一标量函数,则

$$\nabla\times\boldsymbol{A}'=\nabla\times(\boldsymbol{A}+\nabla\psi)=\nabla\times\boldsymbol{A}+\nabla\times\nabla\psi=\nabla\times\boldsymbol{A}=\boldsymbol{B}$$

所以对于给定的 $\boldsymbol{B}$,可引入无数个 $\boldsymbol{A}$。原因是由亥姆霍兹定理,一个矢量场的性质由该矢量场的散度和旋度唯一地确定,式(3.50)只定义了矢量场 $\boldsymbol{A}$ 的旋度,没有定义散度,所以矢量场 $\boldsymbol{A}$ 是不确定的。为了使 $\boldsymbol{A}$ 是唯一的,令

$$\nabla\cdot\boldsymbol{A}=0 \tag{3.51}$$

此时

$$\nabla\cdot\boldsymbol{A}'=\nabla\cdot(\boldsymbol{A}+\nabla\psi)=\nabla\cdot\boldsymbol{A}+\nabla^2\psi=\nabla^2\psi\neq 0$$

$\boldsymbol{A}'$不满足式(3.51),使得 $\boldsymbol{A}$ 是唯一的。所以矢量磁位 $\boldsymbol{A}$ 是由式(3.50)和式(3.51)引入的,式(3.51)是一个附加的条件,称为库仑规范。

3.3.2 矢量磁位 A 的微分方程及其解

1. 矢量磁位 $\boldsymbol{A}$ 的微分方程

由 $\nabla\times\boldsymbol{H}=\boldsymbol{J}$ 和 $\boldsymbol{H}=\dfrac{\boldsymbol{B}}{\mu}$,可以写出

$$\nabla\times\boldsymbol{B}=\mu\boldsymbol{J}$$

把式(3.50)代入可得

$$\nabla\times\nabla\times\boldsymbol{A}=\nabla(\nabla\cdot\boldsymbol{A})-\nabla^2\boldsymbol{A}=\mu\boldsymbol{J}$$

利用式(3.51)可得

$$\nabla^2\boldsymbol{A}=-\mu\boldsymbol{J} \tag{3.52}$$

所以矢量磁位 $\boldsymbol{A}$ 满足矢量的泊松方程,求解时一般先写出分量式。例如,在直角坐标中

$$\nabla^2 A_x=-\mu J_x \tag{3.53}$$

$$\nabla^2 A_y = -\mu J_y \tag{3.54}$$

$$\nabla^2 A_z = -\mu J_z \tag{3.55}$$

2. 泊松方程的解

求解矢量磁位 **A** 的泊松方程,利用类比法。静电场中电位满足的泊松方程为

$$\nabla^2 \Phi = -\frac{\rho}{\varepsilon} \tag{3.56}$$

其解为

$$\Phi = \frac{1}{4\pi\varepsilon}\iiint_V \frac{\rho \mathrm{d}V}{r} \tag{3.57}$$

对比式(3.53)和式(3.56),对应的量为 $\Phi \to A_x$, $\frac{1}{\varepsilon} \to \mu$, $\rho \to J_x$,利用类比法可以写出

$$A_x = \frac{\mu}{4\pi}\iiint_V \frac{J_x \mathrm{d}V}{r}, \quad A_y = \frac{\mu}{4\pi}\iiint_V \frac{J_y \mathrm{d}V}{r}, \quad A_z = \frac{\mu}{4\pi}\iiint_V \frac{J_z \mathrm{d}V}{r}$$

A 的矢量表达式为

$$\boldsymbol{A} = \boldsymbol{e}_x A_x + \boldsymbol{e}_y A_y + \boldsymbol{e}_z A_z = \frac{\mu}{4\pi}\iiint_V \frac{\boldsymbol{J} \mathrm{d}V}{r} \tag{3.58}$$

体电流元产生的矢量磁位为

$$\mathrm{d}\boldsymbol{A} = \frac{\mu}{4\pi}\frac{\boldsymbol{J} \mathrm{d}V}{r} \tag{3.59}$$

面电流和面电流元产生的矢量磁位分别为

$$\boldsymbol{A} = \frac{\mu}{4\pi}\iint_S \frac{\boldsymbol{J}_S \mathrm{d}S}{r} \tag{3.60}$$

$$\mathrm{d}\boldsymbol{A} = \frac{\mu}{4\pi}\frac{\boldsymbol{J}_S \mathrm{d}S}{r} \tag{3.61}$$

线电流和线电流元产生的矢量磁位分别为

$$\boldsymbol{A} = \frac{\mu}{4\pi}\int_l \frac{I \mathrm{d}\boldsymbol{l}}{r} \tag{3.62}$$

$$\mathrm{d}\boldsymbol{A} = \frac{\mu}{4\pi}\frac{I \mathrm{d}\boldsymbol{l}}{r} \tag{3.63}$$

把式(3.62)与比奥-萨伐尔定律对比

$$\boldsymbol{B} = \frac{\mu}{4\pi}\int_l \frac{I \mathrm{d}\boldsymbol{l} \times \boldsymbol{e}_r}{r^2}$$

可以看出,式(3.62)中 **A** 与电流元 $I\mathrm{d}\boldsymbol{l}$ 同方向,计算简便,所以引入 **A** 可以简化磁场的计算。

3.3.3 矢量磁位 A 的边界条件

矢量磁位 $\boldsymbol{A}$ 的边界条件为

$$\boldsymbol{A}_1=\boldsymbol{A}_2 \tag{3.64}$$

式(3.64)与 $B_{1n}=B_{2n}$ 等价。

$$\frac{1}{\mu_1}(\nabla\times\boldsymbol{A}_1)_t=\frac{1}{\mu_2}(\nabla\times\boldsymbol{A}_2)_t \tag{3.65}$$

式(3.65)与 $H_{1t}=H_{2t}$ 等价。

这两个边界条件不常用，一般是导出 $\boldsymbol{B}$、$\boldsymbol{H}$ 后再利用边界条件。

3.3.4 利用矢量磁位 A 计算磁场

扫码看讲课录像 3.3.4

利用矢量磁位 $\boldsymbol{A}$ 计算磁场的基本方法是先由电流的分布(I,$\boldsymbol{J}$,$\boldsymbol{J}_S$)求出矢量磁位 $\boldsymbol{A}$，再由 $\boldsymbol{B}=\nabla\times\boldsymbol{A}$ 求磁感应强度 $\boldsymbol{B}$。

例 3.8 求长直线电流的矢量磁位 $\boldsymbol{A}$ 和磁感应强度 $\boldsymbol{B}$。

解 设一直线电流的长度为 l，如图 3.18 所示，直线电流上任一电流元 $I\mathrm{d}z'$ 在 P 点产生的矢量磁位为

$$\mathrm{d}\boldsymbol{A}=\boldsymbol{e}_z\frac{\mu_0 I}{4\pi}\cdot\frac{\mathrm{d}z'}{\sqrt{r^2+(z-z')^2}}$$

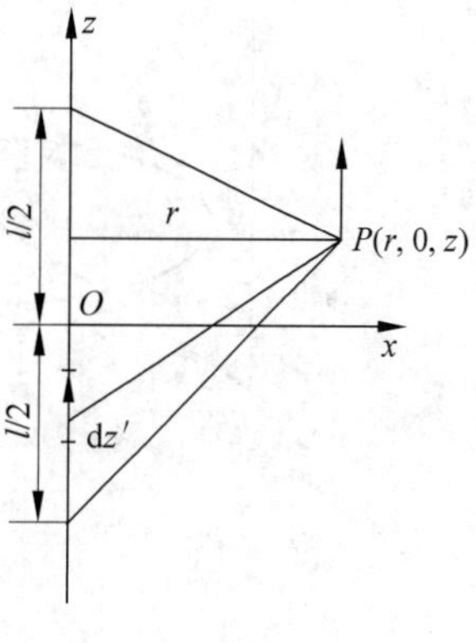

图 3.18 例 3.8 用图

直线电流在 P 点产生的矢量磁位为

$$\boldsymbol{A}=\boldsymbol{e}_z\frac{\mu_0 I}{4\pi}\int_{-l/2}^{l/2}\frac{\mathrm{d}z'}{\sqrt{r^2+(z-z')^2}}$$

$$=\boldsymbol{e}_z\frac{\mu_0 I}{4\pi}\ln\frac{\left(\frac{l}{2}-z\right)+\sqrt{\left(\frac{l}{2}-z\right)^2+r^2}}{-\left(\frac{l}{2}+z\right)+\sqrt{\left(\frac{l}{2}+z\right)^2+r^2}}$$

$l\to\infty$ 时

$$\boldsymbol{A}\approx\boldsymbol{e}_z\frac{\mu_0 I}{4\pi}\ln\frac{\frac{l}{2}+\sqrt{\left(\frac{l}{2}\right)^2+r^2}}{-\frac{l}{2}+\sqrt{\left(\frac{l}{2}\right)^2+r^2}}\approx\boldsymbol{e}_z\frac{\mu_0 I}{4\pi}\ln\left(\frac{l}{r}\right)^2$$

$$=\boldsymbol{e}_z\frac{\mu_0 I}{2\pi}\ln\frac{l}{r} \tag{3.66}$$

式(3.66)的近似计算中利用了泰勒级数。如果直线电流是无限长的，则 $\boldsymbol{A}$ 是无限大。这是因为直线电流延伸到无穷远处，不能选无穷远处作矢量磁位的参考点。可以把参考点选在 $r=r_0$ 处，即令

$$\boldsymbol{A}=\boldsymbol{e}_z\frac{\mu_0 I}{2\pi}\ln\frac{l}{r_0}+\boldsymbol{C}=0$$

其中 $\boldsymbol{C}$ 是一个常矢量，$\boldsymbol{C}=-\boldsymbol{e}_z\frac{\mu_0 I}{2\pi}\ln\frac{l}{r_0}$，在 $\boldsymbol{A}$ 的表达式中附加一个常矢量 $\boldsymbol{C}$，不会影响 $\boldsymbol{B}$ 的计算。式(3.66)可以写为

$$\boldsymbol{A}=\boldsymbol{e}_z\frac{\mu_0 I}{2\pi}\ln\frac{l}{r}-\boldsymbol{e}_z\frac{\mu_0 I}{2\pi}\ln\frac{l}{r_0}=\boldsymbol{e}_z\frac{\mu_0 I}{2\pi}\ln\frac{r_0}{r}\tag{3.67}$$

无限长直线电流产生的磁感应强度为

$$\boldsymbol{B}=\nabla\times\boldsymbol{A}=-\boldsymbol{e}_\varphi\frac{\partial A_z}{\partial r}=\boldsymbol{e}_\varphi\frac{\mu_0 I}{2\pi r}$$

与利用毕奥-萨伐尔定律计算的结果式(3.34)相同。

例 3.9 半径为 a 的导线圆环载有电流 I，如图 3.19 所示，求空间 $\boldsymbol{A}$ 和 $\boldsymbol{B}$ 的分布。

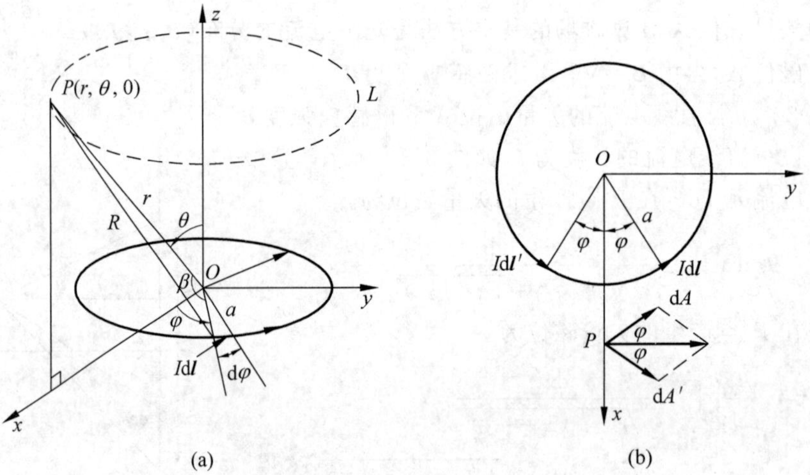

图 3.19 计算载流导线圆环的磁场

解 线电流产生的矢量磁位为

$$\boldsymbol{A}=\frac{\mu_0}{4\pi}\oint_l\frac{I\mathrm{d}\boldsymbol{l}}{R}$$

由电流分布的对称性可以看出：① $\boldsymbol{A}$ 只有 φ 分量 $A=A_\varphi$，② A_φ 与 φ 无关(图 3.19 中在虚线所示的环路上 A_φ 处处相等)。选 $\varphi=0$ 平面上的一点 P 计算 A_φ，在导线圆环上任取一电流元 $I\mathrm{d}\boldsymbol{l}$，$P$ 点距圆环中心的距离为 r，距电流元 $I\mathrm{d}\boldsymbol{l}$ 的距离为 R，电流元 $I\mathrm{d}\boldsymbol{l}$ 在 P 点产生的矢量磁位为 $\mathrm{d}\boldsymbol{A}_1$。与电流元 $I\mathrm{d}\boldsymbol{l}$ 相对于 x 轴对称的另一个电流元 $I\mathrm{d}\boldsymbol{l}'$ 在 P 点产生的矢量磁位为 $\mathrm{d}\boldsymbol{A}_1'$，如图 3.19 所示。所以电流元 $I\mathrm{d}\boldsymbol{l}$ 和 $I\mathrm{d}\boldsymbol{l}'$ 在 P 点产生的矢量磁位为 $2\mathrm{d}A\cos\varphi$，其中

$$\mathrm{d}A=\frac{\mu_0}{4\pi}\frac{I\mathrm{d}l}{R}$$

所以导线圆环在 P 点产生的矢量磁位为

$$A = A_{\varphi} = 2\int_{0}^{\pi} \mathrm{d}A\cos\varphi = \frac{\mu_0 I}{2\pi}\int_{0}^{\pi} \frac{\mathrm{d}l\cos\varphi}{R} \tag{3.68}$$

其中

$$\mathrm{d}l = a\,\mathrm{d}\varphi \tag{3.69}$$

$$R = \sqrt{r^2 + a^2 - 2ra\cos\beta} \tag{3.70}$$

式中

$$\cos\beta = \frac{\boldsymbol{r}\cdot\boldsymbol{a}}{ra} \tag{3.71}$$

其中

$$\boldsymbol{r} = \boldsymbol{e}_x r\sin\theta + \boldsymbol{e}_z r\cos\theta,\quad \boldsymbol{a} = \boldsymbol{e}_x a\cos\varphi + \boldsymbol{e}_y a\sin\varphi$$

所以

$$\cos\beta = \frac{ra\sin\theta\cos\varphi}{ra} = \sin\theta\cos\varphi \tag{3.72}$$

把式(3.69)和式(3.72)代入式(3.68)可得

$$A_{\varphi} = \frac{\mu_0 Ia}{2\pi}\int_{0}^{\pi} \frac{\cos\varphi\,\mathrm{d}\varphi}{\sqrt{r^2 + a^2 - 2ra\sin\theta\cos\varphi}} \tag{3.73}$$

式(3.73)中的积分可以用以下几种方法求解：①变换成椭圆积分，②利用计算机作数值计算，③利用近似计算。下面利用近似计算求解。

(1) 若 $r \gg a$(远场)，式(3.73)中的被积函数为

$$\frac{1}{\sqrt{r^2 + a^2 - 2ra\sin\theta\cos\varphi}} = \frac{1}{r\sqrt{1 + \frac{a^2}{r^2} - \frac{2a}{r}\sin\theta\cos\varphi}} \approx \frac{1}{r}\left(1 + \frac{a}{r}\sin\theta\cos\varphi\right)$$

上式中利用了泰勒级数展开，代入式(3.73)可得

$$A_{\varphi} = \frac{\mu_0 Ia}{2\pi r}\int_{0}^{\pi}\left(1 + \frac{a}{r}\sin\theta\cos\varphi\right)\cos\varphi\,\mathrm{d}\varphi = \frac{\mu_0 \pi a^2 I\sin\theta}{4\pi r^2} \tag{3.74}$$

磁感应强度为

$$\boldsymbol{B} = \nabla\times\boldsymbol{A} = \boldsymbol{e}_r\frac{\mu_0 \pi a^2 I}{2\pi r^3}\cos\theta + \boldsymbol{e}_\theta\frac{\mu_0 \pi a^2 I}{4\pi r^3}\sin\theta \tag{3.75}$$

(2) 若 $r \ll a$(近圆心)或 $\sin\theta \ll 1$(近轴)，可以证明 $r^2 + a^2 \gg 2ra\sin\theta$，式(3.73)中的被积函数为

$$\frac{1}{\sqrt{r^2 + a^2 - 2ra\sin\theta\cos\varphi}} = \frac{1}{\sqrt{r^2 + a^2}}\cdot\frac{1}{\sqrt{1 - \frac{2ra\sin\theta\cos\varphi}{r^2 + a^2}}}$$

$$\approx \frac{1}{\sqrt{r^2 + a^2}}\left(1 + \frac{ra\sin\theta\cos\varphi}{r^2 + a^2}\right)$$

代入式(3.73)可得

$$A_\varphi=\frac{\mu_0 Ia^2}{4}\frac{r\sin\theta}{(r^2+a^2)^{3/2}}$$

对于 $\sin\theta\ll 1$ 的情况

$$\begin{aligned}\boldsymbol{B}=\nabla\times\boldsymbol{A}&=\boldsymbol{e}_r\frac{\mu_0 Ia^2\cos\theta}{2(r^2+a^2)^{3/2}}+\boldsymbol{e}_\theta\frac{\mu_0 Ia^2(r^2-2a^2)\sin\theta}{4(r^2+a^2)^{5/2}}\\&\approx\boldsymbol{e}_r\frac{\mu_0 Ia^2\cos\theta}{2(r^2+a^2)^{3/2}}\end{aligned}$$

利用 $\boldsymbol{e}_z=\boldsymbol{e}_r\cos\theta-\boldsymbol{e}_\theta\sin\theta\approx\boldsymbol{e}_r\cos\theta$ 和 $r\approx z$,所以

$$\boldsymbol{B}=\boldsymbol{e}_z\frac{\mu_0 Ia^2}{2(z^2+a^2)^{3/2}}$$

对于 $r\ll a$ 的情况

$$A_\varphi=\frac{\mu_0 Ir\sin\theta}{4a}$$

$$\boldsymbol{B}=\nabla\times\boldsymbol{A}=\frac{\mu_0 I}{2a}(\boldsymbol{e}_r\cos\theta-\boldsymbol{e}_\theta\sin\theta)=\boldsymbol{e}_z\frac{\mu_0 I}{2a}$$

例 3.10 空间有一电流分布,$\boldsymbol{J}=J_0 r\boldsymbol{e}_z(r\leqslant a)$,求空间任一点的矢量磁位 $\boldsymbol{A}$ 和磁感应强度 $\boldsymbol{B}$。

解 可以利用直接积分法先求出矢量磁位 $\boldsymbol{A}$,然后求磁感应强度 $\boldsymbol{B}$。因为 $\boldsymbol{J}$ 只有 $\boldsymbol{e}_z$ 分量,所以 $\boldsymbol{A}$ 也只有 $\boldsymbol{e}_z$ 分量。由于电流分布的轴对称性,$\boldsymbol{A}$ 只与坐标 r 有关。设 $r<a$ 的区域内矢量磁位为 $\boldsymbol{A}_1$,$r>a$ 的区域内矢量磁位为 $\boldsymbol{A}_2$,则 $\boldsymbol{A}_1$、$\boldsymbol{A}_2$ 分别满足一维的泊松方程和拉普拉斯方程

$$\nabla^2 A_{1z}=\frac{1}{r}\frac{\partial}{\partial r}\left(r\frac{\partial A_{1z}}{\partial r}\right)=-\mu_0 J_0 r,\quad r<a \tag{3.76}$$

$$\nabla^2 A_{2z}=\frac{1}{r}\frac{\partial}{\partial r}\left(r\frac{\partial A_{2z}}{\partial r}\right)=0,\quad r>a \tag{3.77}$$

对式(3.76)、式(3.77)分别积分 2 次可得

$$A_{1z}=-\frac{\mu_0 J_0}{9}r^3+C_1\ln r+C_2 \tag{3.78}$$

$$A_{2z}=D_1\ln r+D_2 \tag{3.79}$$

$r<a$ 区域内的磁感应强度为

$$\boldsymbol{B}_1=\nabla\times\boldsymbol{A}_1=-\boldsymbol{e}_\varphi\frac{\partial A_{1z}}{\partial r}=\boldsymbol{e}_\varphi\left(\frac{1}{3}\mu_0 J_0 r^2-\frac{C_1}{r}\right)$$

因为 $r=0$ 时,$\boldsymbol{B}_1$ 的数值是有限的,所以 $C_1=0$,即

$$\boldsymbol{B}_1=\boldsymbol{e}_\varphi\frac{1}{3}\mu_0 J_0 r^2,\quad r<a$$

$r>a$ 区域内的磁感应强度为

$$\boldsymbol{B}_2=\nabla\times\boldsymbol{A}_2=-\boldsymbol{e}_\varphi\frac{\partial A_{2z}}{\partial r}=-\boldsymbol{e}_\varphi\frac{D_1}{r}$$

由边界条件 $r=a$ 时，$H_{1t}=H_{2t}$，即$\left.\frac{B_1}{\mu_0}\right|_{r=a}=\left.\frac{B_2}{\mu_0}\right|_{r=a}$，所以 $D_1=-\frac{1}{3}\mu_0J_0a^3$，代入上式可得

$$\boldsymbol{B}_2=\boldsymbol{e}_\varphi\frac{\mu_0J_0a^3}{3r},\quad r>a$$

把 C_1、D_1 代入式(3.78)、式(3.79)可得

$$A_{1z}=-\frac{\mu_0J_0}{9}r^3+C_2,\quad A_{2z}=-\frac{\mu_0J_0}{3}a^3\ln r+D_2$$

其中 C_2、D_2 与参考点的选取有关。

3.3.5 磁偶极子及其磁场

扫码看讲课录像

3.3.5-3.4

如果场点到线圈的距离 $r\gg$线圈的线度，任意形状的平面载流线圈可以称为磁偶极子，如图 3.20 所示。磁偶极子的磁矩定义为

$$\boldsymbol{p}_\mathrm{m}=I\boldsymbol{S} \tag{3.80}$$

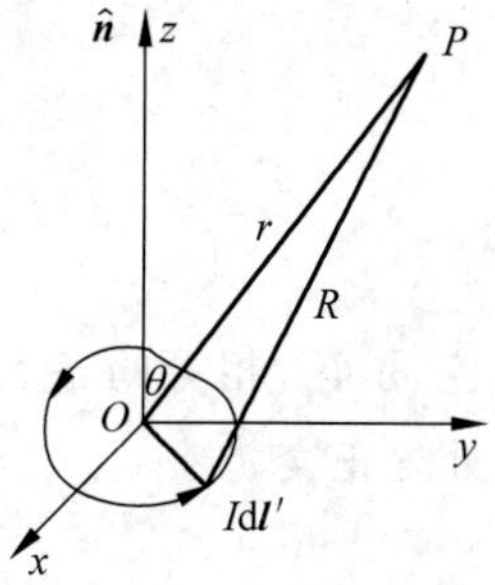

图 3.20 计算磁偶极子的磁场

其中，I 是线圈中的电流；$\boldsymbol{S}$ 是线圈的面积。I 与 $\boldsymbol{S}$ 构成右手关系。下面计算磁偶极子的磁场，由

$$\boldsymbol{A}=\frac{\mu_0}{4\pi}\oint_{l'}\frac{I\mathrm{d}\boldsymbol{l}'}{R} \tag{3.81}$$

利用矢量恒等式

$$\oint_l\psi\mathrm{d}\boldsymbol{l}=\iint_S\hat{\boldsymbol{n}}\times\nabla\psi\mathrm{d}S$$

式(3.81)可以写为

$$\boldsymbol{A}=\frac{\mu_0I}{4\pi}\iint_{S'}\hat{\boldsymbol{n}}\times\nabla'\left(\frac{1}{R}\right)\mathrm{d}S'$$

利用矢量等式$\nabla'\frac{1}{R}=\frac{\boldsymbol{e}_R}{R^2}$，由于 $r\gg$线圈的线度，所以 $R\approx r$，$\boldsymbol{e}_R\approx\boldsymbol{e}_r$，可得

$$\boldsymbol{A}\approx\frac{\mu_0I}{4\pi}\iint_{S'}\hat{\boldsymbol{n}}\times\left(\frac{\boldsymbol{e}_r}{r^2}\right)\mathrm{d}S'=\frac{\mu_0I}{4\pi r^2}\iint_{S'}\hat{\boldsymbol{n}}\times\boldsymbol{e}_r\mathrm{d}S'$$

由于 $\hat{\boldsymbol{n}}\times\boldsymbol{e}_r=\sin\theta\boldsymbol{e}_\varphi$，可提出积分号，所以

$$\boldsymbol{A}=\boldsymbol{e}_\varphi\frac{\mu_0I}{4\pi r^2}\sin\theta\cdot S \tag{3.82}$$

磁感应强度为

$$\boldsymbol{B}=\nabla\times\boldsymbol{A}=\boldsymbol{e}_r\frac{\mu_0IS}{2\pi r^3}\cos\theta+\boldsymbol{e}_\theta\frac{\mu_0IS}{4\pi r^3}\sin\theta \tag{3.83}$$

把 $\boldsymbol{p}_{\mathrm{m}}=I\boldsymbol{S}$ 代入式(3.82)和式(3.83)可得

$$\boldsymbol{A}=\frac{\mu_0}{4\pi}\frac{\boldsymbol{p}_{\mathrm{m}}\times\boldsymbol{e}_r}{r^2} \tag{3.84}$$

$$\boldsymbol{B}=\frac{\mu_0 p_{\mathrm{m}}}{4\pi r^3}(\boldsymbol{e}_r 2\cos\theta+\boldsymbol{e}_\theta\sin\theta) \tag{3.85}$$

可以看出,磁偶极子在远区产生的 $\boldsymbol{A}$、$\boldsymbol{B}$ 仅与 $\boldsymbol{p}_{\mathrm{m}}$、$\boldsymbol{r}$ 有关,与回路的形状无关。把式(3.85)与第 2 章式(2.39)对比,可以发现电场和磁场有一定的对偶性。

3.4 标量磁位

在静电场中,引入了电位 $\Phi(\boldsymbol{E}=-\nabla\Phi)$,$\Phi$ 是标量,引入 Φ 使电场的分析计算简化,恒定磁场中能不能引入标量磁位呢?一般情况下

$$\oint_l \boldsymbol{H}\cdot\mathrm{d}\boldsymbol{l}=\sum_i I_{0i}\neq 0 \quad \text{或} \quad \nabla\times\boldsymbol{H}=\boldsymbol{J}\neq 0$$

所以磁场是非保守的,不能引入标量磁位。但是在没有电流分布的区域内

$$\boldsymbol{J}=0,\quad \nabla\times\boldsymbol{H}=0 \tag{3.86}$$

所以可以引入标量磁位。

1. 标量磁位的引入

由式(3.86)和矢量恒等式 $\nabla\times\nabla\Phi=0$,$\boldsymbol{H}$ 可以写为

$$\boldsymbol{H}=-\nabla\Phi_{\mathrm{m}} \tag{3.87}$$

Φ_{m} 称为标量磁位,负号表示 $\boldsymbol{H}$ 的方向,Φ_{m} 的单位是安培(A)。空间 Φ_{m} 相等的各点构成曲面称为等磁位面,方程为 $\Phi_{\mathrm{m}}(x,y,z)=C$,等磁位面与 $\boldsymbol{H}$ 线处处正交。

2. 标量磁位的微分方程

由 $\nabla\cdot\boldsymbol{B}=0$ 和 $\boldsymbol{B}=\mu\boldsymbol{H}$,$\boldsymbol{H}=-\nabla\Phi_{\mathrm{m}}$,所以

$$\nabla\cdot\boldsymbol{B}=\nabla\cdot(-\mu\nabla\Phi_{\mathrm{m}})=-\mu\nabla^2\Phi_{\mathrm{m}}=0$$

可以得到

$$\nabla^2\Phi_{\mathrm{m}}=0 \tag{3.88}$$

所以标量磁位满足拉普拉斯方程。

3. 标量磁位 Φ_{m} 的边界条件

用与讨论电位 Φ 边界条件类似的方法可以导出标量磁位的边界条件

$$\Phi_{\mathrm{m}1}=\Phi_{\mathrm{m}2} \tag{3.89}$$

$$\mu_1\frac{\partial\Phi_{\mathrm{m}1}}{\partial n}=\mu_2\frac{\partial\Phi_{\mathrm{m}2}}{\partial n} \tag{3.90}$$

式(3.89)与边界条件 $H_{1t}=H_{2t}$ 等价,式(3.90)与边界条件 $B_{1n}=B_{2n}$ 等价。

4. 标量磁位 Φ_m 的计算

计算标量磁位,一般是在给定的边界条件下求解 $\nabla^2\Phi_m=0$,在第4章中将详细介绍。

3.5 电感

3.5.1 自感系数和互感系数

扫码看讲课录像
3.5.1-3.5.2

一个线圈中通入电流 I,它所产生的穿过线圈本身的磁链与线圈中的电流成正比,比例系数称为自感系数,可以表示为

$$\Psi_L=LI \tag{3.91}$$

L 称为自感系数,单位是亨(H)。对于单匝线圈,穿过线圈的磁链与磁通相等;对于密绕的多匝线圈,如果无漏磁,则

$$\Psi_L=\sum_i \Phi_i \tag{3.92}$$

线圈1中通入电流 I_1,它所产生的穿过线圈2的磁链与线圈1中的电流成正比,比例系数称为互感系数,可以表示为

$$\Psi_{12}=M_{12}I_1 \tag{3.93}$$

M_{12} 为互感系数,单位也是亨(H)。也可以用线圈2中通入电流 I_2 所产生的穿过线圈1的磁链定义互感系数

$$\Psi_{21}=M_{21}I_2 \tag{3.94}$$

后面将会证明 $M_{12}=M_{21}=M$。自感系数 L 只与线圈的大小、形状、匝数及周围的介质等因素有关,互感系数 M 只与两线圈的大小、形状、匝数、周围的介质及相对位置有关。

3.5.2 *M* 和 *L* 的计算

1. 利用定义式计算

利用定义式计算自感系数的思路为

$$I\rightarrow\Psi_L\rightarrow L=\frac{\Psi_L}{I}$$

即由线圈中通入的电流 I,求出所产生的穿过线圈本身的磁链 Ψ_L,进而求出自感系数。

利用定义式计算互感系数的思路为

$$I_1\rightarrow\Psi_{12}\rightarrow M=\frac{\Psi_{12}}{I_1}\quad 或\quad I_2\rightarrow\Psi_{21}\rightarrow M=\frac{\Psi_{21}}{I_2}$$

即由线圈1(或线圈2)中通入的电流 I_1(或 I_2),计算所产生的穿过线圈2(或线圈1)的磁链 Ψ_{12}(Ψ_{21}),进而求出互感系数,可以根据问题中的条件选择简便的方法。

2. 利用矢量磁位 $\boldsymbol{A}$ 计算 L 和 M

1) 利用矢量磁位 $\boldsymbol{A}$ 计算磁通量

穿过曲面 S 的磁通量为

$$\Phi=\iint_S \boldsymbol{B}\cdot \mathrm{d}\boldsymbol{S} \tag{3.95}$$

把 $\boldsymbol{B}=\nabla\times\boldsymbol{A}$ 代入式(3.95)

$$\Phi=\iint_S (\nabla\times\boldsymbol{A})\cdot \mathrm{d}\boldsymbol{S}=\oint_l \boldsymbol{A}\cdot \mathrm{d}\boldsymbol{l} \tag{3.96}$$

其中 $\boldsymbol{l}$ 是曲面 S 的边界,式(3.96)提供了一种利用矢量磁位计算磁通量的方法。

2) 利用矢量磁位 $\boldsymbol{A}$ 计算互感系数 M

如图 3.21 所示,l_1、l_2 是两个载有电流的回路,首先计算 l_1 中的电流 I_1 产生的穿过回路 l_2 的磁链。设 $I_1\mathrm{d}\boldsymbol{l}_1$ 是回路 l_1 上的任一电流元、$\mathrm{d}\boldsymbol{l}_2$ 是回路 l_2 上的任一线元,回路 l_1 中的电流 I_1 在 $\mathrm{d}\boldsymbol{l}_2$ 处产生的矢量磁位为

$$\boldsymbol{A}_{12}=\frac{\mu_0}{4\pi}\oint_{l_1}\frac{I_1\mathrm{d}\boldsymbol{l}_1}{r}$$

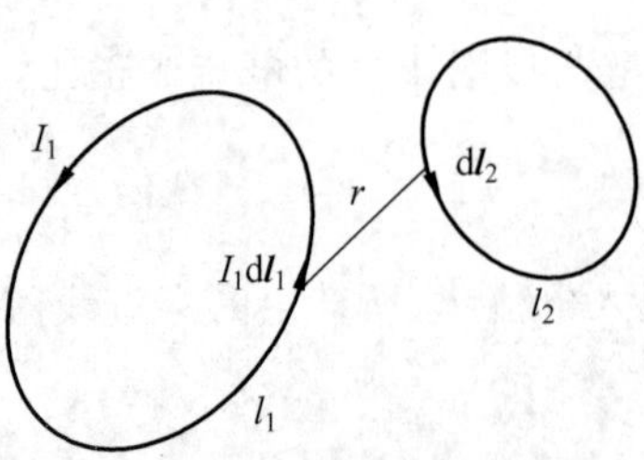

图 3.21 计算互感系数

电流 I_1 产生的穿过回路 l_2 的互感磁链为

$$\Psi_{12}=\Phi_{12}=\oint_{l_2}\boldsymbol{A}_{12}\cdot \mathrm{d}\boldsymbol{l}_2=\frac{\mu_0 I_1}{4\pi}\oint_{l_2}\oint_{l_1}\frac{\mathrm{d}\boldsymbol{l}_1\cdot \mathrm{d}\boldsymbol{l}_2}{r}$$

两回路间的互感系数为

$$M_{12}=\frac{\Psi_{12}}{I_1}=\frac{\mu_0}{4\pi}\oint_{l_2}\oint_{l_1}\frac{\mathrm{d}\boldsymbol{l}_1\cdot \mathrm{d}\boldsymbol{l}_2}{r} \tag{3.97}$$

式(3.97)称为诺伊曼公式。当然也可以首先计算 l_2 中的电流 I_2 产生的穿过回路 l_1 的磁链,进而计算两回路间的互感系数,结果为

$$M_{21}=\frac{\Psi_{21}}{I_2}=\frac{\mu_0}{4\pi}\oint_{l_1}\oint_{l_2}\frac{\mathrm{d}\boldsymbol{l}_2\cdot \mathrm{d}\boldsymbol{l}_1}{r} \tag{3.98}$$

比较式(3.97)和式(3.98)就可以证明 $M_{12}=M_{21}=M$。

若回路 l_1、l_2 的匝数分别为 N_1、N_2,很容易导出两回路间的互感系数为

$$M=N_1\cdot N_2\cdot\frac{\mu_0}{4\pi}\oint_{l_1}\oint_{l_2}\frac{\mathrm{d}\boldsymbol{l}_1\cdot \mathrm{d}\boldsymbol{l}_2}{r} \tag{3.99}$$

3) 利用矢量磁位 $\boldsymbol{A}$ 计算自感系数 L

图 3.22 是一个单匝线圈,l_1 是线圈的中心线,l_2 是线圈的内侧边线,可认为电流沿中心线流动,l_1 上的电流在 l_2 上某一点产生矢量磁位为

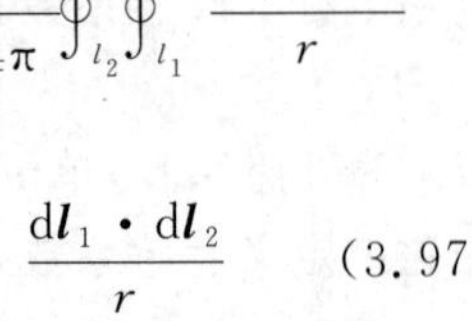

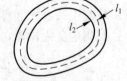

图 3.22 计算自感系数

$$\boldsymbol{A}=\frac{\mu_0}{4\pi}\oint_{l_1}\frac{I\mathrm{d}\boldsymbol{l}_1}{r}$$

线圈中电流产生的穿过线圈本身的磁链(即 l_1 上的电流产生的穿

过 l_2 的磁链)为

$$\Psi_L=\Phi_L=\oint_{l_2}\boldsymbol{A}\cdot\mathrm{d}\boldsymbol{l}_2=\frac{\mu_0 I}{4\pi}\oint_{l_2}\oint_{l_1}\frac{\mathrm{d}\boldsymbol{l}_1\cdot\mathrm{d}\boldsymbol{l}_2}{r}$$

单匝线圈的自感系数为

$$L=\frac{\Psi_L}{I}=\frac{\mu_0}{4\pi}\oint_{l_2}\oint_{l_1}\frac{\mathrm{d}\boldsymbol{l}_1\cdot\mathrm{d}\boldsymbol{l}_2}{r} \tag{3.100}$$

对于 N 匝密绕线圈，自感系数为

$$L=N^2\frac{\mu_0}{4\pi}\oint_{l_2}\oint_{l_1}\frac{\mathrm{d}\boldsymbol{l}_1\cdot\mathrm{d}\boldsymbol{l}_2}{r} \tag{3.101}$$

例 3.11 设双线传输线间的距离为 D，导线的半径为 $a(D\gg a)$，如图 3.23 所示，求单位长度的自感。

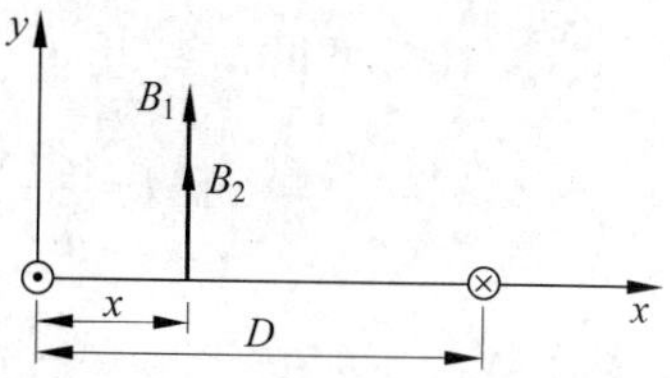

图 3.23 求双线传输线间的自感

解 设导线中的电流为 $\pm I$，在两导线构成的平面上 x 处，两导线产生的磁感应强度方向相同，总的磁感应强度为

$$B=\frac{\mu_0 I}{2\pi}\left(\frac{1}{x}+\frac{1}{D-x}\right)$$

两导线间单位长度的磁链为

$$\Psi=\int_a^{D-a}\frac{\mu_0 I}{2\pi}\left(\frac{1}{x}+\frac{1}{D-x}\right)\mathrm{d}x=\frac{\mu_0 I}{\pi}\ln\frac{D-a}{a}\approx\frac{\mu_0 I}{\pi}\ln\frac{D}{a}$$

双线传输线单位长度的自感为

$$L_0=\frac{\Psi}{I}=\frac{\mu_0}{\pi}\ln\frac{D}{a} \tag{3.102}$$

例 3.12 一个单匝线圈的圆形横截面的半径为 a，线圈的平均半径为 R，求单匝线圈的自感。

解 在线圈的中心轴线上取一个线元 $\mathrm{d}\boldsymbol{l}_1=R\mathrm{d}\alpha$，在线圈的内侧边线上取一个线元 $\mathrm{d}\boldsymbol{l}_2=(R-a)\mathrm{d}\theta$，两线元之间的距离 $r=\sqrt{R^2+(R-a)^2-2R(R-a)\cos\alpha}$，如图 3.24 所示，代入式(3.100)可得

$$L=\frac{\mu_0}{4\pi}\oint_{l_2}\oint_{l_1}\frac{\mathrm{d}\boldsymbol{l}_1\cdot\mathrm{d}\boldsymbol{l}_2}{r}=\frac{\mu_0}{4\pi}\oint_{l_2}\oint_{l_1}\frac{\cos\alpha\,\mathrm{d}\boldsymbol{l}_1\mathrm{d}\boldsymbol{l}_2}{r}$$

$$=\frac{\mu_0}{4\pi}\int_0^{2\pi}\int_0^{2\pi}\frac{R(R-a)\cos\alpha\,\mathrm{d}\theta\,\mathrm{d}\alpha}{\sqrt{R^2+(R-a)^2-2R(R-a)\cos\alpha}} \tag{3.103}$$

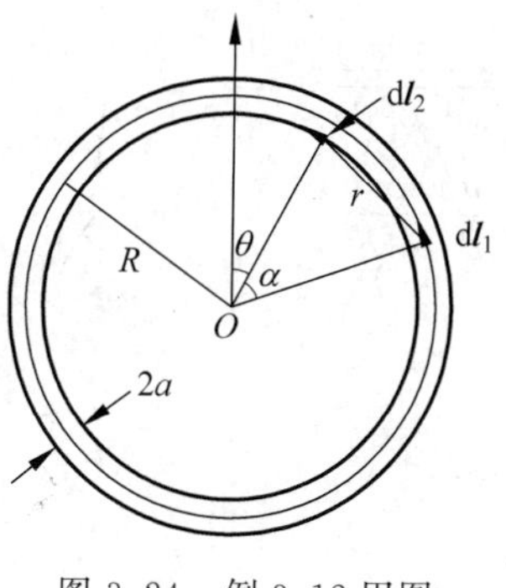

图 3.24 例 3.12 用图

给定导线的半径 a 和线圈的平均半径 R，由式(3.103)利用近似计算或数值方法可以计算一个单匝圆线圈的自感系数。

例 3.13 两个平行且共轴的单匝圆线圈，一个半径为

a,另一个半径为 b,求两个线圈间的互感。

解 由式(3.97),两线圈间的互感为

$$M=\frac{\mu_0}{4\pi}\oint_{l_2}\oint_{l_1}\frac{\mathrm{d}\boldsymbol{l}_1\cdot\mathrm{d}\boldsymbol{l}_2}{r} \tag{3.104}$$

在两线圈上分别取线元 $\mathrm{d}\boldsymbol{l}_1$、$\mathrm{d}\boldsymbol{l}_2$,相距 r,从 $\mathrm{d}\boldsymbol{l}_2$ 向大线圈平面作垂线 d,r 在大环平面上的投影为 r_1,如图 3.25 所示,可以算出

$$r=\sqrt{d^2+r_1^2},\quad r_1^2=a^2+b^2-2ab\cos\theta$$

$$\mathrm{d}\boldsymbol{l}_1=b\mathrm{d}\psi,\quad \mathrm{d}\boldsymbol{l}_2=a\mathrm{d}\theta$$

$$\mathrm{d}\boldsymbol{l}_1\cdot\mathrm{d}\boldsymbol{l}_2=ab\cos\theta\mathrm{d}\psi\mathrm{d}\theta$$

代入式(3.104)可得

$$\begin{aligned}M&=\frac{\mu_0}{4\pi}\int_0^{2\pi}\int_0^{2\pi}\frac{ab\mathrm{d}\psi\mathrm{d}\theta\cos\theta}{(d^2+a^2+b^2-2ab\cos\theta)^{1/2}}\\&=\frac{\mu_0ab}{2}\int_0^{2\pi}\frac{\cos\theta\mathrm{d}\theta}{(d^2+a^2+b^2-2ab\cos\theta)^{1/2}}\end{aligned} \tag{3.105}$$

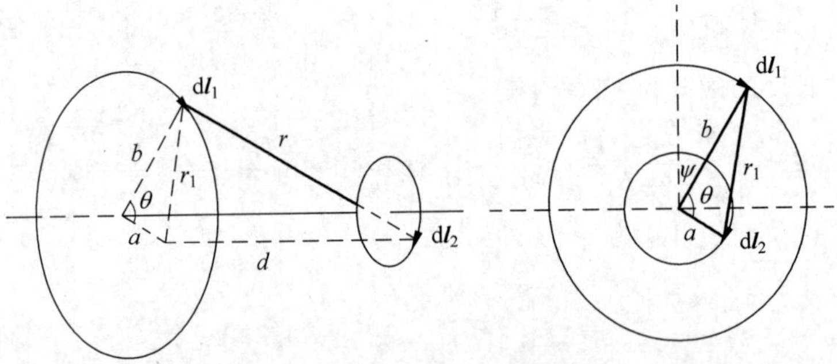

图 3.25 计算两个平行且共轴的圆线圈间的互感

与例 3.9 中的方法类似,式(3.105)中的积分可以用以下几种方法求解:① 变换成椭圆积分,② 利用计算机作数值计算,③ 利用近似计算。下面利用近似计算求解 $a\ll d$ 的情况,式(3.105)中的被积函数为

$$\begin{aligned}\frac{1}{\sqrt{d^2+a^2+b^2-2ab\cos\theta}}&\approx\frac{1}{\sqrt{(d^2+b^2-2ab\cos\theta)}}\\&\approx\frac{1}{\sqrt{d^2+b^2}}\left(1+\frac{ab\cos\theta}{d^2+b^2}\right)\end{aligned}$$

上式中利用了泰勒级数展开,代入式(3.105)可得

$$M=\frac{\mu_0\pi a^2b^2}{2(b^2+d^2)^{3/2}}$$

3. 内自感

在式(3.91)中由 $\psi_L=LI$ 定义了自感系数,由导线外部的磁链定义的自感称为外自

感，由导线内部的磁链定义的自感称为内自感。前面讨论的都是外自感，下面通过一个例题介绍内自感。

例 3.14 半径为 a、长度为 l 的长直圆导线，求内自感。

解 设导线载有电流 I，电流在横截面上均匀分布，电流 I 和磁感应强度 $\boldsymbol{B}$ 的方向如图 3.26 所示，利用安培环路定理可以计算导线内磁感应强度 $\boldsymbol{B}$ 的分布

$$\oint_l \boldsymbol{B}_{\mathrm{i}} \cdot \mathrm{d}\boldsymbol{l} = \mu_0 \sum_i I_i, \quad B_{\mathrm{i}} \cdot 2\pi r = \mu_0 \frac{I}{\pi a^2} \cdot \pi r^2$$

$$B_{\mathrm{i}} = \frac{\mu_0 I r}{2\pi a^2}$$

在与 $\boldsymbol{B}$ 垂直的横截面上，穿过图 3.26 中一个窄条的磁通量为

$$\mathrm{d}\Phi_{\mathrm{i}} = B_{\mathrm{i}} \mathrm{d}S = \frac{\mu_0 I r}{2\pi a^2} l \mathrm{d}r$$

下面求穿过这个窄条的磁链 $\mathrm{d}\Psi_{\mathrm{i}}$，从图 3.26 中可以看出，$\mathrm{d}\Phi_{\mathrm{i}}$ 只环绕一部分电流

$$I' = \frac{I}{\pi a^2} \cdot \pi r^2 = I \frac{r^2}{a^2}$$

若 $\mathrm{d}\Phi_{\mathrm{i}}$ 环绕全部电流 I，则 $\mathrm{d}\Psi_{\mathrm{i}} = \mathrm{d}\Phi_{\mathrm{i}}$；若 $\mathrm{d}\Phi_{\mathrm{i}}$ 环绕部分电流 I'，则 $\mathrm{d}\Psi_{\mathrm{i}} = \frac{\mathrm{d}\Phi_{\mathrm{i}}}{I} \cdot I'$，所以穿过这个窄条的磁链 $\mathrm{d}\Psi_{\mathrm{i}}$ 为

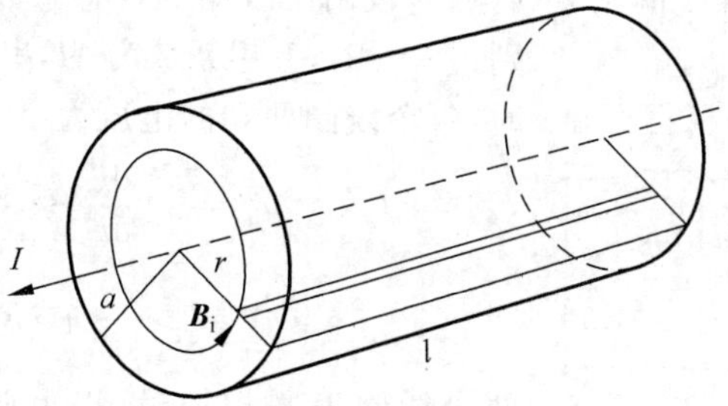

图 3.26 计算内自感

$$\mathrm{d}\Psi_{\mathrm{i}} = \frac{r^2}{a^2} \mathrm{d}\Phi_{\mathrm{i}} = \frac{\mu_0 I r^3}{2\pi a^4} l \mathrm{d}r$$

这段导线的内磁链为

$$\Psi_{\mathrm{i}} = \frac{\mu_0 I l}{2\pi a^4} \int_0^a r^3 \mathrm{d}r = \frac{\mu_0 I l}{8\pi}$$

内自感为

$$L_{\mathrm{i}} = \frac{\Psi_{\mathrm{i}}}{I} = \frac{\mu_0 l}{8\pi} \tag{3.106}$$

可以看出，导线的内自感仅与导线的长度 l 有关，与导线的半径 a 无关。

4. 电感的串联和并联

两个电感线圈可以串联或并联使用。如果两个串联线圈产生的磁通方向相同称为**串联相加**,如图 3.27(a)所示;如果两个串联线圈产生的磁通方向相反,称为**串联相反**,如图 3.27(b)所示;如果两个线圈产生的磁通互相垂直,两个线圈之间的互感为零。同理,可以定义两个并联电感线圈的**并联相加**和**并联相反**。

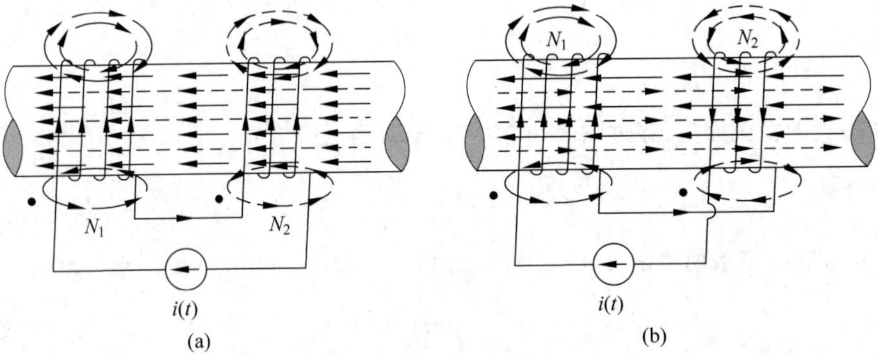

图 3.27 串联相加和串联相反

1) 电感的串联

图 3.28 是两个电感线圈串联的电路,设两个线圈的自感系数分别为 L_1、L_2,内阻分别为 R_1、R_2,互感系数为 M,串联电路中的电流为 $i(t)$ 时,每个线圈两端的电压为

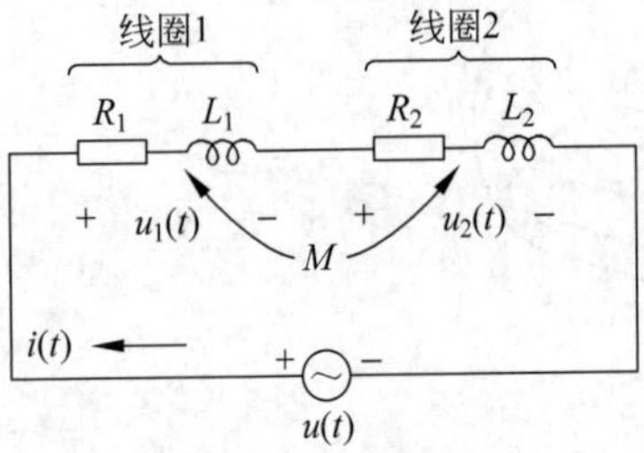

图 3.28 两个电感线圈串联

$$u_1 = L_1 \frac{\mathrm{d}i}{\mathrm{d}t} + iR_1 \pm M \frac{\mathrm{d}i}{\mathrm{d}t}$$

$$u_2 = L_2 \frac{\mathrm{d}i}{\mathrm{d}t} + iR_2 \pm M \frac{\mathrm{d}i}{\mathrm{d}t}$$

两个线圈串联相加时,以上两式中的互感电压降取正;两个线圈串联相反时,以上两式中的互感电压降取负。两个线圈两端的电压为

$$u = (L_1 + L_2 \pm 2M) \frac{\mathrm{d}i}{\mathrm{d}t} + i(R_1 + R_2)$$

设 L 为两线圈串联的等效电感,R 为两线圈串联的等效电阻,则

$$L = L_1 + L_2 \pm 2M \tag{3.107}$$

$$R = R_1 + R_2 \tag{3.108}$$

为了判别电路中的电感线圈产生的磁通方向是相加还是相反,一般是通过在线圈的某一端标一个点(·)来识别,如图 3.27 所示。若两个线圈的电流都是从有标示点的一端流出(或流入),则磁通相加,反之则磁通相反。

2) 电感的并联

两个电感线圈并联,如图 3.29 所示,利用与导出式(3.107)类似的方法可以得到两

个电感线圈并联的等效电感为

$$L = \frac{L_1 L_2 - M^2}{L_1 + L_2 \pm 2M} \tag{3.109}$$

两个电感线圈并联相加时，式(3.109)分母中取负；两个电感线圈并联相反时，式(3.109)分母中取正。

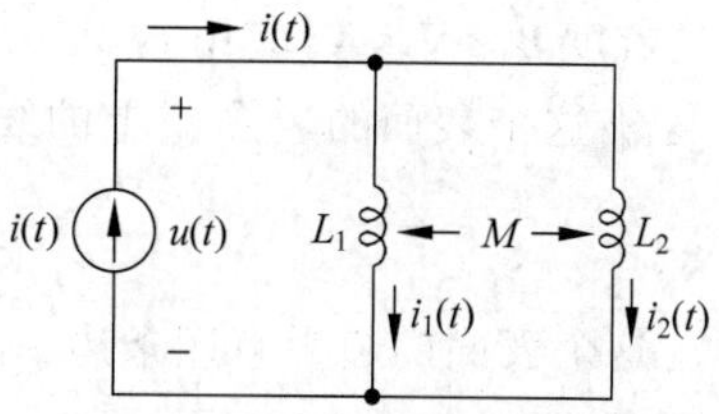

图 3.29 两个电感线圈并联

3.5.3 部分电感

利用 3.5.2 节介绍的方法，可以计算导体回路的电感。但是常常需要计算导体回路中某一部分电路的电感，例如，需要确定接地导体的电感以计算接地噪声电压，或者需要确定印刷电路板(PCB)上电源迹线的电感，从而确定当一块集成电路板(IC)状态转换并且产生大的瞬态电流时所出现的电压降的大小。利用部分电感的理论可以确定回路中每一部分的电感。

1. 部分自电感

用式(3.91)计算部分电感时，要在线圈表面上对磁通密度求和并确定磁链的值，理解部分电感最重要的是要能确定这个表面积。

对于一个载流导体上的某一段，计算部分自电感的磁通面积，是以这段导体为一个边界，另一边是无穷远，另外两边是与导体段垂直的两条直线，如图 3.30 所示。

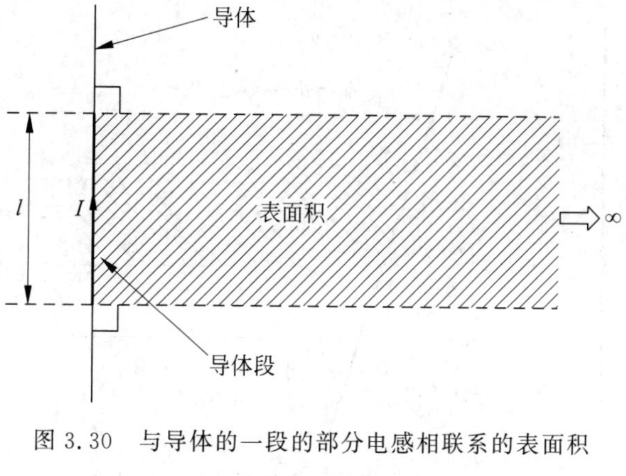

图 3.30 与导体的一段的部分电感相联系的表面积

穿过图 3.30 所示的表面积的磁通量等于

$$\phi = \int_S \boldsymbol{B} \cdot \mathrm{d}S \tag{3.110}$$

因此，一个长为 l、半径为 r_1 的导体段的部分自电感可以写为

$$L = \frac{\mu_0 l}{2\pi} \int_{r_1}^{\infty} \frac{1}{r} \mathrm{d}r \tag{3.111}$$

由于是无穷上限的积分，式(3.111)不能直接算出。然而因为磁通密度 $\boldsymbol{B}$ 等于矢量磁位

A 的旋度 $\boldsymbol{B}=\nabla\times\boldsymbol{A}$,应用 Stokes 定理,式(3.111)在表面积上的积分可以转换为矢量磁位 **A** 在这个表面的边界 C 上的线积分,所以

$$\phi=\int_S \boldsymbol{B}\cdot \mathrm{d}\boldsymbol{S}=\int_C \boldsymbol{A}\cdot \mathrm{d}\boldsymbol{l} \tag{3.112}$$

这个表面的边界有四条边:一条边沿着导线,两条边与导线垂直,另一条平行于导体在无穷远处,如图 3.30 所示。

由于矢量磁位 **A** 在无穷远处等于零,所以沿无穷远处那条边的积分为零。与导线垂直的两条边与矢量磁位 **A** 垂直,因此,沿这条两边的线积分也等于零。所以,沿这个表面边界的积分就简化为仅在与导线相邻的表面的那条边从 a 点到 b 点的线积分。因此,式(3.112)简化为

$$\phi=\int_a^b \boldsymbol{A}\cdot \mathrm{d}\boldsymbol{l} \tag{3.113}$$

这个积分是有限的。对于一个长为 l、半径为 r_1 的圆导体段,部分自电感为

$$L=\frac{\mu_0 l}{2\pi}\left(\ln\frac{2l}{r_1}-1\right) \tag{3.114}$$

2. 部分互电感

两段任意导体之间的部分互电感可以用与前面计算导体的部分自电感相似的方法来确定。部分互感磁通量的面积:一条边是导体段 2,另一条边在无穷远处,剩余的两条边是与导体段 1 垂直的两条直线,如图 3.31 所示。

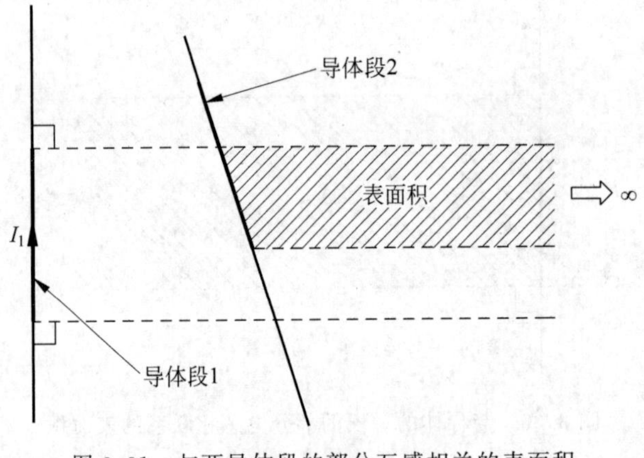

图 3.31　与两导体段的部分互感相关的表面积

图 3.31 表示与两个共面、不平行的导体段相关的部分互感的通量面积。两导体段共面不是必需的,但是如果共面,分析会简化。

考虑如图 3.32 所示两共面、平行的导体段的情况,间距为 D。计算电流 I_1 产生的穿过部分互感表面积(导体 2 和无穷远之间的平面)的通量,除以电流 I_1,得出两导体段之间的部分互感为

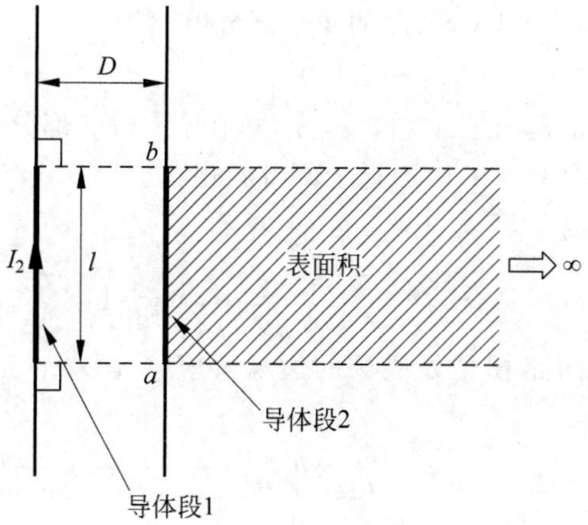

图 3.32 两个共面平行导体段的例子

$$M=\frac{\mu_0 l}{2\pi}\int_D^{\infty}\frac{1}{r}\mathrm{d}r \tag{3.115}$$

这里 l 是载流导体段的长度。

这个无穷积分又不能直接计算，与部分自电感的情况一样，可以利用 Stokes 定理转化为矢量磁位 $\boldsymbol{A}$ 在表面边界上的线积分。矢量磁位 $\boldsymbol{A}$ 的积分只需要在与导体段 2 邻近的表面的那条边上计算从 a 点到 b 点的积分，因为在其他三条边上的积分为零。

对于两个相同的长为 l、距离为 D、平行放置的圆导体段，部分互感的无穷级数表达式为

$$M=\frac{\mu_0 l}{2\pi}\left(\ln\frac{2l}{D}-1+\frac{D}{l}+\frac{1}{4}\frac{D^2}{l^2}+\cdots\right) \tag{3.116}$$

如果 $D\ll l$，式(3.116)简化为

$$M=\frac{\mu_0 l}{2\pi}\left(\ln\frac{2l}{D}-1\right) \tag{3.117}$$

3. 净余部分电感

任何导体段的净余部分电感 L_{np} 等于该段的部分自电感加上或减去与附近所有载流导体的部分互电感。互感的符号取决于电流的方向，如果两导体段中电流的方向相同，则部分互感项的符号为正；如果两导体段中电流的方向相反，则符号为负。两正交的导体段之间的部分互感为零。

如果一个回路由许多段导体构成，对每个导体段的净余部分电感(包括自感和互感)求和，结果就是回路的电感。

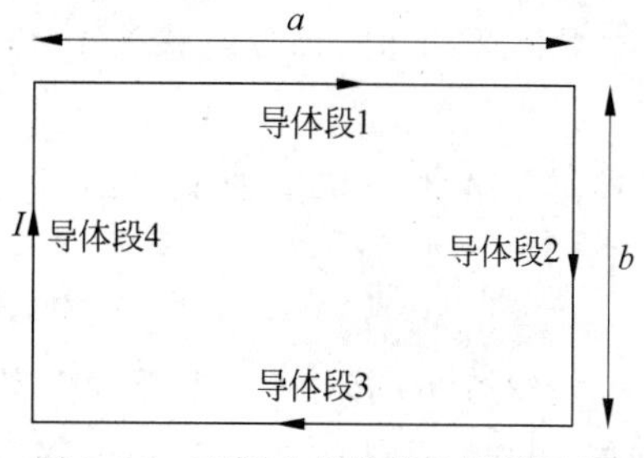

图 3.33 有四个导体段的矩形回路

例 3.15 一矩形回路如图 3.33 所示，导体的半径是 r_1，求回路的电感。

解：每条边都是一个导体段，回路的净余部分电感为

$$L_{\text{loop}} = (L_{p11} - L_{p31}) + (L_{p22} - L_{p42}) + (L_{p33} - L_{p13}) + (L_{p44} - L_{p24}) \tag{3.118}$$

其中 L_{pii} 是每个导体段的部分自电感，L_{pji} 是每个导体段的部分互感。

将式(3.114)代入式(3.118)中的每个部分自电感，式(3.117)代入每个部分互感，可以得出矩形回路的电感为

$$L_{\text{loop}} = \frac{\mu}{\pi}\left(b\ln\frac{a}{r_1} + a\ln\frac{b}{r_1}\right) \tag{3.119}$$

这个等式忽略了出现在回路拐角处磁场的边缘效应。Grover(1946)给出了以下矩形回路电感的更精确的公式

$$L_{\text{loop}} = \frac{\mu}{\pi}\left[a\ln\frac{2a}{r_1} + b\ln\frac{2b}{r_1} + 2\sqrt{a^2+b^2} - a\sinh^{-1}\frac{a}{b} - b\sinh^{-1}\frac{b}{a} - 2(a+b) + \frac{\mu}{4}(a+b)\right] \tag{3.120}$$

对于如图 3.33 所示的矩形回路，令 $a=1\text{m}, b=0.5\text{m}, r_1=0.0001\text{m}$。由式(3.119)得出的回路电感是 $5.25\mu\text{H}$，由式(3.120)得出的回路电感是 $4.97\mu\text{H}$，二者的差别是由回路拐角处的边缘效应造成的。

例 3.16 研究间隔很近的两个导体的部分电感，如图 3.34 所示。假设每个导体的长度 l 都远远大于两导体的间距 D。导体的半径都是 r，两导体中的电流方向相反。

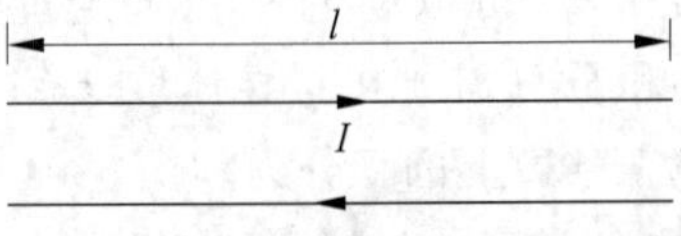

图 3.34 两个不同直径的平行导体

解：两个导体的净余部分电感为

$$L = (L_{p11} - L_{p21}) + (L_{p22} - L_{p12}) \tag{3.121}$$

根据对称性，$L_{p11} = L_{p22}, L_{p21} = L_{p12}$，因此

$$L = 2(L_{p11} - L_{p21}) \tag{3.122}$$

将式(3.114)代入 L_{p11}，将式(3.117)代入 L_{p12} 可得

$$L = \frac{\mu_0 l}{\pi}\left(\ln\frac{2l}{r} - 1 - \ln\frac{2l}{D} + 1\right) \tag{3.123}$$

除以 l 并且把其中各项展开，可以得到两个导体单位长度上的回路电感为

$$L = \frac{\mu_0}{\pi}\ln\frac{D}{r} \tag{3.124}$$

导体 2 的净余部分电感等于

$$L_{np2} = L_{22} - L_{12} \tag{3.125}$$

把式(3.114)代入 L_{22}，把式(3.117)代入 L_{12}，得到导体 2 的净余部分电感为

$$L_{np2} = \frac{\mu_0 l}{2\pi}\left(\ln\frac{2l}{r} - \ln\frac{2l}{D}\right) \tag{3.126}$$

式(3.126)指出了一个重要事实：如果载有大小相等方向相反电流的两导体相互靠近在一起时，导体的净余部分电感将会减少，这种方法是减小电感的一种实际方法。如果导体 2 是接地导体，导体 1 是信号导体，那么接地电感不仅是接地导体特性的函数，而

且是接地导体和信号导体之间间距的函数——信号导体与接地导体越靠近，接地电感就越小。

3.6 磁场的能量和力

扫码看讲课录像
3.6.1-3.6.2

3.6.1 电流回路系统的能量

一个电流回路系统的能量等于在建立该系统的过程中电源做的功。如图 3.35 所示，设第 j 个回路中的电流 i_j 由 0 开始增大，穿过第 j 个回路的磁通量也增大，回路中出现感应电动势，根据楞次定律，感应电动势阻碍回路中电流的增大，电源必须克服感应电动势做功，这部分功就转变成系统的磁场能量。第 j 个回路中的电流 i_j 增大时，回路中出现的感应电动势为

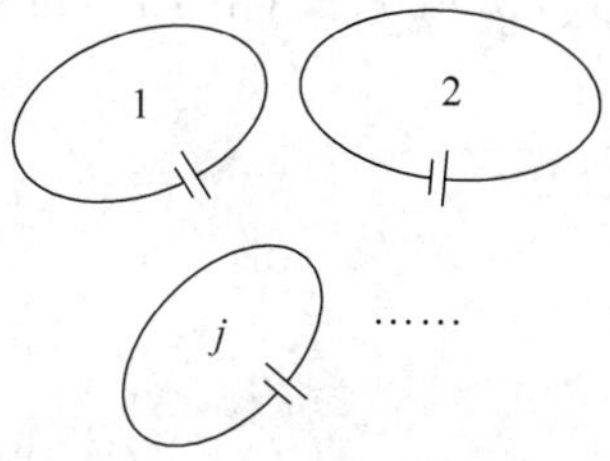

图 3.35 电流回路系统的能量

$$e_j = -\frac{\mathrm{d}\Psi_j}{\mathrm{d}t} \tag{3.127}$$

克服感应电动势 e_j 需要的外加电压为

$$u_j = -e_j = \frac{\mathrm{d}\Psi_j}{\mathrm{d}t}$$

$\mathrm{d}t$ 时间内电源对回路 j 做的功(即非静电力搬运电荷 $\mathrm{d}q_j$ 做的功)为

$$\mathrm{d}W_j = u_j\mathrm{d}q_j = \frac{\mathrm{d}\Psi_j}{\mathrm{d}t}i_j\mathrm{d}t = i_j\mathrm{d}\Psi_j$$

$\mathrm{d}t$ 时间内电源对整个系统(设有 N 个回路)做的功为

$$\mathrm{d}W_{\mathrm{m}} = \sum_{j=1}^{N} i_j\mathrm{d}\Psi_j \tag{3.128}$$

下面计算 $\mathrm{d}\Psi_j$，穿过系统中第 j 个回路的磁链可以写为

$$\Psi_j = \sum_{k=1}^{N} M_{kj}i_k \tag{3.129}$$

$k \neq j$ 时，M_{kj} 是互感系数；$k=j$ 时，M_{kj} 是自感系数，所以

$$\mathrm{d}\Psi_j = \sum_{k=1}^{N} M_{kj}\mathrm{d}i_k$$

把上式代入式(3.128)可得

$$\mathrm{d}W_{\mathrm{m}} = \sum_{j=1}^{N}\sum_{k=1}^{N} i_jM_{kj}\mathrm{d}i_k \tag{3.130}$$

对于线性介质中的磁场，建立某一电流回路系统电源做的功是一定的，与建立该电流回路系统的过程无关。设每个回路中的电流都按比例均匀增大，则在任一时刻各回路中的电流可以写为

$$i_j(t) = \alpha(t)I_j,\quad i_k(t) = \alpha(t)I_k,\quad \mathrm{d}i_k = I_k\mathrm{d}\alpha$$

上式中的$\alpha(t)$由0均匀增大到1。把上式代入式(3.130)可得

$$\mathrm{d}W_\mathrm{m}=\sum_{j=1}^{N}\sum_{k=1}^{N}M_{kj}I_jI_k\alpha\,\mathrm{d}\alpha$$

电路回路系统的总能量为

$$W_\mathrm{m}=\sum_{j=1}^{N}\sum_{k=1}^{N}M_{kj}I_jI_k\int_0^1\alpha\,\mathrm{d}\alpha=\frac{1}{2}\sum_{j=1}^{N}\sum_{k=1}^{N}M_{kj}I_jI_k \tag{3.131}$$

把式(3.129)代入式(3.131)可得

$$W_\mathrm{m}=\frac{1}{2}\sum_{j=1}^{N}\sum_{k=1}^{N}M_{kj}I_kI_j=\frac{1}{2}\sum_{j=1}^{N}I_j\Psi_j \tag{3.132}$$

式(3.132)与导体系统的能量式(2.128)形式上相同。由式(3.96),式(3.132)可以写为

$$W_\mathrm{m}=\frac{1}{2}\sum_{j=1}^{N}I_j\oint_{l_j}\boldsymbol{A}\cdot\mathrm{d}\boldsymbol{l}_j \tag{3.133}$$

对于体电流分布,电流系统的总能量可以写为

$$W_\mathrm{m}=\frac{1}{2}\int_V\boldsymbol{J}\cdot\boldsymbol{A}\,\mathrm{d}V \tag{3.134}$$

例3.17 计算两个线圈组成的电流回路系统的能量,两个线圈的电流分别为I_1、I_2。

解 穿过两个线圈的磁链分别为

$$\Psi_1=\Psi_{11}\pm\Psi_{21}$$
$$\Psi_2=\Psi_{22}\pm\Psi_{12}$$

其中,Ψ_{11}是线圈1中的电流产生的穿过线圈1的磁链;Ψ_{21}是线圈2中的电流产生的穿过线圈1的磁链;Ψ_{22}是线圈2中的电流产生的穿过线圈2的磁链;Ψ_{12}是线圈1中的电流产生的穿过线圈2的磁链,正号表示两磁链方向相同,负号表示两磁链方向相反。由式(3.132),该电流回路系统的能量为

$$\begin{aligned}W&=\frac{1}{2}\Psi_1I_1+\frac{1}{2}\Psi_2I_2\\&=\frac{1}{2}\Psi_{11}I_1\pm\frac{1}{2}\Psi_{21}I_1+\frac{1}{2}\Psi_{22}I_2\pm\frac{1}{2}\Psi_{12}I_2\end{aligned} \tag{3.135}$$

由自感系数和互感系数的定义可得

$$L_1=\frac{\Psi_{11}}{I_1},\quad L_2=\frac{\Psi_{22}}{I_2},\quad M_{12}=\frac{\Psi_{12}}{I_1},\quad M_{21}=\frac{\Psi_{21}}{I_2}$$

其中,$M_{12}=M_{21}=M$,代入式(3.135)可得

$$W_\mathrm{m}=\frac{1}{2}L_1I_1^2+\frac{1}{2}L_2I_2^2\pm MI_1I_2 \tag{3.136}$$

本题也可以用式(3.131)计算,对于两个电流回路的系统,式(3.131)中,$j=1$时,$k=1$,$k=2$,可以写出2项

$$\frac{1}{2}M_{11}I_1^2 \pm \frac{1}{2}M_{21}I_1I_2$$

$j=2$ 时，$k=1$，$k=2$，又可以写出 2 项

$$\pm\frac{1}{2}M_{12}I_1I_2 + \frac{1}{2}M_{22}I_2^2$$

因为 $M_{11}=L_1$，$M_{12}=M_{21}=M$，$M_{22}=L_2$，所以

$$W_m = \frac{1}{2}L_1I_1^2 + \frac{1}{2}L_2I_2^2 \pm MI_1I_2$$

3.6.2 磁场的能量

把 $\boldsymbol{J}=\nabla\times\boldsymbol{H}$ 代入式(3.134)可得

$$\begin{aligned}W_m &= \frac{1}{2}\int_V \boldsymbol{A}\cdot(\nabla\times\boldsymbol{H})\mathrm{d}V \\ &= \frac{1}{2}\int_V [\boldsymbol{H}\cdot(\nabla\times\boldsymbol{A}) - \nabla\cdot(\boldsymbol{A}\times\boldsymbol{H})]\mathrm{d}V \\ &= \frac{1}{2}\int_V \boldsymbol{H}\cdot\boldsymbol{B}\mathrm{d}V - \frac{1}{2}\oint_S(\boldsymbol{A}\times\boldsymbol{H})\cdot\mathrm{d}\boldsymbol{S}\end{aligned}$$

V 是磁场$\neq0$ 的整个空间区域，S 是包围 V 的曲面，可取为无限大，在∞ 处，$\boldsymbol{A}$、$\boldsymbol{H}$ 都趋近于 0，所以磁场的能量为

$$W_m = \frac{1}{2}\int_V \boldsymbol{H}\cdot\boldsymbol{B}\mathrm{d}V \tag{3.137}$$

磁场的能量密度为

$$w_m = \frac{1}{2}\boldsymbol{H}\cdot\boldsymbol{B} \tag{3.138}$$

对于各向同性的线性介质，磁场的能量密度可以写为

$$w_m = \frac{1}{2}\frac{B^2}{\mu} = \frac{1}{2}\mu H^2 \tag{3.139}$$

例 3.18 长同轴线的横截面如图 3.36 所示，设内、外导体的横截面上电流均匀分布，求单位长度内的磁场能量和电感。

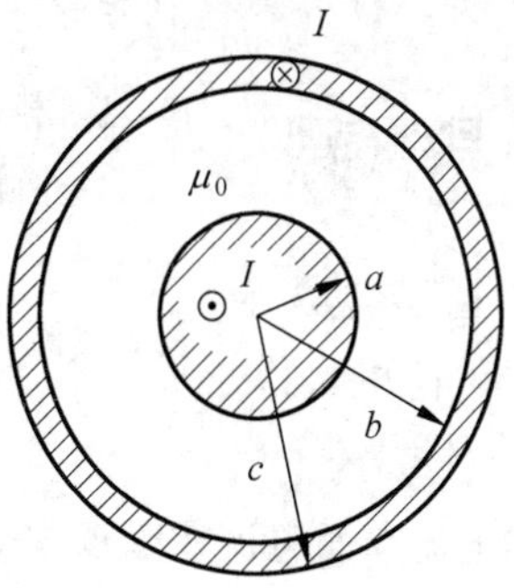

图 3.36 例 3.18 用图

解 先用安培环路定理求各区域内的磁场，在 $r\leqslant a$ 的区域内

$$B_1\cdot 2\pi r = \mu_0\frac{I}{\pi a^2}\cdot\pi r^2,\quad \boldsymbol{B}_1 = \boldsymbol{e}_\varphi\frac{\mu_0 Ir}{2\pi a^2}$$

在 $a\leqslant r\leqslant b$ 的区域内

$$B_2\cdot 2\pi r = \mu_0 I,\quad \boldsymbol{B}_2 = \boldsymbol{e}_\varphi\frac{\mu_0 I}{2\pi r}$$

在 $b\leqslant r\leqslant c$ 的区域内

$$B_3 \cdot 2\pi r = \mu_0 \left[I - I\left(\frac{r^2 - b^2}{c^2 - b^2}\right) \right], \quad \boldsymbol{B}_3 = \boldsymbol{e}_\varphi \frac{\mu_0 I}{2\pi r}\left(\frac{c^2 - r^2}{c^2 - b^2}\right)$$

在 $r > c$ 的区域内磁场为零。由磁场的能量密度 $w_{\mathrm{m}} = \dfrac{1}{2}\dfrac{B^2}{\mu_0}$,可以计算出各区域单位长度内的磁场能量分别为

$$W_{\mathrm{m1}} = \frac{1}{2\mu_0}\int_0^a B_1^2 \cdot 2\pi r \mathrm{d}r = \frac{1}{2\mu_0}\int_0^a \left(\frac{\mu_0 I r}{2\pi a^2}\right)^2 \cdot 2\pi r \mathrm{d}r = \frac{\mu_0 I^2}{16\pi}$$

$$W_{\mathrm{m2}} = \frac{1}{2\mu_0}\int_a^b \left(\frac{\mu_0 I}{2\pi r}\right)^2 \cdot 2\pi r \mathrm{d}r = \frac{\mu_0 I^2}{4\pi}\ln\frac{b}{a}$$

$$W_{\mathrm{m3}} = \frac{1}{2\mu_0}\int_b^c \left(\frac{\mu_0 I}{2\pi r}\right)^2 \left(\frac{c^2 - r^2}{c^2 - b^2}\right)^2 \cdot 2\pi r \mathrm{d}r$$

$$= \frac{\mu_0 I^2}{4\pi}\left[\frac{c^4}{(c^2 - b^2)^2}\ln\frac{c}{b} - \frac{3c^2 - b^2}{4(c^2 - b^2)}\right]$$

同轴线单位长度内的总磁能 $W_{\mathrm{m}} = W_{\mathrm{m1}} + W_{\mathrm{m2}} + W_{\mathrm{m3}} = \dfrac{1}{2}L_0 I^2$,所以单位长度的电感为

$$L_0 = \frac{2W_{\mathrm{m}}}{I^2} = \frac{\mu_0}{8\pi} + \frac{\mu_0}{2\pi}\ln\frac{b}{a} + \frac{\mu_0}{2\pi}\left[\frac{c^4}{(c^2 - b^2)^2}\ln\frac{c}{b} - \frac{3c^2 - b^2}{4(c^2 - b^2)}\right]$$

其中第一项是内导体单位长度的内自感,与式(3.106)相同;第二项是内、外导体间单位长度的电感,称为主电感;第三项是外导体单位长度的内自感。

3.6.3 磁场力

1. 利用安培力和洛伦兹力公式计算磁场力

1) 载流导线在磁场中受的力——安培力

一个电流元在磁场中受的安培力为

$$\mathrm{d}\boldsymbol{f} = I\mathrm{d}\boldsymbol{l} \times \boldsymbol{B} \tag{3.140}$$

一个载流回路在磁场中受的安培力为

扫码看讲课录像 3.6.3

$$\boldsymbol{f} = \int_l I\mathrm{d}\boldsymbol{l} \times \boldsymbol{B} \tag{3.141}$$

体电流和面电流在磁场中受的安培力分别为

$$\boldsymbol{f} = \int_V \boldsymbol{J}\mathrm{d}V \times \boldsymbol{B} \tag{3.142}$$

$$\boldsymbol{f} = \int_S \boldsymbol{J}_S \mathrm{d}\boldsymbol{S} \times \boldsymbol{B} \tag{3.143}$$

2) 载流回路之间的相互作用力

电流元 $I_1\mathrm{d}\boldsymbol{l}_1$ 对电流元 $I_2\mathrm{d}\boldsymbol{l}_2$ 的作用力为

$$\mathrm{d}\boldsymbol{f}_{12}=I_2\mathrm{d}\boldsymbol{l}_2\times\boldsymbol{B}_{12}=\frac{\mu_0}{4\pi}\frac{I_2\mathrm{d}\boldsymbol{l}_2\times(I_1\mathrm{d}\boldsymbol{l}_1\times\boldsymbol{e}_r)}{r^2}\tag{3.144}$$

其中,r 是两电流元之间的距离; $\boldsymbol{e}_r$ 是由电流元 $I_1\mathrm{d}\boldsymbol{l}_1$ 指向电流元 $I_2\mathrm{d}\boldsymbol{l}_2$ 的单位矢量。两载流回路之间的相互作用力可以写为

$$\boldsymbol{f}_{12}=\frac{\mu_0}{4\pi}\oint_{l_1}\oint_{l_2}\frac{I_2\mathrm{d}\boldsymbol{l}_2\times(I_1\mathrm{d}\boldsymbol{l}_1\times\boldsymbol{e}_r)}{r^2}\tag{3.145}$$

式(3.145)是确定电磁单位制中的基本单位——电流单位的依据。设有两条载有恒定电流 I 的无限长平行直导线,距离为 d,如图 3.37 所示,作用在单位长度一段导线上的力可由式(3.145)计算得到

$$f=\frac{\mu_0}{4\pi}\cdot\frac{2I^2}{d}\tag{3.146}$$

式(3.146)中,$\mu_0=4\pi\times10^{-7}\,\mathrm{H/m}$,当 $d=1\mathrm{m}$,每米导线受的力为 $f=2\times10^{-7}\mathrm{N}$ 时,导线上的电流即为 1A,这就是国际单位制(SI)中电磁基本单位安培的定义。

根据式(3.145)可以制成一种绝对电流计,又称为安培秤,如图 3.38 所示,可以通过单纯力学量的测量确定电流的值。

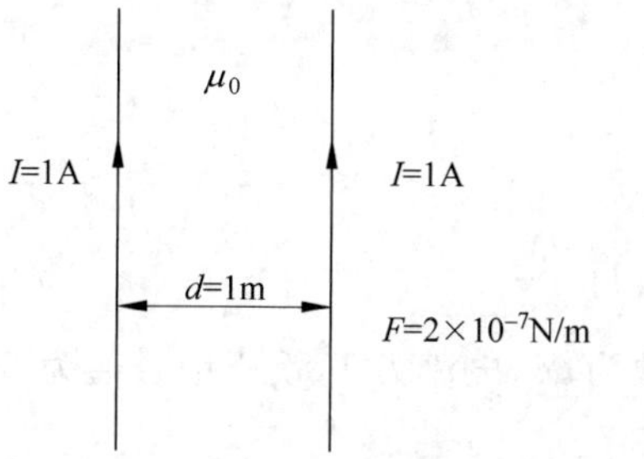

图 3.37 电磁基本单位安培的定义

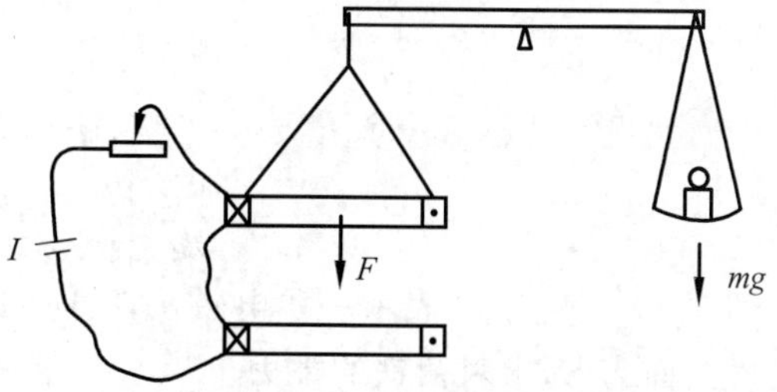

图 3.38 安培秤

3) 运动电荷在磁场中受的力——洛伦兹力

运动电荷在磁场中受的洛伦兹力为

$$\boldsymbol{f}=q\boldsymbol{v}\times\boldsymbol{B}\tag{3.147}$$

其中 $\boldsymbol{v}$ 是 q 在磁场 $\boldsymbol{B}$ 中运动的速度。

2. 利用虚位移原理计算磁场力

几个电流回路的系统,设除第 i 个回路外,其余都固定不动,第 i 个回路也只有一个广义坐标 g 变化,则所有电源给系统提供的能量 $\mathrm{d}W$ 等于系统磁场能量的增量 $\mathrm{d}W_\mathrm{m}$ 再加上广义磁场力做的功 $f\mathrm{d}g$,可以表示为

$$\mathrm{d}W=\mathrm{d}W_\mathrm{m}+f\mathrm{d}g\tag{3.148}$$

式中,f 是广义磁场力; g 是广义坐标。f 若是力,g 就是在力的方向上移动的距离; f 若是力矩,g 就是在力矩的作用下转动的角度。

若各回路的磁链不变,各回路中没有感应电动势,电源不需要克服感应电动势做功,

$\mathrm{d}W=0$,所以

$$f\mathrm{d}g=-\mathrm{d}W_{\mathrm{m}}\quad f=-\left.\frac{\partial W_{\mathrm{m}}}{\partial g}\right|_{\Psi_j=C}\tag{3.149}$$

若各回路中的电流不变 $I_j=C$,由式(3.128),$\mathrm{d}t$ 时间内电源对各回路做的功为

$$\mathrm{d}W=\sum_j I_j\mathrm{d}\Psi_j\tag{3.150}$$

由式(3.132),电流回路系统的能量为

$$W_{\mathrm{m}}=\frac{1}{2}\sum_j I_j\Psi_j$$

所以

$$\mathrm{d}W_{\mathrm{m}}=\frac{1}{2}\sum_j I_j\mathrm{d}\Psi_j=\frac{1}{2}\mathrm{d}W\tag{3.151}$$

把式(3.150)和式(3.151)代入式(3.148)可得

$$f\mathrm{d}g=\mathrm{d}W-\mathrm{d}W_{\mathrm{m}}=\mathrm{d}W_{\mathrm{m}}$$

所以磁场力为

$$f=\left.\frac{\partial W_{\mathrm{m}}}{\partial g}\right|_{I_j=C}\tag{3.152}$$

对于两个电流回路的系统,系统的磁场能量为

$$W_{\mathrm{m}}=\frac{1}{2}L_1I_1^2\pm MI_1I_2+\frac{1}{2}L_2I_2^2$$

若一个回路发生位移 $\mathrm{d}g$ 时,L_1、L_2 不变,磁场力为

$$f=\left.\frac{\partial W_{\mathrm{m}}}{\partial g}\right|_{I_j=C}=\pm I_1I_2\frac{\partial M}{\partial g}\tag{3.153}$$

例 3.19 图 3.39 表示一块电磁铁,线圈的匝数为 N,电流为 I,铁心中磁通为 Φ,铁心的横截面为 S,求对衔铁的举力。

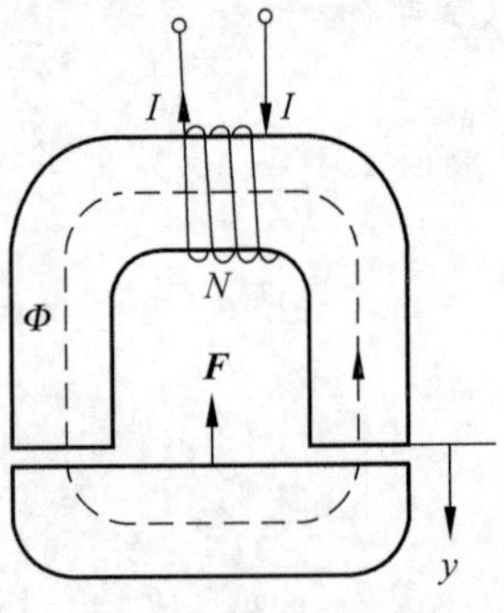

图 3.39 例 3.19 用图

解法一 令衔铁产生一虚位移 $\mathrm{d}y$(向下),调节电源的电压保持磁路中的 Φ 恒定,衔铁位移将引起空气隙中磁能的改变(铁心与空气隙中的 B 相等,由 $w_{\mathrm{m}}=\frac{B^2}{2\mu}$ 可知铁心中磁能密度远小于空气隙中的磁能密度,所以铁心中的磁能可以忽略),因此磁能的改变为

$$\mathrm{d}W_{\mathrm{m}}=2\left(\frac{B^2}{2\mu_0}S\mathrm{d}y\right)=\frac{\Phi^2}{\mu_0 S}\mathrm{d}y$$

所以保持磁路中的 Φ 恒定,对衔铁的举力为

$$\boldsymbol{F}=-\boldsymbol{e}_y\frac{\partial W_{\mathrm{m}}}{\partial y}=-\boldsymbol{e}_y\frac{\Phi^2}{\mu_0 S}$$

负号表示这个力的方向与 $\boldsymbol{e}_y$ 方向相反,即为吸引力。

解法二 令线圈中的电流不变,用 $W_{\mathrm{m}}=\frac{1}{2}LI^2$ 表示线圈总的磁能,衔铁产生一个虚位移 $\mathrm{d}y$(向下),将引起 Φ 和 L 的改变。由磁路的欧姆定律可以写出

$$\Phi=\frac{NI}{R_{\mathrm{mi}}+\dfrac{2y}{\mu_0 S}},\quad L=\frac{N\Phi}{I}=\frac{N^2}{R_{\mathrm{mi}}+\dfrac{2y}{\mu_0 S}}$$

其中 R_{mi} 是铁心的磁阻，$\dfrac{2y}{\mu_0 S}$是两个空气隙的磁阻。

$$\boldsymbol{F}=\boldsymbol{e}_y\left.\frac{\partial W_{\mathrm{m}}}{\partial y}\right|_{I_j=C}=\boldsymbol{e}_y\frac{I^2}{2}\frac{\mathrm{d}L}{\mathrm{d}y}=-\boldsymbol{e}_y\frac{1}{\mu_0 S}\left(\frac{NI}{R_{\mathrm{mi}}+\dfrac{2y}{\mu_0 S}}\right)^2=-\boldsymbol{e}_y\frac{\Phi^2}{\mu_0 S}$$

与解法一中的结果相同。

例 3.20 一平面载流线圈中的电流为 I_1，面积为 S，置于均匀外磁场 $\boldsymbol{B}$ 中，线圈的法线矢量与 $\boldsymbol{B}$ 的夹角为 α，如图 3.40 所示，求线圈受的力矩。

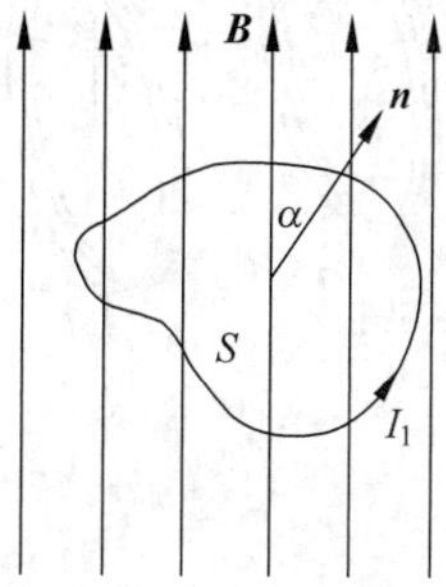

图 3.40 例 3.20 用图

解法一 设均匀外磁场是由电流 I_2 产生的，线圈与磁场的互感磁能为

$$W_{\mathrm{m}}=MI_1I_2=I_1\psi_{21}=I_1\cdot BS\cos\alpha$$

线圈受的力矩为

$$T=\left.\frac{\partial W_{\mathrm{m}}}{\partial\alpha}\right|_{I_j=C}=-BSI_1\sin\alpha=-Bp_{\mathrm{m}}\sin\alpha$$

用矢量可以表示为 $\boldsymbol{T}=\boldsymbol{p}_{\mathrm{m}}\times\boldsymbol{B}$。其中载流线圈的磁偶极矩为

$$\boldsymbol{p}_{\mathrm{m}}=SI_1 \tag{3.154}$$

解法二 线圈与外磁场的互感系数为

$$M=\frac{\psi_{12}}{I_2}=\frac{BS\cos\alpha}{I_2}$$

线圈受的力矩为

$$T=I_1I_2\frac{\partial M}{\partial\alpha}=-I_1BS\sin\alpha$$

3.7 恒定磁场的应用(电子资源)

3.7.1 磁屏蔽　　3.7.2 磁记录　　3.7.3 回旋加速器
3.7.4 磁聚焦　　3.7.5 等离子体的磁约束　　3.7.6 电磁传感器
3.7.7 霍尔效应及应用

扫码看讲课录像
3.7 恒定磁场的应用

扫码阅读
3.7 恒定磁场的应用

第3章习题

3-1 一个半径为 a 的导体球带电荷量为 Q，以匀角速度 ω 绕一个直径旋转，求球心处的磁感应强度 $\boldsymbol{B}$。

3-2 两个相同的半径为 b，各有 N 匝的同轴线圈，相距 d，如图题 3-2 所示。电流 I 以相同方向流过两个线圈。

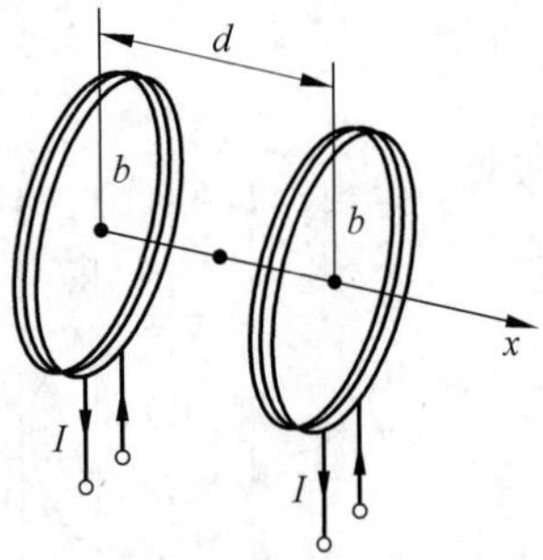

图题 3-2

(1) 求两个线圈中点处的 $\boldsymbol{B}=\boldsymbol{e}_x B_x$；

(2) 证明：在中点处 $\mathrm{d}B/\mathrm{d}x$ 等于零；

(3) 使中点处 $\mathrm{d}^2 B_x/\mathrm{d}x^2$ 也等于零，则 b 和 d 之间应有何种关系。

(这样一对线圈可用于在中点附近获得近似的均匀磁场，称为亥姆霍兹线圈)

3-3 若无限长半径为 a 的圆柱体中电流密度 $\boldsymbol{J}=\boldsymbol{e}_z(r^2+4r)$，$r\leqslant a$，试求圆柱体内、外的磁感应强度。

3-4 下面的矢量函数中哪些可能是磁场？如果是，求其源变量 $\boldsymbol{J}$。

(1) $\boldsymbol{H}=\boldsymbol{e}_r ar$(圆柱坐标)；

(2) $\boldsymbol{H}=\boldsymbol{e}_x(-ay)+\boldsymbol{e}_y ax$；

(3) $\boldsymbol{H}=\boldsymbol{e}_x ax-\boldsymbol{e}_y ay$；

(4) $\boldsymbol{H}=\boldsymbol{e}_\varphi ar$(圆柱坐标)。

3-5 半径为 a 的磁介质球，其磁化强度为 $\boldsymbol{M}=(Az^2+B)\boldsymbol{e}_z$，$A$、$B$ 均为常数。若采用分子电流模型，求磁化电流 $\boldsymbol{J}_{\mathrm{m}}$ 和 $\boldsymbol{J}_{\mathrm{mS}}$。

3-6 一圆形截面的无限长直铜线，半径为 1cm，通过电流 25A，在铜线外套上一个磁性材料制成的圆筒，与之同轴，圆筒的内、外半径为 2cm 及 3cm，相对磁导率为 2000。

(1) 求圆筒内每米长的磁通量；

(2) 求圆筒内的磁化强度 $\boldsymbol{M}$；

(3) 求圆筒内的磁化电流 $\boldsymbol{J}_{\mathrm{m}}$ 和 $\boldsymbol{J}_{\mathrm{mS}}$。

3-7 一环形螺线管，平均半径为 15cm，其圆形截面的半径为 2cm，铁心的相对磁导率是 $\mu_{\mathrm{r}}=1400$，环上绕有 1000 匝线圈，通过电流 0.7A。

(1) 计算螺线管的电感；

(2) 若铁心上开个 0.1cm 的空气隙，假定开口后铁心的 μ_{r} 没有变化，再计算电感；

(3) 求空气隙和铁心内的磁场能量的比值。

3-8 证明：单匝线圈励磁下磁路的自感量为 $L_0=1/R_{\mathrm{m}}$，R_{m} 为磁路的磁阻，故 NI 激励下，电感量为 $L=N^2/R_{\mathrm{m}}$。磁路中单匝激励下的磁场储能 $W_{\mathrm{m0}}=\dfrac{1}{2}\Phi_0^2 R_{\mathrm{m}}$，则 NI 激励下的 $W_{\mathrm{m}}=N^2 W_{\mathrm{m0}}$。

3-9　如图题3-9所示，无限长直线电流 I 垂直于磁导率分别为 μ_1 和 μ_2 的两种磁介质的分界面，试求两种媒质中的磁感应强度 $\boldsymbol{B}_1$ 的 $\boldsymbol{B}_2$。

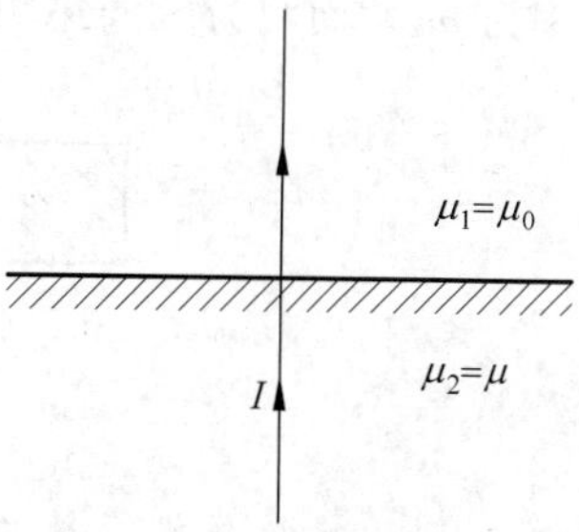

图题　3-9

3-10　一根极细的圆铁杆和很薄的圆铁盘放在磁场 $\boldsymbol{B}_0$ 中并使它们的轴与 $\boldsymbol{B}_0$ 平行。求两样品内的 $\boldsymbol{B}$ 和 $\boldsymbol{H}$。如已知 $\boldsymbol{B}_0=1\text{T}$，$\mu=5000\mu_0$，求两样品内的 $\boldsymbol{M}$。

3-11　已知 $y<0$ 区域为磁性媒质，其相对磁导率 $\mu_r=5000$，$y>0$ 的区域为空气。试求：

(1) 当空气中的磁感应强度 $\boldsymbol{B}_0=\boldsymbol{e}_x 0.5-\boldsymbol{e}_y 10\text{mT}$ 时，磁性媒质中的磁感应强度 $\boldsymbol{B}$；

(2) 当磁性媒质中的磁感应强度 $\boldsymbol{B}_0=\boldsymbol{e}_x 10+\boldsymbol{e}_y 0.5\text{mT}$ 时，空气中的磁感应强度 $\boldsymbol{B}_0$。

3-12　证明矢量磁位 $\boldsymbol{A}$ 满足的泊松方程 $\nabla^2\boldsymbol{A}=-\mu_0\boldsymbol{J}$ 的解为 $\boldsymbol{A}=\dfrac{\mu_0}{4\pi}\displaystyle\int_{V'}\dfrac{\boldsymbol{J}(\boldsymbol{r}')}{|\boldsymbol{r}-\boldsymbol{r}'|}\text{d}V'$。$\left(\text{提示：利用函数}\nabla^2\dfrac{1}{|\boldsymbol{r}-\boldsymbol{r}'|}\text{在}\ \boldsymbol{r}'\ \text{处的奇点特性}\right)$

3-13　根据 $\boldsymbol{A}=\dfrac{\mu_0}{4\pi}\displaystyle\int_{V'}\dfrac{\boldsymbol{J}(\boldsymbol{r}')}{|\boldsymbol{r}-\boldsymbol{r}'|}\text{d}V'$，证明 $\nabla\cdot\boldsymbol{A}=0$。

3-14　已知在半径为 a、磁导率为 μ_1 的长直圆柱导体中，有电流 I 沿轴向流动。柱外充满磁导率为 μ_2 的均匀介质，求导体内、外的矢量磁位和磁场。

3-15　一对无限长平行导线，相距 $2a$，线上载有大小相等、方向相反的电流 I，如图题3-15所示，求矢量磁位 $\boldsymbol{A}$，并求 $\boldsymbol{B}$。

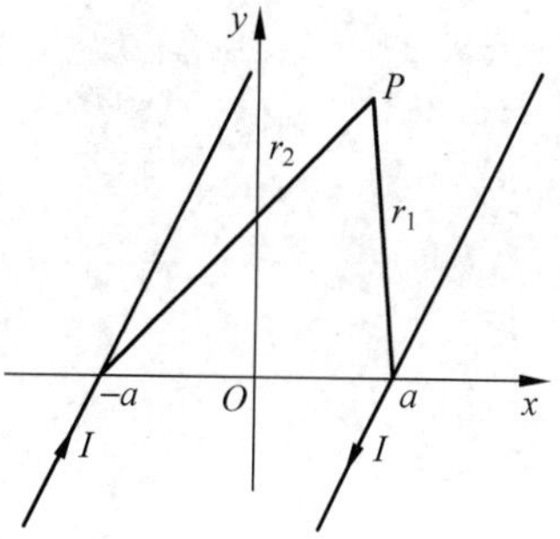

图题　3-15

3-16　一个半径为 a 的均匀带电球体，总电荷量为 q，它以角速度 ω 绕其自身某一直径转动，试求它的磁矩。

3-17　两个长的平行矩形线圈放置在同一平面上，长度分别为 l_1 和 l_2，宽度分别为 w_1 及 w_2，两线圈最靠近边的距离为 s。

证明：两个线圈的互感是

$$M=\frac{\mu_0 l_2}{2\pi}\ln\frac{w_2+s}{s\left(1+\dfrac{w_2}{w_1+s}\right)}$$

设 $l_1\geqslant l_2$，两个线圈都只有一匝，且已略去端部效应。

3-18　两平行无限长直线电流 I_1 和 I_2，相距为 d，求每根导线单位长度受到的安培力 $\boldsymbol{F}_m$。

3-19　一个通有电流 I_1 的长直导线和一个通有电流 I_2 的圆环在同一平面上，圆心与导线的距离为 d。证明：两电流间相互作用的安培力为 $\boldsymbol{F}_m=\mu_0 I_1 I_2(\sec\alpha-1)$，$\alpha$ 是圆环对直线最接近圆环的点所张的角。

3-20　如图题3-20所示的长螺线管中，单位长度内有 N 匝线圈，通过电流 I，铁心磁

导率为 μ，截面积为 S，求作用在它上面的磁力。

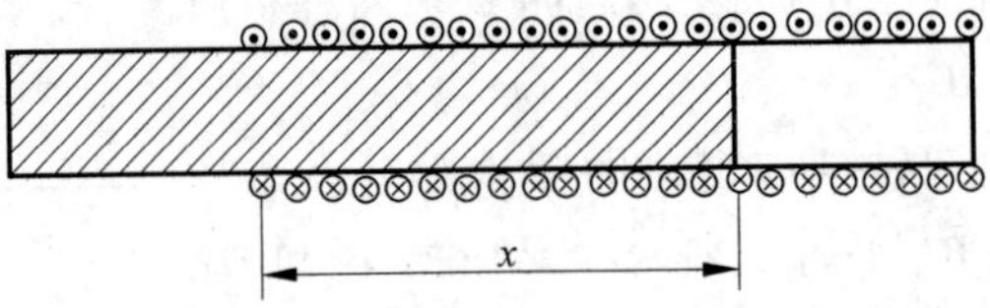

图题 3-20

3-21 已知半径分别为 a 和 b 的两个同轴圆线圈，分别载有电流 I_1 和 I_2，两线圈平面间的距离为 d，并设 $a \ll d$，试证明两线圈的相互作用力为

$$F_z = -\frac{3}{2}\mu_0 \pi I_1 I_2 a^2 b^2 d(d^2 + b^2)^{-5/2}$$

3-22 现有一个能提升 1t 重物的电磁铁，如图题 3-22 所示。其铁心的横截面积为 20cm^2，铁心与衔铁间的缝隙为 0.1mm，铁心的平均长度 $l_1 = 30\text{cm}$，相对磁导率 $\mu_1 = 4000$，忽略衔铁的磁阻，即设衔铁的磁导率 $\mu_r = \infty$，试求此电磁铁所需的安匝数。

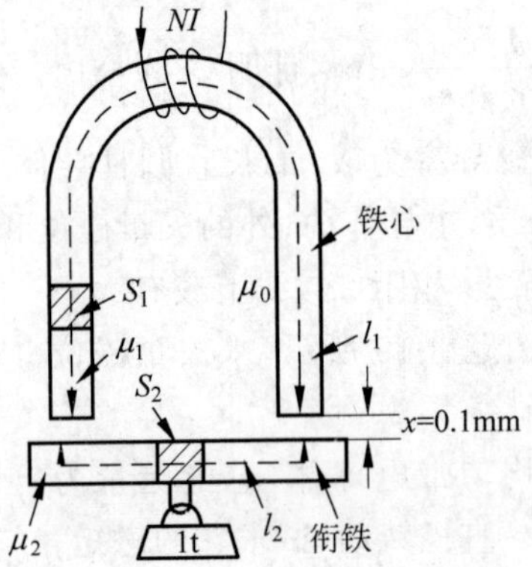

图题 3-22

拉普拉斯

(Pierre Simon Laplace,1749—1827,法国)

“认识一种天才的研究方法,对于科学的进步,并不比发现本身次要。”

第4章 静态场边值问题的解法

第2、3章中分别讨论了静电场、导电媒质中的恒定电场和恒定磁场的基本规律和一些基本的求解方法，这些方法只能求解一些简单的电、磁场问题，包括无边界的电磁场问题和一维边值问题(利用直接积分法)。实际工作中将会遇到一些真实的、比较复杂的电、磁场问题，本章系统地介绍一些电、磁场问题的基本解法。

4.1 电磁场边值问题概述

扫码看讲课录像4.1

1. 电、磁场的微分方程

从第2、3章中可以看出，求解静电场、恒定电场、恒定磁场的问题，都可以归结为求解泊松方程或拉普拉斯方程的问题，如表4.1所示。

表4.1 静电场、恒定电场、恒定磁场满足的微分方程

场类别	泊松方程	拉普拉斯方程
静电场	$\nabla^2\Phi=-\dfrac{\rho}{\varepsilon}$	$\nabla^2\Phi=0$ ($\rho=0$的区域)
恒定电场		$\nabla^2\Phi=0$
恒定磁场	$\nabla^2\mathbf{A}=-\mu\mathbf{J}$	$\nabla^2\Phi_{\mathrm{m}}=0$ ($\mathbf{J}=0$的区域)

2. 不同介质分界面上的边界条件

静电场、恒定电场、恒定磁场的边界条件也很相似，包括衔接边界条件和极限边界条件。

(1) 衔接边界条件：静电场、恒定电场、恒定磁场的边界面上满足的衔接条件如表4.2所示。

表4.2 静电场、恒定电场、恒定磁场边界上的衔接条件

静电场	$\Phi_1=\Phi_2$	$\varepsilon_1\dfrac{\partial\Phi_1}{\partial n}=\varepsilon_2\dfrac{\partial\Phi_2}{\partial n}$
恒定电场	$\Phi_1=\Phi_2$	$\sigma_1\dfrac{\partial\Phi_1}{\partial n}=\sigma_2\dfrac{\partial\Phi_2}{\partial n}$
恒定磁场	$\Phi_{\mathrm{m1}}=\Phi_{\mathrm{m2}}$	$\mu_1\dfrac{\partial\Phi_{\mathrm{m1}}}{\partial n}=\mu_2\dfrac{\partial\Phi_{\mathrm{m2}}}{\partial n}$

(2) 极限边界条件：静电场、恒定电场、恒定磁场边界面上另一类边界条件是极限条件，需要根据具体问题分析得到。例如，电荷(或电流)分布在有限区域内，$r\to\infty$时，$\Phi\to0$；一般Φ正比于$1/r$，$r\to0$时，Φ应当是有限值等。

3. 求解边值问题的依据

(1) 唯一性定理：对于泊松方程和拉普拉斯方程，给定ρ、$\Phi|_S$或$\left.\dfrac{\partial\Phi}{\partial n}\right|_S$，解是唯一的，因此可以根据所研究问题的特点选用最简便的方法求解。第2章中已经介绍了直接积

分法,本章还将介绍分离变量法、镜像法、电轴法、有限差分法等方法。

(2) 类比法:无论物理量的意义是否相同(如 Φ、Φ_m、A),只要满足相似的微分方程(泊松方程或拉普拉斯方程)和边界条件,解的形式也是相似的。这里主要介绍静电场边值问题的解法,可以推广用来求解恒定电场和恒定磁场的边值问题。

4.2 直角坐标系中的分离变量法

扫码看讲课录像 4.2-1

扫码看讲课录像 4.2-2

1. 分离变量法

(1) 使用条件:求解二维或三维边值问题,边界面是简单的几何面,包括平面、圆柱面和球面。

(2) 基本方法:通过分离变量,把 $\nabla^2\Phi=0$ 分解成两个或三个微分方程,分别求解,再利用边界条件确定其中的系数和常数。

2. 直角坐标系中的分离变量法

在直角坐标系中,电位的拉普拉斯方程为

$$\frac{\partial^2\Phi}{\partial x^2}+\frac{\partial^2\Phi}{\partial y^2}+\frac{\partial^2\Phi}{\partial z^2}=0 \tag{4.1}$$

设 $\Phi(x,y,z)=f(x)g(y)h(z)$,代入式(4.1),两边同时除以 $f(x)g(y)h(z)$ 可得

$$\frac{1}{f(x)}\frac{\mathrm{d}^2f(x)}{\mathrm{d}x^2}+\frac{1}{g(y)}\frac{\mathrm{d}^2g(y)}{\mathrm{d}y^2}+\frac{1}{h(z)}\frac{\mathrm{d}^2h(z)}{\mathrm{d}z^2}=0 \tag{4.2}$$

式(4.2)中,第一项只是 x 的函数,第二项只是 y 的函数,第三项只是 z 的函数,成立的条件是三项分别为常数,设分别为 $-k_x^2$、$-k_y^2$、$-k_z^2$,可以得到三个常微分方程

$$\frac{\mathrm{d}^2f(x)}{\mathrm{d}x^2}+k_x^2f(x)=0 \tag{4.3}$$

$$\frac{\mathrm{d}^2g(y)}{\mathrm{d}y^2}+k_y^2g(y)=0 \tag{4.4}$$

$$\frac{\mathrm{d}^2h(z)}{\mathrm{d}z^2}+k_z^2h(z)=0 \tag{4.5}$$

$$k_x^2+k_y^2+k_z^2=0 \tag{4.6}$$

由式(4.6)可以看出,k_x^2、k_y^2、k_z^2 中必然有正有负,即 k_x、k_y、k_z 中有实数也有虚数。对于二维场,其中一个为0(设 $k_x=0$),则 k_y、k_z 一个为实数,一个为虚数。式(4.3)～式(4.5)形式上相同,解的形式也相同,下面讨论式(4.3)的解。

(1) 若 k_x 为实数($k_x^2>0$),式(4.3)的解为

$$f(x)=A_1\sin k_xx+A_2\cos k_xx \tag{4.7}$$

(2) 若 k_x 为虚数($k_x^2<0$,设 $k_x=\mathrm{j}\alpha_x$,$k_x^2=-\alpha_x^2$),式(4.3)的解为

$$f(x)=B_1\sinh\alpha_xx+B_2\cosh\alpha_xx \tag{4.8}$$

或

$$f(x)=B_1'\mathrm{e}^{\alpha_x x}+B_2'\mathrm{e}^{-\alpha_x x} \tag{4.9}$$

式(4.3)的解是双曲函数还是指数函数，要由边界条件确定：如果 $x=0$ 时，$\Phi=0$，式(4.3)的解就是双曲函数；如果 $x=\rightarrow\infty$时，$\Phi=0$，式(4.3)的解就是指数函数。双曲函数的定义为

$$\sinh x=\frac{\mathrm{e}^{x}-\mathrm{e}^{-x}}{2} \tag{4.10}$$

$$\cosh x=\frac{\mathrm{e}^{x}+\mathrm{e}^{-x}}{2} \tag{4.11}$$

双曲函数曲线和指数函数曲线如图 4.1、图 4.2 所示。

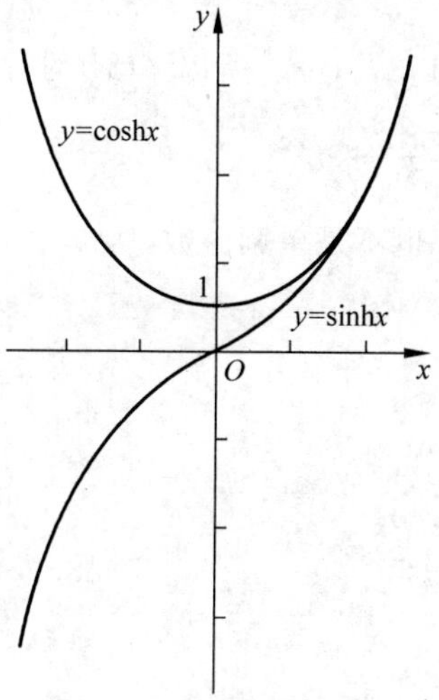

图 4.1　双曲函数曲线

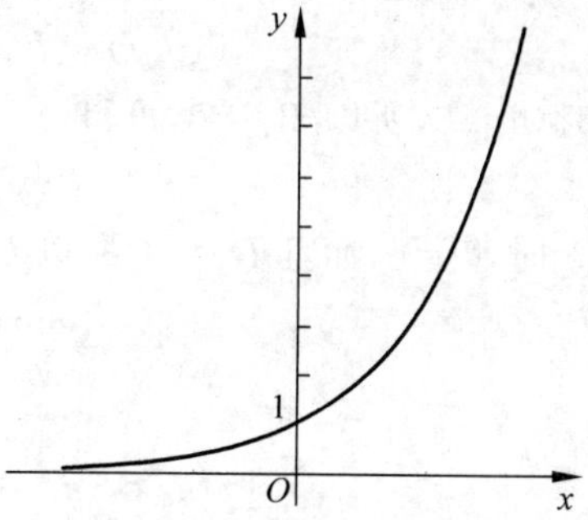

图 4.2　指数函数曲线

可以看出，若 k_x 为实数，式(4.3)的解是周期函数；若 k_x 为虚数，式(4.3)的解是单调函数。

$g(y)$、$h(z)$的解形式上与 $f(x)$相同，即形式上与式(4.7)～式(4.9)式相同。根据具体问题的边界条件，确定 $f(x)$、$g(y)$、$h(z)$的解的形式(单调函数即为式(4.8)或式(4.9)，周期函数即为式(4.7))，电位函数的通解则为

$$\Phi(x,y,z)=f(x)g(y)h(z) \tag{4.12}$$

例 4.1　求图 4.3 所示长方形体积内的电位函数，边界条件为除了 $z=c$ 面的电位为 $U(x,y)$以外，其他各表面电位都为 0。

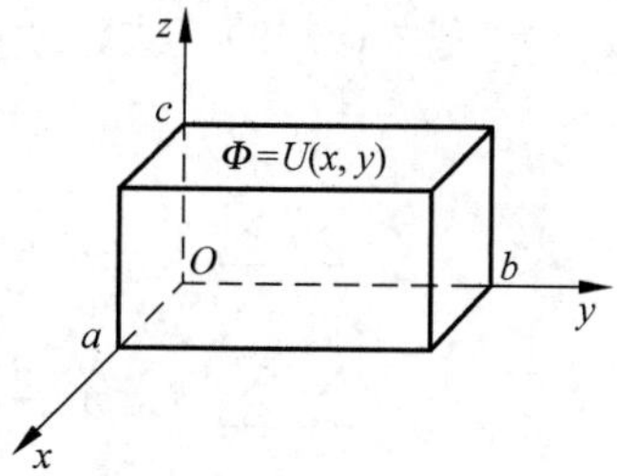

图 4.3　例 4.1 用图

解　长方形体积内部无电荷分布，所以

$$\begin{cases}\dfrac{\mathrm{d}^2\Phi}{\mathrm{d}x^2}+\dfrac{\mathrm{d}^2\Phi}{\mathrm{d}y^2}+\dfrac{\mathrm{d}^2\Phi}{\mathrm{d}z^2}=0\\ \Phi|_S\ \text{给定}\end{cases}$$

这是第一类边值问题，边界条件为

$$x=0,\quad \Phi=0 \tag{4.13}$$

$$x=a,\quad \Phi=0 \tag{4.14}$$

$$y=0,\quad \Phi=0 \tag{4.15}$$

$$y=b,\quad \Phi=0 \tag{4.16}$$

$$z=0,\quad \Phi=0 \tag{4.17}$$

$$z=c,\quad \Phi=U(x,y) \tag{4.18}$$

(1) $f(x)$,由边界条件式(4.13)、式(4.14),$f(x)$不是单调函数,所以

$$f(x)=A_1\sin k_x x+A_2\cos k_x x$$

由 $x=0$ 时,$\Phi=0$,所以 $A_2=0$,可得

$$f(x)=A_1\sin k_x x$$

再由 $x=a$ 时,$\Phi=0$,而且 $A_1\neq 0$,所以 $k_x a=n\pi,n=1,2,3,\cdots$。所以 $f(x)$的解为

$$f(x)=\sum_{n=1}^{\infty}A_n\sin\frac{n\pi}{a}x \tag{4.19}$$

(2) $g(y)$,由边界条件式(4.15)、式(4.16),$g(y)$也不是单调函数,所以

$$g(y)=B_1\sin k_y y+B_2\cos k_y y$$

由 $y=0$ 时,$\Phi=0$,所以 $B_2=0$,可得

$$g(y)=B_1\sin k_y y$$

再由 $y=b$ 时,$\Phi=0$,而且 $B_1\neq 0$,所以 $k_y b=m\pi$,即

$$k_y=\frac{m\pi}{b},\quad m=1,2,3,\cdots$$

$g(y)$的解为

$$g(y)=\sum_{m=1}^{\infty}B_m\sin\frac{m\pi}{b}y \tag{4.20}$$

(3) $h(z)$,由 $k_z^2=-(k_x^2+k_y^2)$,所以

$$k_z=\pm \mathrm{j}(k_x^2+k_y^2)^{1/2}=\pm \mathrm{j}\left[\left(\frac{n\pi}{a}\right)^2+\left(\frac{m\pi}{b}\right)^2\right]^{1/2}=\pm \mathrm{j}\alpha_z$$

$h(z)$是单调函数,可以写为

$$h(z)=C_1\sinh\alpha_z z+C_2\cosh\alpha_z z$$

由边界条件式(4.17),$z=0$ 时,$\Phi=0$ 可得 $C_2=0$,所以

$$h(z)=C_1\sinh\alpha_z z \tag{4.21}$$

(4) 把式(4.19)~式(4.21)代入式(4.12),通解为

$$\begin{aligned}\Phi&=f(x)g(y)h(z)\\&=\sum_{n=1}^{\infty}\sum_{m=1}^{\infty}A_nB_mC_1\sin\frac{n\pi}{a}x\cdot\sin\frac{m\pi}{b}y\cdot\sinh\left[\left(\frac{n\pi}{a}\right)^2+\left(\frac{m\pi}{b}\right)^2\right]^{1/2}z\\&=\sum_{n=1}^{\infty}\sum_{m=1}^{\infty}A_{nm}\sin\frac{n\pi}{a}x\cdot\sin\frac{m\pi}{b}y\cdot\sinh\alpha_z z\end{aligned} \tag{4.22}$$

(5) 确定系数 A_{nm}

由边界条件式(4.18),$z=c$ 时,$\Phi=U(x,y)$,代入式(4.22),可得

$$\sum_{n=1}^{\infty}\sum_{m=1}^{\infty}C_{nm}\sin\frac{n\pi}{a}x\cdot\sin\frac{m\pi}{b}y=U(x,y) \tag{4.23}$$

其中

$$C_{nm}=A_{nm}\sinh\alpha_z c \tag{4.24}$$

利用三角函数的正交性可以求出式(4.23)中双重傅里叶级数的系数，把式(4.23)两边同乘以 $\sin\frac{s\pi}{a}x\cdot\sin\frac{t\pi}{b}y$，然后分别对 $x(0\to a)$、$y(0\to b)$积分

$$\int_0^a\int_0^b\sum_{n=1}^{\infty}\sum_{m=1}^{\infty}C_{nm}\sin\frac{n\pi}{a}x\cdot\sin\frac{s\pi}{a}x\,\mathrm{d}x\cdot\sin\frac{m\pi}{b}y\cdot\sin\frac{t\pi}{b}y\,\mathrm{d}y$$
$$=\int_0^a\int_0^b U(x,y)\sin\frac{s\pi}{a}x\cdot\sin\frac{t\pi}{b}y\,\mathrm{d}x\,\mathrm{d}y$$

利用三角函数的正交性可得

$$\frac{ab}{4}C_{st}=\int_0^a\int_0^b U(x,y)\sin\frac{s\pi}{a}x\cdot\sin\frac{t\pi}{b}y\,\mathrm{d}x\,\mathrm{d}y$$

所以

$$C_{st}=\frac{4}{ab}\int_0^a\int_0^b U(x,y)\sin\frac{s\pi}{a}x\cdot\sin\frac{t\pi}{b}y\,\mathrm{d}x\,\mathrm{d}y \tag{4.25}$$

给定 $U(x,y)$，就可以求出 C_{st}。

① 若

$$U(x,y)=U_0\sin\frac{\pi}{a}x\cdot\sin\frac{\pi}{b}y \tag{4.26}$$

方法 1：把式(4.26)代入式(4.25)，可得

$$C_{st}=\frac{4U_0}{ab}\int_0^a\sin\frac{\pi}{a}x\cdot\sin\frac{s\pi}{a}x\,\mathrm{d}x\cdot\int_0^b\sin\frac{\pi}{b}y\cdot\sin\frac{t\pi}{b}y\,\mathrm{d}y$$

所以 $C_{11}=U_0$，其他 $C_{st}=0(s\neq1,t\neq1)$。

方法 2：把式(4.26)代入式(4.23)，可得

$$\sum_{n=1}^{\infty}\sum_{m=1}^{\infty}C_{nm}\sin\frac{n\pi}{a}x\cdot\sin\frac{m\pi}{b}y=U_0\sin\frac{\pi}{a}x\cdot\sin\frac{\pi}{b}y$$

比较系数可得

$$C_{11}=U_0,\quad C_{nm}=0(n\neq1,m\neq1)$$

由式(4.24)

$$A_{11}=\frac{U_0}{\sinh\alpha_z c},\quad A_{nm}=0(n\neq1,m\neq1)$$

所以

$$\Phi=A_{11}\sin\frac{\pi}{a}x\cdot\sin\frac{\pi}{b}y\cdot\sinh\alpha_z z$$
$$=\frac{U_0}{\sinh\sqrt{\left(\frac{\pi}{a}\right)^2+\left(\frac{\pi}{b}\right)^2}c}\sin\frac{\pi}{a}x\cdot\sin\frac{\pi}{b}y$$

$$\cdot \sinh\sqrt{\left(\frac{\pi}{a}\right)^2+\left(\frac{\pi}{b}\right)^2}z \tag{4.27}$$

② 若

$$U(x,y)=U_0(\text{常数}) \tag{4.28}$$

把式(4.28)代入式(4.25),可得

$$C_{st}=\frac{4}{ab}\int_0^a\int_0^b U_0\sin\frac{s\pi}{a}x\cdot\sin\frac{t\pi}{b}y\,\mathrm{d}x\,\mathrm{d}y$$

$$=\frac{4U_0}{st\pi^2}\left(\cos\frac{s\pi}{a}x\right)\Big|_0^a\cdot\left(\cos\frac{t\pi}{b}y\right)\Big|_0^b=\frac{16U_0}{st\pi^2}\Big|_{s,t=\text{奇数}}$$

只有当 s 和 t 都为奇数时,C_{st} 才不为 0,用$(2n-1)$代替 s,其中 $n=1,2,3,\cdots$; 用$(2m-1)$代替 t,其中 $m=1,2,3,\cdots$,则

$$C_{st}=\frac{16U_0}{(2n-1)(2m-1)\pi^2}$$

由式(4.24)可以求出 A_{st},代入式(4.22)就可以求出电位的分布

$$\Phi=\frac{16U_0}{\pi^2}\sum_{n=1}^{\infty}\sum_{m=1}^{\infty}\frac{\sin\frac{(2n-1)\pi}{a}x\cdot\sin\frac{(2m-1)\pi}{b}y}{(2n-1)(2m-1)}$$

$$\cdot\frac{\sinh\sqrt{\left[\frac{(2n-1)\pi}{a}\right]^2+\left[\frac{(2m-1)\pi}{b}\right]^2}z}{\sinh\sqrt{\left[\frac{(2n-1)\pi}{a}\right]^2+\left[\frac{(2m-1)\pi}{b}\right]^2}c} \tag{4.29}$$

例 4.2 求图 4.4 中导体槽内电位的分布。槽的宽度在 x 方向和 z 方向都是无穷大,槽由两块 T 形的导体构成,两导体间有一狭缝,外加恒定电压 U_0。

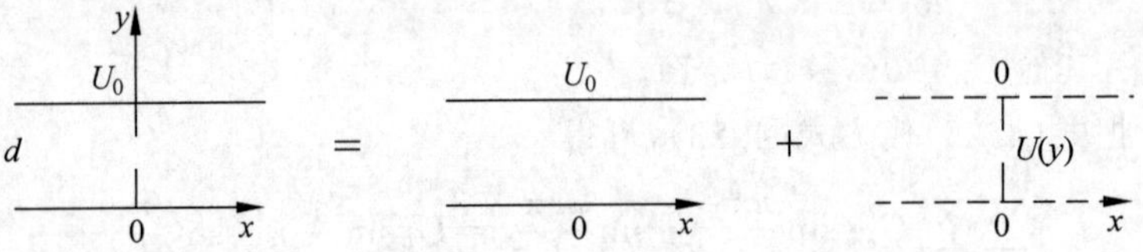

图 4.4 例 4.2 用图

解 本题中场的分布可以分解成两个场的叠加 $\Phi=\Phi_1+\Phi_2$,如图 4.4 所示。其中 $\Phi_1=\frac{U_0}{d}y$,是平行板电容器中的场,Φ_2 是由 $x=0$ 处的电位分布 $U(y)$产生的场,而在原来的两个平行板处,电位为 0。先求 Φ_2。

(1) Φ_2 的边界条件

在 $x=0$ 的面上

$$\begin{cases}\Phi_2=\Phi-\Phi_1=0-\dfrac{U_0}{d}y=-\dfrac{U_0}{d}y, & 0\leqslant y\leqslant\dfrac{d}{2}\\ \Phi_2=\Phi-\Phi_1=U_0-\dfrac{U_0}{d}y, & \dfrac{d}{2}\leqslant y\leqslant d\end{cases} \tag{4.30}$$

$$|x|\to\infty \text{ 时}, \quad \Phi_2=0 \tag{4.31}$$

$$y=0 \text{ 时}, \quad \Phi_2=0, y=d \text{ 时}, \quad \Phi_2=0 \tag{4.32}$$

(2) 写出通解,这是一个二维问题,与 z 无关,所以

$$k_x^2+k_y^2=0 \tag{4.33}$$

由边界条件式(4.32),$g(y)$可以写为

$$g(y)=\sum_{n=1}^{\infty}C_n\sin\frac{n\pi}{d}y \tag{4.34}$$

显然 $f(x)$应当是单调函数,由边界条件式(4.31),$|x|\to\infty$时,$\Phi_2=0$,$f(x)$应当是指数函数,而且式(4.9)中第一项为 0,所以

$$f(x)=B\mathrm{e}^{-\alpha_x|x|}$$

其中 $k_x^2=-\alpha_x^2=-k_y^2$,即 $\alpha_x=k_y=\dfrac{n\pi}{d}$,所以

$$f(x)=\sum_{n=1}^{\infty}B_n\mathrm{e}^{-\frac{n\pi}{d}|x|} \tag{4.35}$$

由式(4.34)和式(4.35),Φ_2 的通解为

$$\Phi_2=\sum_{n=1}^{\infty}A_n\mathrm{e}^{-\frac{n\pi}{d}|x|}\sin\frac{n\pi}{d}y \tag{4.36}$$

其中 $A_n=B_nC_n$。

(3) 确定系数 A_n

由边界条件式(4.30),$x=0$ 时

$$\begin{cases}\displaystyle\sum_{n=1}^{\infty}A_n\sin\frac{n\pi}{d}y=-\frac{U_0}{d}y, & 0\leqslant y\leqslant\dfrac{d}{2}\\ \displaystyle\sum_{n=1}^{\infty}A_n\sin\frac{n\pi}{d}y=U_0-\frac{U_0}{d}y, & \dfrac{d}{2}\leqslant y\leqslant d\end{cases} \tag{4.37}$$

把式(4.37)两边同时乘以 $\sin\dfrac{s\pi}{d}y$,然后由对 y 由 $0\to d$ 积分可得

$$\int_0^d\sum_{n=1}^{\infty}A_n\sin\frac{n\pi}{d}y\cdot\sin\frac{s\pi}{d}y\mathrm{d}y$$
$$=\int_0^{d/2}-\frac{U_0}{d}y\cdot\sin\frac{s\pi}{d}y\mathrm{d}y+\int_{d/2}^{d}\left(U_0-\frac{U_0}{d}y\right)\cdot\sin\frac{s\pi}{d}y\mathrm{d}y$$

所以

$$\frac{d}{2}A_s=U_0\int_{d/2}^{d}\sin\frac{s\pi}{d}y\mathrm{d}y-\frac{U_0}{d}\int_0^d y\cdot\sin\frac{s\pi}{d}y\mathrm{d}y=\frac{U_0d}{s\pi}\cos\frac{s\pi}{2}$$

只有 s 为偶数时,A_s 才不为 0,而且有

$$A_s=\frac{2U_0}{s\pi}(-1)^{s/2}\bigg|_{s=\text{偶数}}$$

用 $2n$ 代替 s,其中 $n=1,2,3,\cdots$,可得 $A_n=\dfrac{U_0}{n\pi}(-1)^n$,代入式(4.36)可以求出

$$\Phi_2 = \frac{U_0}{\pi}\sum_{n=1}^{\infty}\frac{(-1)^n}{n}\mathrm{e}^{-\frac{2n\pi}{d}|x|}\cdot\sin\frac{2n\pi}{d}y$$

导体槽内电位的分布

$$\Phi = \Phi_1 + \Phi_2 = \frac{U_0}{d}y + \frac{U_0}{\pi}\sum_{n=1}^{\infty}\frac{(-1)^n}{n}\mathrm{e}^{-\frac{2n\pi}{d}|x|}\cdot\sin\frac{2n\pi}{d}y$$

附录：三角函数的正交性

在任意区间上

$$\int_0^l \sin\frac{n\pi}{l}x\cdot\sin\frac{m\pi}{l}x\,\mathrm{d}x = \begin{cases} l/2, & m=n \\ 0, & m\neq n \end{cases}$$

$$\int_0^l \cos\frac{n\pi}{l}x\cdot\cos\frac{m\pi}{l}x\,\mathrm{d}x = \begin{cases} l/2, & m=n \\ 0, & m\neq n \end{cases}$$

$$\int_0^l \sin\frac{n\pi}{l}x\cdot\cos\frac{m\pi}{l}x\,\mathrm{d}x = 0$$

4.3 圆柱坐标系中的分离变量法

4.3.1 圆柱坐标系中二维场的分离变量法

扫码看讲课
录像 4.3.1-1

圆形区域中的二维场，场的分布与 z 无关，如无限长圆柱形区域内的场，如图 4.5 所示。拉普拉斯方程可以写为

$$\frac{1}{r}\frac{\partial}{\partial r}\left(r\frac{\partial\Phi}{\partial r}\right) + \frac{1}{r^2}\cdot\frac{\partial^2\Phi}{\partial\varphi^2} = 0 \tag{4.38}$$

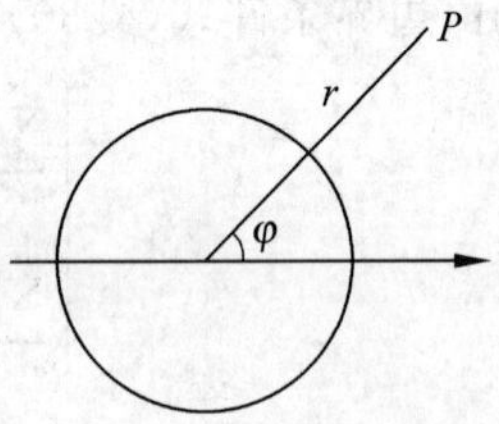

图 4.5 圆形区域中的二维场

设 $\Phi(r,\varphi) = f(r)g(\varphi)$，代入式(4.38)，两边同时乘以 $\dfrac{r^2}{f(r)g(\varphi)}$，可得

$$\frac{r}{f(r)}\cdot\frac{\partial}{\partial r}\left(r\frac{\partial f(r)}{\partial r}\right) + \frac{1}{g(\varphi)}\frac{\partial^2 g(\varphi)}{\partial\varphi^2} = 0 \tag{4.39}$$

式(4.39)成立的条件是两项分别等于常数，设分别为 γ^2 和 $-\gamma^2$，可以得到两个微分方程

$$\frac{\mathrm{d}^2 g(\varphi)}{\mathrm{d}\varphi^2} + \gamma^2 g(\varphi) = 0 \tag{4.40}$$

$$r^2\frac{\mathrm{d}^2 f(r)}{\mathrm{d}r^2} + r\frac{\mathrm{d}f(r)}{\mathrm{d}r} - \gamma^2 f(r) = 0 \tag{4.41}$$

1. 式(4.40)的解

式(4.40)与直角坐标系中的三个方程形式上相同，解应为周期函数或单调函数。

① 在圆形区域内 $\Phi(\varphi+2k\pi) = \Phi(\varphi)$，所以 $g(\varphi)$ 应为周期函数

$$g(\varphi) = A\sin\gamma\varphi + B\cos\gamma\varphi$$

② 在平面上同一点,Φ 应该是单值的,即 $\Phi(\varphi+2\pi)=\Phi(\varphi)$,所以

$$A\sin\gamma(\varphi+2\pi)+B\cos\gamma(\varphi+2\pi)=A\sin\gamma\varphi+B\cos\gamma\varphi$$

γ 应该是整数,令 $\gamma=n=1,2,3,\cdots$,所以

$$g(\varphi)=A_n\sin n\varphi+B_n\cos n\varphi \tag{4.42}$$

2. 式(4.41)的解

把 $\gamma=n$ 代入式(4.41)可得

$$r^2\frac{\mathrm{d}^2f(r)}{\mathrm{d}r^2}+r\frac{\mathrm{d}f(r)}{\mathrm{d}r}-n^2f(r)=0 \tag{4.43}$$

这是欧拉型方程(变系数微分方程),可以设 $r=\mathrm{e}^t$,式(4.43)变换为

$$\frac{\mathrm{d}^2f}{\mathrm{d}t^2}-n^2f=0$$

解出 $f(t)$,再变换成 $f(r)$,可得

$$f(r)=C_nr^n+\frac{D_n}{r^n} \tag{4.44}$$

3. 通解为

$$\Phi(r,\varphi)=\sum_{n=1}^{\infty}(A_n\sin n\varphi+B_n\cos n\varphi)\left(C_nr^n+\frac{D_n}{r^n}\right) \tag{4.45}$$

利用分离变量法求解圆柱坐标系中的边值问题,可以直接利用通解式(4.45),再利用边界条件求出其中的系数。

例 4.3 一根半径为 a、介电常数为 ε 的无限长介质圆柱体置于均匀外电场 $\boldsymbol{E}_0$ 中,与 $\boldsymbol{E}_0$ 垂直。设外电场沿 x 轴方向,圆柱体轴线与 z 轴重合,如图 4.6 所示,求圆柱体内、外的电位函数。

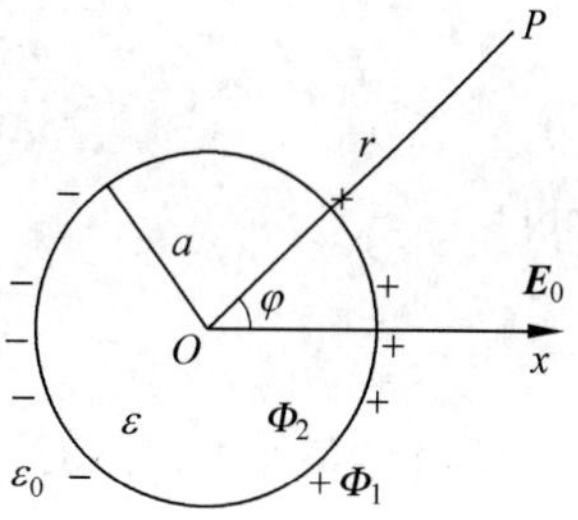

图 4.6 例 4.3 用图

解

1) 通解

无限长介质圆柱体,场的分布与 z 无关,选圆柱坐标,圆柱的轴线与 z 轴重合,$\boldsymbol{E}_0$ 沿 x 方向。设圆柱体内、外的电位函数分别为 Φ_2、Φ_1,介电常数分别为 ε、ε_0,通解为

$$\Phi_1(r,\varphi)=\sum_{n=1}^{\infty}(A_n\sin n\varphi+B_n\cos n\varphi)\left(C_nr^n+\frac{D_n}{r^n}\right),\quad r>a \tag{4.46}$$

$$\Phi_2(r,\varphi)=\sum_{n=1}^{\infty}(A'_n\sin n\varphi+B'_n\cos n\varphi)\left(C'_nr^n+\frac{D'_n}{r^n}\right),\quad r<a \tag{4.47}$$

2) 边界条件

(1) 电位参考点选在坐标原点,所以

$$r=0\text{ 时},\quad \Phi_2=0 \tag{4.48}$$

(2) 没放圆柱体前,$\boldsymbol{E}_0$ 在圆柱体外任意一点 P 产生的电位为

$$\Phi_0=\int \boldsymbol{E}_0\cdot \mathrm{d}\boldsymbol{r}=\int E_0\,\mathrm{d}r\cos(\pi-\varphi)=-E_0 r\cos\varphi+C$$

$r=0$ 时,$\Phi_0=0$,所以 $C=0$,可得

$$\Phi_0=-E_0 r\cos\varphi \tag{4.49}$$

$r\to\infty$时,圆柱体上的极化电荷对 P 点电位的影响趋近于 0,所以 $r\to\infty$时

$$\Phi_1=\Phi_0=-E_0 r\cos\varphi \tag{4.50}$$

(3) $r=a$ 处

$$\Phi_1=\Phi_2 \tag{4.51}$$

$$\varepsilon_0\frac{\partial\Phi_1}{\partial r}=\varepsilon\frac{\partial\Phi_2}{\partial r} \tag{4.52}$$

3) 化简通解

由于场的分布对称于 x 轴,$\Phi(r,\varphi)=\Phi(r,-\varphi)$,$g(\varphi)$是偶函数,所以 $A_n=0$,$A'_n=0$,通解可以化简为

$$\Phi_1(r,\varphi)=\sum_{n=1}^{\infty}\left(a_n r^n+\frac{b_n}{r^n}\right)\cos n\varphi,\quad r>a \tag{4.53}$$

$$\Phi_2(r,\varphi)=\sum_{n=1}^{\infty}\left(c_n r^n+\frac{d_n}{r^n}\right)\cos n\varphi,\quad r<a \tag{4.54}$$

由边界条件式(4.50),$r\to\infty$时,

$$\sum_{n=1}^{\infty}\left(a_n r^n+\frac{b_n}{r^n}\right)\cos n\varphi=-E_0 r\cos\varphi$$

比较系数,可得

$$n=1,\quad a_1 r=-E_0 r,\quad 则\ a_1=-E_0$$

$$n\neq1,\quad a_n=0,\quad b_n=0$$

所以

$$\Phi_1(r,\varphi)=\left(-E_0 r+\frac{b_1}{r}\right)\cos\varphi \tag{4.55}$$

由边界条件式(4.48),$r=0$ 时,$\Phi_2=0$,所以 $d_n=0$,式(4.54)可以化简为

$$\Phi_2(r,\varphi)=\sum_{n=1}^{\infty}c_n r^n\cos n\varphi \tag{4.56}$$

由边界条件式(4.51),$r=a$ 时,$\Phi_1=\Phi_2$,所以

$$\sum_{n=1}^{\infty}c_n a^n\cos n\varphi=\left(-E_0 a+\frac{b_1}{a}\right)\cos\varphi$$

比较系数,可得

$$n=1,\quad c_1 a=-E_0 a+\frac{b_1}{a} \tag{4.57}$$

$$n\neq1,\quad c_n=0$$

所以

$$\Phi_2=c_1 r\cos\varphi \tag{4.58}$$

式(4.55)和式(4.58)称为Φ_1、Φ_2的最简形式。

4）确定系数c_1、b_1

由边界条件式(4.52)可以写出

$$\varepsilon c_1\cos\varphi=\varepsilon_0\left(-E_0-\frac{b_1}{a^2}\right)\cos\varphi$$

即

$$\varepsilon c_1=\varepsilon_0\left(-E_0-\frac{b_1}{a^2}\right) \tag{4.59}$$

由式(4.57)、式(4.59)可以解得

$$c_1=-\frac{2\varepsilon_0}{\varepsilon+\varepsilon_0}E_0,\quad b_1=\frac{\varepsilon-\varepsilon_0}{\varepsilon+\varepsilon_0}a^2E_0$$

代入式(4.55)和式(4.58)可得圆柱体内、外的电位函数

$$\Phi_1(r,\varphi)=-\left(1-\frac{\varepsilon-\varepsilon_0}{\varepsilon+\varepsilon_0}\cdot\frac{a^2}{r^2}\right)E_0r\cos\varphi,\quad r>a \tag{4.60}$$

$$\Phi_2(r,\varphi)=-\frac{2\varepsilon_0}{\varepsilon+\varepsilon_0}\cdot E_0r\cos\varphi,\qquad r<a \tag{4.61}$$

Φ_2也可以写为

$$\Phi_2(r,\varphi)=-\frac{2\varepsilon_0}{\varepsilon+\varepsilon_0}\cdot E_0x,\quad r<a \tag{4.62}$$

圆柱体内、外场强的分布为

$$\boldsymbol{E}_2=-\nabla\Phi_2=-\boldsymbol{e}_x\frac{\partial\Phi_2}{\partial x}=\boldsymbol{e}_x\frac{2\varepsilon_0}{\varepsilon+\varepsilon_0}E_0 \tag{4.63}$$

$$\boldsymbol{E}_1=-\nabla\Phi_1=\boldsymbol{e}_r\left[1+\frac{\varepsilon-\varepsilon_0}{\varepsilon+\varepsilon_0}\left(\frac{a^2}{r^2}\right)\right]E_0\cos\varphi+\boldsymbol{e}_\varphi\left[-1+\frac{\varepsilon-\varepsilon_0}{\varepsilon+\varepsilon_0}\left(\frac{a^2}{r^2}\right)\right]E_0\sin\varphi \tag{4.64}$$

由式(4.63)可以看出，在外电场和圆柱体上极化电荷的共同作用下，圆柱体内是均匀电场(比外电场要小)，圆柱体外的电场发生了畸变，如图4.7所示。

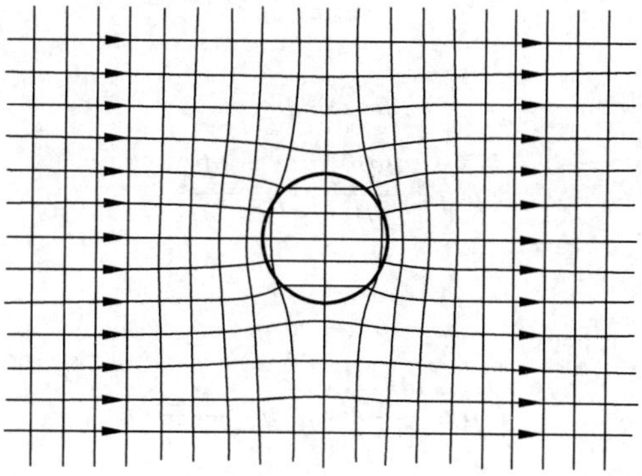

图4.7　介质圆柱体内、外的电场

例 4.4 一长直磁屏蔽圆筒,放入均匀外磁场 $\boldsymbol{H}=\boldsymbol{e}_x H_0$ 中,圆筒的轴线与外磁场垂直,如图 4.8 所示。圆筒的内半径为 a,外半径为 b,设屏蔽材料的磁导率 $\mu=\mu_0\mu_r$ 为常数,$\mu_r \gg 1$,圆筒内、外均为空气。求圆筒空腔中的磁场强度。

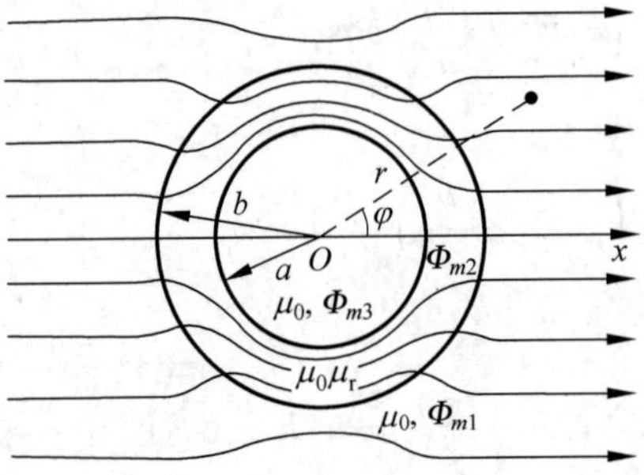

图 4.8 例 4.4 用图

扫码看讲课录像 4.3.1-2

解 因为圆筒很长,可以忽略圆筒两端磁场的畸变,将待求磁场看作是平行平面场。选用圆柱坐标系,使 z 轴与圆筒的轴线重合,x 轴方向与外磁场的方向一致。屏蔽圆筒的内、外表面为媒质的分界面,将场域划分为三个区域。因所求的场域内没有电流分布,各区域内的标量磁位满足拉普拉斯方程,由于场的分布对称于 x 轴,$\Phi(r,\varphi)=\Phi(r,-\varphi)$,$g(\varphi)$是偶函数,通解为

$$\Phi_{m1}(r,\varphi)=\sum_{n=1}^{\infty}\left(C_n r^n+\frac{D_n}{r^n}\right)\cos n\varphi,\quad r>b \tag{4.65}$$

$$\Phi_{m2}(r,\varphi)=\sum_{n=1}^{\infty}\left(C'_n r^n+\frac{D'_n}{r^n}\right)\cos n\varphi,\quad a<r<b \tag{4.66}$$

$$\Phi_{m3}(r,\varphi)=\sum_{n=1}^{\infty}\left(C''_n r^n+\frac{D''_n}{r^n}\right)\cos n\varphi,\quad r<a \tag{4.67}$$

边界条件:选坐标原点为标量磁位的参考点,所以

$$\Phi_{m3}\big|_{r=0}=0 \tag{4.68}$$

类似于例 4.3 中边界条件式(4.49)的讨论,可得

$$\Phi_{m1}\big|_{r\to\infty}=-H_0 r\cos\varphi \tag{4.69}$$

在 $r=a$ 的分界面上

$$\Phi_{m2}=\Phi_{m3} \tag{4.70}$$

$$\mu_0\mu_r\frac{\partial\Phi_{m2}}{\partial r}=\mu_0\frac{\partial\Phi_{m3}}{\partial r} \tag{4.71}$$

在 $r=b$ 的分界面上

$$\Phi_{m1}=\Phi_{m2} \tag{4.72}$$

$$\mu_0\frac{\partial\Phi_{m1}}{\partial r}=\mu_0\mu_r\frac{\partial\Phi_{m2}}{\partial r} \tag{4.73}$$

由边界条件式(4.69),$r\to\infty$时,

$$\sum_{n=1}^{\infty}\left(C_n r^n + \frac{D_n}{r^n}\right)\cos n\varphi = -H_0 r\cos\varphi$$

比较系数可得，$n=1$ 时，$C_1=-H_0$，$n\neq 1$ 时，$C_n=0$，$D_n=0$，所以

$$\Phi_{m1}(r,\varphi)=\left(-H_0 r+\frac{D_1}{r}\right)\cos\varphi \tag{4.74}$$

由边界条件式(4.68)，式(4.67)中的 $D''_n=0$，式(4.67)可以化简为

$$\Phi_{m3}(r,\varphi)=\sum_{n=1}^{\infty}C''_n r^n\cos n\varphi \tag{4.75}$$

由边界条件式(4.72)，可得

$$\left(-H_0 b+\frac{D_1}{b}\right)\cos\varphi=\sum_{n=1}^{\infty}\left(C'_n b^n+\frac{D'_n}{b^n}\right)\cos n\varphi$$

比较系数可得，$n=1$ 时

$$-H_0 b+\frac{D_1}{b}=C'_1 b+\frac{D'_1}{b} \tag{4.76}$$

$n\neq 1$ 时，$C'_n=0$，$D'_n=0$，所以

$$\Phi_{m2}(r,\varphi)=\left(C'_1 r+\frac{D'_1}{r}\right)\cos\varphi \tag{4.77}$$

由边界条件式(4.73)，可得

$$-H_0-\frac{D_1}{b^2}=\mu_r\left(C'_1-\frac{D'_1}{b^2}\right) \tag{4.78}$$

由边界条件式(4.70)，可得

$$\left(C'_1 a+\frac{D'_1}{a}\right)\cos\varphi=\sum_{n=1}^{\infty}C''_n a^n\cos n\varphi$$

比较系数可得，$n=1$ 时

$$C'_1 a+\frac{D'_1}{a}=C''_1 a \tag{4.79}$$

$n\neq 1$ 时，$C''_n=0$，所以

$$\Phi_{m3}(r,\varphi)=C''_1 r\cos\varphi \tag{4.80}$$

由边界条件式(4.71)，可得

$$\mu_r\left(C'_1-\frac{D'_1}{a^2}\right)=C''_1 \tag{4.81}$$

联立求解式(4.76)、式(4.78)、式(4.79)和式(4.81)，可以解出 D_1、C'_1、D'_1、C''_1。因本题只需求解圆筒内部区域中的磁场，所以只需解出 C''_1 即可。经计算可得

$$C''_1=\frac{-4\mu_r b^2 H_0}{(\mu_r+1)^2 b^2-(\mu_r-1)^2 a^2} \tag{4.82}$$

由式(4.80)，磁屏蔽圆筒内的标量磁位和磁场强度分别为

$$\Phi_{m3}=\frac{-4\mu_r b^2 H_0}{(\mu_r+1)^2 b^2-(\mu_r-1)^2 a^2}r\cos\varphi$$

$$=\frac{-4\mu_r b^2 H_0}{(\mu_r+1)^2 b^2-(\mu_r-1)^2 a^2}x \tag{4.83}$$

$$\boldsymbol{H}_3=-\nabla\Phi_{m3}=-\boldsymbol{e}_x\frac{\partial\Phi_{m3}}{\partial x}=\boldsymbol{e}_x\frac{4\mu_r b^2 H_0}{(\mu_r+1)^2 b^2-(\mu_r-1)^2 a^2} \tag{4.84}$$

可以看出,磁屏蔽圆筒内的磁场是均匀的,其方向与外磁场强度方向一致。因为磁屏蔽圆筒的 $\mu_r \gg 1$,式(4.84)可以简化为

$$\boldsymbol{H}_3=\boldsymbol{e}_x\frac{4b^2 H_0}{\mu_r(b^2-a^2)}=\boldsymbol{e}_x\frac{4H_0}{\mu_r\left[1-\left(\frac{a}{b}\right)^2\right]} \tag{4.85}$$

屏蔽效果定义为

$$S=\frac{H_0}{H_3}=\frac{\mu_r}{4}\left[1-\left(\frac{a}{b}\right)^2\right] \tag{4.86}$$

用分贝(dB)可以表示为

$$S(\mathrm{dB})=20\lg\frac{H_0}{H_3}=20\lg\frac{\mu_r}{4}\left[1-\left(\frac{a}{b}\right)^2\right] \tag{4.87}$$

可以看出,磁屏蔽材料的相对磁导率越大,筒壁越厚,屏蔽效果越好。

4.3.2 圆柱坐标系中三维场的分离变量法*

圆柱坐标系中的三维场,拉普拉斯方程可以写为

$$\frac{1}{r}\frac{\partial}{\partial r}\left(r\frac{\partial\Phi}{\partial r}\right)+\frac{1}{r^2}\cdot\frac{\partial^2\Phi}{\partial\varphi^2}+\frac{\partial^2\Phi}{\partial z^2}=0 \tag{4.88}$$

设 $\Phi(r,\varphi,z)=f(r)g(\varphi)h(z)$,代入式(4.88),两边同时乘以 $\frac{r^2}{f(r)g(\varphi)h(z)}$,可得

$$\frac{r}{f(r)}\cdot\frac{\partial}{\partial r}\left(r\frac{\partial f(r)}{\partial r}\right)+\frac{1}{g(\varphi)}\frac{\partial^2 g(\varphi)}{\partial\varphi^2}+r^2\frac{1}{h(z)}\cdot\frac{\partial^2 h(z)}{\partial z^2}=0 \tag{4.89}$$

第二项只是 φ 的函数,为了使式(4.89)成立,第二项必须等于常数,设此常数为 $-n^2$,可得

$$\frac{\mathrm{d}^2 g(\varphi)}{\mathrm{d}\varphi^2}+n^2 g(\varphi)=0 \tag{4.90}$$

把第二项等于 $-n^2$ 代入式(4.89),并将两端同时除以 r^2,可得

$$\frac{1}{r\cdot f(r)}\cdot\frac{\partial}{\partial r}\left(r\frac{\partial f(r)}{\partial r}\right)-\frac{n^2}{r^2}+\frac{1}{h(z)}\cdot\frac{\partial^2 h(z)}{\partial z^2}=0 \tag{4.91}$$

第三项只是 z 的函数,为了使式(4.91)成立,第三项必须等于常数,设此常数为 k^2,可得

$$\frac{\mathrm{d}^2 h(z)}{\mathrm{d}z^2}-k^2 h(z)=0 \tag{4.92}$$

把第三项等于 k^2 代入式(4.91),并将两端同时除以 $r^2 f(r)$,可得

$$r\frac{\partial}{\partial r}\left(r\frac{\partial f(r)}{\partial r}\right)+(k^2r^2-n^2)f(r)=0 \tag{4.93}$$

式(4.90)、式(4.92)、式(4.93)就是分离变量后得到的三个常微分方程，下面分别加以讨论。

式(4.90)的解为(见4.2节)

$$g(\varphi)=A_1\sin n\varphi+A_2\cos n\varphi \tag{4.94}$$

其中 n 只能取整数，$n^2>0$，$n^2<0$ 的情况不存在。

式(4.92)的解可能取三种形式(详见4.2节)，令 $\alpha^2=-k^2$，如果 $k^2<0$，即 $\alpha^2>0$，则

$$h(z)=A_1\sin\alpha z+A_2\cos\alpha z \tag{4.95}$$

如果 $k^2>0$，即 $\alpha^2<0$，而且 $z=0$ 时，$\Phi=0$，则

$$h(z)=B_1\sinh kz+B_2\cosh kz \tag{4.96}$$

如果 $k^2>0$，即 $\alpha^2<0$，而且 $x=\rightarrow\infty$ 时，$\Phi=0$，则

$$h(z)=B'_1\mathrm{e}^{kz}+B'_2\mathrm{e}^{-kz} \tag{4.97}$$

式(4.93)是贝塞尔方程，令 $x=kr$，式(4.93)变为

$$x\frac{\partial}{\partial x}\left(x\frac{\partial f(x)}{\partial x}\right)+(x^2-n^2)f(x)=0 \tag{4.98}$$

这就是贝塞尔方程的标准形式。式(4.93)的解称为贝塞尔函数，如果 $k^2>0$，即 k 是实数时

$$f(r)=A_nJ_n(kr)+B_nN_n(kr) \tag{4.99}$$

其中 $J_n(kr)$ 称为第一类 n 阶贝塞尔函数，$N_n(kr)$ 称为第二类 n 阶贝塞尔函数。$J_n(kr)$ 与 $N_n(kr)$ 的函数图形如图4.9、图4.10所示，可以看出 $J_n(kr)$ 与 $N_n(kr)$ 都多次出现零点，使 $J_n(kr)$ 与 $N_n(kr)$ 为零的 kr 值称为第一类贝塞尔函数或第二类贝塞尔函数的零根，用 α_{ni} 表示。

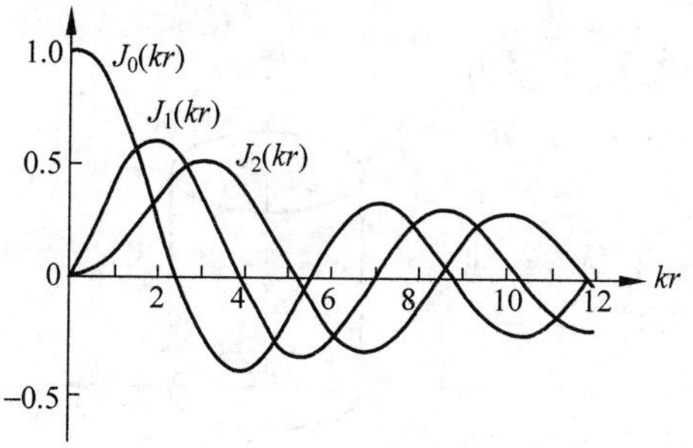

图4.9 第一类贝塞尔函数图形

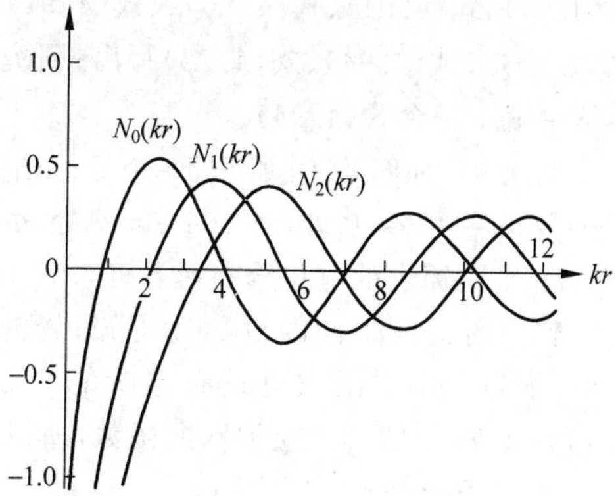

图4.10 第二类贝塞尔函数图形

如果 $k^2<0$，即 k 是虚数时，式(4.99)成为

$$f(r)=A_nJ_n(\mathrm{j}kr)+B_nN_n(\mathrm{j}kr) \tag{4.100}$$

出现虚自变量的第一类、第二类贝塞尔函数，这两种函数的值会出现虚数，不便于运算，

为此定义虚宗量贝塞尔函数

$$I_n(kr)=\mathrm{j}^{-n}J_n(\mathrm{j}kr) \tag{4.101}$$

称为第一类虚宗量贝塞尔函数。

$$K_n(kr)=\mathrm{j}^{n+1}\ \frac{\pi}{2}[J_n(\mathrm{j}kr)+\mathrm{j}N_n(\mathrm{j}kr)] \tag{4.102}$$

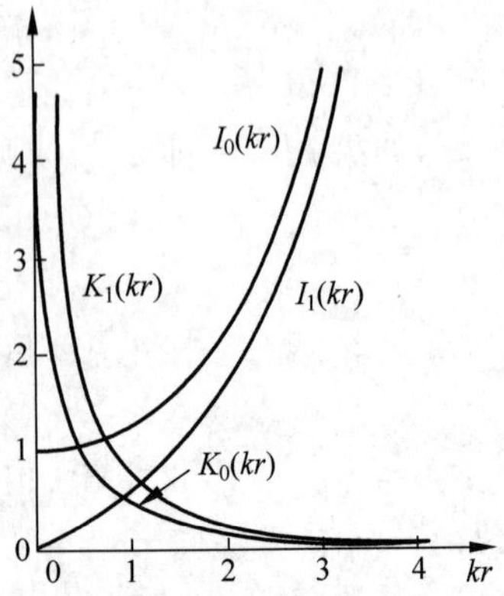

图 4.11　$I_n(kr)$和$K_n(kr)$的函数曲线

称为第二类虚宗量贝塞尔函数。式(4.93)的解可以写为

$$f(r)=A'I_n(kr)+B'_nK_n(kr) \tag{4.103}$$

$I_n(kr)$和$K_n(kr)$的函数曲线如图 4.11 所示。

设函数$J_n(kr)$在$(0,\infty)$区间内有无穷多个零点(不包括原点),即$J(a_{ni})=0$,则$n\geqslant 1$的函数系$J_n(kr)$都是在区间$[0,a]$上的正交系,其正交性可以表示为

$$\int_0^a rJ_n(k_ir)J_n(k_jr)\mathrm{d}r=\begin{cases}0, & i\neq j\\ \dfrac{a^2}{2}\cdot J_{n+1}^2(k_ia), & i=j\end{cases} \tag{4.104}$$

其中$k_ia=\alpha_{ni}$。

贝塞尔函数常用的一个积分公式为

$$\int r^{n+1}Z_n(kr)\mathrm{d}r=r^{n+1}\ \frac{J_{n+1}(kr)}{k} \tag{4.105}$$

其中$Z_n(kr)$可以是$J_n(kr)$或$N_n(kr)$。关于贝塞尔函数更多的知识,可以参看数学物理方面的书籍。

综上所述,圆柱坐标系中的三维场,通解可以根据具体问题的边界条件,由式(4.94)~式(4.97)、式(4.99)和式(4.103)写出。如果Φ沿z轴单调变化,通解可以由式(4.99)、式(4.94)、式(4.96)或式(4.97)写出;如果Φ沿z轴周期性变化,通解可以由式(4.103)、式(4.94)、式(4.95)写出;研究圆柱形区域内的场,如果场的分布与φ无关,通解中就不包含式(4.94)。

例 4.5　如图 4.12 所示,一个导体圆筒高度为b,半径为a,边界条件为$z=0$处,$\Phi=0$;$z=b$处,$\Phi=f(r)$;$r=a$处,$\Phi=0$。求圆筒内的电位分布函数$\Phi(r,\varphi,z)$。

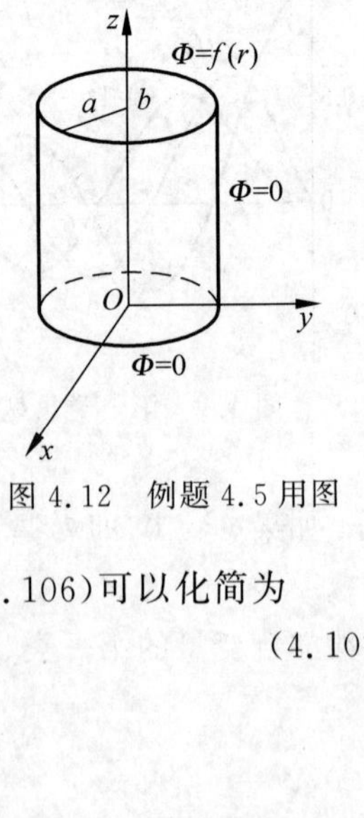

图 4.12　例题 4.5 用图

解　由边界条件的对称性可知,场的分布与φ无关,即$n=0$,所以贝塞尔函数也只有零阶的。由边界条件在$z=0$处,$\Phi=0$,$h(z)$的形式应为双曲函数,所以

$$\begin{aligned}\Phi(r,z)&=f(r)h(z)\\&=[A_1\cosh(kz)+A_2\sinh(kz)]\\&\quad\cdot[B_1J_0(kr)+B_2N_0(kr)]\end{aligned} \tag{4.106}$$

由边界条件在$z=0$处,$\Phi=0$,所以$A_1=0$。又由$r=0$处,Φ应为有限值,由图 4.10 中可以看出应有$B_2=0$。所以式(4.106)可以化简为

$$\Phi(r,z)=A\sinh(kz)\cdot J_0(kr) \tag{4.107}$$

由边界条件 $r=a$ 处，$\Phi=0$，可得

$$\Phi(a,z)=A\sinh(kz)\cdot J_0(ka)=0$$

所以 ka 应是零阶贝塞尔函数的零根 α_{0i}，i 为 $1\sim\infty$，即

$$k_i=\frac{\alpha_{0i}}{a} \tag{4.108}$$

代入式(4.107)可得

$$\Phi(r,z)=\sum_{i=1}^{\infty}A_i\sinh(k_iz)\cdot J_0(k_ir) \tag{4.109}$$

由边界条件 $z=b$ 处，$\Phi=f(r)$，可得

$$f(r)=\sum_{i=1}^{\infty}A_i\sinh(k_ib)\cdot J_0(k_ir)$$

为了确定系数 A_i，利用贝塞尔函数的正交性公式，上式两边同时乘以 $rJ_0(k_mr)$，然后从 0 到 a 对 r 积分可得

$$\int_0^a f(r)rJ_0(k_mr)\mathrm{d}r=\int_0^a\sum_{i=1}^{\infty}A_i\sinh(k_ib)\cdot rJ_0(k_ir)J_0(k_mr)\mathrm{d}r$$

$$=A_m\sinh(k_mb)\cdot\frac{a^2}{2}J_1^2(k_ma)$$

所以

$$A_m=\frac{1}{\sinh(k_mb)\cdot\dfrac{a^2}{2}J_1^2(k_ma)}\int_0^a rf(r)J_0(k_mr)\mathrm{d}r \tag{4.110}$$

给定 $f(r)$就可以算出 A_m，如 $f(r)=U_0$，则有

$$\int_0^a U_0rJ_0(k_mr)\mathrm{d}r=U_0a\frac{J_1(k_ma)}{k_m}$$

所以

$$A_m=\frac{2U_0}{k_ma\cdot\sinh(k_mb)\cdot J_1(k_ma)} \tag{4.111}$$

代入式(4.109)，即得 $\Phi(r,z)$的最终解为

$$\Phi(r,z)=\sum_{m=1}^{\infty}\frac{2U_0\sinh(k_mz)\cdot J_0(k_mr)}{k_ma\cdot\sinh(k_mb)\cdot J_1(k_ma)} \tag{4.112}$$

例 4.6 一圆柱形导体圆筒，半径为 a，长度为 h。筒内无电荷分布，上、下底接地，圆柱侧面电位为 U_0，如图 4.13 所示，试求圆柱内的电位分布。

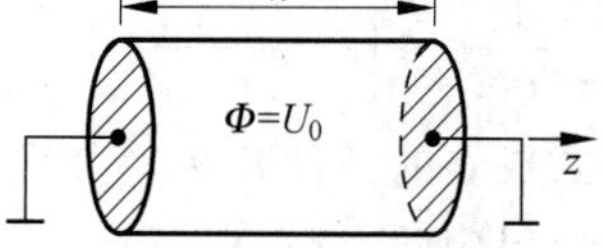

图 4.13 例 4.6 用图

解 由边界条件 $z=0$ 处，$\Phi=0$，$z=h$ 处，$\Phi=0$，所以 $h(z)$应当写为

$$h(z)=A_1\sin\alpha z+A_2\cos\alpha z$$

其中 $A_2=0$，$\alpha=\dfrac{n\pi}{h}$，$k=\mathrm{j}\alpha$。可以看出，场的分布与 φ 无关，即 $n=0$，所以只有零阶的虚宗量贝塞尔函数，所以

$$\Phi(r,z)=f(r)h(z)=\sum_{n=1}^{\infty}\left[A'I_0\left(\frac{n\pi}{h}r\right)+B'K_0\left(\frac{n\pi}{h}r\right)\right]A_1\sin\frac{n\pi}{h}z$$

又由 $r=0$ 处,Φ 应为有限值,由图 4.11 中可以看出应有 $B'=0$。所以上式可以化简为

$$\Phi(r,z)=\sum_{n=1}^{\infty}C_nI_0\left(\frac{n\pi}{h}r\right)\sin\frac{n\pi}{h}z \tag{4.113}$$

由边界条件 $r=a$ 处,$\Phi=U_0$,可得

$$U_0=\sum_{n=1}^{\infty}C_nI_0\left(\frac{n\pi}{h}a\right)\sin\frac{n\pi}{h}z$$

上式两边同时乘以 $\sin\frac{m\pi}{h}z$,然后从 0 到 h 对 z 积分可得

$$U_0\int_0^h\sin\frac{m\pi}{h}z\,\mathrm{d}z=\int_0^h\sum_{n=1}^{\infty}C_nI_0\left(\frac{n\pi}{h}a\right)\sin\frac{n\pi}{h}z\sin\frac{m\pi}{h}z\,\mathrm{d}z$$

可以算出

$$C_m=\frac{4U_0}{m\pi\cdot I_0\left(\frac{n\pi}{h}a\right)},\quad m=1,3,5,\cdots$$

代入式(4.113)可得

$$\Phi(r,z)=\sum_{m=1,3,5,\cdots}^{\infty}\frac{4U_0}{m\pi}\cdot\frac{I_0\left(\frac{n\pi}{h}r\right)}{I_0\left(\frac{n\pi}{h}a\right)}\sin\frac{n\pi}{h}z$$

4.4 球坐标系中的分离变量法

扫码看讲课录像 4.4

在球坐标系中只讨论轴对称场(场的分布与 φ 无关),如图 4.14 所示,拉普拉斯方程为

$$\frac{1}{r^2}\frac{\partial}{\partial r}\left(r^2\frac{\partial\Phi}{\partial r}\right)+\frac{1}{r^2\sin\theta}\frac{\partial}{\partial\theta}\left(\sin\theta\frac{\partial\Phi}{\partial\theta}\right)=0 \tag{4.114}$$

分离变量,令 $\Phi(r,\theta)=f(r)g(\theta)$,代入式(4.114),两边同时乘以 $\frac{r^2}{f(r)g(\theta)}$,可得

$$\frac{1}{f(r)}\frac{\partial}{\partial r}\left(r^2\frac{\partial f(r)}{\partial r}\right)+\frac{1}{g(\theta)\sin\theta}\frac{\partial}{\partial\theta}\left(\sin\theta\frac{\partial g(\theta)}{\partial\theta}\right)=0$$

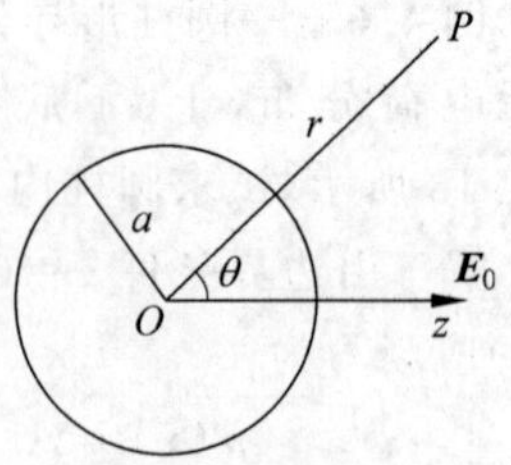

图 4.14 球坐标系中的分离变量法

上式成立的条件是两项分别等于常数,设分别为 λ 和 $-\lambda$,可以得到两个微分方程

$$\frac{\mathrm{d}}{\mathrm{d}r}\left(r^2\frac{\mathrm{d}f(r)}{\mathrm{d}r}\right)=\lambda f(r) \tag{4.115}$$

$$\frac{1}{\sin\theta}\frac{\mathrm{d}}{\mathrm{d}\theta}\left(\sin\theta\frac{\mathrm{d}g(\theta)}{\mathrm{d}\theta}\right)=-\lambda g(\theta) \tag{4.116}$$

1. 式(4.116)的解

令 $x=\cos\theta$，通过变量代换，式(4.116)可以写为

$$(1-x^2)\frac{\mathrm{d}^2 g(x)}{\mathrm{d}x^2}-2x\frac{\mathrm{d}g(x)}{\mathrm{d}x}+\lambda g(x)=0 \tag{4.117}$$

这是勒让德方程，其中 $\lambda=m(m+1)$，$m=1,2,3,\cdots$，式(4.116)的解称为勒让德多项式，记为 $g(x)=P_m(x)$，可以用下面的公式计算，即

$$P_m(x)=\frac{1}{2^m m!}\cdot\frac{\mathrm{d}^m}{\mathrm{d}x^m}(x^2-1)^m \tag{4.118}$$

下面是前面几阶勒让德多项式

$$\begin{cases}P_0(x)=1\\ P_1(x)=x\\ P_2(x)=\dfrac{1}{2}(3x^2-1)\\ P_3(x)=\dfrac{1}{2}(5x^3-3x)\\ P_4(x)=\dfrac{1}{8}(35x^4-30x^2+3)\\ P_5(x)=\dfrac{1}{8}(63x^5-70x^3+15x)\\ \cdots\end{cases} \tag{4.119}$$

其中 $x=\cos\theta$。更高阶的勒让德多项式可以从相关的数学手册中查到。勒让德多项式具有正交性

$$\int_0^\pi P_m(\cos\theta)P_n(\cos\theta)\sin\theta\mathrm{d}\theta=\int_{-1}^1 P_m(x)P_n(x)\mathrm{d}x=0,\quad m\neq n \tag{4.120}$$

$$\int_0^\pi [P_m(\cos\theta)]^2\sin\theta\mathrm{d}\theta=\int_{-1}^1 [P_m(x)]^2\mathrm{d}x=\frac{2}{2m+1} \tag{4.121}$$

2. 式(4.115)的解

把 $\lambda=m(m+1)$ 代入式(4.115)可得

$$r^2\frac{\mathrm{d}^2 f(r)}{\mathrm{d}r^2}+2r\frac{\mathrm{d}f(r)}{\mathrm{d}r}-m(m+1)f(r)=0 \tag{4.122}$$

这是欧拉型方程，还是作变量代换，设 $r=\mathrm{e}^t$，式(4.122)变为

$$\frac{\mathrm{d}^2 f(t)}{\mathrm{d}t^2}+\frac{\mathrm{d}f(t)}{\mathrm{d}t}-m(m+1)f(t)=0$$

解出 $f(t)$，再变换成 $f(r)$，可得

$$f(r)=A_m r^m+B_m r^{-(m+1)} \tag{4.123}$$

3. 通解

$$\Phi(r,\theta)=\sum_{m=0}^{\infty}\left(A_m r^m+\frac{B_m}{r^{m+1}}\right)P_m(\cos\theta) \tag{4.124}$$

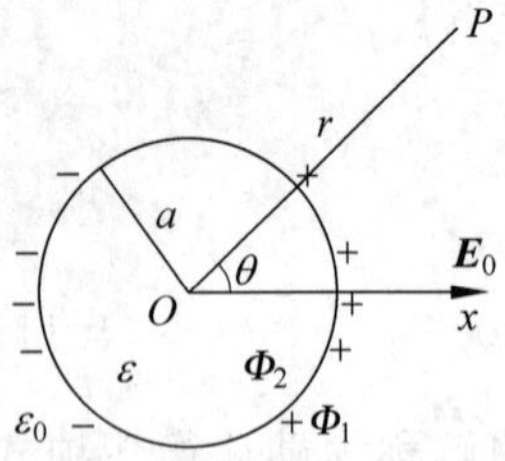

图 4.15　例 4.7 用图

利用分离变量法求解球坐标系中的边值问题,也是直接利用通解式(4.124),再利用边界条件求出其中的系数。

例 4.7　在均匀外电场 $\boldsymbol{E}_0$ 中放置一个半径为 a,介电常数为 ε 的介质球,球外的介电常数为 ε_0,如图 4.15 所示,计算球内、外的电位函数。

解　选用球坐标系,使极轴沿 $\boldsymbol{E}_0$ 方向,设球体内、外的电位函数分别为 Φ_2、Φ_1,介电常数分别为 ε、ε_0,如图 4.15 所示。

1. 通解

$$\Phi_1(r,\theta)=\sum_{m=0}^{\infty}\left(a_m r^m+\frac{b_m}{r^{m+1}}\right)P_m(\cos\theta),\quad r>a \tag{4.125}$$

$$\Phi_2(r,\theta)=\sum_{m=0}^{\infty}\left(c_m r^m+\frac{d_m}{r^{m+1}}\right)P_m(\cos\theta),\quad r<a \tag{4.126}$$

2. 边界条件

$r\to\infty$时的边界条件与例 4.3 中相同,即

$$\Phi_1=-E_0 r\cos\theta \tag{4.127}$$

$r\to 0$ 时,Φ_2 有限,所以 $d_m=0$; $r=a$ 时

$$\Phi_1=\Phi_2 \tag{4.128}$$

$$\varepsilon_0\frac{\partial\Phi_1}{\partial r}=\varepsilon\frac{\partial\Phi_2}{\partial r} \tag{4.129}$$

3. 化简通解

由边界条件式(4.127),$r\to\infty$时

$$\sum_{m=0}^{\infty}\left(a_m r^m+\frac{b_m}{r^{m+1}}\right)P_m(\cos\theta)=-E_0 r\cos\theta$$

比较系数可得,$m=1$ 时,$a_1 r=-E_0 r$,所以 $a_1=-E_0$; $m\neq 1$ 时,$a_m=0$,$b_m=0$,式(4.125)可以化简为

$$\Phi_1=\left(-E_0 r+\frac{b_1}{r^2}\right)\cos\theta \tag{4.130}$$

由边界条件式(4.128)、式(4.130)和式(4.126)可得

$$\left(-E_0 a+\frac{b_1}{a^2}\right)\cos\theta=\sum_{m=0}^{\infty}c_m a^m P_m(\cos\theta)$$

比较系数可得,$m=1$ 时

$$-E_0 a+\frac{b_1}{a^2}=c_1 a \tag{4.131}$$

$m\neq 1$ 时,$c_m=0$,所以

$$\Phi_2=c_1 r\cos\theta \tag{4.132}$$

式(4.130)和式(4.132)称为最简形式。

4. 确定系数 b_1、c_1

由边界条件式(4.129)

$$\varepsilon_0\left(-E_0-\frac{2b_1}{a^3}\right)=\varepsilon c_1 \tag{4.133}$$

由式(4.131)和式(4.133)可以解出

$$b_1=\frac{\varepsilon-\varepsilon_0}{\varepsilon+2\varepsilon_0}E_0a^3,\quad c_1=-\frac{3\varepsilon_0}{\varepsilon+2\varepsilon_0}E_0$$

代入式(4.130)和式(4.132)可得

$$\Phi_1=-E_0r\cos\theta+\frac{\varepsilon-\varepsilon_0}{\varepsilon+2\varepsilon_0}a^3E_0\,\frac{1}{r^2}\cos\theta \tag{4.134}$$

$$\Phi_2=-\frac{3\varepsilon_0}{\varepsilon+2\varepsilon_0}E_0r\cos\theta \tag{4.135}$$

球内的电场强度为

$$\begin{aligned}\boldsymbol{E}_2&=-\nabla\Phi_2=\boldsymbol{e}_r\,\frac{3\varepsilon_0}{\varepsilon+2\varepsilon_0}E_0\cos\theta-\boldsymbol{e}_\theta\,\frac{3\varepsilon_0}{\varepsilon+2\varepsilon_0}E_0\sin\theta\\&=\boldsymbol{e}_z\,\frac{3\varepsilon_0}{\varepsilon+2\varepsilon_0}E_0\end{aligned} \tag{4.136}$$

式(4.136)的推导中利用了式(1.44)。可以看出,球内是均匀场,比外电场 $\boldsymbol{E}_0$ 小,是由于极化电荷在球内产生的电场与外电场 $\boldsymbol{E}_0$ 方向相反。

例 4.8 半径为 a 的球形电容器由上、下两个导体半球壳构成,若上半球壳加电压 U_0,下半球壳的电位为零(接地),如图 4.16 所示,计算球内电位的分布。

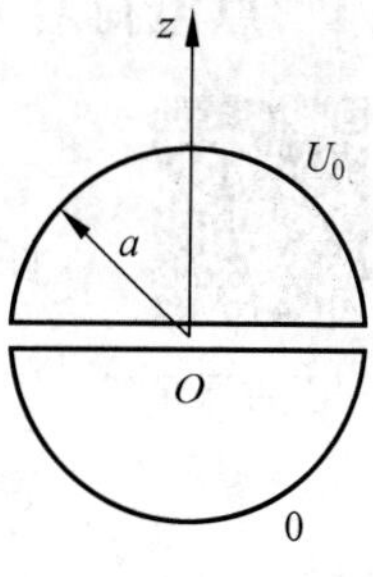

图 4.16 例 4.8 用图

解 这也是一个轴对称的问题,通解为

$$\Phi(r,\theta)=\sum_{m=0}^{\infty}\left(A_mr^m+\frac{B_m}{r^{m+1}}\right)P_m(\cos\theta) \tag{4.137}$$

对于球内区域,$r=0$ 处,电位应是有限值,所以 $B_m=0$,通解化简为

$$\Phi(r,\theta)=\sum_{m=0}^{\infty}A_mr^mP_m(\cos\theta) \tag{4.138}$$

边界条件,$r=a$ 时

$$\sum_{m=0}^{\infty}A_ma^mP_m(\cos\theta)=\begin{cases}U_0, & 0\leqslant\theta<\pi/2\\0, & \pi/2<\theta\leqslant\pi\end{cases} \tag{4.139}$$

上式两边同乘以 $P_n(\cos\theta)\sin\theta$,$\theta$ 从 $0\to\pi$ 积分,可得

$$\int_0^\pi\sum_{m=0}^{\infty}A_ma^mP_m(\cos\theta)P_n(\cos\theta)\sin\theta\mathrm{d}\theta=\int_0^{\pi/2}U_0P_n(\cos\theta)\sin\theta\mathrm{d}\theta$$

利用勒让德函数的正交性可以解出

$$A_n = \frac{(2n+1)U_0}{2a^n}\int_0^1 P_n(x)\mathrm{d}x \tag{4.140}$$

可以解出

$$A_0 = \frac{U_0}{2}\int_0^1 \mathrm{d}x = \frac{U_0}{2}$$

$$A_1 = \frac{(2+1)U_0}{2a}\int_0^1 x\mathrm{d}x = \frac{3U_0}{4a}$$

$$A_2 = \frac{(4+1)U_0}{2a^2}\int_0^1 \frac{1}{2}(3x^2-1)\mathrm{d}x = 0$$

$$A_3 = \frac{(6+1)U_0}{2a^3}\int_0^1 \frac{1}{2}(5x^3-3x)\mathrm{d}x = -\frac{7U_0}{16a^3}$$

$$A_4 = \frac{(8+1)U_0}{2a^4}\int_0^1 \frac{1}{8}(35x^4-30x^2+3)\mathrm{d}x = 0$$

$$A_5 = \frac{(10+1)U_0}{2a^5}\int_0^1 \frac{1}{8}(63x^5-70x^3+15x)\mathrm{d}x = \frac{11U_0}{32a^5}$$

…

所以球形电容器内的电位函数为

$$\Phi(r,\theta) = \frac{U_0}{2} + \frac{3U_0}{4a}rP_1(\cos\theta) - \frac{7U_0}{16a^3}r^3P_3(\cos\theta) + \frac{11U_0}{32a^5}r^5P_5(\cos\theta) - \cdots$$

4.5 镜像法

4.5.1 点电荷对无限大导体平面的镜像

扫码看讲课录像
4.5.1-4.5.2

问题：一个点电荷 q，与一接地的无限大导体平板相距 h(见图 4.17)，求平板上方的电场。

分析：

(1) 由于点电荷 q 的存在，导体板上出现分布不均匀的感应电荷，导体板上方任一点的电场是 q 与导体板上所有感应电荷产生的电场的叠加。解这个问题的困难在于需要计算导体板上感应电荷的分布，并计算所有感应电荷在该点产生的场。

(2) 这是第一类边值问题，导体板上方满足拉普拉斯方程 $\nabla^2\Phi=0$(除 q 所在点外)，给定了边界面上的电位($z=0$ 处，$\Phi=0$)，满足唯一性定理，所以可以用各种方法求解，只要满足给定的边界条件，解就是唯一的。

(3) 设想抽去导体板(感应电荷也就不存在

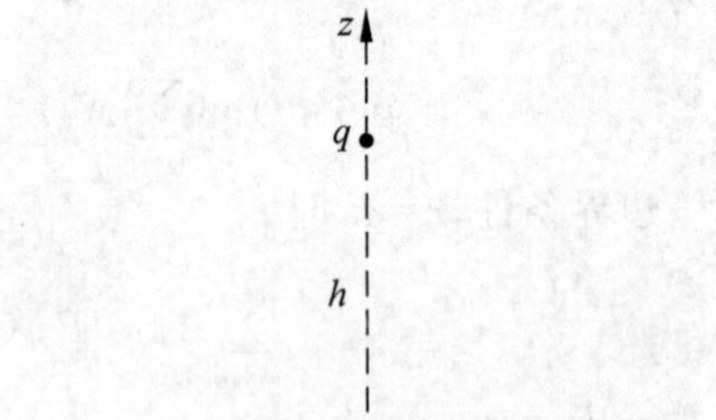

图 4.17 点电荷 q 与接地的无限大导体平板

了)，空间充满同种介质 ε，在原导体板下方 h 处放一点电荷 $q'=-q$，如图 4.18 所示。此时导体板上方仍然满足拉普拉斯方程和原来的边界条件($z=0$ 处，$\Phi=0$)，根据唯一性定理，电场的分布是不变的，解是唯一的。这样就用一个点电荷 q' 代替了导体板表面所有感应电荷的影响。

导体板上方任一点的电位可以写为

$$\begin{aligned}\Phi(x,y,z)&=\frac{1}{4\pi\varepsilon_0}\left(\frac{q}{r_1}+\frac{q'}{r_2}\right)\\&=\frac{1}{4\pi\varepsilon_0}\left[\frac{q}{\sqrt{x^2+y^2+(z-h)^2}}-\frac{q}{\sqrt{x^2+y^2+(z+h)^2}}\right]\end{aligned}\tag{4.141}$$

这种方法把导体板上所有感应电荷的影响用一点电荷 q' 代替，q' 处于 q 的镜像位置，所以这种方法称为镜像法。一个点电荷相对于无限大导体平面，镜像电荷的大小为

$$q'=-q\tag{4.142}$$

镜像电荷的位置

$$h'=h\tag{4.143}$$

点电荷与无限大导体平板之间电力线和等位面的分布如图 4.19 所示，导体板下方的电场是假想的，导体板上方的电力线是 q 与感应电荷之间的电力线。

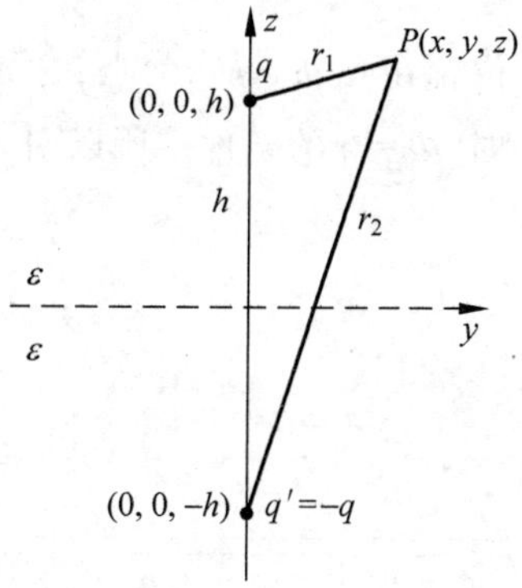

图 4.18 点电荷对无限大导体平面的镜像

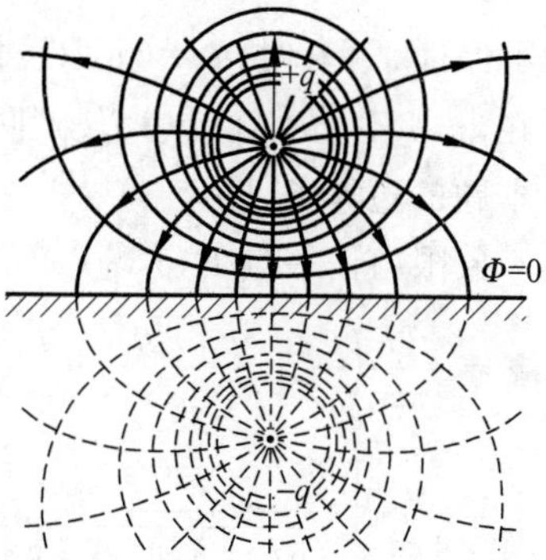

图 4.19 点电荷与无限大导体平板之间的电场

镜像法适用的区域不包括镜像电荷所在区域，例如本题中，是导体板的上方。

利用镜像法求出了导体板上方电位的分布式(4.141)，进而还可以求出导体板上感应电荷的分布。导体板表面附近的场强为

$$\boldsymbol{E}_1=\boldsymbol{e}_n\frac{\sigma}{\varepsilon_0}\tag{4.144}$$

所以

$$\sigma=\varepsilon_0E_n=-\varepsilon_0\left.\frac{\partial\Phi}{\partial z}\right|_{z=0}=-\frac{qh}{2\pi(x^2+y^2+h^2)^{3/2}}$$

变换到平面极坐标系，$x^2+y^2=r^2$，可得

$$\sigma = -\frac{qh}{2\pi(r^2 + h^2)^{3/2}} \tag{4.145}$$

导体板上总的感应电荷为

$$q_s = \iint \sigma \mathrm{d}s = -\frac{qh}{2\pi}\int_0^\infty \int_0^{2\pi} \frac{r\mathrm{d}r\mathrm{d}\varphi}{(r^2 + h^2)^{3/2}} = -q \tag{4.146}$$

导体板上总的感应电荷等于镜像电荷,原来电力线是从 q 发出,终止于感应电荷;引入镜像电荷以后,电力线终止于镜像电荷,电力线和等位线的分布不变,如图 4.19 所示,所以可以用一个镜像电荷代替导体板上所有感应电荷的影响。

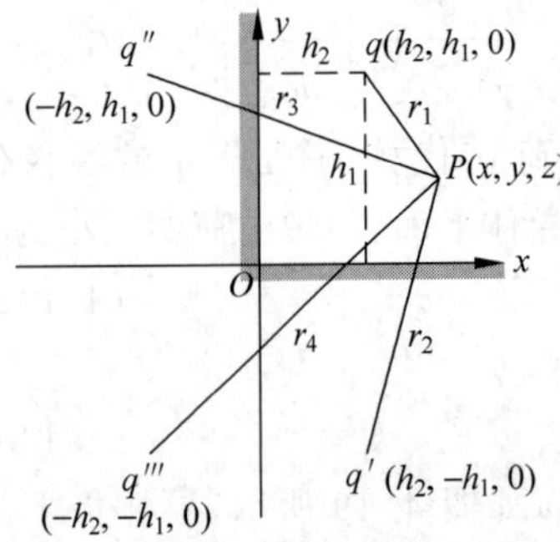

图 4.20 例 4.9 用图

例 4.9 图 4.20 所示为相交成直角的两个导体平面附近有一个点电荷 q,导体平面沿 x 轴正方向、沿 y 轴正方向、沿 z 轴的长度都远远大于点电荷到两个导体平面的距离,求第一象限内电场的分布。

解 建立坐标系,如图 4.20 所示,求第一象限内的电场。边界条件为 $y=0$ 时,$\Phi=0$;$x=0$ 时,$\Phi=0$。

为了保证 $y=0$ 时,$\Phi=0$,取镜像电荷 $q'=-q$,位置在$(h_2,-h_1,0)$点。

为了保证 $x=0$ 时,$\Phi=0$;取镜像电荷 $q''=-q$,位置在$(-h_2,h_1,0)$点;$q'''=-q'=q$,位置在$(-h_2,-h_1,0)$点;q''、q'''同时保证了 $y=0$ 时,$\Phi=0$ 的条件。所以引入 q'、q''、q'''满足本题的边界条件。

第一象限内任一点 $P(x,y,z)$的电场为

$$\begin{aligned}
\Phi &= \frac{1}{4\pi\varepsilon_0}\left(\frac{q}{r_1} + \frac{q'}{r_2} + \frac{q''}{r_3} + \frac{q'''}{r_4}\right) \\
&= \frac{q}{4\pi\varepsilon_0}\left[\frac{1}{\sqrt{(x-h_2)^2 + (y-h_1)^2 + z^2}} - \frac{1}{\sqrt{(x-h_2)^2 + (y+h_1)^2 + z^2}}\right. \\
&\quad \left. - \frac{1}{\sqrt{(x+h_2)^2 + (y-h_1)^2 + z^2}} + \frac{1}{\sqrt{(x+h_2)^2 + (y+h_1)^2 + z^2}}\right]
\end{aligned}$$

4.5.2 点电荷对介质平面的镜像

两种介质的分界面是一无限大平面,介电常数分别为 ε_1,ε_2,在上半空间距界面 h 处有一点电荷 q,如图 4.21 所示,求空间电场的分布。

(1) 分析:由于 q,介质的分界面上出现极化电荷(分布不均匀),空间任一点的电场是 q 与介质板上所有极化电荷产生的电场的叠加。解这个问题的困难是需要求分界面上极化电荷的分布和所有极化电荷在空间某一点产生的电场。

(2) 设上半空间和下半空间的电位分别是 Φ_1、Φ_2,满足的微分方程分别为

$$\nabla^2\Phi_1=0\quad(\text{除 } q \text{ 所在点外}),\quad z>0 \tag{4.147}$$

$$\nabla^2\Phi_2=0,\quad z<0 \tag{4.148}$$

在 $z=0$ 界面上的边界条件为

$$\Phi_1=\Phi_2 \tag{4.149}$$

$$\varepsilon_1\frac{\partial\Phi_1}{\partial z}=\varepsilon_2\frac{\partial\Phi_2}{\partial z} \tag{4.150}$$

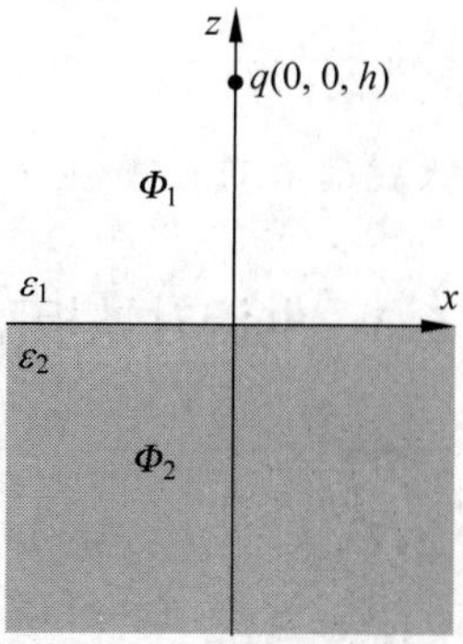

图 4.21 两种介质分界面上方有一点电荷

(3) 上半空间的场,设空间充满同一种介质 ε_1,由电荷 q 和镜像电荷 q' 计算上半空间的场,即用 q' 代替分界面上所有极化电荷对上半空间场的影响,如图 4.22 所示。q' 的位置(只能在下半空间)定在 $z=h'=-h$ 处,大小待定,则上半空间的电位可以写为

$$\Phi_1=\frac{q}{4\pi\varepsilon_1 r}+\frac{q'}{4\pi\varepsilon_1 r'} \tag{4.151}$$

其中 $r=\sqrt{x^2+y^2+(z-h)^2}$;$r'=\sqrt{x^2+y^2+(z+h)^2}$。

(4) 下半空间的场,设空间充满同一种介质 ε_2,由电荷 q 和镜像电荷 q'' 计算下半空间的场,即用 q'' 代替分界面上所有极化电荷对下半空间场的影响,如图 4.23 所示。q'' 的位置(只能在上半空间)定在 $z=h$ 处(与 q 的位置重合),大小待定,则下半空间的电位可以写为

$$\Phi_2=\frac{q+q''}{4\pi\varepsilon_2 r} \tag{4.152}$$

其中 $r=\sqrt{x^2+y^2+(z-h)^2}$。

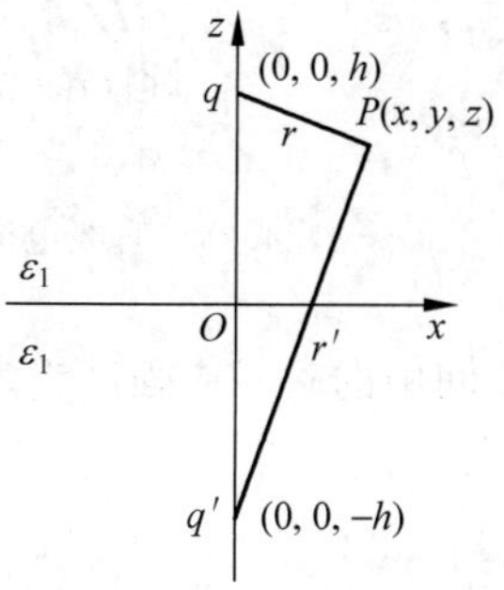

图 4.22 上半空间的场

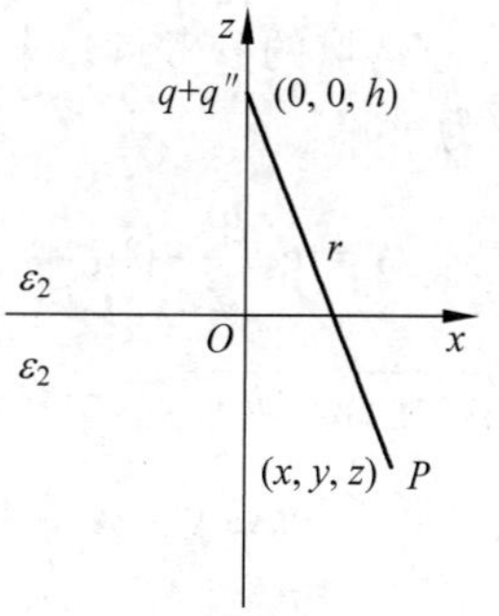

图 4.23 下半空间的场

(5) 利用边界条件确定 q' 和 q''。

由边界条件式(4.149)、式(4.150)可得

$$\frac{q+q'}{\varepsilon_1}=\frac{q+q''}{\varepsilon_2},\quad q'=-q''$$

可以解出

$$q'=-\frac{\varepsilon_2-\varepsilon_1}{\varepsilon_2+\varepsilon_1}q \tag{4.153}$$

$$q''=\frac{\varepsilon_2-\varepsilon_1}{\varepsilon_2+\varepsilon_1}q \tag{4.154}$$

代入式(4.151)、式(4.152)即可求出 Φ_1、Φ_2,进而利用电位梯度求出场强的分布。

4.5.3 电流对铁板平面的镜像

扫码看讲课录像
4.5.3-4.5.4

空气中一根通有电流 I 的直导线平行于铁板平面,与铁板表面距离为 h,如图 4.24 所示。设铁的磁导率 μ 可视为无穷大,求空气中的磁场。

首先讨论铁板表面的边界条件,由于铁的磁导率 μ 可视为无穷大,铁板内的磁场 $\boldsymbol{H}_2=0$(否则 $\boldsymbol{B}_2\to\infty$),利用磁场的边界条件可得 $H_{1t}=H_{2t}=0$,即铁板表面处(空气一侧)磁场的切向分量为 0,**磁场 $\boldsymbol{H}_1$ 垂直于铁板的表面**,这就是铁板表面的边界条件。

用镜像法求解这个问题,设镜像电流 $I'=I$,方向也相同,位于原来电流 I 的镜像位置处,如图 4.24 所示,很容易验证 I 与 I'在铁板表面任一点处产生的合磁场与铁板表面垂直,满足边界条件。所以可以用 I'代替铁板表面所有磁化电流的影响,计算上半空间的磁场。

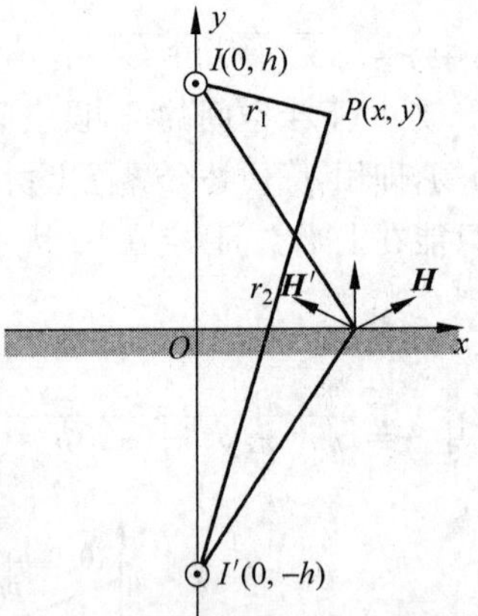

图 4.24 直线电流的镜像

由式(3.67),一无限长直线电流产生的矢量磁位为

$$\boldsymbol{A}=\boldsymbol{e}_z\frac{\mu_0 I}{2\pi}\ln\frac{r_0}{r}$$

其中 r_0 是任意选取的参考点。本题中上半空间中任一点的矢量磁位为

$$\boldsymbol{A}=\boldsymbol{e}_z\frac{\mu_0 I}{2\pi}\left(\ln\frac{r_0}{r_1}+\ln\frac{r_0}{r_2}\right)$$

其中 $r_1=\sqrt{x^2+(y-h)^2}$,$r_2=\sqrt{x^2+(y+h)^2}$,上半空间中的磁感应强度为

$$\begin{aligned}\boldsymbol{B}=\nabla\times\boldsymbol{A}&=\boldsymbol{e}_x\frac{\partial A_z}{\partial y}-\boldsymbol{e}_y\frac{\partial A_z}{\partial x}\\&=-\boldsymbol{e}_x\frac{\mu_0 I}{2\pi}\left[\frac{y+h}{x^2+(y+h)^2}+\frac{y-h}{x^2+(y-h)^2}\right]\\&\quad+\boldsymbol{e}_y\frac{\mu_0 I}{2\pi}\left[\frac{x}{x^2+(y+h)^2}+\frac{x}{x^2+(y-h)^2}\right]\end{aligned}$$

4.5.4 点电荷对导体球的镜像

一个半径为 a 的接地导体球,在与球心相距 d_1 处有一个点电荷 q_1,如图 4.25 所示。试求导体球外的电位函数。

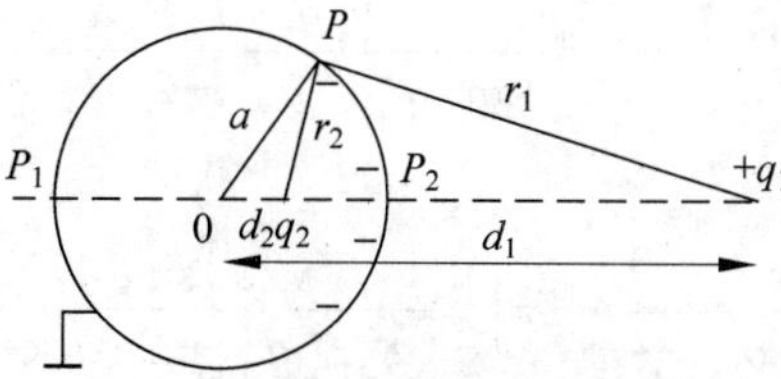

图 4.25　点电荷对导体球的镜像

分析：由于点电荷 q_1，导体球表面出现感应电荷，导体球外任一点的电场是 q_1 与球面上所有感应电荷产生的电场的叠加。解这个问题的困难是需要计算球面上感应电荷的分布和所有感应电荷在空间某一点产生的电场。

本题的边界条件为：在 $r=a$ 处，$\Phi=0$。用镜像法求解，①镜像电荷的位置：根据球面上感应电荷分布的对称性，镜像电荷应在 q_1 与 0 点的连接线上 0 点的右侧，设在距 0 点 d_2 处。②镜像电荷的大小：球面上任一点 P 处的电位为

$$\Phi_P=\frac{1}{4\pi\varepsilon_0}\left(\frac{q_1}{r_1}+\frac{q_2}{r_2}\right)=0 \tag{4.155}$$

为了确定 q_2 和 d_2，讨论两个特殊点，对于 P_1 点

$$\frac{1}{4\pi\varepsilon_0}\left(\frac{q_1}{a+d_1}+\frac{q_2}{a+d_2}\right)=0 \tag{4.156}$$

对于 P_2 点

$$\frac{1}{4\pi\varepsilon_0}\left(\frac{q_1}{d_1-a}+\frac{q_2}{a-d_2}\right)=0 \tag{4.157}$$

由式(4.156)、式(4.157)可以解出

镜像电荷　　$$q_2=-\frac{a}{d_1}q_1 \tag{4.158}$$

镜像电荷的位置　　$$d_2=\frac{a^2}{d_1} \tag{4.159}$$

即用镜像电荷代替了导体球面上所有的感应电荷，球外任一点 $P(r,\theta,\varphi)$ 的电位为

$$\Phi=\frac{1}{4\pi\varepsilon_0}\left(\frac{q_1}{r_1}-\frac{aq_1}{d_1r_2}\right) \tag{4.160}$$

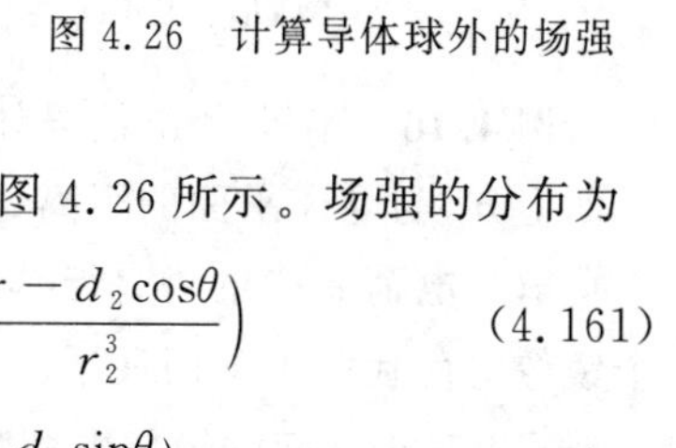

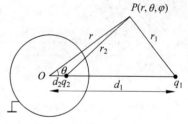

图 4.26　计算导体球外的场强

其中 $r_1=\sqrt{r^2+d_1^2-2rd_1\cos\theta}$，$r_2=\sqrt{r^2+d_2^2-2rd_2\cos\theta}$，如图 4.26 所示。场强的分布为

$$E_r=-\frac{\partial\Phi}{\partial r}=\frac{q_1}{4\pi\varepsilon_0}\left(\frac{r-d_1\cos\theta}{r_1^3}-\frac{a}{d_1}\cdot\frac{r-d_2\cos\theta}{r_2^3}\right) \tag{4.161}$$

$$E_\theta=-\frac{1}{r}\frac{\partial\Phi}{\partial\theta}=\frac{q_1}{4\pi\varepsilon_0}\left(\frac{d_1\sin\theta}{r_1^3}-\frac{a}{d_1}\cdot\frac{d_2\sin\theta}{r_2^3}\right) \tag{4.162}$$

导体球面上的感应电荷密度的分布为

$$\sigma = \varepsilon_0 E_r \big|_{r=a} = \frac{-q_1(d_1^2 - a^2)}{4\pi a(a^2 + d_1^2 - 2ad_1\cos\theta)^{3/2}}$$

球面上总的感应电荷为

$$q_i = \oiint_s \sigma \mathrm{d}s = -\frac{q_1(d_1^2 - a^2)}{4\pi a} \cdot 2\pi\int_0^{\pi} \frac{a^2\sin\theta \mathrm{d}\theta}{(a^2 + d_1^2 - 2ad_1\cos\theta)^{3/2}} = -\frac{a}{d_1}q_1 = q_2$$

球面上总的感应电荷等于镜像电荷。

如果导体球不接地,原来也不带电,由于 q_1 的影响,导体球的电位为

$$\Phi = \frac{1}{4\pi\varepsilon_0}\frac{q_1}{d_1}$$

在 $r=a$ 处,边界条件为

$$\Phi\big|_s = \frac{1}{4\pi\varepsilon_0}\frac{q_1}{d_1} \tag{4.163}$$

大家已经知道,q_1 与镜像电荷 q_2 使导体球表面 $\Phi=0$,为了使球面上满足边界条件式(4.163),需在球心位置放置镜像电荷 $q''=\frac{a}{d_1}q_1$,此时导体球表面的电位

$$\Phi = \frac{1}{4\pi\varepsilon_0}\frac{\frac{a}{d_1}q_1}{a} = \frac{1}{4\pi\varepsilon_0}\frac{q_1}{d_1}$$

球外任一点的电位由 q_1、q_2、q''计算。

如果把一点电荷 q_2 放在接地的导体球形空腔内,距球心 d_2 处,求空腔内电场,如图 4.27 所示。用与推导式(4.158)、式(4.159)类似的方法可以导出

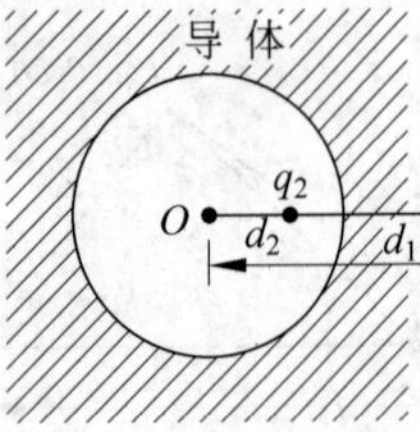

图 4.27 点电荷在接地的导体球形空腔内

镜像电荷 q_1 的位置 $\quad d_1 = \frac{a^2}{d_2} \quad$ (4.164)

镜像电荷 q_1 的大小 $\quad q_1 = -\frac{a}{d_2}q_2 \quad$ (4.165)

可以看出,把点电荷 q_1 放在导体球外 d_1 处,镜像电荷在导体球内 d_2 处;把点电荷 q_2 放在导体球面内 d_2 处,镜像电荷在导体球外 d_1 处,总是满足条件 $d_1d_2=a^2$,q_1 与 q_2 的位置互为反演点(对球心)。

例 4.10 半径为 R 的导体半球,置于一无限大接地导体平面上,点电荷 q 位于导体平面上方,与导体平面的距离是 $d(d>R)$,如图 4.28 所示,求 q 受的力。

解 电荷 q 受的力是导体半球面和平面上的感应电荷对 q 的作用力,利用一个或几个镜像电荷代替半球面和平面上所有的感应电荷,求这些镜像电荷对 q 的作用力。

q 相对于球面的镜像电荷

$$q_1 = -\frac{R}{d}q,\quad 位置在\ b_1 = \frac{R^2}{d}$$

q 与 q_1 使半球的电位为 0,但平面的电位不为 0。为了使平面的电位为 0,分别取 q 和 q_1

相对于平面的镜像电荷

$$q' = -q, \qquad \text{位置在 } d' = -d$$

$$q_1' = -q_1 = \frac{R}{d}q, \qquad \text{位置在 } b_1' = -b_1$$

q、q'、q_1、q_1'使平面电位为0。q'、q_1'是否破坏了半球上电位为0的条件呢？可以看出，q'、q_1'相对于球面正好互为镜像电荷，保证了半球的电位仍为0。q 所受的力就是三个镜像电荷 q_1、q_1'、q' 对 q 的作用力

$$F = \frac{1}{4\pi\varepsilon_0}\left[\frac{qq_1}{(d-b_1)^2} + \frac{qq'}{(2d)^2} + \frac{qq_1'}{(d+b_1)^2}\right]$$

$$= -\frac{q^2}{4\pi\varepsilon_0}\left[\frac{4R^3d^3}{(d^4-R^4)^2} + \frac{1}{4d^2}\right]$$

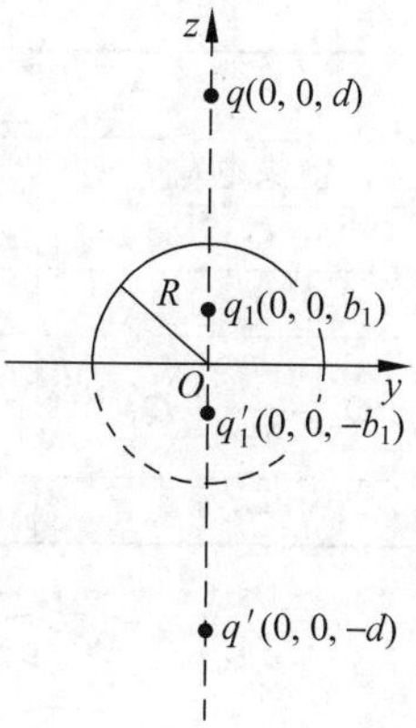

图 4.28　例 4.10 用图

例 4.11　一个导体球半径为 a，带有电荷 Q，置于一块接地导体平板上方，球心与导体板之间的距离为 D，如图 4.29 所示，求镜像电荷及导体球与导体平板之间的电容。

解　带电导体球置于接地导体平板上方，由于导体球上电荷的作用，导体板上出现感应电荷，分布是不均匀的；由于导体板的存在，导体球上电荷的分布也是不均匀的。可以用逐次逼近法计算镜像电荷的分布。

首先在导体球的中心放一个点电荷 Q_1，代替球面上所有的电荷，导体板的电位不为0。第二步在导体板的下方设置 Q_1 的镜像电荷 $-Q_1$，这就使导体板的电位为0，但是又改变了球面的电位。第三步在球体内设置 $-Q_1$ 的镜像电荷 Q_2。这样就重新恢复了导体球面的电位，但是导体平面的电位又不为0了。把这个迅速收敛的过程进行下去，一直到达到需要的准确度为止，如图 4.30 所示。这些镜像电荷及其位置列在表 4.3 中，其中 $r = a/2D$。

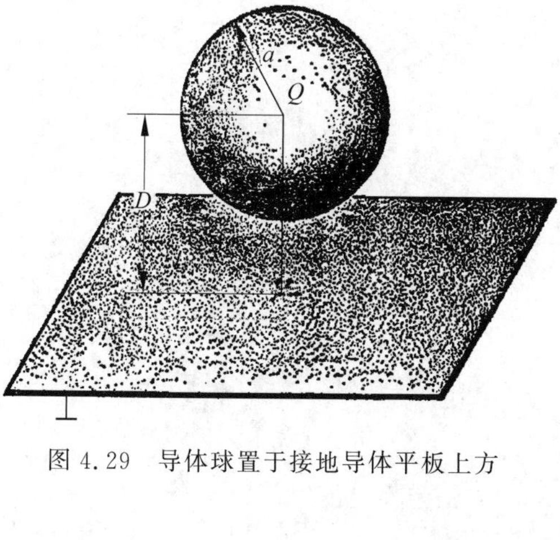

图 4.29　导体球置于接地导体平板上方

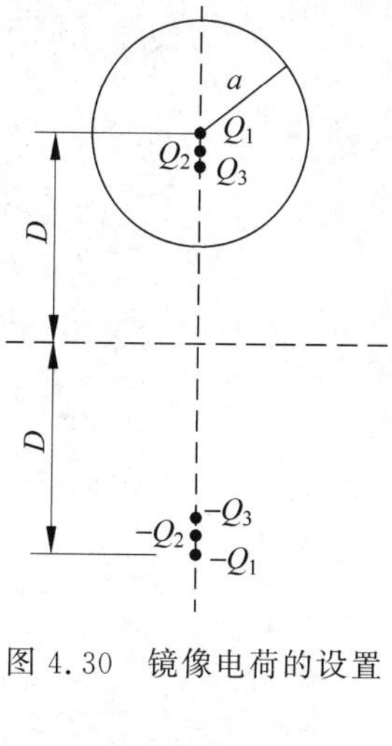

图 4.30　镜像电荷的设置

表 4.3　镜像电荷及其位置

导体球内		导体板下方	
镜像电荷	与球心的距离	镜像电荷	与球心的距离
Q_1	0	$-Q_1$	$2D$
$Q_2=rQ_1$	$a^2/2D$	$-Q_2$	$2D-a^2/2D$
$Q_3=\frac{r^2}{1-r^2}Q_1$	$\frac{a^2/2D}{1-(a/2D)^2}$	$-Q_3$	$2D-\frac{a^2/2D}{1-(a/2D)^2}$
…	…	…	…

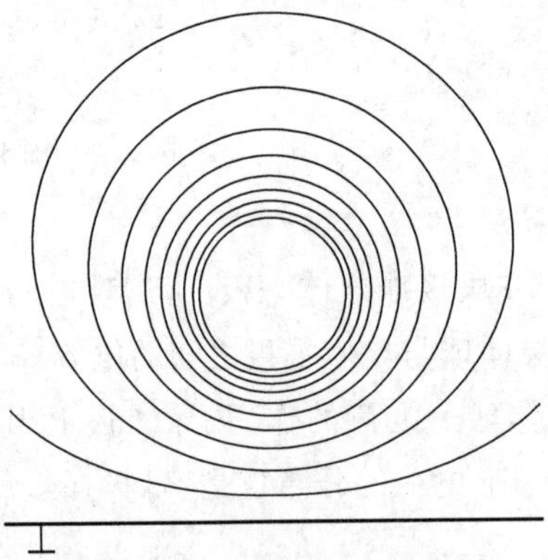

图 4.31　导体球与导体板之间的等位面

对于 $D=3a$，导体球与导体板之间的等位面如图 4.31 所示。导体球上总的电荷为

$$Q=Q_1\left(1+r+\frac{r^2}{1-r^2}+\cdots\right)$$

只有 Q_1 对导体球的电位有贡献，$-Q_1$ 和 Q_2、$-Q_2$ 和 Q_3 等各对电荷在球面上产生的电位都等于 0。所以导体球的电位为

$$U=\frac{Q_1}{4\pi\varepsilon_0 a}$$

导体球与导体平板之间的电容为

$$C=\frac{Q}{U}=4\pi\varepsilon_0 a\left(1+r+\frac{r^2}{1-r^2}+\cdots\right)$$

可以看出，导体板的存在使导体球的电容增大了。

扫码看讲课录像 4.5.5

4.5.5　电轴法

电轴法适用于求解各种两平行长直导体圆柱间的电场，即各种类型的传输线周围的电场，如图 4.32 所示。

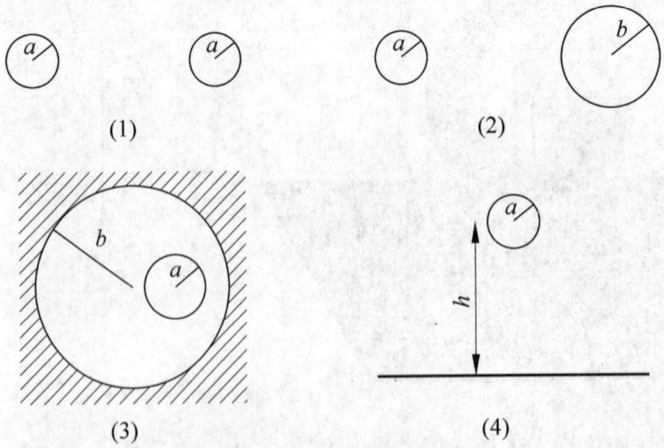

图 4.32　电轴法适用的范围

1. 线电荷对圆柱面的镜像

半径为 a 的长直接地导体圆柱外有一条和它平行的直线电荷，电荷线密度为 ρ_{l1}，与圆柱轴线相距 d_1，如图 4.33 所示，求空间的电位函数。

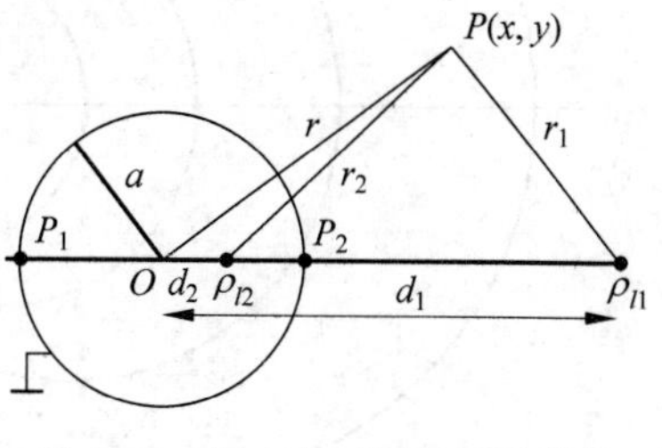

图 4.33 线电荷对圆柱面的镜像

用镜像法求解，镜像电荷的位置仍取在 d_1 的反演点，$d_2=\dfrac{a^2}{d_1}$。下面计算镜像电荷的大小，一条电荷线密度为 ρ_l 的长直线电荷产生的电位为

$$\Phi=\frac{\rho_l}{2\pi\varepsilon_0}\ln\frac{1}{r}+C \tag{4.166}$$

其中 C 与参考点的选取有关。图 4.33 中圆柱面上 P_1、P_2 两点的电位分别为

$$\frac{\rho_{l1}}{2\pi\varepsilon_0}\ln\frac{1}{a+d_1}+\frac{\rho_{l2}}{2\pi\varepsilon_0}\ln\frac{1}{a+d_2}+C=0$$

$$\frac{\rho_{l1}}{2\pi\varepsilon_0}\ln\frac{1}{d_1-a}+\frac{\rho_{l2}}{2\pi\varepsilon_0}\ln\frac{1}{a-d_2}+C=0$$

由以上两式和 $d_2=\dfrac{a^2}{d_1}$ 可以解出

$$\rho_{l2}=-\rho_{l1} \tag{4.167}$$

所以圆柱外任一点的电位为

$$\Phi=\frac{\rho_{l1}}{2\pi\varepsilon_0}\ln\frac{1}{r_1}+\frac{\rho_{l2}}{2\pi\varepsilon_0}\ln\frac{1}{r_2}+C=\frac{\rho_{l1}}{2\pi\varepsilon_0}\ln\frac{r_2}{r_1}+C \tag{4.168}$$

2. 等位面方程

令 $\Phi=$常数，即 $r_2/r_1=k$。把坐标原点平移到 ρ_{l1} 和 ρ_{l2} 连线的中点，如图 4.34 所示，可以写出

$$\frac{r_2^2}{r_1^2}=\frac{(x+b)^2+y^2}{(x-b)^2+y^2}=k^2$$

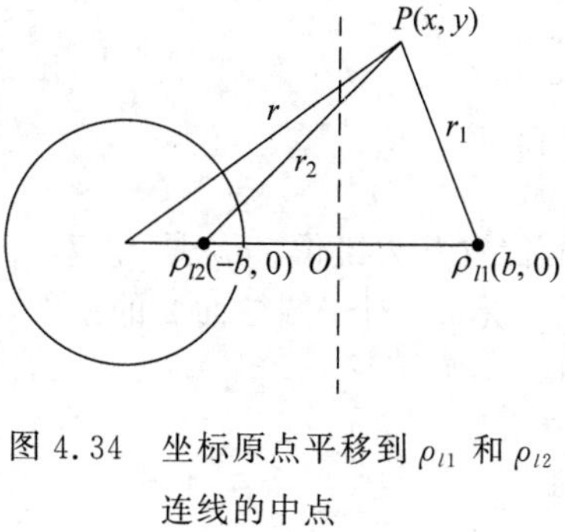

图 4.34 坐标原点平移到 ρ_{l1} 和 ρ_{l2} 连线的中点

其中 b 是 ρ_{l1}、ρ_{l2} 到新坐标原点的距离。整理后可得

$$\left(x-\frac{k^2+1}{k^2-1}b\right)^2+y^2=\left(\frac{2bk}{k^2-1}\right)^2 \tag{4.169}$$

这是 xy 平面上的圆方程，圆心坐标 $\left(\dfrac{k^2+1}{k^2-1}b,0\right)$ 和圆的半径 $\dfrac{2bk}{k^2-1}$ 都随着 k 的取值而变化，给定一个 k，有一对等位面（圆柱面），由此可以绘出等位面的分布，如图 4.35 所示。

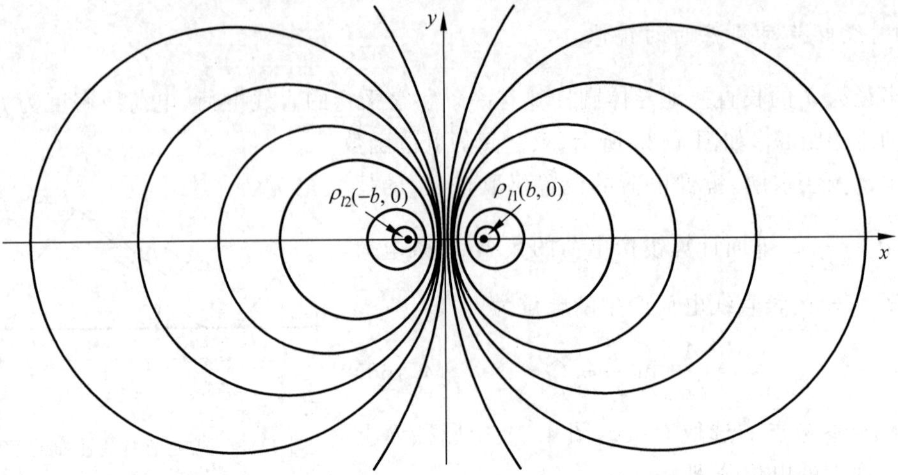

图 4.35　ρ_{l1} 和 ρ_{l2} 产生的等位面

设某一对等位面(圆柱面)的半径为 $a=\dfrac{2bk}{k^2-1}$,圆心(轴线)的坐标为$(\pm h,0)$,$h=\dfrac{k^2+1}{k^2-1}b$,如图 4.36 所示,则

$$h^2=\frac{(k^2+1)^2b^2}{(k^2-1)^2}=\frac{[(k^2-1)^2+4k^2]b^2}{(k^2-1)^2}=b^2+a^2$$

所以

$$a^2=h^2-b^2=(h+b)(h-b)=d_1d_2$$

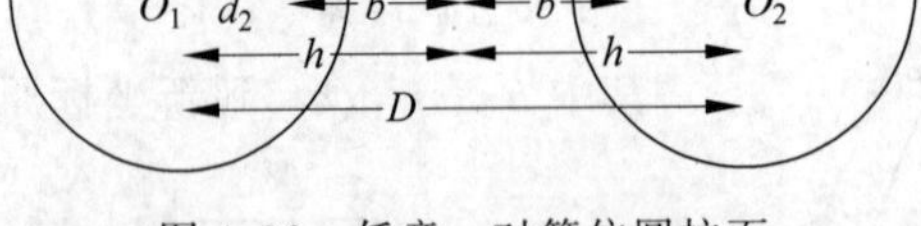

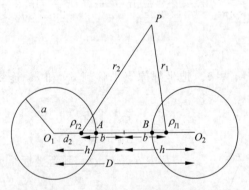

图 4.36　任意一对等位圆柱面

可以看出,对于每一对等位圆柱面,ρ_{l1} 和 ρ_{l2} 所在的位置互为镜像：ρ_{l2} 是 ρ_{l1} 对于圆柱面 1 的镜像,可以代替圆柱面 1 上所有的感应电荷；ρ_{l1} 是 ρ_{l2} 对于圆柱面 2 的镜像,可以代替圆柱面 2 上所有的感应电荷。

3. 电轴法

计算两导体圆柱周围的电场时,两导体圆柱的表面可以看作是 ρ_{l1} 和 $\rho_{l2}(=-\rho_{l1})$产生的两个等位圆柱面(图 4.35 中有无数多个等位圆柱面,改变 b,又可以得到无数多个等位圆柱面……,所以总能找到两个等位圆柱面与两导体圆柱的表面重合);两导体圆柱上的电荷用两线电荷 ρ_{l1}、$\rho_{l2}(=-\rho_{l1})$代替,由 $\pm\rho_{l1}$ 计算任一点处的 Φ、$\boldsymbol{E}$。$\pm\rho_{l1}$ 所在的位置互为镜像,称为等效电轴,所以这种方法称为电轴法。

例 4.12 有两根无限长的平行导线,半径均为 a,轴线间的距离为 D,如图 4.36 所示,求两导线间单位长度的电容。

解 导线的表面(圆柱面)是等位面,可以把两根导线的表面看成是图 4.35 中的两个等位面(半径相等),如图 4.36 所示($D=2h$),导线外任一点的电位为

$$\Phi=\frac{\rho_{l1}}{2\pi\varepsilon_0}\ln\frac{r_2}{r_1}$$

计算左边导线的电位,取导线上的 A 点,$r_2=b-(h-a)$,$r_1=b+(h-a)$,所以

$$\Phi_A=\frac{\rho_{l1}}{2\pi\varepsilon_0}\ln\frac{b-(h-a)}{b+(h-a)}$$

计算右边导体的电位,取导线上的 B 点,$r_2=b+(h-a)$,$r_1=b-(h-a)$,所以

$$\Phi_B=\frac{\rho_{l1}}{2\pi\varepsilon_0}\ln\frac{b+(h-a)}{b-(h-a)}$$

两根导线间的电位差

$$U_{BA}=\Phi_B-\Phi_A=\frac{\rho_{l1}}{2\pi\varepsilon_0}\left[\ln\frac{b+(h-a)}{b-(h-a)}-\ln\frac{b-(h-a)}{b+(h-a)}\right]=\frac{\rho_{l1}}{\pi\varepsilon_0}\ln\frac{b+(h-a)}{b-(h-a)}$$

单位长度的电容为

$$C_0=\frac{\rho_{l1}}{U_{BA}}=\frac{\pi\varepsilon_0}{\ln\dfrac{b+(h-a)}{b-(h-a)}}\tag{4.170}$$

若 $h\gg a$,$h\approx b$,可得

$$C_0=\frac{\pi\varepsilon_0}{\ln\dfrac{2h}{a}}\tag{4.171}$$

例 4.13 半径为 a_1、a_2 的两平行长直导线的轴间距离为 $d(d>a_1+a_2)$,电压为 U_0,求空间电位的分布 Φ 和单位长度的电容 C_0。

解 利用电轴法,将两根导线的表面看成是图 4.35 中的两个等位面(半径不相等),如图 4.37 所示。关键是确定电轴的位置 b。圆柱 2 上的电荷用 ρ_l 表示,圆柱 1 上的电荷用 $-\rho_l$ 表示。

ρ_l 相对于导线 1 的镜像是 $-\rho_l$,所以

$$a_1^2=d_1d_2=(h_1+b)(h_1-b)=h_1^2-b^2$$

即

$$b^2=h_1^2-a_1^2\tag{4.172}$$

同理,由 $-\rho_l$ 相对于导线 2 的镜像是 ρ_l,可以导出

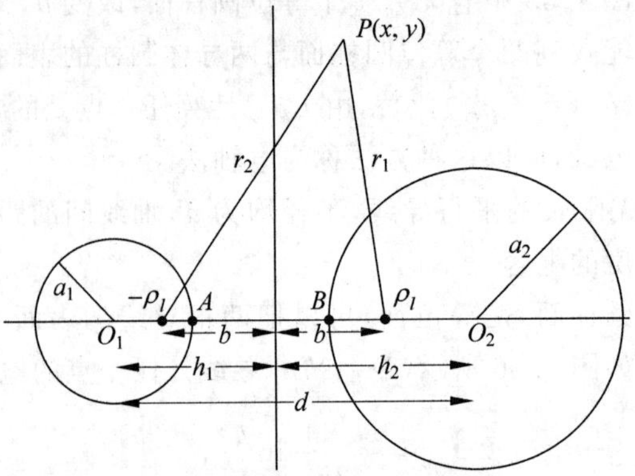

图 4.37 例 4.13 用图

$$b^2 = h_2^2 - a_2^2 \tag{4.173}$$

又有

$$h_1 + h_2 = d \tag{4.174}$$

由式(4.172)~式(4.174)可以解出

$$\begin{cases} h_1 = \dfrac{d^2 + a_1^2 - a_2^2}{2d} \\ h_2 = \dfrac{d^2 + a_2^2 - a_1^2}{2d} \end{cases} \tag{4.175}$$

由式(4.175)、式(4.172)或式(4.173)可得

$$b = \left[\left(\frac{d^2 + a_1^2 - a_2^2}{2d}\right)^2 - a_1^2\right]^{1/2} = \left[\left(\frac{d^2 + a_2^2 - a_1^2}{2d}\right)^2 - a_2^2\right]^{1/2}$$

两根导线外任一点的电位为

$$\Phi = \frac{\rho_l}{2\pi\varepsilon_0} \ln \frac{r_2}{r_1}$$

用与例 4.12 中完全相同的方法可以解出,两导线间的电位差为

$$U_0 = \Phi_B - \Phi_A = \frac{\rho_l}{2\pi\varepsilon_0} \ln \frac{[b + (h_2 - a_2)] \cdot [b + (h_1 - a_1)]}{[b - (h_2 - a_2)] \cdot [b - (h_1 - a_1)]}$$

可以解出

$$\Phi = \frac{U_0}{\ln \dfrac{[b + (h_2 - a_2)] \cdot [b + (h_1 - a_1)]}{[b - (h_2 - a_2)] \cdot [b - (h_1 - a_1)]}} \ln \frac{r_2}{r_1}$$

单位长度的电容为

$$C_0 = \frac{\rho_l}{U_0} = \frac{2\pi\varepsilon_0}{\ln \dfrac{[b + (h_2 - a_2)] \cdot [b + (h_1 - a_1)]}{[b - (h_2 - a_2)] \cdot [b - (h_1 - a_1)]}} \tag{4.176}$$

4.6 有限差分法

扫码看讲课录像4.6-1

扫码看讲课录像4.6-2

电磁场的分析、计算在工程技术和科学研究中都有广泛的应用。当场域边界的几何形状比较复杂时，应用解析法（包括直接积分法、分离变量法、镜像法、复变函数法等）分析计算会遇到很多困难，在这些情况下，可采用数值方法计算。数值计算方法不推导场的表达式，利用计算机直接计算空间各点 Φ 和 $\boldsymbol{E}$ 的值。随着计算机技术的发展，数值计算方法发展得很快，已经成为一门新的学科——计算电磁学，成为工程技术上分析计算电磁场问题的重要手段。目前已经有许多种分析、计算电磁场的数值方法，如有限差分法、有限元法、矩量法、模拟电荷法、边界元法、时域有限差分法等。可以分析计算静态电磁场，也可以分析计算时变电磁场。由于各种数值方法的发展，使电磁场的分析计算实用化。

在电磁场的各种数值分析方法中，有限差分法以其简单、直观的特点得到广泛的应用。本节以有限差分法为例，介绍电磁场数值方法的基本原理和基本方法。

4.6.1 差分原理

有限差分法是以差分原理为基础的一种数值计算方法。因此，需要先介绍一下差分原理的基本思想。

1. 一阶差分和一阶差商

设一函数 $f(x)$，当自变量 x 有一很小的增量 $\Delta x=h$ 时，函数 $f(x)$ 的增量

$$\Delta f(x)=f(x+h)-f(x) \tag{4.177}$$

称为函数 $f(x)$ 的一阶差分。差分 Δf 与微分 $\mathrm{d}f$ 的区别在于：在微分 $\mathrm{d}f$ 的定义中，$\Delta x\to 0$；在差分 Δf 的定义中，$\Delta x=h$ 为一有限值，所以也称为有限差分。当 h 很小时，差分 Δf 很接近微分 $\mathrm{d}f$。

一阶差分除以增量 h 的商，称为一阶差商

$$\frac{\Delta f(x)}{\Delta x}=\frac{f(x+h)-f(x)}{h} \tag{4.178}$$

当 h 很小时，一阶差商接近一阶微商（导数）。

2. 二阶差分和二阶差商

对一阶差分 $\Delta f(x)$ 再次差分，就得到 $f(x)$ 的二阶差分

$$\Delta^2 f(x)=\Delta f(x+h)-\Delta f(x) \tag{4.179}$$

同样，当增量 h 很小时，二阶差分 $\Delta^2 f$ 接近于二阶微分 $\mathrm{d}^2 f$，二阶差分 $\Delta^2 f$ 除以增量 h^2 的商称为二阶差商，

$$\frac{\Delta^2 f(x)}{(\Delta x)^2}=\frac{\Delta f(x+h)-\Delta f(x)}{h^2} \tag{4.180}$$

当 h 很小时,二阶差商接近二阶微商(导数)。偏导数也可以按式(4.177)~式(4.180)近似表示为差分和差商。这样就可以把偏微分方程(泊松方程或拉普拉斯方程)转化为差分方程,然后进行求解,这就是有限差分法的基本思路。

4.6.2 有限差分法的基本方法

有限差分法是通过场域的离散化,把连续的场域划分为一系列离散的场点,以各离散点上电、磁场的数值解来近似连续场域内的真实解,借助计算机可以保证计算的精确度。下面以二维静电场的第一类边值问题为例,说明利用有限差分法分析计算电磁场的方法和步骤。如图4.38所示,设在以 L 为边界的场域 D 内,电位函数 Φ 满足泊松方程,并给定第一类边值

$$\nabla^2\Phi=\frac{\partial^2\Phi}{\partial x^2}+\frac{\partial^2\Phi}{\partial y^2}=F,\quad 在 D 域内 \tag{4.181}$$

$$\Phi\,|_L=f \tag{4.182}$$

式(4.181)中的 $F=\rho(x,y)/\varepsilon$,当 $\rho(x,y)=0$ 时,式(4.181)为拉普拉斯方程。

1. 场域的离散化

场域的离散化就是用一定形状的网格把待求的连续的场域划分为有限个离散的点,这样就把无限多个连续的场点转化为有限多个离散的场点,为利用差分方程组求解电磁场的分布创造了条件。在图4.38中是用分别平行于 x 轴和 y 轴的两组平行直线把场域 D 划分成正方形网格,网格线的交点称为**节点**,网格线之间的距离 h 称为**步距**。只求解各节点上的场(Φ 或 $\boldsymbol{E}$),这样,各节点就是离散化后的场点。h 越小,对场的描述就越细致。在实际应用中,经常用这种正方形网格使场域离散化。根据实际问题的需要,也可采用矩形网格或正三角形网格。对于圆形边界,可采用极坐标网格,如图4.39所示,在下面的讨论中,均采用正方形的网格。

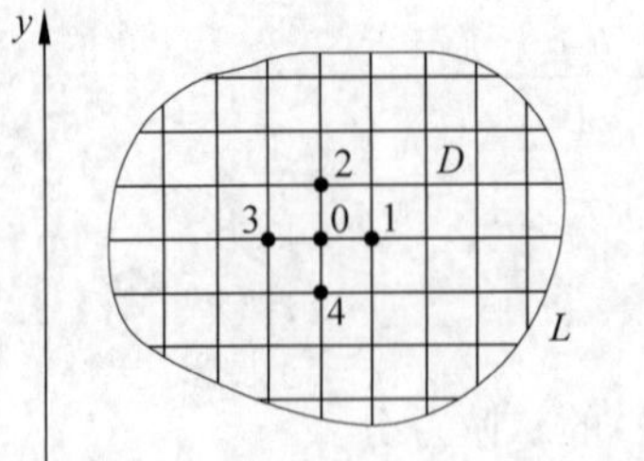

图4.38 场域的离散化

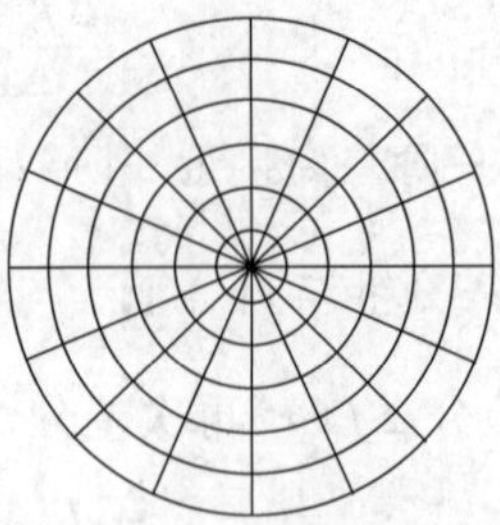

图4.39 极坐标网格

2. 泊松方程(或拉普拉斯方程)→差分方程

图 4.38 中场域 D 内任一节点和与其相邻的 4 个节点都组成一个相同的结构(称为对称星形),如节点 0 和与其相邻的节点 1、2、3、4 组成一个对称星形。设节点 0、1、2、3、4 的位函数分别为 Φ_0、Φ_1、Φ_2、Φ_3、Φ_4。

在通过 0 点且平行于 x 轴的直线上,任意点处的位函数 Φ_x 可由泰勒公式展开为

$$\Phi_x = \Phi_0 + \left.\frac{\partial \Phi}{\partial x}\right|_0 (x - x_0) + \frac{1}{2!}\left.\frac{\partial^2 \Phi}{\partial x^2}\right|_0 (x - x_0)^2 + \frac{1}{3!}\left.\frac{\partial^3 \Phi}{\partial x^3}\right|_0 (x - x_0)^3 + \cdots \tag{4.183}$$

在节点 1 处,$x = x_0 + h$,所以 $x - x_0 = h$,代入式(4.183)可得

$$\Phi_1 = \Phi_0 + h\left.\frac{\partial \Phi}{\partial x}\right|_0 + \frac{1}{2!}h^2\left.\frac{\partial^2 \Phi}{\partial x^2}\right|_0 + \frac{1}{3!}h^3\left.\frac{\partial^3 \Phi}{\partial x^3}\right|_0 + \cdots \tag{4.184}$$

在节点 3 处,$x = x_0 - h$,所以 $x - x_0 = -h$,代入式(4.183)可得

$$\Phi_3 = \Phi_0 - h\left.\frac{\partial \Phi}{\partial x}\right|_0 + \frac{1}{2!}h^2\left.\frac{\partial^2 \Phi}{\partial x^2}\right|_0 - \frac{1}{3!}h^3\left.\frac{\partial^3 \Phi}{\partial x^3}\right|_0 + \cdots \tag{4.185}$$

式(4.184)+式(4.185),由于 h 很小,略去 h^3 以上的各项可得

$$\Phi_1 + \Phi_3 \approx 2\Phi_0 + h^2\frac{\partial \Phi^2}{\partial x^2}$$

所以

$$\left.\frac{\partial^2 \Phi}{\partial x^2}\right|_0 \approx \frac{\Phi_1 - 2\Phi_0 + \Phi_3}{h^2} \tag{4.186}$$

式(4.186)是 x 方向 Φ 的二阶偏导数的差分表达式,误差大致和步距 h 的二次方成正比,h 越小计算的准确度越高。用完全相似的方法可以导出 y 方向二阶偏导数的差分表达式

$$\left.\frac{\partial^2 \Phi}{\partial y^2}\right|_0 \approx \frac{\Phi_2 - 2\Phi_0 + \Phi_4}{h^2} \tag{4.187}$$

把式(4.186)、式(4.187)代入式(4.181),泊松方程可以写为

$$\Phi_1 + \Phi_2 + \Phi_3 + \Phi_4 - 4\Phi_0 = h^2 F \tag{4.188}$$

对于拉普拉斯方程,$F=0$,可以写为

$$\Phi_1 + \Phi_2 + \Phi_3 + \Phi_4 - 4\Phi_0 = 0 \tag{4.189}$$

可以看出,场域 D 中任何一点的电位 Φ_0,可以用与它相邻的四点的电位来表示。

3. 边界条件的离散化

对于第一类边值问题,设边界正好与网格线重合,如图 4.40 所示,把边界上的值 $f(s)$ 直接赋给边界上的各节点即可。第一类边值问题,若边界不与网格线重合,或第二、三类边值问题,或存在两种不同媒质的分界面,边界条件的离散化方法比较复杂,可参考有关文献。

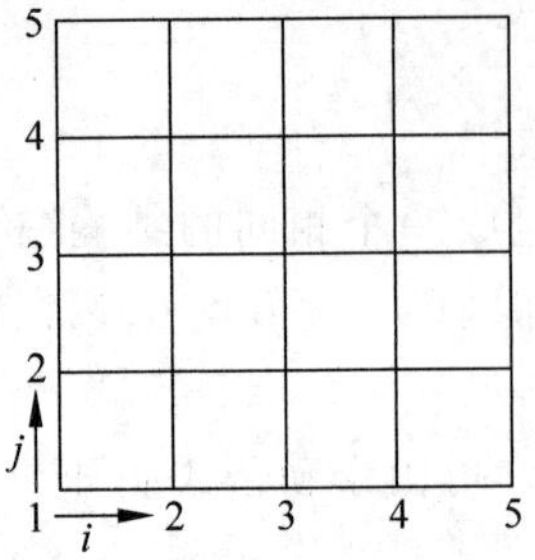

图 4.40　边界与网格线重合

4. 差分方程组及其解法

(1) 对于给定的场域 D,选择适当的步距 h 划分网格,把场域离散化。每一网格节点的位置用双下标 (i,j) 表示,如图 4.40 所示。

(2) 对于每一个内点(不在边界上的节点),利用式(4.188)或式(4.189)列出差分方程,得到一个差分方程组,在图 4.40 中

内点(2,2):　　$\Phi_{2,1}+\Phi_{1,2}+\Phi_{2,3}+\Phi_{3,2}-4\Phi_{2,2}=h^2F_{2,2}$

内点(2,3):　　$\Phi_{2,2}+\Phi_{1,3}+\Phi_{2,4}+\Phi_{3,3}-4\Phi_{2,3}=h^2F_{2,3}$

……

内点(4,4):　　$\Phi_{4,3}+\Phi_{3,4}+\Phi_{4,5}+\Phi_{5,4}-4\Phi_{4,4}=h^2F_{4,4}$

在一般的计算问题中,可列出几十至几百个方程,这组方程数目虽然很多,但是每个方程的结构都相似,通式可写为

$$\Phi_{i,j}=\frac{1}{4}(\Phi_{i+1,j}+\Phi_{i,j+1}+\Phi_{i-1,j}+\Phi_{i,j-1}-h^2F_{i,j}) \tag{4.190}$$

可以看出,步距 h 越小,对场的描述越细致,计算结果越精确,但方程的数目也越多。在计算实际的问题时,应根据所要求的精度、计算机的容量和计算速度确定适当的步距 h。

(3) 差分方程组的解法。

利用计算机求解差分方程组,一般采用超松弛迭代法,下面介绍超松弛迭代法的具体方法和演变过程。

① 给定各节点的初始值 $\Phi_{i,j}$。

边界上各节点的初始值可由边界条件给出;各内点的初始值,需要根据给定的边界条件估计。初始值取得好可以减少迭代次数,加快计算速度。

② 迭代运算从 i、j 的最小值做起(i 小的先做,对固定的 i,j 小的先做),即从左下角→右上角,对所有的内点依次按差分方程式(4.190)进行第一次运算,各内点运算的结果为 $\Phi_{i,j}^{(1)}$,称为第一次近似值。把第一次近似值作为各内点的电位值,再从左下角→右上角,对所有的内点依次按差分方程式(4.190)进行第二次迭代运算,各内点运算的结果为 $\Phi_{i,j}^{(2)}$,称为第二次近似值……。这样周而复始地进行迭代运算,由各内点的第 n 次近似值 $\Phi_{i,j}^{(n)}$,可以算出第 $n+1$ 次近似值为

$$\Phi_{i,j}^{(n+1)}=\frac{1}{4}(\Phi_{i+1,j}^{(n)}+\Phi_{i,j+1}^{(n)}+\Phi_{i-1,j}^{(n)}+\Phi_{i,j-1}^{(n)}-h^2F_{i,j}) \tag{4.191}$$

式(4.191)称为**简单迭代法**。利用简单迭代法,计算占用的存储单元多(需要两套存储单元,分别存放全部节点的第 n 次和第 $n+1$ 次近似值),迭代运算收敛的速度也比较慢。

由于迭代运算的次序是由左下角→右上角,所以在计算 $\Phi_{i,j}^{(n+1)}$ 时,$\Phi_{i-1,j}^{(n+1)}$ 和 $\Phi_{i,j-1}^{(n+1)}$ 已经算出。用 $\Phi_{i-1,j}^{(n+1)}$ 和 $\Phi_{i,j-1}^{(n+1)}$ 代替式(4.191)中的 $\Phi_{i-1,j}^{(n)}$ 和 $\Phi_{i,j-1}^{(n)}$,则

$$\Phi_{i,j}^{(n+1)}=\frac{1}{4}(\Phi_{i+1,j}^{(n)}+\Phi_{i,j+1}^{(n)}+\Phi_{i-1,j}^{(n+1)}+\Phi_{i,j-1}^{(n+1)}-h^2F_{i,j}) \tag{4.192}$$

式(4.192)称为**高斯-赛德尔迭代法**。这样,只需要一套存储单元存放各节点计算的近似值。对于每一个节点,算出($n+1$)次近似值以后,就用第($n+1$)次近似值代替存储单元中原来的第 n 次近似值,所以可以节省存储单元。但是迭代运算的收敛速度还是比较慢,为了加快收敛速度,通常采用超松弛迭代法。

令某一节点第($n+1$)次近似值和第 n 次近似值的余数为

$$R_{i,j}^{(n)}=\Phi_{i,j}^{(n+1)}-\Phi_{i,j}^{(n)} \tag{4.193}$$

则第($n+1$)次近似值取为

$$\Phi_{i,j}^{(n+1)}=\Phi_{i,j}^{(n)}+\alpha R_{i,j}^{(n)} \tag{4.194}$$

α 称为加速收敛因子(也称为松弛因子),把式(4.193)、式(4.192)代入式(4.194),可得

$$\Phi_{i,j}^{(n+1)}=\Phi_{i,j}^{(n)}+\frac{\alpha}{4}(\Phi_{i+1,j}^{(n)}+\Phi_{i,j+1}^{(n)}+\Phi_{i-1,j}^{(n+1)}+\Phi_{i,j-1}^{(n+1)}-h^2F_{i,j}-4\Phi_{i,j}^{(n)}) \tag{4.195}$$

式(4.195)即为**超松弛迭代公式**。加速收敛因子 α 的取值范围为 $1<\alpha<2$,当 $\alpha=1$ 时,回到高斯-赛德尔迭代法,即式(4.192);当 $\alpha>2$ 时,迭代运算不收敛;正确选择 α 的值可以减少迭代次数,提高运算速度。对于第一类边值问题,最佳收敛因子 α 可按下述方法计算:若正方形场域用正方形网格划分,每边长度为 ph,则

$$\alpha=\frac{2}{1+\sin\dfrac{\pi}{p}} \tag{4.196}$$

若矩形场域用正方形网格划分,两边长度分别为 ph 和 qh,且 p、q 都很大(>15),则

$$\alpha=2-\pi\sqrt{2}\sqrt{\frac{1}{p^2}+\frac{1}{q^2}} \tag{4.197}$$

利用式(4.196)或式(4.197)算出最佳收敛因子 α 以后,还可以上机进行检验和修正。

③ 计算的精确度。

严格地说,只有当所有内点相邻两次近似值的余数都等于零,即 $R_{i,j}^{(n)}=0$ 时,迭代运算才应该结束,实际上这是不可能的。一般是当所有内点相邻两次近似值的绝对误差(当给定非零的初始值时,也可用相对误差)小于给定的误差范围时,即

$$\Phi_{i,j}^{(n+1)}-\Phi_{i,j}^{(n)}<\text{给定的误差范围} \tag{4.198}$$

或

$$(\Phi_{i,j}^{(n+1)}-\Phi_{i,j}^{(n)})/\Phi_{i,j}^{(n+1)}<\text{给定的误差范围} \tag{4.199}$$

时,迭代运算终止。

(4) 具有对称性场的解法。

求解具有对称性的二维平面场,利用对称性,可以缩小计算的场域。例如,在例 4.14 中,利用对称性可使计算的场域缩小一半。

具有对称性的二维平面场中各内点的差分方程仍是式(4.188)或式(4.189)。下面着重

讨论一下对称线上各节点的差分方程和超松弛迭代公式。为了简化,只讨论对称线与网格线重合的情况,如图 4.41 所示。AA'为对称线,0 点的差分方程为

$$\Phi_0=(\Phi_1+\Phi_2+\Phi_3+\Phi_4-h^2F)/4$$

由对称性 $\Phi_1=\Phi_3$,所以

$$\Phi_0=(2\Phi_3+\Phi_2+\Phi_4-h^2F)/4$$

利用与前面相同的方法,可以写出对称线上各点的超松弛迭代公式

$$\Phi_{i,j}^{(n+1)}=\Phi_{i,j}^{(n)}+\frac{\alpha}{4}(2\Phi_{i-1,j}^{(n+1)}+\Phi_{i,j+1}^{(n)}+\Phi_{i,j-1}^{(n+1)}-h^2F_{i,j}-4\Phi_{i,j}^{(n)}) \qquad (4.200)$$

例 4.14 一长直接地金属槽的横截面如图 4.42 所示,设上盖板的电位为 100V,侧壁与底面接地,即电位为 0V,求槽内电位的分布。

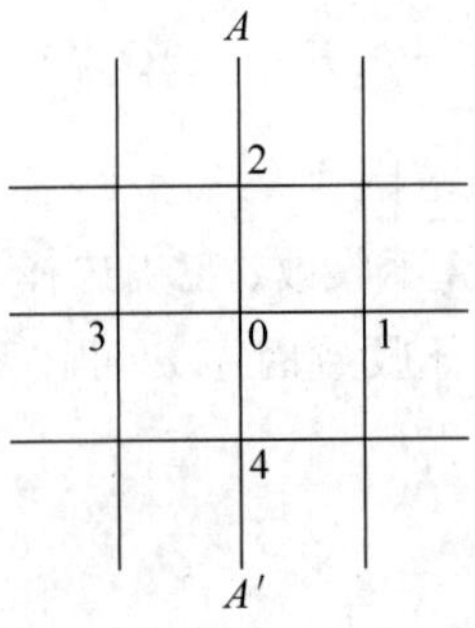

图 4.41 具有对称性的场

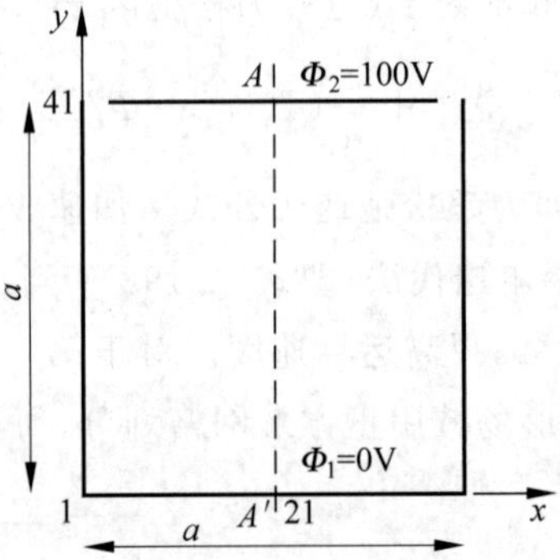

图 4.42 例 4.14 用图

解 当金属槽的长度远大于横截面的线度时,分析金属槽内(不靠近两端)电场的分布,可以忽略两端的边缘效应,认为场的分布与 z 无关,简化为二维平面场,选用直角坐标系。槽内无电荷分布,电位函数 Φ 满足拉普拉斯方程,属于第一类边值问题

$$\frac{\partial^2\Phi}{\partial x^2}+\frac{\partial^2\Phi}{\partial y^2}=0 \quad (0<x<a,0<y<a)$$

槽内场的分布是左右对称的,对称线是 AA',只需要计算左半侧场的分布即可。用正方形网格划分场域,选取步距 $h=a/40$,利用式(4.196)可以算出加速收敛因子

$$\alpha=\frac{2}{1+\sin\dfrac{\pi}{40}}\approx 1.85$$

利用式(4.195)和式(4.200)写出超松弛迭代公式,对于各内点($i=2\sim20,j=2\sim40$)

$$\Phi_{i,j}^{(n+1)}=\Phi_{i,j}^{(n)}+\frac{1.85}{4}(\Phi_{i+1,j}^{(n)}+\Phi_{i,j+1}^{(n)}+\Phi_{i-1,j}^{(n+1)}+\Phi_{i,j-1}^{(n+1)}-4\Phi_{i,j}^{(n)})$$

对称线 AA'上的各节点($i=21,j=2\sim40$)

$$\Phi_{i,j}^{(n+1)}=\Phi_{i,j}^{(n)}+\frac{1.85}{4}(2\Phi_{i-1,j}^{(n+1)}+\Phi_{i,j+1}^{(n)}+\Phi_{i,j-1}^{(n+1)}-4\Phi_{i,j}^{(n)})$$

边界条件为

$$\Phi_{1,1\sim41}=0,\quad \Phi_{1\sim21,1}=0,\quad \Phi_{2\sim21,41}=100$$

给定各内点的初始值，在本题中可以看出，电位由上至下是递减的。先假定是均匀递减，则各内点电位的初始值可设定为

$$\Phi_{i,j}^{(0)}=\frac{\Phi_2-\Phi_1}{p}(j-1)=\frac{100}{40}(j-1)$$

其中 i 为 2～21，j 为 2～40。

确定计算精确度为：相对误差$<10^{-5}$，即

$$\frac{\Phi_{i,j}^{(n+1)}-\Phi_{i,j}^{(n)}}{\Phi_{i,1}^{(n+1)}}<10^{-5}$$

计算程序框图如图 4.43 所示。编写计算程序可以利用 FORTRAN 语言或 MATLAB，Fortran 语言适用于大型科学问题的计算，使用 MATLAB 绘制等位面图更方便。利用计算结果绘制的等位面如图 4.44 所示。

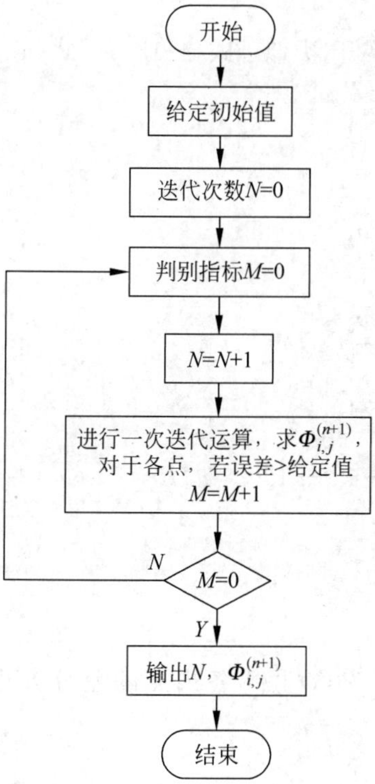

图 4.43　计算程序框图

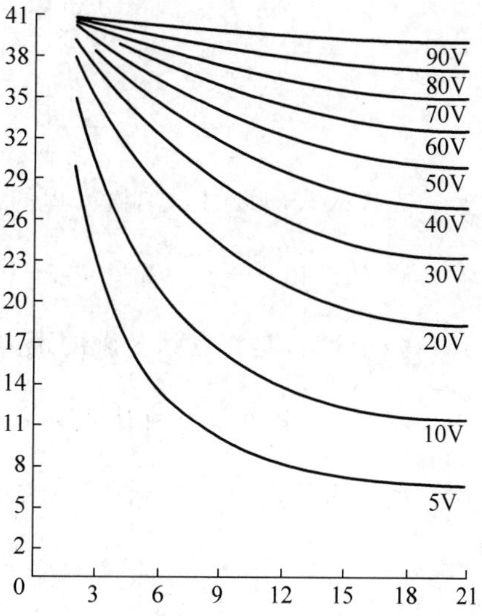

图 4.44　等位面

4.6.3　轴对称场的计算

在实际的工程问题中，常遇到具有轴对称性的三维场问题。例如示波管和显像管中的聚焦电场，载流螺线管内的磁场等。这类三维场问题可简化为对称轴平面（rz 平面，z

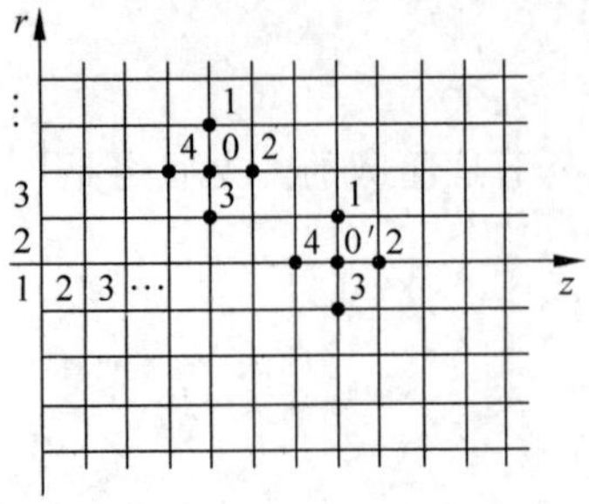

图 4.45　轴对称场的离散化

轴为对称轴)内的二维场分析计算,一般采用圆柱坐标系。

对 rz 平面内场域的离散化,网格划分的方法与二维平面场相同,如图 4.45 所示,但是场在空间分布的特性,即微分方程是截然不同的,因此需要导出轴对称场内泊松方程(或拉普拉斯方程)的差分形式和超松弛迭代公式。

1. 轴对称场中泊松方程的差分形式

在圆柱坐标系中,取轴对称场的对称轴与 z 轴重合,场的分布与 φ 无关,泊松方程可以写为

$$\nabla^2\Phi=\frac{\partial^2\Phi}{\partial r^2}+\frac{1}{r}\frac{\partial\Phi}{\partial r}+\frac{\partial^2\Phi}{\partial z^2}=P \tag{4.201}$$

在 rz 平面内,用正方形网格划分场域。利用泰勒级数展开,类似于式(4.184)～式(4.187)的推导方法,可以得到

$$\left.\frac{\partial\Phi}{\partial r}\right|_0=\frac{\Phi_1-\Phi_3}{2h} \tag{4.202}$$

$$\left.\frac{\partial^2\Phi}{\partial r^2}\right|_0=\frac{\Phi_1-2\Phi_0+\Phi_3}{h^2} \tag{4.203}$$

$$\left.\frac{\partial^2\Phi}{\partial z^2}\right|_0=\frac{\Phi_2-2\Phi_0+\Phi_4}{h^2} \tag{4.204}$$

把以上三式代入式(4.201),泊松方程的差分形式可以写为

$$\left(1+\frac{h}{2r_0}\right)\Phi_1+\Phi_2+\left(1-\frac{h}{2r_0}\right)\Phi_3+\Phi_4-4\Phi_0=h^2P \tag{4.205}$$

其中 $r_0=(j-1)h$,是 0 点到 z 轴的距离。

2. 轴对称场中的超松弛迭代公式

每一个网格节点用双下标(j,k)表示,利用式(4.205)写出各内点的差分方程,通式为

$$\Phi_{i,j}=\frac{1}{4}\left[\left(1+\frac{1}{2(j-1)}\right)\Phi_{j+1,k}+\Phi_{j,k+1}+\left(1-\frac{1}{2(j-1)}\right)\Phi_{j-1,k}+\Phi_{j,k-1}-h^2P_{j,k}\right]$$

利用与 4.6.2 节中相似的方法,可以写出轴对称场中的超松弛迭代公式

$$\Phi_{i,j}^{(n+1)}=\Phi_{i,j}^{(n)}+\frac{\alpha}{4}\left[\left(1+\frac{1}{2(j-1)}\right)\Phi_{j+1,k}^{(n)}+\Phi_{j,k+1}^{(n)}\right.$$
$$\left.+\left(1-\frac{1}{2(j-1)}\right)\Phi_{j-1,k}^{(n+1)}+\Phi_{j,k-1}^{(n+1)}-h^2P_{j,k}-4\Phi_{j,k}^{(n)}\right] \tag{4.206}$$

加速收敛因子 α 可先由式(4.196)或式(4.197)算出估计值,再由上机实验确定最佳值。

对称轴上的节点 $r=0$，$\frac{\partial \Phi}{\partial r}=0$，泊松方程式(4.201)中第二项$\frac{1}{r}\frac{\partial \Phi}{\partial r}$是 0/0 型的不定值，利用罗必塔法则

$$\lim_{r\to 0}\left(\frac{1}{r}\ \frac{\partial \Phi}{\partial r}\right)=\lim_{r\to 0}\frac{\left(\frac{\partial \Phi}{\partial r}\right)'}{r'}=\frac{\partial^2 \Phi}{\partial r^2}=0$$

代入式(4.201)，得到对称轴上各节点的泊松方程

$$2\frac{\partial^2 \Phi}{\partial r^2}+\frac{\partial^2 \Phi}{\partial z^2}=P \tag{4.207}$$

把式(4.203)、式(4.204)代入上式，并利用场的对称性($\Phi_1=\Phi_3$)，可以写出对称轴上各节点的差分方程

$$4\Phi_1+\Phi_2+\Phi_4-6\Phi_0-h^2P=0 \tag{4.208}$$

对称轴上各节点差分方程的通式可以写为

$$\Phi_{j,k}=(4\Phi_{j+1,k}+\Phi_{j,k+1}+\Phi_{j,k-1}-h^2P_{j,k})/6 \tag{4.209}$$

同样可以导出超松弛迭代公式

$$\Phi_{j,k}^{(n+1)}=\Phi_{j,k}^{(n)}+\frac{\alpha}{6}(4\Phi_{j+1,k}^{(n)}+\Phi_{j,k+1}^{(n)}+\Phi_{j,k-1}^{(n+1)}-h^2P_{j,k}-6\Phi_{j,k}^{(n)}) \tag{4.210}$$

4.6.4 场强 $\boldsymbol{E}$、$\boldsymbol{H}$、$\boldsymbol{B}$ 的计算

利用有限差分法求出位函数(电位 Φ、标量磁位 Φ_{m} 或矢量磁位 A_z)的数值解以后，可进一步利用差分原理计算场强 $\boldsymbol{E}$、$\boldsymbol{H}$、$\boldsymbol{B}$ 的分布。

为了计算方便，把电位的实际值写为

$$\Phi_0=M_\Phi\Phi \tag{4.211}$$

把标量磁位的实际值写为

$$\Phi_{\mathrm{m0}}=M_{\Phi\mathrm{m}}\Phi_{\mathrm{m}} \tag{4.212}$$

把矢量磁位的实际值写为

$$A_{z0}=M_AA_z \tag{4.213}$$

式(4.211)～式(4.213)中，Φ、Φ_{m}、A_z 分别称为电位，标量磁位和矢量磁位的相对值，M_Φ、$M_{\Phi\mathrm{m}}$、M_A 分别称为电位、标量磁位和矢量磁位的标度。例如，例 4.14 中，接地金属槽上盖板的电位 $\Phi_2=100\mathrm{V}$ 可以看作是相对值，计算出金属槽内电位的分布。若上盖板电位的实际值为 150，则电位的标度应 M_Φ 取为 1.5。把求出的各节点的电位数值都乘以 1.5，即可得到各节点电位的实际值，不需要再重新计算。这样取不同的电位标度 M_Φ，就可求出上盖板具有不同电位时金属槽内电位的分布，给求解同一类问题带来很大方便。

利用电、磁场的基本公式和差分原理，场强 $\boldsymbol{E}$、$\boldsymbol{H}$、$\boldsymbol{B}$ 的表达式可以写为

$$\boldsymbol{E}=-\nabla\Phi_0=-M_\Phi\ \nabla\Phi=-M_\Phi\left(\boldsymbol{e}_x\ \frac{\partial\Phi}{\partial x}+\boldsymbol{e}_y\ \frac{\partial\Phi}{\partial y}\right)$$

$$\approx-M_\Phi\left(\boldsymbol{e}_x\ \frac{\Phi_1-\Phi_3}{2h}+\boldsymbol{e}_y\ \frac{\Phi_2-\Phi_4}{2h}\right)\tag{4.214}$$

$$\boldsymbol{H}=-\nabla\Phi_{\mathrm{m}0}=-M_{\Phi\mathrm{m}}\ \nabla\Phi_{\mathrm{m}}=-M_{\Phi\mathrm{m}}\left(\boldsymbol{e}_x\ \frac{\partial\Phi_{\mathrm{m}}}{\partial x}+\boldsymbol{e}_y\ \frac{\partial\Phi_{\mathrm{m}}}{\partial y}\right)$$

$$\approx-M_{\Phi\mathrm{m}}\left(\boldsymbol{e}_x\ \frac{\Phi_{\mathrm{m}1}-\Phi_{\mathrm{m}3}}{2h}+\boldsymbol{e}_y\ \frac{\Phi_{\mathrm{m}2}-\Phi_{\mathrm{m}4}}{2h}\right)\tag{4.215}$$

$$\boldsymbol{B}=\nabla\times\boldsymbol{A}_0=M_A\ \nabla\times\boldsymbol{A}=M_A\left(\boldsymbol{e}_x\ \frac{\partial A_z}{\partial y}-\boldsymbol{e}_y\ \frac{\partial A_z}{\partial x}\right)$$

$$\approx M_A\left(\boldsymbol{e}_x\ \frac{A_{z2}-A_{z4}}{2h}-\boldsymbol{e}_y\ \frac{A_{z1}-A_{z3}}{2h}\right)\tag{4.216}$$

式(4.216)中仍设 $\boldsymbol{A}$ 只有 z 分量 $A=A_z$。若求边界上各节点处的场强(如图 4.46 中的 s 点),可用边界与相邻的网格线之间中点的场强来近似。例如

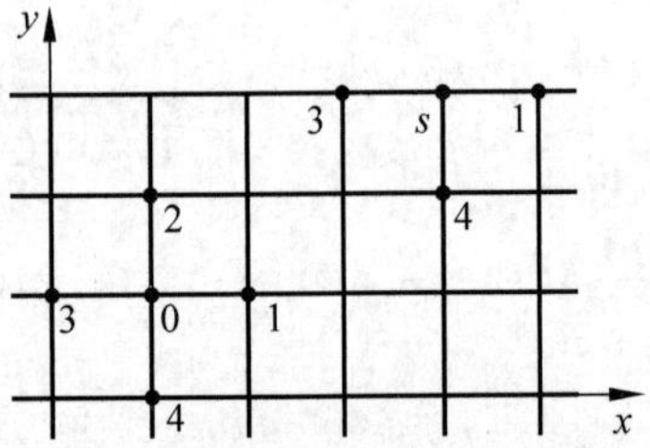

图 4.46 求边界上各节点处的场强

$$\boldsymbol{E}=-M_\Phi\ \nabla\Phi=-M_\Phi\ \frac{\partial\Phi}{\partial y}\boldsymbol{e}_y\approx-M_\Phi\ \frac{\Phi_{\mathrm{s}}-\Phi_4}{h}\boldsymbol{e}_y\tag{4.217}$$

当网格线比较密,h 很小时,这种近似引起的误差是很小的。式(4.217)中 $\boldsymbol{E}$ 只有 y 分量,是假设边界为金属导体,所以界面附近 $\boldsymbol{E}$ 只有法向分量。

4.6.5 时域有限差分法简介

时域有限差分法(Finite Difference Time Domain,FDTD)是 1966 年 K. S. Yee 首先提出的一种以 Maxwell 方程为基础的解决电磁波问题的数值计算方法。FDTD 算法将 Maxwell 方程中的两个旋度方程直接转化为差分形式,将电磁场进行空间和时间上的离散化,得到电磁场演化的迭代方程组。

1. 麦克斯韦方程和 Yee 元细胞

设电磁参数不随时间变化,引入虚构磁流概念,宏观电磁场的 Maxwell 旋度方程组可表示为

$$\nabla\times\boldsymbol{H}=\frac{\partial\boldsymbol{D}}{\partial t}+\boldsymbol{J}_{\mathrm{e}}\tag{4.217}$$

$$\nabla\times\boldsymbol{E}=-\frac{\partial B}{\partial t}-J_{\mathrm{m}}\tag{4.218}$$

其中,$\boldsymbol{E}$ 是电场强度(V/m);$\boldsymbol{H}$ 是磁场强度(A/m);$\boldsymbol{D}$ 是电位移矢量(V/m^2);$\boldsymbol{B}$ 是磁场感应强度(T);$\boldsymbol{J}_{\mathrm{e}}$ 是电流密度矢量(A/m^2);$\boldsymbol{J}_{\mathrm{m}}$ 是磁流密度矢量(V/m^2)。

对于各向同性的线性媒质，本构关系为

$$\boldsymbol{D}=\varepsilon\boldsymbol{E},\quad \boldsymbol{B}=\mu\boldsymbol{H},\quad \boldsymbol{J}_{\mathrm{e}}=\sigma\boldsymbol{E},\quad \boldsymbol{J}_{\mathrm{m}}=\sigma_{\mathrm{m}}\boldsymbol{H} \tag{4.219}$$

其中，ε 是介电常数(F/m)，μ 是磁导率(H/m)，σ 是电导率(S/m)，σ_{m} 是等效磁导率(Ω/m)。

在直角坐标系下，式(4.217)和式(4.218)可以写为

$$\begin{cases}\dfrac{\partial H_z}{\partial y}-\dfrac{\partial H_y}{\partial z}=\varepsilon\dfrac{\partial E_x}{\partial t}+\sigma E_x\\[2mm] \dfrac{\partial H_x}{\partial z}-\dfrac{\partial H_z}{\partial x}=\varepsilon\dfrac{\partial E_y}{\partial t}+\sigma E_y\\[2mm] \dfrac{\partial H_y}{\partial x}-\dfrac{\partial H_x}{\partial y}=\varepsilon\dfrac{\partial E_z}{\partial t}+\sigma E_z\end{cases} \tag{4.220}$$

$$\begin{cases}\dfrac{\partial E_z}{\partial y}-\dfrac{\partial E_y}{\partial z}=-\mu\dfrac{\partial H_x}{\partial t}-\sigma_m H_x\\[2mm] \dfrac{\partial E_x}{\partial z}-\dfrac{\partial E_z}{\partial x}=-\mu\dfrac{\partial H_y}{\partial t}-\sigma_m H_y\\[2mm] \dfrac{\partial E_y}{\partial x}-\dfrac{\partial E_x}{\partial y}=-\mu\dfrac{\partial H_z}{\partial t}-\sigma_m H_z\end{cases} \tag{4.221}$$

为了建立差分方程，首先要将连续的变量离散化，通常采用的方法是用一定形式的网格来划分空间，并对网络节点上的场量进行计算。用离散变量的差分方程近似代替连续变量的微分方程，再进行求解计算。图4.47所示为Yee的网格单元示意图。

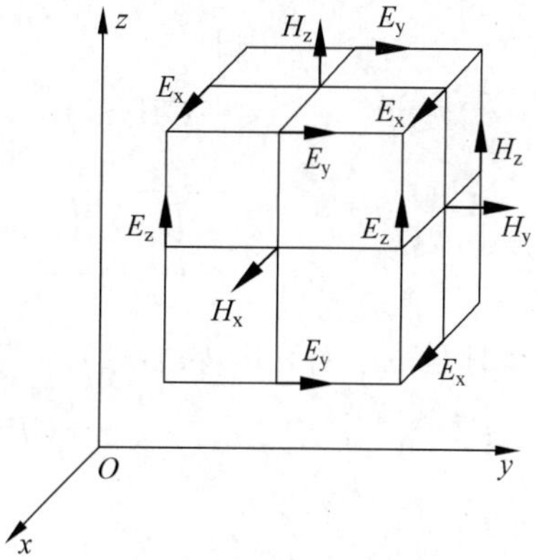

图4.47 Yee网格单元

可以看出，每一个磁场分量由四个电场分量环绕，同样，每个电场分量由四个磁场分量环绕。这种电磁场各分量的空间配置不仅满足安培环流定律和法拉第电磁感应定律，也适合Maxwell方程的差分计算，能够恰当地描述电磁波在空间的传播特性。

在图4.47的Yee网格中，用 Δx、Δy、Δz 表示在 x、y、z 方向的空间网格步长，用 Δt 表示时间步长，n 表示时间的步数，$f(x,y,z,t)$表示 E 或 H 在直角坐标系中的某一分量，在时间和空间中的离散用以下的符号表示：

$$f(x,y,z,t)=f(i\Delta x,j\Delta y,j\Delta z,n\Delta t)=f^n(i,j,k) \tag{4.222}$$

2. FDTD基本公式

把式(4.220)和式(4.221)的6个方程的空间和时间上的微分用中心差分代替，从而能够得到直角坐标系下的三维的FDTD基本公式：

$$E_x^{n+1}\left(i+\frac{1}{2},j,k\right)=CA(m)\cdot E_x^n\left(i+\frac{1}{2},j,k\right)$$

$$+CB(m)\cdot\left[\frac{H_z^{n+1/2}\left(i+\frac{1}{2},j+\frac{1}{2},k\right)-H_z^{n+1/2}\left(i+\frac{1}{2},j-\frac{1}{2},k\right)}{\Delta y}-\frac{H_y^{n+1/2}\left(i+\frac{1}{2},j,k+\frac{1}{2}\right)-H_y^{n+1/2}\left(i+\frac{1}{2},j,k-\frac{1}{2}\right)}{\Delta z}\right] \tag{4.223}$$

其中标号 $m=(i+1/2,\ j,\ k)$。

$$E_y^{n+1}\left(i,j+\frac{1}{2},k\right)=CA(m)\cdot E_y^n\left(i,j+\frac{1}{2},k\right)+CB(m)\cdot\left[\frac{H_x^{n+1/2}\left(i,j+\frac{1}{2},k+\frac{1}{2}\right)-H_x^{n+1/2}\left(i,j+\frac{1}{2},k-\frac{1}{2}\right)}{\Delta z}-\frac{H_z^{n+1/2}\left(i+\frac{1}{2},j+\frac{1}{2},k\right)-H_z^{n+1/2}\left(i-\frac{1}{2},j+\frac{1}{2},k\right)}{\Delta x}\right] \tag{4.224}$$

其中标号 $m=(i,\ j+1/2,\ k)$。

$$E_z^{n+1}\left(i,j,k+\frac{1}{2}\right)=CA(m)\cdot E_z^n\left(i,j,k+\frac{1}{2}\right)+CB(m)\cdot\left[\frac{H_y^{n+1/2}\left(i+\frac{1}{2},j,k+\frac{1}{2}\right)-H_y^{n+1/2}\left(i-\frac{1}{2},j,k+\frac{1}{2}\right)}{\Delta x}-\frac{H_x^{n+1/2}\left(i,j+\frac{1}{2},k+\frac{1}{2}\right)-H_x^{n+1/2}\left(i,j-\frac{1}{2},k+\frac{1}{2}\right)}{\Delta y}\right] \tag{4.225}$$

其中标号 $m=(i,\ j,\ k+1/2)$。

$$H_x^{n+1/2}\left(i,j+\frac{1}{2},k+\frac{1}{2}\right)=CP(m)\cdot H_x^{n-1/2}\left(i,j+\frac{1}{2},k+\frac{1}{2}\right)-CQ(m)\cdot\left[\frac{E_z^n\left(i,j+1,k+\frac{1}{2}\right)-E_z^n\left(i,j,k+\frac{1}{2}\right)}{\Delta y}-\frac{E_y^n\left(i,j+\frac{1}{2},k+1\right)-E_z^n\left(i,j+\frac{1}{2},k\right)}{\Delta z}\right] \tag{4.226}$$

其中标号 $m=(i,\ j+1/2,\ k+1/2)$。

$$H_y^{n+1/2}\left(i+\frac{1}{2},j,k+\frac{1}{2}\right)=CP(m)\cdot H_y^{n-1/2}\left(i+\frac{1}{2},j,k+\frac{1}{2}\right)-CQ(m)\cdot\left[\frac{E_x^n\left(i+\frac{1}{2},j,k+1\right)-E_x^n\left(i+\frac{1}{2},j,k\right)}{\Delta z}-\frac{E_z^n\left(i+1,j,k+\frac{1}{2}\right)-E_z^n\left(i,j,k+\frac{1}{2}\right)}{\Delta x}\right] \tag{4.227}$$

其中标号 $m=(i+1/2,\ j,\ k+1/2)$。

$$H_z^{n+1/2}\left(i+\frac{1}{2},j+\frac{1}{2},k\right)=CP(m)\cdot H_z^{n-1/2}\left(i+\frac{1}{2},j+\frac{1}{2},k\right)-CQ(m)\cdot\left[\frac{E_y^n\left(i+1,j+\frac{1}{2},k\right)-E_y^n\left(i,j+\frac{1}{2},k\right)}{\Delta x}-\frac{E_x^n\left(i+\frac{1}{2},j+1,k\right)-E_x^n\left(i+\frac{1}{2},j,k\right)}{\Delta y}\right] \tag{4.228}$$

其中标号 $m=(i+1/2,\ j+1/2,\ k)$。

上面6个式中，$CA(m)$、$CB(m)$、$CP(m)$和$CQ(m)$分别是

$$CA(m)=\frac{\dfrac{\varepsilon(m)}{\Delta t}-\dfrac{\sigma(m)}{2}}{\dfrac{\varepsilon(m)}{\Delta t}+\dfrac{\sigma(m)}{2}}=\frac{1-\dfrac{\sigma(m)\Delta t}{2\varepsilon(m)}}{1+\dfrac{\sigma(m)\Delta t}{2\varepsilon(m)}} \tag{4.229}$$

$$CB(m)=\frac{1}{\dfrac{\varepsilon(m)}{\Delta t}+\dfrac{\sigma(m)}{2}}=\frac{\dfrac{\Delta t}{\varepsilon(m)}}{1+\dfrac{\sigma(m)\Delta t}{2\varepsilon(m)}} \tag{4.230}$$

$$CP(m)=\frac{\dfrac{\mu(m)}{\Delta t}-\dfrac{\sigma_m(m)}{2}}{\dfrac{\mu(m)}{\Delta t}+\dfrac{\sigma_m(m)}{2}}=\frac{1-\dfrac{\sigma_m(m)\Delta t}{2\mu(m)}}{1+\dfrac{\sigma_m(m)\Delta t}{2\mu(m)}} \tag{4.231}$$

$$CQ(m)=\frac{1}{\dfrac{\mu(m)}{\Delta t}+\dfrac{\sigma_m(m)}{2}}=\frac{\dfrac{\Delta t}{\mu(m)}}{1+\dfrac{\sigma_m(m)\Delta t}{2\mu(m)}} \tag{4.232}$$

3. 激励源

FDTD算法中常用的激励源，从源随时间变化的特性来看，有时谐场源和脉冲源；从空间分布来看，有面源、线源和点源。

1）时谐场源

入射场为

$$E_i(t)=\begin{cases}0, & t<0\\ E_0\sin\omega t, & t\geqslant 0\end{cases} \tag{4.233}$$

这是一个自 $t=0$ 开始的半无限正弦波。

2）脉冲源

以高斯脉冲为例

$$E_i(t)=\mathrm{e}^{-4\pi(t-t_0)^2}/\tau^2 \tag{4.234}$$

其中 τ 是常数,决定了高斯脉冲的宽度。

4. 边界条件

1) 吸收边界条件

当用时域有限差分法求解电磁场辐射、散射等开放空间的问题时,所需的空间应为无限大的,这样才能反映现实的情况。采用计算机对实验过程进行仿真时,当所需空间为无穷大时,计算机内存满足不了这样的要求。因此,必须对现实空间设置一定的边界,即使用有限的空间模拟无限空间中电磁波的传播,以减少计算过程中所需的计算时间和存储空间。为了使设置了边界的有限的计算空间能模拟无限大的空间,需要对该有限空间的边界做特殊的算法处理,使得向边界面行进的波在边界面处保持"外向行进"的特征,无明显的反射发生,并且不会使内部空间的场产生畸变。具有这种功能的边界条件称为吸收边界条件或网格截断条件。

Mur 在 1981 年提出了适用于时域有限差分法中应用的单行波方程的各阶近似及其差分格式后,吸收边界条件得到了广泛的应用,经过大量的实践证实,Mur 近似吸收边界条件能够满足计算精确性。

设 f 表示场分量,在 $x=0$ 界面上吸收边界条件为

$$\begin{aligned}
f^{n+1}(0,j,k) = & -f^{n-1}(1,j,k) + \frac{c\Delta t - \Delta x}{c\Delta t + \Delta x}[f^{n+1}(1,j,k) + f^{n-1}(0,j,k)] \\
& + \frac{2\Delta x}{c\Delta t + \Delta x}[f^{n}(0,j,k) + f^{n}(1,j,k)] \\
& + \frac{(c\Delta t)^2 \Delta x}{2\Delta y^2(c\Delta t + \Delta x)}[f^{n}(0,j+1,k) \\
& - 2f^{n}(0,j,k) + f^{n}(0,j-1,k) \\
& + f^{n}(1,j+1,k) - 2f^{n}(1,j,k) + f^{n}(1,j-1,k)] \\
& + \frac{(c\Delta t)^2 \Delta x}{2\Delta z^2(c\Delta t + \Delta x)}[f^{n}(0,j,k+1) \\
& - 2f^{n}(0,j,k) + f^{n}(0,j,k-1) \\
& + f^{n}(1,j,k+1) - 2f^{n}(1,j,k) + f^{n}(1,j,k-1)]
\end{aligned} \tag{4.235}$$

类似地,可以写出其他 5 个边界面上($x=x_m$,$y=0$,$y=y_m$,$z=0$,$z=z_m$)的吸收边界条件。

2) 一般边界条件

如果所模拟的空间有特定的边界限制,则应当根据实际情况应用边界条件。例如良导体边界条件:该边界上所有切向电场和法向磁场分量均设置为零。

5. 数值的稳定性

FDTD 方法是用以一组差分方程代替麦克斯韦旋度方程,即以差分方程组的解来代替原来的电磁场偏微分方程组的解。只有在保证离散后的解收敛和稳定性的情况下,这

种代替才有意义。收敛性是指当离散间隔趋于0时,差分方程的解在空间任意点和任意时刻都一致趋于原方程的解。稳定性是指寻求一种离散间隔所满足的条件,在此条件下差分方程的数值解与原方程的严格解之间的差近似相等。数值的稳定性取决于时间步长与空间步长的关系,理论分析表明,只有合理地选择时间步长和空间步长,满足下式,才能实现数值稳定的条件:

$$c\Delta t \leqslant \frac{1}{\sqrt{\frac{1}{(\Delta x)^2}+\frac{1}{(\Delta y)^2}+\frac{1}{(\Delta z)^2}}} \tag{4.236}$$

式中,c 是最大相速值,Δt、Δx、Δy、Δz 分别是时间步长、沿 x 轴、y 轴和 z 轴的空间步长。

电磁波所在空间的媒质特性如果与频率有关,那么电磁波的传播速度也将随频率而变化,这种现象称为色散,存在色散现象的媒质称为色散媒质。当用差分方程近似代替Maxwell旋度方程来模拟电磁波在空间的传播时,在非色散媒质空间中也会出现色散现象,因为在FDTD网格中波的传播速度将随波长、传播方向以及离散化的情况而改变,这种非物理的色散现象称为数值色散,数值色散严重影响FDTD算法精度的提高。

研究表明,数值色散现象的产生是由于用近似差分计算代替微分计算而引起的。因此可以通过减少离散化过程所取时间和空间步长而减小数值色散对计算的影响。但是由于时间和空间步长的减小需要相应的增加计算机存储空间,因此在实际计算过程中需要适当选取时间和空间步长。一般要求空间步长不大于波频谱中主要高频分量所对应波长 $\lambda_{\min}$ 的十分之一,即

$$\Delta_{\max} < \frac{\lambda_{\min}}{10} \tag{4.237}$$

这时不论电磁波在网格中的传播方向如何,主要频谱成分的数值相速的变化均小于1%。计算中时间步数应满足

$$N \geqslant \frac{3T}{\Delta t} \tag{4.238}$$

第4章习题

4-1 图题4-1所示为一长方形截面的导体槽,槽可以视为无限长,其上有一块与槽相绝缘的盖板,槽的电位为0,盖板的电位为 $U_0\sin\frac{\pi}{a}x$,求槽内的电位函数。

4-2 两平行的无限大导体平面,距离为 b,其间有一极薄的导体片由 $y=d$ 到 $y=b$,如图题4-2所示。上板和薄片保持电位 U_0,下板接地,求板间电位的分布。设在薄片平面上,从 $y=0$ 到 $y=d$ 电位线性变化。

4-3 如图题4-3所示的导体槽,底面保持电位 U,其余两面电位为0,求槽内电位的解。

4-4 在均匀电场 $\boldsymbol{E}=\boldsymbol{e}_x E_0$ 中垂直于电场方向放置一圆柱导体,半径为 a。求圆柱外的电位函数和导体表面的感应电荷密度。

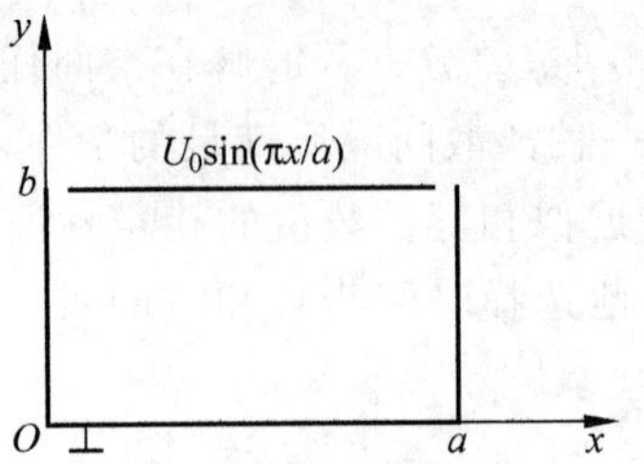

图题 4-1

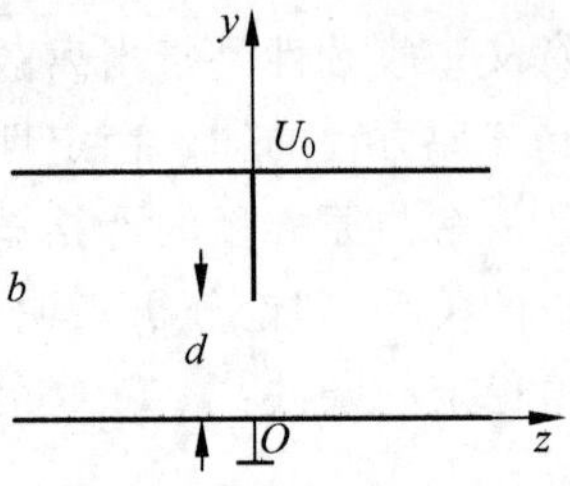

图题 4-2

4-5 介电常数为 ε 的无限大介质中外加均匀电场 $\boldsymbol{E}=\boldsymbol{e}_x E_0$，在介质中沿 z 轴方向开一个半径为 a 的圆柱形空腔，求空腔内、外的电位。

4-6 阴极射线管中的均匀偏转磁场是由在管颈上放置一对按余弦定律绕线的线圈产生的。可以将管颈视为无限长，其表面电流密度按 $\cos\varphi$ 变化来计算。这样的线圈称为鞍线圈，如图题 4-6 所示。证明：鞍线圈内的磁场是均匀的。

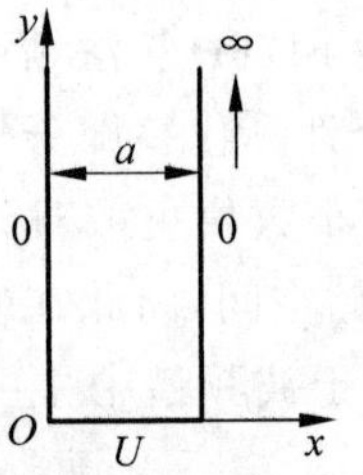

图题 4-3

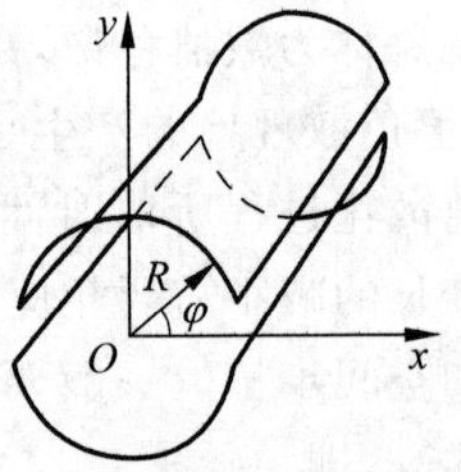

图题 4-6

4-7 一个半径为 b，无限长的薄导体圆柱面，分割成 4 个“四分之一的圆柱面”，如图题 4-7 所示。第二、四象限的圆柱面接地，第一、三象限的圆柱面分别保持电位 U_0 和 $-U_0$，求圆柱面内的电位分布。

4-8 一个内半径为 a 的半无限长金属圆筒，筒底与圆筒之间绝缘，圆筒接地，筒底电位为 U，如图题 4-8 所示，求筒内电位的分布。

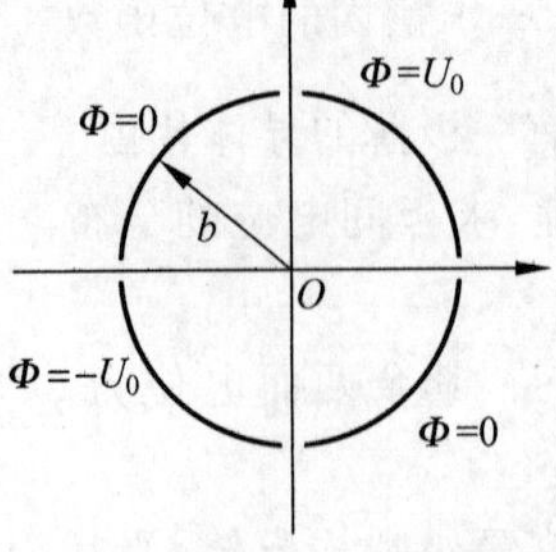

图题 4-7

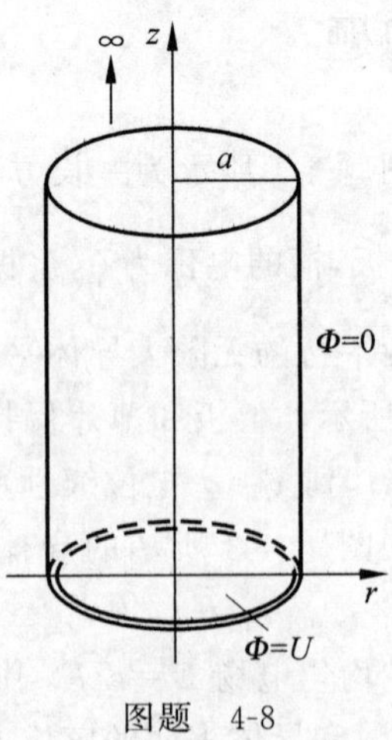

图题 4-8

4-9 无限大介质中外加均匀电场 $\boldsymbol{E}=\boldsymbol{e}_z E_0$，在介质中有一个半径为 a 的球形空腔，求空腔中的 $\boldsymbol{E}$ 和空腔表面的极化电荷密度(介质的介电常数为 ε)。

4-10 一半径为 a，磁导率为 μ 的介质球体，置于均匀磁场 $\boldsymbol{B}_0$ 中，如图 4-10 所示，求球内、外的矢量磁位和磁感应强度。

4-11 在均匀电场 $\boldsymbol{E}_0$ 中放入半径为 a 的导体球，如图题 4-11 所示，设：(1)导体球充电至 U_0；(2)导体球带电 Q；试分别计算这两种情形下球外的电位分布。

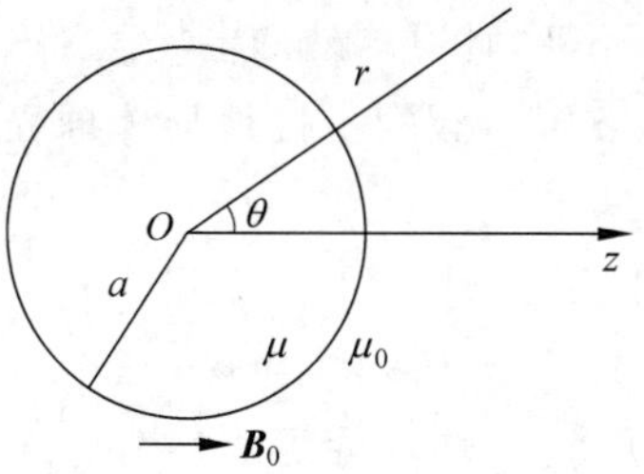

图题 4-10

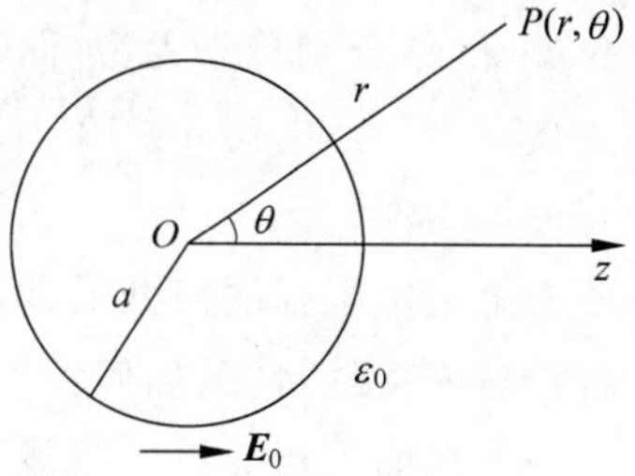

图题 4-11

4-12 欲在一半径为 a 的球上绕线圈，使在球内产生均匀磁场，问线圈应如何绕(即求绕线密度)。

4-13 沿 y 轴方向的无限长直线电荷位于一无限大接地导体平面上方，高度为 h，线电荷密度为 ρ_l，求镜像电荷及导体平面上方的电位函数。

4-14 一点电荷 q 与无限大导体平面距离为 d，如果把它移到无穷远处，需要做多少功？

4-15 一点电荷 q 放在成 $60°$ 的导体角内的 $x=1, y=1$ 点，如图题 4-15 所示。(1)求出所有镜像电荷的位置和大小；(2)求点 $x=2, y=1$ 的电位。

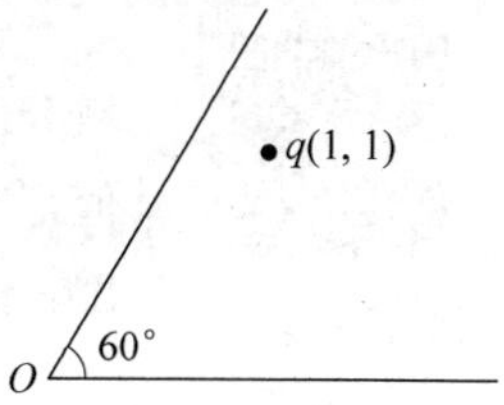

图题 4-15

4-16 一带电荷为 q，质量为 m 的小带电体，放置在无限大导体平面下方，与平面的距离为 h。求 q 的值使带电体上受到的静电力恰与重力相平衡。(设 $m=2\times10^{-3}\,\mathrm{kg}, h=0.02\,\mathrm{m}$)

4-17 在 $z<0$ 的下半空间是介电常数为 ε 的介质，上半空间是空气(ε_0)，在距离介质平面 h 处有一点电荷 q，求介质表面上的极化电荷密度，并证明表面上极化电荷总量等于镜像电荷 q'。

4-18 证明：(1) 一个点电荷 q 和一个带有电荷 Q、半径为 R 的导体球之间的力是

$$F=\frac{q}{4\pi\varepsilon_0}\left\{\frac{Q+\left(\frac{R}{D}\right)q}{D^2}-\frac{Rq}{D\left[D-\left(\frac{R^2}{D}\right)\right]^2}\right\}$$

其中 D 是 q 到球心的距离。

(2) 当 q 与 Q 同号时，且当下式成立时 F 是吸引力。

$$\frac{Q}{q}<\frac{RD^3}{(D^2-R^2)^2}-\frac{R}{D}$$

4-19　两点电荷 $+Q$ 和 $-Q$ 位于一个半径为 a 的导电球直径的延长线上，分别距球心为 D 和 $-D$。

(1) 证明：镜像电荷构成一偶极子，位于球心，偶极矩为 $\frac{2a^3Q}{D^2}$；

(2) 令 D 和 Q 分别趋于无穷，同时保持 Q/D^2 不变，计算球外的电场。

4-20　真空中一点电荷 $q=10^{-6}$C，放在半径为 $a=5$cm 的不接地导体球壳外，距球心为 $d=15$cm。求：

(1) 球面上的电场强度何处最大，其数值是多少？

(2) 若将球壳接地，情况如何？

4-21　一与地面平行架设的圆截面导线，半径为 a，悬挂高度为 h。证明：导线与地间单位长度的电容为

$$C_0=\frac{2\pi\varepsilon_0}{\ln\frac{2h}{a}}$$

4-22　上题中设导线与地间的电压为 U_0，证明：地对导线单位长度的作用力为

$$F_0=\frac{\pi\varepsilon_0U^2}{\left(\ln\frac{2h}{a}\right)^2h}$$

(提示：利用虚位移法)

扫码看讲课录像

4.6 上机作业

4-23　一个二维静电场，边界条件如图题 4-23 所示，将正方形场域分成 100 个正方形网格，有 81 个内部节点。假定 81 个节点的初始值都定为 0，试用超松弛迭代法计算 81 个内部节点的电位值(计算精度：相对误差 $<10^{-5}$)。

(1) 编写计算程序，上机计算，记录计算结果。

(2) 改变加速收敛因子 α 的值(增大、减小)，记录迭代次数的变化，比较计算结果。

(3) 初始值设为非 0 值，记录迭代次数的变化，比较计算结果。

(4) 画 10×10 的网格，在每个节点上标上电位值，分别绘出 1V、2V、3V、4V、5V 等位线。参考公式：$\Phi_1+\frac{\Phi_2-\Phi_1}{h}\Delta x=\Phi_c$，所以 $\Delta x=\frac{h(\Phi_c-\Phi_1)}{\Phi_2-\Phi_1}$，其中：$\Phi_c$ 是等位线的电位，Φ_1 和 Φ_2 是相邻两节点的电位，h 是网格间距，Δx 是 $\Phi=\Phi_c$ 的点偏离 Φ_1 节点的距离。

4-24　一长直导体片，置于一横截面为正方形的长直导体管中的对角线上，如图题 4-24 所示，设导体管的电位为 0V，导体片的电位为 6V，试用超松弛迭代法计算导体管

横截面上电位的分布(计算 1/4 区域,划分 14×14 网格,计算精度:相对误差$<10^{-5}$,要求同题 4-23(1)～(4))。

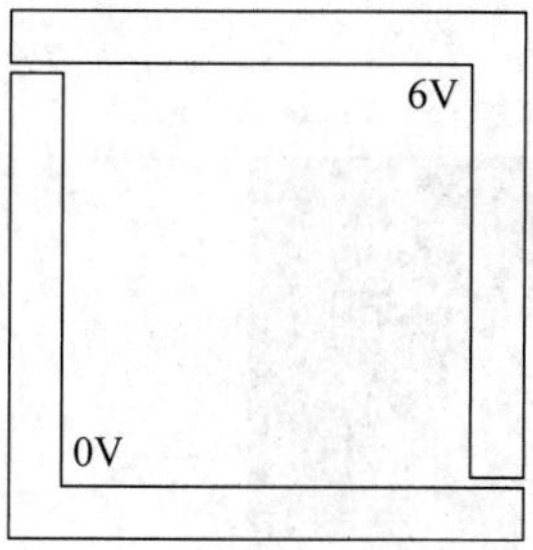

图题 4-23

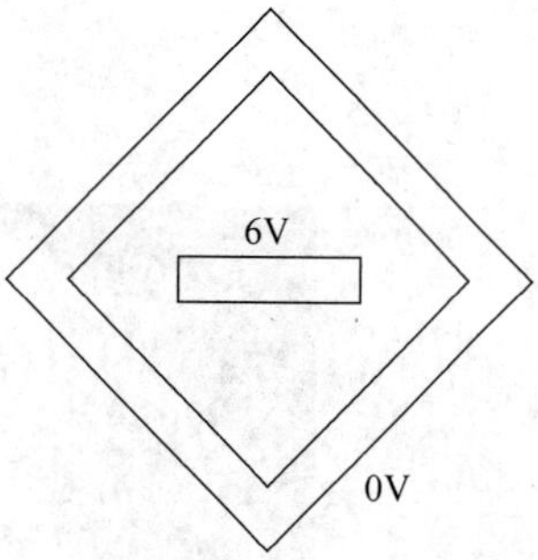

图题 4-24

4-25 聚焦电极是圆筒形的,聚焦电场是轴对称场(三维场),只需要计算对称轴所在的任一平面内的二维场的分布即可,图题 4-25 所示是对称轴平面内电极的位置。试用超松弛迭代法计算导体管横截面上电位的分布(计算 1/2 区域,划分 8×15 网格,计算精度:相对误差$<10^{-5}$,要求同题 4-23(1)～(4))。

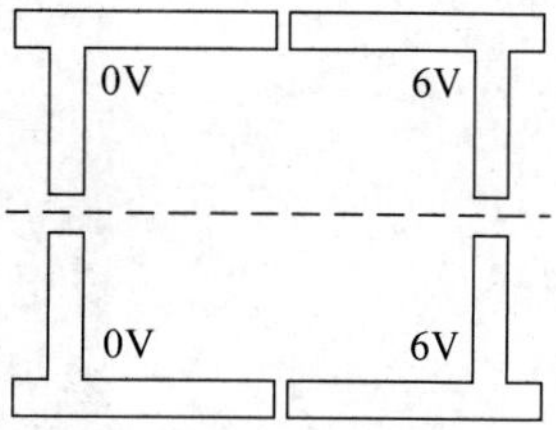

图题 4-25

法拉第

(Michael Faraday,1791—1867,英国)

“自然科学家应当是这样一种人:他愿意倾听每一种意见,却要自己下决心做出判断。他应当不被表面现象所迷惑,不对每一种假设有偏爱,不属于任何学派,在学术上不盲从大师。他应该重事不重人。真理应当是他的首要目标。如果有了这些品质,再加上勤勉,那么他确实可以有希望走进自然的圣殿。”

第5章 时变电磁场

前面几章研究了静态电磁场(静电场、恒定电场、恒定磁场)。在静态电磁场中电场、磁场是独立存在的,电场是由电荷产生的,磁场是由电流产生的。若电荷、电流随时间变化,它们所产生的电场、磁场也随时间变化,我们知道变化的电场会在其周围空间激发变化的磁场,变化的磁场又会在其周围空间激发变化的电场,这样电场和磁场相互联系、相互转化,成为不可分割的整体,称为电磁场。

5.1 电磁感应定律

1. 法拉第定律

扫码看讲课录像
5.1-5.3

法拉第定律的内容为:穿过导体回路的磁通量发生变化时,回路中就会出现感应电动势,其数学表达式为

$$e_i = -\frac{\mathrm{d}\psi}{\mathrm{d}t} \tag{5.1}$$

其中 ψ 是穿过导体回路的磁链,对于密绕线圈 $\psi = N\Phi$。感应电动势的数值为 $e_i = \frac{\mathrm{d}\psi}{\mathrm{d}t}$,感应电动势的方向有两种判定方法。

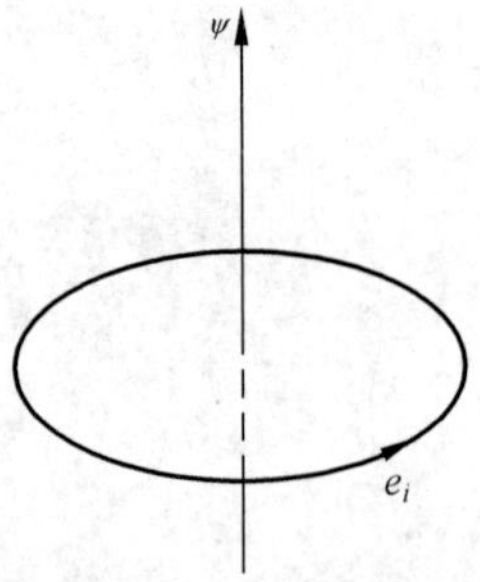

图 5.1 e_i 和 ψ 的正方向满足右手法则

方法 1:规定 e_i 和 ψ 的正方向满足右手法则,如图 5.1 所示。首先由 ψ 的方向确定 e_i 的正方向,如果 $\frac{\mathrm{d}\psi}{\mathrm{d}t} > 0$,则 e_i 为负,如果 $\frac{\mathrm{d}\psi}{\mathrm{d}t} < 0$,则 e_i 为正。

方法 2:根据楞次定律,感应电流产生的磁通,总是阻止引起感应电流的磁通的变化。首先设 Φ 是穿过导体回路的原磁通,Φ' 是感应电流产生的穿过导体回路的磁通,如果 Φ 增大,Φ' 与 Φ 反方向,如果 Φ 减少,Φ' 与 Φ 同方向,这样就可以由 Φ 的方向和变化确定 Φ' 的方向,从而确定感应电动势和感应电流的方向。

由电动势的定义可以写出

$$e_i = \oint_l \boldsymbol{E}_i \cdot \mathrm{d}\boldsymbol{l} = -\frac{\mathrm{d}\psi}{\mathrm{d}t} \tag{5.2}$$

2. 动生电动势和感生电动势

根据引起穿过导体回路的磁通量发生变化的原因不同,可以把导体回路中产生的感应电动势分为动生电动势和感生电动势。

1) 动生电动势

磁场 $\boldsymbol{B}$ 不变化,导体回路在磁场中运动,导体回路中产生的感应电动势称为动生电动势。产生动生电动势的非静电力是洛伦兹力 $f = q\boldsymbol{v} \times \boldsymbol{B}$,由电动势的定义,动生电动

势的表达式为

$$e_i = \int_l (\boldsymbol{v} \times \boldsymbol{B}) \cdot \mathrm{d}\boldsymbol{l} \tag{5.3}$$

计算动生电动势可以用式(5.3)，也可以用法拉第定律式(5.1)。

2）感生电动势

磁场 $\boldsymbol{B}$ 变化，导体回路不运动，导体回路中产生的感应电动势称为感生电动势。产生感生电动势的非静电力是感应电场力(详见麦克斯韦关于感应电场的假说)。由电动势的定义，感生电动势可以写为

$$e_i = \oint_l \boldsymbol{E}_i \cdot \mathrm{d}\boldsymbol{l} \tag{5.4}$$

其中 $\boldsymbol{E}_i$ 是感应电场的场强。

计算感生电动势可以用式(5.4)，也可以用法拉第定律

$$e_i = -\frac{\mathrm{d}\psi}{\mathrm{d}t} = -\iint_S \frac{\partial \boldsymbol{B}}{\partial t} \cdot \mathrm{d}\boldsymbol{S} \tag{5.5}$$

3. 麦克斯韦关于感应电场(涡旋电场)的假说

麦克斯韦关于感应电场(涡旋电场)的假说基本思想是：变化的磁场在其周围空间激发涡旋电场，场方程可以写为

$$\oint_l \boldsymbol{E}_i \cdot \mathrm{d}\boldsymbol{l} = -\frac{\mathrm{d}\psi}{\mathrm{d}t} = -\iint_S \frac{\partial \boldsymbol{B}}{\partial t} \cdot \mathrm{d}\boldsymbol{S} \tag{5.6}$$

变化的磁场 $\frac{\partial \boldsymbol{B}}{\partial t}$ 与涡旋电场 $\boldsymbol{E}_i$ 之间满足左手关系，如图 5.2 所示。请注意，涡旋电场的电力线是闭合曲线。

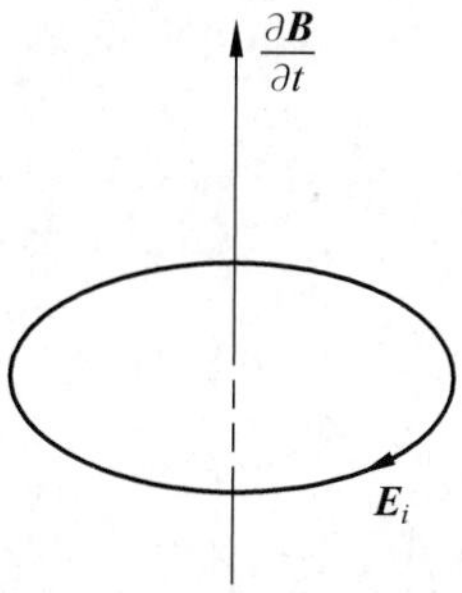

图 5.2　变化的磁场激发涡旋电场

4. 电磁感应定律的积分形式和微分形式

在电磁感应现象中，一般情况下，磁场 $\boldsymbol{B}$ 变化，导体回路也运动，回路中出现的感应电动势为

$$e_i = \oint_l \boldsymbol{E}_i \cdot \mathrm{d}\boldsymbol{l} = -\iint_S \frac{\partial \boldsymbol{B}}{\partial t} \cdot \mathrm{d}\boldsymbol{S} + \int_l (\boldsymbol{v} \times \boldsymbol{B}) \cdot \mathrm{d}\boldsymbol{l} \tag{5.7}$$

式(5.7)中的 $\boldsymbol{E}_i$ 是磁场的变化产生的，对于电荷激发的电场(库仑场)，由式(2.18)

$$\oint_l \boldsymbol{E}_{库} \cdot \mathrm{d}\boldsymbol{l} = 0 \tag{5.8}$$

空间总的电场 $\boldsymbol{E} = \boldsymbol{E}_{库} + \boldsymbol{E}_i$，所以

$$\oint_l \boldsymbol{E} \cdot \mathrm{d}\boldsymbol{l} = \oint_l (\boldsymbol{E}_{库} + \boldsymbol{E}_i) \cdot \mathrm{d}\boldsymbol{l} = -\iint_S \frac{\partial \boldsymbol{B}}{\partial t} \cdot \mathrm{d}\boldsymbol{S} + \int_l (\boldsymbol{v} \times \boldsymbol{B}) \cdot \mathrm{d}\boldsymbol{l} \tag{5.9}$$

这就是电磁感应定律的积分形式。利用斯托克斯定理，式(5.9)可以写为

$$\iint_S (\nabla\times \boldsymbol{E})\cdot \mathrm{d}\boldsymbol{S} = -\iint_S \frac{\partial \boldsymbol{B}}{\partial t}\cdot \mathrm{d}\boldsymbol{S} + \iint_S [\nabla\times(\boldsymbol{v}\times\boldsymbol{B})]\cdot \mathrm{d}\boldsymbol{S}$$

所以

$$\nabla\times \boldsymbol{E} = -\frac{\partial \boldsymbol{B}}{\partial t} + \nabla\times(\boldsymbol{v}\times\boldsymbol{B}) \tag{5.10}$$

这就是电磁感应定律的微分形式。讨论时变场,不考虑导体回路的运动,式(5.10)可以写为

$$\nabla\times \boldsymbol{E} = -\frac{\partial \boldsymbol{B}}{\partial t} \tag{5.11}$$

例 5.1 一个 $h\times w$ 的单匝矩形线圈放在时变磁场 $\boldsymbol{B}=\boldsymbol{e}_y B_0 \sin\omega t$ 中。开始时线圈面的法线 $\hat{\boldsymbol{n}}$ 与 y 轴成 α 角,如图 5.3 所示。求:(1)线圈静止时的感应电动势;(2)线圈以角速度 ω 绕 x 轴旋转时的感应电动势。

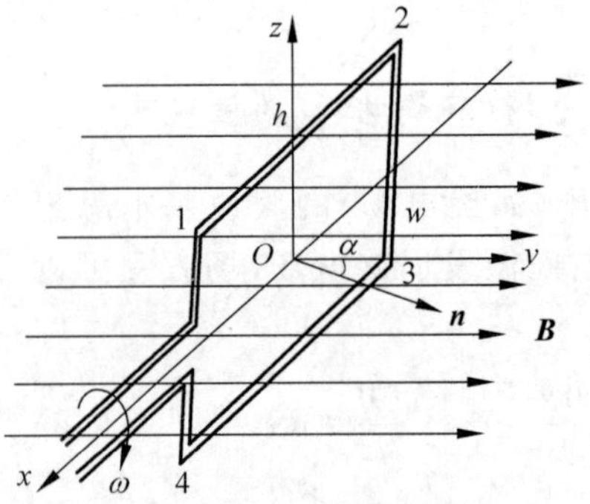

图 5.3 例 5.1 用图

解 (1) 线圈静止时,感应电动势是由磁场随时间变化引起的,用式(5.1)计算

$$\Phi = \iint_S \boldsymbol{B}\cdot \mathrm{d}\boldsymbol{S} = \boldsymbol{e}_y B_0 \sin\omega t \cdot \hat{\boldsymbol{n}}\, hw$$

$$= B_0 hw \sin\omega t \cdot \cos\alpha$$

$$e_i = -\frac{\mathrm{d}\Phi}{\mathrm{d}t} = -\omega B_0 hw \cos\omega t \cdot \cos\alpha$$

(2) 线圈以角速度 ω 旋转时,感应电动势既有因磁场随时间变化引起的感生电动势,又有因线圈转动引起的动生电动势,可以用式(5.1)计算。此时线圈面的法线 $\hat{\boldsymbol{n}}$ 是时间的函数,表示为 $\hat{\boldsymbol{n}}(t)$,所以

$$\Phi = \boldsymbol{B}(t)\cdot \hat{\boldsymbol{n}}(t) S = \boldsymbol{e}_y B_0 \sin\omega t \cdot \boldsymbol{e}_y hw\cos\alpha = B_0 hw \sin\omega t \cdot \cos\omega t$$

$$e_i = -\frac{\mathrm{d}\Phi}{\mathrm{d}t} = -\omega B_0 hw \cos(2\omega t)$$

也可以分别计算感生电动势和动生电动势

$$e_i=-\iint\limits_S \frac{\partial \boldsymbol{B}}{\partial t}\cdot \mathrm{d}\boldsymbol{S}+\oint_l(\boldsymbol{v}\times\boldsymbol{B})\cdot\mathrm{d}\boldsymbol{l}$$

上式中的第一项与静止时的感生电动势相同,第二项为

$$\oint_l(\boldsymbol{v}\times\boldsymbol{B})\cdot\mathrm{d}\boldsymbol{l}=\int_2^1\hat{\boldsymbol{n}}\,\frac{w}{2}\omega\times\boldsymbol{e}_y B_0\sin\omega t\cdot\boldsymbol{e}_x\mathrm{d}x+\int_4^3\left(-\hat{\boldsymbol{n}}\,\frac{w}{2}\omega\right)\times\boldsymbol{e}_y B_0\sin\omega t\cdot e_x\mathrm{d}x$$

$$=2\left[\frac{w}{2}\omega B_0\sin\omega t\cdot\sin\alpha\right]h=\omega B_0 hw\sin\omega t\cdot\sin\omega t$$

$$e_i=-\omega B_0 hw\cos\omega t\cdot\cos\omega t+\omega B_0 hw\sin\omega t\cdot\sin\omega t$$

$$=-\omega B_0 hw\cos(2\omega t)$$

5.2 位移电流

1. 麦克斯韦关于位移电流的假说

麦克斯韦发现了将恒定磁场中的安培环路定律应用于时变场时出现的矛盾,提出位移电流的假说,对安培环路定律作了修正。图5.4表示连接于交流电源上的电容器,电路中电流为 i。取一个闭合积分路径 C 包围导线,如果恒定磁场中的安培环路定律仍然成立,则沿此回路磁场强度 $\boldsymbol{H}$ 的线积分将等于穿过该回路所张的任一个曲面的电流(瞬时关系)。在回路上张两个不同的曲面 S_1 和 S_2,使其中的 S_1 面和导线相截,S_2 面穿过电容器的两个极板之间。这时出现了矛盾:穿过 S_1 面的电流为 i,而穿过 S_2 面的电流为0。$\boldsymbol{H}$ 沿同一闭合路径的线积分却导出了两种不同的结果,这显然是不合理的。这种矛盾的结果说明,安培环路定律的应用受到了限制。

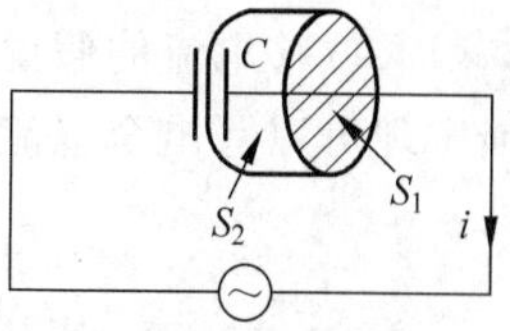

图5.4 安培环路定律应用于时变场时出现的矛盾

麦克斯韦深入研究了这一问题,提出了位移电流的假说。他认为,在电容器的两极板间存在着另一种电流,其量值与传导电流 i 相等。因为对于由 S_1 和 S_2 构成的闭合面,利用电流连续性方程和高斯定理

$$\oint_S\boldsymbol{J}\cdot\mathrm{d}\boldsymbol{S}=-\frac{\partial q}{\partial t} \tag{5.12}$$

$$\oint_S\boldsymbol{D}\cdot\mathrm{d}\boldsymbol{S}=q \tag{5.13}$$

其中 q 为极板上的电荷量。利用以上两式可以导出

$$\oint_S\boldsymbol{J}\cdot\mathrm{d}\boldsymbol{S}=-\oint_S\frac{\partial\boldsymbol{D}}{\partial t}\cdot\mathrm{d}\boldsymbol{S}=-\oint_S\boldsymbol{J}_\mathrm{d}\cdot\mathrm{d}\boldsymbol{S} \tag{5.14}$$

其中

$$\boldsymbol{J}_\mathrm{d}=\frac{\partial\boldsymbol{D}}{\partial t} \tag{5.15}$$

麦克斯韦称之为位移电流密度,请读者验证 $\frac{\partial\boldsymbol{D}}{\partial t}$ 具有电流密度的量纲 $\mathrm{A/m^2}$。考虑到由

S_1 和 S_2 构成的闭合曲面的法线方向向外，式(5.14)可以写为

$$\iint_{S_1} \boldsymbol{J} \cdot \mathrm{d}\boldsymbol{S} = \iint_{S_2} \boldsymbol{J}_{\mathrm{d}} \cdot \mathrm{d}\boldsymbol{S}$$

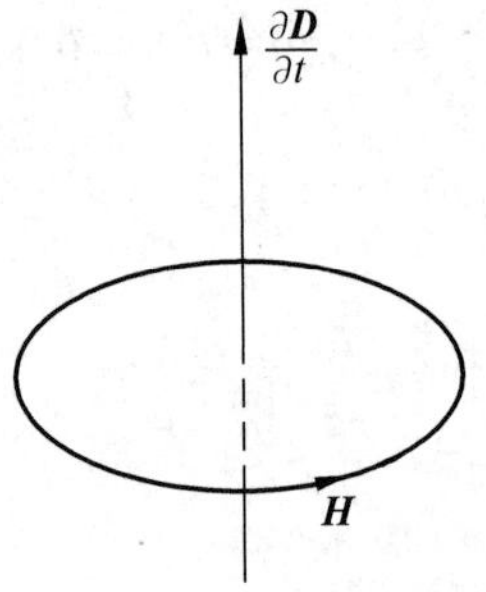

图 5.5　变化的电场激发涡旋磁场

所以穿过 S_1 面的传导电流与穿过 S_2 面的位移电流相等，这就消除了原来安培环路定理中的矛盾。

麦克斯韦关于位移电流假说的基本思想是：变化的电场在其周围空间激发涡旋磁场，这样变化的电场等效于一种电流，称为位移电流。场方程为

$$\oint_l \boldsymbol{H} \cdot \mathrm{d}\boldsymbol{l} = I_{\mathrm{c}} + I_{\mathrm{d}} = \iint_S \boldsymbol{J} \cdot \mathrm{d}\boldsymbol{S} + \iint_S \frac{\partial \boldsymbol{D}}{\partial t} \cdot \mathrm{d}\boldsymbol{S} \tag{5.16}$$

变化的电场 $\frac{\partial \boldsymbol{D}}{\partial t}$ 与涡旋磁场 $\boldsymbol{H}$ 之间满足右手关系，如图 5.5 所示。

2. 全电流定律(安培环路定理)

引入位移电流的假说，安培环路定理写为式(5.16)，也称为全电流定律。利用斯托克斯定理可以写出全电流定律的微分形式

$$\nabla \times \boldsymbol{H} = \boldsymbol{J} + \frac{\partial \boldsymbol{D}}{\partial t} \tag{5.17}$$

5.3 麦克斯韦方程组

静止媒质中的麦克斯韦方程组为

$$\oint_l \boldsymbol{H} \cdot \mathrm{d}\boldsymbol{l} = \iint_S \left(\boldsymbol{J} + \frac{\partial \boldsymbol{D}}{\partial t}\right) \cdot \mathrm{d}\boldsymbol{S} \tag{5.18}$$

$$\oint_l \boldsymbol{E} \cdot \mathrm{d}\boldsymbol{l} = -\iint_S \frac{\partial \boldsymbol{B}}{\partial t} \cdot \mathrm{d}\boldsymbol{S} \tag{5.19}$$

$$\oiint_S \boldsymbol{B} \cdot \mathrm{d}\boldsymbol{S} = 0 \tag{5.20}$$

$$\oiint_S \boldsymbol{D} \cdot \mathrm{d}\boldsymbol{S} = q \tag{5.21}$$

相应的微分形式为

$$\nabla \times \boldsymbol{H} = \boldsymbol{J} + \frac{\partial \boldsymbol{D}}{\partial t} \tag{5.22}$$

$$\nabla \times \boldsymbol{E} = -\frac{\partial \boldsymbol{B}}{\partial t} \tag{5.23}$$

$$\nabla \cdot \boldsymbol{B} = 0 \tag{5.24}$$

$$\nabla \cdot \boldsymbol{D} = \rho \tag{5.25}$$

对于各向同性线性介质,描述介质性能的方程为

$$\boldsymbol{D}=\varepsilon_0\varepsilon_r\boldsymbol{E} \tag{5.26}$$

$$\boldsymbol{B}=\mu_0\mu_r\boldsymbol{H} \tag{5.27}$$

$$\boldsymbol{J}=\sigma\boldsymbol{E} \tag{5.28}$$

根据亥姆霍兹定理,一个矢量场的性质由它的旋度和散度唯一地确定,所以麦克斯韦方程组全面地描述了电磁场的基本规律。可以看出在时变电磁场中,磁场的场源包括传导电流和位移电流,电场的场源包括电荷和变化的磁场。

5.4 时变场的边界条件

扫码看讲课录像 5.4

1. 两种介质界面上的边界条件

图 5.6 是两种电介质的分界面,介电常数分别是 ε_1、ε_2,两种电介质中的电场强度分别是 $\boldsymbol{E}_1$、$\boldsymbol{E}_2$,与分界面法线的夹角分别是 θ_1、θ_2。在两种电介质的分界面上作一个极窄的矩形回路 $abcda$,$ab=cd=\Delta l$,$bc=da=\Delta h\to 0$,$\hat{\boldsymbol{n}}$ 是由介质 2 指向介质 1 的法线矢量,$\hat{\boldsymbol{n}}_1$ 是矩形回路所围面积的法线矢量,如图 5.6 所示。利用电磁感应定律

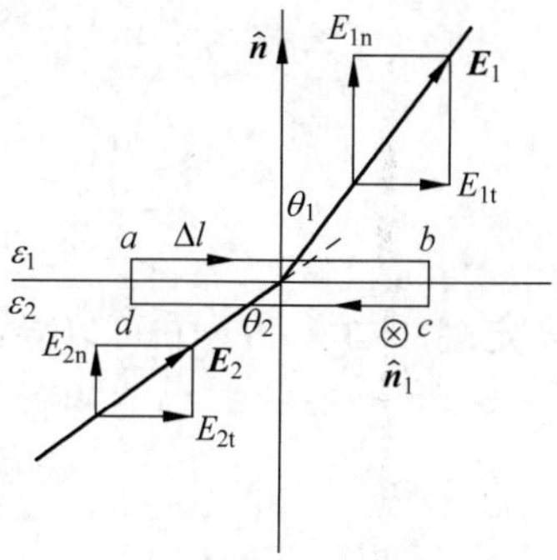

图 5.6　E 切向分量的边界条件

$$\oint_l \boldsymbol{E}\cdot \mathrm{d}\boldsymbol{l}=-\iint_S \frac{\partial \boldsymbol{B}}{\partial t}\cdot \mathrm{d}\boldsymbol{S} \tag{5.29}$$

式(5.29)左边对闭合环路的积分可以写为对 4 条边的线积分之和

$$\int_{ab}\boldsymbol{E}_1\cdot \mathrm{d}\boldsymbol{l}+\int_{bc}\boldsymbol{E}\cdot \mathrm{d}\boldsymbol{l}+\int_{cd}\boldsymbol{E}_2\cdot \mathrm{d}\boldsymbol{l}+\int_{da}\boldsymbol{E}\cdot \mathrm{d}\boldsymbol{l}$$

由于矩形回路极窄,$bc=da\to 0$,上式中第二项和第四项积分为 0,第一项和第三项积分可以写为

$$\begin{aligned}\oint_l \boldsymbol{E}\cdot \mathrm{d}\boldsymbol{l}&=\int_{ab}\boldsymbol{E}_1\cdot \mathrm{d}\boldsymbol{l}+\int_{cd}\boldsymbol{E}_2\cdot \mathrm{d}\boldsymbol{l}\\&=E_1\sin\theta_1\cdot\Delta l-E_2\sin\theta_2\cdot\Delta l=(E_{1t}-E_{2t})\Delta l\end{aligned} \tag{5.30}$$

由于矩形回路的面积很小,式(5.29)的右边可以写为

$$-\iint_S \frac{\partial \boldsymbol{B}}{\partial t}\cdot \mathrm{d}\boldsymbol{S}=\lim_{\Delta h\to 0}\left[-\left(\frac{\partial \boldsymbol{B}}{\partial t}\right)_{n_1}\Delta h\,\Delta l\right]=0 \tag{5.31}$$

其中$\left(\frac{\partial \boldsymbol{B}}{\partial t}\right)_{n_1}$ 是$\frac{\partial \boldsymbol{B}}{\partial t}$在 $\hat{\boldsymbol{n}}_1$ 方向的投影。把式(5.30)和式(5.31)代入式(5.29)可以得到 $\boldsymbol{E}$ 的切向分量满足的边界条件

$$E_{1t}=E_{2t} \tag{5.32}$$

用矢量可以表示为

$$\hat{\boldsymbol{n}}\times(\boldsymbol{E}_1-\boldsymbol{E}_2)=0 \tag{5.33}$$

同理,由全电流定律

$$\oint_l \boldsymbol{H}\cdot \mathrm{d}\boldsymbol{l}=\iint_S \left(\boldsymbol{J}+\frac{\partial \boldsymbol{D}}{\partial t}\right)\cdot \mathrm{d}\boldsymbol{S} \tag{5.34}$$

式(5.34)的左侧

$$\oint_l \boldsymbol{H}\cdot \mathrm{d}\boldsymbol{l}=(H_{1t}-H_{2t})\Delta l \tag{5.35}$$

式(5.34)的右侧

$$\iint_S \left(\boldsymbol{J}+\frac{\partial \boldsymbol{D}}{\partial t}\right)\cdot \mathrm{d}\boldsymbol{S}=\lim_{\Delta h\to 0}\left[\left(\frac{I}{\Delta h\,\Delta l}\right)_{n_1}\Delta h\,\Delta l+\left(\frac{\partial \boldsymbol{D}}{\partial t}\right)_{n_1}\Delta h\,\Delta l\right]$$

$$=J_S\Delta l \tag{5.36}$$

其中$\left(\frac{I}{\Delta l}\right)_{n_1}=J_S$是穿过矩形回路的面电流密度。把式(5.35)和式(5.36)代入式(5.34)可以得到 $\boldsymbol{H}$ 的切向分量满足的边界条件

$$H_{1t}-H_{2t}=J_S \tag{5.37}$$

$$\hat{\boldsymbol{n}}\times(\boldsymbol{H}_1-\boldsymbol{H}_2)=\boldsymbol{J}_S \tag{5.38}$$

界面上没有面电流时,上面两式可以写为

$$H_{1t}=H_{2t} \tag{5.39}$$

$$\hat{\boldsymbol{n}}\times(\boldsymbol{H}_1-\boldsymbol{H}_2)=0 \tag{5.40}$$

用与讨论恒定磁场边界条件相同的方法,由磁场的高斯定理$\oiint_S \boldsymbol{B}\cdot \mathrm{d}\boldsymbol{S}=0$可以导出 $\boldsymbol{B}$ 的法向分量满足的边界条件

$$B_{1n}=B_{2n} \tag{5.41}$$

$$\hat{\boldsymbol{n}}\cdot(\boldsymbol{B}_1-\boldsymbol{B}_2)=0 \tag{5.42}$$

用与讨论静电场边界条件相同的方法,由电场的高斯定理$\oiint_S \boldsymbol{D}\cdot \mathrm{d}\boldsymbol{S}=q$可以导出$\boldsymbol{D}$的法向分量满足的边界条件

$$D_{1n}-D_{2n}=\rho_S \tag{5.43}$$

$$\hat{\boldsymbol{n}}\cdot(\boldsymbol{D}_1-\boldsymbol{D}_2)=\rho_S \tag{5.44}$$

界面上没有面电荷时,上面两式可以写为

$$D_{1n}=D_{2n} \tag{5.45}$$

$$\hat{\boldsymbol{n}}\cdot(\boldsymbol{D}_1-\boldsymbol{D}_2)=0 \tag{5.46}$$

用与讨论静电场和恒定磁场边界条件相同的方法,可以导出时变电磁场中电力线和磁力线在介质分界面上发生的折射

$$\frac{\tan\theta_1}{\tan\theta_2}=\frac{\varepsilon_1}{\varepsilon_2} \tag{5.47}$$

$$\frac{\tan\theta_1}{\tan\theta_2}=\frac{\mu_1}{\mu_2} \tag{5.48}$$

2. 理想导体与介质界面上的边界条件(设理想导体的下标为2,介质的下标为1)

由于理想导体的电导率 $\sigma\to\infty$,由欧姆定律 $\boldsymbol{J}=\sigma\boldsymbol{E}$,在理想导体内,$\boldsymbol{E}_2=0$。再由法拉第定律

$$\nabla\times\boldsymbol{E}_2=-\frac{\partial\boldsymbol{B}_2}{\partial t}=0$$

所以 $\boldsymbol{B}_2$ 为常数或为0,在时变场中,$\boldsymbol{B}_2$ 只能为0。所以在理想导体内,$\boldsymbol{B}_2=0$,$\boldsymbol{H}_2=0$。下面讨论理想导体与介质界面上的边界条件。

由式(5.32)可以得到理想导体表面(介质一侧)电场的切向分量满足的边界条件

$$E_{1\mathrm{t}}=E_{2\mathrm{t}}=0 \tag{5.49}$$

$$\hat{\boldsymbol{n}}\times\boldsymbol{E}_1=0 \tag{5.50}$$

由式(5.37)可以得到理想导体表面(介质一侧)磁场的切向分量满足的边界条件

$$H_{1\mathrm{t}}=J_S \tag{5.51}$$

$$\hat{\boldsymbol{n}}\times\boldsymbol{H}_1=\boldsymbol{J}_S \tag{5.52}$$

式(5.52)常被用来计算导体表面的感应电流,如图5.7所示。由式(5.41)可以得到理想导体表面(介质一侧)磁场的法向分量满足的边界条件

$$B_{1\mathrm{n}}=B_{2\mathrm{n}}=0 \tag{5.53}$$

$$\hat{\boldsymbol{n}}\cdot\boldsymbol{B}_1=0 \tag{5.54}$$

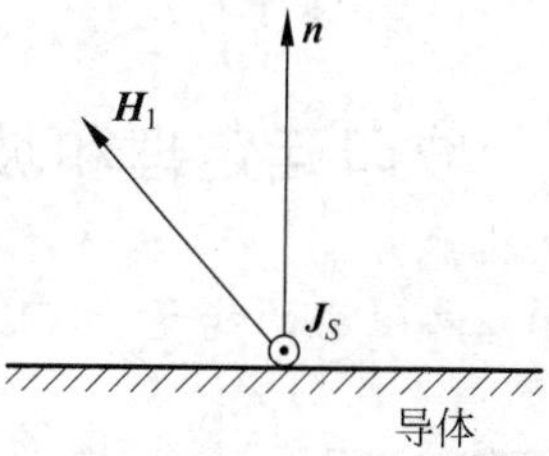

图5.7 导体表面的感应电流

所以**在理想导体的表面,电场的切向分量为零,磁场的法线分量为零**。由式(5.43)可以得到理想导体表面(介质一侧)$\boldsymbol{D}$ 的法向分量满足的边界条件

$$D_{1\mathrm{n}}=\rho_S \tag{5.55}$$

$$\hat{\boldsymbol{n}}\cdot\boldsymbol{D}_1=\rho_S \tag{5.56}$$

真正的理想导体不存在,在实际问题中,金属可以看作是理想导体。一种材料能否被看成是理想导体还与频率有关(详见6.5节),在频率比较低的情况下,大地也可以看成是理想导体。

例5.2 在两导体平板($z=0$ 和 $z=d$)之间的空气中传播的电磁波,已知其电场强度为

$$\boldsymbol{E}=\boldsymbol{e}_y E_0\sin\left(\frac{\pi}{d}z\right)\cos(\omega t-k_x x)$$

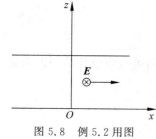

式中的 k_x 为常数。试求:(1)磁场强度 $\boldsymbol{H}$;(2)两导体表面的面电流密度 $\boldsymbol{J}_S$。

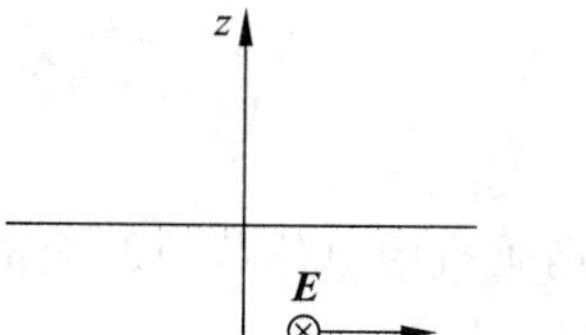

图5.8 例5.2用图

解 (1)这是一个沿 x 方向传播的电磁波,电场沿 $\boldsymbol{e}_y$ 方向。取如图5.8所示的坐标系,由 $\nabla\times\boldsymbol{E}=-\mu_0\dfrac{\partial\boldsymbol{H}}{\partial t}$ 可得

$$-\boldsymbol{e}_x \frac{\partial E}{\partial z}+\boldsymbol{e}_z \frac{\partial E}{\partial x}=-\mu_0 \frac{\partial \boldsymbol{H}}{\partial t}$$

所以

$$\boldsymbol{H}=-\frac{1}{\mu_0}E_0\left[-\boldsymbol{e}_x\int \frac{\pi}{d}\cos\left(\frac{\pi}{d}z\right)\cos(\omega t-k_x x)\mathrm{d}t+\boldsymbol{e}_z\int k_x\sin\left(\frac{\pi}{d}z\right)\sin(\omega t-k_x x)\mathrm{d}t\right]$$

$$=\boldsymbol{e}_x \frac{\pi}{\omega\mu_0 d}E_0\cos\left(\frac{\pi}{d}z\right)\sin(\omega t-k_x x)+\boldsymbol{e}_z \frac{k_x}{\omega\mu_0}E_0\sin\left(\frac{\pi}{d}z\right)\cos(\omega t-k_x x)$$

可以看出,$\boldsymbol{E}$ 和 $\boldsymbol{H}$ 都满足理想导体表面的边界条件,即在 $z=0$ 和 $z=d$ 处,$E_t=E_y=0$,$H_n=H_z=0$。

(2) 导体表面的电流存在于两导体相向的一面,在 $z=0$ 的表面上,法线单位矢量 $\hat{\boldsymbol{n}}=\boldsymbol{e}_z$,所以

$$\boldsymbol{J}_S=\hat{\boldsymbol{n}}\times\boldsymbol{H}=\boldsymbol{e}_z\times\boldsymbol{H}\mid_{z=0}=\boldsymbol{e}_y \frac{\pi}{\omega\mu_0 d}E_0\sin(\omega t-k_x x)$$

在 $z=d$ 的表面上,法线单位矢量 $\hat{\boldsymbol{n}}=-\boldsymbol{e}_z$,所以

$$\boldsymbol{J}_S=\hat{\boldsymbol{n}}\times\boldsymbol{H}=-\boldsymbol{e}_z\times\boldsymbol{H}\mid_{z=d}=\boldsymbol{e}_y \frac{\pi}{\omega\mu_0 d}E_0\sin(\omega t-k_x x)$$

5.5 坡印廷定理和坡印廷矢量

1. 电磁场的能量

扫码看讲课录像
5.5-5.6

电场的能量密度为

$$w_e=\frac{1}{2}\boldsymbol{D}\cdot\boldsymbol{E} \tag{5.57}$$

磁场的能量密度为

$$w_m=\frac{1}{2}\boldsymbol{H}\cdot\boldsymbol{B} \tag{5.58}$$

由于变化的电场和变化的磁场统称为电磁场,所以电磁场的能量密度为

$$w=\frac{1}{2}\boldsymbol{D}\cdot\boldsymbol{E}+\frac{1}{2}\boldsymbol{H}\cdot\boldsymbol{B} \tag{5.59}$$

由于电场、磁场都随时间变化,所以空间每一点处的能量密度 w 也随时间变化,时变电磁场中就出现能量的流动。

2. 能流密度矢量 $\boldsymbol{S}$(坡印廷矢量)

能流密度矢量 $\boldsymbol{S}$ 定义为:单位时间内穿过与能量流动方向垂直的单位截面的能量,其瞬时值的表达式为

$$\boldsymbol{S}=\boldsymbol{E}\times\boldsymbol{H} \tag{5.60}$$

能流密度矢量 $\boldsymbol{S}$ 的单位是 $\mathrm{W/m^2}$,方向表示该点能量流动的方向。

3. 坡印廷定理

坡印廷定理描述电磁场中能量的守恒和转换关系，下面推导坡印廷定理的表达式，由

$$\nabla\times \boldsymbol{E}=-\frac{\partial \boldsymbol{B}}{\partial t} \tag{5.61}$$

$$\nabla\times \boldsymbol{H}=\boldsymbol{J}+\frac{\partial \boldsymbol{D}}{\partial t} \tag{5.62}$$

用 $\boldsymbol{H}\cdot$ 式(5.61)减去 $\boldsymbol{E}\cdot$ 式(5.62)可得

$$\boldsymbol{H}\cdot(\nabla\times \boldsymbol{E})-\boldsymbol{E}\cdot(\nabla\times \boldsymbol{H})=-\boldsymbol{H}\cdot\frac{\partial \boldsymbol{B}}{\partial t}-\boldsymbol{E}\cdot\boldsymbol{J}-\boldsymbol{E}\cdot\frac{\partial \boldsymbol{D}}{\partial t} \tag{5.63}$$

式(5.63)的左边等于 $\nabla\cdot(\boldsymbol{E}\times\boldsymbol{H})$，右边的第 1 项和第 3 项分别为

$$\begin{aligned}\boldsymbol{H}\cdot\frac{\partial \boldsymbol{B}}{\partial t}&=\mu\boldsymbol{H}\cdot\frac{\partial \boldsymbol{H}}{\partial t}=\boldsymbol{B}\cdot\frac{\partial \boldsymbol{H}}{\partial t}\\&=\frac{1}{2}\left(\boldsymbol{H}\cdot\frac{\partial \boldsymbol{B}}{\partial t}+\boldsymbol{B}\cdot\frac{\partial \boldsymbol{H}}{\partial t}\right)=\frac{\partial}{\partial t}\left(\frac{1}{2}\boldsymbol{H}\cdot\boldsymbol{B}\right)\end{aligned}$$

$$\begin{aligned}\boldsymbol{E}\cdot\frac{\partial \boldsymbol{D}}{\partial t}&=\varepsilon\boldsymbol{E}\cdot\frac{\partial \boldsymbol{E}}{\partial t}=\boldsymbol{D}\cdot\frac{\partial \boldsymbol{E}}{\partial t}\\&=\frac{1}{2}\left(\boldsymbol{E}\cdot\frac{\partial \boldsymbol{D}}{\partial t}+\boldsymbol{D}\cdot\frac{\partial \boldsymbol{E}}{\partial t}\right)=\frac{\partial}{\partial t}\left(\frac{1}{2}\boldsymbol{E}\cdot\boldsymbol{D}\right)\end{aligned}$$

把上式代入式(5.63)可得

$$\nabla\cdot(\boldsymbol{E}\times\boldsymbol{H})=-\frac{\partial}{\partial t}\left(\frac{1}{2}\boldsymbol{H}\cdot\boldsymbol{B}+\frac{1}{2}\boldsymbol{E}\cdot\boldsymbol{D}\right)-\boldsymbol{E}\cdot\boldsymbol{J}$$

把上式两边作体积分，并注意到 $\frac{1}{2}\boldsymbol{H}\cdot\boldsymbol{B}+\frac{1}{2}\boldsymbol{E}\cdot\boldsymbol{D}=w$，可得

$$\int_V \nabla\cdot(\boldsymbol{E}\times\boldsymbol{H})\mathrm{d}V=-\frac{\partial}{\partial t}\int_V w\,\mathrm{d}V-\int_V \boldsymbol{E}\cdot\boldsymbol{J}\,\mathrm{d}V$$

由散度定理 $\int_V \nabla\cdot(\boldsymbol{E}\times\boldsymbol{H})\mathrm{d}V=\oiint_S(\boldsymbol{E}\times\boldsymbol{H})\cdot\mathrm{d}\boldsymbol{S}$，且 $\int_V w\,\mathrm{d}V=W$，所以

$$\frac{\partial W}{\partial t}=-\oiint_S(\boldsymbol{E}\times\boldsymbol{H})\cdot\mathrm{d}\boldsymbol{S}-\int_V \boldsymbol{E}\cdot\boldsymbol{J}\,\mathrm{d}V \tag{5.64}$$

式(5.64)即为坡印廷定理的数学表达式，其中 $\frac{\partial W}{\partial t}$ 表示 V 内单位时间内电磁能量的增量，$-\oiint_S(\boldsymbol{E}\times\boldsymbol{H})\cdot\mathrm{d}\boldsymbol{S}$ 表示通过 $\boldsymbol{S}$ 面流入的功率(单位时间内流入的能量)，第 3 项

$$\int_V \boldsymbol{E}\cdot\boldsymbol{J}\,\mathrm{d}V=\int_V p\,\mathrm{d}V=P$$

表示 V 内损耗的焦耳热功率(单位时间内损耗的能量)。所以说坡印廷定理描述了电磁场中能量的守恒和转换关系。

5.6 时变电磁场的矢量位和标量位

讨论恒定电、磁场时，为了计算方便，引入了标量电位 Φ、矢量磁位 $\boldsymbol{A}$ 和标量磁位 Φ_m，讨论时变电磁场，也可以引入标量位和矢量位。

5.6.1 矢量位 A 和标量位 Φ 的引入

1. 矢量位 $\boldsymbol{A}$ 的引入

由 $\nabla\cdot\boldsymbol{B}=0$ 和矢量恒等式 $\nabla\cdot\nabla\times\boldsymbol{A}=0$，$\boldsymbol{B}$ 可以写为

$$\boldsymbol{B}=\nabla\times\boldsymbol{A} \tag{5.65}$$

2. 标量位 Φ 的引入

把式(5.65)代入 $\nabla\times\boldsymbol{E}=-\frac{\partial\boldsymbol{B}}{\partial t}$ 可得

$$\nabla\times\boldsymbol{E}=-\frac{\partial}{\partial t}(\nabla\times\boldsymbol{A})=-\nabla\times\frac{\partial\boldsymbol{A}}{\partial t}$$

所以 $\nabla\times\left(\boldsymbol{E}+\frac{\partial\boldsymbol{A}}{\partial t}\right)=0$，再由矢量恒等式 $\nabla\times\nabla\Phi=0$，可以写出

$$\boldsymbol{E}+\frac{\partial\boldsymbol{A}}{\partial t}=-\nabla\Phi \quad \text{或} \quad \boldsymbol{E}=-\nabla\Phi-\frac{\partial\boldsymbol{A}}{\partial t} \tag{5.66}$$

可以看出，引入的标量位与标量电位不同，Φ 不仅与 $\boldsymbol{E}$ 有关，而且与 $\boldsymbol{A}$ 有关；$\boldsymbol{A}$ 也与 $\boldsymbol{E}$ 有关。所以时变电磁场中不再分电位和磁位，而称为时变电磁场的矢量位和标量位。

3. 洛伦兹条件

由式(5.65)和式(5.66)还不能唯一地确定 $\boldsymbol{A}$ 和 Φ。例如，设有

$$\boldsymbol{A}'=\boldsymbol{A}+\nabla\psi,\quad \Phi'=\Phi-\frac{\partial\psi}{\partial t}$$

ψ 为任意一个标量，则

$$\nabla\times\boldsymbol{A}'=\nabla\times\boldsymbol{A}+\nabla\times\nabla\psi=\nabla\times\boldsymbol{A}$$

$$\begin{aligned}-\nabla\Phi'-\frac{\partial\boldsymbol{A}'}{\partial t}&=-\nabla\left(\Phi-\frac{\partial\psi}{\partial t}\right)-\frac{\partial}{\partial t}(\boldsymbol{A}+\nabla\psi)\\&=-\nabla\Phi+\nabla\frac{\partial\psi}{\partial t}-\frac{\partial A}{\partial t}-\frac{\partial}{\partial t}\nabla\psi=-\nabla\Phi-\frac{\partial\boldsymbol{A}}{\partial t}=\boldsymbol{E}\end{aligned}$$

即由式(5.65)和式(5.66)可以得到无数多个 Φ、$\boldsymbol{A}$。这是由于式(5.65)只给出 $\boldsymbol{A}$ 的旋度，没有给定 $\boldsymbol{A}$ 的散度，根据亥姆霍兹定理 $\boldsymbol{A}$ 是不确定的。为了唯一地确定 $\boldsymbol{A}$ 和 Φ，必须给定 $\boldsymbol{A}$ 的散度，讨论时变场，采用洛伦兹条件

$$\nabla\cdot\boldsymbol{A}=-\mu\varepsilon\frac{\partial\Phi}{\partial t} \tag{5.67}$$

由式(5.65)、式(5.66)、式(5.67)定义的 $\boldsymbol{A}$、Φ 是唯一确定的。

5.6.2 达朗贝尔方程

达朗贝尔方程是时变电磁场的矢量位 $\boldsymbol{A}$ 和标量位 Φ 满足的微分方程。首先推导矢量位 $\boldsymbol{A}$ 的达朗贝尔方程，对式(5.65)两边取旋度

$$\nabla\times(\nabla\times\boldsymbol{A})=\nabla\times\boldsymbol{B}=\mu\,\nabla\times\boldsymbol{H}$$

把 $\nabla\times\boldsymbol{H}=\boldsymbol{J}+\varepsilon\dfrac{\partial\boldsymbol{E}}{\partial t}$ 和 $\boldsymbol{E}=-\nabla\Phi-\dfrac{\partial\boldsymbol{A}}{\partial t}$ 代入上式可得

$$\nabla(\nabla\cdot\boldsymbol{A})-\nabla^2\boldsymbol{A}=\mu\boldsymbol{J}-\mu\varepsilon\frac{\partial}{\partial t}(\nabla\Phi)-\mu\varepsilon\frac{\partial^2\boldsymbol{A}}{\partial t^2}$$

经过整理可得

$$\nabla^2\boldsymbol{A}-\mu\varepsilon\frac{\partial^2\boldsymbol{A}}{\partial t^2}=\nabla(\nabla\cdot\boldsymbol{A})-\mu\boldsymbol{J}+\nabla\left(\mu\varepsilon\frac{\partial\Phi}{\partial t}\right)=\nabla\left(\nabla\cdot\boldsymbol{A}+\mu\varepsilon\frac{\partial\Phi}{\partial t}\right)-\mu\boldsymbol{J}$$

利用式(5.67)可得

$$\nabla^2\boldsymbol{A}-\mu\varepsilon\frac{\partial^2\boldsymbol{A}}{\partial t^2}=-\mu\boldsymbol{J}\tag{5.68}$$

下面推导标量位 Φ 的达朗贝尔方程。把 $\boldsymbol{D}=\varepsilon\boldsymbol{E}$ 代入 $\nabla\cdot\boldsymbol{D}=\rho$，并利用式(5.66)可得

$$\varepsilon\,\nabla\cdot\boldsymbol{E}=-\varepsilon\,\nabla\cdot\left(\nabla\Phi+\frac{\partial\boldsymbol{A}}{\partial t}\right)=\rho$$

所以

$$\nabla^2\Phi+\nabla\cdot\frac{\partial\boldsymbol{A}}{\partial t}=-\frac{\rho}{\varepsilon}\tag{5.69}$$

其中

$$\nabla\cdot\frac{\partial\boldsymbol{A}}{\partial t}=\frac{\partial}{\partial t}\nabla\cdot\boldsymbol{A}=\frac{\partial}{\partial t}\left(-\mu\varepsilon\frac{\partial\Phi}{\partial t}\right)$$

把上式代入式(5.69)可得

$$\nabla^2\Phi-\mu\varepsilon\frac{\partial^2\Phi}{\partial t^2}=-\frac{\rho}{\varepsilon}\tag{5.70}$$

由于电磁波传播速度 $v=\dfrac{1}{\sqrt{\mu\varepsilon}}$，式(5.68)、式(5.70)可以写为

$$\nabla^2\boldsymbol{A}-\frac{1}{v^2}\frac{\partial^2\boldsymbol{A}}{\partial t^2}=-\mu\boldsymbol{J}\tag{5.71}$$

$$\nabla^2\Phi-\frac{1}{v^2}\frac{\partial\Phi}{\partial t^2}=-\frac{\rho}{\varepsilon}\tag{5.72}$$

式(5.68)、式(5.70)或式(5.71)、式(5.72)称为 $\boldsymbol{A}$、Φ 的波动方程或达朗贝尔方程。两式形式完全相同，而且 $\boldsymbol{A}$ 仅由 $\boldsymbol{J}$ 决定，Φ 仅由 ρ 决定，给求解 $\boldsymbol{A}$、Φ 带来方便，达朗贝尔方程的求解将在第 8 章中介绍。

5.7 应用案例 电磁场在医学领域的应用(电子资源)

扫码阅读5.7电磁场在医学领域的应用

5.7.1 CT 5.7.2 磁共振成像

5.7.3 微波切除肿瘤

第5章习题

5-1 已知真空平板电容器的极板面积为S,间距为d,当外加电压$U=U_0\sin\omega t$时,计算电容器中的位移电流,证明它等于导线中的传导电流。

5-2 一圆柱形电容器,内导体半径和外导体内半径分别为a和b,长为l。设外加电压$U_0\sin\omega t$,试计算电容器极板间的位移电流,证明该位移电流等于导线中的传导电流。

5-3 当电场$\boldsymbol{E}=\boldsymbol{e}_x E_0\cos\omega t\,\mathrm{V/m}$,$\omega=1000\mathrm{rad/s}$时,计算下列媒质中传导电流密度与位移电流密度的振幅之比:

(1) 铜$\sigma=5.7\times10^7\mathrm{S/m}$,$\varepsilon_r=1$;

(2) 蒸馏水$\sigma=2\times10^{-4}\mathrm{S/m}$,$\varepsilon_r=80$;

(3) 聚苯乙烯$\sigma=2\times10^{-16}\mathrm{S/m}$,$\varepsilon_r=2.53$。

5-4 由麦克斯韦方程组,导出点电荷的电场强度计算公式和泊松方程。

5-5 将麦克斯韦方程的微分形式写成8个标量方程:

(1) 在直角坐标系中;

(2) 在圆柱坐标系中;

(3) 在球坐标系中。

5-6 试由微分形式麦克斯韦方程组中的两个旋度方程及电流连续性方程导出两个散度方程。

5-7 利用麦克斯韦方程证明:通过任意闭合曲面的传导电流与位移电流之和等于0。

5-8 在由理想导电壁($\sigma=\infty$)限定的区域$0\leqslant x\leqslant a$内存在一个如下的电磁场

$$E_y=H_0\mu\omega\left(\frac{a}{\pi}\right)\sin\left(\frac{\pi x}{a}\right)\sin(kz-\omega t)$$

$$H_x=-H_0k\left(\frac{a}{\pi}\right)\sin\left(\frac{\pi x}{a}\right)\sin(kz-\omega t)$$

$$H_z=H_0\cos\left(\frac{\pi x}{a}\right)\cos(kz-\omega t)$$

验证它们是否满足边界条件,写出导电壁上的面电流密度表达式。

5-9 设区域Ⅰ($z<0$)的媒质参数$\varepsilon_{r1}=1$,$\mu_{r1}=1$,$\sigma_1=0$;区域Ⅱ($z>0$)的媒质参数$\varepsilon_{r2}=5$,$\mu_{r2}=20$,$\sigma_2=0$。区域Ⅰ中的电场强度

$$\boldsymbol{E}_1=\boldsymbol{e}_x[60\cos(15\times10^8t-5z)+20\cos(15\times10^8t+5z)]\text{V/m}$$

区域Ⅱ中的电场强度

$$\boldsymbol{E}_2=\boldsymbol{e}_xA\cos(15\times10^8t-50z)\text{V/m}$$

求：(1) 常数 A；

(2) 磁场强度 $\boldsymbol{H}_1$ 和 $\boldsymbol{H}_2$；

(3) 证明在 $z=0$ 处 $\boldsymbol{H}_1$ 和 $\boldsymbol{H}_2$ 满足边界条件。

5-10　设电场强度和磁场强度分别为 $\boldsymbol{E}=\boldsymbol{E}_0\cos(\omega t+\psi_e)$，$\boldsymbol{H}=\boldsymbol{H}_0\cos(\omega t+\psi_m)$，证明其坡印廷矢量的平均值为 $\boldsymbol{S}_{av}=\frac{1}{2}\boldsymbol{E}_0\times\boldsymbol{H}_0\cos(\psi_e-\psi_m)$。

5-11　已知真空区域中时变电磁场的瞬时值为 $\boldsymbol{H}(y,t)=\boldsymbol{e}_x\sqrt{2}\cos 20x\sin(\omega t-k_yy)$，试求电场强度的复矢量、能量密度及能流密度矢量的平均值。

5-12　一个真空中存在的电磁场为

$$\boldsymbol{E}=\boldsymbol{e}_x\mathrm{j}E_0\sin kz,\quad \boldsymbol{H}=\boldsymbol{e}_y\sqrt{\frac{\varepsilon_0}{\mu_0}}E_0\cos kz$$

其中 $k=2\pi/\lambda=\omega/c$，λ 是波长。求 $z=0,\lambda/8,\lambda/4$ 各点的坡印廷矢量的瞬时值和平均值。

5-13　已知电磁波的电场 $\boldsymbol{E}=\boldsymbol{e}_xE_0\cos(\omega\sqrt{\mu_0\varepsilon_0}\,z-\omega t)$，求此电磁波的磁场、瞬时值能流密度矢量及其在一周期内的平均值。

5-14　已知时变电磁场中矢量位 $\boldsymbol{A}=\boldsymbol{e}_x\boldsymbol{A}_m\sin(\omega t-kz)$，其中 $\boldsymbol{A}_m$、k 是常数。求电场强度、磁场强度和瞬时坡印廷矢量。

赫兹

（Heinrich Rudolph Hertz，1857—1894，德国）

赫兹在1887年首先发表了电磁波发生和接收的实验论文，证实了电磁波的存在。

第6章 平面电磁波

6.1 正弦电磁场的复数表示方法

1. 电磁场量的复数形式

扫码看讲课录像6.1

讨论时变电磁场,在实际问题中最常见的是正弦电磁场(用正弦函数或余弦函数表示),非正弦电磁场(如脉冲波、方波)也可以用傅里叶分析的方法分解为正弦电磁场的叠加,例如

$$E(t)=\sum_{n=1}^{\infty}E_n\sin(n\omega_0 t+\psi_n) \tag{6.1}$$

$n=1$ 是基波,$n\neq1$ 表示各次谐波。研究正弦电磁场,常用复数形式,例如

$$\begin{aligned}\boldsymbol{E}(x,y,z,t)&=\boldsymbol{e}_xE_x(x,y,z,t)+\boldsymbol{e}_yE_y(x,y,z,t)+\boldsymbol{e}_zE_z(x,y,z,t)\\&=\boldsymbol{e}_xE_{xm}(x,y,z)\cos(\omega t+\psi_x)+\boldsymbol{e}_yE_{ym}(x,y,z)\cos(\omega t+\psi_y)\\&\quad+\boldsymbol{e}_zE_{zm}(x,y,z)\cos(\omega t+\psi_z)\end{aligned} \tag{6.2}$$

用复数表示,以 E_x 分量为例

$$\begin{aligned}E_x(x,y,z,t)&=E_{xm}(x,y,z)\cos(\omega t+\psi_x)=\mathrm{Re}[E_{xm}(x,y,z)\mathrm{e}^{\mathrm{j}(\omega t+\psi_x)}]\\&=\mathrm{Re}(\dot{E}_{xm}\mathrm{e}^{\mathrm{j}\omega t})\end{aligned}$$

其中

$$\dot{E}_{xm}=E_{xm}(x,y,z)\mathrm{e}^{\mathrm{j}\psi_x} \tag{6.3}$$

称为 x 分量的复振幅,同理,可以写出 y 分量的复振幅和 z 分量的复振幅

$$\dot{E}_{ym}=E_{ym}(x,y,z)\mathrm{e}^{\mathrm{j}\psi_y} \tag{6.4}$$

$$\dot{E}_{zm}=E_{zm}(x,y,z)\mathrm{e}^{\mathrm{j}\psi_z} \tag{6.5}$$

所以式(6.2)可以写为

$$\boldsymbol{E}(x,y,z,t)=\mathrm{Re}[(\boldsymbol{e}_x\dot{E}_{xm}+\boldsymbol{e}_y\dot{E}_{ym}+\boldsymbol{e}_z\dot{E}_{zm})\mathrm{e}^{\mathrm{j}\omega t}]=\mathrm{Re}[\dot{E}_m\mathrm{e}^{\mathrm{j}\omega t}]$$

其中

$$\dot{\boldsymbol{E}}_m=\boldsymbol{e}_x\dot{E}_{xm}+\boldsymbol{e}_y\dot{E}_{ym}+\boldsymbol{e}_z\dot{E}_{zm} \tag{6.6}$$

称为矢量复振幅。复数形式中常略去 Re,所以

$$\boldsymbol{E}(x,y,z,t)=\dot{\boldsymbol{E}}_m\mathrm{e}^{\mathrm{j}\omega t} \tag{6.7}$$

为了更方便,表示复数的“·”也可以略去。

2. 复数场量对时间的微分、积分运算

由式(6.7)

$$\frac{\partial\boldsymbol{E}}{\partial t}=\mathrm{j}\omega\dot{\boldsymbol{E}}_m\mathrm{e}^{\mathrm{j}\omega t}=\mathrm{j}\omega\boldsymbol{E} \tag{6.8}$$

$$\frac{\partial^2\boldsymbol{E}}{\partial t^2}=-\omega^2\dot{\boldsymbol{E}}_m\mathrm{e}^{\mathrm{j}\omega t}=-\omega^2\boldsymbol{E} \tag{6.9}$$

$$\int \boldsymbol{E} \mathrm{d}t = \int \dot{\boldsymbol{E}}_m \mathrm{e}^{\mathrm{j}\omega t} \mathrm{d}t = \frac{1}{\mathrm{j}\omega} \dot{\boldsymbol{E}}_m \mathrm{e}^{\mathrm{j}\omega t} = \frac{1}{\mathrm{j}\omega} \boldsymbol{E} \tag{6.10}$$

可以看出，复数场量对时间的一阶导数等于乘上 $\mathrm{j}\omega$，对时间的二阶导数等于乘上 $-\omega^2$，对时间的积分等于乘上 $\frac{1}{\mathrm{j}\omega}$，这样就大大简化了运算过程。

3. 麦克斯韦方程组的复数形式

把 $\nabla \times \boldsymbol{H} = \boldsymbol{J} + \frac{\partial \boldsymbol{D}}{\partial t}$ 中的电磁场量都改写为复数形式

$$\nabla \times \dot{\boldsymbol{H}}_m \mathrm{e}^{\mathrm{j}\omega t} = \dot{\boldsymbol{J}}_m \mathrm{e}^{\mathrm{j}\omega t} + \mathrm{j}\omega \dot{\boldsymbol{D}}_m \mathrm{e}^{\mathrm{j}\omega t}$$

所以

$$\nabla \times \dot{\boldsymbol{H}}_m = \dot{\boldsymbol{J}}_m + \mathrm{j}\omega \dot{\boldsymbol{D}}_m$$

为了书写方便，可以略去下标 m，上式可以写为

$$\nabla \times \dot{\boldsymbol{H}} = \dot{\boldsymbol{J}} + \mathrm{j}\omega \dot{\boldsymbol{D}} \tag{6.11}$$

同理，可以写出麦克斯韦方程组中其他几个方程的复数形式

$$\nabla \times \dot{\boldsymbol{E}} = -\mathrm{j}\omega \dot{\boldsymbol{B}} \tag{6.12}$$

$$\nabla \cdot \dot{\boldsymbol{B}} = 0 \tag{6.13}$$

$$\nabla \cdot \dot{\boldsymbol{D}} = \dot{\rho} \tag{6.14}$$

电流连续性方程 $\nabla \cdot \boldsymbol{J} + \frac{\partial \rho}{\partial t} = 0$ 的复数形式为

$$\nabla \cdot \dot{\boldsymbol{J}} + \mathrm{j}\omega \dot{\rho} = 0 \tag{6.15}$$

在有些文献中也略去了表示复振幅的“·”。

例 6.1 把 $\boldsymbol{E} = \boldsymbol{e}_y E_{ym} \cos(\omega t - kx + \psi) + \boldsymbol{e}_z E_{zm} \sin(\omega t - kx + \psi)$ 改写成复数形式。

解

$$\begin{aligned} \boldsymbol{E} &= \boldsymbol{e}_y E_{ym} \cos(\omega t - kx + \psi) + \boldsymbol{e}_z E_{zm} \cos\left(\omega t - kx + \psi - \frac{\pi}{2}\right) \\ &= \mathrm{Re}\left[\boldsymbol{e}_y E_{ym} \mathrm{e}^{\mathrm{j}(\omega t - kx + \psi)} + \boldsymbol{e}_z E_{zm} \mathrm{e}^{\mathrm{j}\left(\omega t - kx + \psi - \frac{\pi}{2}\right)}\right] \end{aligned}$$

所以矢量复振幅为

$$\dot{\boldsymbol{E}}_m = \boldsymbol{e}_y E_{ym} \mathrm{e}^{\mathrm{j}(-kx + \psi)} + \boldsymbol{e}_z E_{zm} \mathrm{e}^{\mathrm{j}\left(-kx + \psi - \frac{\pi}{2}\right)} = \boldsymbol{e}_y \dot{E}_{ym} + \boldsymbol{e}_z \dot{E}_{zm}$$

例 6.2 把 $\dot{E}_{xm} = 2\mathrm{j}E_0 \sin\theta \cos(kx\cos\theta) \mathrm{e}^{-\mathrm{j}kz\sin\theta}$ 改写成瞬时形式。

解 $\dot{E}_{xm} = 2\mathrm{j}E_0 \sin\theta \cos(kx\cos\theta) \mathrm{e}^{-\mathrm{j}kz\sin\theta} = 2E_0 \sin\theta \cos(kx\cos\theta) \mathrm{e}^{\mathrm{j}\left(-kz\sin\theta + \frac{\pi}{2}\right)}$

所以瞬时形式为

$$E_x = 2E_0 \sin\theta \cos(kx\cos\theta) \cos\left(\omega t - kz\sin\theta + \frac{\pi}{2}\right)$$

6.2 平均坡印廷矢量

扫码看讲课录像 6.2

正弦电磁场的瞬时形式为

$$\boldsymbol{E}=\boldsymbol{e}_xE_{xm}\cos(\omega t+\psi_{xE})+\boldsymbol{e}_yE_{ym}\cos(\omega t+\psi_{yE})+\boldsymbol{e}_zE_{zm}\cos(\omega t+\psi_{zE})$$

$$\boldsymbol{H}=\boldsymbol{e}_xH_{xm}\cos(\omega t+\psi_{xH})+\boldsymbol{e}_yH_{ym}\cos(\omega t+\psi_{yH})+\boldsymbol{e}_zH_{zm}\cos(\omega t+\psi_{zH})$$

瞬时形式的坡印廷矢量为

$$\boldsymbol{S}=\boldsymbol{E}\times\boldsymbol{H}=\begin{vmatrix}\boldsymbol{e}_x & \boldsymbol{e}_y & \boldsymbol{e}_z\\ E_x & E_y & E_z\\ H_x & H_y & H_z\end{vmatrix} \tag{6.16}$$

先计算平均坡印廷矢量的 x 分量 $S_x=E_yH_z-E_zH_y$

$$S_{x\mathrm{av}}=\frac{1}{T}\int_0^T S_x\mathrm{d}t=\frac{1}{T}\int_0^T[E_{ym}H_{zm}\cos(\omega t+\psi_{yE})\cos(\omega t+\psi_{zH})$$
$$-E_{zm}H_{ym}\cos(\omega t+\psi_{zE})\cos(\omega t+\psi_{yH})]\mathrm{d}t \tag{6.17}$$

利用三角函数公式

$$\cos\alpha\cos\beta=\frac{1}{2}[\cos(\alpha+\beta)+\cos(\alpha-\beta)]$$

式(6.17)中

$$\int_0^T\cos(2\omega t+\psi_{yE}+\psi_{zH})\mathrm{d}t=0,\quad \frac{1}{T}\int_0^T\cos(\psi_{yE}-\psi_{zH})\mathrm{d}t=\cos(\psi_{yE}-\psi_{zH})$$

所以

$$S_{x\mathrm{av}}=\frac{1}{2}[E_{ym}H_{zm}\cos(\psi_{yE}-\psi_{zH})-E_{zm}H_{ym}\cos(\psi_{zE}-\psi_{yH})] \tag{6.18}$$

因为

$$\dot{E}_y=E_{ym}\mathrm{e}^{\mathrm{j}\psi_{yE}},\quad \dot{H}_z=H_{zm}\mathrm{e}^{\mathrm{j}\psi_{zH}},\quad \dot{H}_z^*=H_{zm}\mathrm{e}^{-\mathrm{j}\psi_{zH}}$$

$$\dot{E}_z=E_{zm}\mathrm{e}^{\mathrm{j}\psi_{zE}},\quad \dot{H}_y=H_{ym}\mathrm{e}^{\mathrm{j}\psi_{yH}},\quad \dot{H}_y^*=H_{ym}\mathrm{e}^{-\mathrm{j}\psi_{yH}}$$

所以

$$\mathrm{Re}[\dot{E}_y\dot{H}_z^*]=E_{ym}H_{zm}\cos(\psi_{yE}-\psi_{zH})$$

$$\mathrm{Re}[\dot{E}_z\dot{H}_y^*]=E_{zm}H_{ym}\cos(\psi_{zE}-\psi_{yH})$$

式(6.18)可以写为

$$S_{x\mathrm{av}}=\frac{1}{2}\mathrm{Re}[\dot{E}_y\dot{H}_z^*-\dot{E}_z\dot{H}_y^*]$$

同理可得平均坡印廷矢量的 y 分量和 z 分量

$$S_{y\mathrm{av}}=\frac{1}{2}\mathrm{Re}[\dot{E}_z\dot{H}_x^*-\dot{E}_x\dot{H}_z^*],\quad S_{z\mathrm{av}}=\frac{1}{2}\mathrm{Re}[\dot{E}_x\dot{H}_y^*-\dot{E}_y\dot{H}_x^*]$$

所以平均坡印廷矢量为

$$\begin{aligned}\boldsymbol{S}_{av} &= \boldsymbol{e}_x S_{xav} + \boldsymbol{e}_y S_{yav} + \boldsymbol{e}_z S_{zav} \\ &= \frac{1}{2}\mathrm{Re}[\boldsymbol{e}_x(\dot{E}_y\dot{H}_z^* - \dot{E}_z\dot{H}_y^*) + \boldsymbol{e}_y(\dot{E}_z\dot{H}_x^* - \dot{E}_x\dot{H}_z^*) + \boldsymbol{e}_z(\dot{E}_x\dot{H}_y^* - \dot{E}_y\dot{H}_x^*)] \\ &= \frac{1}{2}\mathrm{Re}(\dot{\boldsymbol{E}} \times \dot{\boldsymbol{H}}^*)\end{aligned} \tag{6.19}$$

例 6.3 计算沿一段长同轴线传输的功率，已知内外导体间的电压为 U，横截面上的电流为 I(U、I 均为振幅值)。

解 (1) 若内、外导体是理想导体，介质无损耗(理想介质)。

导体内：$E=0, H=0, S=0$。

介质内：设同轴线内导体单位长度的电荷为 ρ_l，利用高斯定理可以求出介质内的电场强度为

$$\boldsymbol{E} = \boldsymbol{e}_r \frac{U}{r\ln\dfrac{b}{a}}$$

利用安培环路定理可以求出介质内的磁场强度为

$$\boldsymbol{H} = \boldsymbol{e}_\varphi \frac{I}{2\pi r}$$

介质内的坡印廷矢量为

$$\boldsymbol{S}_{av} = \frac{1}{2}\mathrm{Re}(\dot{\boldsymbol{E}} \times \dot{\boldsymbol{H}}^*) = \boldsymbol{e}_z \frac{UI}{4\pi r^2 \ln\dfrac{b}{a}}$$

方向如图 6.1 所示。下面计算穿过介质横截面的功率

$$\int_A \boldsymbol{S} \cdot \mathrm{d}\boldsymbol{A} = \int_A S\mathrm{d}A = \int_a^b \frac{UI}{4\pi r^2 \ln\dfrac{b}{a}} \cdot 2\pi r\,\mathrm{d}r = \frac{1}{2}UI = \bar{U}\,\bar{I}$$

说明传输线传输的功率是通过导线周围的电磁场传输的，而不是沿导线内传输的。

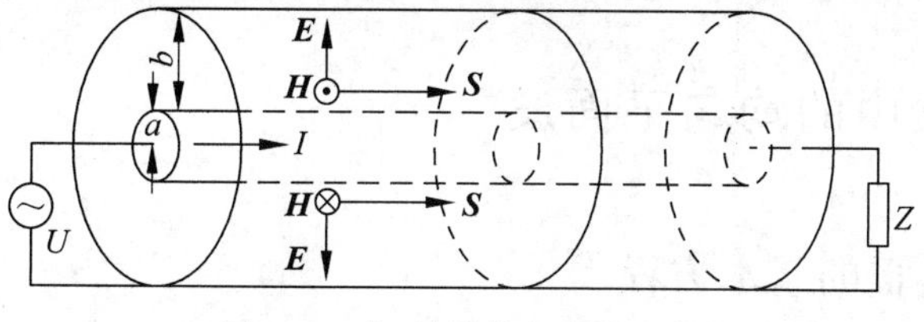

图 6.1 内、外导体是理想导体

(2) 若内、外导体是非理想导体。

非理想导体的电导率 σ 是有限值，所以导线内 $\boldsymbol{E}_{内} \neq 0$，由边界条件，介质内电场强度的切向分量与导体内的电场强度相等。除此之外，由于内、外导体之间的电位差，介质内还存在电场强度的法向分量，总的电场强度为

$$\boldsymbol{E} = \boldsymbol{E}_t + \boldsymbol{E}_n$$

如图 6.2 所示。介质内的磁场强度仍为

$$H = e_{\varphi} \frac{I}{2\pi r}$$

介质内的坡印廷矢量为

$$S = \mathrm{Re}\left(\frac{1}{2}\dot{E} \times \dot{H}^{*}\right) = \mathrm{Re}\left[\frac{1}{2}(\dot{E}_{t} + \dot{E}_{n}) \times \dot{H}^{*}\right] = S_{n} + S_{t}$$

流入内导体的功率为

$$-\iint S_{n} \cdot \mathrm{d}A = \iint S_{n} \mathrm{d}A = \frac{1}{2} E_{t}(a) H(a) \cdot 2\pi a l = \frac{1}{2} E_{t}(a) I l \tag{6.20}$$

内导体表面处电场强度的切向分量 $E_t(a)$ 可以用下面的方法求出

$$J = \frac{I}{\pi a^{2}} = \sigma E_{内} = \sigma E_{t}$$

所以

$$E_{t}(a) = \frac{I}{\sigma \pi a^{2}}$$

代入式(6.20)可以得到

$$-\iint S_{n} \cdot \mathrm{d}A = \frac{1}{2} \cdot \frac{l}{\sigma \pi a^{2}} I^{2} = \frac{1}{2} R I^{2} = R \bar{I}^{2}$$

流入内导体的功率正好等于该段导体内消耗的焦耳热功率。所以导体为非理想导体时，同轴线内一部分能量 S_t 沿导线传送，另一部分能量 S_n 被导线体吸收，转化为焦耳热。

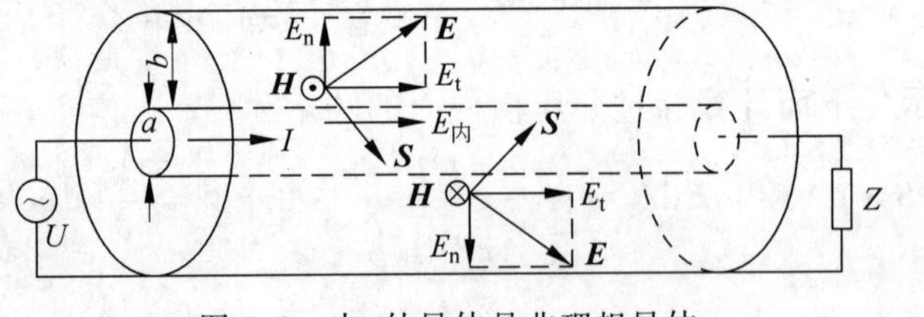

图 6.2　内、外导体是非理想导体

6.3　理想介质中的均匀平面波

6.3.1　电磁波传播的基本方程

1. 麦克斯韦方程组

讨论电磁波的传播，理想介质中是无源区，$J=0$，$\rho=0$，麦克斯韦方程为

扫码看讲课录像 6.3

$$\nabla \times H = \varepsilon \frac{\partial E}{\partial t} \tag{6.21}$$

$$\nabla \times E = -\mu \frac{\partial H}{\partial t} \tag{6.22}$$

$$\nabla \cdot \boldsymbol{H}=0 \tag{6.23}$$

$$\nabla \cdot \boldsymbol{E}=0 \tag{6.24}$$

复数形式为

$$\nabla \times \dot{\boldsymbol{H}}=\mathrm{j}\omega\varepsilon\dot{\boldsymbol{E}} \tag{6.25}$$

$$\nabla \times \dot{\boldsymbol{E}}=-\mathrm{j}\omega\mu\dot{\boldsymbol{H}} \tag{6.26}$$

$$\nabla \cdot \dot{\boldsymbol{H}}=0 \tag{6.27}$$

$$\nabla \cdot \dot{\boldsymbol{E}}=0 \tag{6.28}$$

2. 波动方程

对式(6.22)的两端取旋度,并利用式(6.21)可得

$$\nabla \times (\nabla \times \boldsymbol{E})=-\mu \frac{\partial}{\partial t}(\nabla \times \boldsymbol{H})=-\mu\varepsilon \frac{\partial^2 \boldsymbol{E}}{\partial t^2}$$

利用矢量恒等式$\nabla \times (\nabla \times \boldsymbol{E})=\nabla(\nabla \cdot \boldsymbol{E})-\nabla^2 \boldsymbol{E}$、式(6.24)和$\mu\varepsilon=\frac{1}{v^2}$,上式可以写为

$$\nabla^2 \boldsymbol{E}-\frac{1}{v^2}\frac{\partial^2 \boldsymbol{E}}{\partial t^2}=0 \tag{6.29}$$

同理,对式(6.21)的两端取旋度,可以导出

$$\nabla^2 \boldsymbol{H}-\frac{1}{v^2}\frac{\partial^2 \boldsymbol{H}}{\partial t^2}=0 \tag{6.30}$$

式(6.29)和式(6.30)就是研究电磁波传播的波动方程,复数形式为

$$\nabla^2 \dot{\boldsymbol{E}}+k^2\dot{\boldsymbol{E}}=0 \tag{6.31}$$

$$\nabla^2 \dot{\boldsymbol{H}}+k^2\dot{\boldsymbol{H}}=0 \tag{6.32}$$

其中$k^2=\frac{\omega^2}{v^2}=\omega^2\mu\varepsilon$,$k$ 称为波数。

6.3.2 均匀平面电磁波

均匀平面电磁波是等相位面(波阵面)为平面,且在等相位面上场强处处相等的电磁波。距离辐射源很远时,球面波、柱面波都可以看成是平面波,发射天线的远区也可以看成是平面波,所以研究均匀平面电磁波具有重要的意义。

1. 波动方程

设一均匀平面波沿 z 轴传播,等相位面平行于 xy 平面,如图 6.3 所示。在同一等相位面上,场强处处相等(即 $\boldsymbol{E}$、$\boldsymbol{H}$ 与 x、y 无关),所以

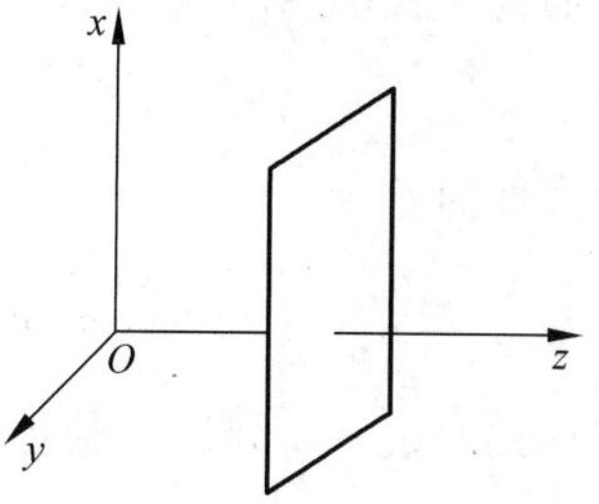

图 6.3 均匀平面电磁波

$$\boldsymbol{E}=\boldsymbol{E}(z,t),\boldsymbol{H}=\boldsymbol{H}(z,t),\nabla^2=\frac{\partial^2}{\partial z^2}$$

设 $\boldsymbol{E}$ 沿 x 方向,即 $\boldsymbol{E}=\boldsymbol{e}_xE_x$,由

$$\nabla\times\boldsymbol{E}=-\mu\frac{\partial\boldsymbol{H}}{\partial t}$$

可以得到 $\boldsymbol{H}=\boldsymbol{e}_yH_y$,所以波动方程式(6.29)和式(6.30)可以写为

$$\frac{\partial^2E_x}{\partial z^2}-\frac{1}{v^2}\frac{\partial^2E_x}{\partial t^2}=0 \tag{6.33}$$

$$\frac{\partial^2H_y}{\partial z^2}-\frac{1}{v^2}\frac{\partial^2H_y}{\partial t^2}=0 \tag{6.34}$$

复数形式为

$$\frac{\mathrm{d}^2\dot{E}_x}{\mathrm{d}z^2}-(\mathrm{j}k)^2\dot{E}_x=0 \tag{6.35}$$

$$\frac{\mathrm{d}^2\dot{H}_y}{\mathrm{d}z^2}-(\mathrm{j}k)^2\dot{H}_y=0 \tag{6.36}$$

2. $\boldsymbol{E}$、$\boldsymbol{H}$ 的表达式

式(6.35)是一个二阶齐次常微分方程,它的解可以写为

$$\dot{E}_x=\dot{E}_m^+\mathrm{e}^{-\mathrm{j}kz}+\dot{E}_m^-\mathrm{e}^{\mathrm{j}kz} \tag{6.37}$$

其中 $\dot{E}_m^+$、$\dot{E}_m^-$ 是复常数,含有初相位因子

$$\dot{E}_m^+=E_m^+\mathrm{e}^{\mathrm{j}\psi^+},\quad \dot{E}_m^-=E_m^-\mathrm{e}^{\mathrm{j}\psi^-}$$

由式(6.26)和 $\boldsymbol{E}=\boldsymbol{e}_xE_x$,可以得到

$$\dot{\boldsymbol{H}}=\frac{1}{-\mathrm{j}\omega\mu}\nabla\times\dot{\boldsymbol{E}}=\boldsymbol{e}_y\frac{1}{-\mathrm{j}\omega\mu}\frac{\partial\dot{E}_x}{\partial z}$$

把式(6.37)代入上式可得

$$\dot{H}_y=\frac{1}{-\mathrm{j}\omega\mu}(-\mathrm{j}k\dot{E}_m^+\mathrm{e}^{-\mathrm{j}kz}+\mathrm{j}k\dot{E}_m^-\mathrm{e}^{\mathrm{j}kz})=\frac{k}{\omega\mu}(\dot{E}_m^+\mathrm{e}^{-\mathrm{j}kz}-\dot{E}_m^-\mathrm{e}^{\mathrm{j}kz}) \tag{6.38}$$

下面说明式(6.37)、式(6.38)中各项的意义,式(6.37)中第一项为

$$\dot{E}_m^+\mathrm{e}^{-\mathrm{j}kz}\mathrm{e}^{\mathrm{j}\omega t}=E_m^+\mathrm{e}^{\mathrm{j}(\omega t-kz+\psi^+)}$$

取实部为

$$E_m^+\cos(\omega t-kz+\psi^+)=E_m^+\cos\left[\omega\left(t-\frac{z}{v}\right)+\psi^+\right] \tag{6.39}$$

式(6.39)表示一列沿 z 轴正方向传播的均匀平面波,称为入射波。这列波由源点($z=0$)传到 z 点需要的时间 $\Delta t=\dfrac{z}{v}$,所以 z 点 t 时刻的相位就是波源在 $t-\Delta t=t-\dfrac{z}{v}$

时刻的相位。

同理，式(6.37)中的第二项 $\dot{E}_m^- e^{jkz} \cdot e^{j\omega t}$ 可以写为

$$E_m^- \cos(\omega t + kz + \psi^-) = E_m^- \cos\left[\omega\left(t + \frac{z}{v}\right) + \psi^-\right] \tag{6.40}$$

式(6.40)表示沿 z 轴负方向传播的均匀平面波，称为反射波。

在无限大均匀介质中，没有反射波，式(6.37)、式(6.38)可以写为

$$\dot{E}_x = \dot{E}_m e^{-jkz} \tag{6.41}$$

$$\dot{H}_y = \frac{k}{\omega\mu}\dot{E}_m e^{-jkz} \tag{6.42}$$

瞬时形式可以写为

$$E_x = E_m \cos(\omega t - kz + \psi^+) \tag{6.43}$$

$$H_y = \frac{k}{\omega\mu} E_m \cos(\omega t - kz + \psi^+) \tag{6.44}$$

3. 均匀平面波的传播特性

1) 一些基本参数的意义及有关公式

常用的基本参数有角频率 ω、周期 T、频率 f、波长 λ、相速度 v 和波数 k，常用的公式为

$$T = \frac{1}{f} = \frac{2\pi}{\omega}$$

$$v = \lambda f, \quad v = \frac{1}{\sqrt{\mu\varepsilon}}$$

$$k = \frac{\omega}{v} = \frac{2\pi}{\lambda} = \omega\sqrt{\mu\varepsilon}$$

在自由空间中(如真空)相速度为 $c = \dfrac{1}{\sqrt{\mu_0\varepsilon_0}} = 3 \times 10^8\,\text{m/s}$。

2) 波阻抗

波阻抗定义为电场与磁场之比，由式(6.41)、式(6.42)

$$\frac{E_x}{H_y} = \frac{\omega\mu}{k} = \frac{\mu}{\sqrt{\mu\varepsilon}} = \sqrt{\frac{\mu}{\varepsilon}}$$

所以波阻抗的表达式为

$$\eta = \sqrt{\frac{\mu}{\varepsilon}} \tag{6.45}$$

其中 μ 的单位是伏·秒/(米·安)[V·s/(m·A)]，ε 的单位是安·秒/(米·伏)[A·s/(m·V)]，很容易验证波阻抗 η 的单位是 Ω，具有电阻的量纲。对于自由空间(如

真空)$\mu_0=4\pi\times10^{-7}\,\mathrm{H/m}$,$\varepsilon_0=\dfrac{1}{36\pi}\times10^{-9}\,\mathrm{F/m}$,故

$$\eta_0=\sqrt{\frac{\mu_0}{\varepsilon_0}}=120\pi\approx377(\Omega) \tag{6.46}$$

3) $\boldsymbol{E}$ 和 $\boldsymbol{H}$ 都垂直于传播方向

由式(6.41)、式(6.42)可以看出,对于均匀平面电磁波,电场 $\boldsymbol{E}$ 和磁场 $\boldsymbol{H}$ 都垂直于传播方向,$\boldsymbol{E}$、$\boldsymbol{H}$ 和传播方向 $\boldsymbol{S}$ 构成右手关系 $\boldsymbol{S}=\boldsymbol{E}\times\boldsymbol{H}$,这种波称为横电磁波或 TEM 波。

4) $\boldsymbol{E}$ 和 $\boldsymbol{H}$ 同频率、同相位

由式(6.41)、式(6.42)可以看出,对于均匀平面电磁波,电场 $\boldsymbol{E}$ 和磁场 $\boldsymbol{H}$ 同频率、同相位。

理想介质中均匀平面波的传播特性(3)、(4)从图 6.4 中可以看得很清楚。

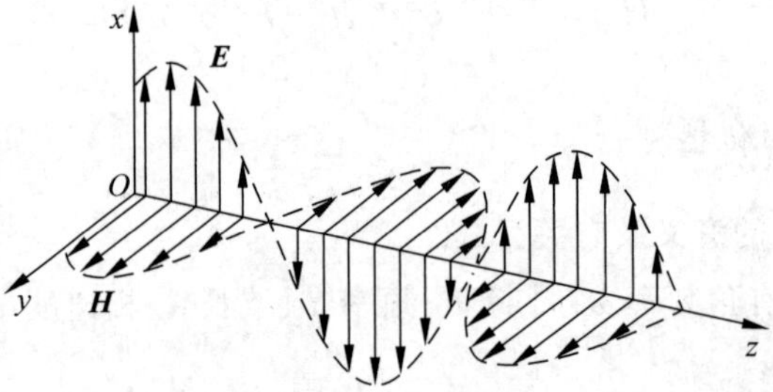

图 6.4 均匀平面电磁波 $\boldsymbol{E}$、$\boldsymbol{H}$、$\boldsymbol{S}$ 的方向、频率及相位关系

4. 沿任意方向 $\boldsymbol{e}_n$ 传播的均匀平面波

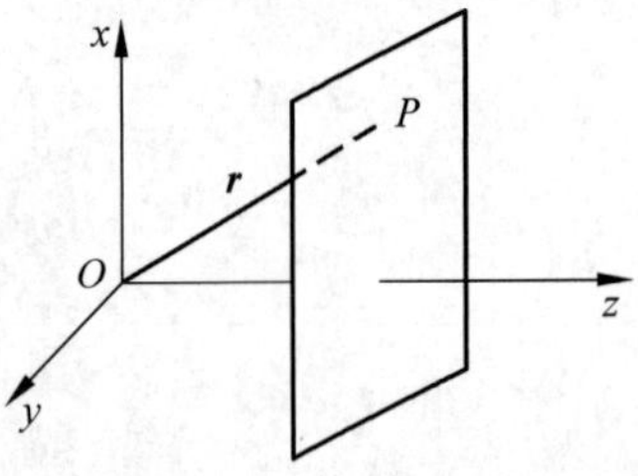

图 6.5 沿任意方向 $\boldsymbol{e}_n$ 传播的均匀平面波

沿 z 轴正方向传播的均匀平面波的表达式为

$$\dot{\boldsymbol{E}}=\dot{\boldsymbol{E}}_m\mathrm{e}^{-\mathrm{j}kz} \tag{6.47}$$

如图 6.5 所示,等相位面上任一点 $P(x,y,z)$ 的矢径为 $\boldsymbol{r}=\boldsymbol{e}_x x+\boldsymbol{e}_y y+\boldsymbol{e}_z z$,所以 $\boldsymbol{e}_z\cdot\boldsymbol{r}=z$,式(6.47)可以写为

$$\dot{\boldsymbol{E}}=\dot{\boldsymbol{E}}_m\mathrm{e}^{-\mathrm{j}k\boldsymbol{e}_z\cdot\boldsymbol{r}} \tag{6.48}$$

所以沿任意方向 $\boldsymbol{e}_n$ 传播的均匀平面波可以写为

$$\dot{\boldsymbol{E}}=\dot{\boldsymbol{E}}_m\mathrm{e}^{-\mathrm{j}k\boldsymbol{e}_n\cdot\boldsymbol{r}} \tag{6.49}$$

6.4 波的极化特性

扫码看讲课录像 6.4

波的极化描述在电磁波传播的过程中 $\boldsymbol{E}(\boldsymbol{H})$ 的方向的变化。上节讨论中 $\boldsymbol{E}$ 只有 x 分量,$\boldsymbol{H}$ 只有 y 分量,是一个特例,选坐标时有意使 x 轴沿 $\boldsymbol{E}$ 方向。一般情况下,$\boldsymbol{E}$、$\boldsymbol{H}$ 在等相位面上有两个分量,如图 6.6 所示,下面

以 $\boldsymbol{E}$ 为例讨论。

1. 若 E_x、E_y 相位相同

$$E_x = E_{xm}\cos(\omega t - kz)$$
$$E_y = E_{ym}\cos(\omega t - kz)$$

这里设初相位为0。在 $z=0$ 的等相位面上，

$$\begin{cases} E_x = E_{xm}\cos\omega t \\ E_y = E_{ym}\cos\omega t \end{cases}$$

合场强的大小为

$$E = \sqrt{E_x^2 + E_y^2} = \sqrt{E_{xm}^2 + E_{ym}^2}\cos\omega t \tag{6.50}$$

合场强的方向用 $\boldsymbol{E}$ 与 x 轴的夹角表示

$$\alpha = \arctan\frac{E_y}{E_x} = \arctan\frac{E_{ym}}{E_{xm}} \tag{6.51}$$

可以看出，合场强的大小随 t 变化，合场强的方向是一个常量，说明电场矢量只在图6.7所示的一直线上变化，这种波称为线极化波。如果电场矢量只在水平方向上变化，称为水平极化波，如果电场矢量只在竖直方向上变化，称为垂直极化波。上一节设 $\boldsymbol{E} = \boldsymbol{e}_x E_x$，就是沿 x 方向的线极化波。

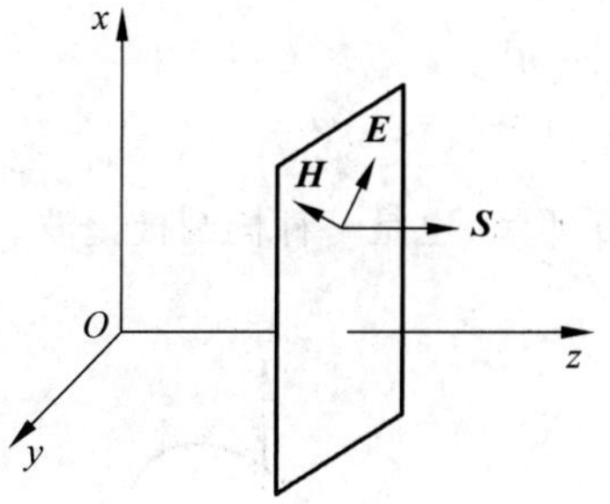

图6.6 $\boldsymbol{E}$、$\boldsymbol{H}$ 在等相位面上有两个分量

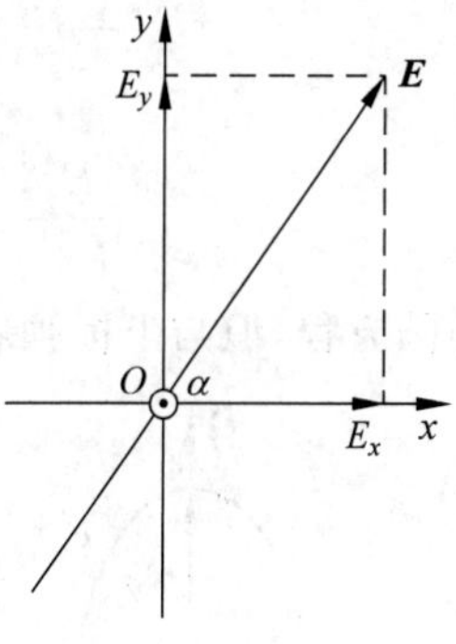

图6.7 线极化波

2. 若 E_x、E_y 相位相差 $\pi/2$

$$E_x = E_{xm}\cos(\omega t - kz) \tag{6.52}$$

$$E_y = E_{ym}\cos\left(\omega t - kz - \frac{\pi}{2}\right) = E_{ym}\sin(\omega t - kz) \tag{6.53}$$

(1) 若 E_x 和 E_y 振幅相等，$E_{xm} = E_{ym} = E_m$，在 $z=0$ 的等相位面上，

$$E_x = E_m\cos\omega t,\ E_y = E_m\sin\omega t \tag{6.54}$$

合场强的大小为

$$E = \sqrt{E_x^2 + E_y^2} = E_m \tag{6.55}$$

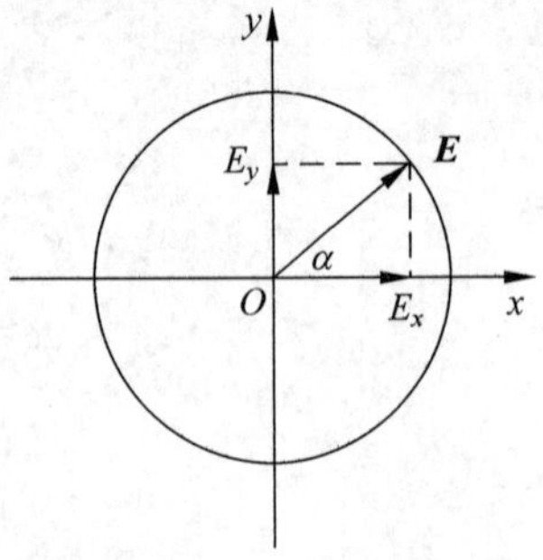

图 6.8 圆极化波

合场强的方向可以表示为 $\tan\alpha=\dfrac{E_y}{E_x}=\tan\omega t$，所以

$$\alpha=\omega t \tag{6.56}$$

所以合场强大小不变,方向以角速度 ω 旋转,$\boldsymbol{E}$ 的端点的轨迹是一个圆,这种波称为圆极化波,如图 6.8 所示。由式(6.54)可以导出

$$E_x^2+E_y^2=E_m^2 \tag{6.57}$$

也可以看出,$\boldsymbol{E}$ 的端点的轨迹是一个圆。

(2) 若 E_x 和 E_y 振幅不相等,$E_{xm}\neq E_{ym}$,在 $z=0$ 的等相位面上

$$E_x=E_{xm}\cos\omega t,\quad E_y=E_{ym}\sin\omega t \tag{6.58}$$

两式移项,平方相加可得

$$\frac{E_x^2}{E_{xm}^2}+\frac{E_y^2}{E_{ym}^2}=1 \tag{6.59}$$

式(6.59)是椭圆方程,说明 $\boldsymbol{E}$ 的端点的轨迹是一个椭圆,这种波称为椭圆极化波,如图 6.9 所示,椭圆短轴和长轴之比称为椭圆极化波的椭圆度。

如果 E_x 和 E_y 的相位差 $\Delta\psi\neq\dfrac{\pi}{2}$,在 $z=0$ 的等相位面上

$$E_x=E_{xm}\cos\omega t,\quad E_y=E_{ym}\cos(\omega t-\psi) \tag{6.60}$$

消去 t 可得

$$\frac{E_x^2}{E_{xm}^2}+\frac{E_y^2}{E_{ym}^2}-\frac{2E_xE_y}{E_{xm}E_{ym}}\cos\psi=\sin^2\psi \tag{6.61}$$

也是一个椭圆方程,但与坐标轴斜交,如图 6.10 所示,也是一种椭圆极化波。

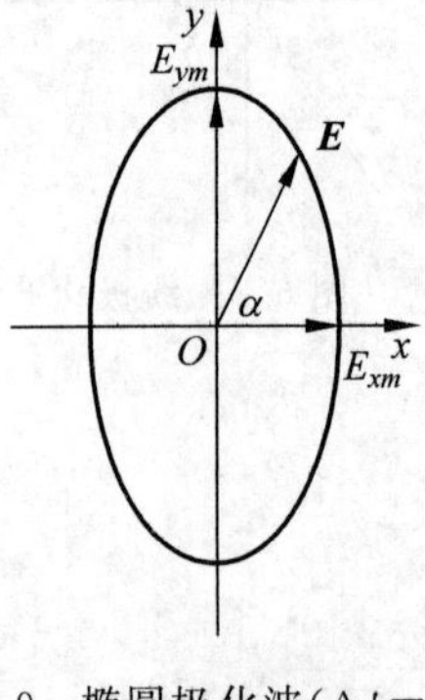

图 6.9 椭圆极化波($\Delta\psi=\pi/2$)

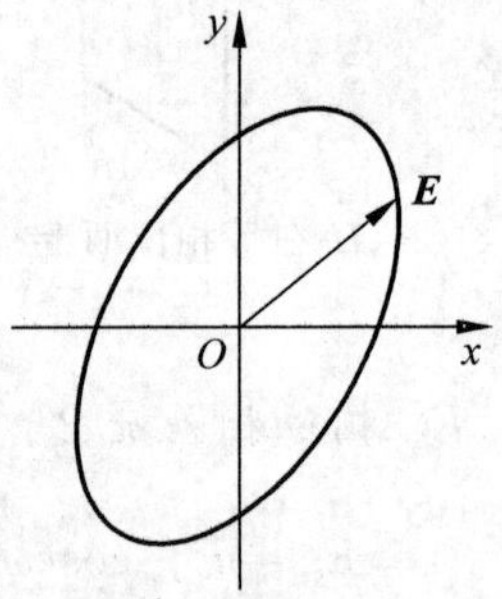

图 6.10 椭圆极化波($\Delta\psi\neq\pi/2$)

(3) 电矢量 $\boldsymbol{E}$ 的旋转方向。

圆极化波和椭圆极化波根据电矢量 $\boldsymbol{E}$ 的旋转方向,又可以分为右旋极化波和左旋极化波。若 $\boldsymbol{E}$ 的旋转方向与传播方向成右手关系,称为右旋极化波;若 $\boldsymbol{E}$ 的旋转方向与传播方向成左手关系,称为左旋极化波,如图 6.11 所示。

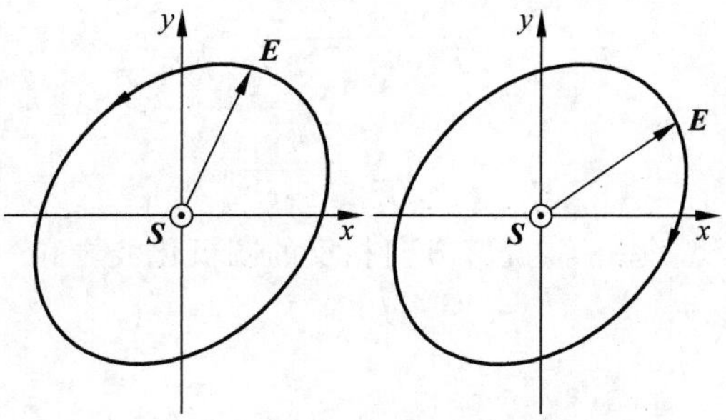

图 6.11 右旋极化波和左旋极化波

例 6.4 试判断对于由式(6.52)、式(6.53)表示的圆极化波电矢量 $\boldsymbol{E}$ 的旋转方向。

解 $t=0$ 时,$E_y=0$,$E_x=E_m$,则 $\boldsymbol{E}=\boldsymbol{e}_xE_m$;

$t=T/4$ 时,$\omega t=\dfrac{2\pi}{T}\cdot\dfrac{T}{4}=\dfrac{\pi}{2}$,$E_y=E_m$,$E_x=0$,则 $\boldsymbol{E}=\boldsymbol{e}_yE_m$。

可以看出,由式(6.52)、式(6.53)表示的圆极化波($\Delta\psi=-\pi/2$),电矢量 $\boldsymbol{E}$ 是右旋的,如图 6.12 所示。可以证明,若 $\Delta\psi=\pi/2$,电矢量 $\boldsymbol{E}$ 是左旋的。

例 6.5 试证明任一线极化波可以分解为两个幅度相等、旋转方向相反的圆极化波之和。

解 设线极化波为

$$\boldsymbol{E}=\boldsymbol{e}_xE_{xm}\mathrm{e}^{\mathrm{j}\psi}+\boldsymbol{e}_yE_{ym}\mathrm{e}^{\mathrm{j}\psi} \tag{6.62}$$

如图 6.13 所示。把坐标系旋转,使 x 轴与 $\boldsymbol{E}$ 重合,在新坐标系 $Ox'y'$ 中,电场的表达式为

$$\boldsymbol{E}=\boldsymbol{e}_{x'}E_{x'm}\mathrm{e}^{\mathrm{j}\psi'} \tag{6.63}$$

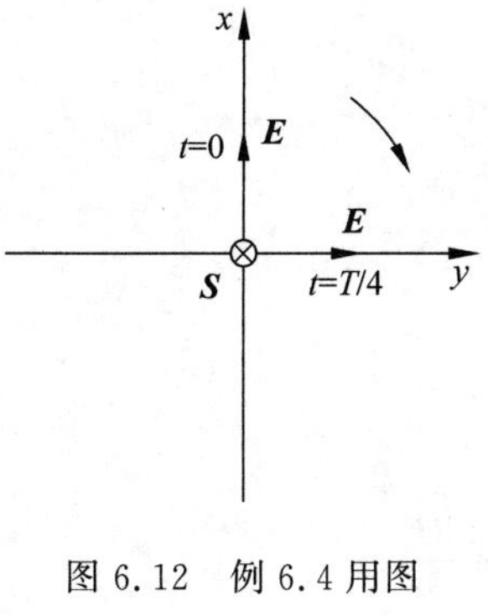

图 6.12 例 6.4 用图

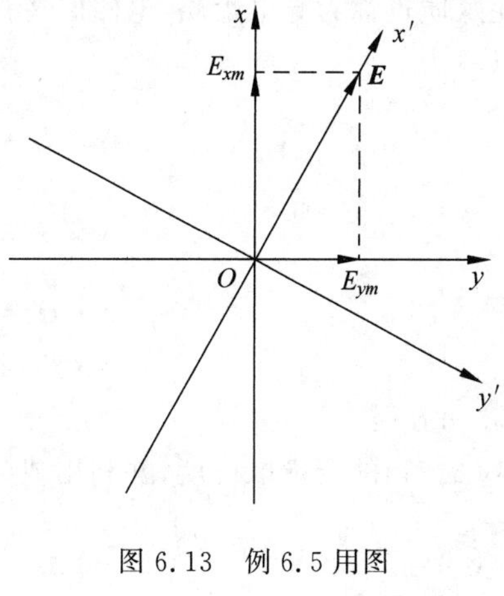

图 6.13 例 6.5 用图

可以看出

$$E_{x'm}=\sqrt{E_{xm}^2+E_{ym}^2},\quad \psi'=\psi$$

所以式(6.63)可以写为

$$\boldsymbol{E}=\boldsymbol{e}_{x'}\sqrt{E_{xm}^2+E_{ym}^2}\,\mathrm{e}^{\mathrm{j}\psi} \tag{6.64}$$

式(6.64)可以写为两个幅度相等、旋转方向相反的圆极化波之和

$$\boldsymbol{E}=\boldsymbol{E}_1+\boldsymbol{E}_2$$

其中

$$\boldsymbol{E}_1=\boldsymbol{e}_{x'}\frac{1}{2}\sqrt{E_{xm}^2+E_{ym}^2}\,\mathrm{e}^{\mathrm{j}\psi}+\boldsymbol{e}_{y'}\mathrm{j}\frac{1}{2}\sqrt{E_{xm}^2+E_{ym}^2}\,\mathrm{e}^{\mathrm{j}\psi} \tag{6.65}$$

$$\boldsymbol{E}_2=\boldsymbol{e}_{x'}\frac{1}{2}\sqrt{E_{xm}^2+E_{ym}^2}\,\mathrm{e}^{\mathrm{j}\psi}-\boldsymbol{e}_{y'}\mathrm{j}\frac{1}{2}\sqrt{E_{xm}^2+E_{ym}^2}\,\mathrm{e}^{\mathrm{j}\psi} \tag{6.66}$$

$\boldsymbol{E}_1$ 是左旋极化波,$\boldsymbol{E}_2$ 是右旋极化波。

更为一般地讲,任何形式的极化波都可以分解为两个相互正交的线极化波,也可以分解为两个旋转方向相反的圆极化波。换言之,用两个相互正交的线极化波或两个旋转方向相反的圆极化波可以构成任意形式的极化波,其表达式分别为

$$\boldsymbol{E}=\boldsymbol{e}_xE_{xm}\mathrm{e}^{\mathrm{j}\psi_x}+\boldsymbol{e}_yE_{ym}\mathrm{e}^{\mathrm{j}\psi_y} \tag{6.67}$$

$$\boldsymbol{E}=(\boldsymbol{e}_x-\mathrm{j}\boldsymbol{e}_y)E_{1m}\mathrm{e}^{\mathrm{j}\psi_1}+(\boldsymbol{e}_x+\mathrm{j}\boldsymbol{e}_y)E_{2m}\mathrm{e}^{\mathrm{j}\psi_2} \tag{6.68}$$

其中,两个圆极化波的初相位差为

$$\Delta\psi=\psi_1-\psi_2 \tag{6.69}$$

6.5 损耗媒质中的均匀平面波

扫码看讲课录像 6.5-1

扫码看讲课录像 6.5-2

1. 损耗媒质中电磁场的基本方程

1) 麦克斯韦方程

损耗媒质也称为导电媒质,电磁波在损耗媒质中传播时,$\boldsymbol{J}=\sigma\boldsymbol{E}\neq0$,$\rho=0$,麦克斯韦方程可以写为

$$\nabla\times\boldsymbol{H}=\sigma\boldsymbol{E}+\varepsilon\frac{\partial\boldsymbol{E}}{\partial t} \tag{6.70}$$

$$\nabla\times\boldsymbol{E}=-\mu\frac{\partial\boldsymbol{H}}{\partial t} \tag{6.71}$$

$$\nabla\cdot\boldsymbol{H}=0 \tag{6.72}$$

$$\nabla\cdot\boldsymbol{E}=0 \tag{6.73}$$

2) 波动方程

对式(6.71)的两端取旋度,并利用式(6.70)可得

$$\nabla\times(\nabla\times\boldsymbol{E})=-\mu\frac{\partial}{\partial t}(\nabla\times\boldsymbol{H})=-\mu\sigma\frac{\partial\boldsymbol{E}}{\partial t}-\mu\varepsilon\frac{\partial^2\boldsymbol{E}}{\partial t^2}$$

利用矢量恒等式$\nabla\times(\nabla\times\boldsymbol{E})=\nabla(\nabla\cdot\boldsymbol{E})-\nabla^2\boldsymbol{E}$ 和式(6.73),上式可以写为

$$\nabla^2 \boldsymbol{E} - \mu\varepsilon \frac{\partial^2 \boldsymbol{E}}{\partial t^2} - \mu\sigma \frac{\partial \boldsymbol{E}}{\partial t} = 0 \tag{6.74}$$

同理,对式(6.70)的两端取旋度,可以导出

$$\nabla^2 \boldsymbol{H} - \mu\varepsilon \frac{\partial^2 \boldsymbol{H}}{\partial t^2} - \mu\sigma \frac{\partial \boldsymbol{H}}{\partial t} = 0 \tag{6.75}$$

2. 基本方程的复数形式——复介电常数

首先讨论麦克斯韦方程组的复数形式

$$\nabla\times\dot{\boldsymbol{H}} = \sigma\dot{\boldsymbol{E}} + \mathrm{j}\omega\varepsilon\dot{\boldsymbol{E}} = \mathrm{j}\omega\varepsilon\left(1-\mathrm{j}\frac{\sigma}{\omega\varepsilon}\right)\dot{\boldsymbol{E}} = \mathrm{j}\omega\varepsilon_c\dot{\boldsymbol{E}} \tag{6.76}$$

定义 $\varepsilon_c = \varepsilon\left(1-\mathrm{j}\frac{\sigma}{\omega\varepsilon}\right)$ 为导电媒质中的等效介电常数。

$$\nabla\times\dot{\boldsymbol{E}} = -\mathrm{j}\omega\mu\dot{\boldsymbol{H}} \tag{6.77}$$

$$\nabla\cdot\dot{\boldsymbol{H}} = 0 \tag{6.78}$$

$$\nabla\cdot\dot{\boldsymbol{E}} = 0 \tag{6.79}$$

波动方程式(6.74)的复数形式为

$$\begin{aligned}\nabla^2\dot{\boldsymbol{E}} &= -\omega^2\mu\varepsilon\dot{\boldsymbol{E}} + \mathrm{j}\omega\mu\sigma\dot{\boldsymbol{E}} = -\omega^2\mu\varepsilon\left(1-\mathrm{j}\frac{\sigma}{\omega\varepsilon}\right)\dot{\boldsymbol{E}}\\ &= -\omega^2\mu\varepsilon_c\dot{\boldsymbol{E}}\end{aligned}$$

令 $-\omega^2\mu\varepsilon_c = \gamma^2$,上式可以写为

$$\nabla^2\dot{\boldsymbol{E}} - \gamma^2\dot{\boldsymbol{E}} = 0 \tag{6.80}$$

同理,式(6.75)的复数形式可以写为

$$\nabla^2\dot{\boldsymbol{H}} - \gamma^2\dot{\boldsymbol{H}} = 0 \tag{6.81}$$

其中传播常数 $\gamma = \mathrm{j}\omega\sqrt{\mu\varepsilon_c} = \alpha + \mathrm{j}\beta$ 。可以看出,引入复介电常数 ε_c 以后,损耗媒质中的麦克斯韦方程组和波动方程与理想介质中的形式完全相同,这就为研究损耗媒质中电磁波的传播创造了有利的条件。

对于均匀平面波,设 $\boldsymbol{E} = \boldsymbol{e}_x E_x$,则 $\boldsymbol{H} = \boldsymbol{e}_y H_y$,$\nabla^2 = \frac{\partial^2}{\partial z^2}$(详见 6.3.2 节),式(6.80)、式(6.81)可以写为

$$\frac{\mathrm{d}^2\dot{E}_x}{\mathrm{d}z^2} - \gamma^2\dot{E}_x = 0 \tag{6.82}$$

$$\frac{\mathrm{d}^2\dot{H}_y}{\mathrm{d}z^2} - \gamma^2\dot{H}_y = 0 \tag{6.83}$$

3. 损耗媒质中 **E**、**H** 的表达式

由式(6.82)可以解出 $\dot{E}_x = \dot{E}_x^+ \mathrm{e}^{-\gamma z} + \dot{E}_x^- \mathrm{e}^{\gamma z}$,不考虑反射波,所以

$$\dot{E}_x = \dot{E}_x^+ e^{-\gamma z} = \dot{E}_x^+ e^{-\alpha z} e^{-j\beta z} \tag{6.84}$$

其中复常数 $\dot{E}_x^+ = E_x^+ e^{j\psi_E}$，令 $\psi_E = 0$，式(6.84)的瞬时形式可以写为

$$E_x(z,t) = E_{xm}^+ e^{-\alpha z}\cos(\omega t - \beta z) \tag{6.85}$$

由式(6.77)，$\dot{\boldsymbol{H}} = -\dfrac{1}{j\omega\mu}\nabla\times\dot{\boldsymbol{E}}$，所以

$$\dot{H}_y = -\frac{1}{j\omega\mu}\frac{\partial \dot{E}_x}{\partial z} = \frac{\alpha + j\beta}{j\omega\mu}\dot{E}_x^+ e^{-\alpha z} e^{-j\beta z} \tag{6.86}$$

令 $\dfrac{\alpha + j\beta}{j\omega\mu}\dot{E}_x = \dfrac{\alpha + j\beta}{j\omega\mu}E_{xm}^+ e^{j0} = H_{ym}^+ e^{j\psi_M}$，显然 $\psi_M \neq 0$，式(6.86)的瞬时形式为

$$H_y(z,t) = H_{ym}^+ e^{-\alpha z}\cos(\omega t - \beta z + \psi_M) \tag{6.87}$$

4. 导电媒质中电磁波的传播特性

1) 复介电常数

$$\varepsilon_c = \varepsilon - j\frac{\sigma}{\omega} \tag{6.88}$$

引入 ε_c 后，损耗媒质和理想介质中电磁场的基本方程在形式上完全相同，所以解的形式也相同，这就为求解损耗媒质中的电磁场与电磁波问题提供了方便。复介电常数虚部与实部之比为

$$\frac{\sigma}{\omega\varepsilon} = \frac{\sigma E}{\omega\varepsilon E} = \frac{|\dot{J}|}{\left|\dfrac{\partial \dot{D}}{\partial t}\right|} = \frac{\text{传导电流}}{\text{位移电流}} \tag{6.89}$$

传导电流越大，损耗越大，定义导电媒质的损耗角 δ_c

$$\tan|\delta_c| = \frac{\sigma}{\omega\varepsilon} \tag{6.90}$$

2) 传播常数

$$\gamma = j\omega\sqrt{\mu\varepsilon_c} = j\omega\sqrt{\mu\left(\varepsilon - j\frac{\sigma}{\omega}\right)} = \alpha + j\beta \tag{6.91}$$

式(6.91)两边平方，令等式两边实部、虚部分别相等，可以得到两个方程，求解可得

$$\alpha = \omega\sqrt{\frac{\mu\varepsilon}{2}\left(\sqrt{1 + \frac{\sigma^2}{\omega^2\varepsilon^2}} - 1\right)} \tag{6.92}$$

$$\beta = \omega\sqrt{\frac{\mu\varepsilon}{2}\left(\sqrt{1 + \frac{\sigma^2}{\omega^2\varepsilon^2}} + 1\right)} \tag{6.93}$$

由式(6.84)～式(6.87)可以看出，在损耗媒质中电场和磁场的振幅按 $e^{-\alpha z}$ 随传播距离衰减，每传播单位长度($z=1$m)，衰减为原来的 $e^{-\alpha}$ 倍，所以 α 称为衰减常数，单位是 Np/m(奈培每米)。在式(6.84)～式(6.87)中，β 表示相位随传播距离的变化量($e^{-j\beta z}$)，所以 β 称为相位常数，单位是 rad/m(弧度每米)。

3）波阻抗

由式(6.84)和式(6.86)可以导出损耗媒质中的波阻抗

$$\eta_c=\frac{\dot{E}_x}{\dot{H}_y}=\frac{j\omega\mu}{\alpha+j\beta}=\sqrt{\frac{\mu}{\varepsilon_c}}=\sqrt{\frac{\mu}{\varepsilon\left(1-j\dfrac{\sigma}{\omega\varepsilon}\right)}}=\frac{\eta}{\sqrt{1-j\dfrac{\sigma}{\omega\varepsilon}}}\tag{6.94}$$

波阻抗为复数，也说明 $\dot{E}_x$ 和 $\dot{H}_y$ 相位不同。由式(6.84)和式(6.86)可以看出，损耗媒质中均匀平面波的电场和磁场在空间仍然相互垂直并且都垂直于传播方向，但是存在相位差，如图 6.14 所示。

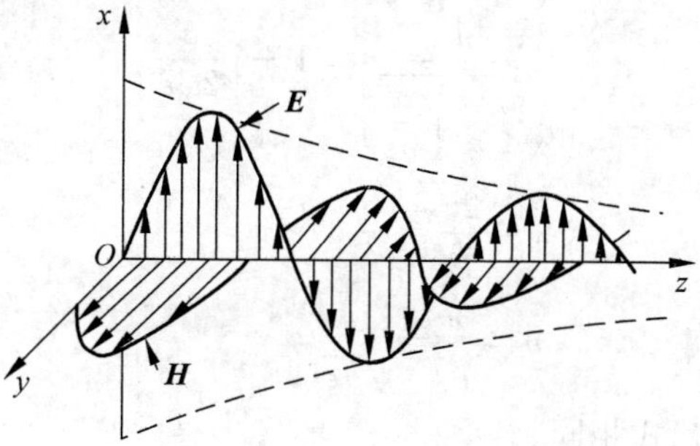

图 6.14 损耗媒质中的均匀平面波

4）相速度和波长

损耗媒质中均匀平面波的相速度和波长分别为

$$v=\frac{\omega}{\beta}=\frac{1}{\sqrt{\dfrac{\mu\varepsilon}{2}\left(\sqrt{1+\dfrac{\sigma^2}{\omega^2\varepsilon^2}}+1\right)}}\tag{6.95}$$

$$\lambda=\frac{2\pi}{\beta}=\frac{2\pi}{\omega\sqrt{\dfrac{\mu\varepsilon}{2}\left(\sqrt{1+\dfrac{\sigma^2}{\omega^2\varepsilon^2}}+1\right)}}\tag{6.96}$$

可以看出，在损耗媒质中均匀平面波的相速度随频率变化，这种现象称为色散效应。

5. 弱导电媒质中的均匀平面波

导电媒质可以分为弱导电媒质、强导电媒质和一般的导电媒质。满足下面条件的是弱导电媒质

$$\frac{\sigma}{\omega\varepsilon}\ll 1\tag{6.97}$$

其物理意义是：传导电流远远小于位移电流。弱导电媒质的基本参数为

$$\alpha=\omega\sqrt{\frac{\mu\varepsilon}{2}\left(\sqrt{1+\frac{\sigma^2}{\omega^2\varepsilon^2}}-1\right)}\approx\frac{\sigma}{2}\sqrt{\frac{\mu}{\varepsilon}}\tag{6.98}$$

其中

$$\sqrt{1+\frac{\sigma^2}{\omega^2\varepsilon^2}} \approx 1+\frac{1}{2}\frac{\sigma^2}{\omega^2\varepsilon^2}$$

$$\beta=\omega\sqrt{\frac{\mu\varepsilon}{2}\left(\sqrt{1+\frac{\sigma^2}{\omega^2\varepsilon^2}}+1\right)} \approx \omega\sqrt{\mu\varepsilon} \tag{6.99}$$

$$\eta_c=\sqrt{\frac{\mu}{\varepsilon\left(1-\mathrm{j}\frac{\sigma}{\omega\varepsilon}\right)}}=\sqrt{\frac{\mu}{\varepsilon}}\left(1+\mathrm{j}\frac{\sigma}{2\omega\varepsilon}\right) \tag{6.100}$$

其中

$$\frac{1}{\sqrt{1-\mathrm{j}\frac{\sigma}{\omega\varepsilon}}} \approx 1+\mathrm{j}\frac{\sigma}{2\omega\varepsilon}$$

$$\lambda=\frac{2\pi}{\beta}=\frac{v}{f} \tag{6.101}$$

$$v=\frac{\omega}{\beta}=\frac{1}{\sqrt{\mu\varepsilon}} \tag{6.102}$$

λ、v 与理想介质中的表达式相同。

6. 强导电媒质中的均匀平面波

强导电媒质就是良导体,良导体条件为

$$\frac{\sigma}{\omega\varepsilon} \gg 1 \tag{6.103}$$

其物理意义是:传导电流远远大于位移电流。下面介绍强导电媒质的基本参数

$$\alpha=\omega\sqrt{\frac{\mu\varepsilon}{2}\left(\sqrt{1+\frac{\sigma^2}{\omega^2\varepsilon^2}}-1\right)} \approx \sqrt{\frac{\omega\mu\sigma}{2}}=\sqrt{\pi f\mu\sigma} \tag{6.104}$$

$$\beta=\omega\sqrt{\frac{\mu\varepsilon}{2}\left(\sqrt{1+\frac{\sigma^2}{\omega^2\varepsilon^2}}+1\right)} \approx \sqrt{\frac{\omega\mu\sigma}{2}}=\sqrt{\pi f\mu\sigma} \tag{6.105}$$

衰减常数和相位常数相等。波阻抗为

$$\eta_c=\sqrt{\frac{\mu}{\varepsilon\left(1-\mathrm{j}\frac{\sigma}{\omega\varepsilon}\right)}} \approx \sqrt{\frac{\mathrm{j}\omega\mu}{\sigma}}=\sqrt{\frac{\omega\mu}{\sigma}}\mathrm{e}^{\mathrm{j}\frac{\pi}{4}}=\sqrt{\frac{\pi f\mu}{\sigma}}(1+\mathrm{j}) \tag{6.106}$$

波长和相速度分别为

$$\lambda=\frac{2\pi}{\beta}=2\sqrt{\frac{\pi}{f\mu\sigma}} \tag{6.107}$$

$$v=\frac{\omega}{\beta}=2\sqrt{\frac{\pi f}{\mu\sigma}} \tag{6.108}$$

例 6.6 海水的电参数为 $\mu=\mu_0$,$\varepsilon=81\varepsilon_0$,$\sigma=4\mathrm{S/m}$。(1)求频率 $f=1\mathrm{MHz}$ 和 $f=100\mathrm{MHz}$ 的均匀平面波在海水中传播时的衰减常数、相位常数、波阻抗、相速和波长;(2)已

知 $f=1\text{MHz}$ 的均匀平面波在海水中沿 z 轴正方向传播，设 $\boldsymbol{E}=\boldsymbol{e}_x E_x$，振幅为 1V/m，试写出电场和磁场的瞬时表达式 $\boldsymbol{E}(z,t)$ 和 $\boldsymbol{H}(z,t)$。

解 (1) $f=1\text{MHz}$ 时，$\dfrac{\sigma}{\omega\varepsilon}=\dfrac{\sigma}{2\pi f\varepsilon_0\varepsilon_r}=\dfrac{0.89\times10^9}{f}\gg 1$，海水是良导体，所以

$$\alpha=\sqrt{\frac{\omega\mu\sigma}{2}}=4\pi\times10^{-3}\sqrt{\frac{f}{10}}=1.26\pi\text{Np/m}$$

$$\beta=\sqrt{\frac{\omega\mu\sigma}{2}}=1.26\pi\text{rad/m}$$

$$\eta_c=(1+\mathrm{j})\sqrt{\frac{\omega\mu}{2\sigma}}=\pi\times10^{-3}\sqrt{\frac{f}{10}}(1+\mathrm{j})=0.316\pi(1+\mathrm{j})\approx1.4\mathrm{e}^{\mathrm{j}45^\circ}\Omega$$

$$\lambda=\frac{2\pi}{\beta}=1.59\text{m}$$

$$v=\frac{\omega}{\beta}=1.59\times10^6\text{m/s}$$

$f=100\text{MHz}$ 时，$\dfrac{\sigma}{\omega\varepsilon}=\dfrac{0.89\times10^9}{f}=8.9$，海水是一般导体，所以

$$\alpha=\omega\sqrt{\frac{\varepsilon\mu}{2}\left(\sqrt{1+\frac{\sigma^2}{\omega^2\varepsilon^2}}-1\right)}=11.97\pi\text{Np/m}$$

$$\beta=\omega\sqrt{\frac{\varepsilon\mu}{2}\left(\sqrt{1+\frac{\sigma^2}{\omega^2\varepsilon^2}}+1\right)}=42.1\text{rad/m}$$

$$\eta_c=\sqrt{\frac{\mu}{\varepsilon\left(1-\mathrm{j}\dfrac{\sigma}{\omega\varepsilon}\right)}}=\frac{41.89}{\sqrt{1-\mathrm{j}8.9}}$$

$$\lambda=\frac{2\pi}{\beta}=0.149\text{m},v=\frac{\omega}{\beta}=1.49\times10^7\text{m/s}$$

(2) 设电场的初相位为 0，$f=1\text{MHz}$ 时电场强度的表达式为

$$\begin{aligned}\boldsymbol{E}(z,t)&=\boldsymbol{e}_x E_m\mathrm{e}^{-\alpha z}\cos(\omega t-\beta z)\\&=\boldsymbol{e}_x 1\times\mathrm{e}^{-1.26\pi z}\cos(2\pi\times10^6 t-1.26\pi z)\text{V/m}\end{aligned}$$

$$\begin{aligned}\boldsymbol{H}(z,t)&=\boldsymbol{e}_y\frac{E}{\eta_c}=\boldsymbol{e}_y\frac{E_m}{|\eta_c|}\mathrm{e}^{-\alpha z}\cos(\omega t-\beta z-\psi)\\&=\boldsymbol{e}_y 0.71\mathrm{e}^{-1.26\pi z}\cos(2\pi\times10^6 t-1.26\pi z-45^\circ)\text{A/m}\end{aligned}$$

6.6 电磁波在各向异性介质中的传播*

前面几节研究了均匀平面电磁波在无限大均匀各向同性媒质中的传播规律，本节将讨论电磁波在无限大均匀各向异性媒质中的传播规律和性质，主要包括磁化等离子体和铁氧体这两种典型的均匀各向异性媒质。

6.6.1 等离子体中的均匀平面波

等离子体是物质的第四态。等离子体就是电离了的气体,由带负电的电子、带正电的离子和中性的分子组成,由于电子和离子数目相同,因此称为等离子体。等离子体在自然界广泛存在,如位于地球上空 60～2000km 的电离层就是等离子体,是由于高空稀薄空气在太阳紫外线的照射下发生电离,分裂为带负电的电子和带正电的离子,由于热运动,电子和离子又不断地复合成中性分子,最后电离与复合达到动态平衡时,使电离层具有一定数量的电子和相等数量的离子,形成等离子体。此外,流星余迹、航天器高速穿越大气层时其周围形成的高温区域(航天器与大气发生剧烈摩擦,在高达 2000℃的表面空气电离产生的等离子体层对电磁波具有吸收和反射作用,会阻断航天器与外界的无线电通信,这种现象称为黑障)、日光灯和微波电子管内也都是等离子体存在的实例。

1. 等离子体的宏观电磁特性

由于电离前气体本不带电,所以经过部分电离后,等离子体宏观上仍呈电中性,体电荷密度处处为 0。为了使以下的分析和讨论简化,先作以下设定:①等离子体的密度较小(如电离层),粒子的平均自由程较长,可以忽略各粒子之间的碰撞,即不考虑热运动;②正离子的质量远大于电子的质量,在外场作用下,认为离子是静止不动的,只考虑电子的运动;③设电子的分布是均匀的,用 N_e 表示等离子体每单位体积中电子的数目。在外场作用下电子运动产生的运流电流密度为

$$\boldsymbol{J}_v = -N_e e\,\boldsymbol{v} \tag{6.109}$$

单位是 A/m^2,其中电子的电量 $e=1.60\times10^{-19}C$,$\boldsymbol{v}$ 是电子运动的平均速度。由全电流定律

$$\nabla\times\dot{\boldsymbol{H}} = \dot{\boldsymbol{J}}_v + j\omega\varepsilon_0\dot{\boldsymbol{E}} \tag{6.110}$$

写成分量形式为

$$\begin{bmatrix}\nabla\times\dot{\boldsymbol{H}}\,|_x\\ \nabla\times\dot{\boldsymbol{H}}\,|_y\\ \nabla\times\dot{\boldsymbol{H}}\,|_z\end{bmatrix} = \begin{bmatrix}\dot{J}_{vx}\\ \dot{J}_{vy}\\ \dot{J}_{vz}\end{bmatrix} + j\omega\varepsilon_0\begin{bmatrix}\dot{E}_x\\ \dot{E}_y\\ \dot{E}_z\end{bmatrix} = -N_e e\begin{bmatrix}\dot{v}_{vx}\\ \dot{v}_{vy}\\ \dot{v}_{vz}\end{bmatrix} + j\omega\varepsilon_0\begin{bmatrix}\dot{E}_x\\ \dot{E}_y\\ \dot{E}_z\end{bmatrix}$$

$$= j\omega[\varepsilon]\begin{bmatrix}\dot{E}_x\\ \dot{E}_y\\ \dot{E}_z\end{bmatrix} \tag{6.111}$$

其中 $\nabla\times\dot{\boldsymbol{H}}|_x$、$\nabla\times\dot{\boldsymbol{H}}|_y$、$\nabla\times\dot{\boldsymbol{H}}|_z$ 分别表示 $\nabla\times\dot{\boldsymbol{H}}$ 的 x、y、z 方向的分量,$[\varepsilon]$是等离子体的等效介电常数,是一个二阶张量(张量是矢量的推广,有 n^r 个分量,r 称为张量的阶。例如,零阶张量是标量,一阶张量是矢量,二阶张量则成为矩阵),可以写成一个方阵

$$[\varepsilon]=\begin{bmatrix}\varepsilon_{11} & \varepsilon_{12} & \varepsilon_{13}\\ \varepsilon_{21} & \varepsilon_{22} & \varepsilon_{23}\\ \varepsilon_{31} & \varepsilon_{32} & \varepsilon_{33}\end{bmatrix} \tag{6.112}$$

下面求$[\varepsilon]$中 ε_{ij} 的表达式。设外场包括时变场(简谐场)和一个较强的恒定磁场 $\boldsymbol{B}_0=\boldsymbol{e}_zB_0$,电子的运动方程为

$$m_e\frac{\mathrm{d}\boldsymbol{v}}{\mathrm{d}t}=-e[\boldsymbol{E}+\boldsymbol{v}\times(\boldsymbol{B}+\boldsymbol{B}_0)] \tag{6.113}$$

其中电子的质量 $m_e=9.11\times10^{-31}\,\mathrm{kg}$。$\boldsymbol{E}$ 和 $\boldsymbol{B}$ 是一个较弱的简谐时变场的电场强度和磁感应强度。因为

$$|\boldsymbol{v}\times\boldsymbol{B}|\leqslant vB=\frac{v\mu_0E}{\eta_0}=vE\sqrt{\mu_0\varepsilon_0}=\frac{v}{c}E$$

等离子体中的电子运动的速率 v 远小于真空中的光速 c,所以时变磁场力远小于时变电场力,可以忽略。因外电场是简谐变化的,电子与其他粒子的碰撞概率又不大,故可认为电子的速度和加速度也是简谐变化的。写出式(6.113)的复数形式

$$\mathrm{j}\omega m_e\dot{\boldsymbol{v}}=-e[\dot{\boldsymbol{E}}+\boldsymbol{e}_x\dot{v}_yB_0-\boldsymbol{e}_y\dot{v}_xB_0] \tag{6.114}$$

式(6.114)的分量式为

$$\mathrm{j}\omega\dot{v}_x=-\frac{e}{m_e}\dot{E}_x-\omega_c\dot{v}_y \tag{6.115}$$

$$\mathrm{j}\omega\dot{v}_y=-\frac{e}{m_e}\dot{E}_y+\omega_c\dot{v}_x \tag{6.116}$$

$$\mathrm{j}\omega\dot{v}_z=-\frac{e}{m_e}\dot{E}_z \tag{6.117}$$

其中 $\omega_c=\frac{e}{m_e}B_0$ 称为电子的**回旋角频率**。由式(6.115)~式(6.117)可以解出

$$\dot{v}_x=\frac{e}{m_e}\cdot\frac{-\mathrm{j}\omega\dot{E}_x+\omega_c\dot{E}_y}{\omega_c^2-\omega^2} \tag{6.118}$$

$$\dot{v}_y=\frac{e}{m_e}\cdot\frac{-\mathrm{j}\omega\dot{E}_y-\omega_c\dot{E}_x}{\omega_c^2-\omega^2} \tag{6.119}$$

$$\dot{v}_z=-\frac{e\dot{E}_z}{\mathrm{j}\omega m_e} \tag{6.120}$$

可以看出,当 $\omega=\omega_c$ 时,v_x 和 v_y 有极点,说明当频率 ω 接近 ω_c 时,电子的运动速度增长很快,因而电子与周围的离子或中性分子的碰撞次数明显增加,电磁波的损耗也明显增加。把式(6.118)~式(6.120)代入式(6.111),并比较等式两边矩阵各行元素中 $\dot{E}_x$、$\dot{E}_y$、$\dot{E}_z$ 的系数,可得

$$[\varepsilon]=\begin{bmatrix}\varepsilon_1 & \mathrm{j}\varepsilon_2 & 0\\ -\mathrm{j}\varepsilon_2 & \varepsilon_1 & 0\\ 0 & 0 & \varepsilon_3\end{bmatrix} \tag{6.121}$$

其中

$$\varepsilon_1=\varepsilon_0\left(1+\frac{\omega_{\mathrm{p}}^2}{\omega_{\mathrm{c}}^2-\omega^2}\right) \tag{6.122}$$

$$\varepsilon_2=\frac{\varepsilon_0\omega_{\mathrm{p}}^2\left(\dfrac{\omega_{\mathrm{c}}}{\omega}\right)}{\omega_{\mathrm{c}}^2-\omega^2} \tag{6.123}$$

$$\varepsilon_3=\varepsilon_0\left(1-\frac{\omega_{\mathrm{p}}^2}{\omega^2}\right) \tag{6.124}$$

其中

$$\omega_{\mathrm{p}}=\sqrt{\frac{N_{\mathrm{e}}e^2}{\varepsilon_0 m_{\mathrm{e}}}} \tag{6.125}$$

称为**等离子体的角频率**。电位移矢量 $\boldsymbol{D}$ 和电场强度 $\boldsymbol{E}$ 的关系式为

$$\begin{bmatrix}\dot{D}_x\\ \dot{D}_y\\ \dot{D}_z\end{bmatrix}=\begin{bmatrix}\varepsilon_1 & \mathrm{j}\varepsilon_2 & 0\\ -\mathrm{j}\varepsilon_2 & \varepsilon_1 & 0\\ 0 & 0 & \varepsilon_3\end{bmatrix}\begin{bmatrix}\dot{E}_x\\ \dot{E}_y\\ \dot{E}_z\end{bmatrix} \tag{6.126}$$

式(6.126)表明 $\boldsymbol{D}$ 和 $\boldsymbol{E}$ 的方向不再相同。例如,D_x 分量不仅与 E_x 有关,而且与 E_y 有关。因此沿电磁波传播方向加恒定磁场的等离子体呈现各向异性的特性,可以证明,恒定磁场与电磁波的传播方向垂直,等离子体也呈现各向异性的特性。

2. 等离子体中均匀平面电磁波的传播特性

先讨论没有外加恒定磁场时等离子体中均匀平面电磁波的传播特性。由式(6.122)~式(6.124)可以看出,当外加恒定磁场 $B_0=0$ 时,电子的回旋角频率 $\omega_{\mathrm{c}}=0$,而

$$\varepsilon_1=\varepsilon_3=\varepsilon_0\left(1-\frac{\omega_{\mathrm{p}}^2}{\omega^2}\right)=\varepsilon \tag{6.127}$$

$$\varepsilon_2=0$$

代入式(6.126)可以看出,等效介电常数变成一个标量,等离子体是各向同性的。所以等离子体对电磁波呈现的各向异性是由于外加了一个恒定磁场引起的。

从式(6.127)可以看出,若 $\omega\gg\omega_{\mathrm{p}}$,等离子体的介电常数 ε 近似等于真空的介电常数 ε_0;若 $\omega>\omega_{\mathrm{p}}$,等离子体的相对介电常数小于1,与一般的介质完全不同;$\omega<\omega_{\mathrm{p}}$,等离子体的等效介电常数 ε 是负值,表示等离子体内没有电磁波存在,即电磁波在等离子体表面被反射。

电磁波在等离子体内的相速度为

$$v=\frac{1}{\sqrt{\mu_0\varepsilon}}=\frac{1}{\sqrt{\mu_0\varepsilon_0\left(1-\dfrac{\omega_{\mathrm{p}}^2}{\omega^2}\right)}}=\frac{c}{\sqrt{1-\dfrac{\omega_{\mathrm{p}}^2}{\omega^2}}} \tag{6.128}$$

折射系数为

$$n=\frac{c}{v}=\sqrt{1-\frac{\omega_{\mathrm{p}}^{2}}{\omega^{2}}} \tag{6.129}$$

图 6.15 是 n 和 $1/n$ 随 $\omega/\omega_{\mathrm{p}}$ 变化的曲线，可以看出，当 ω 比 ω_{p} 大很多时，折射系数趋近于 1，电磁波可以穿越等离子体；当 $\omega/\omega_{\mathrm{p}}<1$ 时，折射系数为 0，发生全反射；当 $\omega>\omega_{\mathrm{p}}$ 时，折射系数大于 0 而小于 1，电磁波发生反射和折射。

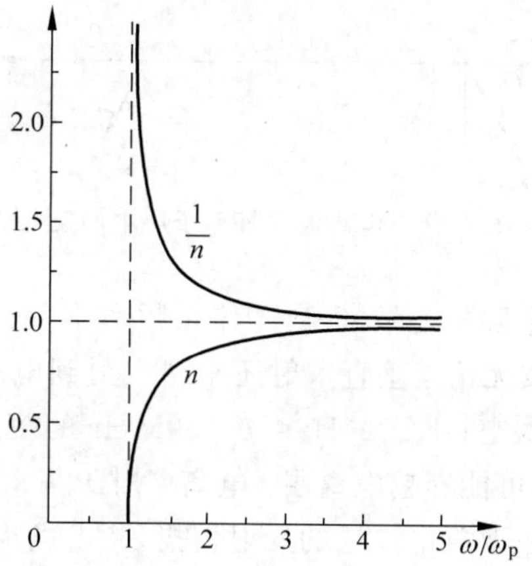

图 6.15 n 和 $1/n$ 随 $\omega/\omega_{\mathrm{p}}$ 变化的曲线

电离层的电子密度随高度变化，从而折射系数也随高度变化，假定折射系数随 z 连续地缓慢变化，但不随另外两个坐标 x 和 y 变化。可以把电离层分成许多很薄的层，由折射定律式(6.253)，电磁波通过每两层之间的界面时，$n\sin\theta$ 都是守恒的，因此

$$n\sin\theta=n_{1}\sin\theta_{\mathrm{i}} \tag{6.130}$$

其中 θ_{i} 是 $z=0$ 时的入射角，n_1 是 $z=0$ 时入射端的折射系数。设 $n_1=1$，则

$$n\sin\theta=\sin\theta_{\mathrm{i}}$$

把上式对波传播的距离 l 微分

$$\frac{\mathrm{d}\theta}{\mathrm{d}l}=-\frac{1}{n}\cdot\frac{\mathrm{d}n}{\mathrm{d}l}\tan\theta \tag{6.131}$$

如果电子的密度随 z 增加，则折射系数 n 随 z 减小，$\frac{\mathrm{d}n}{\mathrm{d}l}$ 是负的，所以角 θ 随传播距离的增加而增加，如图 6.16 所示。如果 n 变得足够小，θ 就可以等于 90°。在这一点上 $\tan\theta$ 变成无穷大，但 $\frac{\mathrm{d}n}{\mathrm{d}l}$ 变成了 0。过了这点以后，$\tan\theta$ 变成负的，而 $\frac{\mathrm{d}n}{\mathrm{d}l}$ 变成了正的，θ 继续增大，直到波束以等于入射角的角度 θ_{i} 穿出电离层。

在波束的顶部

$$\sin\theta=1$$

$$n_{90^{\circ}}=\sin\theta_{\mathrm{i}}$$

这就是入射角为 θ_{i} 时足以把波束反射回来所需要的折射系数。

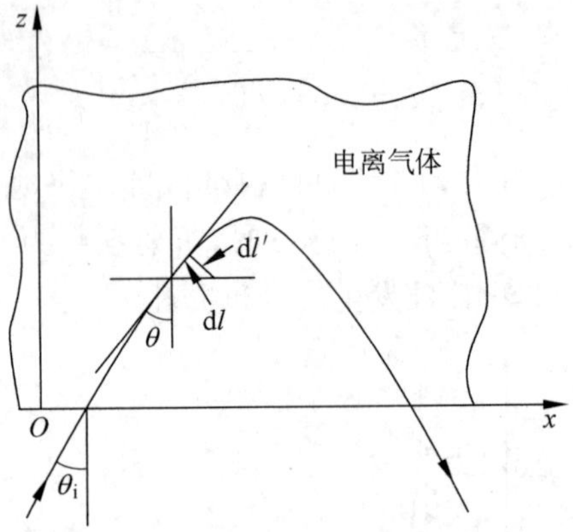

图 6.16　电磁波在等离子层中的反射

电离层的电子密度是个随机变量，等离子体角频率 ω_p 的平均值约为 12.7MHz。频率 $f<12.7$MHz 的中、短波无论是垂直入射还是斜入射到电离层，通常都会被反射回地面而不能穿越电离层进入太空；$12.7\text{MHz}<f<30$MHz 的短波以适当的角度斜入射，则可以被电离层反射，否则有可能穿越电离层；电离层对于频率 $f>30$MHz 的超短波和微波则几乎是透明的。短波主要靠电离层的反射传播，晚上电离层不稳定导致接收端波信号不佳。在太阳活动的高峰年份，耀斑爆发频繁，黑子数目大增，太阳风(即来自太阳的高能带电粒子流)扫过地球时，对电离层造成严重骚扰和破坏，导致电子密度波动范围扩大，从而导致等离子体角频率剧烈波动，可能造成短波通信短时间内中断。

实验表明，等离子体是非铁磁物质，其磁导率非常接近真空磁导率 μ_0。下面讨论等离子体的等效电导率，不考虑外加的恒定磁场，时变场的磁场仍然忽略不计，式(6.113)的复数形式为

$$\mathrm{j}m_e\omega\dot{v}=-e\dot{\boldsymbol{E}} \tag{6.132}$$

由式(6.132)和式(6.109)可以写出

$$\dot{\boldsymbol{J}}_v=\frac{Ne^2}{\mathrm{j}m_e\omega}\dot{\boldsymbol{E}} \tag{6.133}$$

电流密度的相位滞后于外电场 90°，说明稀薄等离子体的损耗几乎为 0。由式(6.133)可以写出等离子体的等效电导率

$$\sigma=\frac{N_e e^2}{\mathrm{j}m_e\omega} \tag{6.134}$$

3. 磁化等离子体中均匀平面电磁波的传播特性

设恒定磁场仍沿 z 轴正方向 $\boldsymbol{B}_0=\boldsymbol{e}_z B_0$，等离子体中有一个沿 z 轴正方向传播的均匀平面波，不失一般性，设其极化方式为椭圆极化，电场的表达式为

$$\dot{\boldsymbol{E}}=(\boldsymbol{e}_x\dot{E}_x+\boldsymbol{e}_y\dot{E}_y)\mathrm{e}^{-\mathrm{j}\beta z} \tag{6.135}$$

在等离子体中，引入等效介电常数以后，麦克斯韦方程组的全电流定律和电磁感应

定律分别为

$$\nabla\times\dot{\boldsymbol{H}}=\mathrm{j}\omega\varepsilon\dot{\boldsymbol{E}} \tag{6.136}$$

$$\nabla\times\dot{\boldsymbol{E}}=-\mathrm{j}\omega\mu_0\dot{\boldsymbol{H}} \tag{6.137}$$

对式(6.137)两边取旋度并将式(6.136)代入,可得

$$\nabla\times\nabla\times\dot{\boldsymbol{E}}=\omega^2\mu_0\varepsilon\dot{\boldsymbol{E}}$$

利用矢量恒等式,上式可以写为

$$\nabla(\nabla\cdot\dot{\boldsymbol{E}})-\nabla^2\dot{\boldsymbol{E}}=\omega^2\mu_0\varepsilon\dot{\boldsymbol{E}} \tag{6.138}$$

写成矩阵形式为

$$\begin{bmatrix}\nabla(\nabla\cdot\dot{\boldsymbol{E}})-\nabla^2\dot{\boldsymbol{E}}\ |_x\\ \nabla(\nabla\cdot\dot{\boldsymbol{E}})-\nabla^2\dot{\boldsymbol{E}}\ |_y\\ \nabla(\nabla\cdot\dot{\boldsymbol{E}})-\nabla^2\dot{\boldsymbol{E}}\ |_z\end{bmatrix}=\omega^2\mu_0\begin{bmatrix}\varepsilon_1 & \mathrm{j}\varepsilon_2 & 0\\ -\mathrm{j}\varepsilon_2 & \varepsilon_1 & 0\\ 0 & 0 & \varepsilon_3\end{bmatrix}\begin{bmatrix}\dot{E}_x\\ \dot{E}_y\\ \dot{E}_z\end{bmatrix} \tag{6.139}$$

由式(6.139)两边 x 分量、y 分量分别相等可得

$$\nabla^2\dot{E}_x-\frac{\partial}{\partial x}(\nabla\cdot\dot{\boldsymbol{E}})+\omega^2\mu_0(\varepsilon_1\dot{E}_x+\mathrm{j}\varepsilon_2\dot{E}_y)=0 \tag{6.140}$$

$$\nabla^2\dot{E}_y-\frac{\partial}{\partial y}(\nabla\cdot\dot{\boldsymbol{E}})+\omega^2\mu_0(-\mathrm{j}\varepsilon_2\dot{E}_x+\varepsilon_1\dot{E}_y)=0 \tag{6.141}$$

因为 $\frac{\partial}{\partial x}=\frac{\partial}{\partial y}=0$,以上两式可以化简为

$$\frac{\partial^2\dot{E}_x}{\partial z^2}+\omega^2\mu_0(\varepsilon_1\dot{E}_x+\mathrm{j}\varepsilon_2\dot{E}_y)=0 \tag{6.142}$$

$$\frac{\partial^2\dot{E}_y}{\partial z^2}+\omega^2\mu_0(-\mathrm{j}\varepsilon_2\dot{E}_x+\varepsilon_1\dot{E}_y)=0 \tag{6.143}$$

把式(6.135)代入以上两式可得

$$(-\beta^2+\omega^2\mu_0\varepsilon_1)\dot{E}_x+\mathrm{j}\omega^2\mu_0\varepsilon_2\dot{E}_y=0 \tag{6.144}$$

$$-\mathrm{j}\omega^2\mu_0\varepsilon_2\dot{E}_x+(-\beta^2+\omega^2\mu_0\varepsilon_1)\dot{E}_y=0 \tag{6.145}$$

这是一个关于 $\dot{E}_x$ 和 $\dot{E}_y$ 的联立方程组,要使 $\dot{E}_x$ 和 $\dot{E}_y$ 具有非 0 解,该方程组的系数行列式必须等于 0,即

$$\begin{vmatrix}-\beta^2+\omega^2\mu_0\varepsilon_1 & \mathrm{j}\omega^2\mu_0\varepsilon_2\\ -\mathrm{j}\omega^2\mu_0\varepsilon_2 & -\beta^2+\omega^2\mu_0\varepsilon_1\end{vmatrix}=0 \tag{6.146}$$

可以解出

$$\beta^2-\omega^2\mu_0\varepsilon_1=\pm\omega^2\mu_0\varepsilon_2 \tag{6.147}$$

由式(6.147)可以看出,联立方程组式(6.144)和式(6.145)有两组解,第一组解为 $\dot{E}_y=$

$-\mathrm{j}\dot{E}_x$,即

$$\dot{\boldsymbol{E}}=E_0(\boldsymbol{e}_x-\mathrm{j}\boldsymbol{e}_y)\mathrm{e}^{-\mathrm{j}\beta_1 z} \tag{6.148}$$

这是一个右旋圆极化波,相位常数

$$\beta_1=\omega\sqrt{\mu_0(\varepsilon_1+\varepsilon_2)} \tag{6.149}$$

相速度为

$$v_1=\frac{\omega}{\beta_1}=\frac{1}{\sqrt{\mu_0(\varepsilon_1+\varepsilon_2)}}=\frac{c}{\sqrt{1+\dfrac{\omega_\mathrm{p}^2}{\omega(\omega_\mathrm{c}-\omega)}}} \tag{6.150}$$

其中 c 是真空中的光速。

第二组解为 $\dot{E}_y=\mathrm{j}\dot{E}_x$,即

$$\dot{\boldsymbol{E}}=E_0(\boldsymbol{e}_x+\mathrm{j}\boldsymbol{e}_y)\mathrm{e}^{-\mathrm{j}\beta_2 z} \tag{6.151}$$

这是一个左旋圆极化波,相位常数

$$\beta_1=\omega\sqrt{\mu_0(\varepsilon_1-\varepsilon_2)} \tag{6.152}$$

相速度为

$$v_2=\frac{\omega}{\beta_2}=\frac{1}{\sqrt{\mu_0(\varepsilon_1-\varepsilon_2)}}=\frac{c}{\sqrt{1-\dfrac{\omega_\mathrm{p}^2}{\omega(\omega_\mathrm{c}+\omega)}}} \tag{6.153}$$

可以看出,沿电磁波的传播方向加一恒定磁场,在等离子体内传播的均匀平面波有如下特点:

(1) 在等离子体内传播的均匀平面波仍然是横电磁波(TEM 波)。

(2) 在等离子体内可以传播右旋和左旋的圆极化均匀平面波,但传播常数不同。

(3) 法拉第旋转效应。

一个线极化波可以分解成两个等幅、向相反方向旋转的圆极化波,设线极化波为

$$\boldsymbol{E}=\boldsymbol{e}_x E_0\mathrm{e}^{\mathrm{j}\psi}$$

则它可以分解成两个圆极化波之和,即

$$\boldsymbol{E}=\frac{E_0}{2}\mathrm{e}^{\mathrm{j}\psi}(\boldsymbol{e}_x+\mathrm{j}\boldsymbol{e}_y)+\frac{E_0}{2}\mathrm{e}^{\mathrm{j}\psi}(\boldsymbol{e}_x-\mathrm{j}\boldsymbol{e}_y)$$

其中第一项是左旋圆极化波,第二项是右旋圆极化波。在各向同性的媒质中,左旋和右旋圆极化波的传播常数是一样的,因此在 z 等于常数的任一平面上,合成波的极化方向仍沿 x 方向,即仍是一沿 x 方向的线极化波。但在各向异性的媒质中,左旋和右旋圆极化波的传播常数不一样,相速度也不一样,因此随着波的传播,线极化波的极化面(电场强度和传播方向决定的平面)发生旋转,这种效应称为法拉第旋转效应,如图 6.17 所示。在沿传播方向加有恒定磁场的等离子体中就存在法拉第旋转效应,这是不同旋转方向的圆极化波以不同相速传播的必然结果。

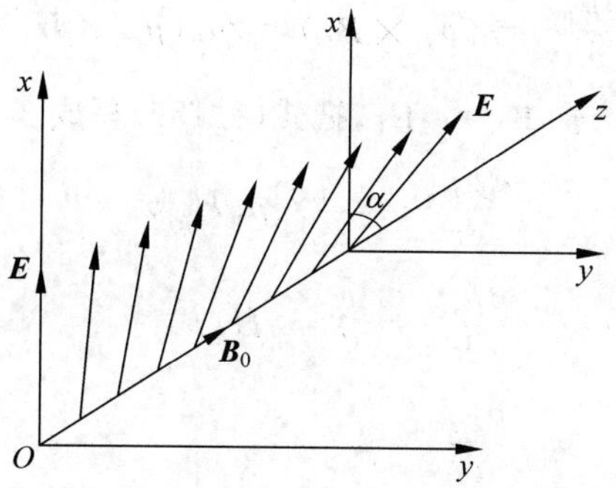

图 6.17　法拉第旋转效应

6.6.2　铁氧体中的均匀平面波

铁氧体是以 Fe_2O_3 为主与其他金属氧化物烧结而成的铁磁性材料，由于成分不同，具有不同的电磁性能。例如，磁导率很高、电导率很低、易磁化也易退磁的软磁铁氧体材料，磁化后不易退磁、具有很高剩磁及矫顽力的硬磁铁氧体材料，电导率很低、而且高频下损耗很小的微波铁氧体材料，以及旋磁铁氧体材料、矩磁铁氧体材料、压磁铁氧体材料等。铁氧体材料广泛应用于各种电子设备中的磁心、磁头，还可作记忆元件、微波元件、吸波材料等。在恒定外磁场作用下，铁氧体是各向异性媒质。

铁氧体是一种铁磁材料，内部有磁畴存在，在同一个磁畴内电子自旋磁矩的方向互相平行。虽然电子有自旋，也有绕原子核的轨道运动，两者都产生磁矩，但是由于各电子做轨道运动产生的磁矩的方向不同而互相抵消，所以磁畴的磁化强度主要是由电子的自旋磁矩构成的。但是不同磁畴磁化强度的方向是随机的，因此没有外场时铁氧体不显磁性。有外场作用时，各磁畴取向排列，铁氧体具有很强的磁性。

1. 自旋电子在恒定外磁场 $\boldsymbol{B}_0$ 中的进动

把电子的自旋看成是一个小电流环，磁矩为 $\boldsymbol{p}_m$，设电子的质量为 m_e、电量为 e，自旋角动量为 $\boldsymbol{J}$，由量子力学的理论可以写出

$$\boldsymbol{p}_m = \gamma \boldsymbol{J} \tag{6.154}$$

其中 $\gamma = -\dfrac{|e|}{m_e}$。把电子看成一个刚体，电子做自旋运动，角动量的变化律等于电子所受的合外力矩，即

$$\frac{d\boldsymbol{J}}{dt} = \boldsymbol{T} \tag{6.155}$$

与电磁力相比，万有引力可忽略，故合外力矩 $\boldsymbol{T}$ 只有外磁场 $\boldsymbol{B}_0$ 施加给自旋磁矩 $\boldsymbol{p}_m$ 的力矩

$$\boldsymbol{T} = \boldsymbol{p}_m \times \boldsymbol{B}_0 \tag{6.156}$$

把式(6.154)和式(6.156)代入式(6.155)可得

$$\frac{\mathrm{d}\boldsymbol{p}_{\mathrm{m}}}{\mathrm{d}t}=\gamma(\boldsymbol{p}_{\mathrm{m}}\times\boldsymbol{B}_0)=\gamma\mu_0(\boldsymbol{p}_{\mathrm{m}}\times\boldsymbol{H}_0) \tag{6.157}$$

设外加恒定磁场沿 z 轴正方向 $\boldsymbol{B}_0=\boldsymbol{e}_zB_0$,把式(6.157)写成3个标量方程为

$$\frac{\mathrm{d}p_{\mathrm{m}x}}{\mathrm{d}t}=-|\gamma|\mu_0H_0p_{\mathrm{m}y} \tag{6.158}$$

$$\frac{\mathrm{d}p_{\mathrm{m}y}}{\mathrm{d}t}=|\gamma|\mu_0H_0p_{\mathrm{m}x} \tag{6.159}$$

$$\frac{\mathrm{d}p_{\mathrm{m}z}}{\mathrm{d}t}=0 \tag{6.160}$$

微分方程式(6.158)～式(6.160)的解是

$$p_{\mathrm{m}x}=p\sin\omega_{\mathrm{c}}t \tag{6.161}$$

$$p_{\mathrm{m}y}=-p\cos\omega_{\mathrm{c}}t \tag{6.162}$$

$$p_{\mathrm{m}z}=C \tag{6.163}$$

其中 $\omega_{\mathrm{c}}=|\gamma|\mu_0H_0$,$C$ 是一个常数。式(6.161)～式(6.163)表明电子自旋磁矩 $\boldsymbol{p}_{\mathrm{m}}$ 以角速度 ω_{c} 绕恒定外磁场 $\boldsymbol{B}_0$ 旋转,$\boldsymbol{p}_{\mathrm{m}}$ 与 $\boldsymbol{B}_0$ 的夹角保持不变($p_{\mathrm{m}z}=C$),这种运动称为进动,如图6.18所示。

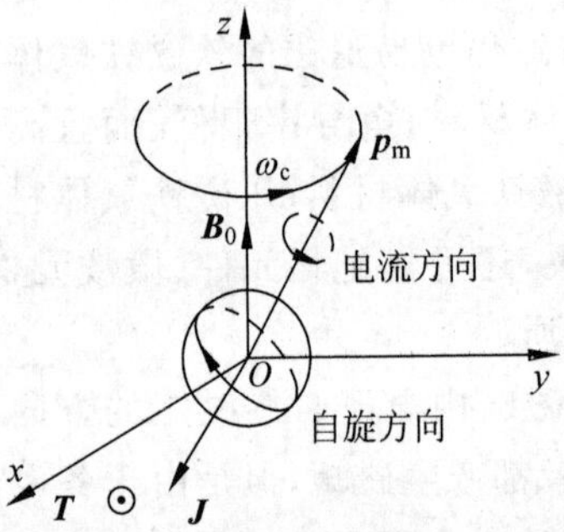

图6.18 $\boldsymbol{p}_{\mathrm{m}}$ 绕 $\boldsymbol{B}_0$ 右旋进动

设单位体积内有 N 个自旋电子,根据定义,铁氧体中的磁化强度等于单位体积中电子自旋磁矩的矢量和,即

$$\boldsymbol{M}=N\boldsymbol{p}_{\mathrm{m}} \tag{6.164}$$

从宏观上看,式(6.157)可以写为

$$\frac{\mathrm{d}\boldsymbol{M}}{\mathrm{d}t}=\gamma\mu_0(\boldsymbol{M}\times\boldsymbol{H}_0) \tag{6.165}$$

式(6.165)称为朗道-栗弗席兹方程。

2. 铁氧体的张量磁导率

设在铁氧体中,除了有较强的恒定磁场 $\boldsymbol{H}_0=\boldsymbol{e}_zH_0$ 以外,还有较弱的时变磁场 $\boldsymbol{h}$,总的磁场为

$$\boldsymbol{H}=\boldsymbol{H}_0+\boldsymbol{h}(t)=\boldsymbol{e}_xh_x+\boldsymbol{e}_yh_y+\boldsymbol{e}_z(H_0+h_z) \tag{6.166}$$

磁化强度为

$$\boldsymbol{M}=\boldsymbol{M}_0+\boldsymbol{m}=\boldsymbol{e}_xm_x+\boldsymbol{e}_ym_y+\boldsymbol{e}_z(M_0+m_z) \tag{6.167}$$

其中 $\boldsymbol{M}_0=\boldsymbol{e}_zM_0$ 是恒定磁场 $\boldsymbol{H}_0$ 产生的磁化强度,$\boldsymbol{m}$ 是时变磁场 $\boldsymbol{h}$ 产生的磁化强度。将式(6.166)和式(6.167)代入朗道-栗弗席兹方程,可得

$$\frac{\mathrm{d}}{\mathrm{d}t}(\boldsymbol{M}_0+\boldsymbol{m})=\gamma\mu_0(\boldsymbol{M}_0+\boldsymbol{m})\times(\boldsymbol{H}_0+\boldsymbol{h}) \tag{6.168}$$

若时变磁场 $\boldsymbol{h}\to0$,则 $\boldsymbol{m}\to0$,所以

$$\frac{\mathrm{d}}{\mathrm{d}t}\boldsymbol{M}_0=\gamma\mu_0\boldsymbol{M}_0\times\boldsymbol{H}_0 \tag{6.169}$$

以上两式相减,忽略高阶项 $\boldsymbol{m}\times\boldsymbol{h}$,可得

$$\frac{\mathrm{d}\boldsymbol{m}}{\mathrm{d}t}=\gamma\mu_0(\boldsymbol{m}\times\boldsymbol{M}_0+\boldsymbol{M}_0\times\boldsymbol{h}) \tag{6.170}$$

设时变磁场 $\boldsymbol{h}$ 是简谐场,从而 $\boldsymbol{m}$ 也是简谐场,于是

$$\mathrm{j}\omega\dot{\boldsymbol{m}}=\gamma\mu_0(\dot{\boldsymbol{m}}\times\boldsymbol{H}_0+\boldsymbol{M}_0\times\dot{\boldsymbol{h}}) \tag{6.171}$$

式(6.171)的3个标量方程为

$$\mathrm{j}\omega\dot{m}_x=\gamma\mu_0(H_0\dot{m}_y-M_0\dot{h}_y) \tag{6.172}$$

$$\mathrm{j}\omega\dot{m}_y=\gamma\mu_0(-H_0\dot{m}_x+M_0\dot{h}_x) \tag{6.173}$$

$$\mathrm{j}\omega\dot{m}_z=0 \tag{6.174}$$

联立求解式(6.172)~式(6.174)可得

$$\begin{bmatrix}\dot{m}_x\\\dot{m}_y\\\dot{m}_z\end{bmatrix}=\frac{\omega_{\mathrm{m}}}{\omega_{\mathrm{c}}^2-\omega^2}\begin{bmatrix}\omega_{\mathrm{c}} & \mathrm{j}\omega & 0\\-\mathrm{j}\omega & \omega_{\mathrm{c}} & 0\\0 & 0 & 0\end{bmatrix}\begin{bmatrix}\dot{h}_x\\\dot{h}_y\\\dot{h}_z\end{bmatrix} \tag{6.175}$$

其中 ω_{c} 称为拉摩(Larmer)进动角频率

$$\omega_{\mathrm{c}}=-\gamma\mu_0H_0=\frac{|e|}{m_{\mathrm{e}}}B_0 \tag{6.176}$$

$$\omega_{\mathrm{m}}=-\gamma\mu_0M_0=\frac{|e|}{m_{\mathrm{e}}}\mu_0M_0 \tag{6.177}$$

由式(6.175)可以看出,当时变场的角频率 ω 非常接近进动角频率 ω_{c} 时,很小的时变磁场分量 h_x 或 h_y 就可以产生很强的磁化强度,这就是**磁共振**现象。

仿照磁感应强度、磁化强度和磁场强度之间的关系式

$$\boldsymbol{B}=\mu_0(\boldsymbol{H}+\boldsymbol{M})=\mu\boldsymbol{H} \tag{6.178}$$

对于时变场,可以写出

$$\dot{\boldsymbol{b}}=\mu_0(\dot{\boldsymbol{h}}+\dot{\boldsymbol{m}})=\mu\dot{\boldsymbol{h}} \tag{6.179}$$

写成矩阵形式为

$$\begin{bmatrix}\dot{b}_x\\\dot{b}_y\\\dot{b}_z\end{bmatrix}=\mu_0\begin{bmatrix}\dot{h}_x+\dot{m}_x\\\dot{h}_y+\dot{m}_y\\\dot{h}_z+\dot{m}_z\end{bmatrix}=[\mu]\begin{bmatrix}\dot{h}_x\\\dot{h}_y\\\dot{h}_z\end{bmatrix} \tag{6.180}$$

把式(6.175)代入式(6.180),可得

$$[\mu]=\begin{bmatrix}\mu_1 & \mathrm{j}\mu_2 & 0\\-\mathrm{j}\mu_2 & \mu_1 & 0\\0 & 0 & \mu_3\end{bmatrix} \tag{6.181}$$

其中

$$\mu_1=\mu_0\left(1+\frac{\omega_c\omega_m}{\omega_c^2-\omega^2}\right),\quad \mu_2=\mu_0\frac{\omega\omega_m}{\omega_c^2-\omega^2},\quad \mu_3=\mu_0$$

可以看出,在恒定磁场作用下的铁氧体对时变场的磁导率是一个张量,即铁氧体是各向异性的。

3. 铁氧体中均匀平面电磁波的传播特性

受到较强恒定磁场 $\boldsymbol{H}_0=\boldsymbol{e}_z H_0$ 饱和磁化的铁氧体材料的宏观电磁参数,介电常数 $\varepsilon=\varepsilon_0\varepsilon_r$,磁导率为张量,如式(6.181)所示。麦克斯韦方程组的全电流定律和电磁感应定律分别为

$$\nabla\times\dot{\boldsymbol{h}}=\mathrm{j}\omega\varepsilon\dot{\boldsymbol{E}} \tag{6.182}$$

$$\nabla\times\dot{\boldsymbol{E}}=-\mathrm{j}\omega\mu\dot{\boldsymbol{h}} \tag{6.183}$$

利用与6.6.1节分析磁化等离子体中均匀平面波传播特性相同的方法,可以研究均匀平面波在磁化铁氧体中的传播特性,分析过程不再重复,结论有以下几点:

(1) 磁化铁氧体中传播的均匀平面波仍然是TEM波。

(2) 磁化铁氧体中可以传播两种均匀平面波,相位常数不同。第一种波为

$$\dot{\boldsymbol{h}}=h_0(\boldsymbol{e}_x-\mathrm{j}\boldsymbol{e}_y)\mathrm{e}^{-\mathrm{j}\beta_1 z} \tag{6.184}$$

这是一个右旋极化波,相位常数

$$\beta_1=\omega\sqrt{\varepsilon(\mu_1+\mu_2)} \tag{6.185}$$

相速度为

$$v_1=\frac{\omega}{\beta_1}=\frac{1}{\sqrt{\varepsilon(\mu_1+\mu_2)}}=\frac{1}{\sqrt{\mu_0\varepsilon}\cdot\sqrt{1+\dfrac{\omega_m}{\omega_c-\omega}}} \tag{6.186}$$

第二种波为

$$\dot{\boldsymbol{h}}=h_0(\boldsymbol{e}_x+\mathrm{j}\boldsymbol{e}_y)\mathrm{e}^{-\mathrm{j}\beta_2 z} \tag{6.187}$$

这是一个左旋极化波,相位常数

$$\beta_2=\omega\sqrt{\varepsilon(\mu_1-\mu_2)} \tag{6.188}$$

相速度为

$$v_2=\frac{\omega}{\beta_2}=\frac{1}{\sqrt{\varepsilon(\mu_1-\mu_2)}}=\frac{1}{\sqrt{\mu_0\varepsilon}\cdot\sqrt{1+\dfrac{\omega_m}{\omega_c+\omega}}} \tag{6.189}$$

(3) 铁氧体中也存在法拉第旋转效应。

4. 铁氧体的应用

铁氧体的宏观电磁参数的范围大体如下:相对磁导率 $\mu_r=10^2\sim10^4$,相对介电常数 $\varepsilon_r=2\sim25$,电导率 $\sigma=10^{-6}\sim10^{-3}\,\mathrm{S/m}$。铁氧体良好的电磁性能使它被大量地应用于电

子技术的各个领域，以下简要介绍几例。

1）回转器(gyrator)

回转器是利用法拉第效应制作的器件。在一个有铁氧体的波导中，沿波导加有轴向恒定磁场，如果有一线偏振波在波导内传播，将在铁氧体中产生法拉第旋转，即沿波的传播方向此线偏振波 $\boldsymbol{E}$ 矢量旋转的方向相对于恒定磁场是相同的，如图 6.19(a)、(b)所示，$\boldsymbol{E}$ 的方向相对于恒定磁场是右旋的。图 6.20 是含有铁氧体棒的回转器示意图，沿波传播方向加有恒定磁场 $\boldsymbol{H}_0$，在回转器的一端波导有 90°扭转，波由回转器左端进入，顺时针扭转 90°后抵达铁氧体棒，选择铁氧体的尺寸及恒定磁场，恰使波在铁氧体区域再顺时针旋转 90°，因此，波由回转器左端传播到右端后，产生 180°的相移。当波由右端进入时，到铁氧体处，波按恒定磁场 $\boldsymbol{H}_0$ 方向顺时针旋转 90°，到 90°扭转部位时，又反向转 90°，因此两者抵消，波没有相移。因此，回转器是使波由一个方向传播产生 180°相移，而沿相反方向传播的波不产生相移的非互易性器件。

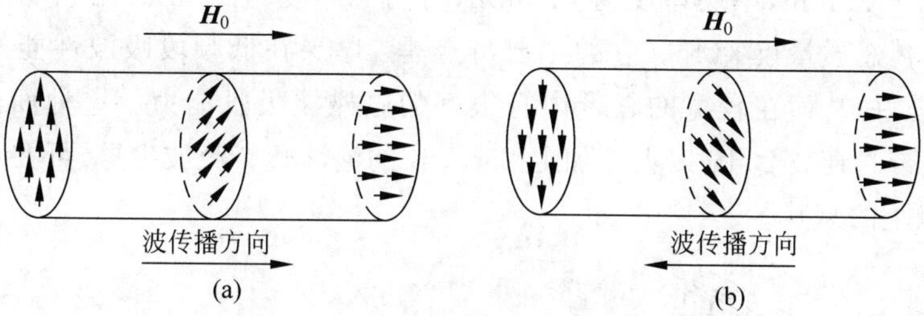

图 6.19 $\boldsymbol{E}$ 矢量旋转的方向相对于恒定磁场是相同的

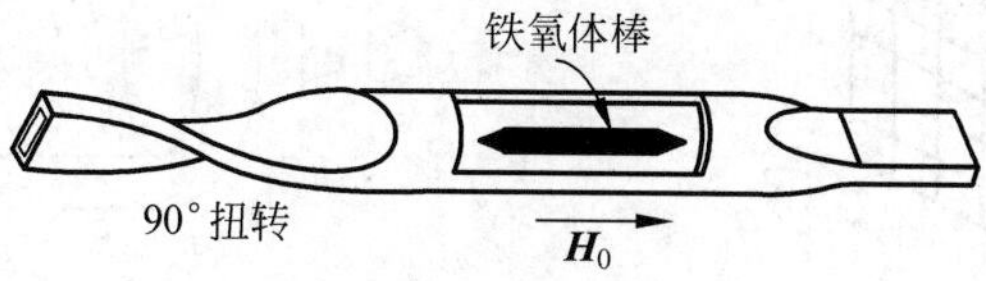

图 6.20 回转器

2）隔离器(isolator)

吸收式隔离器是法拉第效应的另一种应用，如图 6.21 所示。当波由隔离器左端进入时，经 45°扭转区，$\boldsymbol{E}$ 与薄电阻片垂直，此时场在电阻片上引起的损耗最小，经过铁氧体区域后，电场又转回原来的取向，于是可以损耗最小地从右端输出(一般小于 0.5dB)。而当波由右端进入时，经铁氧体区域，相对于恒定磁场方向而言，$\boldsymbol{E}$ 的旋转方向与左端进入

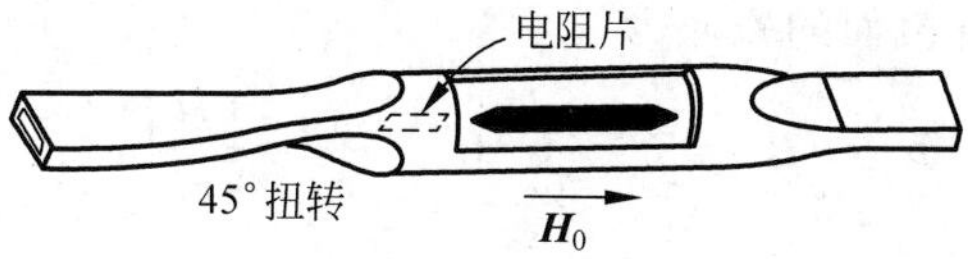

图 6.21 吸收式隔离器

时一样,于是使 $\boldsymbol{E}$ 的方向平行于电阻片,这就使损耗大大增加(典型值为 30dB),从而形成了正向波可以通过而反向波基本不能通过的隔离器。

3) 铁氧体吸波材料

铁氧体是一种损耗介质,电磁波在铁氧体中的传播损耗包括涡流损耗、磁滞损耗、畴壁共振损耗、自然共振损耗(磁化强度 $\boldsymbol{M}$ 绕外磁场 $\boldsymbol{H}$ 进动引起的损耗)等。利用铁氧体制作的吸波材料广泛地应用在电波暗室、电磁兼容暗室等设备中。在 $f<10^6\,\mathrm{Hz}$ 频段,主要利用铁氧体中的涡流损耗和磁滞损耗;在 $10^6\,\mathrm{Hz}<f<10^8\,\mathrm{Hz}$ 频段,主要利用铁氧体中的畴壁共振损耗;在 $10^8\,\mathrm{Hz}\leqslant f<10^{10}\,\mathrm{Hz}$ 频段,主要利用铁氧体中的自然共振损耗。一种电磁兼容暗室中使用的铁氧体吸波材料如图 6.22 所示,这种铁氧体吸波材料对低频段的吸收性能比较好,与泡沫塑料吸波尖劈组合使用,可以在 30～1000MHz 的频率范围内获得很好的吸波效果。

一种新的双层铁氧体吸波材料由一厚一薄两层铁氧体构成,中间填充有阻燃材料。薄层厚度仅为 1.5mm,厚层厚度为 4.5mm,材料总厚度为 28mm,用它制成的 10cm×10cm 面砖单体总质量仅 314g。它的主要特点是:厚层在低频段吸波性能好,薄层在高频段吸波性能好,从而在较宽的频带内有很好的电磁波吸收能力。这种面砖可在 30～2000MHz 频带内衰减 20dB 以上。加上 25cm 长的泡沫塑料吸波尖劈,可在 30GHz 以内实现 30dB 以上的衰减。

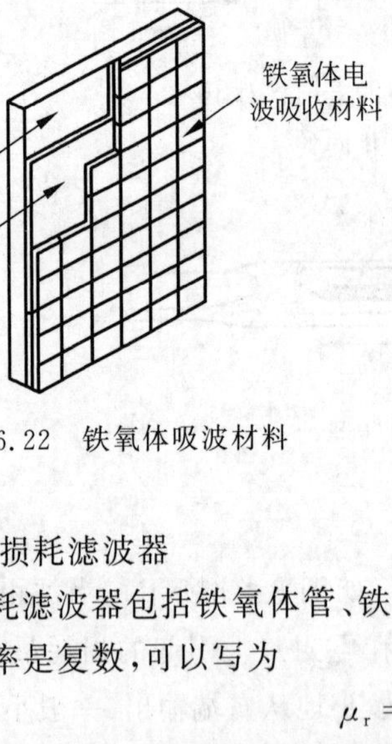

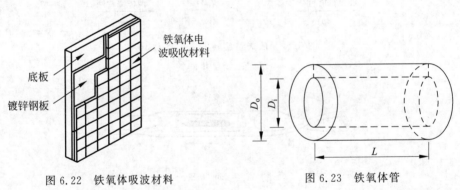

图 6.22 铁氧体吸波材料

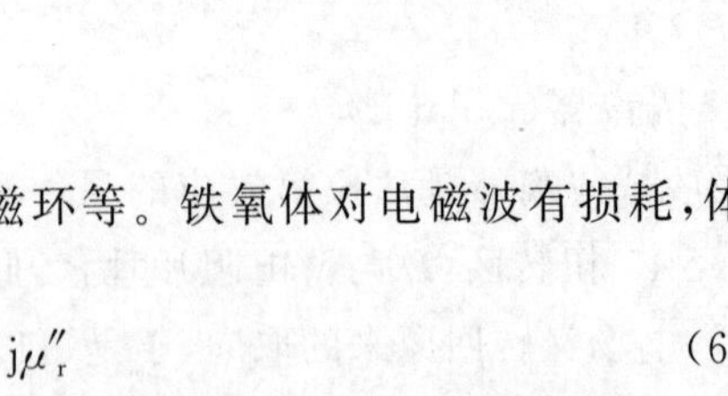

图 6.23 铁氧体管

4) 铁氧体损耗滤波器

铁氧体损耗滤波器包括铁氧体管、铁氧体磁环等。铁氧体对电磁波有损耗,体现在铁氧体的磁导率是复数,可以写为

$$\mu_r=\mu'_r-j\mu''_r \tag{6.190}$$

例如,铁氧体管如图 6.23 所示,套在导线或电缆上就可以作为低通滤波器使用。当电流穿过铁氧体管时,穿过管截面的磁通为

$$\Phi=\iint \boldsymbol{B}\cdot\mathrm{d}\boldsymbol{S}=\frac{\mu Il}{2\pi r}\int_{D_i/2}^{D_o/2}\frac{\mathrm{d}r}{r}=\frac{\mu Il}{2\pi r}\ln\frac{D_o}{D_i}$$

其中 $\boldsymbol{B}=\dfrac{\mu I}{2\pi r}\boldsymbol{e}_\varphi$,$\mathrm{d}\boldsymbol{S}=l\,\mathrm{d}r\,\boldsymbol{e}_\varphi$,$\mu=\mu_0\mu_r$。电感为

$$L=\frac{\Phi}{I}=\frac{\mu l}{2\pi r}\ln\frac{D_o}{D_i} \tag{6.191}$$

增加铁氧体管后，感抗的增加量为 $\Delta Z=\mathrm{j}\omega(L-L_0)$，$L_0$ 是无铁氧体管时的电感值，可以算出

$$\begin{aligned}\Delta Z&=\mathrm{j}\omega(\mu_r'-1)\frac{\mu_0 l}{2\pi r}\ln\frac{D_o}{D_i}+\frac{\omega\mu_0\mu_r'' l}{2\pi r}\ln\frac{D_o}{D_i}\\&=\mathrm{j}\Delta x+\Delta R=\mathrm{j}\omega L_i+R_i\end{aligned} \tag{6.192}$$

所以增加铁氧体管后，相当于在电路中串联一个低通滤波器，如图 6.24 所示，可以衰减高频骚扰信号。由式(6.192)，L_i、R_i 与 $\mu_r(\mu_r'、\mu_r'')$、$\ln(D_o/D_i)$、f、l 成正比。在确定材料后，D_o/D_i 越大，l 越长，f 越高，则 L、R 越大。铁氧体管的损耗特性如图 6.25 所示。

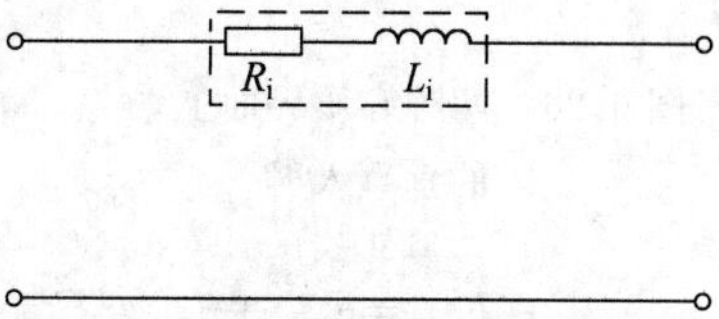

图 6.24 增加铁氧体管相当于串联一个低通滤波器

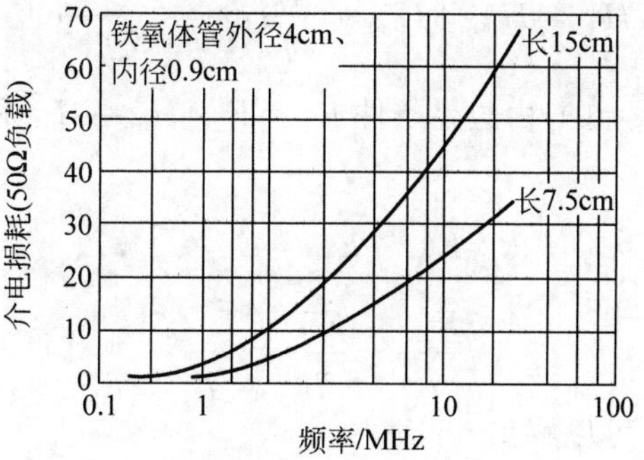

图 6.25 铁氧体管的损耗特性

6.7 平面上的垂直入射

在均匀媒质中，均匀平面波沿直线传播，在两种媒质的分界面上，将会发生反射和透射。

6.7.1 两种媒质分界面上的垂直入射

扫码看讲课录像 6.7.1

1. 入射波、反射波和透射波

设均匀平面波沿 z 轴入射在两种媒质的分界面上，如图 6.26 所示。设入射波电场强度的正方向沿 x 轴，则入射波的电场和磁场分别为

$$\dot{E}_{x1}^{+}=\dot{E}_{m1}^{+}\mathrm{e}^{-\gamma_1 z},\quad \dot{H}_{y1}^{+}=\frac{\dot{E}_{m1}^{+}}{\eta_1}\mathrm{e}^{-\gamma_1 z} \tag{6.193}$$

反射波的电场和磁场分别为

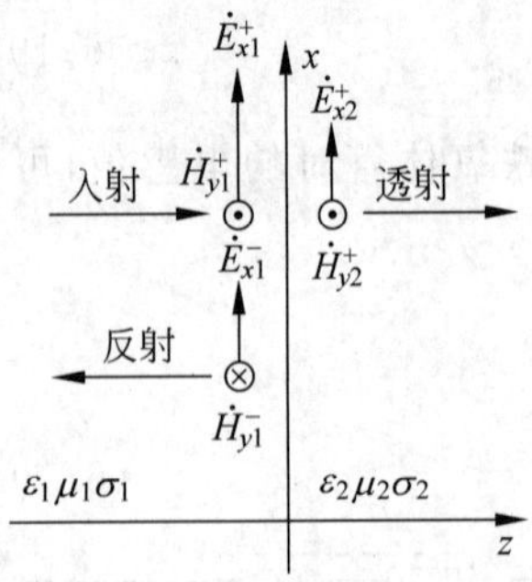

图 6.26　两种媒质界面上的垂直入射

$$\dot{E}_{x1}^{-}=\dot{E}_{m1}^{-}e^{\gamma_1 z},\quad \dot{H}_{y1}^{-}=-\frac{\dot{E}_{m1}^{-}}{\eta_1}e^{\gamma_1 z} \tag{6.194}$$

透射波的电场和磁场分别为

$$\dot{E}_{x2}^{+}=\dot{E}_{m2}^{+}e^{-\gamma_2 z},\quad \dot{H}_{y2}^{+}=\frac{\dot{E}_{m2}^{+}}{\eta_2}e^{-\gamma_2 z} \tag{6.195}$$

以上各量的方向如图 6.26 所示。

2. 反射系数和透射系数

在介质 1 中电场的合场强为

$$\dot{E}_{x1}=\dot{E}_{x1}^{+}+\dot{E}_{x1}^{-}=\dot{E}_{m1}^{+}e^{-\gamma_1 z}+\dot{E}_{m1}^{-}e^{\gamma_1 z} \tag{6.196}$$

磁场的合场强为

$$\dot{H}_{y1}=\dot{H}_{y1}^{+}+\dot{H}_{y1}^{-}=\frac{\dot{E}_{m1}^{+}}{\eta_1}e^{-\gamma_1 z}-\frac{\dot{E}_{m1}^{-}}{\eta_1}e^{\gamma_1 z} \tag{6.197}$$

在两种介质的分界面上($z=0$),由边界条件 $\dot{E}_{1t}=\dot{E}_{2t}$,$\dot{H}_{1t}=\dot{H}_{2t}$ 和式(6.195)～式(6.197)可得

$$\dot{E}_{m1}^{+}+\dot{E}_{m1}^{-}=\dot{E}_{m2}^{+} \tag{6.198}$$

$$\frac{\dot{E}_{m1}^{+}}{\eta_1}-\frac{\dot{E}_{m1}^{-}}{\eta_1}=\frac{\dot{E}_{m2}^{+}}{\eta_2} \tag{6.199}$$

由式(6.198)、式(6.199)可以解出

$$\dot{E}_{m1}^{-}=\frac{\eta_2-\eta_1}{\eta_2+\eta_1}\dot{E}_{m1}^{+} \tag{6.200}$$

$$\dot{E}_{m2}^{+}=\frac{2\eta_2}{\eta_2+\eta_1}\dot{E}_{m1}^{+} \tag{6.201}$$

定义分界面处的反射系数为

$$\Gamma=\frac{\dot{E}_{m1}^{-}}{\dot{E}_{m1}^{+}}=\frac{\eta_2-\eta_1}{\eta_2+\eta_1} \tag{6.202}$$

分界面处的透射系数为

$$\tau=\frac{\dot{E}_{m2}^{+}}{\dot{E}_{m1}^{+}}=\frac{2\eta_2}{\eta_2+\eta_1} \tag{6.203}$$

Γ 与 τ 之间满足如下关系

$$\tau=\Gamma+1 \tag{6.204}$$

下面计算分界面处($z=0$)透射的功率密度,由 $\boldsymbol{S}_{av}=\mathrm{Re}\left(\frac{1}{2}\dot{\boldsymbol{E}}\times\dot{\boldsymbol{H}}^{*}\right)$,利用式(6.195)、式(6.198)和式(6.199)可得

$$S_{av}=\mathrm{Re}\left(\frac{1}{2}\dot{E}_{m2}^{+}\cdot\frac{\dot{E}_{m2}^{+*}}{\eta_2}\right)=\mathrm{Re}\left[\frac{1}{2}(\dot{E}_{m1}^{+}+\dot{E}_{m1}^{-})\left(\frac{\dot{E}_{m1}^{+*}}{\eta_1}-\frac{\dot{E}_{m1}^{-*}}{\eta_1}\right)\right]$$

$$=\mathrm{Re}\left[\frac{1}{2}\frac{E_{m1}^{+2}}{\eta_1}-\frac{1}{2}\frac{E_{m1}^{-2}}{\eta_1}\right]$$

其中第一项是入射波的功率密度,第二项是反射波的功率密度。

6.7.2 理想导体表面的反射、驻波

设均匀平面波由理想介质垂直入射到理想导体表面,对于理想介质,$\gamma_1=\mathrm{j}\beta_1$。

扫码看讲课录像 6.7.2-1

扫码看讲课录像 6.7.2-2

1. 入射端的合场强

理想导体内 $\dot{E}_2=0$,在分界面上($z=0$),由式(6.198)可得

$$\dot{E}_{m1}^{+}+\dot{E}_{m1}^{-}=0,\quad 则\quad \dot{E}_{m1}^{+}=-\dot{E}_{m1}^{-},\quad 所以\quad \Gamma=-1$$

理想导体表面发生全反射,入射波和反射波分别为

$$\dot{E}_{x1}^{+}=\dot{E}_{m1}^{+}\mathrm{e}^{-\mathrm{j}\beta_1 z},\quad \dot{E}_{x1}^{-}=-\dot{E}_{m1}^{+}\mathrm{e}^{\mathrm{j}\beta_1 z}$$

理想介质中电场的合场强为

$$\dot{E}_{x1}=\dot{E}_{x1}^{+}+\dot{E}_{x1}^{-}=\dot{E}_{m1}^{+}(\mathrm{e}^{-\mathrm{j}\beta_1 z}-\mathrm{e}^{\mathrm{j}\beta_1 z})=-2\mathrm{j}\dot{E}_{m1}^{+}\sin\beta_1 z \tag{6.205}$$

式(6.205)中,设电场的初相位 $\psi=0$,即 $\dot{E}_{m1}^{+}=E_{m1}^{+}\mathrm{e}^{\mathrm{j}0}$。理想介质中合场强的瞬时形式为

$$E_{x1}(z,t)=2E_{m1}^{+}\sin\beta_1 z\sin\omega t \tag{6.206}$$

理想介质中磁场的合场强为

$$\begin{aligned}\dot{H}_{y1}&=\dot{H}_{y1}^{+}+\dot{H}_{y1}^{-}\\&=\frac{\dot{E}_{x1}^{+}}{\eta_1}-\frac{\dot{E}_{x1}^{-}}{\eta_1}=\frac{\dot{E}_{m1}^{+}}{\eta_1}\mathrm{e}^{-\mathrm{j}\beta_1 z}+\frac{\dot{E}_{m1}^{+}}{\eta_1}\mathrm{e}^{\mathrm{j}\beta_1 z}\\&=2\frac{\dot{E}_{m1}^{+}}{\eta_1}\cos\beta_1 z\end{aligned} \tag{6.207}$$

其瞬时形式为

$$H_{y1}(z,t)=2\frac{E_{m1}^{+}}{\eta_1}\cos\beta_1 z\cos\omega t \tag{6.208}$$

式(6.205)~式(6.208)中,场强的振幅是随 z 周期性变化的。

(1) $\beta_1 z=-(2n+1)\frac{\pi}{2}$,即 $z=-(2n+1)\frac{\lambda}{4}$时,$n=1,2,3,\cdots$,电场的振幅最大,磁场的振幅为0。

(2) $\beta_1 z=-n\pi$,即 $z=-n\frac{\lambda}{2}$时,电场的振幅为0,磁场的振幅最大。

这种波称为驻波，如图 6.27 所示。相对于驻波，理想介质中的均匀平面波

$$\dot{E}_x = \dot{E}_{xm} e^{-j\beta z} \tag{6.209}$$

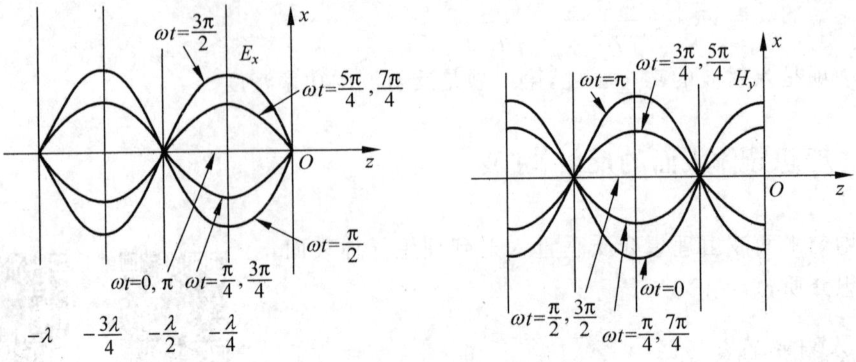

图 6.27　驻波电场、磁场的时空关系

称为等幅行波；导电媒质中的均匀平面波

$$\dot{E}_x = \dot{E}_{xm} e^{-\alpha z} e^{-j\beta z} \tag{6.210}$$

称为衰减行波。

2. 导体表面的面电流密度

$$\begin{aligned} \boldsymbol{J}_S &= \hat{\boldsymbol{n}} \times \dot{\boldsymbol{H}}_1 = -\boldsymbol{e}_z \times \boldsymbol{e}_y \dot{H}_{y1} \\ &= \boldsymbol{e}_x \dot{H}_{y1} \big|_{z=0} = \boldsymbol{e}_x \frac{2\dot{E}_{m1}^{+}}{\eta_1} \end{aligned} \tag{6.211}$$

3. 驻波的能量和能流

驻波电场、磁场的能量密度分别为

$$w_e = \frac{1}{2}\varepsilon_1 E_{x1}^2(z,t) = 2\varepsilon_1 E_{m1}^{+2} \sin^2\beta_1 z \sin^2\omega t \tag{6.212}$$

$$\begin{aligned} w_m &= \frac{1}{2}\mu_1 H_{y1}^2(z,t) = 2\mu_1 \frac{E_{m1}^{+\,2}}{\eta_1^2} \cos^2\beta_1 z \cos^2\omega t \\ &= 2\varepsilon_1 E_{m1}^{+\,2} \cos^2\beta_1 z \cos^2\omega t \end{aligned} \tag{6.213}$$

可以看出，$t=0$ 时，$w_e=0$，能量全部储存在磁场中；$t=T/8$ 时，$\omega t=\pi/4$，有

$$w_e = \varepsilon_1 E_{m1}^{+\,2} \sin^2\beta_1 z, \quad w_m = \varepsilon_1 E_{m1}^{+\,2} \cos^2\beta_1 z$$

说明一部分磁场能量转换为电场能量；$t=T/4$ 时，$w_m=0$，能量全部储存在电场中；$t=0\sim T/4$ 时，磁场能量转换为电场能量。很容易证明，$t=T/4\sim T/2$ 时，电场能量又转换为磁场能量，……。

下面计算驻波的平均能流密度 $\boldsymbol{S}_{av} = \mathrm{Re}\left(\frac{1}{2}\boldsymbol{E}_1 \times \boldsymbol{H}_1^*\right)$，由式(6.205)和式(6.207)可得

$$S_{av} = \mathrm{Re}\left[\frac{1}{2}(-2j\dot{E}_{m1}^{+}\sin\beta_1 z) \cdot 2\frac{\dot{E}_{m1}^{+*}}{\eta_1}\cos\beta_1 z\right]$$

$$=\text{Re}\left(-2\text{j}\frac{E_{m1}^{+\ 2}}{\eta_1}\sin\beta_1 z\cos\beta_1 z\right)=0 \tag{6.214}$$

所以驻波只有电场和磁场能量的交换,没有能量的传输。

例 6.7 一均匀平面波沿 z 轴由理想介质垂直入射在理想导体表面($z=0$),入射波的电场强度为

$$\boldsymbol{E}^{+}=\boldsymbol{e}_x 100\sin(\omega t-\beta z)+\boldsymbol{e}_y 200\cos(\omega t-\beta z)$$

求 $z<0$ 区域内的 $\boldsymbol{E}$ 和 $\boldsymbol{H}$。

解 入射波电场的复数形式为

$$\dot{\boldsymbol{E}}^{+}=\boldsymbol{e}_x 100\text{e}^{\text{j}\left(-\beta z-\frac{\pi}{2}\right)}+\boldsymbol{e}_y 200\text{e}^{-\text{j}\beta z}$$

在理想导体表面,反射系数 $\Gamma=-1$,所以反射波电场为

$$\dot{\boldsymbol{E}}^{-}=-\boldsymbol{e}_x 100\text{e}^{\text{j}\left(\beta z-\frac{\pi}{2}\right)}-\boldsymbol{e}_y 200\text{e}^{\text{j}\beta z}$$

入射端总电场的 x 分量和 y 分量分别为

$$\dot{E}_x=100\text{e}^{-\text{j}\frac{\pi}{2}}(\text{e}^{-\text{j}\beta z}-\text{e}^{\text{j}\beta z})=100\text{e}^{-\text{j}\frac{\pi}{2}}(-2\text{j}\sin\beta z)$$

$$\dot{E}_y=200(\text{e}^{-\text{j}\beta z}-\text{e}^{\text{j}\beta z})=200(-2\text{j}\sin\beta z)$$

合场强为

$$\dot{\boldsymbol{E}}=-\boldsymbol{e}_x\text{j}200\text{e}^{-\text{j}\frac{\pi}{2}}\sin\beta z-\boldsymbol{e}_y\text{j}400\sin\beta z$$

由入射波电场和反射波电场可以写出入射波磁场和反射波磁场

$$\dot{\boldsymbol{H}}^{+}=\boldsymbol{e}_y\frac{100}{\eta_0}\text{e}^{\text{j}\left(-\beta z-\frac{\pi}{2}\right)}-\boldsymbol{e}_x\frac{200}{\eta_0}\text{e}^{-\text{j}\beta z}$$

$$\dot{\boldsymbol{H}}^{-}=\boldsymbol{e}_y\frac{100}{\eta_0}\text{e}^{\text{j}\left(\beta z-\frac{\pi}{2}\right)}-\boldsymbol{e}_x\frac{200}{\eta_0}\text{e}^{\text{j}\beta z}$$

入射端总磁场的 y 分量和 x 分量分别为

$$\dot{H}_y=\frac{100}{\eta_0}\text{e}^{-\text{j}\frac{\pi}{2}}(\text{e}^{-\text{j}\beta z}+\text{e}^{\text{j}\beta z})=\frac{100}{\eta_0}\text{e}^{-\text{j}\frac{\pi}{2}}2\cos\beta z$$

$$\dot{H}_x=-\frac{200}{\eta_0}(\text{e}^{-\text{j}\beta z}+\text{e}^{\text{j}\beta z})=-\frac{200}{\eta_0}2\cos\beta z$$

合磁场为

$$\dot{\boldsymbol{H}}=-\boldsymbol{e}_x\frac{400}{\eta_0}\cos\beta z+\boldsymbol{e}_y\frac{200}{\eta_0}\text{e}^{-\text{j}\frac{\pi}{2}}\cos\beta z$$

4. 趋肤深度 δ(透入深度)

电磁波从导体表面向内部传播,其值衰减到表面处值的 1/e 时进入导体内部的深度称为趋肤深度或透入深度,即

$$\text{e}^{-\alpha\delta}=\text{e}^{-1}\quad 则\ \alpha\delta=1$$

对于良导体,由式(6.104)可得

$$\delta=\frac{1}{\alpha}=\sqrt{\frac{2}{\omega\mu\sigma}} \tag{6.215}$$

例 6.8 铜的电参数为 $\mu=\mu_0,\varepsilon=\varepsilon_0,\sigma=5\times10^7\,\mathrm{S/m}$,对下列频率的电磁波求趋肤深度 δ:(1)50Hz;(2)1MHz;(3)10GHz。

解 对于 $f=50\mathrm{Hz}$、$f=1\mathrm{MHz}$ 和 $f=10\mathrm{GHz}$,可以验证

$$\frac{\sigma}{\omega\varepsilon_0}=\frac{5.8\times10^7}{2\pi f\times8.85\times10^{-12}}\gg1$$

所以,$f=50\mathrm{Hz}$ 时,有

$$\delta=\sqrt{\frac{2}{2\pi f\mu_0\sigma}}\approx9.3\times10^{-3}\,\mathrm{m}$$

$f=1\mathrm{MHz}$ 时,有

$$\delta=\sqrt{\frac{2}{2\pi f\mu_0\sigma}}\approx6.6\times10^{-5}\,\mathrm{m}$$

$f=10\mathrm{GHz}$ 时,有

$$\delta=\sqrt{\frac{2}{2\pi f\mu_0\sigma}}\approx6.6\times10^{-7}\,\mathrm{m}$$

5. 表面电阻和导体的损耗

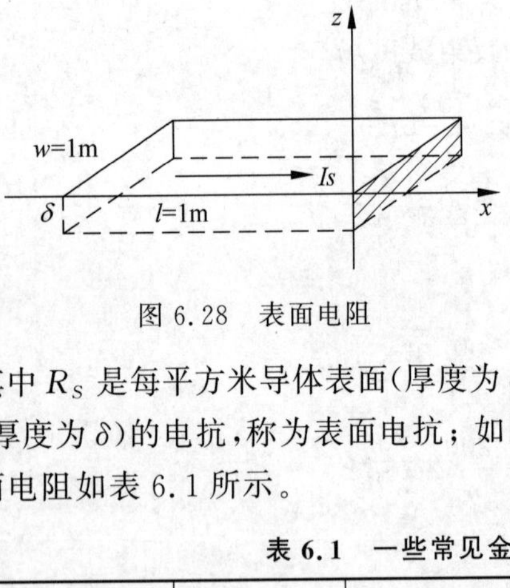

图 6.28 表面电阻

良导体的波阻抗可以写为

$$\eta_c=\sqrt{\frac{\pi f\mu}{\sigma}}(1+\mathrm{j})=R_S+\mathrm{j}X_S$$

其中

$$R_S=X_S=\sqrt{\frac{\pi f\mu}{\sigma}}=\sqrt{\frac{\omega\mu\cdot\sigma}{2\sigma\cdot\sigma}}=\frac{1}{\sigma\cdot\delta}\tag{6.216}$$

其中 R_S 是每平方米导体表面(厚度为 δ)的电阻,称为表面电阻;X_S 是每平方米导体表面(厚度为 δ)的电抗,称为表面电抗;如图 6.28 所示。一些常见金属材料的透入深度和表面电阻如表 6.1 所示。

表 6.1 一些常见金属材料的透入深度 $\boldsymbol{\delta}$ 和表面电阻 $\boldsymbol{R_S}$

材料名称	δ/m	R_S/Ω	材料名称	δ/m	R_S/Ω
银	$0.064/\sqrt{f}$	$2.52\times10^{-7}\sqrt{f}$	铁	$0.159/\sqrt{f}$	$6.26\times10^{-7}\sqrt{f}$
紫铜	$0.066/\sqrt{f}$	$2.61\times10^{-7}\sqrt{f}$	锡	$0.17/\sqrt{f}$	
铝	$0.083/\sqrt{f}$	$3.26\times10^{-7}\sqrt{f}$	石墨	$1.6/\sqrt{f}$	
黄铜	$0.13/\sqrt{f}$	$5.01\times10^{-7}\sqrt{f}$			

导体中的电流也在 δ 厚度以内流动,称为表面电流。由 $\boldsymbol{J}_S=\hat{\boldsymbol{n}}\times\boldsymbol{H}_1$,表面电流密度的大小为

$$\boldsymbol{J}_S=H_{1t}|_S\tag{6.217}$$

导体表面单位面积损耗的功率为

$$P_S=\frac{1}{2}J_S^2R_S=\frac{1}{2}H_{1t}^2R_S \quad \mathrm{W/m^2} \tag{6.218}$$

例 6.9 求直径 $\phi=2\mathrm{mm}$，长 $l=1\mathrm{mm}$ 的裸铜线在频率分别为 50Hz、1MHz、10GHz 时呈现的电阻(铜的 $\sigma=5.8\times10^7\mathrm{S/m}$)。

解 在例 6.8 中已经计算出频率分别为 50Hz、1MHz、10GHz 时铜的趋肤深度 δ 分别为 $9.3\times10^{-3}\mathrm{m}$、$6.6\times10^{-5}\mathrm{m}$、$6.6\times10^{-7}\mathrm{m}$。

$f=50\mathrm{Hz}$ 时，铜线的半径 $a=1\mathrm{mm}\ll\delta_1$，可以认为电流在横截面上均匀分布，这段导线的电阻为

$$R_1=\frac{l}{\sigma S}=0.0055\Omega$$

$f=1\mathrm{MHz}$ 时，趋肤深度 $\delta_2\ll a$，电流只在电线表面流动，横截面为一环形，面积为

$$S_2=2\pi a\cdot\delta_2\approx4.15\times10^{-7}\mathrm{m^2}$$

这段导线的电阻为

$$R_2=\frac{l}{\sigma S_2}\approx0.0415\Omega$$

$f=10\mathrm{GHz}$ 时，趋肤深度 $\delta_3\ll a$，环形横截面的面积为

$$S_3=2\pi a\cdot\delta_3\approx4.15\times10^{-9}\mathrm{m^2}$$

这段导线的电阻为

$$R_3=\frac{l}{\sigma S_3}\approx4.15\Omega$$

可以看出，不同频率时这段导线的电阻差别很大。

6.7.3 两种理想介质界面的反射、驻波比

扫码看讲课录像 6.7.3

均匀平面波垂直入射在两种理想介质的分界面处，传播常数 $\gamma_1=\mathrm{j}\beta_1$，$\gamma_2=\mathrm{j}\beta_2$。

1. 入射端的合场强

$$\begin{aligned}\dot{E}_{x1}&=\dot{E}_{x1}^{+}+\dot{E}_{x1}^{-}=\dot{E}_{m1}^{+}\mathrm{e}^{-\mathrm{j}\beta_1 z}+\dot{E}_{m1}^{-}\mathrm{e}^{\mathrm{j}\beta_1 z}\\&=\dot{E}_{m1}^{+}\mathrm{e}^{-\mathrm{j}\beta_1 z}+\Gamma\dot{E}_{m1}^{+}\mathrm{e}^{\mathrm{j}\beta_1 z}-\Gamma\dot{E}_{m1}^{+}\mathrm{e}^{-\mathrm{j}\beta_1 z}+\Gamma\dot{E}_{m1}^{+}\mathrm{e}^{-\mathrm{j}\beta_1 z}\\&=(1-\Gamma)\dot{E}_{m1}^{+}\mathrm{e}^{-\mathrm{j}\beta_1 z}+2\Gamma\dot{E}_{m1}^{+}\cos\beta_1 z\end{aligned} \tag{6.219}$$

$$\begin{aligned}\dot{H}_{y1}&=\dot{H}_{y1}^{+}+\dot{H}_{y1}^{-}=\frac{\dot{E}_{x1}^{+}}{\eta_1}-\frac{\dot{E}_{x1}^{-}}{\eta_1}\\&=\frac{\dot{E}_{m1}^{+}}{\eta_1}\mathrm{e}^{-\mathrm{j}\beta_1 z}-\Gamma\frac{\dot{E}_{m1}^{+}}{\eta_1}\mathrm{e}^{\mathrm{j}\beta_1 z}-\Gamma\frac{\dot{E}_{m1}^{+}}{\eta_1}\mathrm{e}^{-\mathrm{j}\beta_1 z}+\Gamma\frac{\dot{E}_{m1}^{+}}{\eta_1}\mathrm{e}^{-\mathrm{j}\beta_1 z}\\&=\frac{(1-\Gamma)}{\eta_1}\dot{E}_{m1}^{+}\mathrm{e}^{-\mathrm{j}\beta_1 z}-\mathrm{j}\frac{2\Gamma}{\eta_1}\dot{E}_{m1}^{+}\sin\beta_1 z\end{aligned} \tag{6.220}$$

式(6.219)和式(6.220)中,第一项是行波,第二项是驻波。所以均匀平面波垂直入射在两种理想介质的分界面上,入射端既有行波成分,也有驻波成分,称为行驻波状态。

2. 入端阻抗

式(6.219)也可以写为

$$\dot{E}_{x1}=\dot{E}_{m1}^{+}e^{-j\beta_1 z}+\Gamma\dot{E}_{m1}^{+}e^{j\beta_1 z}=\dot{E}_{m1}^{+}e^{-j\beta_1 z}(1+\Gamma e^{j2\beta_1 z}) \tag{6.221}$$

定义任意点 z 处的反射系数

$$\Gamma(z)=\Gamma e^{j2\beta_1 z} \tag{6.222}$$

其中 Γ 是分界面处($z=0$)的反射系数。把式(6.222)代入式(6.221)可得

$$\dot{E}_{x1}=\dot{E}_{m1}^{+}e^{-j\beta_1 z}[1+\Gamma(z)] \tag{6.223}$$

同理,由式(6.220)可得

$$\begin{aligned}\dot{H}_{y1}&=\frac{\dot{E}_{m1}^{+}}{\eta_1}e^{-j\beta_1 z}-\Gamma\frac{\dot{E}_{m1}^{+}}{\eta_1}e^{j\beta_1 z}=\frac{\dot{E}_{m1}^{+}}{\eta_1}e^{-j\beta_1 z}(1-\Gamma e^{j2\beta_1 z})\\&=\frac{\dot{E}_{m1}^{+}}{\eta_1}e^{-j\beta_1 z}[1-\Gamma(z)]\end{aligned} \tag{6.224}$$

定义入射端任一点处的入端阻抗为

$$\eta(z)=\frac{\dot{E}_{x1}(z)}{\dot{H}_{y1}(z)}=\eta_1\frac{1+\Gamma(z)}{1-\Gamma(z)} \tag{6.225}$$

在均匀媒质中,没有介质分界面,$\Gamma(z)=0$,$\eta(z)=\eta_1$。

3. 驻波比

由式(6.219)

$$\dot{E}_{x1}=\dot{E}_{m1}^{+}e^{-j\beta_1 z}+\dot{E}_{m1}^{-}e^{j\beta_1 z}$$

入射波和反射波相位相同处,振幅相加,合场强的最大值为

$$E_{x1,\max}=E_{m1}^{+}+E_{m1}^{-}$$

入射波和反射波相位相反处,振幅相减,合场强的最小值为

$$E_{x1,\min}=E_{m1}^{+}-E_{m1}^{-}$$

定义驻波比

$$S=\frac{E_{x1,\max}}{E_{x1,\min}}=\frac{E_{m1}^{+}+E_{m1}^{-}}{E_{m1}^{+}-E_{m1}^{-}}=\frac{1+\dfrac{E_{m1}^{-}}{E_{m1}^{+}}}{1-\dfrac{E_{m1}^{-}}{E_{m1}^{+}}}=\frac{1+|\Gamma|}{1-|\Gamma|} \tag{6.226}$$

全反射时(如理想导体表面的反射),$\Gamma=-1$,$S\to\infty$;无反射时,$\Gamma=0$,$S=1$。

应用举例:利用同轴线或波导传输电磁能量,要尽量降低同轴线或波导中的驻波比,才能有效地传输电磁能量。图6.29是发射机通过同轴电缆向发射天线传输能量,如果发射机与同轴电缆、同轴电缆与发射天线阻抗都匹配,则同轴线中的反射系数 Γ 接近0,

驻波比接近1,可以有效地向发射天线传输电磁能量。如果发射机与同轴电缆或同轴电缆与发射天线阻抗不匹配,则同轴电缆中的反射系数和驻波都比较大,会影响能量的传输。

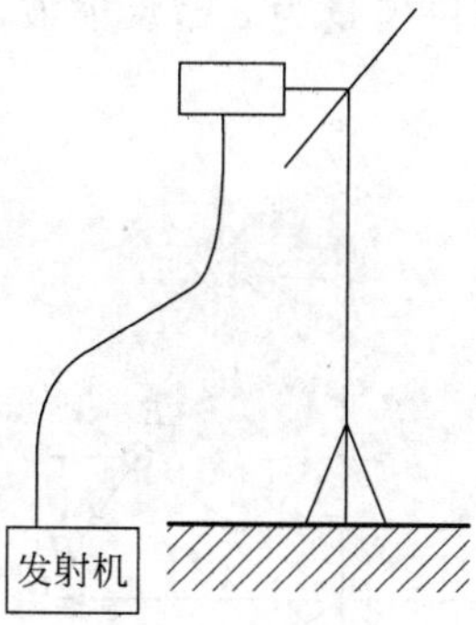

图 6.29 发射系统

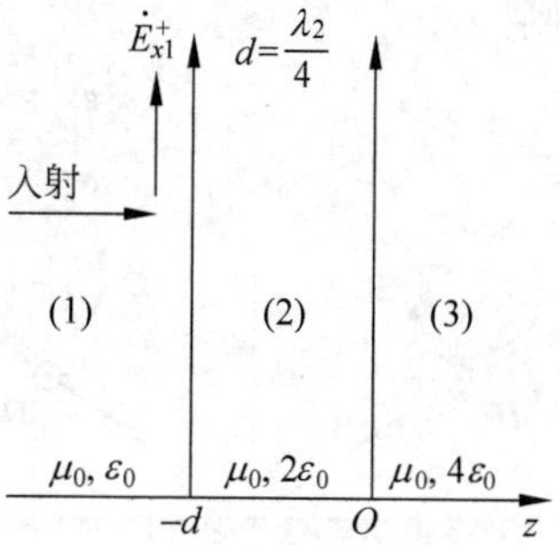

图 6.30 例 6.10 用图

例 6.10 图 6.30 中是 3 种不同的媒质层,3 个区域中的媒质参数如图中所示,求 $z=-d$ 处的入端阻抗。

解 3 个区域中的波阻抗分别为

$$\eta_1=\sqrt{\frac{\mu_0}{\varepsilon_0}}=377\Omega,\quad \eta_2=\sqrt{\frac{\mu_0}{2\varepsilon_0}}\approx 266.6\Omega,\quad \eta_3=\sqrt{\frac{\mu_0}{4\varepsilon_0}}=188.5\Omega$$

0 点处的反射系数为

$$\Gamma(0)=\frac{\eta_3-\eta_2}{\eta_3+\eta_2}=-0.1716$$

$-d$ 点处的反射系数为

$$\Gamma(-d)=\Gamma(0)\mathrm{e}^{-\mathrm{j}2\beta_2\frac{\lambda_2}{4}}=\Gamma(0)\mathrm{e}^{-\mathrm{j}\pi}=0.1716$$

$-d$ 点处的入端阻抗为

$$\eta(-d)=\eta_2\frac{1+\Gamma(-d)}{1-\Gamma(-d)}=377\Omega=\eta_1$$

所以在 $z=-d$ 的界面上没有反射,区域(1)中的入射波的能量全部输入到区域(2)中,这种现象称为匹配状态,适当选取区域(2)的参数和厚度,可以实现匹配状态。本例题是一个 $\lambda/4$ 阻抗变换器。

6.8 平面上的斜入射

6.8.1 理想导体表面的斜入射

扫码看讲课录像 6.8.1

电磁波由理想介质斜入射到理想导体表面,理想导体内部 $\boldsymbol{E}_2=0,\boldsymbol{H}_2=0$,只需要讨论上半空间场的分布,如图 6.31 所示。入射波方向与分界面法线构成的平面称为入射面,图 6.31 中的入射面就是 xz 平面。如果电场矢量平行于入射面,称为平行极化,如

图 6.31(a)所示；如果电场矢量垂直于入射面，称为垂直极化，如图 6.31(b)所示。任意方向极化的电磁波，可以分解为平行极化和垂直极化两个分量。在图 6.31 中入射角是 θ，反射角是 θ'，由反射定理 $\theta=\theta'$。设入射波方向的单位矢量为 $\boldsymbol{e}_n^+$，反射波方向的单位矢量为 $\boldsymbol{e}_n^-$，则

$$\boldsymbol{e}_n^+=\boldsymbol{e}_x\sin\theta+\boldsymbol{e}_z\cos\theta \tag{6.227}$$

$$\boldsymbol{e}_n^-=\boldsymbol{e}_x\sin\theta-\boldsymbol{e}_z\cos\theta \tag{6.228}$$

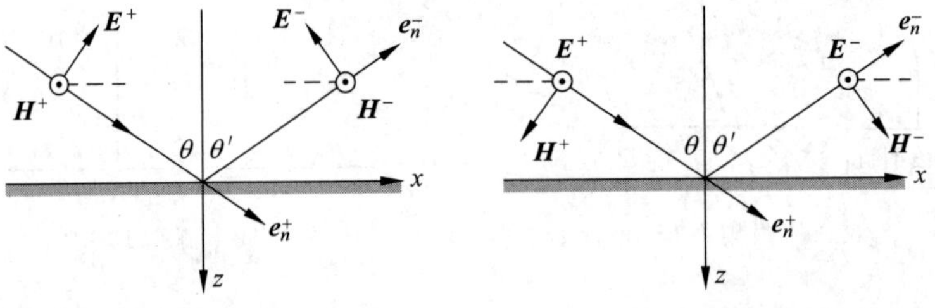

图 6.31　理想导体表面的斜入射

1. 平行极化波的斜入射

1) 入射端的合场强

由图 6.31(a)可以看出，入射端总的电场为

$$\dot{\boldsymbol{E}}=\dot{\boldsymbol{E}}^+\mathrm{e}^{-\mathrm{j}\beta\boldsymbol{e}_n^+\cdot\boldsymbol{r}}+\dot{\boldsymbol{E}}^-\mathrm{e}^{-\mathrm{j}\beta\boldsymbol{e}_n^-\cdot\boldsymbol{r}} \tag{6.229}$$

其中 $\boldsymbol{r}=\boldsymbol{e}_x x+\boldsymbol{e}_y y+\boldsymbol{e}_z z$，再由式(6.227)和式(6.229)可得

$$\boldsymbol{e}_n^+\cdot\boldsymbol{r}=x\sin\theta+z\cos\theta$$

$$\boldsymbol{e}_n^-\cdot\boldsymbol{r}=x\sin\theta-z\cos\theta$$

电场的 x 分量和 z 分量分别为

$$\dot{E}_x=\dot{E}^+\cos\theta\mathrm{e}^{-\mathrm{j}\beta(x\sin\theta+z\cos\theta)}-\dot{E}^-\cos\theta\mathrm{e}^{-\mathrm{j}\beta(x\sin\theta-z\cos\theta)} \tag{6.230}$$

$$\dot{E}_z=-\dot{E}^+\sin\theta\mathrm{e}^{-\mathrm{j}\beta(x\sin\theta+z\cos\theta)}-\dot{E}^-\sin\theta\mathrm{e}^{-\mathrm{j}\beta(x\sin\theta-z\cos\theta)} \tag{6.231}$$

入射端总的磁场为

$$\begin{aligned}\dot{H}_y&=\dot{H}^+\mathrm{e}^{-\mathrm{j}\beta\boldsymbol{e}_n^+\cdot\boldsymbol{r}}+\dot{H}^-\mathrm{e}^{-\mathrm{j}\beta\boldsymbol{e}_n^-\cdot\boldsymbol{r}}\\&=\frac{\dot{E}^+}{\eta}\mathrm{e}^{-\mathrm{j}\beta(x\sin\theta+z\cos\theta)}+\frac{\dot{E}^-}{\eta}\mathrm{e}^{-\mathrm{j}\beta(x\sin\theta-z\cos\theta)}\end{aligned} \tag{6.232}$$

由边界条件，在 $z=0$ 处，$E_{1\mathrm{t}}=E_{2\mathrm{t}}=0$，即 $\dot{E}_x=0$，所以

$$\dot{E}^+\cos\theta\mathrm{e}^{-\mathrm{j}\beta x\sin\theta}-\dot{E}^-\cos\theta\mathrm{e}^{-\mathrm{j}\beta x\sin\theta}=0$$

所以 $\dot{E}^+=\dot{E}^-$，代入式(6.230)～式(6.232)可得

$$\dot{E}_x=\dot{E}^+\cos\theta\mathrm{e}^{-\mathrm{j}\beta x\sin\theta}(\mathrm{e}^{-\mathrm{j}\beta z\cos\theta}-\mathrm{e}^{\mathrm{j}\beta z\cos\theta})$$

$$=-2\mathrm{j}\dot{E}^{+}\cos\theta\sin(\beta z\cos\theta)\mathrm{e}^{-\mathrm{j}\beta x\sin\theta} \tag{6.233}$$

$$\dot{E}_z=-\dot{E}^{+}\sin\theta\mathrm{e}^{-\mathrm{j}\beta x\sin\theta}(\mathrm{e}^{-\mathrm{j}\beta z\cos\theta}+\mathrm{e}^{\mathrm{j}\beta z\cos\theta})$$

$$=-2\dot{E}^{+}\sin\theta\cos(\beta z\cos\theta)\mathrm{e}^{-\mathrm{j}\beta x\sin\theta} \tag{6.234}$$

$$\dot{H}_y=\frac{\dot{E}^{+}}{\eta}\mathrm{e}^{-\mathrm{j}\beta x\sin\theta}(\mathrm{e}^{-\mathrm{j}\beta z\cos\theta}+\mathrm{e}^{\mathrm{j}\beta z\cos\theta})$$

$$=2\frac{\dot{E}^{+}}{\eta}\cos(\beta z\cos\theta)\mathrm{e}^{-\mathrm{j}\beta x\sin\theta} \tag{6.235}$$

2）讨论

由式(6.233)～式(6.235)可以看出：①平行极化波斜入射到理想导体表面，在入射端沿 z 方向是驻波，沿 x 方向是行波；②沿 x 方向的行波，$\dot{E}_x\neq0$，$\dot{H}_x=0$，$\dot{\boldsymbol{E}}$ 不垂直于传播方向，$\dot{\boldsymbol{H}}$ 仍垂直于传播方向，这种波称为横磁波(TM 波)，沿 x 方向的相速为

$$v_x=\frac{\omega}{\beta_x}=\frac{\omega}{\beta\sin\theta}=\frac{v}{\sin\theta} \tag{6.236}$$

其中 $v=\frac{\omega}{\beta}$ 是入射波沿 $\boldsymbol{e}_n^{+}$ 方向的相速。

2. 垂直极化波的斜入射

1）入射端的合场强

由图 6.31(b)中可以看出，入射端总的电场为

$$\dot{E}_y=\dot{E}^{+}\mathrm{e}^{-\mathrm{j}\beta\boldsymbol{e}_n^{+}\cdot\boldsymbol{r}}+\dot{E}^{-}\mathrm{e}^{-\mathrm{j}\beta\boldsymbol{e}_n^{-}\cdot\boldsymbol{r}}$$

$$=\dot{E}^{+}\mathrm{e}^{-\mathrm{j}\beta(x\sin\theta+z\cos\theta)}+\dot{E}^{-}\mathrm{e}^{-\mathrm{j}\beta(x\sin\theta-z\cos\theta)} \tag{6.237}$$

在 $z=0$ 的平面上，由边界条件，$E_{1\mathrm{t}}=E_{2\mathrm{t}}=0$，即 $\dot{E}_y=0$，可得

$$\dot{E}^{+}\mathrm{e}^{-\mathrm{j}\beta x\sin\theta}+\dot{E}^{-}\mathrm{e}^{-\mathrm{j}\beta x\sin\theta}=0$$

所以 $\dot{E}^{-}=-\dot{E}^{+}$，代入式(6.237)可得

$$\dot{E}_y=\dot{E}^{+}\mathrm{e}^{-\mathrm{j}\beta x\sin\theta}(\mathrm{e}^{-\mathrm{j}\beta z\cos\theta}-\mathrm{e}^{\mathrm{j}\beta z\cos\theta})$$

$$=-2\mathrm{j}\dot{E}^{+}\sin(\beta z\cos\theta)\mathrm{e}^{-\mathrm{j}\beta x\sin\theta} \tag{6.238}$$

入射端磁场的 x 分量和 z 分量分别为

$$\dot{H}_x=-\dot{H}^{+}\cos\theta\mathrm{e}^{-\mathrm{j}\beta\boldsymbol{e}_n^{+}\cdot\boldsymbol{r}}+\dot{H}^{-}\cos\theta\mathrm{e}^{-\mathrm{j}\beta\boldsymbol{e}_n^{-}\cdot\boldsymbol{r}}$$

$$=-\frac{\dot{E}^{+}}{\eta}\cos\theta\mathrm{e}^{-\mathrm{j}\beta(x\sin\theta+z\cos\theta)}-\frac{\dot{E}^{+}}{\eta}\cos\theta\mathrm{e}^{-\mathrm{j}\beta(x\sin\theta-z\cos\theta)}$$

$$=-2\frac{\dot{E}^{+}}{\eta}\cos\theta\cos(\beta z\cos\theta)\mathrm{e}^{-\mathrm{j}\beta x\sin\theta} \tag{6.239}$$

$$\begin{aligned}\dot{H}_z &= \dot{H}^+ \sin\theta \mathrm{e}^{-\mathrm{j}\beta \boldsymbol{e}_n^+ \cdot \boldsymbol{r}} + \dot{H}^- \sin\theta \mathrm{e}^{-\mathrm{j}\beta \boldsymbol{e}_n^- \cdot \boldsymbol{r}} \\ &= \frac{\dot{E}^+}{\eta}\sin\theta \mathrm{e}^{-\mathrm{j}\beta(x\sin\theta + z\cos\theta)} - \frac{\dot{E}^+}{\eta}\sin\theta \mathrm{e}^{-\mathrm{j}\beta(x\sin\theta - z\cos\theta)} \\ &= -2\mathrm{j}\frac{\dot{E}^+}{\eta}\sin\theta\sin(\beta z\cos\theta)\mathrm{e}^{-\mathrm{j}\beta x\sin\theta}\end{aligned} \tag{6.240}$$

2) 讨论

由式(6.238)～式(6.240)可以看出：①垂直极化波斜入射到理想导体表面，在入射端沿 z 方向是驻波，沿 x 方向是行波；②沿 x 方向的行波，$\dot{H}_x \neq 0$，$\dot{E}_x = 0$，$\dot{\boldsymbol{H}}$ 不垂直于传播方向，$\dot{\boldsymbol{E}}$ 仍垂直于传播方向，这种波称为横电波(TE 波)，沿 x 方向的相速为

$$v_x = \frac{\omega}{\beta_x} = \frac{\omega}{\beta\sin\theta} = \frac{v}{\sin\theta} \tag{6.241}$$

其中 $v = \frac{\omega}{\beta}$ 是入射波沿 $\boldsymbol{e}_n^+$ 方向的相速。

6.8.2 理想介质表面的斜入射

扫码看讲课录像 6.8.2

1. 平行极化波的斜入射

平行极化波斜入射到两种理想介质的分界面上，入射波、反射波、透射波如图 6.32 所示，图中入射波、反射波、透射波方向的单位矢量分别为

$$\boldsymbol{e}_{n1}^+ = \boldsymbol{e}_x\sin\theta + \boldsymbol{e}_z\cos\theta \tag{6.242}$$

$$\boldsymbol{e}_{n1}^- = \boldsymbol{e}_x\sin\theta - \boldsymbol{e}_z\cos\theta \tag{6.243}$$

$$\boldsymbol{e}_{n2}^+ = \boldsymbol{e}_x\sin\theta'' + \boldsymbol{e}_z\cos\theta'' \tag{6.244}$$

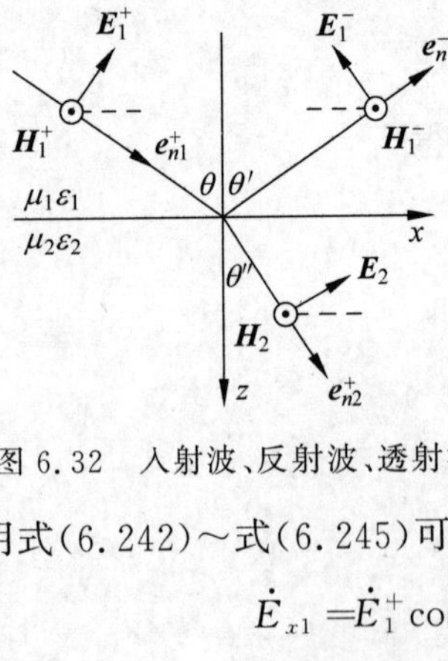

图 6.32　入射波、反射波、透射波

1) 场的分布

入射端电场为

$$\dot{\boldsymbol{E}}_1 = \dot{\boldsymbol{E}}_1^+ \mathrm{e}^{-\mathrm{j}\beta_1 \boldsymbol{e}_{n1}^+ \cdot \boldsymbol{r}} + \dot{\boldsymbol{E}}_1^- \mathrm{e}^{-\mathrm{j}\beta_1 \boldsymbol{e}_{n1}^- \cdot \boldsymbol{r}} \tag{6.245}$$

其中

$$\boldsymbol{r} = \boldsymbol{e}_x x + \boldsymbol{e}_y y + \boldsymbol{e}_z z$$

利用式(6.242)～式(6.245)可以导出

$$\dot{E}_{x1} = \dot{E}_1^+ \cos\theta \mathrm{e}^{-\mathrm{j}\beta_1(x\sin\theta + z\cos\theta)} - \dot{E}_1^- \cos\theta \mathrm{e}^{-\mathrm{j}\beta_1(x\sin\theta - z\cos\theta)} \tag{6.246}$$

$$\dot{E}_{z1} = -\dot{E}_1^+ \sin\theta \mathrm{e}^{-\mathrm{j}\beta_1(x\sin\theta + z\cos\theta)} - \dot{E}_1^- \sin\theta \mathrm{e}^{-\mathrm{j}\beta_1(x\sin\theta - z\cos\theta)} \tag{6.247}$$

$$\dot{H}_{y1} = \frac{\dot{E}_1^+}{\eta_1}\mathrm{e}^{-\mathrm{j}\beta_1(x\sin\theta + z\cos\theta)} + \frac{\dot{E}_1^-}{\eta_1}\mathrm{e}^{-\mathrm{j}\beta_1(x\sin\theta - z\cos\theta)} \tag{6.248}$$

透射端电磁场为

$$\dot{E}_{x2}=\dot{E}_2\cos\theta''\mathrm{e}^{-\mathrm{j}\beta_2(x\sin\theta''+z\cos\theta'')} \tag{6.249}$$

$$\dot{E}_{z2}=-\dot{E}_2\sin\theta''\mathrm{e}^{-\mathrm{j}\beta_2(x\sin\theta''+z\cos\theta'')} \tag{6.250}$$

$$\dot{H}_{y2}=\frac{\dot{E}_2}{\eta_2}\mathrm{e}^{-\mathrm{j}\beta_2(x\sin\theta''+z\cos\theta'')} \tag{6.251}$$

2）折射定律

由边界条件，在 $z=0$ 处，$E_{1t}=E_{2t}$，即 $\dot{E}_{x1}=\dot{E}_{x2}$，由式(6.246)和式(6.249)可以得到

$$\dot{E}_1^+\cos\theta\mathrm{e}^{-\mathrm{j}\beta_1 x\sin\theta}-\dot{E}_1^-\cos\theta\mathrm{e}^{-\mathrm{j}\beta_1 x\sin\theta}=\dot{E}_2\cos\theta''\mathrm{e}^{-\mathrm{j}\beta_2 x\sin\theta''} \tag{6.252}$$

式(6.252)成立的条件是等式两端指数相等，即 $\beta_1\sin\theta=\beta_2\sin\theta''$，所以

$$\frac{\sin\theta''}{\sin\theta}=\frac{\beta_1}{\beta_2}=\frac{v_2}{v_1}=\frac{n_1}{n_2}=\frac{\sqrt{\varepsilon_1}}{\sqrt{\varepsilon_2}} \tag{6.253}$$

式(6.253)即为折射定律，推导中利用了以下关系式：

$$\beta_1=\frac{\omega}{v_1},\quad \beta_2=\frac{\omega}{v_2},\quad n=\frac{c}{v},\quad v=\frac{1}{\sqrt{\mu\varepsilon}}$$

对于垂直极化波，也可以导出同样的结果。

3）平行极化波的反射系数和透射系数

式(6.252)中，指数相等，所以

$$\dot{E}_1^+\cos\theta-\dot{E}_1^-\cos\theta=\dot{E}_2\cos\theta''=\dot{E}_2\sqrt{1-\frac{\varepsilon_1}{\varepsilon_2}\sin^2\theta} \tag{6.254}$$

由边界条件，在 $z=0$ 处，$H_{1t}=H_{2t}$，即 $\dot{H}_{1y}=\dot{H}_{2y}$，由式(6.248)和式(6.251)可得

$$\frac{\dot{E}_1^+}{\eta_1}\mathrm{e}^{-\mathrm{j}\beta_1 x\sin\theta}+\frac{\dot{E}_1^-}{\eta_1}\mathrm{e}^{-\mathrm{j}\beta_1 x\sin\theta}=\frac{\dot{E}_2}{\eta_2}\mathrm{e}^{-\mathrm{j}\beta_2 x\sin\theta''}$$

上式成立的条件是等式两端指数相等，所以

$$\frac{\dot{E}_1^+}{\eta_1}+\frac{\dot{E}_1^-}{\eta_1}=\frac{\dot{E}_2}{\eta_2} \tag{6.255}$$

由式(6.254)和式(6.255)，可以解出平行极化波的反射系数为

$$\Gamma_{/\!/}=\frac{\dot{E}_1^-}{\dot{E}_1^+}=\frac{\dfrac{\varepsilon_2}{\varepsilon_1}\cos\theta-\sqrt{\dfrac{\varepsilon_2}{\varepsilon_1}-\sin^2\theta}}{\dfrac{\varepsilon_2}{\varepsilon_1}\cos\theta+\sqrt{\dfrac{\varepsilon_2}{\varepsilon_1}-\sin^2\theta}} \tag{6.256}$$

平行极化波的透射系数为

$$\tau_{/\!/}=\frac{\dot{E}_2}{\dot{E}_1^+}=\frac{2\cos\theta\sqrt{\dfrac{\varepsilon_2}{\varepsilon_1}}}{\dfrac{\varepsilon_2}{\varepsilon_1}\cos\theta+\sqrt{\dfrac{\varepsilon_2}{\varepsilon_1}-\sin^2\theta}} \tag{6.257}$$

可以证明

$$1+\Gamma_{/\!/}=\tau_{/\!/}\cdot\frac{\eta_1}{\eta_2} \tag{6.258}$$

2. 垂直极化波的斜入射

利用与上面类似的方法,可以导出垂直极化波的反射系数为

$$\Gamma_{\perp}=\frac{\cos\theta-\sqrt{\frac{\varepsilon_2}{\varepsilon_1}-\sin^2\theta}}{\cos\theta+\sqrt{\frac{\varepsilon_2}{\varepsilon_1}-\sin^2\theta}} \tag{6.259}$$

垂直极化波的透射系数为

$$\tau_{\perp}=\frac{2\cos\theta}{\cos\theta+\sqrt{\frac{\varepsilon_2}{\varepsilon_1}-\sin^2\theta}} \tag{6.260}$$

可以证明

$$1+\Gamma_{\perp}=\tau_{\perp} \tag{6.261}$$

若反射面两侧(或一侧)为导电媒质,把式(6.256)、式(6.257)、式(6.259)、式(6.260)中相应的 ε 换为 ε_c。

3. 全反射

由折射定律

$$\sin\theta''=\sqrt{\frac{\varepsilon_1}{\varepsilon_2}}\sin\theta$$

若 $\varepsilon_1>\varepsilon_2$,$\theta$ 较大时,$\sin\theta''$可能$\geqslant 1$,此时没有透射,称为全反射。可以看出,发生全反射的条件是 $\varepsilon_1>\varepsilon_2$,即只有电磁波从光密媒质射向光疏媒质时,才可能出现全反射。$\sin\theta''=1$ 时,有

$$\sin\theta_c=\sqrt{\frac{\varepsilon_2}{\varepsilon_1}} \tag{6.262}$$

θ_c 称为临界角,入射角 $\theta\geqslant\theta_c$ 时发生全反射。

图 6.33 是一块介质板,上、下面都是空气,介质板内的电磁波入射在介质与空气的分界面上,如果入射角 θ 大于临界角 θ_c,电磁波就在介质板上底面和下底面之间不断地发生全反射,电磁波被约束在介质板内,并沿 z 轴正方向传播。以上介质板内传输电磁波的原理同样适用于圆柱形的介质波导,光纤通信中采用的光纤就是一种介质波导,如图 6.34 所示。

例 6.11 图 6.34 所示为光纤的纵剖面示意图,光纤的芯线材料的相对折射率 $n_1=\sqrt{\varepsilon_{r1}}$,包层材料的相对折射率 $n_2=\sqrt{\varepsilon_{r2}}$。若要求光信号从空气(相对折射率 $n_0=1$)进入光纤后,能在光纤内发生全反射传输(在芯线和包层的分界面上发生全反射),试确定入射角 θ_i。

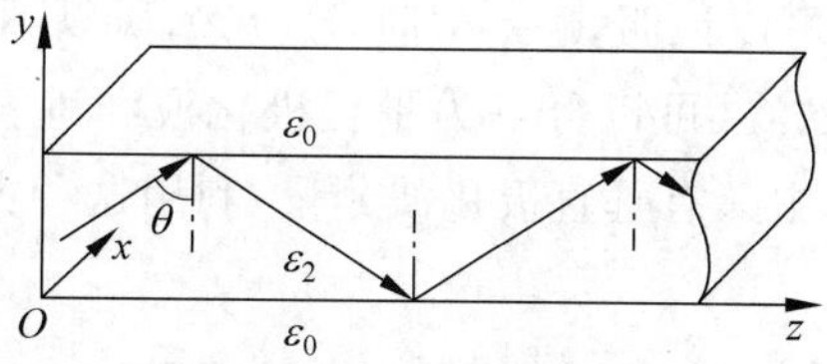

图 6.33　介质板波导

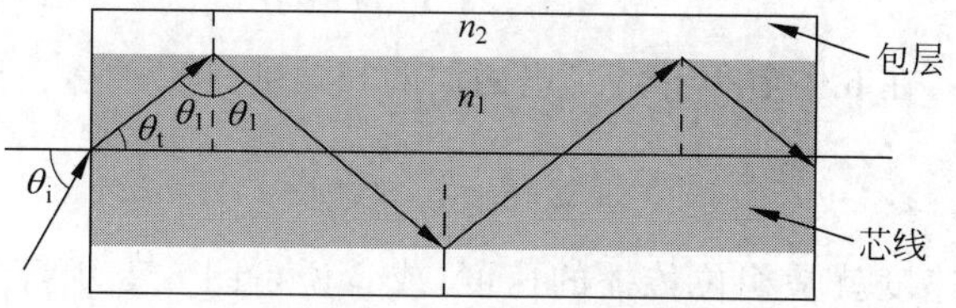

图 6.34　光纤内的全反射

解　在芯线和包层的分界面上发生全反射的条件为

$$\theta_1 \geqslant \theta_c = \arcsin\left(\sqrt{\frac{\varepsilon_2}{\varepsilon_1}}\right) = \arcsin\left(\frac{n_2}{n_1}\right)$$

即

$$\sin\theta_1 \geqslant \sin\theta_c = \frac{n_2}{n_1}$$

由于 $\theta_1 = \frac{\pi}{2} - \theta_t$，所以 $\sin\theta_1 = \sin\left(\frac{\pi}{2} - \theta_t\right) = \cos\theta_t$，因而可得

$$\cos\theta_t \geqslant \sin\theta_c = \frac{n_2}{n_1}$$

由折射定律式(6.253)

$$\sin\theta_i = \frac{n_1}{n_0}\sin\theta_t = n_1\sin\theta_t = n_1\sqrt{1-\cos^2\theta_t} \leqslant n_1\sqrt{1-\left(\frac{n_2}{n_1}\right)^2} = \sqrt{n_1^2 - n_2^2}$$

所以

$$\theta_i \leqslant \arcsin\sqrt{n_1^2 - n_2^2}$$

这个例题就是计算光纤的数值孔径，即在光纤的入射端允许的最大入射角的正弦。

4. 全透射(无反射)

(1) 对于平行极化波，令反射系数 $\Gamma_{/\!/} = 0$，由式(6.256)可得

$$\frac{\varepsilon_2}{\varepsilon_1}\cos\theta = \sqrt{\frac{\varepsilon_2}{\varepsilon_1} - \sin^2\theta}$$

可以解出

$$\theta = \theta_B = \arctan\sqrt{\frac{\varepsilon_2}{\varepsilon_1}} \tag{6.263}$$

θ_B 称为布儒斯特角，当 $\theta = \theta_B$ 时，没有反射，发生全透射。

(2) 对于垂直极化波,可以证明,$\varepsilon_1 \neq \varepsilon_2$ 时,$\Gamma_\perp \neq 0$,所以不可能发生全透射。

沿任意方向极化的电磁波(可以分解为平行极化波和垂直极化波),以 θ_B 入射到两种媒质的界面上时,反射波中只有垂直极化波分量,利用这种方法可以得到垂直极化波,称为极化滤波器。

6.9 相速度与群速度

扫码看讲课录像6.9

在6.1节中介绍了电磁波的相速度,记为

$$v_p = \frac{\omega}{k} \tag{6.264}$$

相速度就是相位传播的速度,或者说是图6.3中等相位面传播的速度。在理想介质中 $k = \omega\sqrt{\mu\varepsilon}$ 是角频率 ω 的线性函数,所以相速度 $v_p = 1/\sqrt{\mu\varepsilon}$ 是一个与频率无关的常数。然而在损耗媒质中,传播常数 $\gamma = j\omega\sqrt{\mu\varepsilon_c} = \alpha + j\beta$,其中相位系数 β 由式(6.93)给出,相速度

$$v_p = \frac{\omega}{\beta} = \frac{1}{\sqrt{\frac{\mu\varepsilon}{2}\left(\sqrt{1+\frac{\sigma^2}{\omega^2\varepsilon^2}}+1\right)}} \tag{6.265}$$

所以在损耗媒质中,相速度不再是一个常数,而是频率的函数。不同频率的波将以不同的相速度传播,这种现象称为**色散现象**,损耗媒质是一种色散媒质。

一个实际的电磁波信号是由许多频率成分组成的,为了描述信号能量传播的速度,需要引入"群速度"的概念。大家知道,单一频率的正弦波是不能携带任何信息的,有用信息是通过调制加到载波上发射出去的,调制波传播的速度才是有用信号传播的速度。现在讨论一种最简单的情况,设有两个振幅均为 E_m,角频率分别为 $\omega+\Delta\omega$ 和 $\omega-\Delta\omega$ 的行波($\Delta\omega \ll \omega$),在色散媒质中的相位系数分别为 $\beta+\Delta\beta$ 和 $\beta-\Delta\beta$,如图6.35(a)所示。这两个行波可用下列两式表示:

$$E_1 = E_m e^{j[(\omega+\Delta\omega)t-(\beta+\Delta\beta)z]}, \quad E_2 = E_m e^{j[(\omega-\Delta\omega)t-(\beta-\Delta\beta)z]}$$

合成波为

$$E = 2E_m\cos(\Delta\omega t - \Delta\beta z)e^{j(\omega t-\beta z)} \tag{6.266}$$

可以看出,合成波的振幅是随时间按余弦规律变化的,是一个调幅波,也称为包络波,如图6.35(b)中的虚线所示。

群速度的定义是包络波上某一恒定相位点推进的速度,由($\Delta\omega t - \Delta\beta z$)为常数可得

$$v_g = \frac{dz}{dt} = \frac{\Delta\omega}{\Delta\beta} \tag{6.267}$$

当 $\Delta\omega \ll \omega$ 时,式(6.267)可以写为

$$v_g = \frac{d\omega}{d\beta} \tag{6.268}$$

利用式(6.264)和式(6.268),可以导出群速和相速之间的关系

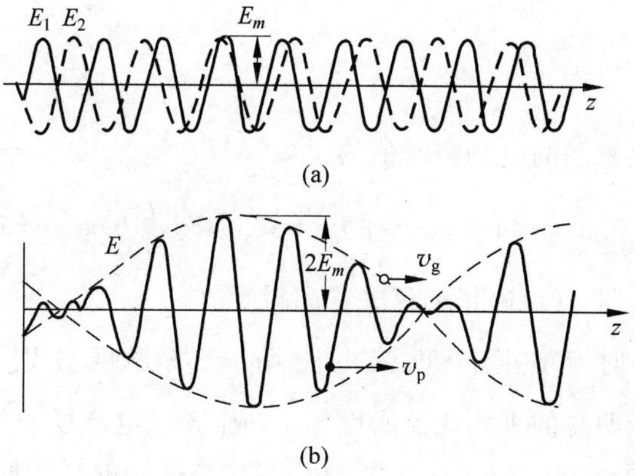

图 6.35　相速和群速

$$v_{g}=\frac{d\omega}{d\beta}=\frac{d(v_{p}\beta)}{d\beta}=v_{p}+\beta\frac{dv_{p}}{d\beta}=v_{p}+\frac{\omega}{v_{p}}\cdot\frac{dv_{p}}{d\omega}v_{g}$$

所以

$$v_{g}=\frac{v_{p}}{1-\dfrac{\omega}{v_{p}}\cdot\dfrac{dv_{p}}{d\omega}} \tag{6.269}$$

显然,存在以下 3 种可能的情况:

(1) $\frac{dv_{p}}{d\omega}=0$,即相速与频率无关时,$v_{g}=v_{p}$,群速等于相速,无色散现象。

(2) $\frac{dv_{p}}{d\omega}<0$,即相速随频率升高减小时,$v_{g}<v_{p}$,群速小于相速,称为正常色散。

(3) $\frac{dv_{p}}{d\omega}>0$,即相速随频率升高增大时,$v_{g}>v_{p}$,群速大于相速,称为反常色散。

6.10　应用案例(电子资源)

6.10.1　电磁频谱

6.10.2　极化技术的应用(简介)

6.10.3　频射识别技术

6.10.4　电磁波增透技术与隐身技术

6.10.5　电子战经典案例

扫码阅读

6.10 应用案例

扫码看讲课录像

6.10 消除导体表面的反射

第6章习题

6-1 已知正弦电磁场的电场瞬时值为

$$\boldsymbol{E}(z,t)=\boldsymbol{e}_x 0.03\sin(10^8\pi t-kz)+\boldsymbol{e}_x 0.04\cos\left(10^8\pi t-kz-\frac{\pi}{3}\right)\text{V/m}$$

试求：(1)电场的复矢量；(2)磁场的复矢量和瞬时值。

6-2 真空中同时存在两个正弦电磁场，电场强度分别为 $\boldsymbol{E}_1=\boldsymbol{e}_x E_{10}\mathrm{e}^{-\mathrm{j}k_1 z}$，$\boldsymbol{E}_2=\boldsymbol{e}_y E_{20}\mathrm{e}^{-\mathrm{j}k_2 z}$，试证明总的平均能流密度等于两个正弦电磁场的平均能流密度之和。

6-3 已知横截面积为 $a\times b$ 的矩形金属波导中电磁场的复数形式为

$$\boldsymbol{E}=-\boldsymbol{e}_y\mathrm{j}\omega\mu\frac{a}{\pi}H_0\sin\frac{\pi x}{a}\mathrm{e}^{-\mathrm{j}\beta z}$$

$$\boldsymbol{H}=\left(\boldsymbol{e}_x\mathrm{j}\beta\frac{a}{\pi}H_0\sin\frac{\pi x}{a}+\boldsymbol{e}_z H_0\cos\frac{\pi x}{a}\right)\mathrm{e}^{-\mathrm{j}\beta z}$$

式中，H_0、ω、μ、β 都是常数。试求：(1)瞬时坡印廷矢量；(2)平均坡印廷矢量。

6-4 在球坐标系中，已知电磁场的瞬时值

$$\boldsymbol{E}(\boldsymbol{r},t)=\boldsymbol{e}_\theta\frac{E_0}{r}\sin\theta\cos(\omega t-k_0 r)\text{V/m}$$

$$\boldsymbol{H}(\boldsymbol{r},t)=\boldsymbol{e}_\varphi\frac{E_0}{\eta_0 r}\sin\theta\cos(\omega t-k_0 r)\text{A/m}$$

式中，E_0 为常数，$\eta_0=\sqrt{\dfrac{\mu_0}{\varepsilon_0}}$，$k_0=\omega\sqrt{\mu_0\varepsilon_0}$。试计算通过以坐标原点为球心，以 r_0 为半径的球面 S 的总功率。

6-5 已知在自由空间中球面波的电场为 $\boldsymbol{E}=\boldsymbol{e}_\theta\left(\dfrac{E_0}{r}\right)\sin\theta\cos(\omega t-kr)$，求 $\boldsymbol{H}$ 和 k。

6-6 已知在空气中 $\boldsymbol{H}=-\mathrm{j}\boldsymbol{e}_y 2\cos(15\pi x)\mathrm{e}^{-\mathrm{j}\beta z}$，$f=3\times10^9$(Hz)，试求 $\boldsymbol{E}$ 和 β。

6-7 均匀平面波的磁场强度 $\boldsymbol{H}$ 的振幅为$\dfrac{1}{3\pi}$A/m，以相位常数 30rad/m 在空气中沿 $-\boldsymbol{e}_z$ 方向传播。当 $t=0$ 和 $z=0$ 时，若 $\boldsymbol{H}$ 的取向为$-\boldsymbol{e}_y$，试写出 $\boldsymbol{E}$ 和 $\boldsymbol{H}$ 的表示式，并求出波的频率和波长。

6-8 已知真空传播的平面电磁波电场为

$$E_x=100\cos(\omega t-2\pi z)\text{(V/m)}$$

试求此波的波长、频率、相速度、磁场强度、波阻抗及平均能流密度矢量。

6-9 垂直放置在球坐标原点的某电流元所产生的远区场为

$$\boldsymbol{E}=\boldsymbol{e}_\theta\frac{100}{r}\sin\theta\cos(\omega t-\beta r)\text{(V/m)}$$

$$\boldsymbol{H}=\boldsymbol{e}_{\varphi}\frac{0.265}{r}\sin\theta\cos(\omega t-\beta r)(\mathrm{A/m})$$

试求穿过 $r=1000\mathrm{m}$ 的半球面的平均功率。

6-10　利用式(6.67)、式(6.68)讨论怎么构成线极化波、圆极化波和椭圆极化波。

6-11　说明下列各式表示的均匀平面波的极化形式和旋转方向。

(1) $\boldsymbol{E}=\boldsymbol{e}_x\mathrm{j}E_1\mathrm{e}^{\mathrm{j}kz}+\boldsymbol{e}_y\mathrm{j}E_1\mathrm{e}^{\mathrm{j}kz}$

(2) $\boldsymbol{E}=\boldsymbol{e}_xE_m\sin(\omega t-kz)+\boldsymbol{e}_yE_m\cos(\omega t-kz)$

(3) $\boldsymbol{E}=\boldsymbol{e}_xE_0\mathrm{e}^{-\mathrm{j}kz}-\boldsymbol{e}_y\mathrm{j}E_0\mathrm{e}^{-\mathrm{j}kz}$

(4) $\boldsymbol{E}=\boldsymbol{e}_xE_m\sin\left(\omega t-kz+\frac{\pi}{4}\right)+\boldsymbol{e}_yE_m\cos\left(\omega t-kz-\frac{\pi}{4}\right)$

(5) $\boldsymbol{E}=\boldsymbol{e}_xE_0\sin(\omega t-kz)+\boldsymbol{e}_y2E_0\cos(\omega t-kz)$

(6) $\boldsymbol{E}=\boldsymbol{e}_xE_m\sin\left(\omega t-kz-\frac{\pi}{4}\right)+\boldsymbol{e}_yE_m\cos(\omega t-kz)$

6-12　试证：

(1) 一个椭圆极化波可分解为一个左旋和一个右旋圆极化波；

(2) 一个圆极化波可由两个互相垂直的线极化波叠加而成。

6-13　电磁波在真空中传播，其电场强度矢量的复数表达式为

$$\boldsymbol{E}=(\boldsymbol{e}_x-\mathrm{j}\boldsymbol{e}_y)10^{-4}\mathrm{e}^{-\mathrm{j}20\pi z}\ \mathrm{V/m}$$

求：(1) 工作频率 f；

(2) 磁场强度矢量的复数表达式；

(3) 坡印廷矢量的瞬时值和时间平均值；

(4) 此电磁波是何种极化？旋转方向如何？

6-14　在无限空间中有一沿 z 轴方向传播的右旋圆极化波，假定它是由两个线极化波合成的。已知其中一个线极化波的电场沿 x 轴方向，在 $z=0$ 处的电场幅值为 E_0(V/m)，角频率为 ω，试写出此圆极化波的电场 $\boldsymbol{E}$ 和磁场 $\boldsymbol{H}$ 的表达式，并证明此波的时间平均能流密度矢量等于两线极化波的时间平均能流密度矢量之和。

6-15　海水的电导率 $\sigma=4\mathrm{S/m}$，相对介电常数 $\varepsilon_r=81$，相对磁导率 $\mu_r=1$，试分别计算频率 $f=10\mathrm{kHz}$、$1\mathrm{MHz}$、$100\mathrm{MHz}$、$1\mathrm{GHz}$ 的电磁波在海水中的波长、衰减系数和波阻抗。

6-16　求证：电磁波在良导体内传播一个波长时，场量的衰减约为 55dB。

6-17　自由空间中，电场振幅 $E_1=100\mathrm{V/m}$ 的平面波透过厚度为 $5\mu\mathrm{m}$ 的银箔，如图题 6-17 所示。设 $\sigma=6.17\times10^7\mathrm{S/m}$，$f=200\mathrm{MHz}$，试求 E_2、E_3、E_4 的值。

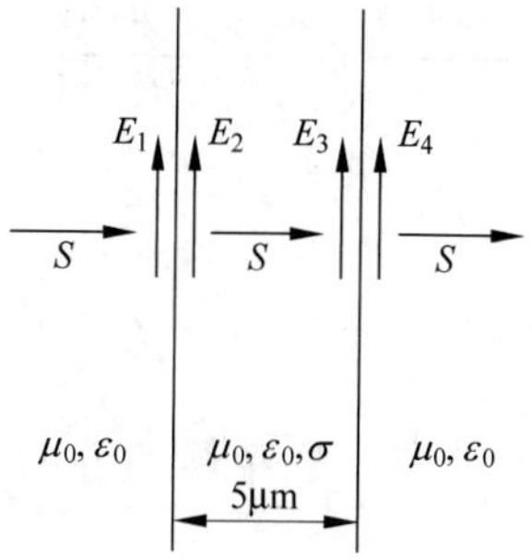

图题　6-17

6-18　一均匀平面波，频率 $f=5\mathrm{GHz}$，媒质 1($z<0$)的参数为 $\varepsilon_{r1}=4$，$\mu_{r1}=1$，$\sigma_1=0$；媒质 2($z>0$)的参数为 $\varepsilon_{r2}=2$，

$\mu_{r2}=50$，$\sigma_2=20\text{S/m}$。设入射波磁场 $\boldsymbol{H}_i=\boldsymbol{e}_y\cos(\omega t-\beta_1 z)$ A/m，求进入媒质 2 的平均功率密度。

6-19　频率 $f=100$MHz 的均匀平面波，从空气中垂直入射到 $z=0$ 处的理想导体表面。假设入射波电场的振幅 $E_{im}=6$mV/m，沿 x 方向极化。

(1) 写出入射波电场、磁场的复数表示式和瞬时值表示式；

(2) 写出反射波电场、磁场的复数表示式和瞬时值表示式；

(3) 写出空气中合成波电场、磁场的复数表示式和瞬时值表示式；

(4) 确定距导体平面最近的合成波电场为 0 的位置。

6-20　一束右旋圆极化波垂直入射到位于 $z=0$ 的理想导体板上，其电场强度的复数表示式为 $\boldsymbol{E}_i=E_0(\boldsymbol{e}_x-\mathrm{j}\boldsymbol{e}_y)\mathrm{e}^{-\mathrm{j}\beta z}$。

(1) 确定反射波的极化方式；

(2) 求导体板上的感应电流；

(3) 以余弦为基准，写出总电场强度的瞬时表示式。

6-21　均匀平面波的电场振幅为 $E_m^+=100\mathrm{e}^{\mathrm{j}0}$ V/m，从空气垂直入射到无损耗的介质平面上，已知介质的 $\mu_2=\mu_0$，$\varepsilon_2=4\varepsilon_0$，$\sigma_2=0$，求反射波和透射波中电场的振幅。

6-22　当平面波自第一种理想介质向第二种理想介质垂直投射时，证明：若媒质波阻抗 $\eta_2>\eta_1$，则边界处为电场驻波最大点；若 $\eta_2<\eta_1$，则边界处为电场驻波最小点。

6-23　频率为 $f=300$MHz 的线极化均匀平面电磁波，其电场强度振幅值为 2V/m，从空气垂直入射到 $\varepsilon_r=4$、$\mu_r=1$ 的理想介质平面上，求分界面处的：

(1) 反射系数、透射系数、驻波比；

(2) 入射波、反射波和透射波的电场和磁场；

(3) 入射波、反射波和透射波的平均能流密度。

6-24　一束圆极化波垂直投射于一块介质板上，入射电场为

$$\boldsymbol{E}=E_m(\boldsymbol{e}_x+\mathrm{j}\boldsymbol{e}_y)\mathrm{e}^{-\mathrm{j}\beta z}$$

求分界面处反射波与传输波的电场，它们的极化方式如何？

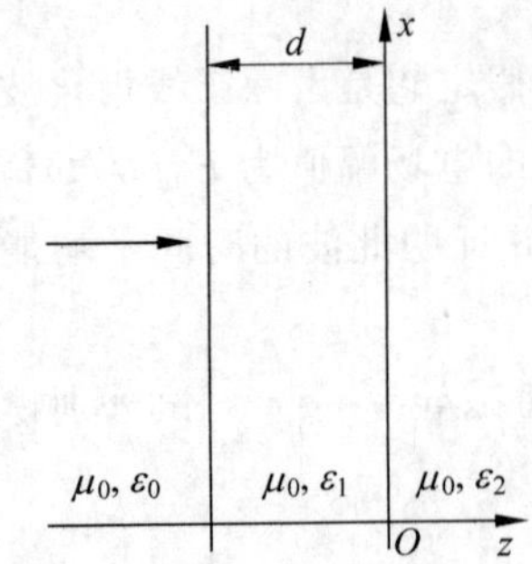

图题　6-25

6-25　如图题 6-25 所示，在 $z>0$ 区域，媒质的介电常数为 ε_2，在此媒质的表面放置厚度为 d，介电常数为 ε_1 的介质板。对于由左边垂直入射的均匀平面波，证明：当 $\varepsilon_{r1}=\sqrt{\varepsilon_{r2}}$ 和 $d=\dfrac{\lambda_0}{4\sqrt{\varepsilon_{r1}}}$ 时，不产生反射。

6-26　在玻璃($\varepsilon_r=4$，$\mu_r=1$)上涂一种透明介质膜以消除红外线($\lambda_0=0.75\mu$m)反射。

(1) 求该介质膜应有的介电常数及厚度；

(2) 若紫外线($\lambda_0'=0.42\mu$m)垂直照射至涂有介质膜的玻璃上，反射功率占入射功率

的百分之几？

6-27 最简单的天线罩是单层介质板。如已知介质板的 $\varepsilon=2.8\varepsilon_0$，介质的厚度应为多少，方可使3GHz电磁波在垂直入射于板面时没有反射？当频率为3.1GHz及2.9GHz时，反射增大多少？

6-28 有一正弦均匀平面波由空气斜入射到 $z=0$ 的理想导体平面上，其电场强度的复数表示式为 $\boldsymbol{E}(x,z)=\boldsymbol{e}_y 10\mathrm{e}^{-\mathrm{j}(6x+8z)}\,\mathrm{V/m}$。

(1) 求波的频率和波长；

(2) 以余弦函数为基准，写出入射波电场和磁场的瞬时表示式；

(3) 确定入射角；

(4) 求反射波电场和磁场的复数表示式；

(5) 求合成波电场和磁场的复数表示式。

6-29 一个线极化平面波从自由空间入射到 $\varepsilon_r=4,\mu_r=1$ 的电介质分界面上，如果入射波电场矢量与入射面的夹角为45°。试求：

(1) 入射角为何值时，反射波只有垂直极化波？

(2) 此时反射波的平均能流是入射波的百分之几？

6-30 垂直极化波从水下源以入射角 $\theta_i=20°$ 投射到水与空气的分界面上。水的 $\varepsilon_r=81,\mu_r=1$。试求：

(1) 临界角 θ_c；

(2) 反射系数 $\Gamma_\perp$；

(3) 传输系数 $\tau_\perp$。

6-31 当平面波向等腰直角玻璃棱镜的底边垂直投射时，如图题6-31所示，若玻璃的相对介电常数 $\varepsilon_r=4$，试求反射功率 W_r 与入射功率 W_i 之比。

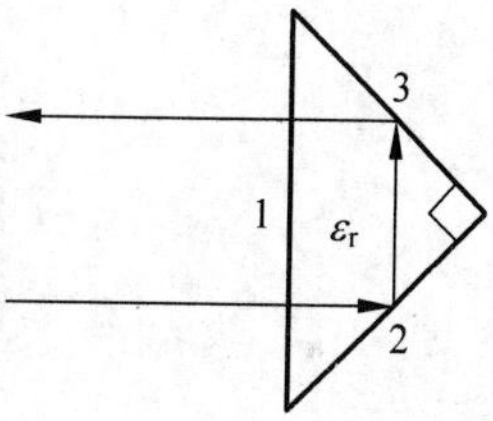

图题 6-31

瑞利

(Rayleigh, John William Strutt, Lord, 1842—1919,英国)

瑞利于1895年成功地分离出氩,从而获得1904年诺贝尔奖;于1897年建立了金属波导管内电磁波传播的理论,指出在金属空管内存在着各种电磁波模式的可能性,并引入了截止波长的概念。

第 7 章 导行电磁波

本章将研究电磁波沿导波系统传播的规律。导波系统是用来引导传输电磁波能量和信息的装置,如信号从发射机到天线或从天线到接收机的传送。常见的导波系统如图7.1所示,有传输线,如平行双线、同轴线;金属波导,如矩形波导、圆波导;介质波导,如光纤;表面波导,如微带线。本章只介绍导行电磁波基本的分析方法,更深入的内容将在"微波技术"课程中学习。

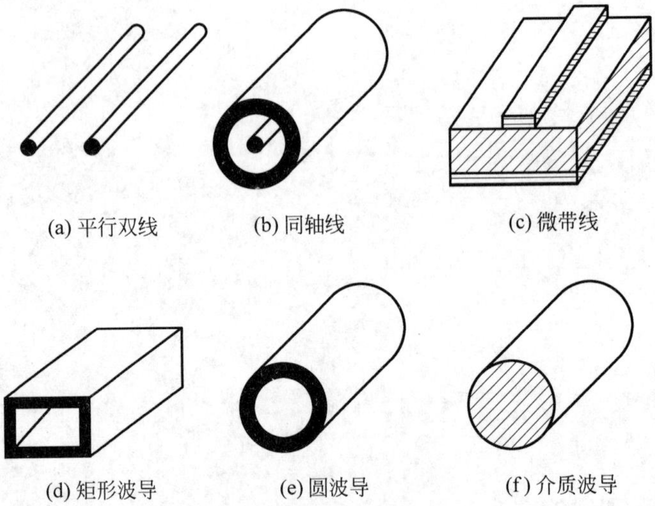

图7.1 常见的几种导波系统

7.1 传输线

本节将讨论传输TEM波的平行双线系统,采用"路"的分析方法,把传输线作为分布参数电路,得到由传输线单位长度电阻、电感、电容和电导组成的等效电路,进而研究波沿传输线的传输特性。

7.1.1 传输线的分布参数及其等效电路

设传输线的几何长度为l,工作波长为λ,则传输线的电长度为l/λ。一般认为,电长度$l/\lambda>0.1$的传输线是长线,长线上各点的电流(电压)的大小和相位均不相等,需采用分布参数电路;几何长度与工作波长相比可以忽略不计的传输线是短线,短线上各点的电流(电压)的大小和相位近似相等,可采用集中参数电路分析。在微波段工作的传输线,满足长线的条件,应采用分布参数电路分析。

1. 传输线的分布参数

设传输线的分布参数沿线是均匀分布的(传输线的截面尺寸、形状、材料、周围媒质特性沿传输线轴线方向不改变),这种传输线称为均匀传输线。均匀传输线单位长度上

的分布电阻用 R_1 表示，单位长度的分布电导用 G_1 表示，单位长度的分布电容用 C_1 表示，单位长度的分布电感用 L_1 表示。显然，R_1、G_1、C_1、L_1 均是常数。

2. 均匀传输线的等效电路

对于均匀传输线，由于电路参数沿线均匀分布，故可任取一小线元 Δz 来分析，此线元满足 $\Delta z \ll \lambda$，是一个短线，则此线元可等效成 Γ 型集总参数电路，等效参数为 $R_1\Delta z$、$L_1\Delta z$、$C_1\Delta z$、$G_1\Delta z$，线元等效电路如图 7.2 所示。

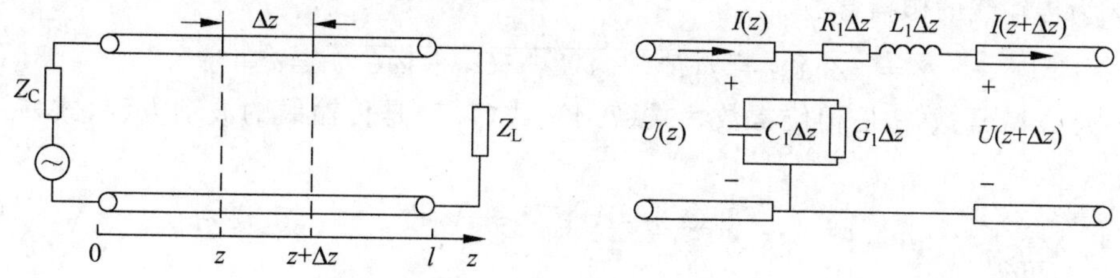

图 7.2 线元等效电路

整个传输线由许多小线元组成，故整个传输线的等效集总参数电路可以看成是由许多线元的 Γ 型网络链接而成，如图 7.3 所示。

对于无耗网络，$R_1=0$、$G_1=0$，则等效电路如图 7.4 所示。

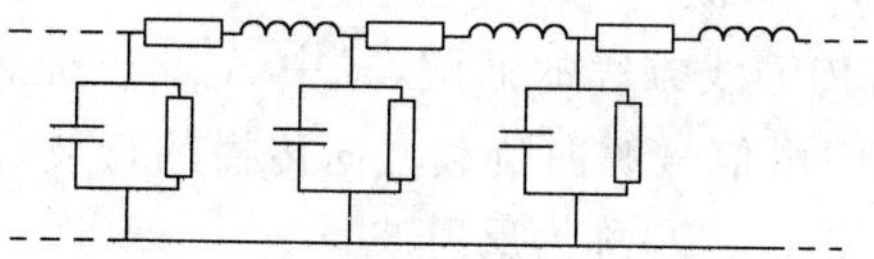

图 7.3 传输线集总参数电路

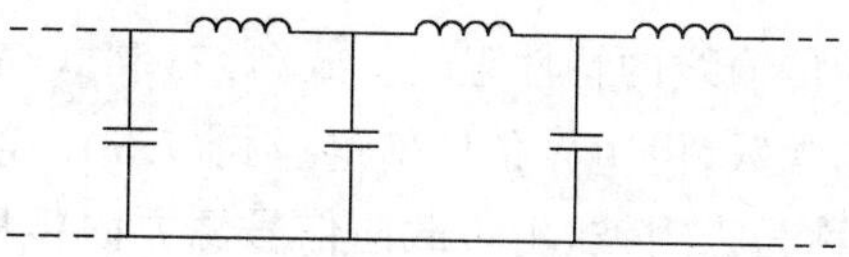

图 7.4 无耗线等效电路

7.1.2 均匀传输线方程及其解

1. 均匀传输线方程

在如图 7.2 所示的等效电路中，设在时刻 t，位置 z 处的电压和电流分别为 $U(z,t)$和 $I(z,t)$，而在位置 $z+\Delta z$ 处的电压和电流分别为 $U(z+\Delta z,t)$和 $I(z+\Delta z,t)$。可以看出

$$\begin{cases} -\mathrm{d}U(z)=I(z)Z_1\mathrm{d}z \\ -\mathrm{d}I(z)=U(z)Y_1\mathrm{d}z \end{cases} \tag{7.1}$$

其中 $Z_1=R_1+\mathrm{j}\omega L_1$，$Y_1=G_1+\mathrm{j}\omega C_1$，分别表示传输线单位长度的串联阻抗和并联导纳。式(7.1)可以写为

$$\frac{\mathrm{d}U(z)}{\mathrm{d}z}=-Z_1I(z) \tag{7.2}$$

$$\frac{\mathrm{d}I(z)}{\mathrm{d}z}=-Y_1U(z) \tag{7.3}$$

2. 均匀传输线方程的解

式(7.2)、式(7.3)再对 z 求导可得

$$\frac{d^2U(z)}{dz^2}-\gamma^2U(z)=0 \tag{7.4}$$

$$\frac{d^2I(z)}{dz^2}-\gamma^2I(z)=0 \tag{7.5}$$

其中 γ 为传输线的传播常数

$$\gamma=\sqrt{Z_1Y_1}=\sqrt{(R_1+j\omega L_1)(G_1+j\omega C_1)}=\alpha+j\beta \tag{7.6}$$

其中 α 是衰减常数，β 是相位常数。式(7.4)、式(7.5)是传输线的波动方程，式(7.4)的解为

$$U(z)=A_1e^{-\gamma z}+A_2e^{\gamma z} \tag{7.7}$$

由式(7.2)可得

$$I(z)=-\frac{1}{Z_1}\frac{dU(z)}{dz}=\frac{1}{Z_0}(A_1e^{-\gamma z}-A_2e^{\gamma z}) \tag{7.8}$$

其中

$$Z_0=\sqrt{\frac{Z_1}{Y_1}}=\sqrt{\frac{R_1+j\omega L_1}{G_1+j\omega C_1}} \tag{7.9}$$

称为传输线的特性阻抗。式(7.7)和式(7.8)是传输线方程的通解，式中 A_1、A_2 是两个待定常数，由边界条件确定。式(7.7)、式(7.8)中由信号源向负载方向传播的行波($e^{-\gamma z}$ 项)称为入射波，由负载向信号源方向传播的行波($e^{\gamma z}$ 项)称为反射波。

下面讨论一种特解，在图7.2中，假定已知终端电压 $U(l)=U_L$、电流 $I(l)=I_L$，代入式(7.7)和式(7.8)，经推导可得

$$\begin{cases}U(z)=\dfrac{U_L+I_LZ_0}{2}e^{\gamma(l-z)}+\dfrac{U_L-I_LZ_0}{2}e^{-\gamma(l-z)}\\[2ex] I(z)=\dfrac{U_L+I_LZ_0}{2Z_0}e^{\gamma(l-z)}-\dfrac{U_L-I_LZ_0}{2Z_0}e^{-\gamma(l-z)}\end{cases} \tag{7.10}$$

现在改变一下坐标系，如图7.5所示，z 坐标由源点→负载，d 坐标由负载→源点，可以看出，$d=l-z$，则式(7.10)变为

$$\begin{cases}U(d)=\dfrac{U_L+I_LZ_0}{2}e^{\gamma d}+\dfrac{U_L-I_LZ_0}{2}e^{-\gamma d}\\[2ex] I(d)=\dfrac{U_L+I_LZ_0}{2Z_0}e^{\gamma d}-\dfrac{U_L-I_LZ_0}{2Z_0}e^{-\gamma d}\end{cases} \tag{7.11}$$

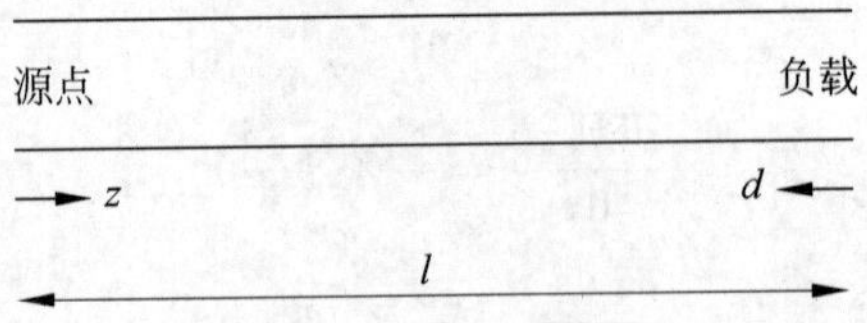

图7.5 变换坐标系

对无耗传输线，$R_1=0, G_1=0$，则式(7.6)、式(7.9)变为

$$\gamma=\mathrm{j}\omega\sqrt{L_1C_1}=\mathrm{j}\beta \tag{7.12}$$

$$Z_0=\sqrt{\frac{L_1}{C_1}} \tag{7.13}$$

将式(7.12)代入式(7.11)，可得无耗传输线的解为

$$\begin{cases}U(d)=U_{\mathrm{L}}\cos\beta d+\mathrm{j}I_{\mathrm{L}}Z_0\sin\beta d\\ I(d)=\mathrm{j}\dfrac{U_{\mathrm{L}}}{Z_0}\sin\beta d+I_{\mathrm{L}}\cos\beta d\end{cases} \tag{7.14}$$

3. 均匀传输线方程解的物理意义

传输线上任意位置的电压和电流都是入射波(用 U^+、I^+ 表示)和反射波(用 U^-、I^- 表示)的叠加，用复振幅可以表示为

$$\begin{cases}U(z)=U^+(z)+U^-(z)=A_1\mathrm{e}^{-\gamma z}+A_2\mathrm{e}^{\gamma z}\\ I(z)=\dfrac{1}{Z_0}[U^+(z)-U^-(z)]=I^+(z)+I^-(z)\end{cases} \tag{7.15}$$

相应的特解为

$$\begin{cases}U(d)=U_{\mathrm{L}}^+\mathrm{e}^{\gamma d}+U_{\mathrm{L}}^-\mathrm{e}^{-\gamma d}=U^+(d)+U^-(d)\\ I(d)=\dfrac{U_{\mathrm{L}}^+}{Z_0}\mathrm{e}^{\gamma d}-\dfrac{U_{\mathrm{L}}^-}{Z_0}\mathrm{e}^{-\gamma d}=I^+(d)+I^-(d)\end{cases} \tag{7.16}$$

式中，U_{L}^+、U_{L}^- 分别是负载处入射波电压与反射波电压的复振幅。$U^{\pm}(d)$和 $I^{\pm}(d)$可以写为

$$\begin{cases}U^{\pm}(d)=\dfrac{U_{\mathrm{L}}\pm I_{\mathrm{L}}Z_0}{2}\mathrm{e}^{\pm\gamma d}\\ I^{\pm}(d)=\pm\dfrac{U_{\mathrm{L}}\pm I_{\mathrm{L}}Z_0}{2Z_0}\mathrm{e}^{\pm\gamma d}\end{cases} \tag{7.17}$$

7.1.3 传输线上行波的特性参数

1. 特性阻抗 Z_0

特性阻抗定义为传输线上入射波电压和入射波电流之比，即

$$Z_0=\frac{U^+(z)}{I^+(z)}=\sqrt{\frac{R_1+\mathrm{j}\omega L_1}{G_1+\mathrm{j}\omega C_1}} \tag{7.18}$$

一般情况下，Z_0 是一个与传输线的分布参数和工作频率有关的复杂复函数。对于无耗传输线，$R_1=0, G_1=0$，则

$$Z_0=\sqrt{L_1/C_1} \tag{7.19}$$

可以看出，无耗传输线的特性阻抗为一实数，无耗传输线上各点的电压与电流相位相同，

Z_0 的大小与工作频率无关,仅取决于传输线本身的固有参数(L_1、C_1),即传输线的型式、尺寸和周围介质的特性。

例如,对于平行双线,单位长度的电容 $C_1=\dfrac{\pi\varepsilon}{\ln(2D/d)}$、单位长度的电感 $L_1=\dfrac{\mu}{\pi}\ln\dfrac{2D}{d}$,代入式(7.19)可得

$$Z_0=\frac{120}{\sqrt{\varepsilon_r}}\ln\frac{2D}{d} \tag{7.20}$$

其中 d 是导线的直径,D 是两线中心之间的距离。

对于同轴线,单位长度的电容 $C_1=\dfrac{2\pi\varepsilon}{\ln(D/d)}$、单位长度的电感 $L_1=\dfrac{\mu}{2\pi}\ln\dfrac{D}{d}$,代入式(7.19)可得

$$Z_0=\frac{60}{\sqrt{\varepsilon_r}}\ln\frac{D}{d} \tag{7.21}$$

其中 d 是内导线的直径,D 是外导体的内直径。

2. 传播常数 γ

传播常数是描述传输线上导波沿导波系统传播过程中衰减和相移的参数,一般为复数,表达式为式(7.6),其中 α 是单位长度上的衰减量,称为衰减常数,单位为 dB/m(有时也用 Np/m,1Np/m=8.86dB/m);β 为相移常数,表示传输线上单位长度波的相位变化,单位为 rad/m。

对于无耗传输线,$R_1=G_1=0$,则 $\alpha=0$,此时 $\gamma=\mathrm{j}\beta=\mathrm{j}\omega\sqrt{L_1C_1}$。

3. 导波波长 λ_g

在同一瞬时,传输线上导波的相位相差 2π 的两点之间的距离称为导波波长,用 λ_g 表示为

$$\lambda_g=\frac{2\pi}{\beta} \tag{7.22}$$

4. 相速度

相速度定义为某一频率行波的某一恒定相位点传播的速度,表达式为

$$v_p=\frac{\omega}{\beta}=f\lambda_g \tag{7.23}$$

对于无耗传输线,有

$$v_p=\frac{\omega}{\beta}=\frac{1}{\sqrt{L_1C_1}} \tag{7.24}$$

对于平行双线和同轴线,有 $v_p=c/\sqrt{\varepsilon_r}$,由此可见,在平行线和同轴线等 TEM 波传输线中,波的相速度等于波在相应的无限大介质中的传播速度,与频率无关,传输的是非

色散波，所以这类传输线具有宽频带的优点。

7.1.4 传输线的工作参数

1. 输入阻抗

输入阻抗定义为传输线上任一点的输入电压与该点的输入电流之比，即

$$Z_{\text{in}}(d)=\frac{U(d)}{I(d)} \tag{7.25}$$

对于无耗传输线，将式(7.14)代入式(7.25)，可得

$$Z_{\text{in}}(d)=\frac{U(d)}{I(d)}=Z_0\frac{Z_{\text{L}}+\text{j}Z_0\tan\beta d}{Z_0+\text{j}Z_{\text{L}}\tan\beta d} \tag{7.26}$$

其中 $Z_{\text{L}}=U_{\text{L}}/I_{\text{L}}$ 是负载阻抗。

2. 反射系数

反射系数定义为传输线上某一点处的反射波电压(或电流)与入射波电压(或电流)之比，由式(7.16)可得

$$\begin{cases}\Gamma_u(d)=\dfrac{U^-(d)}{U^+(d)}=\Gamma_{\text{L}}\text{e}^{-2\alpha d}\text{e}^{-\text{j}2\beta d}=|\Gamma_{\text{L}}|\text{e}^{-2\alpha d}\text{e}^{\text{j}\psi}\\[2ex] \Gamma_i(d)=\dfrac{I^-(d)}{I^+(d)}=-\Gamma_u(d)\end{cases} \tag{7.27}$$

其中，$\psi=\psi_{\text{L}}-2\beta d$，$\Gamma_{\text{L}}$ 为终端反射系数，表达式为式(7.28)。如不特别说明，反射系数均指电压反射系数，用 $\Gamma(d)$ 表示。终端反射系数与负载阻抗的关系为

$$\Gamma_{\text{L}}=\frac{U_{\text{L}}^-}{U_{\text{L}}^+}=\frac{U_{\text{L}}-I_{\text{L}}Z_0}{U_{\text{L}}+I_{\text{L}}Z_0}=\frac{Z_{\text{L}}-Z_0}{Z_{\text{L}}+Z_0}=|\Gamma_{\text{L}}|\text{e}^{\text{j}\psi_{\text{L}}} \tag{7.28}$$

传输线上任一点的输入阻抗和反射系数的关系为

$$Z_{\text{in}}(d)=\frac{U(d)}{I(d)}=\frac{U^+(d)+U^-(d)}{I^+(d)+I^-(d)}=\frac{U^+(d)[1+\Gamma(d)]}{I^+(d)[1-\Gamma(d)]}=Z_0\frac{1+\Gamma(d)}{1-\Gamma(d)} \tag{7.29}$$

还可以写成

$$\Gamma(d)=\frac{Z_{\text{in}}(d)-Z_0}{Z_{\text{in}}(d)+Z_0} \tag{7.30}$$

3. 驻波比与行波系数

驻波比 S 定义为传输线上电压(或电流)最大值与最小值之比，行波系数 K 定义为传输线上电压(或电流)的最小值与最大值之比，即驻波比的倒数，于是有

$$S=\frac{|U(d)|_{\max}}{|U(d)|_{\min}}=\frac{|I(d)|_{\max}}{|I(d)|_{\min}}=\frac{1}{K} \tag{7.31}$$

对于无耗传输线，$\gamma=\text{j}\beta$，代入式(7.16)可得

$$U(d)=U_L^+e^{j\beta d}+U_L^-e^{-j\beta d}=U_L^+e^{j\beta d}[1+|\Gamma_L|e^{j(\psi_L-2\beta d)}] \tag{7.32}$$

由式(7.32)可知

$$\begin{cases}|U(d)|_{max}=|U_L^+|(1+|\Gamma_L|)\\|U(d)|_{min}=|U_L^+|(1-|\Gamma_L|)\end{cases} \tag{7.33}$$

即反射波与入射波同相位时,合成波幅值最大,该点称为电压驻波腹点;反射波与入射波反相位时,合成波幅值最小,该点称为电压驻波节点。将式(7.33)代入式(7.31),可得

$$S=\frac{1+|\Gamma_L|}{1-|\Gamma_L|} \tag{7.34}$$

当$|\Gamma_L|=0$时,$S=1$,$K=1$,表示传输线上没有反射波,即为匹配状态。

7.1.5 无耗传输线工作状态分析

根据传输线终端所接的负载阻抗的不同,它可具有3种不同的工作状态,即行波、驻波和行驻波状态。

1. 行波状态(无反射情况)

行波状态是无反射的传输状态,此时反射系数为0,由式(7.28)可得$Z_L=Z_0$,称此时的负载为匹配负载,传输线处于匹配状态。传输线上电压、电流的瞬时值为

$$\begin{cases}U(d,t)=\mathrm{Re}[U(d)e^{j\omega t}]=|U_L^+|\cos(\omega t+\beta d+\psi_u)\\I(d,t)=\mathrm{Re}[I(d)e^{j\omega t}]=\dfrac{|U_L^+|}{Z_0}\cos(\omega t+\beta d+\psi_u)\end{cases} \tag{7.35}$$

其中ψ_u是入射波电压的初相位。传输线上的阻抗分布

$$Z_{in}(d)=\frac{U(d)}{I(d)}=Z_0 \tag{7.36}$$

传输线上传输的功率为

$$P(d)=\frac{1}{2}\mathrm{Re}[U(d)I^*(d)]=\frac{1}{2}\frac{|U_L^+|}{Z_0} \tag{7.37}$$

综上所述,行波的特点如下:沿线各点反射系数为0;沿线各点电压、电流的振幅不变;沿线各点的输入阻抗等于特性阻抗;线上任一点的电压和电流相位相同;线上各点传输功率相等。

2. 驻波状态(全反射情况)

当传输线终端短路、开路或接纯电抗负载时,终端的入射波将被全反射,沿线入射波与反射波叠加形成驻波分布。

1) 终端短路($Z_L=0$)

当$Z_L=0$时,由式(7.28)、式(7.34)、式(7.27)分别可得$\Gamma_L=-1$,$S=\infty$,$|\Gamma(d)|=+1$,即$|U^-(d)|=|U^+(d)|$,此式说明,当传输线终端短路时,反射波与入射波振幅相

等，线上将产生全反射，因此传输线工作于纯驻波状态。

由 $\Gamma_L = U_L^- / U_L^+ = -1$、$\Gamma_{iL} = I_L^- / I_L^+ = 1$ 可见，终端负载处电压反射波与入射波反相叠加，是电压驻波节点；而电流反射波与入射波同相叠加，是电流腹点。

由式(7.16)得沿无耗线电压分布

$$\begin{cases} U(d) = U_L^+ e^{j\beta d} + U_L^- e^{-j\beta d} = U_L^+ (e^{j\beta d} - e^{-j\beta d}) = 2U_L^+ j\sin\beta d \\ I(d) = \dfrac{U_L^+}{Z_0} e^{j\beta d} - \dfrac{U_L^-}{Z_0} e^{-j\beta d} = \dfrac{U_L^+}{Z_0} (e^{j\beta d} + e^{-j\beta d}) = 2\dfrac{U_L^+}{Z_0} \cos\beta d \end{cases} \tag{7.38}$$

瞬时值表达式为

$$\begin{cases} U(d,t) = \mathrm{Re}[U(d) e^{j\omega t}] = 2|U_L^+| \sin\beta d \cos\left(\omega t + \dfrac{\pi}{2} + \psi_u\right) \\ I(d,t) = \mathrm{Re}[I(d) e^{j\omega t}] = \dfrac{2|U_L^+|}{Z_0} \cos\beta d \cos(\omega t + \psi_u) \end{cases} \tag{7.39}$$

传输线上阻抗分布为

$$Z_{in}(d) = \frac{U(d)}{I(d)} = jZ_0 \tan\beta d \tag{7.40}$$

由式(7.38)、式(7.39)、式(7.40)可画出终端短路传输线上，沿线电压、电流、输入阻抗分布，如图7.6所示。

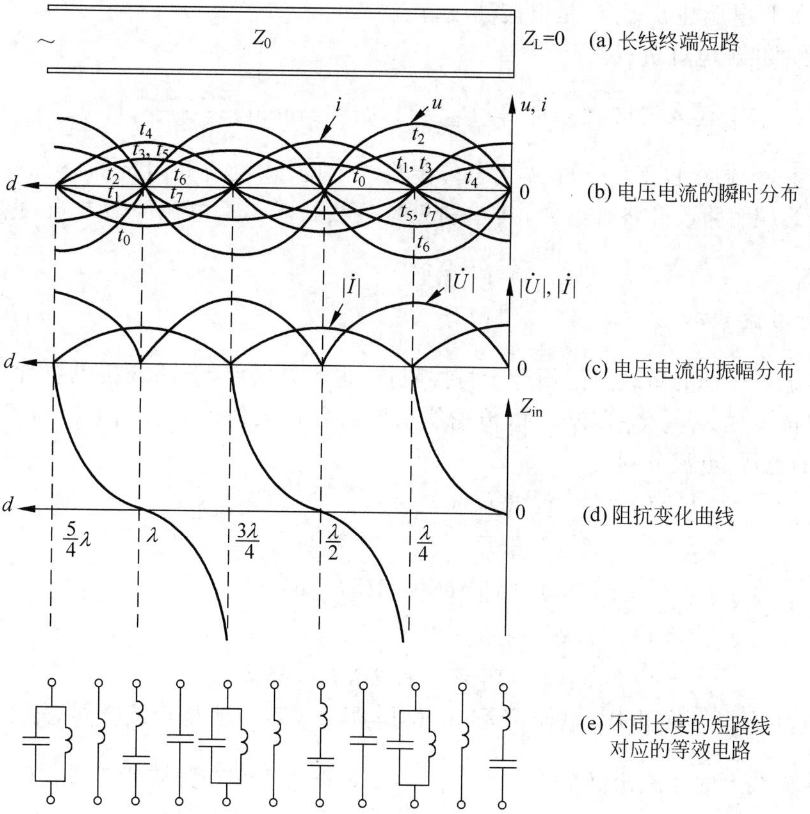

图7.6 电压、电流、输入阻抗分布

可以看出：

(1) 瞬时电压或电流的振幅随位置 d 作正弦或余弦变化，瞬时电压和电流的相位差为 $\pi/2$。

(2) 当 $d=(2n+1)\lambda/4(n=0,1,2,\cdots)$时，$|U(d)|_{\max}=2|U_L^+|$，$|I(d)|_{\min}=0$，电压振幅恒为最大值，电流振幅恒为 0，这些点称为电压的波腹点和电流的波节点；当 $d=n\lambda/2(n=0,1,2,\cdots)$时，$|U(d)|_{\min}=0$，$|I(d)|_{\max}=2|U_L^+|/Z_0=2|I_L^+|$，电流振幅恒为最大值，而电压振幅恒为 0，这些点称为电流的波腹点和电压的波节点。可以看出，线上电压或电流相邻的两节点(或腹点)间的距离为 $\lambda/2$，而相邻节点与腹点间的距离为 $\lambda/4$。

(3) 传输线上传输的功率 $P(d)=\dfrac{1}{2}\mathrm{Re}[U(d)I^*(d)]=0$。可见在驻波状态下，传输线不能传输能量而只能储存能量，电场能量和磁场能量相互转换。

(4) 传输线上各点阻抗为纯电抗，在电压波节点处 $Z_{in}=0$，相当于串联谐振，在电压波腹点处 $Z_{in}=\mathrm{j}|\infty|$，相当于并联谐振，在 $0<d<\lambda/4$ 内，$Z_{in}=\mathrm{j}X$ 相当于一个纯电感，在 $\lambda/4<d<\lambda/2$ 内，$Z_{in}=-\mathrm{j}X$ 相当于一个纯电容，阻抗随距离周期性变化，周期为 $\lambda/2$。

2) 终端开路($Z_L=\infty$)

当 $Z_L=\infty$时，由式(7.28)、式(7.27)、式(7.34)分别可得 $\Gamma_L=1$，$|\Gamma(d)|=1$，$S=\infty$，$|U^-(d)|=|U^+(d)|$，由此可知，当传输线终端开路时，传输线也是工作于纯驻波状态，终端负载处是电压驻波腹点，是电流驻波节点。

3) 终端接纯电抗负载

将 $Z_L=\mathrm{j}X_L$ 代入式(7.28)可得 $|\Gamma_L|=1$，$\psi_L=\arctan\dfrac{2X_LZ_0}{X_L^2-Z_0^2}$，$|\Gamma(d)|=|\Gamma_L|=1$，产生全反射，传输线也工作于驻波状态。传输线上电压、电流和阻抗的分布及功率传输情况也与终端短路或开路时类似，其差别只是负载处既不是电压驻波节点，也不是电压驻波腹点。

3. 行驻波状态

当传输线终端的负载阻抗不等于特性阻抗，也不是短路、开路或接电抗性负载，而是接任意阻抗负载 $Z_L=R_L+\mathrm{j}X_L$ 时，传输线上同时存在入射波和反射波。对于无耗传输线，线上的电压、电流分别为

$$\begin{aligned}U(d)&=U_L^+\mathrm{e}^{\mathrm{j}\beta d}+U_L^-\mathrm{e}^{-\mathrm{j}\beta d}=U_L^+\mathrm{e}^{\mathrm{j}\beta d}+\Gamma_LU_L^+\mathrm{e}^{-\mathrm{j}\beta d}\\&=U_L^+\mathrm{e}^{\mathrm{j}\beta d}+\Gamma_LU_L^+\mathrm{e}^{-\mathrm{j}\beta d}+\Gamma_LU_L^+\mathrm{e}^{\mathrm{j}\beta d}-\Gamma_LU_L^+\mathrm{e}^{\mathrm{j}\beta d}\\&=U_L^+(1-\Gamma_L)\mathrm{e}^{\mathrm{j}\beta d}+2\Gamma_LU_L^+\cos\beta d\end{aligned}\tag{7.41}$$

$$\begin{aligned}I(d)&=I_L^+\mathrm{e}^{\mathrm{j}\beta d}+I_L^-\mathrm{e}^{-\mathrm{j}\beta d}\\&=I_L^+(1-\Gamma_L)\mathrm{e}^{\mathrm{j}\beta d}+\mathrm{j}2\Gamma_LI_L^+\sin\beta d\end{aligned}\tag{7.42}$$

可以看出，传输线上的电压、电流都是由两项构成的，第一项是行波分量，第二项是驻波分量。传输线上的驻波比仍是 $S=\dfrac{1+|\Gamma_L|}{1-|\Gamma_L|}$，当传输线工作在行波状态时，$|\Gamma_L|=0$(无反射)，则 $S=1$；当传输线工作在驻波状态时，$|\Gamma_L|=1$(全反射)，则 $S=\infty$；当传输线工作

在行驻波状态时，$|\Gamma_L|<1$（部分反射），则 $1<S<\infty$。

7.1.6 史密斯圆图

史密斯圆图（Smith Chart）是用来分析传输线匹配问题的有效工具，具有概念清晰、求解直观、精确度较高等特点，被广泛应用于微波工程中。

1. 阻抗圆图

为了使阻抗圆图适用于任意特性阻抗的传输线的计算，圆图上的阻抗均采用归一化值（用小写字母表示）。由式(7.29)可得归一化输入阻抗与该点反射系数的关系为

$$z_{in}(d)=\frac{Z_{in}(d)}{Z_0}=\frac{1+\Gamma(d)}{1-\Gamma(d)} \tag{7.43}$$

由式(7.28)，归一化负载阻抗可以写为

$$z_L=\frac{Z_L}{Z_0}=\frac{1+\Gamma_L}{1-\Gamma_L} \quad \text{或} \quad \Gamma_L=\frac{z_L-1}{z_L+1} \tag{7.44}$$

为了实现 $\Gamma(d)$ 与 $z_{in}(d)$ 之间的图解换算，可将反射系数和反射系数与阻抗的关系叠画在一个复平面上，这就构成了阻抗圆图。阻抗圆图由等反射系数圆族、等相位线族、等电阻圆族、等电抗圆族组成，下面分别进行讨论。

1) 等反射系数圆

若已知终端反射系数 $\Gamma_L=|\Gamma_L|e^{j\varphi_L}$，对于无耗传输线，由式(7.27)，距终端 d 处的反射系数为

$$\Gamma(d)=\Gamma_L e^{-j2\beta d}=|\Gamma_L|e^{j(\varphi_L-2\beta d)}=|\Gamma_L|e^{j\psi} \tag{7.45}$$

由式(7.44)可知，当负载阻抗 z_L 一定时，$|\Gamma_L|$ 是一个常数，故式(7.45)表示的是极坐标内（复平面）的圆方程。也就是说，在复平面上等反射系数模的轨迹是以坐标原点为圆心、$|\Gamma_L|$ 为半径的圆，这个圆称为等反射系数圆。不同的反射系数模，对应不同大小的圆。因为 $|\Gamma_L|\leqslant 1$，因此所有的反射系数圆都位于单位圆内，这一组圆族称为等反射系数圆族，如图 7.7 所示。一般等反射系数圆不画在圆图中，其相位标度尺在圆图旁边。

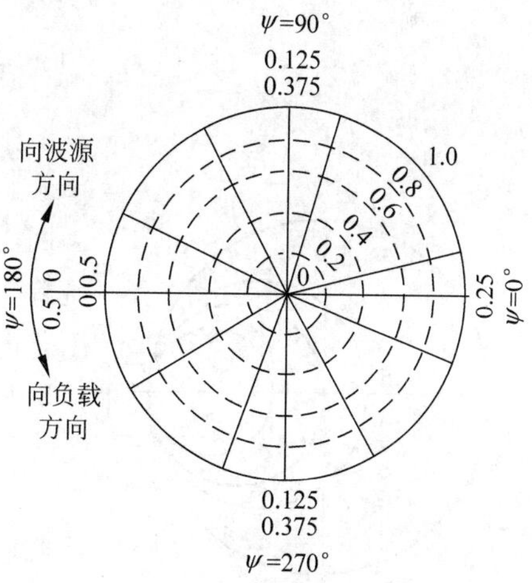

图 7.7 等反射系数圆

2) 等相位线

由式(7.45)可知，离终端距离为 d 处，反射系数的相位为

$$\psi=\varphi_L-2\beta d \tag{7.46}$$

式(7.46)为直线方程，即表明在极坐标系内，等相位线是由原点发出的一系列的射线，在

单位圆外设置等相位线角度的刻度尺，标出反射系数的相位角，标度范围为 0°～360°，如图 7.7 所示。

式(7.46)表明，反射系数的相位角与传输线上的电长度具有一一对应的关系，故可在角度的刻度尺外设置电长度刻度尺。由式(7.46)可以证明，线上 A、B 两点处的反射系数关系为

$$\Gamma(d_A)=\Gamma(d_B)e^{j\Delta\psi} \tag{7.47}$$

其中

$$\Delta\psi=\psi_A-\psi_B=\frac{4\pi}{\lambda}(d_B-d_A)=\frac{4\pi}{\lambda}\Delta d \tag{7.48}$$

表示传输线上移动的距离 Δd 与圆图上转动的角度 $\Delta\psi$ 之间的关系，由式(7.48)可见，在圆图上反射系数转动一周，线上移动长度 $\lambda/2$，故电长度刻度尺标度范围为 $0\sim\lambda/2$，零点位置通常选在 $\psi=\pi$ 处；为了使用方便，圆图上标有两个方向的波长数数值，如图 7.7 所示。向负载方向移动读里圈读数，向波源方向移动读外圈读数。一般等相位线并不画出。

3) 等电阻圆、等电抗圆

为了在 Γ 复平面上叠画出归一化阻抗 z_{in} 的坐标，设 $\Gamma=\Gamma_r+j\Gamma_i$，$z_{in}=r+jx$，则式(7.43)变为

$$r+jx=\frac{1+(\Gamma_r+j\Gamma_i)}{1-(\Gamma_r+j\Gamma_i)}=\frac{1-(\Gamma_r^2+\Gamma_i^2)}{(1-\Gamma_r)^2+\Gamma_i^2}+j\frac{2\Gamma_i}{(1-\Gamma_r)^2+\Gamma_i^2} \tag{7.49}$$

式(7.49)两边实部和虚部分别相等，得到两个方程，经变形可得

$$\left(\Gamma_r-\frac{r}{1+r}\right)^2+\Gamma_i^2=\left(\frac{1}{1+r}\right)^2 \tag{7.50}$$

$$(\Gamma_r-1)^2+\left(\Gamma_i-\frac{1}{x}\right)^2=\left(\frac{1}{x}\right)^2 \tag{7.51}$$

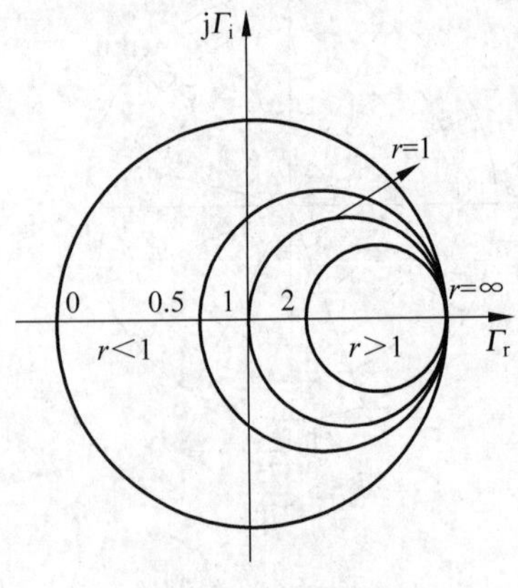

图 7.8　等电阻圆

(1) 等电阻圆。

式(7.50)是一个以归一化阻抗实部 r 为参变量，圆心坐标为 $(r/(1+r),0)$，半径是 $1/(1+r)$ 的圆方程。这一组圆始终和直线 $\Gamma_r=1$ 相切。不同的归一化电阻对应不同的圆，将这一系列圆族描绘在反射系数复平面内就构成等电阻圆，如图 7.8 所示。

(2) 等电抗圆。

式(7.51)是一个以归一化阻抗虚部 x 为参变量，圆心坐标为 $(1,1/x)$，半径是 $1/x$ 的圆方程。不同的归一化电抗对应不同的圆，将这一系列圆族描绘在反射系数复平面内就构成等电抗圆，如图 7.9 所示。

阻抗圆图

将等反射系数圆、等相位线、等电阻圆、等电抗圆叠画在反射系数的复平面内，就得到阻抗圆图或称史密斯阻抗圆图，如图 7.10 所示(实用的史密斯阻抗圆图见附录 7)。为了清楚，一般不画出等反射系数圆、等相位线，使用者根据需要自行画出。在阻抗圆

图中,r 的值标注在等电阻圆与实轴的交点处,以及与 $x=\pm1$ 的等电抗圆的交点处;x 的值标注在等电抗圆与 $r=0$ 及 $r=1$ 的等电阻圆的交点处。阻抗圆图具有如下几个特点。

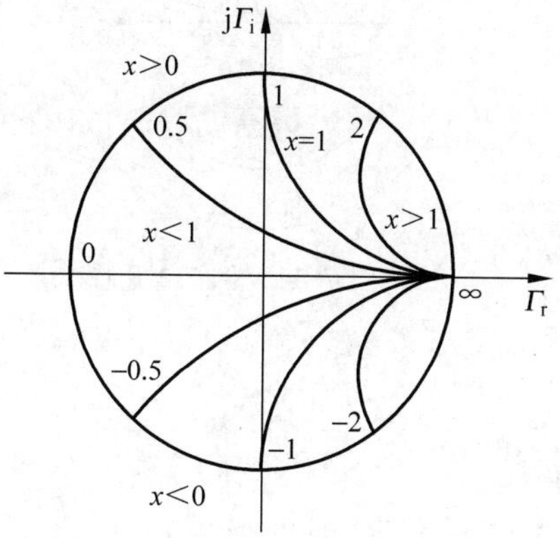

图 7.9　等电抗圆

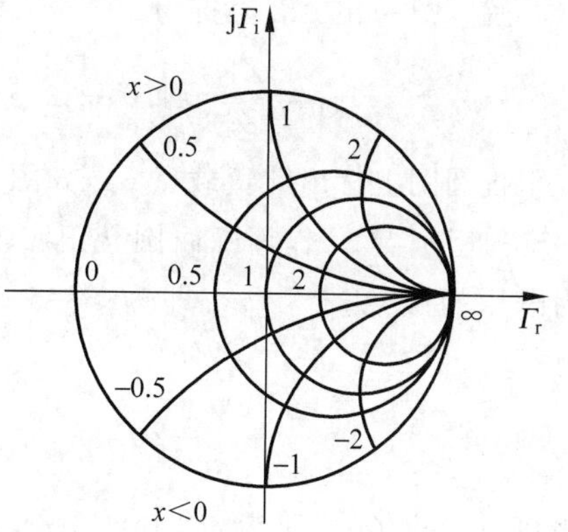

图 7.10　阻抗圆图

① 三个特殊点:短路点,其坐标为(−1,0),对应于 $r=0, x=0, \Gamma=e^{j\pi}$;开路点,其坐标为(1,0),此处对应于 $r=\infty, x=\infty, \Gamma=1$;匹配点,其坐标为(0,0),对应于 $r=1$,$x=0, |\Gamma|=0$。

② 三条特殊线:圆图上实轴为 $x=0$ 的轨迹,表示阻抗是纯电阻性的,其中正实半轴为电压波腹点的轨迹,线上的 r 值即为驻波比 S 的读数;负实半轴为电压波节点的轨迹,线上的 r 值即为行波系数 K 的读数;最外面的单位圆为 $r=0$ 的纯电抗轨迹,即为 $|\Gamma|=1$ 的全反射系数圆的轨迹。

③ 两个特殊面:圆图实轴以上的上半平面是感性阻抗的轨迹;实轴以下的下半平面是容性阻抗的轨迹。

④ 两个旋转方向:传输线上的点向电源方向移动时,在圆图上沿等反射系数圆顺时针旋转;传输线上的点向负载方向移动时,在圆图上沿等反射系数圆逆时针旋转。

⑤ 圆图上任意一点对应了四个参量:x、r、Γ 和 φ。知道了前两个参量或后两个参量均可确定该点在圆图上的位置。注意,x 和 r 均为归一化值,如果要求它们的实际值,应分别乘上传输线的特性阻抗。

2. 应用举例

了解了阻抗圆图的结构,就可以用它来解决一些微波技术中的问题。例如,求反射系数,$|\Gamma(d)|$的最小值是 0,最大值是 1,其他的值可以按比例求出,反射系数的相角可以从圆图外圈标注的角度求出。也可以用另一种方法求反射系数:等反射系数圆与正实半轴交点处的 r 值即为驻波比 S 的读数,等反射系数圆与负实半轴交点处的 r 值即为行波系数 K 的读数。由 S 或 $K(=1/S)$和式(7.34)就可以求出反射系数的模$|\Gamma(d)|$,反射系数的相角仍可以从圆图外圈标注的角度求出。

例 7.1 已知一特性阻抗 Z_0 为 50Ω 的无耗传输线,端接负载阻抗 Z_L 为 200＋j125Ω,求终端反射系数 Γ_L 和驻波比 S。

解 归一化负载阻抗为

$$z_L=\frac{Z_L}{Z_0}=4.0+j2.5$$

在阻抗圆图上标出此负载点 z_L,如图 7.11 所示。

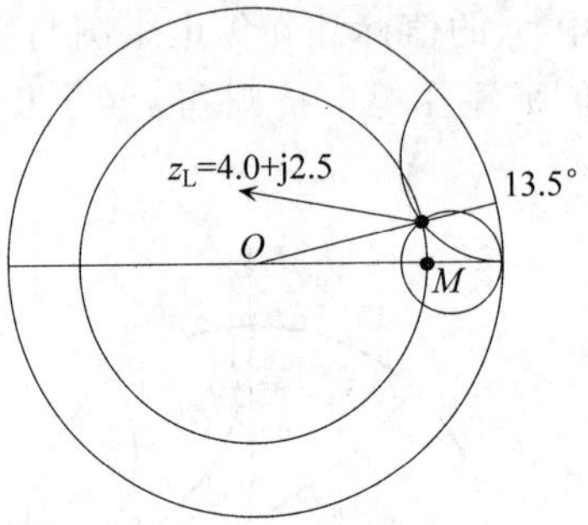

图 7.11 例 7.1 用图

过阻抗点 z_L 作等$|\Gamma_L|$圆交正实轴于 M 点,该点为电压的腹点,查出 r_M 即为 $S=5.5$。由式(7.34)可得

$$|\Gamma_L|=\frac{S-1}{S+1}=0.69$$

也可以量出 Oz_L 即为$|\Gamma_L|=0.69$,延长 Oz_L 交角度刻度线,即可查得 $\psi_L=13.5°$,即 $\Gamma_L=0.69e^{j13.5°}$。

例 7.2 一线长为 0.81λ、特性阻抗为 50Ω 的无耗传输线,负载阻抗为 $Z_L=75-j25\Omega$,求其输入阻抗。

解 归一化负载阻抗为

$$z_L=(75-j25)/50=1.5-j0.5$$

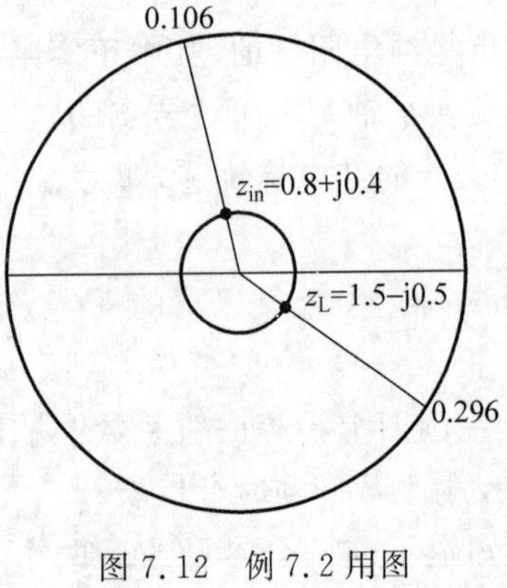

图 7.12 例 7.2 用图

在阻抗圆图上标出此负载点 z_L,其对应的向波源波长数为 0.296,如图 7.12 所示。

以 z_L 点为起点,沿等 Γ 圆顺时针(向波源)旋转电长度 0.81 到 z_{in} 点,对应的向波源波长数为 0.296＋0.81＝1.106(取 0.106),查得距负载 0.81λ 处的输入阻抗为

$$z_{in}=0.8+j0.4$$

输入阻抗的实际值为

$$Z_{in}=z_{in}\cdot Z_0=40+j20$$

7.2 波导

7.2.1 波导的一般分析方法

1. 导行波的三种模式

(1) 被限制在导体之间沿其轴向传播的导行波,只有横向电场和横向磁场,无纵向电场和纵向磁场,称为横电磁(TEM)波。

(2) 在传播方向上有磁场分量,没有电场分量,即电场只有横向分量,这种模式的电

磁波称为横电(TE)波。

(3) 在传播方向上有电场分量，没有磁场分量，即磁场只有横向分量，这种模式的电磁波称为横磁(TM)波。

平行双线传输线和同轴线中传播的都是 TEM 波，金属波导中传播的是 TE 波或 TM 波。任何形式的场形分布都可以用一个或多个上述模式的适当组合得到。

2. 导波方程及求解方法

本节重点介绍纵向场法。纵向场法就是先求解纵向(即电磁波传播方向)场分量满足的波动方程，然后通过横向场与纵向场间的关系求得全部的场分量。

1) 纵向场的波动方程

对于任意截面的均匀导波系统，设波导壁是理想导体($\sigma=\infty$)，媒质是均匀、无耗、各向同性的理想介质($\sigma=0$)，媒质中无源($\rho=0,\boldsymbol{J}=0$)。对于角频率为 ω 的导行波，电场和磁场满足麦克斯韦方程组

$$\begin{cases}\nabla\times\boldsymbol{H}=\mathrm{j}\omega\varepsilon\boldsymbol{E} & (7.52\mathrm{a})\\ \nabla\times\boldsymbol{E}=-\mathrm{j}\omega\mu\boldsymbol{H} & (7.52\mathrm{b})\\ \nabla\cdot\boldsymbol{E}=0 & (7.52\mathrm{c})\\ \nabla\cdot\boldsymbol{H}=0 & (7.52\mathrm{d})\end{cases}$$

式中，ε 和 μ 分别为媒质的介电常数和磁导率。

采用广义圆柱坐标系(u,v,z)，设导波沿 z 向(纵向)传播，纵向坐标 z 与横向坐标(u,v)无关，则微分算符∇和电场 $\boldsymbol{E}$、磁场 $\boldsymbol{H}$ 分别可以写为

$$\begin{cases}\nabla=\nabla_{\mathrm{t}}+\boldsymbol{e}_z\dfrac{\partial}{\partial z}\\ \boldsymbol{E}(u,v,z)=\boldsymbol{E}_{\mathrm{t}}(u,v,z)+\boldsymbol{e}_zE_z(u,v,z)\\ \boldsymbol{H}(u,v,z)=\boldsymbol{H}_{\mathrm{t}}(u,v,z)+\boldsymbol{e}_zH_z(u,v,z)\end{cases}\tag{7.53}$$

其中，下标 t 表示横向分量。

把式(7.53)代入正弦电磁场的波动方程(亥姆霍兹方程)式(6.31)、式(6.32)

$$\nabla^2\boldsymbol{E}+k^2\boldsymbol{E}=0$$

$$\nabla^2\boldsymbol{H}+k^2\boldsymbol{H}=0$$

可以得到纵向场满足的波动方程

$$\begin{aligned}&\left(\nabla_{\mathrm{t}}^2+\frac{\partial^2}{\partial z^2}\right)E_z+k^2E_z=0\\ &\left(\nabla_{\mathrm{t}}^2+\frac{\partial^2}{\partial z^2}\right)H_z+k^2H_z=0\end{aligned}\tag{7.54}$$

2) 纵向场的求解方法

以 $E_z(u,v,z)$为例求解，令 $E_z(u,v,z)=E_{1z}(u,v)Z(z)$，代入式(7.54)，利用分离变量法可得

$$\frac{\mathrm{d}^2}{\mathrm{d}z^2}Z(z)-(\mathrm{j}\beta)^2Z(z)=0\tag{7.55}$$

$$\nabla_t^2 E_{1z}(u,v)-(\mathrm{j}k_c)^2 E_{1z}(u,v)=0 \tag{7.56}$$

$$k_c^2+\beta^2=k^2 \tag{7.57}$$

其中 k_c 称为截止波数。式(7.55)的解为

$$Z(z)=A_1\mathrm{e}^{-\mathrm{j}\beta z}+A_2\mathrm{e}^{\mathrm{j}\beta z} \tag{7.58}$$

式中,$A_1\mathrm{e}^{-\mathrm{j}\beta z}$ 表示入射波;$A_2\mathrm{e}^{\mathrm{j}\beta z}$ 表示反射波;β 称为导波的相位常数,即

$$\beta=\sqrt{k^2-k_c^2} \tag{7.59}$$

设电磁波沿 z 轴的正方向传输,不存在反射波,可以写出

$$\begin{cases}E_z(u,v,z)=E_{1z}(u,v)\mathrm{e}^{-\mathrm{j}\beta z}\\ H_z(u,v,z)=H_{1z}(u,v)\mathrm{e}^{-\mathrm{j}\beta z}\end{cases} \tag{7.60}$$

在直角坐标系中,坐标变量为(x,y,z),方程(7.60)可以写为

$$\begin{cases}E_z(x,y,z)=E_{1z}(x,y)\mathrm{e}^{-\mathrm{j}\beta z}\\ H_z(x,y,z)=H_{1z}(x,y)\mathrm{e}^{-\mathrm{j}\beta z}\end{cases} \tag{7.61}$$

其中 $E_{1z}(x,y)$满足的方程可由式(7.54)写为

$$\left(\frac{\partial^2}{\partial x^2}+\frac{\partial^2}{\partial y^2}+k_c^2\right)E_{1z}(x,y)=0 \tag{7.62}$$

同理可得

$$\left(\frac{\partial^2}{\partial x^2}+\frac{\partial^2}{\partial y^2}+k_c^2\right)H_{1z}(x,y)=0 \tag{7.63}$$

3)横向分量与纵向分量的关系

波导中电磁场量的表达式为

$$\begin{cases}\boldsymbol{E}(x,y,z)=\boldsymbol{E}(x,y)\mathrm{e}^{-\mathrm{j}\beta z}\\ \boldsymbol{H}(x,y,z)=\boldsymbol{H}(x,y)\mathrm{e}^{-\mathrm{j}\beta z}\end{cases} \tag{7.64}$$

把式(7.52a)、式(7.52b)在直角坐标系中展开,并利用式(7.64),可以得到 x、y、z 3 个分量的 6 个标量方程

$$\frac{\partial E_z}{\partial y}+\mathrm{j}\beta E_y=-\mathrm{j}\omega\mu H_x \tag{7.65a}$$

$$-\frac{\partial E_z}{\partial x}-\mathrm{j}\beta E_x=-\mathrm{j}\omega\mu H_y \tag{7.65b}$$

$$\frac{\partial E_y}{\partial x}-\frac{\partial E_x}{\partial y}=-\mathrm{j}\omega\mu H_z \tag{7.65c}$$

$$\frac{\partial H_z}{\partial y}+\mathrm{j}\beta H_y=\mathrm{j}\omega\varepsilon E_x \tag{7.65d}$$

$$-\frac{\partial H_z}{\partial x}-\mathrm{j}\beta H_x=\mathrm{j}\omega\varepsilon E_y \tag{7.65e}$$

$$\frac{\partial H_y}{\partial x}-\frac{\partial H_x}{\partial y}=\mathrm{j}\omega\varepsilon E_z \tag{7.65f}$$

对以上 6 个方程进行简单运算,可以将波导中的横向场分量 E_x、E_y、H_x、H_y 用两个纵向

分量 E_z、H_z 表示

$$E_x=\frac{-\mathrm{j}}{k_c^2}\left(\beta\frac{\partial E_z}{\partial x}+\omega\mu\frac{\partial H_z}{\partial y}\right) \tag{7.66a}$$

$$E_y=\frac{-\mathrm{j}}{k_c^2}\left(\beta\frac{\partial E_z}{\partial y}-\omega\mu\frac{\partial H_z}{\partial x}\right) \tag{7.66b}$$

$$H_x=\frac{-\mathrm{j}}{k_c^2}\left(\beta\frac{\partial H_z}{\partial x}-\omega\varepsilon\frac{\partial E_z}{\partial y}\right) \tag{7.66c}$$

$$H_y=\frac{-\mathrm{j}}{k_c^2}\left(\beta\frac{\partial H_z}{\partial y}+\omega\varepsilon\frac{\partial E_z}{\partial x}\right) \tag{7.66d}$$

在规则导波系统中场的纵向分量满足标量齐次波动方程,可以先利用边界条件求得纵向场分量 E_z 和 H_z,而后将其代入式(7.66)即可求得场的横向分量。

3. 导行波的传输特性

1) 相移常数和截止波长

由式(7.59),导波系统中的相移常数为

$$\beta=\sqrt{k^2-k_c^2}=\sqrt{\omega^2\mu\varepsilon-k_c^2} \tag{7.67}$$

当 $k_c=k$,$\beta=0$ 时,系统处于传输和截止之间的临界状态,此时对应的频率称为临界频率或截止频率,记为

$$f_c=\frac{k_c}{2\pi\sqrt{\mu\varepsilon}}=\frac{k_c}{2\pi}v \tag{7.68}$$

相应的临界波长或截止波长为

$$\lambda_c=\frac{v}{f_c}=\frac{2\pi}{k_c} \tag{7.69}$$

由式(7.67)可知,当频率很低,$k^2<k_c^2$ 时,β 为虚数,相应的导模不能传播;当频率很高,$k^2>k_c^2$ 时,β 为实数,则相应的导模可以传播,由此可得导模无衰减传输的条件是

$$f>f_c \quad 或 \quad \lambda<\lambda_c \tag{7.70}$$

2) 相速、群速、波导波长

相速度是指导波系统中电磁波(导模)的等相位面传输的速度,即

$$v_p=\frac{\omega}{\beta}=\frac{\omega}{\sqrt{k^2-k_c^2}}=\frac{v}{\sqrt{1-(\lambda/\lambda_c)^2}} \tag{7.71}$$

其中,$v=1/\sqrt{\mu\varepsilon}$,$\lambda=\lambda_0/\sqrt{\varepsilon_r}$,$\lambda_0$ 为自由空间的波长。

群速是指波的包络传输的速度(详见 6.9 节),即

$$v_g=\frac{\mathrm{d}\omega}{\mathrm{d}\beta}=v\sqrt{1-\left(\frac{\lambda}{\lambda_c}\right)^2} \tag{7.72}$$

群速、相速的关系为

$$v_p\cdot v_g=v^2 \tag{7.73}$$

波导波长是指等相位面在一个周期 T 内传输的距离，或相位差 2π 的等相位面之间的距离，即

$$\lambda_g = \frac{2\pi}{\beta} = \frac{2\pi}{k}\frac{1}{\sqrt{1-k_c^2/k^2}} = \frac{\lambda}{\sqrt{1-(\lambda/\lambda_c)^2}} \tag{7.74}$$

3）波阻抗

波阻抗定义为相互正交的横向电场与横向磁场之比，即

$$Z = \frac{E_u}{H_v} = -\frac{E_v}{H_u} \tag{7.75}$$

4）传输功率

导波系统所传输的电磁波平均功率为

$$\bar{P} = \mathrm{Re}\left[\int_S \frac{1}{2}(\boldsymbol{E}\times\boldsymbol{H}^*)\cdot \mathrm{d}\boldsymbol{S}\right] = \frac{1}{2\,|\,Z\,|}\int_S |\,E_T\,|^2 \mathrm{d}S = \frac{|\,Z\,|}{2}\int_S |\,H_T\,|^2 \mathrm{d}S \tag{7.76}$$

7.2.2 规则金属波导

规则金属波导是指各种形状截面的无限长直的空心金属管，其截面形状、尺寸、结构材料、管内介质填充情况等沿其管轴方向均不改变。管壁材料一般用铜、铝等金属制成，有时其壁上镀有金或银。波导管壁的电导率很高，求解时通常可假设波导壁为理想导体；管内填充的介质假设为理想介质；在管壁处的边界条件是电场的切线分量和磁场的法线分量为零。

规则金属波导仅有一个导体，不能传播 TEM 模，其传播模式为横电(TE)模和横磁(TM)模，且存在无限多的模式。每种导模都有相应的截止波长(或截止频率)，只有满足条件 $f>f_c$ 或 $\lambda<\lambda_c$ 才能传输。规则金属波导的横截面可以做成矩形、圆形、脊形、椭圆形等，本节主要研究矩形波导。

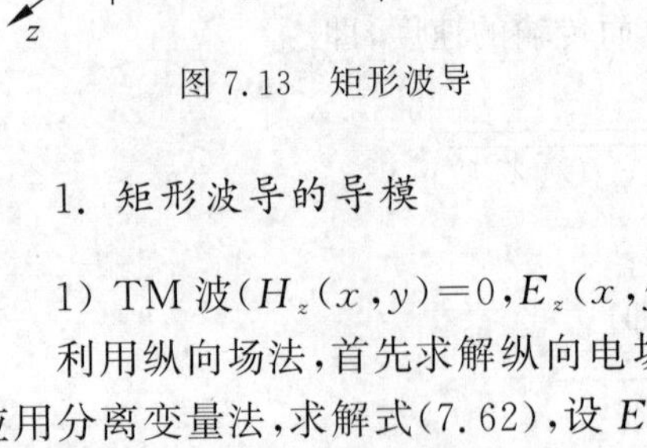

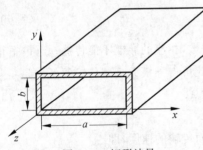

图 7.13　矩形波导

矩形波导是截面形状为矩形的金属波导管，如图 7.13 所示，a、b 分别表示内壁的宽边和窄边尺寸($a>b$)，波导内通常充以空气。

1. 矩形波导的导模

1）TM 波($H_z(x,y)=0, E_z(x,y)\neq 0$)

利用纵向场法，首先求解纵向电场分量 E_z，然后利用式(7.66)求解场的其他分量。应用分离变量法，求解式(7.62)，设 $E_z(x,y)=f(x)g(y)$，代入式(7.62)，可以分离出两个常微分方程

$$\frac{\mathrm{d}^2 f(x)}{\mathrm{d}x^2} + k_x^2 f(x) = 0 \tag{7.77}$$

$$\frac{d^2 g(y)}{dy^2} + k_y^2 g(y) = 0 \tag{7.78}$$

其中

$$k_x^2 + k_y^2 = k_c^2 \tag{7.79}$$

式(7.77)的解为

$$f(x) = A\sin k_x x + B\cos k_y y \tag{7.80}$$

对于图 7.13 所示的矩形波导，E_z 满足的边界条件为

$$E_z\big|_{x=0} = 0,\quad E_z\big|_{x=a} = 0 \tag{7.81}$$

代入式(7.80)可得

$$k_x = \frac{m\pi}{a},\quad m = 1,2,3,\cdots$$

所以

$$f(x) = A\sin\frac{m\pi}{a}x$$

同理，可以求出式(7.78)的解为

$$g(y) = C\sin k_y y$$

$$k_y = \frac{n\pi}{b}\quad n = 1,2,3,\cdots$$

所以 TM 波的纵向场分量为

$$E_z(x,y,z,t) = \sum_{m=1}^{\infty}\sum_{n=1}^{\infty} E_{mn}\sin\left(\frac{m\pi}{a}x\right)\sin\left(\frac{n\pi}{b}y\right)e^{j(\omega t-\beta z)} \tag{7.82}$$

其中 $E_{mn}=AC$ 由激励源的强度决定。由式(7.79)可得截止波数为

$$k_C = \sqrt{k_x^2 + k_y^2} = \sqrt{\left(\frac{m\pi}{a}\right)^2 + \left(\frac{n\pi}{b}\right)^2} \tag{7.83}$$

把式(7.82)和 $H_z(x,y,z,t)=0$ 代入式(7.66)，可以求得 TM 波的其他横向场分量

$$\begin{cases}
E_x(x,y,z,t) = \dfrac{-j\beta}{k_c^2}\displaystyle\sum_{m=1}^{\infty}\sum_{n=1}^{\infty}\frac{m\pi}{a}E_{mn}\cos\left(\frac{m\pi}{a}x\right)\sin\left(\frac{n\pi}{b}y\right)e^{j(\omega t-\beta z)} \\
E_y(x,y,z,t) = \dfrac{-j\beta}{k_c^2}\displaystyle\sum_{m=1}^{\infty}\sum_{n=1}^{\infty}\frac{n\pi}{b}E_{mn}\sin\left(\frac{m\pi}{a}x\right)\cos\left(\frac{n\pi}{b}y\right)e^{j(\omega t-\beta z)} \\
H_x(x,y,z,t) = \dfrac{j\omega\varepsilon}{k_c^2}\displaystyle\sum_{m=1}^{\infty}\sum_{n=1}^{\infty}\frac{n\pi}{b}E_{mn}\sin\left(\frac{m\pi}{a}x\right)\cos\left(\frac{n\pi}{b}y\right)e^{j(\omega t-\beta z)} \\
H_y(x,y,z,t) = \dfrac{-j\omega\varepsilon}{k_c^2}\displaystyle\sum_{m=1}^{\infty}\sum_{n=1}^{\infty}\frac{m\pi}{a}E_{mn}\cos\left(\frac{m\pi}{a}x\right)\sin\left(\frac{n\pi}{b}y\right)e^{j(\omega t-\beta z)}
\end{cases} \tag{7.84}$$

可以看出，矩形波导中可以存在无穷多种 TM 导模，用 TM_{mn} 表示，m 和 n 为任意正整数，称为波形指数，分别代表 TM 波沿 x 方向和 y 方向分布的半波个数，一组 m、n 对应一种 TM 波形。由式(7.82)可以看出，为了满足 $E_z(x,y,z,t)\neq 0$ 的条件，m、$n\neq 0$，

所以最低型模为 TM_{11} 模。

2) TE 波($E_z(x,y)=0, H_z(x,y)\neq 0$)

用类似的方法可以求得 TE 波的场分量为

$$
\begin{aligned}
&H_z(x,y,z)=\sum_{m=0}^{\infty}\sum_{n=0}^{\infty}H_{mn}\cos\left(\frac{m\pi}{a}x\right)\cos\left(\frac{n\pi}{b}y\right)\mathrm{e}^{\mathrm{j}(\omega t-\beta z)}\\
&E_x(x,y,z,t)=\frac{\mathrm{j}\omega\mu}{k_\mathrm{c}^2}\sum_{m=0}^{\infty}\sum_{n=0}^{\infty}\frac{n\pi}{b}H_{mn}\cos\left(\frac{m\pi}{a}x\right)\sin\left(\frac{n\pi}{b}y\right)\mathrm{e}^{\mathrm{j}(\omega t-\beta z)}\\
&E_y(x,y,z,t)=\frac{-\mathrm{j}\omega\mu}{k_\mathrm{c}^2}\sum_{m=0}^{\infty}\sum_{n=0}^{\infty}\frac{m\pi}{a}H_{mn}\sin\left(\frac{m\pi}{a}x\right)\cos\left(\frac{n\pi}{a}y\right)\mathrm{e}^{\mathrm{j}(\omega t-\beta z)}\\
&E_z(x,y,z,t)=0\\
&\begin{cases}
H_x(x,y,z,t)=\dfrac{\mathrm{j}\beta}{k_\mathrm{c}^2}\displaystyle\sum_{m=0}^{\infty}\sum_{n=0}^{\infty}\frac{m\pi}{a}H_{mn}\sin\left(\frac{m\pi}{a}x\right)\cos\left(\frac{n\pi}{b}y\right)\mathrm{e}^{\mathrm{j}(\omega t-\beta z)}\\
H_y(x,y,z,t)=\dfrac{\mathrm{j}\beta}{k_\mathrm{c}^2}\displaystyle\sum_{m=0}^{\infty}\sum_{n=0}^{\infty}\frac{n\pi}{b}H_{mn}\cos\left(\frac{m\pi}{a}x\right)\sin\left(\frac{n\pi}{b}y\right)\mathrm{e}^{\mathrm{j}(\omega t-\beta z)}
\end{cases}
\end{aligned}
\tag{7.85}
$$

其中

$$
k_\mathrm{c}=\sqrt{k_x^2+k_y^2}=\sqrt{\left(\frac{m\pi}{a}\right)^2+\left(\frac{n\pi}{b}\right)^2}\tag{7.86}
$$

矩形波导中可以存在无穷多种 TE 导模,由式(7.86)可以看出,m 和 n 不能同时为 0,因此,矩形波导能够存在 TE_{m0} 模和 TE_{0n} 模及 TE_{mn}(m、$n\neq 0$)模,其中 TE_{10} 模是最低次模,其余称为高次模。

2. 截止频率、截止波长

将式(7.83)、式(7.86)代入式(7.68)、式(7.69),可得矩形波导导模的截止频率 f_c 及相应的截止波长 λ_c:

$$
f_\mathrm{c}=\frac{v}{\lambda_\mathrm{c}}=\frac{1}{2\sqrt{\mu\varepsilon}}\sqrt{\left(\frac{m}{a}\right)^2+\left(\frac{n}{b}\right)^2}\tag{7.87}
$$

$$
\lambda_\mathrm{c}=\frac{2\pi}{k_\mathrm{c}}=\frac{2}{\sqrt{\left(\frac{m}{a}\right)^2+\left(\frac{n}{b}\right)^2}}\tag{7.88}
$$

以 $a=7.0\text{cm}$、$b=3.0\text{cm}$ 的矩形波导为例,把按式(7.88)求出的各种模式的截止波长依大小排列,如图 7.14 所示。

某种导模在波导中能够传输的条件是 $\lambda<\lambda_\mathrm{c}$(或 $f>f_\mathrm{c}$)。导波系统中截止波长 λ_c 最长(或截止频率 f_c 最低)的导模称为该导波系统的主模,其他模式称为高次模。从图 7.14 中可以看出,当工作波长大于 TE_{10} 模的截止波长时进入截止区,任何模式的波都不能传播;当工作波长大于 TE_{20} 模的截止波长而小于 TE_{10} 模的截止波长时,波导内只存在 TE_{10} 模(主模)沿波导传播;如果工作波长进一步缩短(频率更高),波导中就会出现 TE_{20}、TE_{01} 等高次模。频率越高,出现的高次模也就越多。

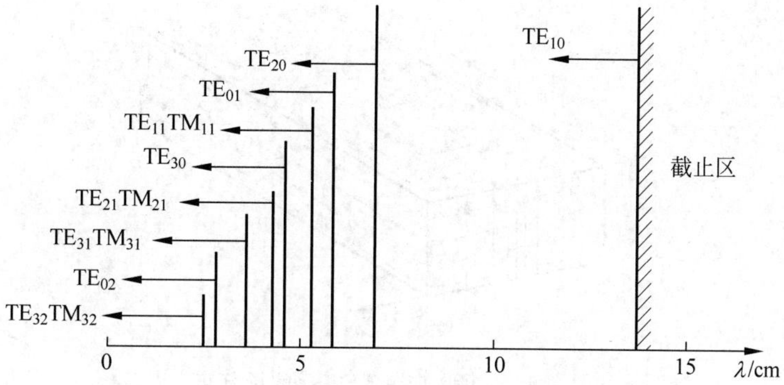

图 7.14　矩形波导各模式截止波长分布

导波系统中不同导模的截止波长 λ_c 相同的现象称为模式简并现象。由式(7.88)可见，相同波形指数 m 和 n 的 TE_{mn} 和 TM_{mn} 模的 λ_c 相同，故除 TE_{m0} 和 TM_{0n} 模外，矩形波导的导模都具有双重简并现象。

3. TE_{10} 模

矩形波导的主模为 TE_{10} 模，因为该模式具有场结构简单、稳定、频带宽和损耗小等特点，所以实用时波导工作在 TE_{10} 模。下面主要介绍 TE_{10} 模的场分布及其传输特性。

1) TE_{10} 模的场分布

将 $m=1$、$n=0$、$k_c=\pi/a$ 代入式(7.85)，可得 TE_{10} 模各场分量的表达式

$$\begin{cases} H_z = H_{10}\cos\left(\dfrac{\pi}{a}x\right)e^{j(\omega t-\beta z)} \\ E_y = -\dfrac{j\omega\mu a}{\pi}H_{10}\sin\left(\dfrac{\pi}{a}x\right)e^{j(\omega t-\beta z)} \\ H_x = \dfrac{j\beta a}{\pi}H_{10}\sin\left(\dfrac{\pi}{a}x\right)e^{j(\omega t-\beta z)} \\ E_x = E_z = H_y = 0 \end{cases} \tag{7.89}$$

可见，TE_{10} 模只有 E_y、H_x 和 H_z 三个场分量，场的分布与 y 无关，即沿 y 轴均匀分布。电场只有 E_y 分量，磁场有 H_x 和 H_z 两个分量，图 7.15 表示出某一时刻 TE_{10} 模完整的场分布。磁力线是平面内的闭合曲线(虚线所示)；E_y 随 x 呈正弦规律变化，在 $x=0$ 和 $x=a$ 处为 0，在 $x=a/2$ 处最大，即在 x 边上有半个驻波分布。H_x 随 x 变化规律和 E_y 相同；H_z 随 x 呈余弦规律变化，在 $x=0$ 和 $x=a$ 处最大，在 $x=a/2$ 处为 0，在 x 边上有半个驻波分布。

2) TE_{10} 模管壁电流的分布

当波导中传输微波信号时，在金属波导内壁表面上将产生感应电流，称为管壁电流。在微波频率，趋肤效应将使这种管壁电流集中在很薄的波导内壁表面流动，这种管壁电流可视为面电流，表达式为

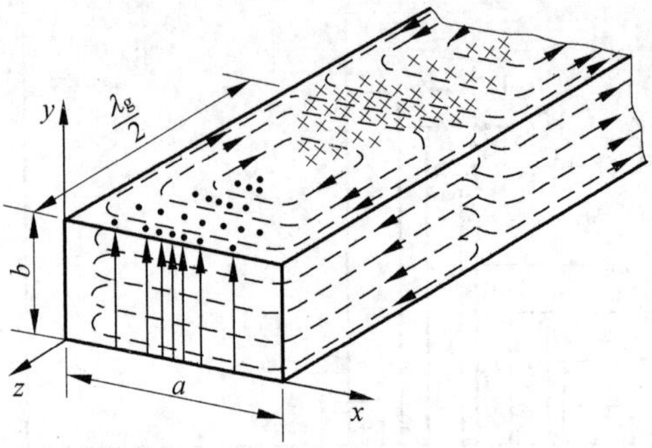

图 7.15 矩形波导 TE_{10} 模的场分布

$$\boldsymbol{J}_S = \boldsymbol{e}_n \times \boldsymbol{H}\,|_S \tag{7.90}$$

其中 $\boldsymbol{H}|_S$ 表示管壁内表面的磁场强度。将式(7.89)代入式(7.90),可得 TE_{10} 模管壁电流的分布(设 $t=0$):

$$\boldsymbol{J}_S\,|_{x=0} = \boldsymbol{e}_x \times \boldsymbol{H}\,|_S = -\boldsymbol{e}_y H_z\,|_{x=0} = -\boldsymbol{e}_y H_{10}\cos\beta z$$

$$\boldsymbol{J}_S\,|_{x=a} = -\boldsymbol{e}_x \times \boldsymbol{H}\,|_S = \boldsymbol{e}_y H_z\,|_{x=a} = -\boldsymbol{e}_y H_{10}\cos\beta z = \boldsymbol{J}_S\,|_{x=0}$$

$$\begin{aligned}\boldsymbol{J}_S\,|_{y=0} &= \boldsymbol{e}_y \times \boldsymbol{H}\,|_S = \boldsymbol{e}_x H_z\,|_{y=0} - \boldsymbol{e}_z H_x\,|_{y=0} \\ &= \boldsymbol{e}_x H_{10}\cos\left(\frac{\pi}{a}x\right)\cos\beta z - \boldsymbol{e}_z \frac{\beta a}{\pi} H_{10}\sin\left(\frac{\pi}{a}x\right)\sin\beta z\end{aligned}$$

$$\begin{aligned}\boldsymbol{J}_S\,|_{y=b} &= -\boldsymbol{e}_y \times \boldsymbol{H}\,|_S = -\boldsymbol{e}_x H_z\,|_{y=b} + \boldsymbol{e}_z H_x\,|_{y=b} \\ &= -\boldsymbol{e}_x H_{10}\cos\left(\frac{\pi}{a}x\right)\cos\beta z + \boldsymbol{e}_z \frac{\beta a}{\pi} H_{10}\sin\left(\frac{\pi}{a}x\right)\sin\beta z = -\boldsymbol{J}_S\,|_{y=0}\end{aligned}$$

根据以上计算结果,波导内壁的电流分布如图 7.16 所示。

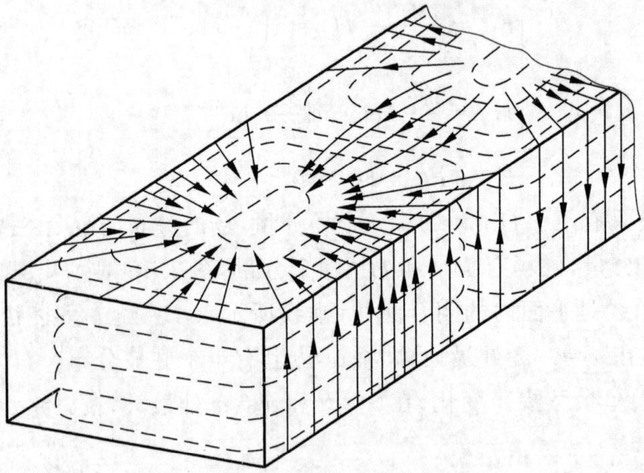

图 7.16 矩形波导 TE_{10} 模管壁电流分布

3) TE_{10} 模的传输特性

将 $m=1,n=0$ 代入式(7.87)、式(7.88),可得 TE_{10} 模的截止波长、截止频率

$$f_c=\frac{1}{2a\sqrt{\mu\varepsilon}}=\frac{v}{2a} \tag{7.91}$$

$$\lambda_c=2a \tag{7.92}$$

将 $m=1,n=0$ 及式(7.92)代入式(7.71)、式(7.72)、式(7.74)，可得相速、群速、波导波长分别为

$$v_p=\frac{\omega}{\beta}=\frac{v}{\sqrt{1-(\lambda/2a)^2}} \tag{7.93}$$

$$v_g=\frac{d\omega}{d\beta}=v\sqrt{1-(\lambda/2a)^2} \tag{7.94}$$

$$\lambda_g=\frac{\lambda}{\sqrt{1-(\lambda/2a)^2}} \tag{7.95}$$

波阻抗

$$Z=-\frac{E_y}{H_x}=\frac{\omega\mu}{\beta}=\frac{\eta}{\sqrt{1-(\lambda/2a)^2}} \tag{7.96}$$

例 7.3 一矩形波导的尺寸为 $a=2\text{cm}, b=1\text{cm}$，内部充满空气，该波导能否传输波长 3cm 的信号？求其在波导中的相移常数、波导波长、相速度、群速度和波阻抗。

解 先由式(7.88)计算其主模 TE_{10} 模的截止波长 $\lambda_c=2a=4\text{cm}$，所以可以传输波长 3cm 的信号。该信号的角频率为

$$\omega=2\pi f=2\pi\frac{c}{\lambda}=2\pi\times10^{10}\,\text{rad/s}$$

由式(7.86)，截止波数 $k_c=\pi/a$，所以相移常数为

$$\beta=\sqrt{k^2-k_c^2}=\sqrt{\omega^2\mu_0\varepsilon_0-(\pi/a)^2}\approx138.5$$

波导波长为

$$\lambda_g=\frac{\lambda}{\sqrt{1-(\lambda/2a)^2}}\approx4.54\text{cm}$$

相速度

$$v_p=\frac{c}{\sqrt{1-(\lambda/2a)^2}}\approx4.54\times10^8\,\text{m/s}$$

群速度

$$v_g=c\sqrt{1-\left(\frac{\lambda}{2a}\right)^2}=1.98\times10^8\,\text{m/s}$$

波阻抗

$$Z=\frac{120\pi}{\sqrt{1-(\lambda/2a)^2}}\approx181.4\pi\Omega$$

4. 矩形波导尺寸选择原则

为了保证在给定频率范围内的电磁波在波导中都能以单一的 TE_{10} 模传播，其他高

次模都截止。为此应满足：$\left.\begin{matrix}\lambda_c(TE_{20})\\ \lambda_c(TE_{01})\end{matrix}\right\}$(取大的$\lambda_c$)$<\lambda<\lambda_c(TE_{10})$，即$\left.\begin{matrix}a\\ 2b\end{matrix}\right\}$(取大数)$<\lambda<2a$，由此得到$\lambda/2<a<\lambda$，$b<\lambda/2$。综合考虑抑制高次模、损耗小和传输功率大诸条件，矩形波导截面尺寸一般选择$a=0.7\lambda$，$b=(0.4\sim0.5)\lambda$。

7.2.3 同轴线

同轴线是一种双导体传输线，如图7.17所示。同轴线按结构可分为两种：硬同轴线和软同轴线。硬同轴线是以圆柱形铜棒作内导体，同心的铜管作外导体，内、外导体间媒质通常为空气，内、外导体用高频介质垫圈支撑，这种同轴线也称为同轴波导；软同轴线的内导体一般采用多股铜丝，外导体是铜丝网，在内、外导体间用介质填充，外导体网外有一层橡胶保护壳，这种同轴线又称为同轴电缆。

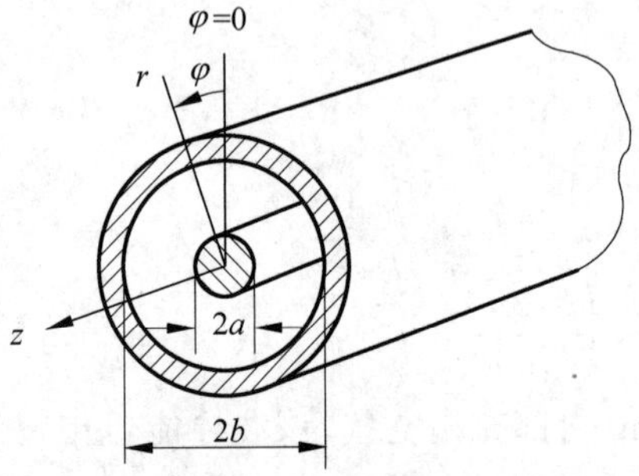

图7.17　同轴线结构

在同轴线中既可传输主模TEM波，也可能存在高次模TE和TM波。

1. 同轴线传输的主模：TEM模($E_z(x,y)=0$，$H_z(x,y)=0$)

设同轴线内导体半径为a，外导体内半径为b，两导体之间填充高频介质，相对介电常数为ε_r。采用圆柱坐标系(r,φ,z)。同轴线内的场具有轴对称性，场的分布与φ无关，对于TEM波，电场可以写为

$$\boldsymbol{E}(r,z)=\boldsymbol{E}_t(r)e^{-j\beta z} \tag{7.97}$$

$\boldsymbol{E}_t(r)$可由电位函数的梯度求出，即

$$\boldsymbol{E}_t(r)=-\nabla_t\Phi(r) \tag{7.98}$$

而电位函数满足拉普拉斯方程

$$\frac{1}{r}\frac{d}{dr}\left(r\frac{d\Phi(r)}{dr}\right)=0 \tag{7.99}$$

利用直接积分法求解式(7.99)，代入边界条件$\Phi(a)=U_0$，$\Phi(b)=0$，得到的解为

$$\Phi(r)=\frac{U_0\ln b/r}{\ln b/a} \tag{7.100}$$

代入式(7.98)、式(7.97)可求得横向电场为

$$\boldsymbol{E}(r,z)=\boldsymbol{E}_t(r)e^{-j\beta z}=\boldsymbol{e}_r\frac{U_0}{r\ln(b/a)}e^{-j\beta z} \tag{7.101}$$

其中$\beta=k=\omega\sqrt{\mu\varepsilon}$为传播常数。

同轴线内的横向磁场则为

$$\boldsymbol{H}(r,z)=\boldsymbol{e}_\varphi\frac{1}{\eta}E_t(r)e^{-j\beta z}=\boldsymbol{e}_\varphi\frac{1}{\eta}\cdot\frac{U_0}{r\ln(b/a)}e^{-j\beta z} \tag{7.102}$$

其中 $\eta=\sqrt{\mu/\varepsilon}$ 是介质的波阻抗。根据式(7.101)和式(7.102)可画出同轴线中 TEM 模的场结构，如图 7.18 所示。

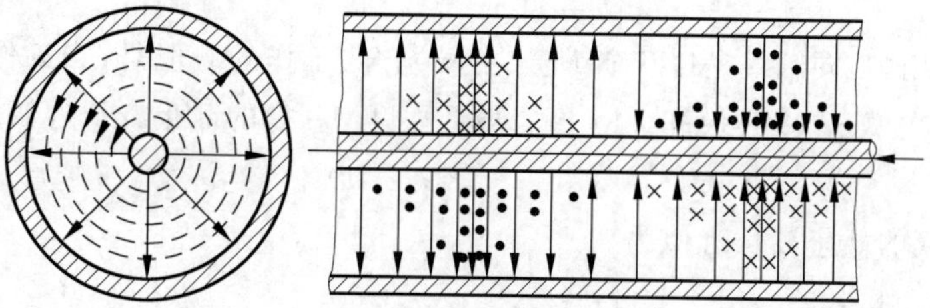

图 7.18 同轴线 TEM 模场结构

2. 同轴线中 TEM 模的特性参量

1) 相速、波导波长

对于同轴线中的 TEM 模，$\beta=k=\omega\sqrt{\mu\varepsilon}$，$k_c=\sqrt{k^2-\beta^2}=0$，$\lambda_c=\dfrac{2\pi}{k_c}=\infty$，代入式(7.71)、式(7.74)可得相速、波导波长为

$$v_p=\frac{\omega}{\beta}=\frac{1}{\sqrt{\mu\varepsilon}}=\frac{c}{\sqrt{\varepsilon_r}} \tag{7.103}$$

$$\lambda_g=\frac{2\pi}{\beta}=\frac{v_p}{f}=\frac{\lambda}{\sqrt{\varepsilon_r}} \tag{7.104}$$

2) 特性阻抗

同轴线内、外导体之间的电位差为

$$U_{ab}=U_a-U_b=\int_a^b E_r(r,z)\mathrm{d}r=U_0\mathrm{e}^{-\mathrm{j}\beta z}$$

内导体上的总电流为

$$I_a=\int_0^{2\pi}H_\varphi(a,z)a\,\mathrm{d}\varphi=\frac{2\pi U_0}{\eta\ln(b/a)}\mathrm{e}^{-\mathrm{j}\beta z}$$

特性阻抗则为(设 $\mu=\mu_0$)

$$Z_0=\frac{U_{ab}}{I_a}=\frac{\eta\ln(b/a)}{2\pi}=\frac{60}{\sqrt{\varepsilon_r}}\ln\frac{b}{a} \tag{7.105}$$

3) 同轴线的损耗

同轴线单位长度的电阻为

$$R=\frac{1}{2\pi\sigma\delta}\left(\frac{1}{a}+\frac{1}{b}\right) \tag{7.106}$$

其中，σ 是同轴线导体的电导率；δ 是趋肤深度。同轴线单位长度损耗的功率为

$$P=\frac{1}{2}I_0^2R=\frac{I_0^2}{4\pi a}\sqrt{\frac{\omega\mu}{2\sigma}}\left(1+\frac{a}{b}\right) \tag{7.107}$$

频率越高,同轴线的损耗越大。

3. 同轴线中的高次模

在实际应用中,同轴线是以 TEM 模(主模)方式工作的。但是,当工作频率过高时,还可能出现高次模——TE 模和 TM 模。最低次 TM_{01} 模的截止波长近似为

$$\lambda_{cTM_{01}} \approx 2(b-a) \tag{7.108}$$

最低次 TE_{11} 模的截止波长近似为

$$\lambda_{cTE_{11}} \approx \pi(b+a) \tag{7.109}$$

4. 同轴线尺寸选择

选择同轴线的尺寸,首要条件是保证同轴线只传输 TEM 模。由上述分析可知,同轴线中的最低次高次模是 TE_{11} 模,其截止波长最大,如式(7.109)所示,为此应满足 $\lambda_{min} > \pi(b+a)$,式中 λ_{min} 是最小工作波长;通常取 $b/a=2.303$,此尺寸相应的空气同轴线的特性阻抗为 50Ω。

7.2.4 微带线简介

实际使用的传输线有许多种,其中微带线是目前射频/微波电路中使用最广泛的传输线。微带线是平面型结构,如图 7.19 所示,由导体带、介质基片、接地板构成,可以在陶瓷类刚性材料基片上沉淀金属导带,也可以在现成介质覆铜板上光刻腐蚀成印制板电路(PCB),容易外接固体射频/微波器件构成各种射频/微波有源电路,而且可以在一块介质基片上制作完整的电路,实现射频/微波部件和系统的集成化、固态化和小型化。

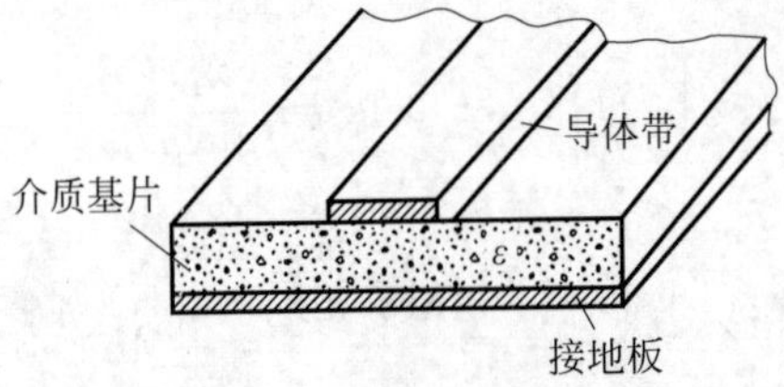

图 7.19 微带线结构

微带线是半开放系统,虽然接地金属板可以帮助阻挡场的泄露,但导体带会带来辐射,所以微带线的缺点是它有较高的辐射损耗,并容易与邻近的导体带之间产生干扰。微带线的损耗和相互干扰的程度与介质基片的相对介电常数 ε_r 有关,增大 ε_r,可以减小损耗和相互干扰的程度,所以常用的介质基片是介电常数高、高频损耗小的材料,例如氧化铝陶瓷($\varepsilon_r=9.5\sim10$,$\tan\delta=0.0002$)。

微带线横截面的结构如图 7.20(a)所示。如果导体带与接地金属平板之间由一种介质包围，如图 7.20(b)所示，则微带线可以传输 TEM 波，但是，微带线(图 7.20(a))导体带周围有两种媒质，导体带上面为空气，下面为介质，结构简单，但存在着介质-空气分界面，使得微带线传输准 TEM 波，也使微带线特性参数的计算比较复杂。由于各种设计公式都有一定的近似条件，因而很难得到一个理想的设计结果，但都能够得到比较满意的工程效果。

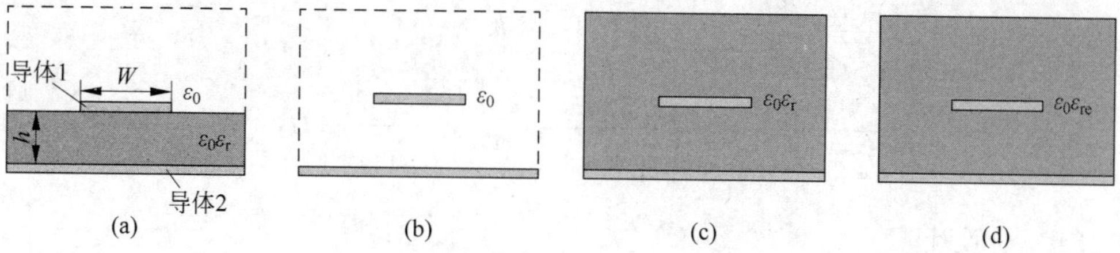

图 7.20　微带线的横截面结构示意图

1. 微带线基本设计参数

微带线横截面的结构如图 7.20(a)所示。相关设计参数如下。

(1) 结构参数：导体带宽度 W、导体带厚度(一般可以忽略)、基板介电常数 ε_r、基板介质损耗角正切 $\tan\delta$、基板高度 h，导体带和底板(接地板)金属通常为铜、金、银、锡或铝。

(2) 电特性参数：特性阻抗 Z_0、工作频率 f_0、工作波长 λ_0、波导波长 λ_g。

构成微带的基板材料、微带线尺寸与微带线的电性能参数有关，微带线设计就是确定满足一定电性能参数的微带物理结构。

2. 微带线的有效介电常数和特性阻抗

微带线的横截面结构示意图如图 7.20 所示。如果将导体带下面的介质基片去掉，则成为全部填充空气的微带线，如图 7.20(b)所示；如果导体带上方也填充与介质基片同样的介质，则成为全部填充介电常数 $\varepsilon_0\varepsilon_r$ 的微带线，如图 7.20(c)所示；图 7.20(d)所示结构为与图 7.20(a)所示的真实微带线等效的全部填充有效介电常数 $\varepsilon_0\varepsilon_{re}$ 的微带线，ε_{re} 称为有效相对介电常数，这种等效的微带线与图 7.20(a)所示的真实微带线具有相同的相速度和特性阻抗，其等效关系由有效相对介电常数 ε_{re}($1<\varepsilon_{re}<\varepsilon_r$)决定。计算公式如下。

1) 分析公式

已知微带线的物理结构参数(W、h、ε_r、$t\approx0$)，求特性阻抗 Z_0。微带线有效相对介电常数的近似计算公式为

$$\varepsilon_{re}=\begin{cases}\dfrac{\varepsilon_r+1}{2}+\dfrac{\varepsilon_r-1}{2}\left[\left(2+12\dfrac{h}{W}\right)^{-\frac{1}{2}}+0.041\left(1-\dfrac{W}{h}\right)^{2}\right], & W\leqslant h\\ \dfrac{\varepsilon_r+1}{2}+\dfrac{\varepsilon_r-1}{2}\left(1+12\dfrac{h}{W}\right)^{-\frac{1}{2}}, & W\geqslant h\end{cases}\tag{7.110}$$

式中,W 表示导体带宽度;h 表示介质基片厚度。

微带线特性阻抗 Z_0 的近似计算公式为

$$Z_0=\begin{cases}\dfrac{60}{\sqrt{\varepsilon_{re}}}\ln\left(\dfrac{8h}{W}+\dfrac{W}{4h}\right)\Omega, & W\leqslant h\\ \dfrac{120\pi}{\sqrt{\varepsilon_{re}}\left[\dfrac{W}{h}+1.393+0.667\ln\left(\dfrac{W}{h}+1.444\right)\right]}\Omega, & W\geqslant h\end{cases}\tag{7.111}$$

2) 综合设计

在给定微带线的特性阻抗 Z_0 和相对介电常数 ε_r 后,可以求出微带线的物理结构参数 W/h 的值。W/h 值的计算公式为

$$\frac{W}{h}=\begin{cases}\dfrac{8e^{A}}{e^{2A}-2}, & \dfrac{W}{h}\leqslant 2\\ \dfrac{2}{\pi}\left\{B-1-\ln(2B-1)+\dfrac{\varepsilon_r-1}{2\varepsilon_r}\left[\ln(B-1)+0.39-\dfrac{0.61}{\varepsilon_r}\right]\right\}, & \dfrac{W}{h}\geqslant 2\end{cases}\tag{7.112}$$

式中

$$A=\frac{Z_0}{60}\sqrt{\frac{\varepsilon_r+1}{2}}+\frac{\varepsilon_r-1}{\varepsilon_r+1}\left(0.23+\frac{0.11}{\varepsilon_r}\right)$$

$$B=\frac{377\pi}{2Z_0\sqrt{\varepsilon_r}}$$

3. 微带线的传输特性

微带线传输准 TEM 模,但微带线的传输特性近似按照 TEM 模计算。微带线的相速度和波长按下面公式计算,即

$$v_p=\frac{c}{\sqrt{\varepsilon_{re}}}\tag{7.113}$$

$$\lambda_g=\frac{\lambda}{\sqrt{\varepsilon_{re}}}\tag{7.114}$$

4. 微带线的损耗与衰减

微带线除了导体损耗和介质损耗外,还有辐射损耗,微带线的损耗可以用衰减常数表示。如果忽略辐射损耗,则微带线的衰减常数为

$$\alpha=\alpha_c+\alpha_d\tag{7.115}$$

式中，α_d 由微带线介质损耗引起；α_c 由微带线导体损耗引起。

1）微带线的介质损耗

微带线的介质损耗是由介质的漏电导致的。对于低损耗介质，微带线的介质损耗为

$$\alpha_d = 27.3\frac{\varepsilon_r}{\varepsilon_r - 1}\frac{\varepsilon_{re} - 1}{\sqrt{\varepsilon_{re}}}\frac{\tan\delta}{\lambda_0} \quad \text{dB/cm} \tag{7.116}$$

式中，$\tan\delta$ 为损耗角正切，有

$$\tan\delta = \frac{\sigma}{\omega\varepsilon_r}$$

其中 σ 为介质的电导率。

对于高损耗介质，微带线的介质损耗为

$$\alpha_d = 4.34\sqrt{\frac{\mu_0}{\varepsilon_0}}\frac{1}{\varepsilon_r - 1}\frac{\varepsilon_{re} - 1}{\sqrt{\varepsilon_{re}}} \quad \text{dB/cm} \tag{7.117}$$

2）微带线的导体损耗

微带线的导体损耗为

$$\alpha_c = \frac{R_s}{Z_0 W} \tag{7.118}$$

式中，$R_s = \sqrt{\frac{\pi f \mu_0}{\sigma}}$，是导体的表面电阻，其中 σ 为导体的电导率。

通常情况下，微带线的导体损耗远大于介质损耗；然而在某些情况（如硅基片中）下，微带线的介质损耗与导体损耗处于同一量级，甚至更大。

5. 微带线的设计方法

目前使用的方法主要有：

（1）查表格。

早期微波工作者针对不同介质基板，利用近似公式计算出了物理结构参数与电性能参数之间的对应关系，建立了详细的数据表格，见表 7.1。这种表格的用法步骤是：①按相对介电常数选表格；②查特性阻抗值 Z_0、宽高比 W/h、有效介电常数 ε_{re} 三者的对应关系，只要已知一个值，其他两个就可查出；③计算，通常 h 已知，则 W 可求得，由 ε_{re} 求出波导波长，进而求出微带线长度。

（2）用软件。

许多公司已开发出了很好的计算微带电路的软件。如 AWR 的 Microwave Office，输入微带的物理参数和拓扑结构，就能很快得到微带线的电性能参数，并可调整或优化微带线的物理参数。

数学计算软件 Mathcad 11 具有很强的功能，只要写入数学公式，就能完成计算任务。

表 7.1 列出了部分微带线有效相对介电常数及特性阻抗的数值。可以看出，当介质基片的厚度 h 和相对介电常数 ε_r 相同时，如果微带线的导体带宽度 W 越大，则微带线的相对有效介电常数 ε_{re} 越大，特性阻抗 Z_0 越小。

表 7.1　微带线的有效相对介电常数及特性阻抗

$\varepsilon_r=2.22$			$\varepsilon_r=2.55$		
W/h	ε_{re}	$Z_0(\Omega)$	W/h	ε_{re}	$Z_0(\Omega)$
0.0500	1.6530	236.6581	0.0500	1.8297	224.9446
0.1000	1.6707	203.2641	0.1000	1.8521	193.0526
0.1500	1.6842	183.7372	0.1500	1.8692	174.4049
0.2000	1.6954	169.9053	0.2000	1.8835	161.1981
0.2500	1.7053	159.2016	0.2500	1.8960	150.8904
0.3000	1.7141	150.4811	0.3000	1.9073	142.6577
0.4000	1.7296	136.7894	0.4000	1.9270	129.5953
0.6000	1.7551	117.7241	0.6000	1.9594	111.4192
0.8000	1.7760	104.4755	0.8000	1.9859	98.7999
1.0000	1.7939	94.4557	1.0000	2.0087	89.2638
1.2000	1.8097	86.0701	1.2000	2.0287	81.2916
1.4000	1.8238	79.5527	1.4000	2.0466	75.0973
1.6000	1.8365	74.1666	1.6000	2.0628	69.9806
1.8000	1.8482	69.5608	1.8000	2.0777	65.6076
2.0000	1.8590	65.5357	2.0000	2.0914	61.7880
2.2000	1.8690	61.9687	2.2000	2.1041	58.4047
2.4000	1.8784	58.7777	2.4000	2.1160	55.3796
2.6000	1.8871	55.9037	2.6000	2.1270	52.6561
2.8000	1.8953	53.3011	2.8000	2.1375	50.1909
3.0000	1.9030	50.9336	3.0000	2.1473	47.9492
3.2000	1.9103	48.7713	3.2000	2.1566	45.9025
3.4000	1.9173	46.7891	3.4000	2.1654	44.0270
3.6000	1.9238	44.9660	3.6000	2.1737	42.3024
3.8000	1.9301	43.2837	3.8000	2.1817	40.7116
4.0000	1.9361	41.7268	4.0000	2.1893	39.2397
4.2000	1.9417	40.2818	4.2000	2.1965	37.8740
4.4000	1.9472	38.9372	4.4000	2.2034	36.6035
4.6000	1.9524	37.6829	4.6000	2.2100	35.4185
4.8000	1.9574	36.5099	4.8000	2.2164	34.3107
5.0000	1.9622	35.4107	5.0000	2.2224	33.2728

$\varepsilon_r=9.5$			$\varepsilon_r=10$		
W/h	ε_{re}	$Z_0(\Omega)$	W/h	ε_{re}	$Z_0(\Omega)$
0.0500	5.5498	129.1587	0.0500	5.8174	126.1527
0.1000	5.6729	110.3081	0.1000	5.9478	107.7290
0.1500	5.7667	99.2947	0.1500	6.0470	96.9653
0.2000	5.8451	91.5058	0.2000	6.1301	89.3533
0.2500	5.9137	85.4895	0.2500	6.2028	83.4738
0.3000	5.9753	80.5972	0.3000	6.2680	78.6931

续表

$\varepsilon_r=9.5$			$\varepsilon_r=10$		
W/h	ε_{re}	$Z_0(\Omega)$	W/h	ε_{re}	$Z_0(\Omega)$
0.4000	6.0835	72.9378	0.4000	6.3825	71.2087
0.6000	6.2611	62.3294	0.6000	6.5706	60.8439
0.8000	6.4067	55.0074	0.8000	6.7247	53.6909
1.0000	6.5314	49.5024	1.0000	6.8568	48.3136
1.2000	6.6411	44.9294	1.2000	6.9730	43.8473
1.4000	6.7394	41.3838	1.4000	7.0770	40.3846
1.6000	6.8284	38.4636	1.6000	7.1713	37.5329
1.8000	6.9099	35.9756	1.8000	7.2576	35.1034
2.0000	6.9851	33.8093	2.0000	7.3371	32.9882
2.2000	7.0548	31.8963	2.2000	7.4109	31.1204
2.4000	7.1198	30.1905	2.4000	7.4797	29.4550
2.6000	7.1806	28.6588	2.6000	7.5442	27.9597
2.8000	7.2378	27.2755	2.8000	7.6047	26.6094
3.0000	7.2916	26.0205	3.0000	7.6617	25.3842
3.2000	7.3426	24.8769	3.2000	7.7156	24.2680
3.4000	7.3908	23.8309	3.4000	7.7667	23.2470
3.6000	7.4366	22.8708	3.6000	7.8152	22.3099
3.8000	7.4802	21.9866	3.8000	7.8614	21.4469
4.0000	7.5217	21.1697	4.0000	7.9054	20.6497
4.2000	7.5614	20.4129	4.2000	7.9473	19.9111
4.4000	7.5993	19.7098	4.4000	7.9875	19.2249
4.6000	7.6356	19.0549	4.6000	8.0259	18.5858
4.8000	7.6704	18.4435	4.8000	8.0627	17.9891
5.0000	7.7037	17.8712	5.0000	8.0981	17.4307

例 7.4 使用厚度 $h=1.02\text{cm}$，$\varepsilon_r=10$ 的基片设计特性阻抗为 50Ω 的微带线，计算导体带宽度 W。

解 现设计 $W/h\leqslant 2$ 的微带线。由式(7.112)可知

$$\frac{W}{h}=\frac{8\mathrm{e}^{A}}{\mathrm{e}^{2A}-2},\quad \frac{W}{h}\leqslant 2$$

式中

$$A=\frac{Z_0}{60}\sqrt{\frac{\varepsilon_r+1}{2}}+\frac{\varepsilon_r-1}{\varepsilon_r+1}\left(0.23+\frac{0.11}{\varepsilon_r}\right)\approx 2.15$$

所以

$$\frac{W}{h}\approx 0.96,\quad W=1.02\times 0.96$$

7.3 谐振腔

谐振腔是微波段的谐振元件,它是一个由任意形状的导电壁(或导磁壁)所包围的、能在其中形成电磁振荡的器件。它具有储藏电磁能量和选择一定频率信号的特性,相当于低频时的 LC 谐振回路。

在低频电路中是采用集中参数的 LC 谐振回路来产生电磁振荡、储能和选频的。随着频率的升高,辐射损耗、导体损耗及介质损耗都会急剧增加,使谐振回路的品质因数大大降低,选频特性变差;随着频率的升高,电感量 L 和电容量 C 将越来越小,体积也越来越小,致使电感器和电容器的制作困难、易击穿,并使振荡功率变小。因此集中参数的 LC 谐振回路不能用在微波波段作储能和选频元件。为了克服上述缺点,必须采用封闭型的微波谐振器(又称谐振腔)作为储能和选频元件。这种谐振器可以定性看成是由集中参数 LC 谐振回路演变而来的。在谐振腔中,振荡是由电磁波在腔壁上来回反射形成稳定驻波而形成的。根据驻波的特点,电场与磁场在时间上和空间上都有 $\pi/2$ 的相位差,即在电场为最大时,磁场为零,而在电场为零时,磁场为最大;而且在电场为最大处,磁场为零,反之亦然。因此,谐振腔中的振荡过程与在 LC 谐振回路中一样,也是电磁场能量以电能和磁能两种形式相互转换的过程。谐振腔与 LC 回路的主要区别是,它是分布参数电路,而后者则是集中参数电路,谐振腔具有多谐特性,即相应于腔中不同的驻波场分布,可以存在有许多个不同的谐振频率,而后者只能有单个谐振频率;此外,谐振腔的 Q 值要比 LC 回路高得多。

常见的微波谐振腔如图 7.21 所示,本节主要介绍矩形谐振腔。

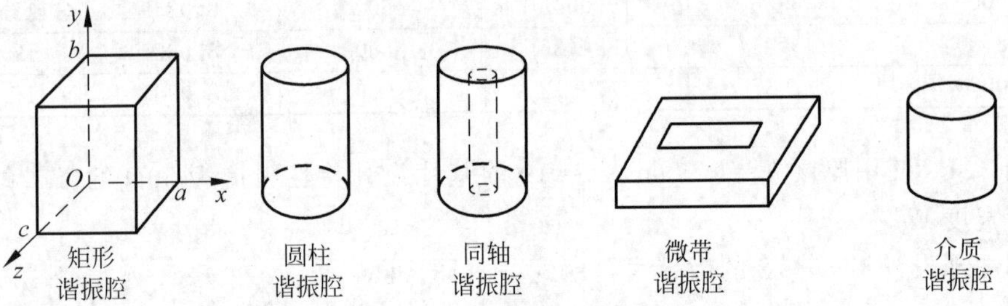

图 7.21 常见的微波谐振器

1. 矩形谐振腔内场的分布

设谐振腔中填充线性、均匀、各向同性的无损耗介质,介电常数和磁导率分别为 ε 和 μ。腔中场的每一个分量满足波动方程,例如,E_x 分量满足的波动方程为

$$\nabla^2 E_x - \frac{1}{v^2}\frac{\partial^2 E_x}{\partial t^2} = 0 \tag{7.119}$$

在时谐情况下,式(7.119)可以写为

$$\nabla^2 E_x + k^2 E_x = 0 \tag{7.120}$$

边界条件为

$$y=0,\quad y=b,\quad z=0,\quad z=c \text{ 时},\quad E_x=0 \tag{7.121}$$

沿 z 方向不再是行波,利用分离变量法可以解出

$$E_x=(A_1\sin k_x x+B_1\cos k_x x)\sin k_y y\sin k_z z \tag{7.122}$$

其中 $k_y=\frac{n\pi}{b}$,$k_z=\frac{p\pi}{c}$,n、$p=0,1,2,\cdots$。利用相同的方法可以解出

$$E_y=(A_2\sin k_y y+B_2\cos k_y y)\sin k_x x\sin k_z z \tag{7.123}$$

$$E_z=(A_3\sin k_z z+B_3\cos k_z z)\sin k_x x\sin k_y y \tag{7.124}$$

其中 $k_x=\frac{m\pi}{a}$,$m=0,1,2,\cdots$。k_x、k_y、k_z 分别代表沿矩形三边半波长的数目。$k_x^2+k_y^2+k_z^2=k^2$。

在谐振腔内利用$\nabla\cdot\boldsymbol{E}=0$,可得

$$A_1=A_2=A_3=0 \tag{7.125}$$

把式(7.125)代入式(7.122)~式(7.124),可得

$$E_x=E_{m1}\cos\frac{m\pi}{a}x\cdot\sin\frac{n\pi}{b}y\cdot\sin\frac{p\pi}{c}z \tag{7.126}$$

$$E_y=E_{m2}\sin\frac{m\pi}{a}x\cdot\cos\frac{n\pi}{b}y\cdot\sin\frac{p\pi}{c}z \tag{7.127}$$

$$E_z=E_{m3}\sin\frac{m\pi}{a}x\cdot\sin\frac{n\pi}{b}y\cdot\cos\frac{p\pi}{c}z \tag{7.128}$$

其中 E_{m1}、E_{m2}、E_{m3} 分别是电场各分量驻波的最大值。

由电磁感应定律 $\boldsymbol{H}=-\frac{1}{\mathrm{j}\omega\mu}\nabla\times\boldsymbol{E}$ 可以求出磁场的各分量:

$$H_x=-\frac{1}{\mathrm{j}\omega\mu}H_{m1}\sin\frac{m\pi}{a}x\cdot\cos\frac{n\pi}{b}y\cdot\cos\frac{p\pi}{c}z \tag{7.129}$$

$$H_y=-\frac{1}{\mathrm{j}\omega\mu}H_{m2}\cos\frac{m\pi}{a}x\cdot\sin\frac{n\pi}{b}y\cdot\cos\frac{p\pi}{c}z \tag{7.130}$$

$$H_z=-\frac{1}{\mathrm{j}\omega\mu}H_{m3}\cos\frac{m\pi}{a}x\cdot\cos\frac{n\pi}{b}y\cdot\sin\frac{p\pi}{c}z \tag{7.131}$$

可以看出,电场和磁场之间存在 90°的相位差,这与电路理论中电压和电流相位相差 90°是对应的,反映了谐振腔中电场能量和磁场能量相互转换的关系。

2. 矩形谐振腔的基本参量

1) 谐振频率 f_0

由 $k^2=\omega^2\mu\varepsilon=k_x^2+k_y^2+k_z^2=\left(\frac{m\pi}{a}\right)^2+\left(\frac{n\pi}{b}\right)^2+\left(\frac{p\pi}{c}\right)^2$ 可得可能产生的谐振频率为

$$f_{mnp}=\frac{\omega}{2\pi}=\frac{1}{2\sqrt{\mu\varepsilon}}\sqrt{\left(\frac{m}{a}\right)^2+\left(\frac{n}{b}\right)^2+\left(\frac{p}{c}\right)^2} \tag{7.132}$$

一组 m、n、p 表示谐振腔中的一种振荡模式,m、n、p 只能有一个为 0。若 a、$b>c$,则最低谐振频率及对应的波长分别为

$$f_{110}=\frac{1}{2\sqrt{\mu\varepsilon}}\sqrt{\frac{1}{a^2}+\frac{1}{b^2}},\quad \lambda_{110}=\frac{2}{\sqrt{\frac{1}{a^2}+\frac{1}{b^2}}} \tag{7.133}$$

谐振频率最低的模式称为谐振腔的主模。

2) 品质因数 Q_0

品质因数 Q_0 是表征谐振器能量损耗和频率选择性的重要参量,无载品质因数(固有品质因数)的定义为

$$Q_0=2\pi\frac{W}{W_T}=\omega\frac{W}{P_L} \tag{7.134}$$

其中,W 为谐振器中的储能;W_T 为一个周期内谐振器损耗的能量;P_L 为谐振器的平均损耗功率。$W_T=P_L\cdot T=P_L\cdot\frac{2\pi}{\omega}$。谐振器的损耗包括导体损耗、介质损耗和辐射损耗,对于封闭型的谐振器,辐射损耗为零。如果假定谐振器内介质是无耗的,则谐振器的损耗只有壁电流的热损耗。

7.4 应用案例(电子资源)

扫码阅读

7.4 应用案例

7.4.1 短路、开路技术的应用　　7.4.2 s 参数

7.4.3 微波炉

第7章习题

7-1 求内、外导体直径分别为 0.25cm 和 0.75cm 空气同轴线的特性阻抗;在此同轴线内、外导体之间填充聚四氟乙烯($\varepsilon_r=2.1$),求其特性阻抗与 300MHz 时的波长。

7-2 在设计均匀传输线时,用聚乙烯($\varepsilon_r=2.25$)作电介质,忽略损耗。

(1) 对于 300Ω 的双线传输线,若导线的半径为 0.6mm,线间距应选取为多少?

(2) 对于 75Ω 的同轴线,若内导体的半径为 0.6mm,外导体的内半径应选取为多少?

7-3 设无耗线的特性阻抗为 100Ω,负载阻抗为 50−j50Ω,试求 Γ_L、VSWR 及距负载 0.15λ 处的输入阻抗。

7-4 一特性阻抗为 50Ω、长 2m 的无耗线工作于频率 200MHz,终端阻抗为 40+j30Ω,求其输入阻抗。

7-5 在特性阻抗为 200Ω 的无耗双导线上,测得负载处为电压驻波最小点,$|U|_{min}=8$V,距负载 $\lambda/4$ 处为电压驻波最大点,$|U|_{max}=10$V,试求负载阻抗及负载吸收的功率。

7-6 长度为 3λ/4,特性阻抗为 600Ω 的双导线,端接负载阻抗 300Ω;其输入端电压

为 600V。试画出沿线电压、电流和阻抗的振幅分布图，并求其最大值和最小值。

7-7 无耗双导线的特性阻抗为 500Ω，端接一未知负载 Z_L，当负载端短路时在线上测得一短路参考点位置 d_0，当端接 Z_L 时测得 VSWR＝2.4，电压驻波最小点位于 d_0 电源端 0.208λ 处，试求该未知负载阻抗 Z_L。

7-8 无耗线的特性阻抗为 125Ω，第一个电流驻波最大点距负载 15cm，VSWR＝5，工作波长为 80cm，求负载阻抗。

7-9 求图题 7-9 中各电路 A-A' 处的输入阻抗、反射系数模及线 B 的电压驻波比。

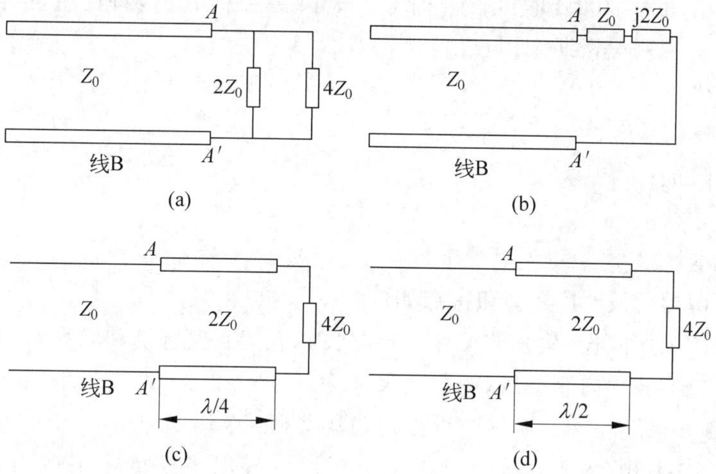

图题 7-9

7-10 考虑一根无损耗线：

(1) 当负载阻抗 $Z_L=(40-j30)\Omega$，欲使线上驻波比最小，则线的特性阻抗应为多少？

(2) 求出该最小的驻波比及相应的电压反射系数；

(3) 确定距负载最近的电压最小点位置。

7-11 有一个无耗传输线特性阻抗 $Z_0=75\Omega$，终端接负载阻抗 $Z_L=(100-j50)\Omega$，求：

(1) 传输线上的反射系数 $\Gamma(z)$；

(2) 传输线上的电压、电流表示式；

(3) 距负载第一个电压波节和电压波腹的距离 l_{min} 和 l_{max}。

7-12 已知特性阻抗为 300Ω 的无损耗传输线上驻波比等于 2.0，距负载最近的电压最小点离终端为 0.3λ，试求：

(1) 负载端的电压反射系数 Γ_2；

(2) 未知的负载阻抗 Z_L。

7-13 一个 200MHz 的源通过一根 300Ω 的双线传输线对输入阻抗为 73Ω 的偶极子天线馈电。设计一根 λ/4 波长的双线传输线（线周围为空气，间距为 2cm），以使天线与 300Ω 的传输线匹配。

7-14 完成下列圆图基本练习：

(1) 已知 Z_L 为 $(0.2-j0.31)Z_0\Omega$，要求 y_{in} 为 $1-jb_{in}$，求 l/λ；

(2) 一开路支节，要求 y_{in} 为 $-j1.5$，求 l/λ；

(3) 一短路支节，已知 l/λ 为 0.11，求 y_{in}，若为开路支节，求 y_{in}；

(4) 已知 $z_L=0.4+j0.8$，求 d_{min1}、d_{max1}、VSWR、K；

(5) 已知 $l/\lambda=6.35$，VSWR=1.5，$d_{min1}=0.082\lambda$，$Z_0=75\Omega$，求 Z_L、Z_m、Y_L 和 Y_{in}；

(6) 已知 $l/\lambda=1.82$，$|U|_{max}=50V$，$|U|_{min}=13V$，$d_{max1}=0.032\lambda$，$Z_0=50\Omega$，求 Z_L、Z_{in}。

7-15 一个 $(30+j10)\Omega$ 的负载阻抗与一根长度为 0.101λ，特性阻抗为 50Ω 的无损耗传输线相接。利用史密斯圆图求出：

(1) 驻波比；

(2) 电压反射系数；

(3) 输入阻抗；

(4) 输入导纳；

(5) 线上电压最小点的位置。

7-16 何谓导行波？其类型和特点如何？

7-17 何谓工作波长、截止波长和波导波长？它们有何区别和联系？

7-18 一矩形波导内充空气，横截面尺寸为 $a\times b=2.3\text{cm}\times1.0\text{cm}$，试问：当工作波长各为 6cm、4cm、1.8cm 时，波导内可能传输哪些模式？

7-19 用 BJ-100(22.86mm×10.6mm)矩形波导以主模传输 10GHz 的微波信号，试求：

(1) 波导的截止波长 λ_c，波导波长 λ_g，相移常数 β 和波阻抗；

(2) 如果宽边尺寸增加一倍，上述参量如何变化？

(3) 如果窄边尺寸增加一倍，上述参量如何变化？

(4) 波导尺寸固定不变，频率变为 15GHz，上述各参量如何变化？

7-20 假设矩形波导管的截面尺寸为 $a\times b=31.75\text{mm}\times15.875\text{mm}$，内部填充 $\varepsilon_r=4$ 的电介质，问什么频率下波导管只能通过 TE_{10} 波形而不能通过其他波形？

7-21 已知横截面为 $a\times b$ 的矩形波导内的纵向场分量为

$$E_z=0,\quad H_z=H_0\cos\left(\frac{\pi}{a}x\right)\cos\left(\frac{\pi}{b}y\right)e^{-j\beta z}$$

式中，H_0 为常量，$\beta=\sqrt{k^2-k_c^2}$，$k=\omega\sqrt{\mu_0\varepsilon_0}$，$k_c=\sqrt{\left(\frac{\pi}{a}\right)^2+\left(\frac{\pi}{b}\right)^2}$。

(1) 试求波导内场的其他分量及传输模式；

(2) 试说明为什么波导内部不可能存在 TEM 波。

7-22 填充空气介质的矩形波导传输 TE_{10} 波，试求管壁表面的传导电流和管内位移电流。

7-23 在一空气填充的矩形波导中传输 TE_{10} 波，已知 $a\times b=6\text{cm}\times4\text{cm}$，若沿纵向测得波导中电场强度最大值与最小值之间的距离是 4.47cm，求信号源的频率。

7-24 今用 BJ-32 矩形波导($a\times b=72.14\text{mm}\times 34.04\text{mm}$)做馈线,设波导中传输 TE_{10} 模。

(1) 测得相邻两波节之间的距离为 10.9cm,求 λ_g 和 λ_c;

(2) 设工作波长为 $\lambda_0=10\text{cm}$,求 v_p、λ_c 和 λ_g。

7-25 试绘图说明当矩形波导中传输 TE_{10} 模时,在哪些地方开槽才不会影响电磁波的传输。

7-26 设计一特性阻抗为 75Ω 的同轴线,要求它的最高工作频率为 4.2GHz,求当分别以空气和 $\varepsilon_r=2.25$ 的介质填充时同轴线的尺寸。

7-27 空气同轴线尺寸 $a=10\text{mm}$,$b=40\text{mm}$:

(1) 计算 TE_{11}、TM_{01} 和 TE_{01} 这 3 种高次模的截止波长;

(2) 若工作波长为 10cm,求 TEM 和 TE_{11} 模的相速度。

7-28 设空气填充矩形腔 $a=2.5\text{cm}$,$b=2\text{cm}$,$l=5\text{cm}$,试求腔的 5 个最低次谐振频率。

7-29 用 BJ-100 波导做成的 TE_{102} 模式矩形腔,今在 $z=l$ 端面用理想导体短路活塞调谐,其频率调谐范围为 9.3～10.2GHz,求活塞的移动范围。

马可尼

(Guglielmo Marchese Marconi,
1874—1937,意大利)

波波夫

(Александр Степанович Попов,
1859—1906,俄罗斯)

1896 年,马可尼和波波夫各自独立地实现了电磁波通信试验,开创了无线电技术的新纪元。

第8章 电磁波辐射

8.1 滞后位

在第5章中介绍了时变电磁场的矢量位、标量位和达朗贝尔方程，本章将利用这些理论来分析电磁波的辐射问题。矢量位和标量位满足的微分方程(达朗贝尔方程)为

$$\nabla^2 \boldsymbol{A} - \mu\varepsilon \frac{\partial^2 \boldsymbol{A}}{\partial t^2} = -\mu \boldsymbol{J} \tag{8.1}$$

$$\nabla^2 \Phi - \mu\varepsilon \frac{\partial \Phi}{\partial t} = -\frac{\rho}{\varepsilon} \tag{8.2}$$

扫码看讲课录像8.1

复数形式为

$$\nabla^2 \dot{\boldsymbol{A}} + k^2 \dot{\boldsymbol{A}} = -\mu \dot{\boldsymbol{J}} \tag{8.3}$$

$$\nabla^2 \dot{\Phi} + k^2 \dot{\Phi} = -\frac{\dot{\rho}}{\varepsilon} \tag{8.4}$$

其中 $k^2 = \frac{\omega^2}{v^2} = \omega^2 \mu\varepsilon$。

用严格的方法求解式(8.3)和式(8.4)十分繁杂。这里利用推理的方法来解，既能得到正确的结论，又能加深理解其中的物理意义。式(8.3)和式(8.4)形式上相同，首先求解标量方程式(8.4)，先考虑两种特例：

(1) 在恒定电场中，标量电位满足泊松方程

$$\nabla^2 \Phi = -\frac{\rho}{\varepsilon} \tag{8.5}$$

泊松方程的解为

$$\Phi = \frac{1}{4\pi\varepsilon} \int_{\tau'} \frac{\rho \mathrm{d}\tau'}{r} \tag{8.6}$$

(2) 在时变场的无源区，标量位满足齐次方程

$$\nabla^2 \dot{\Phi} + k^2 \dot{\Phi} = 0 \tag{8.7}$$

讨论沿 r 方向传播的均匀球面波，在球坐标系中，$\dot{\Phi} = \dot{\Phi}(r, t)$，代入式(8.7)可得

$$\frac{1}{r^2} \frac{\partial}{\partial r}\left(r^2 \frac{\partial \dot{\Phi}}{\partial r}\right) + k^2 \dot{\Phi} = 0$$

令 $\dot{u} = r\dot{\Phi}$，上式可以改写为

$$\frac{\partial^2 \dot{u}}{\partial r^2} - (\mathrm{j}k)^2 \dot{u} = 0 \tag{8.8}$$

式(8.8)是一个二阶齐次常微分方程，解可以写为

$$\dot{u} = \dot{u}_m^{+} \mathrm{e}^{-\mathrm{j}kr} + \dot{u}_m^{-} \mathrm{e}^{\mathrm{j}kr}$$

其中第一项表示沿 r 轴正方向传播的入射波，第二项表示沿 r 轴负方向传播的反射波。讨论电磁波的辐射，不考虑反射波，所以

$$\dot{\Phi} = \dot{u}_m^{+} \frac{\mathrm{e}^{-\mathrm{j}kr}}{r} \propto \frac{\mathrm{e}^{-\mathrm{j}kr}}{r} \tag{8.9}$$

考虑以上两种特例，式(8.4)的解应与式(8.6)形式上相似，因为都是由电荷 ρ 激发的；讨论沿 r 方向传播的时变场，式(8.4)的解中应含有相位因子 e^{-jkr}。所以式(8.4)的解可以写为

$$\dot{\Phi}=\frac{1}{4\pi\varepsilon}\int_{V'}\frac{\dot{\rho}e^{-jkr}}{r}dV' \tag{8.10}$$

加上时间项 $e^{j\omega t}$，式(8.10)可以写为

$$\dot{\Phi}=\frac{1}{4\pi\varepsilon}\int_{V'}\frac{\dot{\rho}e^{j(\omega t-kr)}}{r}dV'=\frac{1}{4\pi\varepsilon}\int_{V'}\frac{\dot{\rho}e^{j\omega\left(t-\frac{r}{v}\right)}}{r}dV' \tag{8.11}$$

其中 $k=\frac{\omega}{v}$。式(8.3)和式(8.4)形式上相同，由式(8.11)可以写出式(8.3)的解

$$\dot{\boldsymbol{A}}=\frac{\mu}{4\pi}\int_{V'}\frac{\dot{\boldsymbol{J}}e^{j\omega\left(t-\frac{r}{v}\right)}}{r}dV' \tag{8.12}$$

对于线电流

$$\dot{\boldsymbol{A}}=\frac{\mu}{4\pi}\int_{l'}\frac{\dot{I}e^{j\omega\left(t-\frac{r}{v}\right)}}{r}d\boldsymbol{l}' \tag{8.13}$$

达朗贝尔方程的解即式(8.11)～式(8.13)表示以速度 $\boldsymbol{v}$ 沿 r 方向传播的波；可以看出，空间某一点 t 时刻的 Φ、$\boldsymbol{A}$ 是由 $t-r/v$ 时刻 ρ、$\boldsymbol{J}$ 的分布决定的，即场源 ρ、$\boldsymbol{J}$ 的作用要经过 $\Delta t=r/v$ 后才能传到该点，或者说该点 Φ、$\boldsymbol{A}$ 的变化滞后于 ρ、$\boldsymbol{J}$ 的变化，称为滞后位(或推迟位)。滞后的时间 Δt 就是电磁波从源点传到该点需要的时间。

8.2 电偶极子天线辐射

扫码看讲课

录像 8.2

1. 电偶极子天线(元天线)

电偶极子天线就是一段长为 Δl 的载流导线，中心馈电，如图 8.1 所示。电偶极子天线本质上是一个 LC 振荡电路，振荡频率为

$$f=\frac{1}{2\pi\sqrt{LC}} \tag{8.14}$$

为了有效地向外辐射电磁能量，要提高振荡频率，根据式(8.14)，就要减小 L、C，即减少线圈的匝数，减小电容器极板的面积，增大板间距离，这样闭合的 LC 振荡电路就演变为开放的电路，进而演变为振荡偶极子，如图 8.2 所示。

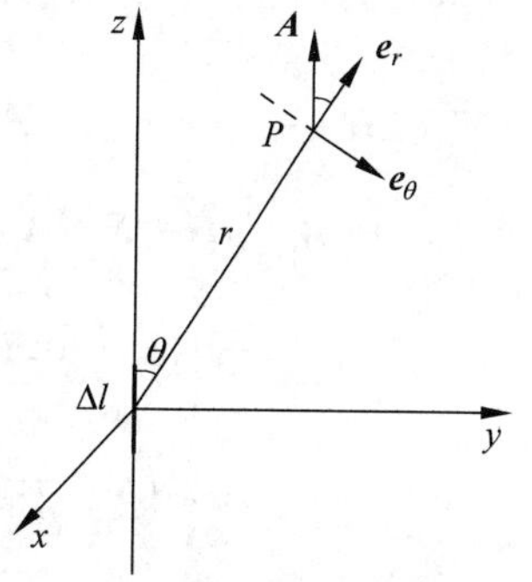

图 8.1 电偶极子天线

电偶极子天线的电特性：①电偶极子天线的长度 Δl 远远小于工作波长 λ，所以 Δl 上各点的电流 $\dot{I}$（包括相位）可以看作是相等的；②Δl 也远远小于场点 P 到电偶极子天线中心的距离 r，所以 Δl 上各点到 P 点的距离，可以看作是

相等的。实际的线状天线可看成是许多电偶极子天线的串联组合。

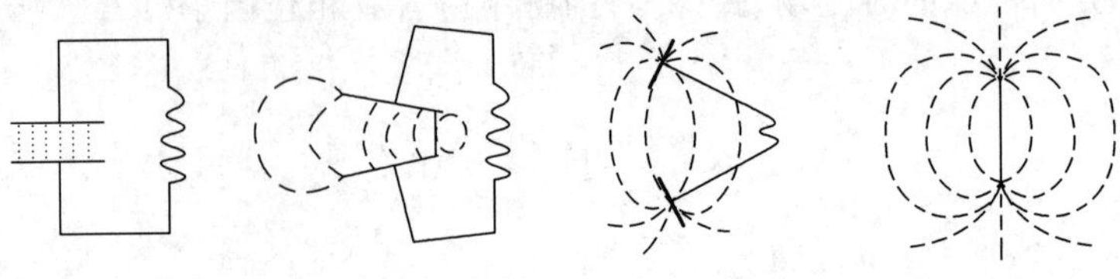

(a) (b) (c) (d)

图 8.2 闭合的 LC 振荡电路演变为振荡偶极子

2. 电偶极子天线辐射

1) 辐射场表达式

(1) 设电偶极子天线上的电流为 $\dot{I}$,在空间产生的矢量位(达朗贝尔方程的解)

$$\dot{\boldsymbol{A}}=\frac{\mu}{4\pi}\int_l \frac{\dot{I}\,\mathrm{e}^{-\mathrm{j}kr}}{r}\mathrm{d}\boldsymbol{l} \tag{8.15}$$

由电偶极子天线的电特性①、②,式(8.15)可以写为

$$\dot{\boldsymbol{A}}=\boldsymbol{e}_z\,\frac{\mu}{4\pi}\cdot\frac{\dot{I}\,\mathrm{e}^{-\mathrm{j}kr}}{r}\Delta l$$

所以

$$\dot{A}=\dot{A}_z=\frac{\mu}{4\pi r}\dot{I}\,\Delta l\,\mathrm{e}^{-\mathrm{j}kr},\quad \dot{A}_x=\dot{A}_y=0 \tag{8.16}$$

在球坐标系中,如图 8.1 所示,矢量位的 3 个分量为

$$\dot{A}_r=\dot{A}_z\cos\theta=\frac{\mu}{4\pi r}\dot{I}\,\Delta l\,\mathrm{e}^{-\mathrm{j}kr}\cos\theta \tag{8.17}$$

$$\dot{A}_\theta=-\dot{A}_z\sin\theta=-\frac{\mu}{4\pi r}\dot{I}\,\Delta l\,\mathrm{e}^{-\mathrm{j}kr}\sin\theta \tag{8.18}$$

$$\dot{A}_\varphi=0 \tag{8.19}$$

(2) 由 $\dot{\boldsymbol{B}}=\mu\dot{\boldsymbol{H}}=\nabla\times\dot{\boldsymbol{A}}$,所以 $\dot{\boldsymbol{H}}=\frac{1}{\mu}\nabla\times\dot{\boldsymbol{A}}$,把式(8.17)~式(8.19)代入可得

$$\begin{cases}\dot{H}_r=0,\dot{H}_\theta=0\\ \dot{H}_\varphi=\dfrac{1}{\mu r}\left[\dfrac{\partial}{\partial r}(r\dot{A}_\theta)-\dfrac{\partial\dot{A}_r}{\partial\theta}\right]=\dfrac{\dot{I}\,\Delta l\sin\theta}{4\pi r}\left(\mathrm{j}k+\dfrac{1}{r}\right)\mathrm{e}^{-\mathrm{j}kr}\end{cases} \tag{8.20}$$

(3) 由 $\nabla\times\dot{\boldsymbol{H}}=\mathrm{j}\omega\dot{\boldsymbol{D}}=\mathrm{j}\omega\varepsilon\dot{\boldsymbol{E}}$,则 $\dot{\boldsymbol{E}}=\frac{1}{\mathrm{j}\omega\varepsilon}\nabla\times\dot{\boldsymbol{H}}$,把式(8.20)代入可得

$$\dot{E}_r=\frac{1}{\mathrm{j}\omega\varepsilon}\cdot\frac{1}{r\sin\theta}\frac{\partial}{\partial\theta}(\sin\theta\dot{H}_\varphi)=-\mathrm{j}\,\frac{\dot{I}\,\Delta l\cos\theta}{2\pi\omega\varepsilon r^2}\left(\mathrm{j}k+\frac{1}{r}\right)\mathrm{e}^{-\mathrm{j}kr} \tag{8.21}$$

$$\dot{E}_\theta = -\frac{1}{\mathrm{j}\omega\varepsilon}\cdot\frac{1}{r}\frac{\partial}{\partial r}(r\dot{H}_\varphi) = -\mathrm{j}\frac{\dot{I}\Delta l\sin\theta}{4\pi\omega\varepsilon r}\left(-k^2+\mathrm{j}\frac{k}{r}+\frac{1}{r^2}\right)\mathrm{e}^{-\mathrm{j}kr} \tag{8.22}$$

$$\dot{E}_\varphi = 0 \tag{8.23}$$

2) 讨论

(1) 若 $kr\ll 1\left(或 k\ll\frac{1}{r}, r\ll\frac{\lambda}{2\pi}\right)$，则是在天线的近区，式(8.20)～式(8.22)中 $\mathrm{e}^{-\mathrm{j}kr}\approx 1$，所以

$$\dot{H}_\varphi = \frac{\dot{I}\Delta l}{4\pi r^2}\sin\theta \tag{8.24}$$

$$\dot{E}_r = -\mathrm{j}\frac{\dot{I}\Delta l\cos\theta}{2\pi\omega\varepsilon r^3} = \frac{\dot{q}\Delta l\cos\theta}{2\pi\varepsilon r^3} = \frac{\dot{p}\cos\theta}{2\pi\varepsilon r^3} \tag{8.25}$$

其中

$$\dot{I} = \frac{\partial\dot{q}}{\partial t} = \mathrm{j}\omega\dot{q}$$

因此

$$\dot{E}_\theta = -\mathrm{j}\frac{\dot{I}\Delta l\sin\theta}{4\pi\omega\varepsilon r^3} = \frac{\dot{q}\Delta l\sin\theta}{4\pi\varepsilon r^3} = \frac{\dot{p}\sin\theta}{4\pi\varepsilon r^3} \tag{8.26}$$

可以看出，式(8.25)、式(8.26)与静电场中电偶极子产生的电场的表达式(2.38)相同，式(8.24)与恒定磁场中电流元产生的磁场的表达式相同(毕奥-萨伐尔定律)。所以近区的电场是偶极子天线上的瞬时电偶极子产生的，与静电场分布相似；近区的磁场是偶极子天线上的瞬时电流元产生的，与恒定磁场分布相似；因此天线近区是感应场。由式(8.24)～式(8.26)可以看出，近区电场 E 与磁场 H 相位相差 $\pi/2$，近区中的平均能流密度矢量为

$$\boldsymbol{S}_{\mathrm{av}} = \mathrm{Re}\left(\frac{1}{2}\dot{\boldsymbol{E}}\times\dot{\boldsymbol{H}}^*\right) = \mathrm{Re}\left[\frac{1}{2}(\dot{\boldsymbol{E}}_r+\dot{\boldsymbol{E}}_\theta)\times\dot{\boldsymbol{H}}_\varphi^*\right] = 0$$

上式表明，电偶极子天线的近区没有能量的传输，显然是不合理的。原因是在由式(8.20)～式(8.22)推导式(8.24)～式(8.26)的过程中，略去了一些小项，实际上在天线的近区，交换的能量(电场～磁场)远远大于传输的能量。

(2) 若 $kr\gg 1\left(或 k\gg\frac{1}{r}, r\gg\frac{\lambda}{2\pi}\right)$，这是在天线的远区，由式(8.20)～式(8.22)可得场强的表达式

$$\dot{H}_\varphi = \mathrm{j}k\frac{\dot{I}\Delta l\sin\theta}{4\pi r}\mathrm{e}^{-\mathrm{j}kr} = \mathrm{j}\frac{\dot{I}\Delta l}{2\lambda r}\sin\theta\,\mathrm{e}^{-\mathrm{j}kr} \tag{8.27}$$

$$\dot{E}_\theta = \mathrm{j}k^2\frac{\dot{I}\Delta l\sin\theta}{4\pi\omega\varepsilon r}\mathrm{e}^{-\mathrm{j}kr} = \mathrm{j}\frac{\dot{I}\Delta l}{2\lambda r}\cdot\frac{k}{\omega\varepsilon}\sin\theta\,\mathrm{e}^{-\mathrm{j}kr} \tag{8.28}$$

$$\dot{E}_r = k\frac{\dot{I}\Delta l\cos\theta}{2\pi\omega\varepsilon r^2}\mathrm{e}^{-\mathrm{j}kr} \approx 0 \tag{8.29}$$

由于 $\dot{E}_\theta \propto \frac{1}{r}$,而 $\dot{E}_r \propto \frac{1}{r^2}$,在天线的远区,$r$ 很大,所以 $\dot{E}_r \approx 0$。

可以看出,在电偶极子天线的远区,电磁场只有 $\dot{E}_\theta$、$\dot{H}_\varphi$ 两个分量,是横电磁波(TEM 波);$\dot{E}_\theta$ 和 $\dot{H}_\varphi$ 同频率、同相位;空间 r 相等的各点相位相等,是球面波。电偶极子天线远区的场称为辐射场。

电偶极子天线的远区的波阻抗为

$$\eta = \frac{\dot{E}_\theta}{\dot{H}_\varphi} = \frac{k}{\omega\varepsilon} = \sqrt{\frac{\mu}{\varepsilon}} \tag{8.30}$$

就是空间媒质的波阻抗,对于自由空间,$\eta_0 = 120\pi \approx 377(\Omega)$。

天线远区的平均能流密度矢量

$$\boldsymbol{S}_{\text{av}} = \text{Re}\left(\frac{1}{2}\dot{\boldsymbol{E}}_\theta \times \dot{\boldsymbol{H}}_\varphi^*\right)$$

把式(8.27)、式(8.28)代入可得

$$\boldsymbol{S}_{\text{av}} = \boldsymbol{e}_r \frac{1}{2}\eta\left(\frac{I_m \Delta l}{2\lambda r}\right)^2 \sin^2\theta = \boldsymbol{e}_r \eta\left(\frac{I\Delta l}{2\lambda r}\right)^2 \sin^2\theta \tag{8.31}$$

其中 $\dot{I} = I_m e^{j\psi}$,I 是 I_m 的有效值。

3) 辐射功率和辐射电阻

自由空间无损耗,以偶极子天线为中心作一球面,天线辐射出去的功率 P 等于平均能流密度 S_{av} 沿球面的积分

$$P = \oiint_S S_{\text{av}} dS = \int_0^\pi \int_0^{2\pi} \eta\left(\frac{I\Delta l}{2\lambda r}\right)^2 \sin^2\theta \cdot r^2 \sin\theta d\theta d\varphi$$

$$= \frac{2\pi\eta}{3}\left(\frac{I\Delta l}{\lambda}\right)^2 = 80\pi^2\left(\frac{\Delta l}{\lambda}\right)^2 I^2 (\text{W}) \tag{8.32}$$

天线辐射的功率可看作被一个等效电阻"吸收",称为辐射电阻,定义式为

$$R_r = \frac{P}{I^2} \tag{8.33}$$

把式(8.32)代入式(8.33)可得电偶极子天线的辐射电阻为

$$R_r = 80\pi^2\left(\frac{\Delta l}{\lambda}\right)^2 (\Omega) \tag{8.34}$$

例 8.1 某发射电台辐射功率为 10kW,用电偶极子天线发射,求在天线的垂直平分面上距离天线 1km 处的 S_{av} 和 E;在与天线的垂直平分面成何角度时,S_{av} 减小一半?

解 由

$$S_{\text{av}} = \eta\left(\frac{I\Delta l}{2\lambda r}\right)^2 \sin^2\theta \tag{1}$$

$$P = 80\pi^2 \left(\frac{\Delta l}{\lambda}\right)^2 I^2 \tag{2}$$

其中 $\eta = 120\pi$，$\theta = \pi/2$，由以上两式消去 $\left(\frac{I\Delta l}{\lambda}\right)^2$ 可得

$$S_{av} = \frac{3P}{8\pi r^2} = 0.1194 \times 10^{-2}\,\mathrm{W/m^2}$$

由 $\boldsymbol{S}_{av} = \mathrm{Re}\left(\frac{1}{2}\dot{\boldsymbol{E}} \times \dot{\boldsymbol{H}}^*\right)$，$\boldsymbol{E}$、$\boldsymbol{H}$ 同频率、同相位，所以

$$S_{av} = \frac{1}{2}E_m \cdot H_m = E \cdot H = \frac{E^2}{\eta}$$

$$E = \sqrt{S_{av} \cdot \eta} = 0.67(\mathrm{V/m})$$

由式(1)，$\sin^2\theta = \frac{1}{2}$，所以 $\sin\theta = \frac{1}{\sqrt{2}}$，$\theta = 45°$。

8.3 磁偶极子天线辐射

8.3.1 电与磁的对偶性

按照现有的电磁理论，电场是由电荷产生的，电荷定向运动形成电流，电流是产生磁场的源。与此对应的还有一种磁荷理论，认为磁场是由磁荷产生的，磁荷定向运动形成磁流，而磁流是产生电场的源。虽然迄今为止在自然界中还没有发现真实的磁荷、磁流，但是引入磁荷和磁流，有时可以大大简化问题的分析和计算。

引入磁荷和磁流，麦克斯韦方程组就变成完全对称的形式

$$\nabla \times \boldsymbol{H} = \varepsilon \frac{\partial \boldsymbol{E}}{\partial t} + \boldsymbol{J}_e \tag{8.35}$$

$$\nabla \times \boldsymbol{E} = -\mu \frac{\partial \boldsymbol{H}}{\partial t} - \boldsymbol{J}_m \tag{8.36}$$

$$\nabla \cdot \boldsymbol{H} = \frac{\rho_m}{\mu} \tag{8.37}$$

$$\nabla \cdot \boldsymbol{E} = \frac{\rho_e}{\varepsilon} \tag{8.38}$$

其中下标 e 表示"电量"，下标 m 表示磁量。ρ_m 是磁荷密度，单位是 $\mathrm{Wb/m^3}$（韦伯/米^3）；$\boldsymbol{J}_m$ 是磁流密度，单位是 $\mathrm{V/m^2}$。式(8.35)右边是正号，表示电流与磁场之间满足右手关系；式(8.36)右边是负号，表示磁流与电场之间满足左手关系。

空间的电场 $\boldsymbol{E}$（或磁场 $\boldsymbol{H}$）就可以看成是由 ρ_e、$\boldsymbol{J}_e$ 产生的电场 $\boldsymbol{E}_e$（或磁场 $\boldsymbol{H}_e$）与由 ρ_m、$\boldsymbol{J}_m$ 产生的电场 $\boldsymbol{E}_m$（或磁场 $\boldsymbol{H}_m$）的叠加，即

$$\boldsymbol{E}=\boldsymbol{E}_{\mathrm{e}}+\boldsymbol{E}_{\mathrm{m}},\boldsymbol{H}=\boldsymbol{H}_{\mathrm{e}}+\boldsymbol{H}_{\mathrm{m}} \tag{8.39}$$

把式(8.39)代入式(8.35)～式(8.38)，就可以得到两组方程，一组是只有电荷、电流存在时，由它们产生的 $\boldsymbol{E}_{\mathrm{e}}$、$\boldsymbol{H}_{\mathrm{e}}$ 满足的方程

$$\begin{cases}\nabla\times\boldsymbol{H}_{\mathrm{e}}=\varepsilon\dfrac{\partial\boldsymbol{E}_{\mathrm{e}}}{\partial t}+\boldsymbol{J}_{\mathrm{e}}, \quad \nabla\times\boldsymbol{E}_{\mathrm{e}}=-\mu\dfrac{\partial\boldsymbol{H}_{\mathrm{e}}}{\partial t}\\ \nabla\cdot\boldsymbol{H}_{\mathrm{e}}=0, \quad \nabla\cdot\boldsymbol{E}_{\mathrm{e}}=\dfrac{\rho_{\mathrm{e}}}{\varepsilon}\end{cases} \tag{8.40}$$

另一组是只有磁荷、磁流存在时，由它们产生的 $\boldsymbol{E}_{\mathrm{m}}$、$\boldsymbol{H}_{\mathrm{m}}$ 满足的方程

$$\begin{cases}\nabla\times\boldsymbol{H}_{\mathrm{m}}=\varepsilon\dfrac{\partial\boldsymbol{E}_{\mathrm{m}}}{\partial t}, \quad \nabla\times\boldsymbol{E}_{\mathrm{m}}=-\mu\dfrac{\partial\boldsymbol{H}_{\mathrm{m}}}{\partial t}-\boldsymbol{J}_{\mathrm{m}}\\ \nabla\cdot\boldsymbol{H}_{\mathrm{m}}=\dfrac{\rho_{\mathrm{m}}}{\mu}, \quad \nabla\cdot\boldsymbol{E}_{\mathrm{m}}=0\end{cases} \tag{8.41}$$

由式(8.40)和式(8.41)可以看出，电与磁具有对偶性，只要作如下的代换：

$$\boldsymbol{E}_{\mathrm{e}}\leftrightarrow\boldsymbol{H}_{\mathrm{m}}, \quad \boldsymbol{H}_{\mathrm{e}}\leftrightarrow-\boldsymbol{E}_{\mathrm{m}}, \quad \boldsymbol{J}_{\mathrm{e}}\leftrightarrow\boldsymbol{J}_{\mathrm{m}}, \quad \rho_{\mathrm{e}}\leftrightarrow\rho_{\mathrm{m}}, \quad \varepsilon\leftrightarrow\mu, \quad \mu\leftrightarrow\varepsilon \tag{8.42}$$

方程组(8.40)就变换为方程组(8.41)；反之亦然。当然，方程组(8.40)和方程组(8.41)的解也具有对偶性。

8.3.2 磁偶极子天线的辐射

磁偶极子天线的实际模型是一个小电流环，如图 8.3 所示，它的周长远远小于波长，所以环上的各点的电流 $\dot{I}$（包括相位）可以看作是相等的，它的半径远远小于场点 P 到磁偶极子天线中心的距离。小电流环的磁矩为

$$\boldsymbol{p}_{\mathrm{m}}=\mu I\boldsymbol{S} \tag{8.43}$$

其中，$\boldsymbol{S}$ 为环面积矢量，方向与环电流 I 成右手关系。

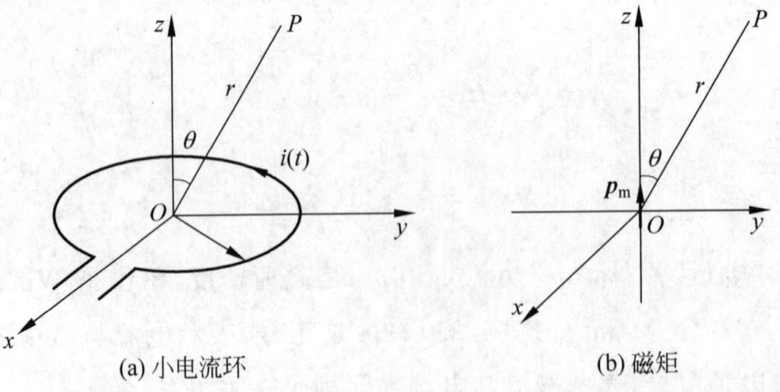

图 8.3　磁偶极子天线

若求小电流环远区的辐射场，可以把小电流环看成是一个时变的磁偶极子，由一对磁荷$\pm q_{\mathrm{m}}$组成，它们之间的距离是l，磁荷之间有假想的磁流I_{m}，以满足磁流的连续性，则磁矩可表示为

$$\boldsymbol{p}_{\mathrm{m}}=q_{\mathrm{m}}\boldsymbol{l}=\boldsymbol{e}_z q_{\mathrm{m}} l \tag{8.44}$$

比较式(8.43)和式(8.44)可得$q_{\mathrm{m}}=\mu IS/l$，则等效磁流为

$$I_{\mathrm{m}}=\frac{\mathrm{d}q_{\mathrm{m}}}{\mathrm{d}t}=\frac{\mu S}{l}\frac{\mathrm{d}I}{\mathrm{d}t} \tag{8.45}$$

用复数可以写为

$$I_{\mathrm{m}}=\mathrm{j}\frac{\omega\mu S}{l}I \tag{8.46}$$

在8.2节中介绍了电偶极子天线的辐射场

$$\dot{E}_\theta=\mathrm{j}\frac{\dot{I}\Delta l\sin\theta}{2\lambda r}\sqrt{\frac{\mu}{\varepsilon}}\mathrm{e}^{-\mathrm{j}kr},\quad \dot{H}_\varphi=\mathrm{j}\frac{\dot{I}\Delta l\sin\theta}{2\lambda r}\mathrm{e}^{-\mathrm{j}kr}$$

利用电与磁的对偶关系，可得磁偶极子天线的远区场

$$-\dot{E}_\varphi=\mathrm{j}\frac{\dot{I}_{\mathrm{m}}\Delta l\sin\theta}{2\lambda r}\mathrm{e}^{-\mathrm{j}kr},\quad \dot{H}_\theta=\mathrm{j}\frac{\dot{I}_{\mathrm{m}}\Delta l\sin\theta}{2\lambda r}\sqrt{\frac{\varepsilon}{\mu}}\mathrm{e}^{-\mathrm{j}kr}$$

把式(8.46)代入以上两式可得

$$\dot{E}_\varphi=\frac{\omega\mu S\dot{I}}{2\lambda r}\sin\theta\mathrm{e}^{-\mathrm{j}kr} \tag{8.47}$$

$$\dot{H}_\theta=-\frac{\omega\mu S\dot{I}}{2\lambda r}\sqrt{\frac{\varepsilon}{\mu}}\sin\theta\mathrm{e}^{-\mathrm{j}kr} \tag{8.48}$$

平均能流密度矢量为

$$\boldsymbol{S}_{\mathrm{av}}=\frac{1}{2}\mathrm{Re}[\boldsymbol{E}\times\boldsymbol{H}^*]=\boldsymbol{e}_r\frac{1}{2}\eta\left(\frac{\pi I_{\mathrm{m}}S}{\lambda^2 r}\right)^2\sin^2\theta \tag{8.49}$$

辐射功率是

$$P_{\mathrm{r}}=\oint\!\!\!\oint_S \boldsymbol{S}_{\mathrm{av}}\cdot\mathrm{d}\boldsymbol{S}=\frac{4\pi}{3}\eta\left(\frac{\pi I_{\mathrm{m}}S}{\lambda^2}\right)^2\mathrm{W} \tag{8.50}$$

辐射电阻是

$$R_{\mathrm{r}}=\frac{2P_{\mathrm{r}}}{I_{\mathrm{m}}^2}=\frac{8\pi^3}{3}\eta\left(\frac{S}{\lambda^2}\right)^2\Omega \tag{8.51}$$

8.4 天线的辐射特性和基本参数

扫码看讲课录像8.4

1. 辐射方向性

由电偶极子天线远区场强表达式[式(8.27)、式(8.28)]可以看出，$\dot{E}_\theta$、

$\dot{H}_\varphi$ 正比于 $\sin\theta$,与 φ 无关,表明辐射具有一定的方向性:在天线所在的平面内,辐射场强正比于 $\sin\theta$,$\theta=0$ 时,场强为 0;$\theta=\pi/2$ 时,场强最大;在垂直于天线的平面内无方向性。

天线的辐射方向性可以用方向图函数定量地描述,方向图函数定义为

$$f(\theta,\varphi)=\frac{|E(\theta,\varphi)|}{|E_{\max}|} \tag{8.52}$$

其中,$E(\theta,\varphi)$是任意方向的辐射场强;$E_{\max}$ 是相同距离处最大辐射方向的场强。由式(8.28)可以导出电偶极子天线的方向图函数

$$f(\theta)=\sin\theta \tag{8.53}$$

按方向图函数 $f(\theta,\varphi)$绘制出的图形称为方向图。由式(8.53)绘制出的电偶极子天线的方向图如图 8.4 所示。

方向图直观地表示出天线在**不同方向上,相同距离处**辐射场强的相对大小。例如,图 8.4(a)中 P_1、P_2 两点与 O 点的连线表示天线在不同方向上,相同距离处辐射场强的相对大小。P_1 点在最大辐射方向上,设 $E_{\max}=1$;P_2 点在任意角度 θ 方向上,可以看出 $E=\sin\theta$。

为了描述天线辐射功率的空间分布状况,可以用功率方向图函数 $F_P(\theta,\varphi)$,与场强方向图函数 $f(\theta,\varphi)$的关系为

$$F_P(\theta,\varphi)=f^2(\theta,\varphi) \tag{8.54}$$

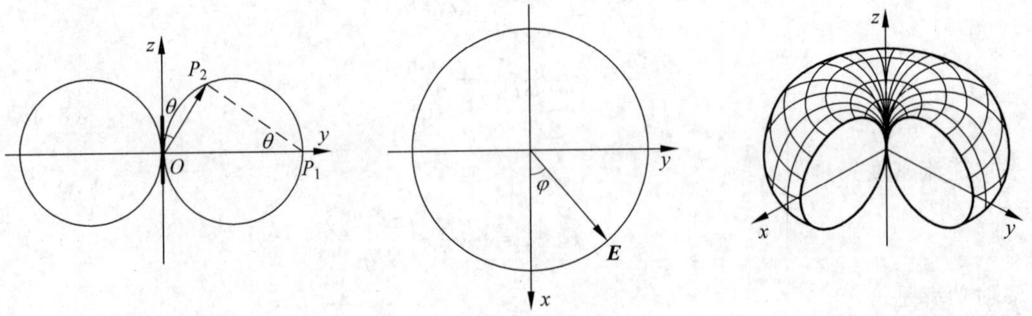

(a) 侧视图(E面)　(b) 俯视图(H面)　(c) 三维方向图

图 8.4　偶极子天线的方向图

2. 方向图参数

实际天线的方向图通常有多个波瓣,分别称为主瓣、副瓣和后瓣,如图 8.5 所示。主瓣是指包含最大辐射方向的波瓣,除主瓣外的其余波瓣统称为副瓣,把位于主瓣正后方的波瓣称为后瓣。用来描述方向图特性的参数通常有主瓣宽度、副瓣电平、前后比等。

1) 主瓣宽度

主瓣宽度可用零功率点波瓣宽度和半功率点波瓣宽度描述。零功率点波瓣宽度 $2\theta_{0E}$、$2\theta_{0H}$(下标 E、H 分别表示 E、H 面)是指主瓣最大值两边两个零辐射方向之间的夹

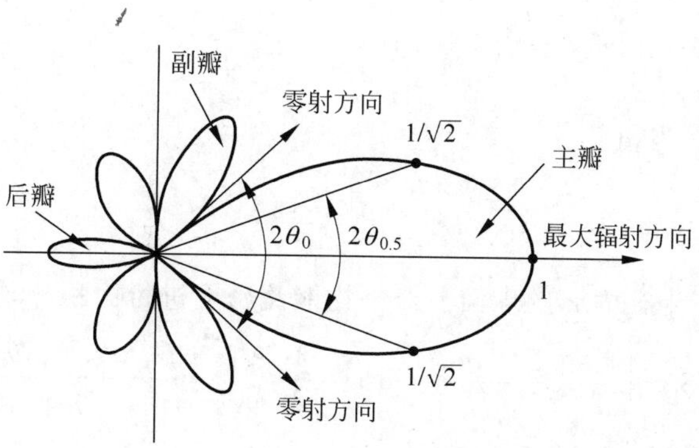

图 8.5 方向图参数

角。半功率点波瓣宽度 $2\theta_{0.5E}$、$2\theta_{0.5H}$ 是指主瓣最大值两边功率密度下降到最大功率密度的一半(或场强下降到最大值的 $1/\sqrt{2}$ 倍)的两辐射方向之间的夹角,也称 3dB 波瓣宽度。主瓣宽度越小,说明天线辐射的电磁能量越集中,方向性越强。

2) 副瓣电平

副瓣最大辐射方向上的功率密度 $S_{1\max}$(或场强最大值 $E_{1\max}$ 的平方)与主瓣最大辐射方向上的功率密度 $S_{0\max}$(或 $E_{0\max}$ 的平方)之比的对数值,称为副瓣电平

$$\text{SLL}=10\lg\left(\frac{S_{1\max}}{S_{0\max}}\right)=20\lg\left(\frac{E_{1\max}}{E_{0\max}}\right)\quad \text{dB} \tag{8.55}$$

副瓣一般指向不需要辐射的区域,因此要求天线的副瓣电平应尽可能地低。

3) 前后比

主瓣最大辐射方向上的功率密度 $S_{0\max}$ 与后瓣最大辐射方向上的功率密度 $S_{b\max}$ 之比的对数值,称为前后比

$$\text{FB}=10\lg\left(\frac{S_{0\max}}{S_{b\max}}\right)=20\lg\left(\frac{E_{0\max}}{E_{b\max}}\right)\quad \text{dB} \tag{8.56}$$

对于定向天线,前后比越大越好。

3. 方向系数 D

方向系数定义为:天线在最大辐射方向上的辐射功率密度 $S_{\max}$ 和辐射功率相同的无方向性天线(如理想点源天线,方向图是一球面)在相同距离处的辐射功率密度 S_0 之比,即

$$D=\frac{S_{\max}}{S_0}\bigg|_{P_R=P_{R_0}}=\frac{|E_{\max}|^2}{|E_0|^2}\bigg|_{P_R=P_{R_0}} \tag{8.57}$$

方向系数描述了天线辐射能量集中的程度,由 $S_{\max}=DS_0$ 可以看出,天线在最大辐射方向上的辐射功率密度是辐射功率相同的无方向性天线在相同距离处辐射功率密度的 D 倍。

无方向性天线在 r 处产生的能流密度为

$$S_0=\frac{P_r}{4\pi r^2}=\frac{|E_0|^2}{240\pi} \tag{8.58}$$

所以由方向系数的定义得

$$D=\frac{r^2|E_{\max}|^2}{60P_r} \tag{8.59}$$

辐射功率 P_r 等于在半径为 r 的球面上对平均能流密度进行面积分,即

$$P_r=\oint \boldsymbol{S}_{平均}\cdot \mathrm{d}\boldsymbol{S}=\oint \frac{1}{2}\frac{|\boldsymbol{E}(\theta,\varphi)|^2}{\eta_0}\mathrm{d}S=\frac{1}{2}\int_0^{2\pi}\int_0^{\pi}\frac{|E_{\max}|^2f^2(\theta,\varphi)}{\eta_0}r^2\sin\theta\mathrm{d}\theta\mathrm{d}\varphi$$

$$=\frac{r^2|E_{\max}|^2}{240\pi}\int_0^{2\pi}\int_0^{\pi}f^2(\theta,\varphi)\sin\theta\mathrm{d}\theta\mathrm{d}\varphi \tag{8.60}$$

将式(8.60)代入式(8.59)可得

$$D=\frac{4\pi}{\int_0^{2\pi}\int_0^{\pi}f^2(\theta,\varphi)\sin\theta\mathrm{d}\theta\mathrm{d}\varphi} \tag{8.61}$$

把电偶极子天线的 $f(\theta)=\sin\theta$ 代入式(8.61),可以算出电偶极子天线的方向系数 $D=1.5$。即辐射功率 P 一定,电偶极子天线最大辐射方向上的辐射强度是无方向性天线的1.5倍。方向系数也可用dB表示,即 $D(\mathrm{dB})=10\lg D$。例如,电偶极子天线的 $D=1.76\mathrm{dB}$。

4. 天线的增益

天线的效率定义为

$$\eta=\frac{P_r}{P_{in}} \tag{8.62}$$

其中,P_r 是辐射功率;P_{in} 是输入功率,等于辐射功率与损耗功率之和。天线的增益定义为

$$G=\eta D \tag{8.63}$$

也可用dB表示,即

$$G(\mathrm{dB})=10\lg G \tag{8.64}$$

所以增益 G 不仅表示天线辐射能量集中的程度,也包含天线的损耗。

5. 输入阻抗

天线通过传输线与发射机(或接收机)相连,与传输线之间存在阻抗匹配问题。天线与传输线的连接处称为天线的输入端,天线的输入阻抗 Z_{in} 定义为天线输入端的电压与电流之比,即

$$Z_{in}=\frac{U_{in}}{I_{in}}=R_{in}+\mathrm{j}X_{in} \tag{8.65}$$

其中 R_{in}、X_{in} 分别为输入电阻和输入电抗。

天线的输入阻抗决定于天线的结构、工作频率及周围环境的影响。输入阻抗的计算是比较困难的,大多数天线的输入阻抗在工程中采用近似计算或实验方法测定。

6. 有效长度 l_e

对于电偶极子天线，$\Delta l \ll \lambda$，沿天线电流的分布是均匀的。用作发射天线时，辐射场强 $E_\theta \propto \Delta l$，$H_\varphi \propto \Delta l$[式(8.27)、式(8.28)]；用作接收天线时，在天线上产生的感应电动势 $e \propto \Delta l$[式(8.66)]。

一般线天线不满足 $l \ll \lambda$，沿天线电流的分布不均匀，辐射场强(或接收的感应电动势 e)不按比例随天线长度变化。为了直观地描述天线的辐射能力(或接收能力)，引入"有效长度"。一个实际的线天线，可用一个沿天线电流均匀分布，其电流等于输入点的电流 I_A(或波腹点的电流 I_m)的假想天线来等效，如果两天线在最大辐射方向上的辐射场强相同，则假想天线的长度就称为实际天线的有效长度。计算公式为

$$l_e = \frac{1}{I_m}\int_0^l I(z)\,dz$$

其中，l 是天线的真实长度。地面上的直立天线，有效长度也称为有效高度 h_e。

例如，短天线($l < \lambda/4$)，电流的分布可看成是线性的 $i(z) = \frac{I_{max}}{l}z$，有效长度为

$$l_e = \frac{1}{I_{max}}\int_0^l \frac{I_{max}}{l} z\,dz = \frac{l}{2}$$

7. 天线的带宽

天线所有的电参数都与工作频率有关，当工作频率偏离设计的中心频率时，将会引起电参数的变化，如方向图畸变、增益降低、输入阻抗改变等。天线的带宽是一个频率范围，在这一范围内频率变化时，天线的各种参数不超出允许的变化范围。

8.5 接收天线

扫码看讲课录像 8.5

1. 电磁波的接收

天线用作接收，作用与发射相反，是把空间电磁波的能量转换为天线上振荡电流的能量，通过馈线传输到接收机。把一单元接收天线(电偶极子天线)放在辐射场中，电场可以分解为两个分量

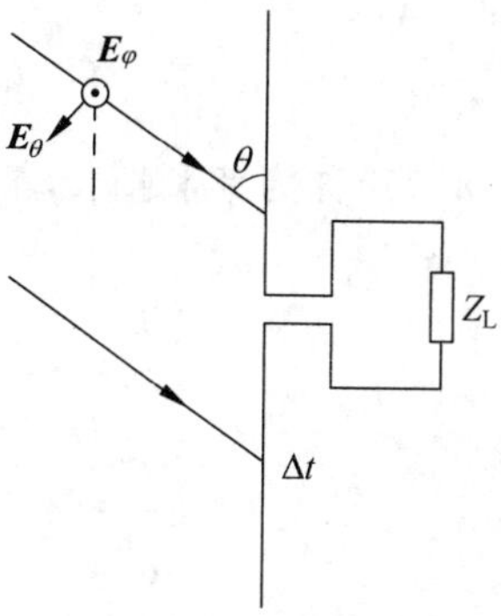

图 8.6 接收天线

$$\boldsymbol{E} = \boldsymbol{E}_\theta + \boldsymbol{E}_\varphi$$

$\boldsymbol{E}_\theta$ 平行于入射面，$\boldsymbol{E}_\varphi$ 垂直于入射面，如图 8.6 所示。天线上产生的感应电动势

$$e = \int \boldsymbol{E} \cdot d\boldsymbol{l} = \int (\boldsymbol{E}_\theta + \boldsymbol{E}_\varphi) \cdot d\boldsymbol{l}$$

$$= \int E_\theta \cdot dl \cos\left(\frac{\pi}{2} - \theta\right)$$

$$=E_\theta\sin\theta\cdot\Delta l=E_\theta\Delta l\cdot f(\theta) \tag{8.66}$$

一般线天线上的感应电动势可以写为

$$e=E_\theta l_e f(\theta,\varphi) \tag{8.67}$$

其中 l_e 是天线的有效长度。e 通过负载 Z_L 产生感应电流,把信号传送给接收机。

2. 接收天线的电参数

同一副天线,用作发射天线或接收天线时,电参数是相同的,只是含义不同。例如同一天线用作发射、接收天线时,$f(\theta、\varphi)$和方向图都相同。对于发射天线,$f(\theta、\varphi)$和方向图表示天线在不同方向上,相同距离处辐射场的相对大小;对于接收天线,$f(\theta、\varphi)$和方向图表示天线对来自不同方向、场强相同的电磁波接收能力的相对大小,电偶极子天线 $f(\theta、\varphi)=\sin\theta$,$\theta=\pi/2$ 时接收的信号最强,$\theta=0$ 时,接收的信号为 0。

有效接收面积是描述天线接收电磁波能力的重要参数。定义为:设天线的最大接收方向对准来波方向,天线与负载匹配且无损耗,天线的接收功率为 P_r,设想此功率等于穿过与来波方向垂直的面积 A_e 的辐射功率($P_r=S_{av}\cdot A_e$),则 A_e 称为天线的有效接收面积,可以用式(8.68)计算,即

$$A_e=\frac{\lambda^2}{4\pi}D \tag{8.68}$$

3. 弗利斯(Friis)传输公式

设 P_T、P_{rad} 分别是发射天线的输入功率和发射功率,由式(8.57),在最大辐射方向上的能流密度

$$S_{max}=S_0D=\frac{P_{rad}D}{4\pi r^2}=\frac{P_TG_T}{4\pi r^2} \tag{8.69}$$

其中,G_T 是发射天线的增益,$P_{rad}=P_T\eta$,$\eta D=G_T$。接收天线接收的功率为

$$P_r=S_{max}\cdot A_e \tag{8.70}$$

由式(8.69)和式(8.70)可以导出

$$P_r=P_TG_TG_r\left(\frac{\lambda}{4\pi r}\right)^2 \tag{8.71}$$

其中,G_r 是接收天线的增益,这里设接收天线的效率为 1。式(8.71)称为弗利斯传输公式,描述了接收天线的接收功率与发射天线的输入功率之间的关系。

8.6 常用的线天线

1. 环形天线

环形天线有圆形的,也有方形的。设环形天线的面积是 S,匝数是 N,环形天线中的

感应电动势

$$\dot{e}=\frac{\mathrm{d}\dot{\Psi}}{\mathrm{d}t}=\mathrm{j}\omega NBS=\mathrm{j}\omega N\mu_0 HS$$

$$e=2\pi f N\mu_0 HS=\frac{2\pi NSE}{\lambda}=E\cdot l_e$$

扫码看讲课录像8.6

计算中 $H=\dfrac{E}{120\pi}$，$\mu_0=4\pi\times10^{-7}$，$f=\dfrac{c}{\lambda}=\dfrac{3\times10^8}{\lambda}$，所以环形天线的有效长度为

$$l_e=\frac{2\pi NS}{\lambda} \tag{8.72}$$

环形天线的方向图函数为

$$f(\theta)=\sin\theta \tag{8.73}$$

其中 θ 是与天线中心处法线的夹角。方向图如图 8.7 所示。

2. 对称振子天线

对称振子天线的结构如图 8.8 所示，归一化场强的方向图函数为

$$f(\theta)=\frac{\cos(\beta l\cos\theta)-\cos\beta l}{f_{\max}\cdot\sin\theta} \tag{8.74}$$

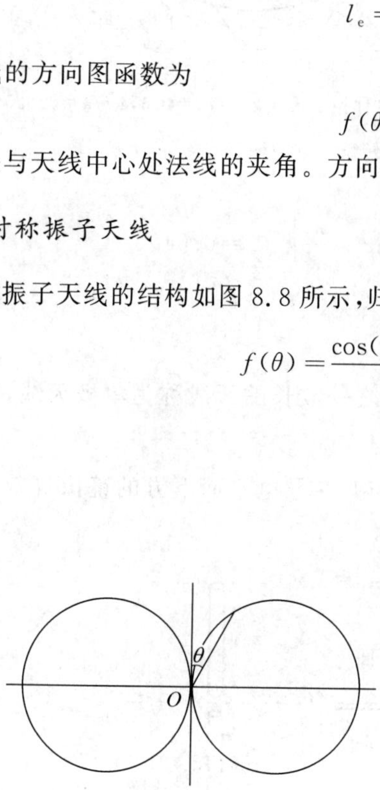

图 8.7　环形天线的方向图

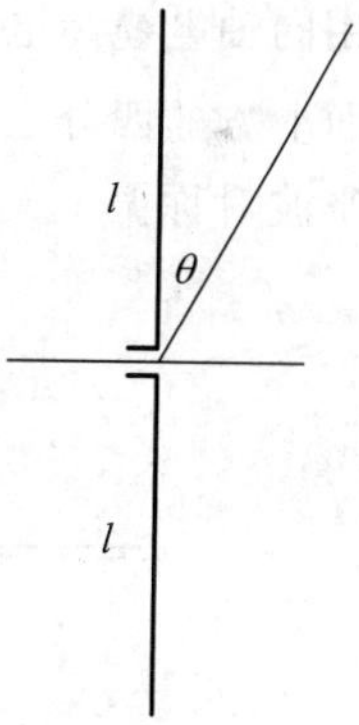

图 8.8　对称振子天线

其中 $f_{\max}$ 是 $\dfrac{\cos(\beta l\cos\theta)-\cos\beta l}{\sin\theta}$ 的最大值。对称振子天线的方向图如图 8.9 所示。对于半波对称天线 $2l=0.5\lambda$，有

$$f(\theta)=\frac{\cos\left(\frac{\pi}{2}\cos\theta\right)}{\sin\theta} \tag{8.75}$$

半波对称振子上电流的分布 $i(z)=I_m\sin\left(2\pi\dfrac{z}{\lambda}\right)$，有效长度为

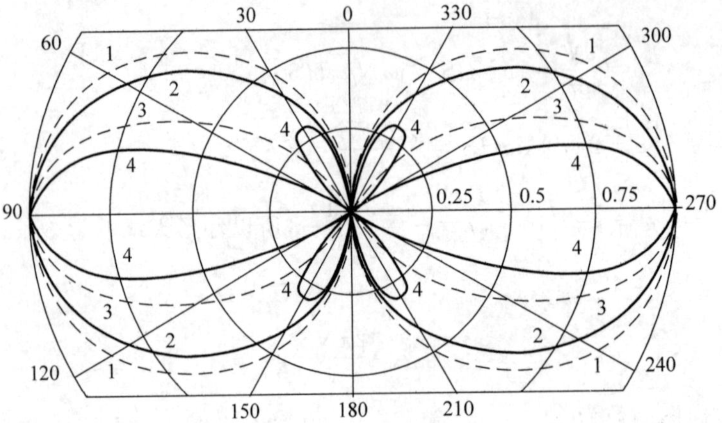

1 $l/\lambda\approx0$(电偶极子天线),2 $l/\lambda=0.25$(半波对称振子天线),3 $l/\lambda=0.5$,4 $l/\lambda=0.625$

图 8.9 对称振子天线的方向图

$$l_e=\frac{1}{I_m}\int_0^l I_m\sin\left(2\pi\frac{z}{\lambda}\right)dz=\frac{\lambda}{\pi}\bigg|_{l=\frac{\lambda}{2}}=0.64l \tag{8.76}$$

3. 单极天线

竖直安装在接地的金属板上,长度为四分之一波长的天线称为单极天线,单极天线是从下端使用同轴电缆馈电。

导电平面上方的四分之一波长单极天线与其在导电平面下方的镜像等效于一个自由空间中的半波对称振子天线,如图 8.10 所示。

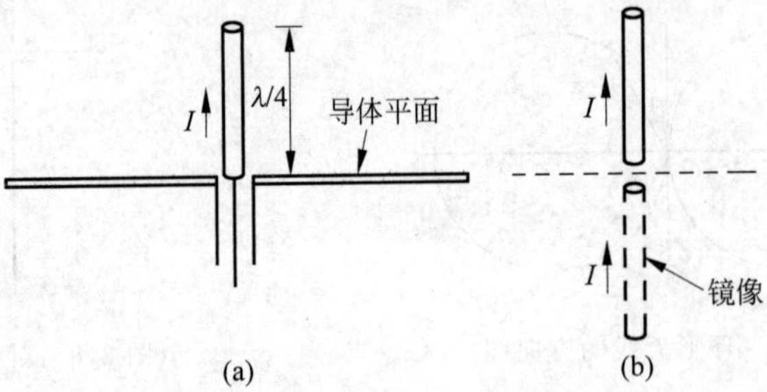

图 8.10 单极天线与其在导电平面下方的镜像等效于一个半波对称振子天线

单极天线的方向图函数与对称振子天线相同(式(8.74)),在水平面上单极天线的辐射是全向的。由于单极天线只在上半空间产生辐射场,不难理解单极天线的方向系数是相应的对称振子天线的 2 倍,用 dB 表示则是大 3dB。

单极天线底部的输入阻抗是对称振子天线的一半,辐射电阻、辐射功率也是相应的对称振子天线的一半。

单极天线的辐射电阻、辐射功率比较低，可以通过给天线“加顶”增加单极天线的辐射电阻和辐射功率，从而构成倒L形天线、T形天线、伞形天线等，如图8.11所示。

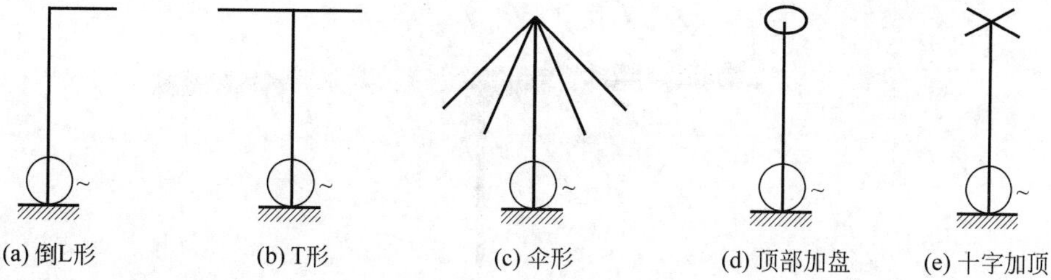

图 8.11 “加顶”的单极天线

在某些移动和便携设备上，四分之一波长还是太大了，在这种情况下可以通过增加天线的电感来增加单极天线的电气长度。单极天线在测量中常用作宽带天线，依靠天线校准系数校正测量结果。

4. 双锥天线

双锥天线是一种宽频带天线，是由对称振子天线演变而来的，如图8.12所示。双锥天线工作的频率范围一般是30～300MHz。

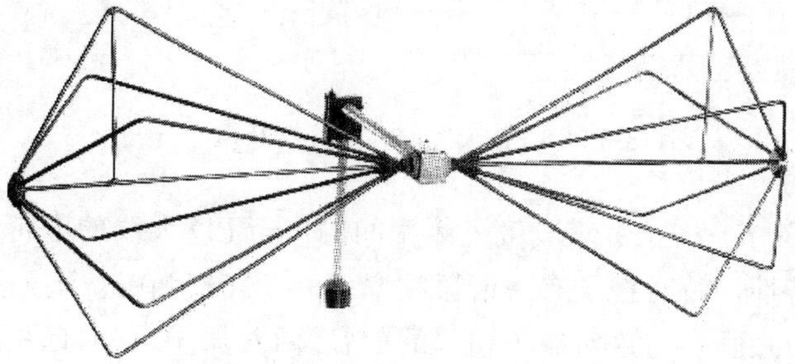

图 8.12 双锥天线

5. 对数周期天线(LPD天线)

对数周期天线是一种工作频率更高的宽频带天线(如200MHz～1GHz或更高)，由一组对称振子组成，如图8.13所示。天线的内部接线及馈电方式如图8.14所示，图中O点称为顶点，2α为各振子相对于顶点的张角，l_n是第n个振子的臂长，R_n是第n个振子到顶点的距离，d_n是第n个振子和第$n+1$个振子的间距。对数周期天线的结构满足下列关系式：

$$\tau=\frac{l_n}{l_{n-1}}=\frac{R_n}{R_{n-1}}=\frac{d_n}{d_{n-1}}<1$$

理论分析表明，当工作频率从f变到$\tau f,\tau^2 f,\tau^3 f,\cdots$时，LPD天线的电特性完全相同，而在$f\sim\tau f,\tau f\sim\tau^2 f,\cdots$频率间隔内，LPD天线的电特性随频率的对数作周期性变化。如

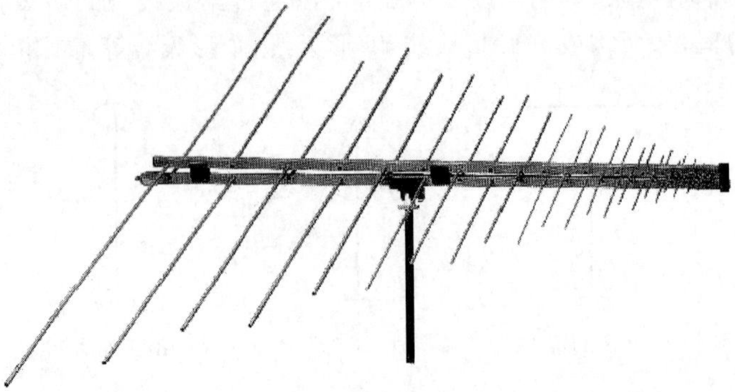

图 8.13　对数周期天线

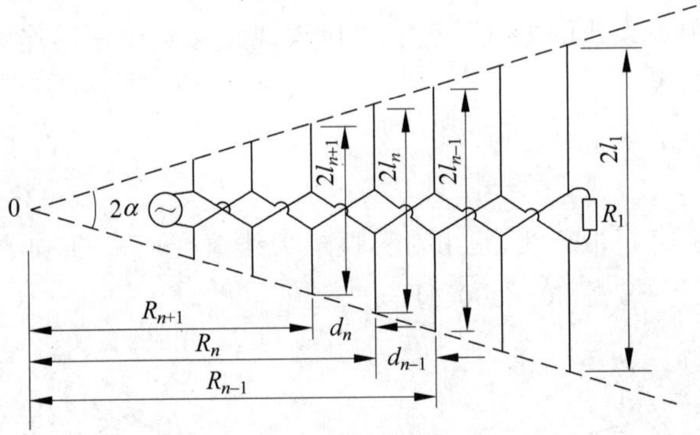

图 8.14　LPD 天线的内部接线及馈电方式

果 τ 接近于 1,则在 $f\sim\tau f,\tau f\sim\tau^2 f,\cdots$ 频率间隔内,LPD 天线的电特性变化也不大,因此具有超宽频带特性。每对振子有一谐振频率($2l=0.5\lambda$),在这个频率上该振子的辐射能力(或接受能力)最强。与这对振子相邻的前、后两对振子,一对起引向器作用,另一对起反射器作用,构成一个工作单元,成为一个“有效工作区”。最大辐射(或接收)方向指向短振子方向。

例如,工作波长 $\lambda=4l_4$ 时,第四对振子的长度恰好是半波长,处于谐振状态,第五对振子是引向器,第三对振子是反射器,构成一个有效工作区。频率升高时,有效工作区向短振子方向移动;频率降低时,有效工作区向长振子方向移动。无论有效工作区怎样移动,所形成的每一组引向天线的电尺寸均不变,因此 LPD 天线的电特性与频率无关。LPD 天线的工作频率范围由最长的和最短的振子的臂长决定。

$$l_1=\frac{\lambda_L}{4}\quad l_N=\frac{\lambda_H}{4} \tag{8.77}$$

式中,λ_L、λ_H 分别是最低和最高工作频率对应的波长。

对数周期天线的方向性比较强(是一个有引向器和反射器的天线阵),方向图随工作频率有所变化,如图 8.15 所示。

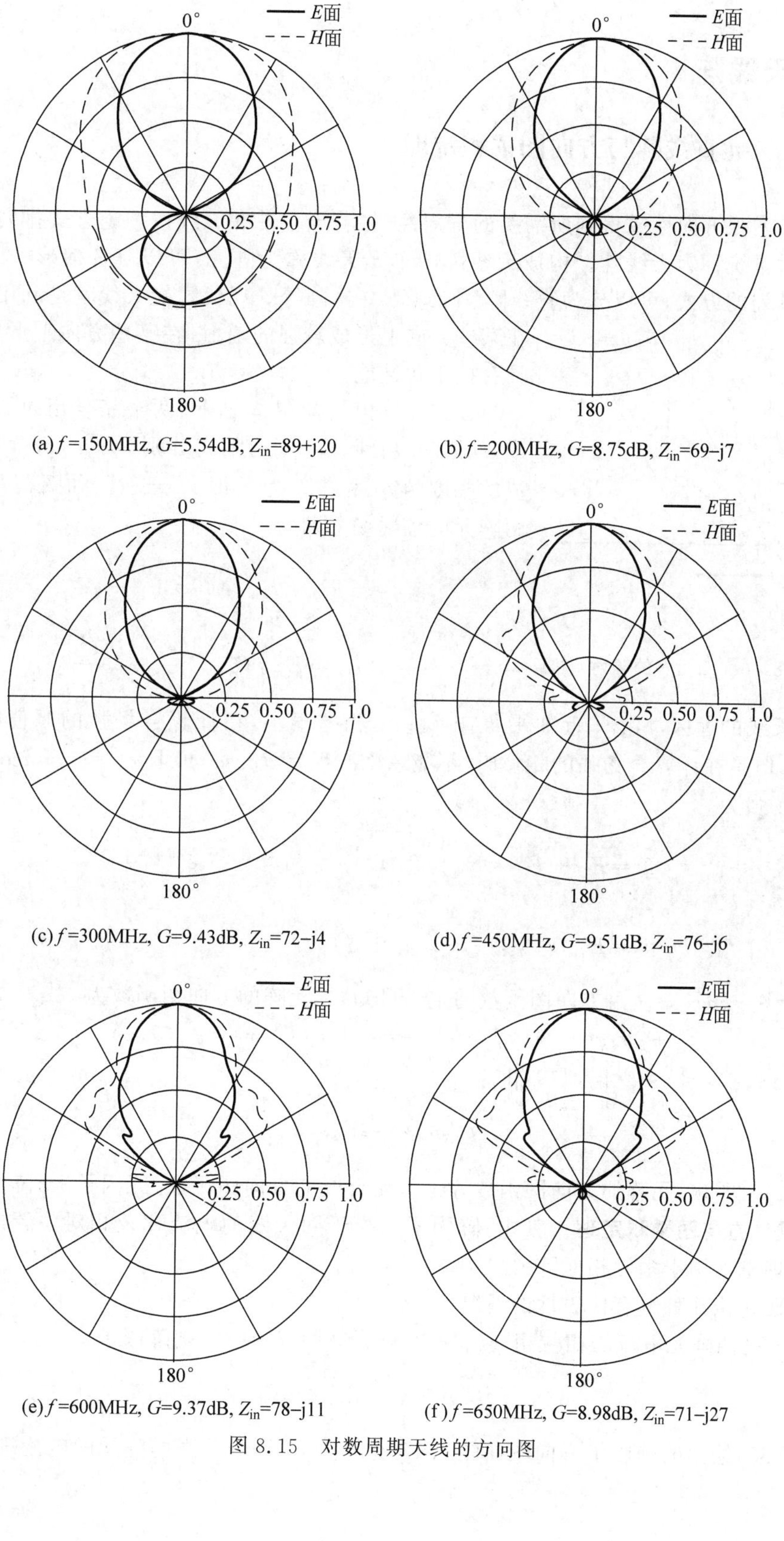

(a) f=150MHz, G=5.54dB, Z_{in}=89+j20

(b) f=200MHz, G=8.75dB, Z_{in}=69−j7

(c) f=300MHz, G=9.43dB, Z_{in}=72−j4

(d) f=450MHz, G=9.51dB, Z_{in}=76−j6

(e) f=600MHz, G=9.37dB, Z_{in}=78−j11

(f) f=650MHz, G=8.98dB, Z_{in}=71−j27

图 8.15　对数周期天线的方向图

8.7 天线阵**

8.7.1 二元直线阵与方向图乘积定理

为了增强方向性或得到所需要的方向性,将若干个单元天线按一定方式排列起来构成的辐射系统称为天线阵。构成天线阵的单元天线称为阵元,可以是任何形式的天线。按阵元排列的方式,可以分为直线阵、平面阵、立体阵等。现代智能天线就是利用天线阵在某些方向上形成较强的辐射,在某些方向上形成零陷,具有抗干扰性能。

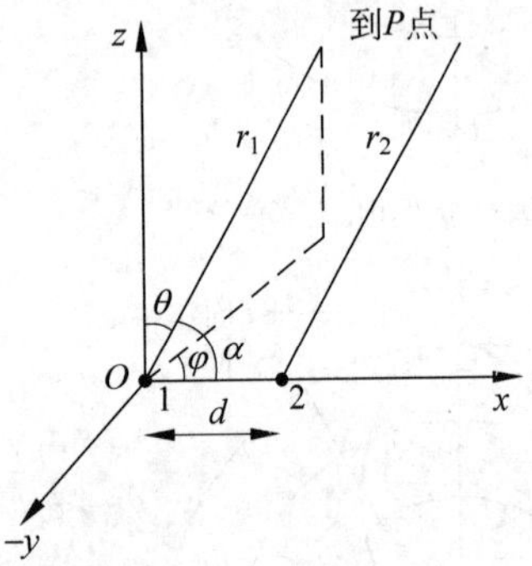

图 8.16　二元阵的辐射

设二元阵由放置在 x 轴上、两个完全相同的阵元组成,间距为 d,到观察点的距离分别为 r_1、r_2。两阵元电流的幅度相等,相位差为 ξ,即 $I_2=I_1\mathrm{e}^{\mathrm{j}\xi}$,如图 8.16 所示。两阵元的辐射场分别为

$$E_1=E_{\mathrm{m}}f(\theta,\varphi)\frac{\mathrm{e}^{-\mathrm{j}kr_1}}{r_1} \tag{8.78}$$

$$E_2=E_{\mathrm{m}}f(\theta,\varphi)\frac{\mathrm{e}^{-\mathrm{j}kr_2}\cdot\mathrm{e}^{\mathrm{j}\xi}}{r_2} \tag{8.79}$$

在天线的远区,r_1、r_2 近似平行,r_1 和 r_2 相差很小,在计算合场强的幅值时,可取 $r_2=r_1$;但是在计算合场强的相位时,不能忽略波程差 $d\cos\alpha$,可取 $r_2=r_1-d\cos\alpha$,观察点的合场强为

$$\begin{aligned}E&=E_1+E_2=E_{\mathrm{m}}f(\theta,\varphi)\frac{\mathrm{e}^{-\mathrm{j}kr_1}}{r_1}(1+\mathrm{e}^{\mathrm{j}\xi}\cdot\mathrm{e}^{\mathrm{j}kd\cos\alpha})\\&=E_{\mathrm{m}}f(\theta,\varphi)\frac{\mathrm{e}^{-\mathrm{j}kr_1}}{r_1}(1+\mathrm{e}^{\mathrm{j}\psi})\end{aligned} \tag{8.80}$$

其中 $\psi=\xi+kd\cos\alpha$。由方向图函数的定义可知,二元阵的方向图函数为

$$F(\theta,\varphi)=f(\theta,\varphi)\cdot|1+\mathrm{e}^{\mathrm{j}\psi}|=f(\theta,\varphi)\cdot f_n(\theta,\varphi) \tag{8.81}$$

其中 $f_n(\theta,\varphi)=|1+\mathrm{e}^{\mathrm{j}\psi}|$。归一化后

$$f_n(\theta,\varphi)=\cos\frac{\psi}{2} \tag{8.82}$$

式(8.81)表明,二元阵的方向图函数等于单元天线的方向图函数(元因子)与阵因子的乘积,这就是**方向图乘积定理**。其中,阵因子取决于两天线的电流比及相对位置。方向图乘积定理也适用于多元相似阵。

下面讨论几种具有代表性的情况。

(1) 设两阵元电流的相位相同($\xi=0$),阵元间距 $d=\lambda/2$,则阵因子

$$f_n(\theta,\varphi)=\cos\left(\frac{\pi}{2}\cos\alpha\right) \tag{8.83}$$

由式(8.83)绘出的阵因子方向图如图 8.17 所示。可以看出,当两阵元的电流等幅同相,

间距为 $d=\lambda/2$ 时，阵因子方向图是"8"字形，沿天线阵的轴线方向上没有辐射，在垂直于轴线的方向上辐射最强，这种天线阵称为边射式天线阵。

例如，对于如图 8.18 所示的二元阵，$\alpha=\theta$，若阵元采用电偶极子天线，则

$$F(\theta,\varphi)=f(\theta,\varphi)\cdot f_n(\theta,\varphi)=\sin\theta\cdot\cos\left(\frac{\pi}{2}\cos\theta\right)$$

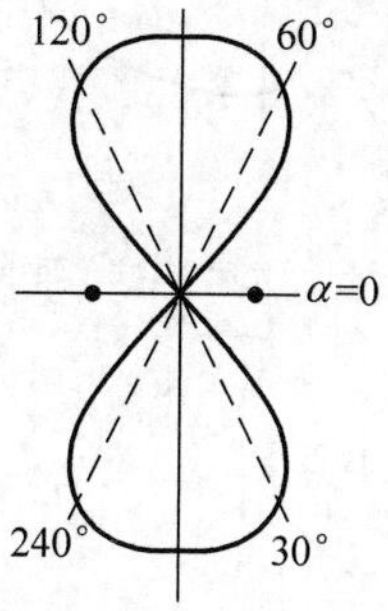

图 8.17　$\xi=0$，$d=\lambda/2$ 阵因子方向图

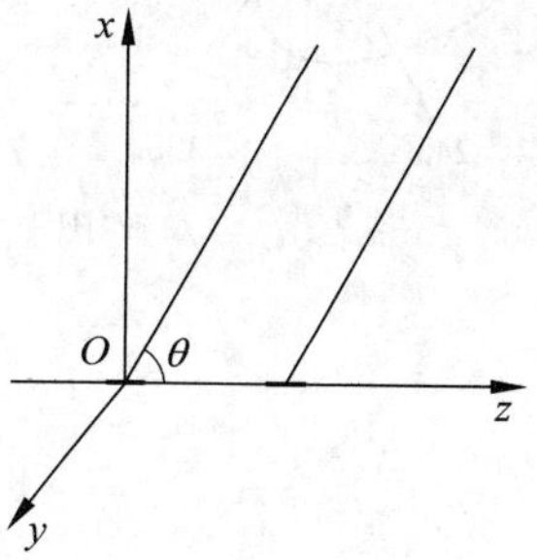

图 8.18　二元阵

阵因子与元因子合成以后的 E 面方向图如图 8.19 所示。

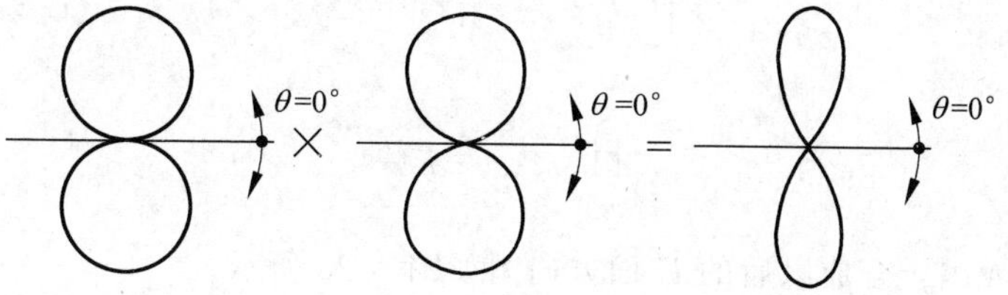

图 8.19　边射式天线阵合成方向图

(2) 设两阵元电流的相位差 $\xi=\pi/2$，阵元间距 $d=\lambda/4$，则阵因子

$$f_a(\theta,\varphi)=\cos\left(\frac{\pi}{4}\cos\alpha+\frac{\pi}{4}\right)\tag{8.84}$$

由式(8.84)绘出的阵因子方向图如图 8.20 所示。

(3) 设两阵元电流的相位差 $\xi=-\pi/2$，阵元间距 $d=\lambda/4$，则阵因子

$$f_n(\theta,\varphi)=\cos\left(\frac{\pi}{4}\cos\alpha-\frac{\pi}{4}\right)\tag{8.85}$$

由式(8.85)绘出的阵因子方向图如图 8.21 所示。由图 8.20、图 8.21 可以看出，当两阵元的电流等幅，相位相差 $\pm\pi/2$，阵元间距为 $d=\lambda/4$ 时，阵因子方向图是心脏形，最大辐射方向都指向相位超前的阵元方向。这种最大辐射方向沿天线阵轴线方向的天线阵称为端射式天线阵。

例如，对于如图 8.22 所示的二元阵，$\alpha=\theta$，若阵元采用电偶极子天线，则

$$F(\theta,\varphi)=f(\theta,\varphi)\cdot f_n(\theta,\varphi)=\sin\theta\cdot\cos\left(\frac{\pi}{4}\cos\theta-\frac{\pi}{4}\right)$$

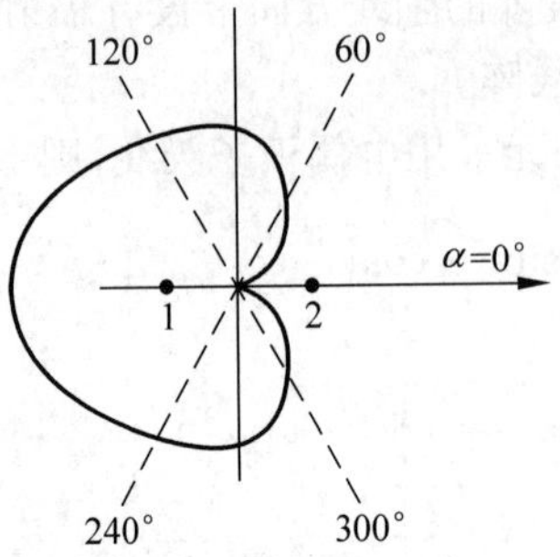

图 8.20　$\xi=\pi/2, d=\lambda/4$ 阵因子方向图

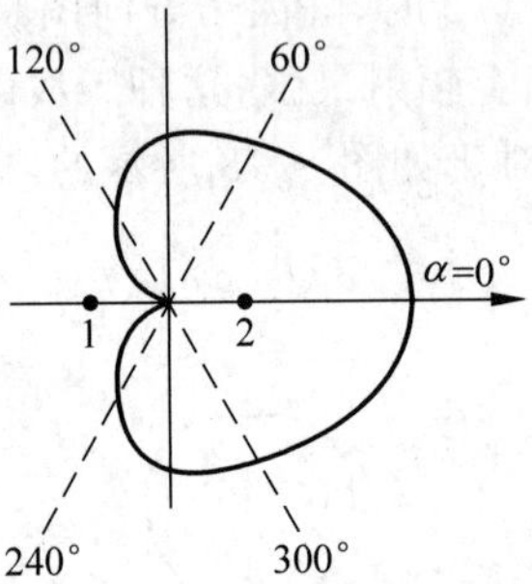

图 8.21　$\xi=-\pi/2, d=\lambda/4$ 阵因子方向图

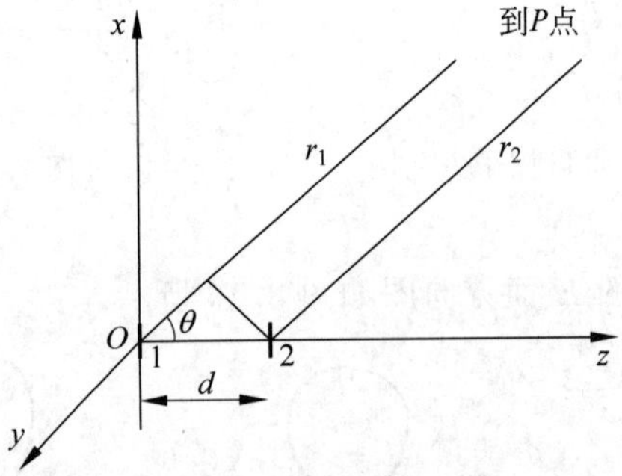

图 8.22　二元阵

阵因子与元因子合成以后的 E 面方向图如图 8.23 所示。

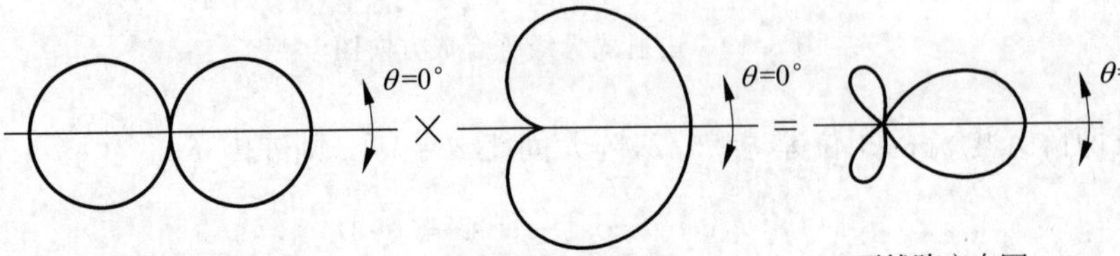

图 8.23　端射式天线阵合成方向图

8.7.2　均匀直线阵

由 N 个相同的阵元天线取向相同、间距相同地排列在一条直线上组成直线阵。均匀直线阵是指各阵元天线上激励电流幅值相等、相位沿直线均匀递增或递减，如图 8.24 所示。

设第 1 个阵元天线的电流是 $I\mathrm{e}^{\mathrm{j}0}$，递增的相位差为 ξ，则第 n 个阵元天线的电流为

$$I_n=I\mathrm{e}^{\mathrm{j}(n-1)\xi},\quad n=1,2,\cdots,N \tag{8.86}$$

观察点的合场强等于 N 个阵元辐射场的叠加，与讨论二元阵的方法类似，在天线的远区，$r_1,r_2,\cdots,r_N$ 近似平行，相差很小，在计算合场强的幅值时，可取 $r_2=r_3=\cdots=r_N=r_1$；

在计算合场强的相位时，相邻两阵元辐射场的相位差为

$$\psi=\xi+kd\cos\alpha=\xi+kd\sin\theta\cos\varphi \tag{8.87}$$

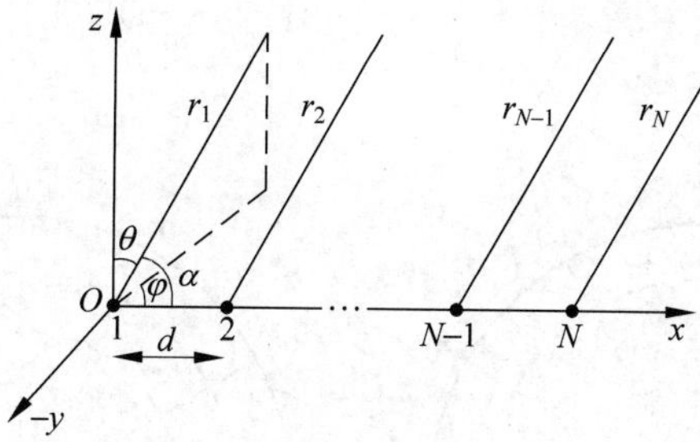

图 8.24　均匀直线阵

观察点的合场强为

$$\begin{aligned}E&=E_1+E_2+\cdots+E_N\\&=E_m\frac{e^{-jkr_1}}{r_1}f(\theta,\varphi)[1+e^{j\psi}+e^{j2\psi}+\cdots+e^{j(N-1)\psi}]\end{aligned} \tag{8.88}$$

利用等比级数求和公式可得

$$E=E_m\frac{e^{-jkr_1}}{r_1}f(\theta,\varphi)\left(\frac{1-e^{jN\psi}}{1-e^{j\psi}}\right) \tag{8.89}$$

可以求出均匀直线阵的阵因子$\left|\frac{1-e^{jN\psi}}{1-e^{j\psi}}\right|=\frac{\sin\frac{N\psi}{2}}{\sin\frac{\psi}{2}}$，由于 $f_{N\max}(\psi)=\lim\limits_{\psi\to0}\frac{\sin\frac{N\psi}{2}}{\sin\frac{\psi}{2}}=N$，所以归一化阵因子为

$$f_N(\psi)=\frac{1}{N}\frac{\sin\frac{N\psi}{2}}{\sin\frac{\psi}{2}} \tag{8.90}$$

例 8.2　10个电偶极子天线构成一均匀直线阵，如图 8.24 所示。各阵元的馈电电流大小相等，相位递增值为 $\pi/2$，阵元间距为 $\lambda/4$。绘制出在 H 平面和 E 平面上的方向图。

解　已知 $N=10,\xi=\pi/2,d=\lambda/4$，直线阵的综合方向图函数为

$$F(\theta,\varphi)=f(\theta,\varphi)f_N(\psi)=\sin\theta\left|\frac{1}{10}\frac{\sin5\psi}{\sin\frac{\psi}{2}}\right|$$

其中 $\psi=\frac{\pi}{2}+\frac{\pi}{2}\sin\theta\cos\varphi$。在 H 平面内，$\theta=\frac{\pi}{2}$，$F\left(\frac{\pi}{2},\varphi\right)=\left|\frac{1}{10}\frac{\sin\left(\frac{5\pi}{2}+\frac{5\pi}{2}\cos\varphi\right)}{\sin\left(\frac{\pi}{4}+\frac{\pi}{4}\cos\varphi\right)}\right|$，在 H 平面内的方向图如图 8.25(a)所示。

在 E 平面内，$\varphi=\pi, F(\theta,\pi)=\left|\sin\theta\cdot\frac{1}{10}\frac{\sin\left(\frac{5\pi}{2}-\frac{5\pi}{2}\sin\theta\right)}{\sin\left(\frac{\pi}{4}-\frac{\pi}{4}\sin\theta\right)}\right|$，在 E 平面内的方向图如图 8.25(b)所示。

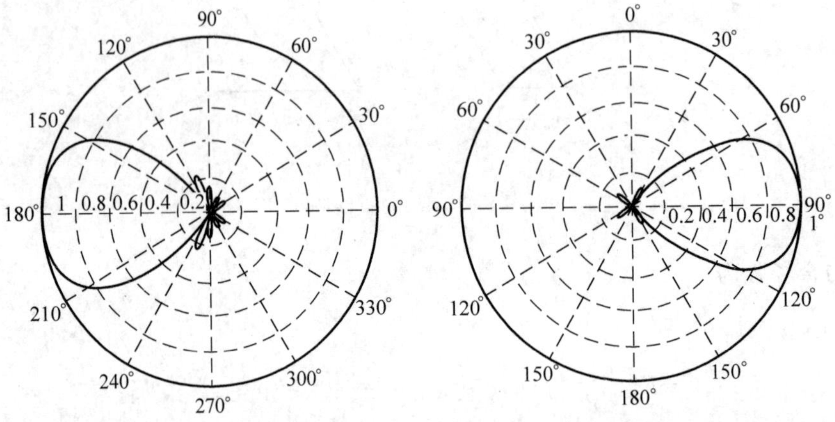

(a) H面方向图　　(b) E面方向图

图 8.25　10 元直线阵方向图($\xi=\pi/2, d=\lambda/4$)

8.8　面天线基础**

面天线是由尺寸远大于工作波长的金属面 S_2 和馈源构成，如图 8.26 所示，它用在无线电频谱的高频端，特别是微波波段，主要特点是方向性强。

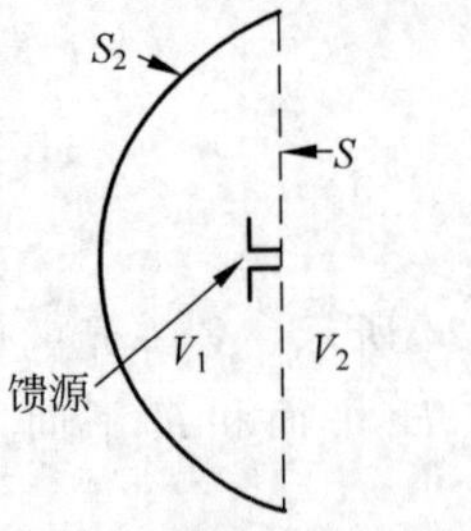

图 8.26　面天线的原理结构

作一个包围面天线的封闭面 S_1，该封闭面由金属导体外表面 S_2 和金属面的口径面 S 组成。封闭面 S_1 将整个空间分成内部空间 V_1 和外部空间 V_2，激励源在 V_1 内，要求解外部空间 V_2 内任意点处的辐射场。由唯一性定理可知，若某封闭面上的场是已知的(边界条件已知)，则其外部空间内任一点处的场将由封闭面上的场唯一地确定。由于 S_2 上的场为零，所以面天线的辐射场就由口径面 S 的场确定。

8.8.1　惠更斯元的辐射

惠更斯原理：波在传播的过程中，任意等相位面上的各点都可以视为新的次级波源。在任意时刻，这些次级波源的子波包络就是新的波阵面。根据惠更斯原理，可以不知道场源的分布，只要知道某一等相位面上场的分布，就可以求出空间任一点的场分布。

惠更斯元是分析面天线辐射问题的基本辐射元。根据惠更斯原理，将口径面 S 分割成许多面元，这些面元就是惠更斯元，如图 8.27 所示。设平面口径面(xy 面)上的一个惠更斯元 $\mathrm{d}\boldsymbol{S}=\boldsymbol{e}_z\mathrm{d}x\mathrm{d}y$，其上分布着均匀的切向电场 E_y 和切向磁场 H_x，此面元上磁场 H_x 可以等效为一个电流元 $\boldsymbol{J}_S$，即

$$\boldsymbol{J}_S=\boldsymbol{e}_z\times\boldsymbol{e}_xH_x=\boldsymbol{e}_yH_x \tag{8.91}$$

相应的等效电偶极子的电流为

$$I=J_S\mathrm{d}x=H_x\mathrm{d}x \tag{8.92}$$

其方向沿 y 轴方向，长度为 $\mathrm{d}y$。

面元上的电场 E_y 可以等效为一个磁流源 $\boldsymbol{J}_{\mathrm{m}S}$，即

$$\boldsymbol{J}_{\mathrm{m}S}=-\boldsymbol{e}_z\times\boldsymbol{e}_yE_y=\boldsymbol{e}_xE_y \tag{8.93}$$

相应的等效磁偶极子的磁流为

$$I_{\mathrm{m}}=J_{\mathrm{m}S}\mathrm{d}y=E_y\mathrm{d}y \tag{8.94}$$

其方向沿 x 轴方向，长度为 $\mathrm{d}x$。因此，惠更斯元的辐射即为此相互正交的等效电偶极子和等效磁偶极子的辐射场之和，利用 8.2 节和 8.3 节介绍的方法就可以计算等效电偶极子和等效磁偶极子在远区产生的辐射场。

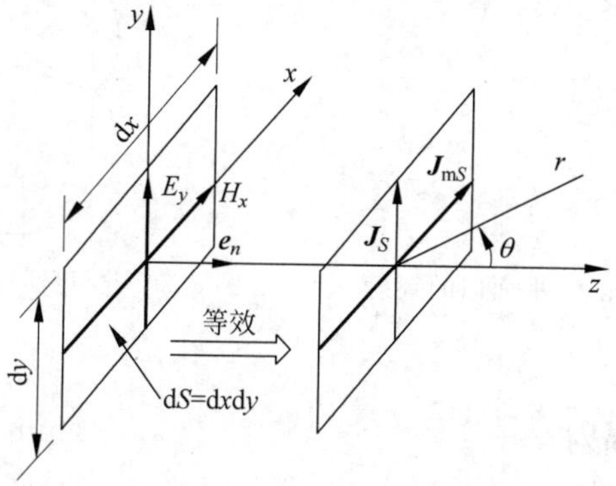

图 8.27 惠更斯辐射元等效为电流源和磁流源

例如，在 E 平面(yz 平面)内，如图 8.28 所示，由式(8.28)，等效电偶极子产生的辐射场为

$$\mathrm{d}\boldsymbol{E}^{e}=\boldsymbol{e}_{\alpha}\mathrm{j}\,\frac{\dot{I}\Delta l\eta}{2\lambda r}\sin\alpha\,\mathrm{e}^{-\mathrm{j}kr}=-\boldsymbol{e}_{\theta}\mathrm{j}\,\frac{\eta(H_x\mathrm{d}x)\mathrm{d}y}{2\lambda r}\sin\alpha\,\mathrm{e}^{-\mathrm{j}kr}$$

$$=\boldsymbol{e}_{\theta}\mathrm{j}\,\frac{E_y}{2\lambda r}\cos\theta\,\mathrm{e}^{-\mathrm{j}kr}\mathrm{d}x\mathrm{d}y \tag{8.95}$$

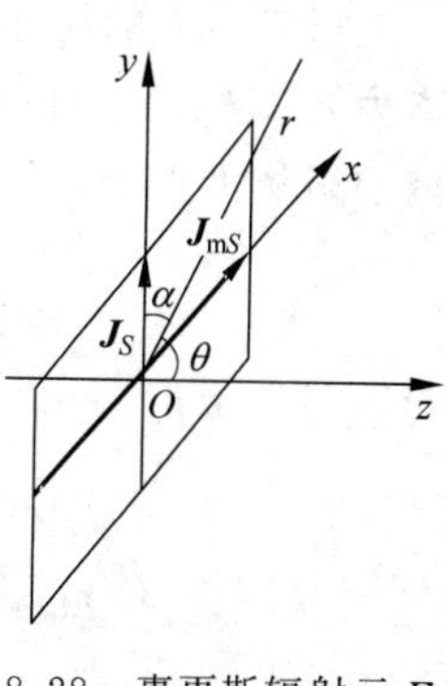

图 8.28 惠更斯辐射元 E 平面内的辐射

由式(8.47)、式(8.46)，等效磁偶极子产生的辐射场为($\mathrm{d}\boldsymbol{E}^{\mathrm{m}}$在 yz 平面内，$\sin\theta=1$)

$$\mathrm{d}\boldsymbol{E}^{\mathrm{m}}=\boldsymbol{e}_{\alpha}\,\frac{\omega\mu_0SI}{2\lambda r}\mathrm{e}^{-\mathrm{j}kr}=-\boldsymbol{e}_{\alpha}\mathrm{j}\,\frac{(E_y\mathrm{d}y)\mathrm{d}x}{2\lambda r}\mathrm{e}^{-\mathrm{j}kr}$$

$$=\boldsymbol{e}_{\theta}\mathrm{j}\,\frac{E_y}{2\lambda r}\mathrm{e}^{-\mathrm{j}kr}\mathrm{d}x\mathrm{d}y \tag{8.96}$$

所以惠更斯元在 E 平面内的辐射场为

$$\mathrm{d}\boldsymbol{E}_E=\boldsymbol{e}_\theta\mathrm{j}\,\frac{E_y\,\mathrm{d}S}{2\lambda r}(1+\cos\theta)\mathrm{e}^{-\mathrm{j}kr} \tag{8.97}$$

在 H 平面(xz 平面)内,如图 8.29 所示,用与上面相同的方法,分别计算电偶极子产生的辐射场和磁偶极子产生的辐射场,可以得到惠更斯元在 H 平面上的辐射场为

$$\mathrm{d}\boldsymbol{E}_H=\boldsymbol{e}_\varphi\mathrm{j}\,\frac{E_y\,\mathrm{d}S}{2\lambda r}(1+\cos\theta)\mathrm{e}^{-\mathrm{j}kr} \tag{8.98}$$

其中 $\boldsymbol{e}_\varphi$ 与 $\boldsymbol{e}_x$ 成右手关系。

由式(8.97)和式(8.98)可以看出,两主平面的归一化方向函数均为

$$F_E(\theta)=F_H(\theta)=\frac{1}{2}\mid(1+\cos\theta)\mid \tag{8.99}$$

归一化方向图如图 8.30 所示。可以看出,惠更斯元的最大辐射方向与其本身垂直。

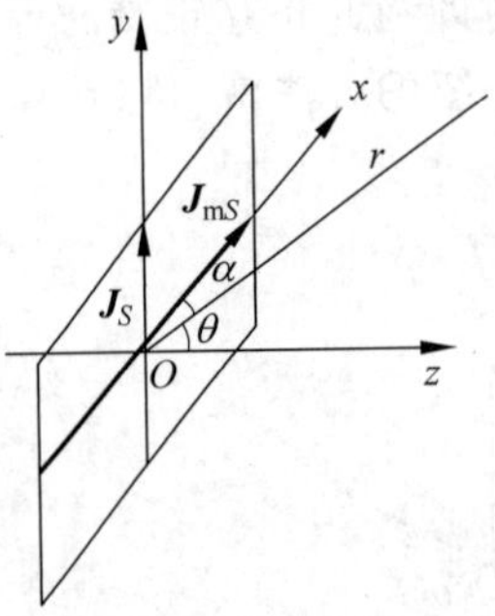

图 8.29　惠更斯辐射元 H 平面内的辐射

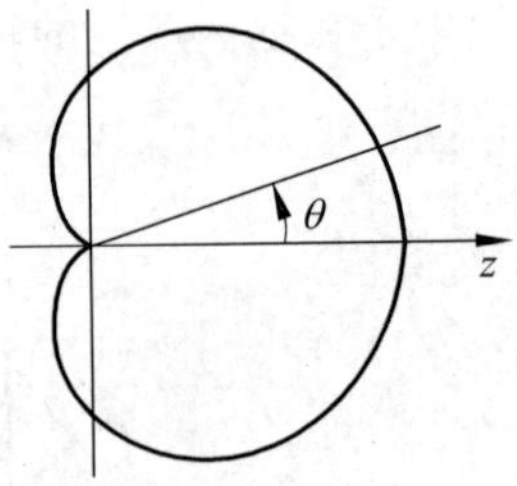

图 8.30　惠更斯辐射元的归一化方向图

8.8.2　平面口径的辐射

实际应用的面天线,辐射口径一般都是平面,如喇叭天线、抛物面天线等。下面以矩形口径面为例介绍平面口径的辐射。

一矩形口径面的尺寸为 $a\times b$,如图 8.31 所示,坐标原点 O 至远区观察点 $P(r,\theta,\varphi)$ 的距离为 r,口径面上任一面元 dS 到观察点的距离为 r',由叠加原理可知,将惠更斯元主平面内辐射场沿整个口径面积分,即可得平面口径远区的辐射场,即

$$E_P=\mathrm{j}\,\frac{1}{2\lambda}(1+\cos\theta)\iint_S E_y\,\frac{\mathrm{e}^{-\mathrm{j}kr'}}{r'}\mathrm{d}S \tag{8.100}$$

因观察点很远,故 r' 与 r 近似平行,式(8.100)振幅中的 $r'\approx r$;相位中 r' 可表示为

$$\begin{aligned}r'&=\sqrt{(x-x')^2+(y-y')^2+z^2}\\&=\sqrt{(r\sin\theta\cos\varphi-x')^2+(r\sin\theta\sin\varphi-y')^2+(r\cos\theta)^2}\\&\approx r-x'\sin\theta\cos\varphi-y'\sin\theta\sin\varphi\end{aligned} \tag{8.101}$$

式(8.101)中略去了 x'^2、y'^2,并略去了泰勒级数展开式中的高次项。把式(8.101)代入式(8.100)可得

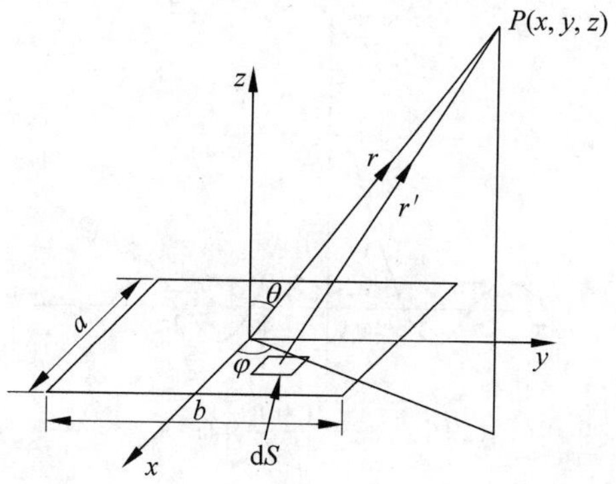

图 8.31　矩形口径面

$$E_P = \mathrm{j}\frac{1}{2\lambda r}(1+\cos\theta)\mathrm{e}^{-\mathrm{j}kr}\iint_S E_y \mathrm{e}^{\mathrm{j}k(x'\sin\theta\cos\varphi + y'\sin\theta\sin\varphi)}\mathrm{d}x'\mathrm{d}y' \tag{8.102}$$

对于 E 平面(yz 平面)，$\varphi=\dfrac{\pi}{2}$，$r'=r-y'\sin\theta$，辐射场为

$$E_E = E_\theta = \mathrm{j}\frac{1}{2\lambda r}(1+\cos\theta)\mathrm{e}^{-\mathrm{j}kr}\iint_S E_y \mathrm{e}^{\mathrm{j}ky'\sin\theta}\mathrm{d}x'\mathrm{d}y' \tag{8.103}$$

对于 H 平面(xz 平面)，$\varphi=0$，$r'=r-x'\sin\theta$，辐射场为

$$E_H = E_\varphi = \mathrm{j}\frac{1}{2\lambda r}(1+\cos\theta)\mathrm{e}^{-\mathrm{j}kr}\iint_S E_y \mathrm{e}^{\mathrm{j}kx'\sin\theta}\mathrm{d}x'\mathrm{d}y' \tag{8.104}$$

式(8.103)、式(8.104)是计算平面口径辐射场的一般公式。只要给定口径面的形状和口径面上的场分布，就可以求得两个主平面的辐射场，分析其方向性变化的规律。

对于矩形平面口径，设口径面上的电场沿 y 轴方向均匀分布(等幅同相 $E_y(x',y')=E_0$)，E 平面的辐射场强为

$$E_E = E_\theta = \mathrm{j}\frac{E_0}{2\lambda r}(1+\cos\theta)\mathrm{e}^{-\mathrm{j}kr}\int_{-a/2}^{a/2}\mathrm{d}x'\int_{-b/2}^{b/2}\mathrm{e}^{\mathrm{j}ky'\sin\theta}\mathrm{d}y' \tag{8.105}$$

H 平面的辐射场强为

$$E_H = E_\varphi = \mathrm{j}\frac{E_0}{2\lambda r}(1+\cos\theta)\mathrm{e}^{-\mathrm{j}kr}\int_{-b/2}^{b/2}\mathrm{d}y'\int_{-a/2}^{a/2}\mathrm{e}^{\mathrm{j}kx'\sin\theta}\mathrm{d}x' \tag{8.106}$$

通过积分可得两主平面的方向图函数分别为

$$F_E(\theta) = \left|\frac{(1+\cos\theta)}{2}\cdot\frac{\sin\psi_1}{\psi_1}\right| \approx \left|\frac{\sin\psi_1}{\psi_1}\right| \tag{8.107}$$

$$F_H(\theta) = \left|\frac{(1+\cos\theta)}{2}\cdot\frac{\sin\psi_2}{\psi_2}\right| \approx \left|\frac{\sin\psi_2}{\psi_2}\right| \tag{8.108}$$

其中，$\psi_1=\dfrac{1}{2}kb\sin\theta$，$\psi_2=\dfrac{1}{2}ka\sin\theta$。可以证明，当 a/λ 和 b/λ 都比较大时，均匀矩形口径面辐射场的能量集中在 θ 角较小的区域内，所以式(8.107)、式(8.108)取了近似值。图 8.32 是 $\left|\dfrac{\sin\psi}{\psi}\right|$ 随 ψ 变化的曲线，最大辐射方向在 $\psi=0$ 处(即 $\theta=0$ 处)。

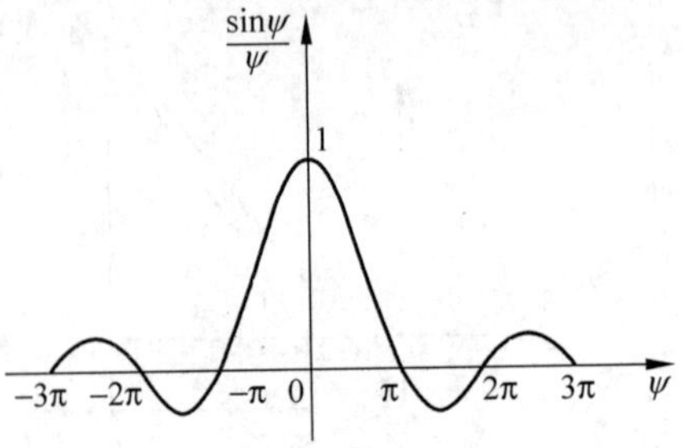

图 8.32 $\left|\frac{\sin\psi}{\psi}\right|$ 曲线

8.8.3 常用的面天线

1. 喇叭天线

波导开口面上能辐射电磁波(平面口径的辐射),为了使波导与自由空间的特性阻抗匹配及获得有效的辐射,将波导尺寸逐渐均匀扩展,形成了喇叭天线。喇叭天线根据口径的形状可分为矩形喇叭天线和圆形喇叭天线等,如图 8.33 所示。图 8.33(a)由矩形波导的宽边逐渐张开构成,与磁场所在的平面平行,称为 H 面扇形喇叭天线;图 8.33(b)由矩形波导的窄边逐渐张开构成,与电场所在的平面平行,称为 E 面扇形喇叭天线;图 8.33(c)是由矩形波导的宽边和窄边同时张开而得到的,称为角锥喇叭天线;图 8.33(d)为圆波导逐渐张开形成的圆锥喇叭天线。

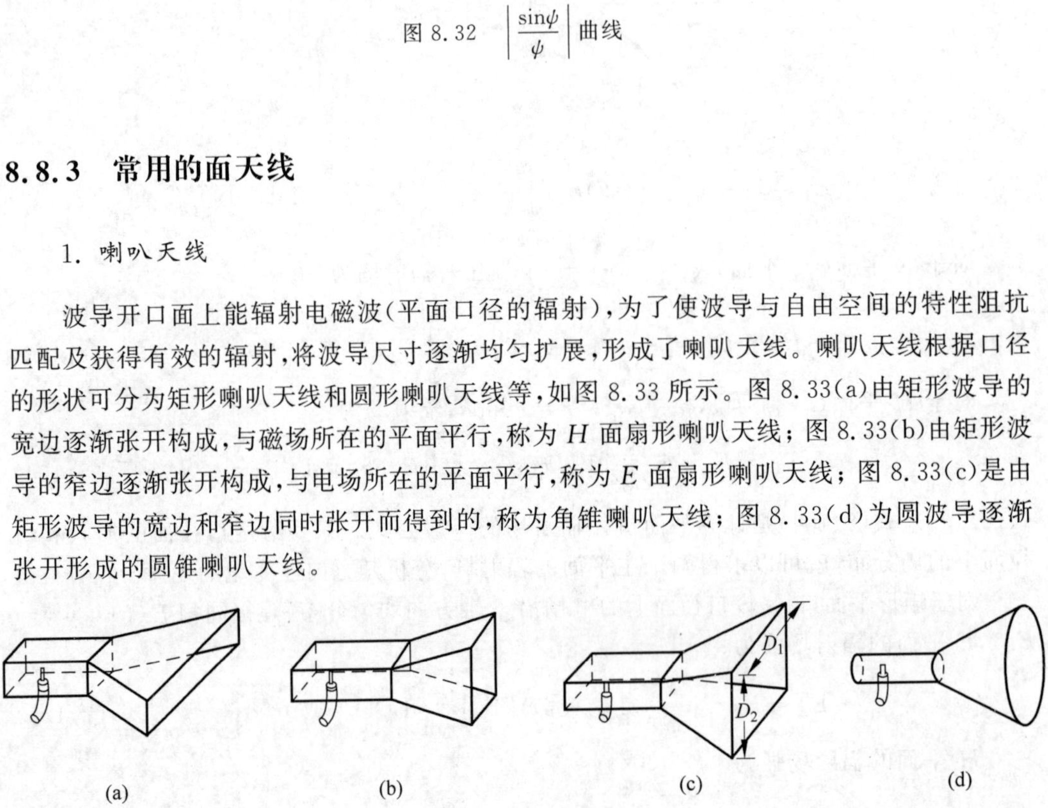

图 8.33 各种喇叭天线

喇叭天线是广泛使用的微波天线。喇叭天线除了单独使用以外,还可以用作反射面天线的馈源,也可以作相控阵天线的单元天线。

角锥喇叭天线是微波段的标准增益天线,角锥喇叭天线的方向性很强,方向图如图 8.34 所示。按最优尺寸设计,增益为

$$G \approx D = 0.51\frac{4\pi}{\lambda^2}D_1 D_2$$

增益为 10~25dB。有效接收面积为

$$A_e = 0.51 D_1 D_2$$

口面利用系数为 0.51。

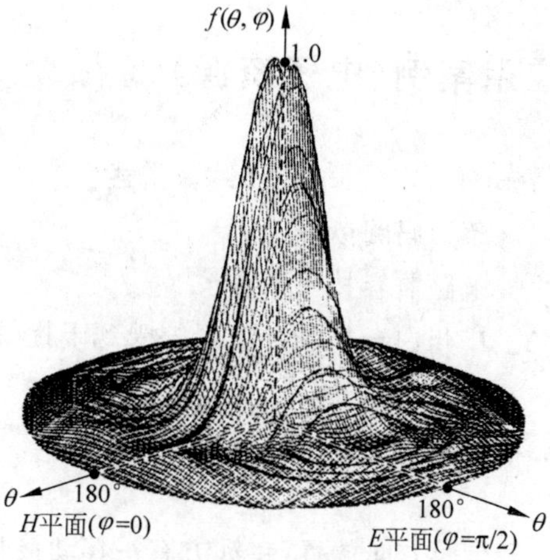

图 8.34　角锥喇叭天线的方向性图

2. 双脊喇叭天线

双脊喇叭天线是微波段的宽频带天线，如图 8.35 所示。为了扩展频带，在一般的角锥喇叭天线的辐射器中增加了一对指数双脊结构，并在脊上附加一定的线性锥度。双脊喇叭天线的频率范围可达 1～12.4GHz。G 和 A_e 的表达式与角锥喇叭天线相同，增益为 8～12dB。

3. 旋转抛物面天线

旋转抛物面天线由馈源和反射面组成，如图 8.36 所示。天线的反射面由形状为旋转抛物面的导体表面或导线栅格网构成，其作用是反射初级照射器辐射的电磁波以形成方向性较强波束；馈源是放置在抛物面焦点上的具有弱方向性的初级照射器，其作用是向反射面上辐射电磁波。馈源可以是单个振子或振子阵、单喇叭天线或多喇叭天线、开槽天线等。

图 8.35　双脊喇叭天线

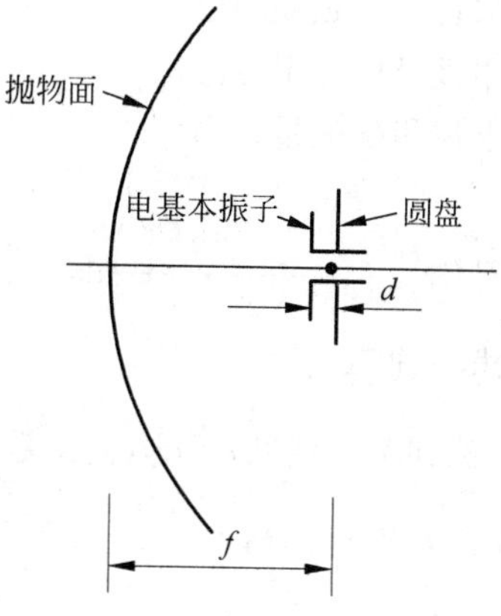

图 8.36　旋转抛物面天线

8.9 应用案例(电子资源)

扫码阅读

8.9 应用案例

8.9.1 GPS定位　　8.9.2 雷达

8.9.3 条形码阅读器

8.9.4 电磁兼容技术简介

8.9.5 广州白云机场导航系统受到干扰(视频)

扫码阅读

8.9.5 视频

第8章习题

8-1 设元天线的轴线沿东西方向放置,在远方有一移动接收台停在正南方而收到最大电场强度。当电台沿以元天线为中心的圆周在地面上移动时,电场强度渐渐减小。问当电场强度减小到最大值的 $1/\sqrt{2}$ 时,电台的位置偏离正南方多少角度?

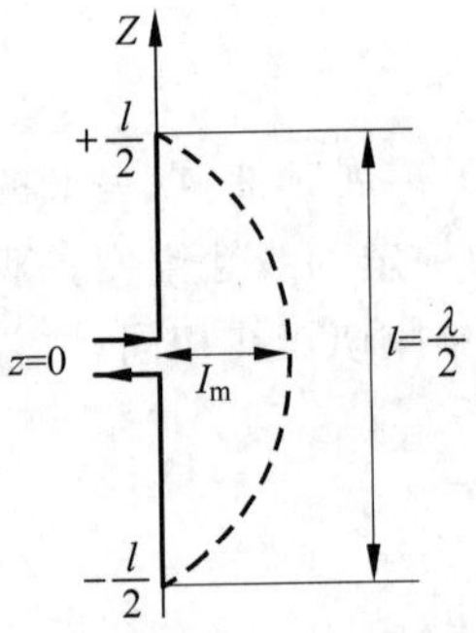

图题 8-4

8-2 上题如果接收台不动,将元天线在水平面内绕中心旋转,结果如何?如果接收台天线也是元天线,讨论收、发两天线的相对方位对测量结果的影响。

8-3 一个电基本振子的辐射功率 $P_r=100\text{W}$,试求 $r=10\text{km}$ 处,$\theta=0°$、$45°$和$90°$方向的场强,θ 为射线与振子轴之间的夹角。

8-4 如图题8-4所示,一个半波天线,其上电流分布为 $I=I_m\cos kz(-l/2<z<l/2)$。

(1) 求证:当 $r_0\gg l$ 时,可解得 $A_z=\dfrac{I_m e^{-jkr_0}}{2\pi k r_0}\cdot\dfrac{\cos\left(\dfrac{\pi}{2}\cos\theta\right)}{\sin^2\theta}$;

(2) 求远区的磁场和电场;

(3) 用极坐标画出方向图;

(4) 求坡印廷矢量;

(5) 已知 $\displaystyle\int_0^{\pi/2}\frac{\cos^2\left(\dfrac{\pi}{2}\cos\theta\right)}{\sin\theta}d\theta=0.609$,求辐射电阻;

(6) 求方向系数。

8-5 已知某天线归一化方向函数为 $F(\theta,\varphi)=\cos\left(\dfrac{\pi}{4}\cos\theta-\dfrac{\pi}{4}\right)$,绘出 E 面方向图,并计算其半功率波瓣宽度。

8-6 天线的归一化方向函数为

$$f(\theta,\varphi)=\begin{cases}\cos^2\theta, & |\theta|\leqslant\dfrac{\pi}{2}\\ 0, & |\theta|>\dfrac{\pi}{2}\end{cases}$$

试求其方向性系数 D。

8-7 若长度为 $2l$ 的短对称天线的电流分布可以近似地表示为 $I(z)=I_0\left(1-\dfrac{|z|}{l}\right)$，$l\leqslant\lambda$，试求远区场强、辐射电阻及方向性系数。

8-8 假设一电偶极子在垂直于它的方向上距离 100km 处所产生的电磁强度的振幅等于 100μV/m，试求电偶极子所辐射的功率。

8-9 求半波振子的方向系数。

8-10 已知某天线的辐射功率为 100W，方向系数 $D=3$，求：

(1) $r=10$km 处，最大辐射方向上的电场强度振幅；

(2) 若保持辐射功率不变，要使 $r=20$km 处的场强等于原来 $r=10$km 处的场强，应选取方向性系数 D 等于多少的天线？

8-11 由于某种应用上的要求，在自由空间中离天线 1km 的点处需保持 1V/m 的电场强度，若天线是：

(1) 无方向性天线；

(2) 短偶极子天线；

(3) 对称半波天线。

则必须馈给天线的功率是多少？

8-12 简述对数周期天线宽频带工作原理。

8-13 形成天线阵不同方向性的主要因素有哪些？

8-14 4 个电基本振子排列如图题 8-14 所示，各振子的电流复振幅按图中所标序号依次为(1)e^{j0}、(2)e^{j90}、(3)e^{j180}、(4)e^{j270}，试绘出 E 面和 H 面极坐标方向图。

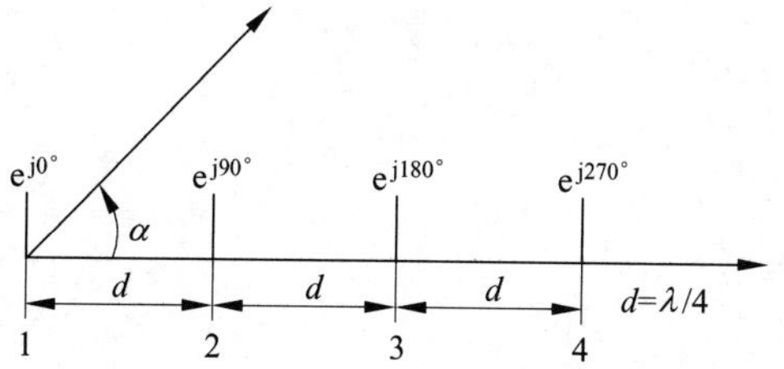

图题 8-14

8-15 两个半波天线平行放置，相距 $\dfrac{\lambda}{2}$，若要求它的最大辐射方向在偏离天线阵轴线 $\pm60^\circ$ 的方向上，问两半波天线馈电电流相位差应为多少？

8-16　试证二元天线阵的阵因子方向性函数为

$$F_{12}(\theta,\varphi)=\sqrt{1+m^2+2m\cos(\alpha+kd\sin\theta\cos\varphi)}$$

式中，m 为 I_1 与 I_2 的振幅比；α 为 I_1 与 I_2 的相位差，即 $I_2=mI_1\mathrm{e}^{\mathrm{j}\alpha}$；$d$ 为两天线的间距。

8-17　两半波天线平行放置，相距 $\frac{\lambda}{2}$，它们的电流振幅相等，同相激励。试用方向图乘法绘出 3 个主平面上的方向图。

8-18　何谓惠更斯辐射元？它的辐射场及辐射特性如何？

8-19　计算矩形均匀同相口径天线的方向性系数及增益。

8-20　已知位于坐标原点 $z=0$ 平面内的矩形口径尺寸为 $a\times b$，口径场为同相场，极化方向为 e_y 方向。若口径场的振幅分布函数为

$$f(x)=\cos\left(\frac{\pi x}{a}\right),\quad -\frac{a}{2}\leqslant x\leqslant\frac{a}{2}$$

试求 $y=0$ 平面内的方向性因子，主瓣半功率角、主瓣零功率角及第一副瓣相对于主瓣的电平。

附录1 部分习题参考答案

第1章 答案

1-3 $|\boldsymbol{r}_1-\boldsymbol{r}_2|=\sqrt{(x_2-x_1)^2+(y_2-y_1)^2+(z_2-z_1)^2}$

$|\boldsymbol{r}_1-\boldsymbol{r}_2|=\sqrt{r_2^2+r_1^2-2r_2r_1\cos(\varphi_2-\varphi_1)+(z_2-z_1)^2}$

$|\boldsymbol{r}_1-\boldsymbol{r}_2|=\sqrt{r_2^2+r_1^2-2r_2r_1[\sin\theta_2\sin\theta_1\cos(\varphi_2-\varphi_1)+\cos\theta_2\cos\theta_1]}$

1-4 (1)$(-2,2\sqrt{3},3)$；(2) $(5,53.1°,120°)$

1-5 $\boldsymbol{e}_r/2$

1-6 $\boldsymbol{A}=\boldsymbol{e}_r\sqrt{a^2+b^2}+\boldsymbol{e}_z c$，$\boldsymbol{A}=\boldsymbol{e}_r\sqrt{a^2+b^2+c^2}$

1-7 1200π

1-8 $4\pi a^3$

1-9 8

1-10 $\pi a^4/4$

1-11 14，是保守场

1-12 $x+2y+z^2=11$

1-13 $112/\sqrt{50}$

1-14 $\left(\boldsymbol{e}_x\dfrac{x}{a^2}+\boldsymbol{e}_y\dfrac{y}{b^2}+\boldsymbol{e}_z\dfrac{z}{c^2}\right)\Big/\sqrt{\dfrac{x^2}{a^4}+\dfrac{y^2}{b^4}+\dfrac{z^2}{c^4}}$

1-15 (1) $\boldsymbol{A}$、$\boldsymbol{B}$ 可以用一个标量函数的梯度表示；$\boldsymbol{A}$、$\boldsymbol{C}$ 可以用一个矢量的旋度表示

(2) $\nabla\cdot\boldsymbol{A}=0$，$\nabla\times\boldsymbol{A}=0$；$\nabla\cdot\boldsymbol{B}=2r\sin\varphi$，$\nabla\times\boldsymbol{B}=0$；$\nabla\cdot\boldsymbol{C}=0$，$\nabla\times\boldsymbol{C}=\boldsymbol{e}_z(2x-6y)$

第2章 答案

2-1 $\boldsymbol{E}_1=-\boldsymbol{e}_r A\theta-\boldsymbol{e}_\theta A$，$\boldsymbol{D}_1=-\varepsilon_1 A(\boldsymbol{e}_r\theta+\boldsymbol{e}_\theta)$，$\rho_1=-\dfrac{\varepsilon_1 A}{r}(2\theta+\cot\theta)$，$r<a$

$\boldsymbol{E}_2=\dfrac{Aa^2}{r^2}(\boldsymbol{e}_r\theta-\boldsymbol{e}_\theta)$，$\boldsymbol{D}_2=\dfrac{\varepsilon_2 Aa^2}{r^2}(\boldsymbol{e}_r\theta-\boldsymbol{e}_\theta)$，$\rho_2=-\dfrac{\varepsilon_2 Aa^3}{r^2}\cot\theta$，$r>a$

$\rho_S=A(\varepsilon_2+\varepsilon_1)\theta$，$r=a$

2-2 $\dfrac{\rho_l(\boldsymbol{e}_z\pi-\boldsymbol{e}_x 2)}{8\sqrt{2}\pi\varepsilon_0 a}$

2-3 (1) $\Phi=\dfrac{\rho_l}{2\pi\varepsilon_0}\ln\dfrac{\dfrac{L}{2}+\sqrt{r^2+L^2/4}}{r}$

(2) $\boldsymbol{E}=\boldsymbol{e}_r \dfrac{\rho_l}{4\pi\varepsilon_0 r}\cdot\dfrac{L}{\sqrt{r^2+\dfrac{L^2}{4}}}$

2-4 $\boldsymbol{E}=\dfrac{\rho}{2\varepsilon_0}\left[\dfrac{b^2}{r^2}\boldsymbol{r}-\dfrac{a^2}{r'^2}\boldsymbol{r}'\right]$, $r>b$, $\boldsymbol{E}=\dfrac{\rho}{2\varepsilon_0}\left[\boldsymbol{r}-\dfrac{a^2}{r'^2}\boldsymbol{r}'\right]$, $r<b$, $\boldsymbol{E}=\dfrac{\rho}{2\varepsilon_0}\boldsymbol{c}$,空腔内

其中 $\boldsymbol{r}$ 为大圆柱轴线到场点的距离,$\boldsymbol{r}'$为小圆柱轴线到场点的距离。

2-5 $\boldsymbol{E}_{内}=\boldsymbol{e}_r \dfrac{\rho_0}{\varepsilon_0}\left(\dfrac{r}{3}-\dfrac{r^3}{5a^3}\right)$, $\varphi_1=\dfrac{\rho_0}{\varepsilon_0}\left(\dfrac{a^2}{4}-\dfrac{r^2}{6}+\dfrac{r^4}{20a^2}\right)$, $r<a$

$\boldsymbol{E}_{外}=\boldsymbol{e}_r \dfrac{2\rho_0 a^3}{15\varepsilon_0 r^2}$, $\varphi_2=\dfrac{2\rho_0 a^3}{15\varepsilon_0 r}$, $r>a$

2-6 (1) $\rho=\dfrac{6\varepsilon_0 r^3}{a^4}$; (2) $2\varepsilon_0$

2-7 (1) $\rho_P=-\nabla\cdot\boldsymbol{P}=-3P_0$

$x=-L/2$ 处,$\rho_{SP}=P_0L/2$,$x=L/2$ 处,$\rho_{SP}=P_0L/2$

$y=-L/2$ 处,$\rho_{SP}=P_0L/2$,$y=L/2$ 处,$\rho_{SP}=P_0L/2$

2-8 (1) $\rho_P=-\dfrac{K}{r^2}$; $\rho_{SP}=\dfrac{K}{R}$

(2) $\rho=\dfrac{\varepsilon_r}{\varepsilon_r-1}\cdot\dfrac{K}{r^2}$

(3) $r\leqslant R$, $\Phi_1=\dfrac{K}{\varepsilon_0(\varepsilon_r-1)}\ln\dfrac{R}{r}+\dfrac{\varepsilon_r K}{\varepsilon_0(\varepsilon_r-1)}$; $r\geqslant R$, $\Phi_2=\dfrac{\varepsilon_r KR}{\varepsilon_0(\varepsilon_r-1)r}$

2-9 (1) $\boldsymbol{E}=\boldsymbol{e}_r \dfrac{abU_0}{(b-a)r^2}$, $\boldsymbol{D}=\boldsymbol{e}_r \dfrac{\varepsilon_0 bU_0}{(b-a)r}$

(2) $\rho_P=-\dfrac{\varepsilon_0 abU_0}{(b-a)r^3}$, $r=a$ 处 $\rho_{SP}=0$, $r=b$ 处 $\rho_{SP}=\dfrac{\varepsilon_0U_0}{b}$

(3) $C=\dfrac{2\pi\varepsilon_0 b}{b-a}$

2-10 零电位面方程为$(x+5a/3)^2+y^2+z^2=(4a/3)^2$,球心坐标为$(-5a/3,0,0)$,半径为 $4a/3$。

2-11 (1) $(x+y)^2-z=0$; (2) $z=c_1x$, $x^2-y^2=c_2$。

2-12 可以得到 $z=0$ 平面附近的 $\boldsymbol{E}_2$ 和 $\boldsymbol{D}_2$,即

$$\boldsymbol{E}_2=\boldsymbol{e}_x 2y-\boldsymbol{e}_y 2x+\boldsymbol{e}_z(10/3),\quad \boldsymbol{D}_2=\varepsilon_0(\boldsymbol{e}_x 6y-\boldsymbol{e}_y 6x+\boldsymbol{e}_z 10)$$

2-13 $\dfrac{3\varepsilon_0(\varepsilon-\varepsilon_0)}{\varepsilon+2\varepsilon_0}E_0\cos\theta$

2-14 (1) $\boldsymbol{E}_0=\boldsymbol{E}$, $\boldsymbol{D}_0=\varepsilon_0\boldsymbol{E}$, (2) $\boldsymbol{E}_0=\varepsilon\boldsymbol{E}/\varepsilon_0$, $\boldsymbol{D}_0=\boldsymbol{D}$

2-15 (1) 下极板 $\rho_S=-\dfrac{2\varepsilon_0\varepsilon U_0}{(\varepsilon+\varepsilon_0)d}$,上极板 $\rho_S=\dfrac{2\varepsilon_0\varepsilon U_0}{(\varepsilon+\varepsilon_0)d}$; 下极板 $\rho_{PS}=\dfrac{2\varepsilon_0(\varepsilon-\varepsilon_0)U_0}{(\varepsilon+\varepsilon_0)d}$,

上极板 $\rho_{PS}=-\dfrac{2\varepsilon_0(\varepsilon-\varepsilon_0)U_0}{(\varepsilon+\varepsilon_0)d}$；(2) $U=\dfrac{(\varepsilon+\varepsilon_0)dQ}{2\varepsilon_0\varepsilon ab}$；下极板 $\rho_{PS}=\dfrac{(\varepsilon-\varepsilon_0)Q}{\varepsilon ab}$，上极板 $\rho_{PS}=-\dfrac{(\varepsilon-\varepsilon_0)Q}{\varepsilon ab}$；(3) $C=\dfrac{2\varepsilon_0\varepsilon ab}{(\varepsilon+\varepsilon_0)d}$

2-16 $\Phi_1=-\dfrac{b^2r^2}{6\varepsilon_0}+\dfrac{r^4}{20\varepsilon_0}+\dfrac{b^4}{4\varepsilon_0}, \boldsymbol{E}_1=\boldsymbol{e}_r\dfrac{1}{\varepsilon_0}\left(\dfrac{1}{3}b^2r-\dfrac{r^3}{5}\right), r<b$

$\Phi_2=\dfrac{2b^5}{15\varepsilon_0 r}, \boldsymbol{E}_2=\boldsymbol{e}_r\dfrac{1}{\varepsilon_0}\dfrac{2b^5}{15r^2}, r>b$

2-17 $\Phi=\dfrac{U_0}{\alpha}\varphi, \boldsymbol{E}=-\boldsymbol{e}_\varphi\dfrac{U_0}{r\alpha}$

2-18 $\Phi_1(x)=\dfrac{\rho_s(a-b)}{\varepsilon_0 a}x, \Phi_2(x)=\dfrac{\rho_s b}{\varepsilon_0 a}(a-x)$

$\boldsymbol{E}_1(x)=-\boldsymbol{e}_x\dfrac{\rho_s(a-b)}{\varepsilon_0 a}, \boldsymbol{E}_2(x)=\boldsymbol{e}_x\dfrac{\rho_s b}{\varepsilon_0 a}$

2-19 (2) 是

2-20 $C=\dfrac{S(\varepsilon_2-\varepsilon_1)}{d\ln\left(\dfrac{\varepsilon_2}{\varepsilon_1}\right)}$

2-21 (1) $\boldsymbol{E}=\boldsymbol{e}_r\dfrac{Uab}{r^2(b-a)}, \Phi_r=\dfrac{aU(b-r)}{r(b-a)}$

(2) 在 $r=a$ 球面上，$\sigma_{1a}=\dfrac{Ub\varepsilon_1}{a(b-a)}, \sigma_{2a}=-\dfrac{Ub\varepsilon_2}{a(b-a)}$

在 $r=b$ 球面上，$\sigma_{1b}=-\dfrac{Ua\varepsilon_1}{b(b-a)}, \sigma_{2b}=-\dfrac{Ua\varepsilon_2}{b(b-a)}$

介质分界面上的电荷分布 $\sigma=0$

(3) $C=\dfrac{2\pi ab(\varepsilon_1+\varepsilon_2)}{b-a}$

2-23 (1) $q_1=\dfrac{a_1r-a_1a_2}{(a_1+a_2)r-2a_1a_2}q$

(2) $\Phi_1=\Phi_2=\dfrac{q}{4\pi\varepsilon_0 r}\left[\dfrac{r^2-a_1a_2}{(a_1+a_2)r-2a_1a_2}\right]$

2-24 -28×10^{-6}J

2-25 $W_e=\dfrac{3q^2}{20\pi\varepsilon_0 a}$

2-26 (1) $2\pi a(\varepsilon_1+\varepsilon_2)$；(2) $q^2/[4\pi a(\varepsilon_1+\varepsilon_2)]$

2-27 $f=\dfrac{1}{2}(\varepsilon-\varepsilon_0)\left(\dfrac{U}{d}\right)^2 ld$

2-28 $\boldsymbol{e}_z q^2/[32\pi\varepsilon_0 a^2]$

2-30 82.8×10^{-7}N·m

2-31 0.318A/m^2；10^{-6}A

2-32 $\boldsymbol{e}_\varphi \dfrac{3Q\omega r\sin\theta}{4\pi a^3}$

2-33 $\boldsymbol{e}_\varphi \dfrac{Q\omega\sin\theta}{4\pi a}$

2-34 (1) $E_1=\dfrac{\sigma_2 U_0}{\sigma_2 d_1+\sigma_1 d_2}, E_2=\dfrac{\sigma_1 U_0}{\sigma_2 d_1+\sigma_1 d_2}, J_1=\dfrac{\sigma_1\sigma_2 U_0}{\sigma_2 d_1+\sigma_1 d_2}, J_2=\dfrac{\sigma_1\sigma_2 U_0}{\sigma_2 d_1+\sigma_1 d_2}$

(2) $U_1=\dfrac{d_1\sigma_2 U_0}{\sigma_2 d_1+\sigma_1 d_2}, U_2=\dfrac{d_2\sigma_1 U_0}{\sigma_2 d_1+\sigma_1 d_2}$

(3) 上极板 $\sigma_1=\dfrac{\varepsilon_1\sigma_2 U_0}{\sigma_2 d_1+\sigma_1 d_2}$，下极板 $\sigma_2=-\dfrac{\varepsilon_2\sigma_1 U_0}{\sigma_2 d_1+\sigma_1 d_2}$

分界面上 $\sigma=\dfrac{\varepsilon_2\sigma_1 U_0-\varepsilon_1\sigma_2 U_0}{\sigma_2 d_1+\sigma_1 d_2}$

2-35 有，$\rho_P=-\boldsymbol{J}\cdot\nabla[(\varepsilon-\varepsilon_0)/\sigma]$

2-36 $R=\dfrac{1}{G}=\dfrac{1}{4\pi\sigma}\left(\dfrac{1}{R_1}+\dfrac{1}{R_2}-\dfrac{1}{d-R_1}-\dfrac{1}{d-R_2}\right)$

2-37 (1) $\dfrac{2d}{\alpha\sigma(r_2^2-r_1^2)}$；(2) $\dfrac{1}{\alpha\sigma d}\ln\left(\dfrac{r_2}{r_1}\right)$；(3) $\dfrac{\alpha}{\sigma d\ln\left(\dfrac{r_2}{r_1}\right)}$

2-38 $G=\dfrac{2\pi\sigma}{\ln\dfrac{a}{b}}\text{S/m}$

2-39 (1) $E_r=\dfrac{abU_0}{(b-a)r^2}$

(2) $J_1=\dfrac{\sigma_1 abU_0}{(b-a)r^2}, J_2=\dfrac{\sigma_2 abU_0}{(b-a)r^2}$

(3) $R=\dfrac{b-a}{2\pi(\sigma_1+\sigma_2)ab}$

2-40 $R=\dfrac{1}{4\pi\sigma a}$

2-41 $I/(2\pi r^2), I/(2\pi r^2\sigma), \dfrac{I}{2\pi\sigma}\left(\dfrac{1}{a}-\dfrac{1}{b}\right)$

2-42 $R=\dfrac{1}{2\pi\sigma_1}\left(\dfrac{1}{a}-\dfrac{1}{b}\right)+\dfrac{1}{2\pi\sigma}\dfrac{1}{b}$

2-43 $0.5\times10^{-4}\pi\text{F/rad}$

第3章 答案

3-1 $\boldsymbol{e}_z\mu_0\omega Q/(6\pi a)$

3-2 (1) $\boldsymbol{e}_x\mu_0 NIb^2/(b^2+d^2/4)^{-3/2}$；(2) $d=b$

3-3 $\boldsymbol{B}=\boldsymbol{e}_\varphi\mu_0\left(\dfrac{1}{4}r^3+\dfrac{4}{3}r^2\right), r\leqslant a$；$\boldsymbol{B}=\boldsymbol{e}_\varphi\dfrac{\mu_0}{r}\left(\dfrac{1}{4}a^4+\dfrac{4}{3}a^3\right), r\geqslant a$

3-4 (2)(3)(4)是,源分别为 $\boldsymbol{e}_z 2a$, 0, $\boldsymbol{e}_r a\cos\theta-\boldsymbol{e}_\theta 2a$

3-5 $\boldsymbol{J}_{\mathrm{m}}=0$; $\boldsymbol{J}_{\mathrm{m}S}=\boldsymbol{e}_z(Aa^2\cos^2\theta+B)\sin\theta$

3-6 (1) $\Phi=4.05\times10^{-3}$ (Wb)

(2) $\boldsymbol{M}=\boldsymbol{e}_\varphi \dfrac{7953.8}{r}$ (A/m)

(3) $\boldsymbol{J}_{\mathrm{m}}=0$

圆筒内表面 $\boldsymbol{J}_{S\mathrm{m}}=\boldsymbol{e}_z 3.98\times10^5$ (A/m),外表面 $\boldsymbol{J}_{S\mathrm{m}}=-\boldsymbol{e}_z 2.65\times10^5$ (A/m)

3-7 (1) 2.346H; (2) 0.944H; (3) 1.487

3-9 $\boldsymbol{B}_1=\dfrac{\boldsymbol{e}_\varphi\mu_0 I}{2\pi r}$; $\boldsymbol{B}_2=\dfrac{\boldsymbol{e}_\varphi\mu I}{2\pi r}$

3-10 圆铁杆:$\boldsymbol{H}=\boldsymbol{B}_0/\mu_0$, $\boldsymbol{B}=\mu\boldsymbol{B}_0/\mu_0$, $\boldsymbol{M}=4999/\mu_0$;圆铁盘:$\boldsymbol{H}=\boldsymbol{B}_0/\mu$, $\boldsymbol{B}=\boldsymbol{B}_0$, $\boldsymbol{M}=4999/(5000\mu_0)$

3-11 (1) $\boldsymbol{B}=\boldsymbol{e}_x 2500-\boldsymbol{e}_y 10$ mT

(2) $\boldsymbol{B}_0=\boldsymbol{e}_x 0.002+\boldsymbol{e}_y 0.5$ mT

3-14 $r<a$: $A_{1z}=-\dfrac{\mu_1 I}{4\pi}\left(\dfrac{r}{a}\right)^2+N$, $\boldsymbol{B}_1=-\dfrac{\mu_1 2I}{4\pi a^2}\boldsymbol{e}_z\times\boldsymbol{r}$

$r>a$: $A_{2z}=-\dfrac{I}{4\pi}\left(2\mu_2\ln\dfrac{r}{a}+\mu_1\right)+N$, $\boldsymbol{B}_2=-\dfrac{\mu_2 2I}{4\pi r^2}\boldsymbol{e}_z\times\boldsymbol{r}$

式中,N 为任意常数。

3-15 $\boldsymbol{A}=\boldsymbol{e}_z \dfrac{\mu_0 I}{2\pi}\ln\dfrac{(x+a)^2+y^2}{(x-a)^2+y^2}$,

$$\boldsymbol{B}=\boldsymbol{e}_x \frac{\mu_0 I}{2\pi}\left[\frac{y}{(x+a)^2+y^2}-\frac{y}{(x-a)^2+y^2}\right]-\boldsymbol{e}_y \frac{\mu_0 I}{2\pi}\left[\frac{x+a}{(x+a)^2+y^2}-\frac{x-a}{(x-a)^2+y^2}\right]$$

3-16 $\boldsymbol{P}_{\mathrm{m}}=\dfrac{qa^2}{5}\omega$

3-18 $\boldsymbol{e}_{12}\mu_0 I_1 I_2/(2\pi d)$

3-20 $(\mu-\mu_0)n^2 I^2 S$

3-22 $NI=543$ 安匝

第4章 答案

4-1 $\Phi=\dfrac{U_0}{\mathrm{sh}\left(\dfrac{n\pi}{a}b\right)}\sin\left(\dfrac{n\pi}{a}x\right)\mathrm{sh}\left(\dfrac{n\pi}{a}y\right)$

4-2 $\Phi=U_0\dfrac{y}{b}+\displaystyle\sum_{n=1}^{\infty}\dfrac{2U_0}{(n\pi)^2}\cdot\dfrac{b}{d}\sin\left(\dfrac{n\pi}{b}d\right)\cdot\sin\left(\dfrac{n\pi}{b}y\right)\mathrm{e}^{-\frac{n\pi}{b}z}$

4-3 $\Phi=\displaystyle\sum_{n=1}^{\infty}\dfrac{4U}{(2n-1)\pi}\sin\left[\dfrac{(2n-1)\pi}{a}x\right]\mathrm{e}^{-\frac{(2n-1)\pi}{a}y}$

4-4 $\Phi=\left(-E_0 r+\dfrac{E_0 a^2}{r}\right)\cos\varphi$, $\rho_S=2\varepsilon_0 E_0\cos\varphi$

4-5 $\Phi_1=\left(-E_0r-\frac{\varepsilon-\varepsilon_0}{\varepsilon+\varepsilon_0}a^2\frac{E_0}{r}\right)\cos\varphi, r\geqslant a$；$\Phi_2=-\frac{2\varepsilon}{\varepsilon+\varepsilon_0}E_0r\cos\varphi, r\leqslant a$

4-6 $\boldsymbol{B}_1=-\boldsymbol{e}_y\frac{1}{2}\mu_0J_{S0}, r<R$

4-7 $\Phi=\sum_{n=1,3,5,\cdots}^{\infty}\frac{2U_0}{n\pi}\left(\frac{r}{b}\right)^n\sin n\varphi+\sum_{n=1,3,5,\cdots}^{\infty}(-1)^{\frac{n+3}{2}}\frac{2U_0}{n\pi}\left(\frac{r}{b}\right)^n\cos n\varphi$

4-8 $\Phi(r,z)=\sum_i\frac{2U}{\alpha_{0i}J_1(\alpha_{0i})}J_0\left(\frac{\alpha_{0i}}{a}r\right)\mathrm{e}^{-\frac{\alpha_{0i}}{a}z}$

4-9 $\boldsymbol{E}=\boldsymbol{e}_z\frac{3\varepsilon}{\varepsilon_0+2\varepsilon}E_0, \rho_{PS}=-\frac{3\varepsilon_0(\varepsilon_r-1)}{1+2\varepsilon_r}E_0\cos\theta$

4-10 $A_{1\varphi}=\frac{3\mu}{2(\mu+2\mu_0)}B_0r\sin\theta, A_{2\varphi}=\frac{1}{2}B_0r\sin\theta+\frac{\mu_0P_m\sin\theta}{4\pi r^2}$

$\boldsymbol{B}_1=\frac{3\mu\boldsymbol{B}_0}{\mu+2\mu_0}, \boldsymbol{B}_2=\boldsymbol{B}_0+\frac{B_0(\mu-\mu_0)}{\mu+\mu_0}\left(\frac{a}{r}\right)^3(\boldsymbol{e}_r2\cos\theta+\boldsymbol{e}_\theta\sin\theta)$

4-11 (1) $\Phi=(-E_0r+E_0a^3/r^2)\cos\theta+U_0a/r-U_0$

(2) $\Phi=(-E_0r+E_0a^3/r^2)\cos\theta+\frac{Q}{4\pi\varepsilon_0}\left(\frac{1}{r}-\frac{1}{a}\right)$

4-12 每米的匝数正比于 $\sin\theta$

4-13 $\rho_l'=\rho_l, z=-h, \Phi=\frac{\rho_l}{2\pi\varepsilon}\ln\frac{\sqrt{x^2+(z+h)^2}}{\sqrt{x^2+(z-h)^2}}$

4-14 $A=\frac{q^2}{4\pi\varepsilon_0(2d)}$

4-15 $2.88\times10^9 q$ V

4-16 5.9×10^{-8} C

4-17 $q_i=-\frac{(\varepsilon-\varepsilon_0)}{(\varepsilon+\varepsilon_0)}q=q'$

4-19 (2) $\Phi=\left(-r+\frac{a^3}{r^2}\right)E_0\cos\theta$，其中 $E_0=\frac{Q}{2\pi\varepsilon_0D^2}$

4-20 (1) $\theta=0$(距 q 最近)处，$E_{\max}(a)=2.4\times10^6$ V/m

(2) $\theta=0$ 处，$E_{\max}(a)=3.6\times10^6$ V/m

第5章 答案

5-1 $I_d=I=\frac{\varepsilon_0\omega SU_0}{d}\cos\omega t$

5-2 $i_d=C\omega U_0\cos(\omega t)$

5-3 (1) $\frac{J_d}{J_{dm}}=0.64\times10^{16}$，(2) $\frac{J_d}{J_{dm}}=0.28\times10^3$，(3) $\frac{J_d}{J_{dm}}=0.45\times10^{-8}$

5-8 满足边界条件，$x=0$，$\boldsymbol{J}_S=-\boldsymbol{e}_yH_0\cos(kz-\omega t)$

$x=a$，$\boldsymbol{J}_S=-\boldsymbol{e}_x\times\boldsymbol{e}_zH_z|_{x=a}=-\boldsymbol{e}_yH_0\cos(kz-\omega t)$

5-9 (1) 80V/m

(2) $\boldsymbol{H}_1=\boldsymbol{e}_y[0.1592\cos(15\times10^8t-5z)-0.0531\cos(15\times10^8t+5z)]\text{A/m}$

$\boldsymbol{H}_2=\boldsymbol{e}_y[0.1061\cos(15\times10^8t-50z)]\text{A/m}$

5-11 $\boldsymbol{E}=\boldsymbol{e}_z120\pi\cos20x\,\mathrm{e}^{-\mathrm{j}k_yy}$, $\omega_{\mathrm{av}}=4\pi\times10^{-7}\cos^2 20x$, $\boldsymbol{S}_{\mathrm{av}}=\boldsymbol{e}_y60\pi\cos^2 20x$

5-12 $z=0,\boldsymbol{S}=0$; $z=\lambda/8,\boldsymbol{S}=-\boldsymbol{e}_z\dfrac{1}{4}\sqrt{\dfrac{\varepsilon_0}{\mu_0}}E_0^2\sin2\omega t$; $z=\lambda/4,\boldsymbol{S}=0$; $\boldsymbol{S}_{\mathrm{av}}=0$

5-13 $\boldsymbol{H}=-\boldsymbol{e}_yE_0\sqrt{\dfrac{\varepsilon_0}{\mu_0}}\cos(\omega\sqrt{\mu_0\varepsilon_0}z-\omega t)$, $\boldsymbol{S}=\boldsymbol{e}_zE_0^2\sqrt{\dfrac{\varepsilon_0}{\mu_0}}\cos^2(\omega\sqrt{\mu_0\varepsilon_0}z-\omega t)$,

$\boldsymbol{S}_{\mathrm{av}}=\boldsymbol{e}_z\dfrac{1}{2}\sqrt{\dfrac{\varepsilon_0}{\mu_0}}E_0^2$

5-14 $\boldsymbol{E}=-\boldsymbol{e}_x\omega A_{\mathrm{m}}\cos(\omega t-kz)$, $\boldsymbol{H}=-\boldsymbol{e}_y\dfrac{k}{\mu}A_{\mathrm{m}}\cos(\omega t-kz)$, $\boldsymbol{S}=\boldsymbol{e}_z\dfrac{\omega k}{\mu}A_{\mathrm{m}}^2\cos^2(\omega t-kz)$

第6章 答案

6-1 $\boldsymbol{E}=\boldsymbol{e}_x[0.03\mathrm{e}^{-\mathrm{j}\frac{\pi}{2}}+0.04\mathrm{e}^{-\mathrm{j}\frac{\pi}{3}}]\mathrm{e}^{-\mathrm{j}kz}\text{V/m}$

$\boldsymbol{H}=\boldsymbol{e}_yk[7.6\times10^{-5}\mathrm{e}^{-\mathrm{j}\frac{\pi}{2}}+1.01\times10^{-4}\mathrm{e}^{-\mathrm{j}\frac{\pi}{3}}]\mathrm{e}^{-\mathrm{j}kz}\text{A/m}$

$\boldsymbol{H}(z,t)=\boldsymbol{e}_yk\left[7.6\times10^{-5}\sin(10^8\pi t-kz)+1.01\times10^{-4}\cos\left(10^8\pi t-kz-\dfrac{\pi}{3}\right)\right]$

6-3 $\boldsymbol{S}=\boldsymbol{e}_x\dfrac{a}{4\pi}\omega\mu H_0^2\sin^2\dfrac{\pi x}{a}\sin(2\omega t-\beta z)+\boldsymbol{e}_z\omega\mu\beta\left(\dfrac{a}{\pi}\right)^2H_0^2\sin^2\dfrac{\pi x}{a}\sin^2(\omega t-\beta z)$

$\boldsymbol{S}_{\mathrm{av}}=\boldsymbol{e}_z\dfrac{1}{2}\omega\mu\beta\left(\dfrac{a}{\pi}\right)^2H_0^2\sin^2\dfrac{\pi x}{a}$

6-4 $P=\dfrac{E_0^2}{90}$

6-5 $\boldsymbol{H}=\boldsymbol{e}_\varphi\sqrt{\dfrac{\varepsilon_0}{\mu_0}}\left(\dfrac{E_0}{r}\right)\sin\theta\cos(\omega t-kr)$, $k=\omega\sqrt{\mu_0\varepsilon_0}$

6-6 $\boldsymbol{E}=-\mathrm{j}\boldsymbol{e}_x496\cos(15\pi x)\mathrm{e}^{-\mathrm{j}41.6z}+\boldsymbol{e}_z565\sin(15\pi x)\mathrm{e}^{-\mathrm{j}41.6z}$, $\beta=41.6(\text{rad/m})$

6-7 $\lambda=\dfrac{\pi}{15}=0.21\text{m}$, $f=14.32\times10^8\text{Hz}$, $\boldsymbol{H}=-\boldsymbol{e}_y\dfrac{1}{3\pi}\cos(9\times10^9t+30z)\text{A/m}$

$\boldsymbol{E}=\boldsymbol{e}_x40\cos(9\times10^9+30z)\text{V/m}$

6-8 $\lambda=1\text{m}$, $f=3\times10^8\text{Hz}$, $v=3\times10^8\text{m/s}$, $\eta_0=120\pi\Omega$

$\boldsymbol{H}=\boldsymbol{e}_y0.265\cos(\omega t-2\pi z)\text{A/m}$, $\boldsymbol{S}_{\mathrm{av}}=\boldsymbol{e}_z13.26\text{W/m}^2$

6-9 $P_{\mathrm{av}}=55.5\text{W}$

6-11 (1) 沿 $-\boldsymbol{e}_z$ 方向传播的线极化波;

(2) 沿 $\boldsymbol{e}_z$ 方向传播的左旋圆极化波;

(3) 沿 $\boldsymbol{e}_z$ 方向传播的右旋圆极化波;

(4) 沿 $\boldsymbol{e}_z$ 方向传播的线极化波;

(5) 沿 $\boldsymbol{e}_z$ 方向传播的左旋椭圆极化波;

(6) 沿 $\boldsymbol{e}_z$ 方向传播的左旋椭圆极化波。

6-13 (1) $f=3\times10^9\,\text{Hz}$

(2) $\boldsymbol{H}(z,t)=\text{Re}[\boldsymbol{H}(z)\cdot e^{j\omega t}]=\dfrac{10^{-4}}{\eta_0}[\boldsymbol{e}_y\cos(\omega t-kz)+\boldsymbol{e}_x\sin(\omega t-kz)]$

(3) $\boldsymbol{S}(z,t)=\boldsymbol{E}(z,t)\times\boldsymbol{H}(z,t)=\dfrac{10^{-8}}{\eta_0}[\boldsymbol{e}_z\cos^2(\omega t-kz)-\boldsymbol{e}_z\sin^2(\omega t-kz)]$

$$\boldsymbol{S}_{\text{av}}=\text{Re}\left[\frac{1}{2}\boldsymbol{E}(z)\times\boldsymbol{H}^*(z)\right]=\boldsymbol{e}_z\frac{10^{-8}}{\eta_0}$$

(4) 右旋圆极化波

6-14 $\boldsymbol{E}=(\boldsymbol{e}_x-j\boldsymbol{e}_y)E_0e^{j(\omega t-kz)}$, $\boldsymbol{H}=(\boldsymbol{e}_y+j\boldsymbol{e}_x)\sqrt{\dfrac{\varepsilon}{\mu}}E_0e^{j(\omega t-kz)}$

6-15 $f=10\text{kHz}$, $\lambda=15.8\text{m}$, $\alpha=0.126\pi\text{Np/m}$, $\eta_c=0.0316\pi(1+j)\Omega$

$f=1\text{MHz}$, $\lambda=1.58\text{m}$, $\alpha=1.26\pi\text{Np/m}$, $\eta_c=0.316\pi(1+j)\Omega$

$f=100\text{MHz}$, $\lambda=0.149\text{m}$, $\alpha=11.97\pi\text{Np/m}$, $\eta_c=\dfrac{41.89}{\sqrt{1-j8.9}}\Omega$

$f=1\text{GHz}$, $\lambda=0.03\text{m}$, $\alpha=24.69\pi\text{Np/m}$, $\eta_c=\dfrac{41.89}{\sqrt{1-j0.89}}\Omega$

6-17 $E_2=2.65\times10^{-3}\,\text{V/m}$, $E_3=8.88\times10^{-4}\,\text{V/m}$, $E_4=1.78\times10^{-3}\,\text{V/m}$

6-18 $S_{2\text{av}}\approx72.77\text{W/m}^2$

6-19 (1) $\boldsymbol{E}_i=\boldsymbol{e}_x6e^{-j\frac{2\pi}{3}z}\,\text{V/m}$, $\boldsymbol{E}_i(z,t)=\boldsymbol{e}_x6\cos\left(2\pi\times10^8t-\dfrac{2\pi}{3}z\right)\text{V/m}$

$$\boldsymbol{H}_i=\boldsymbol{e}_y\frac{6e^{-j\frac{2\pi}{3}z}}{120\pi}\text{A/m},\ \boldsymbol{H}_i(z,t)=\boldsymbol{e}_y\frac{6}{120\pi}\cos\left(2\pi\times10^8t-\frac{2\pi}{3}z\right)\text{A/m}$$

(2) $\boldsymbol{E}_r=-\boldsymbol{e}_x6e^{j\frac{2\pi}{3}z}\,\text{V/m}$, $\boldsymbol{E}_r(z,t)=\boldsymbol{e}_x6\cos\left(2\pi\times10^8t+\dfrac{2\pi}{3}z+\pi\right)\text{V/m}$

$$\boldsymbol{H}_r=\boldsymbol{e}_y\frac{6e^{j\frac{2\pi}{3}z}}{120\pi}\text{A/m},\ \boldsymbol{H}(z,t)=\boldsymbol{e}_y\frac{6}{120\pi}\cos\left(2\pi\times10^8t+\frac{2\pi}{3}z\right)\text{A/m}$$

(3) $\boldsymbol{E}=-\boldsymbol{e}_xj2\times6\sin(2\pi\times10^8t)\text{V/m}$

$$\boldsymbol{E}(z,t)=\boldsymbol{e}_x2\times6\sin\left(\frac{2\pi}{3}z\right)\sin(2\pi\times10^8t)\text{V/m}$$

$$\boldsymbol{H}=\boldsymbol{e}_y\frac{2\times6}{120\pi}\cos\left(\frac{2\pi}{3}z\right)\text{A/m},\ \boldsymbol{H}(z,t)=\boldsymbol{e}_y\frac{2\times6}{120\pi}\cos\left(\frac{2\pi}{3}z\right)\cos(2\pi\times10^8t)\text{A/m}$$

(4) $z=-3/2\text{m}$

6-20 (1) $\rho=-1$, $\boldsymbol{E}_r=E_0(\boldsymbol{e}_x+j\boldsymbol{e}_y)e^{j\beta z}$,左旋圆极化波

(2) $\boldsymbol{J}_S=\dfrac{2E_0}{\eta_0}(\boldsymbol{e}_x-j\boldsymbol{e}_y)$

(3) $\boldsymbol{E}(z,t)=2E_0\sin(\beta z)(\boldsymbol{e}_x\sin\omega t-\boldsymbol{e}_y\cos\omega t)$

6-21 $|E_{m1}^-|=33.3\text{V/m}$, $|E_{m2}^+|=66.7\text{V/m}$

6-23 (1) $-1/3, 2/3, 2$

(2) $\boldsymbol{E}_i=\boldsymbol{e}_x 2e^{-j2\pi z}$, $\boldsymbol{H}_i=\boldsymbol{e}_y \dfrac{1}{60\pi}e^{-j2\pi z}$

$\boldsymbol{E}_r=-\boldsymbol{e}_x \dfrac{2}{3}e^{j2\pi z}$, $\boldsymbol{H}_r=\boldsymbol{e}_y \dfrac{1}{180\pi}e^{j2\pi z}$

$\boldsymbol{E}_t=\boldsymbol{e}_x \dfrac{4}{3}e^{-j4\pi z}$, $\boldsymbol{H}_t=\boldsymbol{e}_y \dfrac{1}{45\pi}e^{-j4\pi z}$

(3) $\boldsymbol{S}_{av,i}=\boldsymbol{e}_z \dfrac{1}{60\pi}\text{W/m}^2$, $\boldsymbol{S}_{av,r}=-\boldsymbol{e}_z \dfrac{1}{540\pi}\text{W/m}^2$, $\boldsymbol{S}_{av,t}=\boldsymbol{e}_z \dfrac{2}{135\pi}\text{W/m}^2$

6-24 $\boldsymbol{E}^-=E_m \dfrac{\eta_2-\eta_1}{\eta_2+\eta_1}(\boldsymbol{e}_x+j\boldsymbol{e}_y)e^{j\beta z}$，右旋；$\boldsymbol{E}_2^+=E_m \dfrac{2\eta_2}{\eta_2+\eta_1}(\boldsymbol{e}_x+j\boldsymbol{e}_y)e^{-j\beta_2 z}$，左旋

6-26 (1) $\varepsilon_{r1}=2$, $d=0.133\mu\text{m}$；(2) 10%

6-27 0.03m, 5.8%

6-28 (1) $\lambda=0.628$, $f=4.78\times10^8\text{Hz}$

(2) $\boldsymbol{E}_i(x,z,t)=\boldsymbol{e}_y 10\cos(3\times10^9 t-6x-8z)\text{V/m}$

$\boldsymbol{H}_i(x,z,t)=\dfrac{1}{120\pi}(-\boldsymbol{e}_x 8+\boldsymbol{e}_z 6)\cos(3\times10^9 t-6x-8z)\text{A/m}$

(3) $\theta_i=36.9°$

(4) $\boldsymbol{E}_r(x,z)=-\boldsymbol{e}_y 10e^{-j(6x-8z)}\text{V/m}$, $\boldsymbol{H}_r(x,z)=\dfrac{1}{120\pi}(-\boldsymbol{e}_x 8-\boldsymbol{e}_y 6)10e^{-j(6x-8z)}$ A/m

(5) $\boldsymbol{E}(x,z)=-\boldsymbol{e}_y j20\sin(8z)e^{-j6x}\text{V/m}$

$\boldsymbol{H}(x,z)=\dfrac{1}{120\pi}[-\boldsymbol{e}_x 16\cos(8z)-\boldsymbol{e}_z j12\sin(8z)]e^{-j6x}\text{A/m}$

6-29 (1) $\theta_1=\theta_B=63.4°$；(2) 18%

6-30 (1) 6.38°；(2) $e^{j38.04°}$；(3) $1.89e^{j19.02°}$

6-31 1

第7章 答案

7-1 空气 $Z_0=65.917\Omega$，聚四氟乙烯 $Z_0=45.487\Omega$，$\lambda=0.69\text{m}$

7-2 (1) $D=25.5\text{mm}$；(2) $b=3.91\text{mm}$

7-3 $\Gamma_l=-\dfrac{1+2j}{5}$, $\rho=2.618$, $Z_{in}(d)=\dfrac{50+j87.6382}{1.68819+j0.68819}$

7-4 $Z_{in}=26.32-j9.87\Omega$

7-5 $Z_{min}=160\Omega$, $P=0.2\text{W}$

7-6 $|U(d)|=450\left(\dfrac{10}{9}10/9-\dfrac{2}{3}\cos\left(\dfrac{2\pi d}{\lambda}\right)\right)^{1/2}$, $|I(d)|=450\left(\dfrac{10}{9}10/9+\dfrac{2}{3}\cos\left(\dfrac{2\pi d}{\lambda}\right)\right)^{1/2}$

$Z_{in}(d)=\left|\dfrac{U(d)}{I(d)}\right|$, $|U(d)|_{max}=600\text{V}$, $|U(d)|_{min}=300\text{V}$, $|I(d)|_{max}=1\text{A}$,

$|I(d)|_{\min}=0.5\text{A}$, $|Z_{\text{in}}(d)|_{\max}=1200$, $|Z_{\text{in}}(d)|_{\min}=300$

7-7　$Z_{\text{in}}(d)=906.4-642.9\text{j}\Omega$

7-8　$Z_{\text{L}}=\dfrac{625-\text{j}301.777}{1-\text{j}12.071}\Omega$

7-9　(a) $Z_{AA'}=\dfrac{4Z_0}{3}, \Gamma_{AA'}=\dfrac{1}{5}, S=\dfrac{3}{2}$, (b) $Z_{AA'}=Z_0+2\text{j}Z_0, \Gamma_{AA'}=\dfrac{1+\text{j}}{2}, S=5$

(c) $Z_{AA'}=Z_0, \Gamma_{AA'}=-\dfrac{1}{3}, S=2$, (d) $Z_{AA'}=4Z_0, \Gamma_{AA'}=\dfrac{1}{3}, S=2$

7-10　(1) $Z_0=50\Omega$; (2) $S_{\min}=2, |\Gamma|_{\min}=\dfrac{1}{3}$; (3) $z_1=0.176\lambda$

7-11　(1) $\Gamma(z)=0.31\text{e}^{-\text{j}(47.5°+2\beta z)}$

(2) $U(z)=A\text{e}^{\text{j}\beta z}[1+|\Gamma_2|\text{e}^{-\text{j}(2\beta z+47.5°)}]$, $I(z)=\dfrac{A}{Z_0}\text{e}^{\text{j}\beta z}[1-|\Gamma_2|\text{e}^{-\text{j}(2\beta z+47.5°)}]$

(3) $A=\dfrac{U_2+I_2Z_0}{2}$, $z_{\min}=0.184\lambda$, $z_{\max}=0.434\lambda$

7-12　(1) $\Gamma_2=\dfrac{1}{3}\text{e}^{\text{j}36°}$; (2) $Z_{\text{L}}=465+\text{j}203\Omega$

7-13　线径 $d=1.165\text{cm}$,长度 $l=0.375\text{m}$

7-14　(1) 0.113; (2) 0.344; (3) $-\text{j}1.21, \text{j}0.85$; (4) 0.385, 0.135, 4.5, 0.22;

(5) $57.57-\text{j}21$, $112.5-\text{j}11.25$, $0.0156+\text{j}0.0057$, $0.0089+\text{j}\,0.000\,93$;

(6) $119.5-\text{j}\,100$, $17.5+\text{j}\,34.5$

7-15　(1) $S=1.767$; (2) $\Gamma=0.28\text{e}^{\text{j}146°}$; (3) $Z_{\text{in}}=50+\text{j}29\Omega$; (4) $Y_{\text{in}}=0.015-\text{j}0.009S$;

(5) 不出现电压最小点

7-18　当 $\lambda=6\text{cm}$ 时,波导中不能传输任何模式;当 $\lambda=4\text{cm}$ 时,能传输 TE_{10} 模;当 $\lambda=1.85\text{cm}$ 时,能传输 TE_{10}、TE_{20}、TE_{01} 模。

7-19　(1) $\lambda_c=4.572\text{cm}, \lambda_g=3.976\text{cm}, \beta=1.58\times10^{-2}\text{rad/m}, Z_{\text{TE}_{10}}=500\Omega$

(2) $\lambda_c(\text{TE}_{10})=9.144\text{cm}, \lambda_c(\text{TE}_{20})=4.572\text{cm}$,对 TE_{10} 波:$\lambda_g=3.176\text{cm}$

$\beta=1.979\times10^{-2}\text{rad/m}, Z_{\text{TE}_{10}}=399\Omega$;对 TE_{20} 波,所求各量同(1)。

(3) $\lambda_c(\text{TE}_{10})=4.572\text{cm}, \lambda_c(\text{TE}_{01})=4.064\text{cm}$,对 TE_{10} 波,所求各量同(1);

对 TE_{01} 波:$\lambda_g=4.45\text{cm}, \beta=1.413\times10^{-2}\text{rad/m}, Z_{\text{TE}_{01}}=559\Omega$

(4) $\lambda_c(\text{TE}_{10})=4.572\text{cm}, \lambda_c(\text{TE}_{20})=2.286\text{cm}, \lambda_c(\text{TE}_{01})=2.032\text{cm}$,

对 TE_{10} 波:$\lambda_g=2.224\text{cm}, \beta=2.825\text{rad/m}, Z_{\text{TE}_{10}}=419\Omega$;

对 TE_{20} 波:$\lambda_g=4.13\text{cm}, \beta=1.522\times10^{-2}\text{rad/m}, Z_{\text{TE}_{20}}=778\Omega$;

对 TE_{01} 波:$\lambda_g=11.31\text{cm}, \beta=0.555\times10^{-2}\text{rad/m}, Z_{\text{TE}_{01}}=2133\Omega$

7-20　$2.36\text{GHz}<f<4.72\text{GHz}$

7-21　(1) TE_{11} 模

7-22 从顶壁流入两侧壁的电流：$I_y|_{x=0}=-\frac{2\pi}{a}\frac{E_0}{\omega\mu\beta}$，$I_y|_{x=a}=-\frac{2\pi}{a}\frac{E_0}{\omega\mu\beta}$

顶壁上流出 $z=0$ 与 $z=\frac{\lambda_g}{2}$ 截面的电流：$I_z|_{z=0}=-\frac{2a}{\pi}\frac{\beta E_0}{\omega\mu}$，$I_z|_{z=\frac{\lambda_g}{2}}=\frac{2a}{\pi}\frac{\beta E_0}{\omega\mu}$

从顶壁（$\lambda_g/2$ 长）流出的总传导电流 $I_c=\frac{4a}{\pi}\frac{\omega\varepsilon_0}{\beta}E_0$

流入上导体板 $a\times\frac{\lambda_g}{2}$ 表面的总位移电流 $I_d=\frac{4a}{\pi}\frac{\omega\varepsilon_0}{\beta}E_0$

7-23 3×10^9 Hz

7-24 (1) $\lambda_g=21.8$cm，$(\lambda_c)_{TE_{10}}=14.428$cm

(2) $v_p=4.16\times10^8$ m/s，$\lambda_g=13.87$cm，λ_c 的结果与(1)相同

7-26 空气填充：$a=5.064$mm，$b=17.67$mm

介质填充：$a=2.017$mm，$b=12.604$mm

7-27 (1) $\lambda_{cTM_{01}}\approx60$mm，$\lambda_{cTE_{11}}\approx100$mm

(2) $v_{pTEM}=3\times10^8$ m/s，不能传输 TE_{11} 模

7-28 $f_{101}=6.7$GHz，$f_{011}=8.0777$GHz，$f_{102}=8.485$GHz

7-29 $3.84\text{cm}\leqslant l\leqslant4.55\text{cm}$

第8章 答案

8-1 $\pm45°$

8-3 $\theta=0°$，$|E_\theta|=0$；$\theta=45°$，$|E_\theta|=6.7\times10^{-3}$ V/m；$\theta=90°$，$|E_\theta|=9.49\times10^{-3}$ V/m

8-4 (2) $H_\phi=\mathrm{j}\frac{I_m e^{-\mathrm{j}kr_0}}{2\pi r_0}\frac{\cos\left(\frac{\pi}{2}\cos\theta\right)}{\sin\theta}$，$E_\theta=\mathrm{j}\frac{I_m k e^{-\mathrm{j}kr_0}}{2\pi\omega\varepsilon r_0}\frac{\cos\left(\frac{\pi}{2}\cos\theta\right)}{\sin\theta}$；

(4) $\boldsymbol{S}_{av}=\boldsymbol{e}_r\frac{\eta I^2}{4\pi^2r_0^2}\frac{\cos^2\left(\frac{\pi}{2}\cos\theta\right)}{\sin^2\theta}$；(5) $R_r=73.1\Omega$；(6) $D\approx1.64$

8-5 $2\theta_{3dB}=\pi$

8-6 $D=10$

8-7 $E_\theta=\mathrm{j}\frac{60\pi I_0 l\sin\theta}{\lambda r}e^{-\mathrm{j}kr}$，$H_\varphi=\frac{E_\theta}{Z_0}=\mathrm{j}\frac{I_0 l\sin\theta}{2\lambda r}e^{-\mathrm{j}kr}$，$R_r=\frac{80\pi^2 l^2}{\lambda^2}$，$D=1.5$

8-8 $P_r=1.1$W

8-9 $D=1.64$，2.15dB

8-10 (1) $E_{max}=13.42\times10^{-3}$ V/m；(2) $D'=12$

8-11 设 $\eta=1$ (1) $P_{in}=3.33\times10^4$ W；(2) $P_{in}=2.22\times10^4$ W；(3) $P_{in}=2.03\times10^4$ W

8-14 E 面：$F_E(\alpha)=|\cos\alpha|\left|\frac{\sin\left[\frac{\pi\cos\alpha}{2}\right]}{2}\right|$，$H$ 面：$F_H(\alpha)=\left|\frac{\sin\left[\frac{\pi\cos\alpha}{2}\right]}{2}\right|$

8-15 $\xi=-\frac{\pi}{2}$

8-17 xy 平面$\left(\theta=\frac{\pi}{2}\right)$：$F_2=\cos\left(\frac{\pi}{2}\cos\varphi\right)$；$xz$ 平面$(\varphi=0)$：$F_2=\cos\left(\frac{\pi}{2}\sin\theta\right)$；$yz$ 平面$\left(\varphi=\frac{\pi}{2}\right)$：$F_2=2$

8-19 $D=\frac{4\pi}{\lambda^2}\cdot S, G=\eta D$

8-20 $f(\theta,0)=(1-\cos\theta)\frac{\cos\left(\frac{1}{2}kb\sin\theta\right)}{\pi^2-a^2k^2\sin^2\theta}, 2\theta_{0.5}\approx 1.2\frac{\lambda}{a}, 2\theta_0\approx 3\frac{\lambda}{a}, -24.6\text{dB}$

附录2　符　号　表

$\boldsymbol{A}$	矢量磁位
A_e	有效接收面积
$\boldsymbol{B}$	磁感应强度
C	电容
c	真空中的电磁波速度
$\boldsymbol{D}$	电位移矢量
D	方向系数
$\boldsymbol{E}$	电场强度
e	电子电量,电动势
e_m	磁动势
f	频率
f_c	截止频率
G	电导,增益
$\boldsymbol{H}$	磁场强度
I	电流
I_c	传导电流
I_d	位移电流
$\boldsymbol{J}_c$	传导电流密度
$\boldsymbol{J}_d$	位移电流密度
$\boldsymbol{J}_m$	体磁化电流密度
$\boldsymbol{J}_{mS}$	面磁化电流密度
$\boldsymbol{J}_S$	面电流密度
K	行波系数
k	波数
L	自感
l_e	有效长度
$\boldsymbol{M}$	磁化强度
M	互感
m	质量
N	电子浓度
$\boldsymbol{P}$	极化强度
P	功率
$\boldsymbol{p}$	电偶极矩
$\boldsymbol{p}_m$	磁矩
Q	电荷,品质因数
q	电荷
R	电阻
R_m	磁阻
R_S	表面电阻
R_r	辐射电阻
$\boldsymbol{S}$	坡印廷矢量(能流密度矢量)
$\boldsymbol{S}_{av}$	平均坡印廷矢量
S	驻波比
T	周期
$\boldsymbol{T}$	力矩
TEM	横电磁波
TE	横电波
TM	横磁波
U	电压、电位差
$\boldsymbol{v}$	速度矢量
v_g	群速
v_p	相速
W	能量,功
w	能量密度
X_S	表面电抗
Y	导纳
Z	阻抗
α	衰减常数
β	相位常数
Γ	反射系数
γ	传播常数
δ	透入深度(趋肤深度)
δ_c	损耗角
ε	介电常数

ε_0	真空介电常数
ε_r	相对介电常数
ε_c	复介电常数
η	波阻抗,效率
η_c	复波阻抗
θ_c	临界角
θ_B	布儒斯特角
λ	波长
λ_c	截止波长
λ_g	波导波长
μ	磁导率
μ_0	真空磁导率
μ_r	相对磁导率
ρ	体电荷密度
ρ_S	面电荷密度
ρ_l	线电荷密度
ρ_P	体极化电荷密度
ρ_{PS}	面极化电荷密度
σ	电导率
τ	透射系数
Φ	电位,磁通量
Φ_m	标量磁位
φ	坐标
χ_e	极化率
χ_m	磁化率
Ψ	磁链
ψ	相位
ω	角频率

附录3　常用的数学公式

一、矢量恒等式

$$\boldsymbol{A}\times\boldsymbol{B}=-\boldsymbol{B}\times\boldsymbol{A} \tag{A3-1}$$

$$\boldsymbol{A}\cdot(\boldsymbol{B}\times\boldsymbol{C})=\boldsymbol{B}\cdot(\boldsymbol{C}\times\boldsymbol{A})=\boldsymbol{C}\cdot(\boldsymbol{A}\times\boldsymbol{B}) \tag{A3-2}$$

$$\boldsymbol{A}\times(\boldsymbol{B}\times\boldsymbol{C})=(\boldsymbol{A}\cdot\boldsymbol{C})\boldsymbol{B}-(\boldsymbol{A}\cdot\boldsymbol{B})\boldsymbol{C} \tag{A3-3}$$

$$\nabla(\phi\psi)=\phi\,\nabla\psi+\psi\,\nabla\phi \tag{A3-4}$$

$$\nabla\cdot(\psi\boldsymbol{A})=\boldsymbol{A}\cdot\nabla\psi+\psi\,\nabla\cdot\boldsymbol{A} \tag{A3-5}$$

$$\nabla\times(\psi\boldsymbol{A})=\nabla\psi\times\boldsymbol{A}+\psi\,\nabla\times\boldsymbol{A} \tag{A3-6}$$

$$\nabla(\boldsymbol{A}\cdot\boldsymbol{B})=(\boldsymbol{A}\cdot\nabla)\boldsymbol{B}+(\boldsymbol{B}\cdot\nabla)\boldsymbol{A}+\boldsymbol{A}\times(\nabla\times\boldsymbol{B})+\boldsymbol{B}\times(\nabla\times\boldsymbol{A}) \tag{A3-7}$$

$$\nabla\cdot(\boldsymbol{A}\times\boldsymbol{B})=\boldsymbol{B}\cdot\nabla\times\boldsymbol{A}-\boldsymbol{A}\cdot\nabla\times\boldsymbol{B} \tag{A3-8}$$

$$\nabla\times(\boldsymbol{A}\times\boldsymbol{B})=\boldsymbol{A}\,\nabla\cdot\boldsymbol{B}-\boldsymbol{B}\,\nabla\cdot\boldsymbol{A}+(\boldsymbol{B}\cdot\nabla)\boldsymbol{A}-(\boldsymbol{A}\cdot\nabla)\boldsymbol{B} \tag{A3-9}$$

$$\nabla\cdot\nabla\psi=\nabla^2\psi \tag{A3-10}$$

$$\nabla\times\nabla\psi=0 \tag{A3-11}$$

$$\nabla\cdot\nabla\times\boldsymbol{A}=0 \tag{A3-12}$$

$$\nabla\times\nabla\times\boldsymbol{A}=\nabla(\nabla\cdot\boldsymbol{A})-\nabla^2\boldsymbol{A} \tag{A3-13}$$

$$\nabla R=-\nabla' R=\frac{\boldsymbol{R}}{R}=\boldsymbol{e}_R \tag{A3-14}$$

$$\nabla\frac{1}{R}=-\nabla'\frac{1}{R}=-\frac{\boldsymbol{R}}{R^3}=-\frac{\boldsymbol{e}_R}{R^2} \tag{A3-15}$$

$$\iiint_V\nabla\cdot\boldsymbol{A}\,\mathrm{d}V=\oiint_S\boldsymbol{A}\cdot\mathrm{d}\boldsymbol{S} \tag{A3-16}$$

$$\iint_S\nabla\times\boldsymbol{A}\cdot\mathrm{d}\boldsymbol{S}=\oint_c\boldsymbol{A}\cdot\mathrm{d}\boldsymbol{l} \tag{A3-17}$$

$$\iiint_V\nabla\times\boldsymbol{A}\,\mathrm{d}V=\oiint_S(\boldsymbol{e}_n\times\boldsymbol{A})\mathrm{d}S \tag{A3-18}$$

$$\iiint_V\nabla\psi\mathrm{d}V=\oiint_S\psi\mathrm{d}S \tag{A3-19}$$

$$\iint_S\boldsymbol{e}_n\times\nabla\psi\mathrm{d}S=\int_c\psi\mathrm{d}l \tag{A3-20}$$

二、三种坐标系中的梯度、散度、旋度和拉普拉斯运算

1. 直角坐标系

$$\nabla\psi=\boldsymbol{e}_x\frac{\partial\psi}{\partial x}+\boldsymbol{e}_y\frac{\partial\psi}{\partial y}+\boldsymbol{e}_z\frac{\partial\psi}{\partial z} \tag{A3-21}$$

$$\nabla \cdot \mathbf{A} = \frac{\partial A_x}{\partial x} + \frac{\partial A_y}{\partial y} + \frac{\partial A_z}{\partial z} \tag{A3-22}$$

$$\nabla \times \mathbf{A} = \begin{vmatrix} \boldsymbol{e}_x & \boldsymbol{e}_y & \boldsymbol{e}_z \\ \dfrac{\partial}{\partial x} & \dfrac{\partial}{\partial y} & \dfrac{\partial}{\partial z} \\ A_x & A_y & A_z \end{vmatrix} \tag{A3-23}$$

$$\nabla^2 \psi = \frac{\partial^2 \psi}{\partial x^2} + \frac{\partial^2 \psi}{\partial y^2} + \frac{\partial^2 \psi}{\partial z^2} \tag{A3-24}$$

$$\nabla^2 \mathbf{A} = \boldsymbol{e}_x \nabla^2 A_x + \boldsymbol{e}_y \nabla^2 A_y + \boldsymbol{e}_z \nabla^2 A_z$$

2. 圆柱坐标系

$$\nabla \psi = \boldsymbol{e}_r \frac{\partial \psi}{\partial r} + \frac{\boldsymbol{e}_\varphi}{r} \frac{\partial \psi}{\partial \varphi} + \boldsymbol{e}_z \frac{\partial \psi}{\partial z} \tag{A3-25}$$

$$\nabla \cdot \mathbf{A} = \frac{1}{r} \frac{\partial}{\partial r}(r A_r) + \frac{1}{r}\left(\frac{\partial A_\varphi}{\partial \varphi}\right) + \frac{\partial A_z}{\partial z} \tag{A3-26}$$

$$\nabla \times \mathbf{A} = \begin{vmatrix} \dfrac{\boldsymbol{e}_r}{r} & \boldsymbol{e}_\varphi & \dfrac{\boldsymbol{e}_z}{r} \\ \dfrac{\partial}{\partial r} & \dfrac{\partial}{\partial \varphi} & \dfrac{\partial}{\partial z} \\ A_r & r A_\varphi & A_z \end{vmatrix} \tag{A3-27}$$

$$\nabla^2 \psi = \frac{1}{r} \frac{\partial}{\partial r}\left(r \frac{\partial \psi}{\partial r}\right) + \frac{1}{r^2}\left(\frac{\partial^2 \psi}{\partial \varphi^2}\right) + \frac{\partial^2 \psi}{\partial z^2} \tag{A3-28}$$

$$\nabla^2 \mathbf{A} = \boldsymbol{e}_r\left(\nabla^2 A_r - \frac{2}{r^2} \frac{\partial A_\varphi}{\partial \varphi} - \frac{A_r}{r^2}\right) + \boldsymbol{e}_\varphi\left(\nabla^2 A_\varphi + \frac{2}{r^2} \frac{\partial A_r}{\partial \varphi} - \frac{A_\varphi}{r^2}\right) + \boldsymbol{e}_z \nabla^2 A_z$$

3. 球坐标系

$$\nabla \psi = \boldsymbol{e}_r \frac{\partial \psi}{\partial r} + \frac{\boldsymbol{e}_\theta}{r}\left(\frac{\partial \psi}{\partial \theta}\right) + \frac{\boldsymbol{e}_\varphi}{r \sin\theta}\left(\frac{\partial \psi}{\partial \varphi}\right) \tag{A3-29}$$

$$\nabla \cdot \mathbf{A} = \frac{1}{r^2} \frac{\partial}{\partial r}(r^2 A_r) + \frac{1}{r \sin\theta} \frac{\partial}{\partial \theta}(\sin\theta A_\theta) + \frac{1}{r \sin\theta}\left(\frac{\partial A_\varphi}{\partial \varphi}\right) \tag{A3-30}$$

$$\nabla \times \mathbf{A} = \begin{vmatrix} \dfrac{\boldsymbol{e}_r}{r^2 \sin\theta} & \dfrac{\boldsymbol{e}_\theta}{r \sin\theta} & \dfrac{\boldsymbol{e}_\varphi}{r} \\ \dfrac{\partial}{\partial r} & \dfrac{\partial}{\partial \theta} & \dfrac{\partial}{\partial \varphi} \\ A_r & r A_\theta & r \sin\theta A_\varphi \end{vmatrix} \tag{A3-31}$$

$$\nabla^2 \psi = \frac{1}{r^2} \frac{\partial}{\partial r}\left(r^2 \frac{\partial \psi}{\partial r}\right) + \frac{1}{r^2 \sin\theta} \frac{\partial}{\partial \theta}\left(\sin\theta \frac{\partial \psi}{\partial \theta^2}\right) + \frac{1}{r^2 \sin^2\theta}\left(\frac{\partial^2 \psi}{\partial \varphi^2}\right) \tag{A3-32}$$

$$\nabla^2 \mathbf{A} = \boldsymbol{e}_r\left[\nabla^2 A_r - \frac{2}{r^2}\left(A_r + \cot\theta A_\theta + \operatorname{cosec}\theta \frac{\partial A_\varphi}{\partial \varphi} + \frac{\partial A_\theta}{\partial \theta}\right)\right]$$

$$+\boldsymbol{e}_\theta\left[\nabla^2 A_\theta-\frac{1}{r^2}\left(\mathrm{cosec}^2\theta A_\theta-2\frac{\partial A_r}{\partial\theta}+2\cot\theta\,\mathrm{cosec}\theta\frac{\partial A_\varphi}{\partial\varphi}\right)\right]$$

$$+\boldsymbol{e}_\varphi\left[\nabla^2 A_\varphi-\frac{1}{r^2}\left(\mathrm{cosec}^2\theta A_\varphi-2\mathrm{cosec}\theta\frac{\partial A_r}{\partial\varphi}-2\cot\theta\,\mathrm{cosec}\theta\frac{\partial A_\theta}{\partial\varphi}\right)\right]$$

三、常用的幂级数

$$\mathrm{e}^x=1+x+\frac{x^2}{2!}+\frac{x^3}{3!}+\cdots+\frac{x^n}{n!}+\cdots\quad(-\infty<x<+\infty)\tag{A3-33}$$

$$\ln(1+x)=x-\frac{x^2}{2}+\frac{x^3}{3}-\frac{x^4}{4}+\cdots+(-1)^{n-1}\frac{x^n}{n}+\cdots\quad(-1<x\leqslant1)\tag{A3-34}$$

$$\ln\left(\frac{1+x}{1-x}\right)=2\left(x+\frac{x^3}{3}+\frac{x^5}{5}+\frac{x^7}{7}+\cdots+\frac{x^{2n-1}}{2n-1}+\cdots\right)\quad(|x|<1)\tag{A3-35}$$

$$\sqrt{1+x}=1+\frac{1}{2}x-\frac{1}{2\times4}x^2+\frac{1\times3}{2\times4\times6}x^3-\frac{1\times3\times5}{2\times4\times6\times8}x^4+\cdots\quad(|x|\leqslant1)\tag{A3-36}$$

$$\frac{1}{\sqrt{1+x}}=1-\frac{1}{2}x+\frac{1\times3}{2\times4}x^2-\frac{1\times3\times5}{2\times4\times6}x^3+\frac{1\times3\times5\times7}{2\times4\times6\times8}x^4-\cdots\quad(-1<x\leqslant1)\tag{A3-37}$$

$$\sinh x=\frac{\mathrm{e}^x-\mathrm{e}^{-x}}{2}=x+\frac{x^3}{3!}+\frac{x^5}{5!}+\frac{x^7}{7!}+\cdots\quad(-\infty<x<+\infty)\tag{A3-38}$$

$$\cosh x=\frac{\mathrm{e}^x+\mathrm{e}^{-x}}{2}=1+\frac{x^2}{2!}+\frac{x^4}{4!}+\frac{x^6}{6!}+\cdots\quad(-\infty<x<+\infty)\tag{A3-39}$$

四、其他数学公式

欧拉公式

$$\mathrm{e}^{\mathrm{j}z}=\cos z+\mathrm{j}\sin z\tag{A3-40}$$

$$\sin z=\frac{1}{2\mathrm{j}}(\mathrm{e}^{\mathrm{j}z}-\mathrm{e}^{-\mathrm{j}z})\tag{A3-41}$$

$$\cos z=\frac{1}{2}(\mathrm{e}^{\mathrm{j}z}+\mathrm{e}^{-\mathrm{j}z})\tag{A3-42}$$

三角函数的正交性：任意区间上

$$\int_0^l\sin\frac{n\pi}{l}x\cdot\sin\frac{m\pi}{l}x\,\mathrm{d}x=\begin{cases}l/2, & m=n\\0, & m\neq n\end{cases}\tag{A3-43}$$

$$\int_0^l\cos\frac{n\pi}{l}x\cdot\cos\frac{m\pi}{l}x\,\mathrm{d}x=\begin{cases}l/2, & m=n\\0, & m\neq n\end{cases}\tag{A3-44}$$

$$\int_0^l\sin\frac{n\pi}{l}x\cdot\cos\frac{m\pi}{l}x\,\mathrm{d}x=0\tag{A3-45}$$

五、微分方程的解

1. 二阶齐次常微分方程 $y''+py'+qy=0$，其中 p、q 是常数。特征方程为 $r^2+pr+q=0$。

(1) 如果特征方程有两个不相等的实根 $r_1\neq r_2$，通解为

$$y = C_1 e^{r_1 x} + C_2 e^{r_2 x} \tag{A3-46}$$

(2) 如果特征方程有一对共轭复根 $r_1 = \alpha + j\beta, r_2 = \alpha - j\beta$,通解为

$$y = e^{\alpha x}(C_1 \cos\beta x + C_2 \sin\beta x) \tag{A3-47}$$

2. 欧拉型方程 $x^n y^{(n)} + p_1 x^{n-1} y^{(n-1)} + p_2 x^{n-2} y^{(n-2)} + \cdots + p_{n-1} x y' + p_n y = f(x)$,其中 $p_1, p_2, \cdots, p_n$ 都是常数。解法:作变换 $x = e^t$,化为 t 的常系数线性微分方程,然后求解。

附录4　电磁单位制

电磁单位制采用国际单位制(SI)。

一、基本单位

物理量的名称	单位名称	单位符号
长度	米	m
质量	千克(公斤)	kg
时间	秒	s
电流	安培	A

二、导出单位

物理量的名称	符号	单位名称	单位符号	用基本单位表示
力	$\boldsymbol{F}$	牛[顿](Newton)	N	$1N=1kg\cdot m/s^2$
力矩	$\boldsymbol{T}$	牛[顿]米(Newton metre)	N·m	
功,能量	W	焦[耳](Joule)	J	1J=1N·m=1W·s
能量密度	w	焦[耳]每立方米 (Joule per cubic metre)	J/m^3	
功率	P	瓦[特](Watt)	W	1W=1J/s
电动势	e	伏[特](Volt)	V	1V=1W/A
电压	U	伏[特](Volt)	V	
电位	Φ	伏[特](Volt)	V	
电场强度	$\boldsymbol{E}$	伏[特]每米(Volt per metre)	V/m	
电荷	Q,q	库[仑](Coulomb)	C	1C=1A·s
线电荷密度	ρ_l	库[仑]每米(Coulomb per metre)	C/m	
面电荷密度	ρ_S	库[仑]每平方米(Coulomb per square metre)	C/m^2	
[体]电荷密度	ρ_V	库[仑]每立方米(Coulomb per cubic metre)	C/m^3	
电位移矢量(电通量密度)	$\boldsymbol{D}$	库[仑]每平方米(Coulomb per square metre)	C/m^2	
极化强度	$\boldsymbol{P}$	库[仑]每平方米(Coulomb per square metre)	C/m^2	
电偶极矩	$\boldsymbol{p}$	库[仑]米(Coulomb metre)	C·m	
磁通量	Φ	韦[伯](Weber)	Wb	1Wb=1V·s
自感	L	亨[利](Henry)	H	1H=1Wb/A
互感	M	亨[利](Henry)	H	

续表

物理量的名称	符号	单位名称	单位符号	用基本单位表示
电导	G	西[门子](Siemens)	S	1S=1A/V
电导率	σ	西[门子]每米 (Siemens per metre)	S/m	
导纳	Y	西[门子](Siemens)	S	
电阻	R	欧[姆](Ohm)	Ω	1Ω=V / A
阻抗	Z, η	欧[姆](Ohm)	Ω	
电抗	X	欧[姆](Ohm)	Ω	
电容	C	法[拉](Farad)	F	1F=1C/V
介电常数 (电容率)	$\varepsilon, \varepsilon_0$	法[拉]每米 (Farad per metre)	F/m	
相对介电常数 (相对电容率)	ε_r	无量纲	—	
极化率	χ_e	无量纲	—	
面电流密度	$\boldsymbol{J}_S$	安[培]每米 (Ampere per metre)	A/m	
[体]电流密度	$\boldsymbol{J}$	安[培]每平方米 (Ampere per square metre)	A/m^2	
磁导率	μ, μ_0	亨[利]每米 (Henry per metre)	H/m	
相对磁导率	μ_r	无量纲	—	
标量磁位	Φ_m	安[培](Ampere)	A	
矢量磁位	$\boldsymbol{A}$	韦[伯]每米 (Weber per metre)	Wb/m	1Wb=1V·s
磁化率	χ_m	无量纲	—	
磁化强度	$\boldsymbol{M}$	安[培]每米 (Ampere per metre)	A/m	
磁阻	R_m	每亨[利] (Reciprocal henry)	/H	
磁动势	e_m	安[培](Ampere)	A	
磁场强度	$\boldsymbol{H}$	安[培]每米 (Ampere per metre)	A/m	
磁感应强度 (磁通密度)	$\boldsymbol{B}$	特[斯拉](Tesla)	T	1T=Wb/m^2
磁偶极矩	$\boldsymbol{p}_m$	安[培]二次方米 (Ampere metre squared)	A·m^2	
频率	f	赫[兹](Hertz)	Hz	1Hz=s^{-1}
周期	T	秒	s	
角频率	ω	弧度每秒 (Radian per metre)	rad/s	

续表

物理量的名称	符号	单位名称	单位符号	用基本单位表示
波长	λ	米(metre)	m	
坡印廷矢量	$\boldsymbol{S}$	瓦[特]每平方米 (Watt per square metre)	W/m^2	$1W=1J/s$
传播常数	γ	每米(per metre)	m^{-1}	
相位	ψ	弧度(Radian)	rad	
相位常数	β	弧度每米 (Radian per metre)	rad/m	
衰减常数	α	奈培每米(Neper per metre)	Np/m	m^{-1}
波数	k	弧度每米 (Radian per metre)	rad/m	

附录5　常用的物理常数

物　理　量	数　　值
电子的电荷 e	$1.602\,10\times10^{-19}\,\mathrm{C}$
电子质量 m_e	$9.1091\times10^{-31}\,\mathrm{kg}$
真空介电常数 ε_0	$\frac{1}{36\pi}\times10^{-9}\approx8.854\times10^{-12}\,\mathrm{F/m}$
真空磁导率 μ_0	$4\pi\times10^{-7}\,\mathrm{H/m}$
真空中的光速 c	$3\times10^{8}\,\mathrm{m/s}$

附录 6　常用材料的参数

材料名称	电导率 σ/(S/m)	相对介电常数 ε_r	相对磁导率 μ_r
银	6.17×10^{7}		
铜	5.80×10^{7}		
金	4.10×10^{7}		
铝	3.54×10^{7}		
钨	1.82×10^{7}		
黄铜	1.57×10^{7}		
铁	10^{7}		4000～6000
钴			250
镍	1.45×10^{7}		600
铁镍合金			10^{5}
铁氧体	100		1000
锗	2.2	16	
硅	10^{-3}	12	
空气		1	
海水	4	81	
蒸馏水	2×10^{-4}	81	
湿土壤	10^{-3}	10	
干土壤	10^{-5}	3～5	
变压器油	10^{-11}	2.2	
玻璃	10^{-12}	3～9	
陶瓷	10^{-13}	3～10	
橡胶	10^{-15}	2.3～4	
云母		6.0	
胶木		5.0	
尼龙		3.5	
有机玻璃		3.4	
聚乙烯		2.3	
聚苯乙烯		2.6	
聚四氟乙烯		2.1	
木材		1.5～4	

附录 7　史密斯阻抗圆图

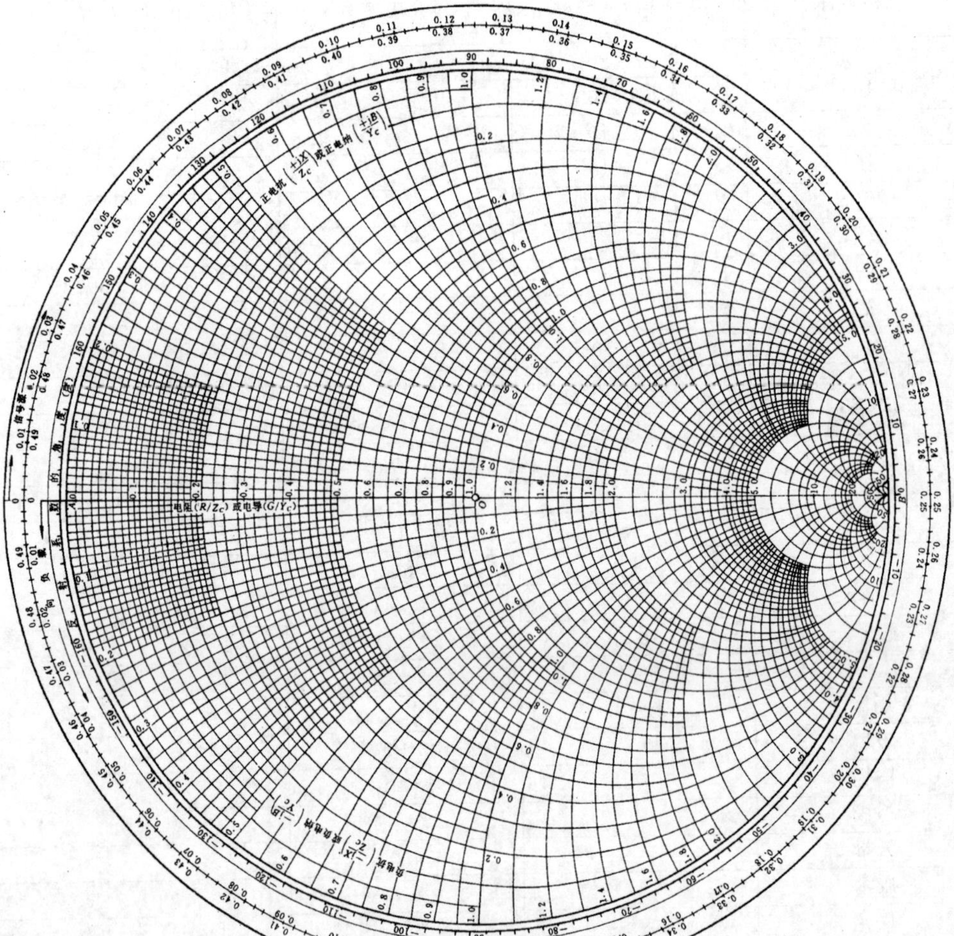

索引

3dB 波瓣宽度 305
E 面扇形喇叭天线 322
GPS(全球定位系统) 324
H 面扇形喇叭天线 322
LC 振荡电路 297,298
s 参数 290
TE 模 274
TEM 模 274,280-282,284
TM 模 274,282
δ 函数 33

安培秤 125
安培环路定理 76,87,91,97,98,100-102,115,123,192,207
安培力 87,124,129
安全接地 79

半导体 73,81
半功率点波瓣宽度 304,305
保守场 28,36,327
贝塞尔函数 147,148,149
毕奥-萨伐尔定律 89,90,94,96,106,299
比拟法 77
边界条件 48-52,54-59,70-72,75,77,82,101-103,105,108,110,133-36,138,139,141-145,148-150,152-160,169-170,173,180,184,193-196,200-201,207,236,244-245,247,260,273-275,280,289,318,332
边射式天线阵 315
边值问题 48,55-57,71,133-135,141,152,154,168,169,171,172
表面波导 258
表面电抗 240
表面电阻 240,285
标量场 10,23-25,32,33,42
标量磁位 110,144,145,175,198
标量积 8,38
标量位 24,198,199,296
并联谐振 266
波长 71,181,201,211,219,220,252,253,255,256,258,262,268,270,273,274,276-279,281-285,289-293,297,302,310-312,318
波导 5,233,242,248,249,252,256,258,270-281,283,285,292,293,322,336
波导波长 273,274,279,281,283,285,292
波动方程 199,209,210,216,217,260,271,273,288
波数 209,211,272,275,279
波形指数 275,277
波阵面 209,318
波阻抗 211,219,220,240,243,252-254,274,279,281,292,300
泊松方程 33,53-56,103,104,108,129,133,134,168,169,174,175,200,296
坡印廷定理 196,197
坡印廷矢量 196,201,206-208,252,253,324
部分电感 117,119,120
部分电容 60-62,83
布儒斯特角 249

差分方程 168-172,174,175,177,180,181
场点 8,9,24,26,33,37,41,89,90,95,109,168,297,302,328
参考点 33,37,57,58,105,109,141,144,158,163,291
场域的离散化 168,174
超松弛迭代法 170,171,184,185
弛豫时间 75
串联谐振 266
传播常数 217,218,228,241,250,260,262,280
传导电流 72,76,90,97,102,191-193,200,218-220,237,292
传输线 113,162,207,258-271,280,282,290-292,306
初相位 210,213,216,221,237,264
垂直极化(波) 213,245-248,250,255
畴壁共振损耗 234
磁场 3,5,10,15,16,18,19,22,76,89,90,93-98,104-106,109,110,120,121,123-125,127-129,133,144-146,158,168,173,175-177,180,182-183,188-190,193-196,201,211-212,218-219,221,226,229,230,234-239,244,245,252-255,266,270,271,274,277,288,289,299,301,319,322,324
磁场的高斯定理 18,102,194
磁场的环路定理 22
磁场强度 92,101,103,144-146,176,191,195,201,207,231,252,253,278
磁畴 229
磁导率 92,93,98-101,128-130,144,146,158,177,183,226,229,230,232,234,253,271,288
磁动势 100
磁感应强度 89,94,98,101,103,105-109,113,115,128,129,158,183,231,233
磁感应线 89,99,103
磁共振成像 200
磁荷 301,302
磁荷密度 301
磁化电流 90,92-94,98,102,128,158
磁化率 92
磁化强度 92,93,98,128,229-231,234
磁矩 109,129,229,230,302,303
磁聚焦 127
磁链 111-115,117,121,122,125,188,
磁流 176,301-303,319
磁流密度 176,301
磁流源 319
磁路 99,100,126,128
磁路的欧姆定律 99,100,126
磁偶极矩 127
磁偶极子 109,110,303,319,320
磁偶极子天线 301,302,303
磁(场)屏蔽 127,144-146
磁通量 15,90,100,111,112,115,117,118,121,128,188
磁约束 127
磁滞损耗 234
磁阻 100,127,128,130

达朗贝尔方程 199,296-298
带宽 307
单极天线 310,311
单位矢量 8,10-13,28,69,89,125,196,244,246
导波波长 262
导波系统 258,262,271,273,274,276,277
导电媒质 72,76,85,133,216-220,238,248

导模　273-277
导体　32,42,44,48,51,52,55-64,66-69,73-79,82-86,96-98,117-124,128,129,138,140,148,149,153-156,158-165,176,180-185,188-190,195,196,200,207,208,220,221,237-240,242-246,251,254,262,270,274,280-285,287,288,290,293,318,323,337
导行波　270,271,273,292
等磁位面　110
等离子体　127,221-226,228,232
等位面　10,23,33,42,46,47,48,63,75,77,155,162-165,173
等位体　42,58
等位线　156,184
第一类边值问题　55,56,135,154,168,169,171,172
第二类边值问题　55,57
第三类边值问题　55,57
等相位面　209,212-214,250,273,274,318
低通滤波器　234,235
低频　5,71,234,288
电波传播　3,4,5
电长度　258,268,270
电场　3,5,10,15,18,22,23,36,38,39,42-44,57,58,63-65,67,75,76,82-84,110,141,143,152-156,159,160,162,164,172,173,177,180-185,188,189,192-196,200,201,211-213,215,218,219,221,223,226,233,235-239,243-246,252-255,266,270,271,274,277,280,288,289,299,301,307,319,321,322,324
电场的高斯定理　18,45,194
电场的环路定理　22,50,71
电场力　33,36,44,63,66,67,72-74,76,84,189,223
电场强度　10,33,41-43,45-47,49,51-54,65-67,73,75,78,81,84,85,153,176,184,193,200,201,207,208,221,223,224,228,235,238,252-255,292,324,325
电磁波　3,4,6,176,177,180,181,195,199,201,202,208,209,212,216-218,221-226,228,234,239,243,244,248,250-253,255,256,258,271-274,279,288,293,294,296,297,300,307,308,322,323
电磁波吸收涂料　3
电磁参数　5,176,232
电磁场　3-5,28,33,48,133,167,168,176,177,180,188,193,194,196,197,200,201,204,205,207,216,218,246,252,272,288,300
电磁场量　5,204,205,272
电磁感应　3,189
电磁感应定律　22,177,188-190,193,232,289
电磁干扰　3,4
电磁环境　4
电磁兼容　3,4,234,324
电磁能量　3,4,197,242,288,297,305
电磁泄漏　4
电磁学　3,4,6,32,48,62,87,167
电导　73,75,78,85,258,259,285
电导率　73,77-80,85,86,177,195,207,226,229,232,253,274,281,285
电感　5,111,115-121,123,124,128,234,235,258,259,262,266,288,311
电介质　32,34,42-46,48-52,58,75-77,82,85,93,193,255,290,292
电聚焦　81
电矩矢量　38

电抗 240,264,266-269,306
电离层 222,225,226
电力线 10,16,19,33,46-48,89,155,156,189,194
电流 5,19,67-70,72,75,76-80,84,85,87,90-93,95-99,105,106,108-113,115-123,125-130,133,144,158,188,191,192,196,207,229,234,240,241,258-261,263-266,277,278,281,289-291,297,298,301-303,306,307,309,314,315-317,319,324,325,337
电流连续性方程 70,71,74,191,200,205
电流强度 10,67,68,86
电流元 70,89,95,104-106,112,124,125,252,299,319
电容系数 61
电偶极矩 44
电偶极子 37,38,41,43-45,47,48,58,299,319,320,325
电偶极子模型 43,44
电偶极子天线 297-300,303,304,306-308,310,315,317
电偏转 81
电容(器) 5,53,58-60,62,67,75-78,82-86,138,153,154,161,162,165,166,184,191,200,258,259,262,266,288,297
电通量 15,16
电位 10,19,23,24,33,36,37,39-42,45-47,51-60,63,65,66,71,72,75,77,79-84,104,110,134,135,138,140-143,148,149,152-163,165,166,168-170,172,173,175,181-185,198,207,280,296,328
电位差 33,51,53,57,60,78,80,165,166,207,281
电流场 67,69,72,77
电位梯度 33,40,54,80,158
电位系数 60,61,84
电位移矢量 36,45,48,176,224
电位移通量 35
电压 5,33,58,59,67,75,77,78,80-86,116,117,121,126,138,153,165,184,200,207,258-261,263-266,269,270,289-292,306,336
电源电动势 72
电轴法 56,134,162,164,165
电子对抗 3
电阻(器) 5,73,76-80,85,86,116,211,233,240,241,258,268-269,281,300,306
电阻率 73,77
等电抗圆 267-269
等电阻圆 267-269
等反射系数圆 267-269
动生电动势 73,188-190
端射式天线阵 315,316
对称振子天线 309-311
对数周期天线(LPD天线) 311-313,325

法拉第旋转效应 228,229,232
法拉第定律 188,189,195
发射天线 209,242,243,307,308
反常色散 251
反射 180,222,224-226,235,237,241-243,248,249,251,254,255,264,266,267,288,307,312,322,323
反射波 211,217,235,237,239,242,244,246,250,254,255,260,261,263-266,272,296
反演点 160,163
反射定理 244
反射角 244

反射器 312
反射系数 236,239,242,243,247-249,254,255,263,264,267-270,291,292
防雷接地 79
方向图 304,305,307-310,312-318,320,322,324-326
方向图乘积定理 314
方向图函数 304,309,310,314,317,321
方向系数 305,306,310,324,325
分布参数 5,258,261,288
分布电导 259
分布电感 5,259
分布电容 5,259
分布电阻 5,259
分离变量法 56,57,77,134,140,141,146,150,152,167,271,274,289
分子磁矩 93
分子电矩 44,45,46
分子电流 87,93,94,128
分子电流模型 93,128
非静电力 72,121,188,189
非均匀介质 43,93
非线性介质 42,93,100
复变函数法 56,57,167
复介电常数 217,218
复平面 267,268
复数形式 204,205,209,210,217,223.226,238,252,296
复振幅 204,205,261,325
傅里叶分析 204
负载 72,260,261,264-266,268-270,290-292,308
负载阻抗 263,264,266,267,270,290-292
腹点 264-266,269,270,307
辐射 3,4,180,209,282,284,288,290,296-298,300-308,310-312,314-323,325,326
辐射场 298,300,303,307,308,310,314,316-321,326
辐射场强 304,307,321
辐射电阻 300,303,310,324,325
辐射功率 300,303-306,308,310,324,325
辐射功率密度 305
副瓣 304,305,326
副瓣电平 304,305

高次模 276,280,282,293
高频 5,181,229,234,235,280,282,318
感生电动势 188-191
感应场 299
感应电场力 72,189
感应电动势 121,125,188-19,307,308
感应电荷 48,57,58,154-156,159-161,164,181
感应电流 188,195,254,277,308
感应系数 61,62
各向同性介质 43
各向异性介质 43,93,221
隔离器 233
功率密度 74,236,237,254,305
光密媒质 248
光疏媒质 248
光纤 3,5,248,249,258
归一化 267-270,309,314,317,320,324

亥姆霍兹定理 6,24,25,28,36,92,103,193,198
核电磁脉冲 4
恒定(稳恒)磁场 26,89,90,92,101,102,110,127,133,134,188,191,194,223,224,226,228,230,232,233,299
恒定电场 67,70-72,74,76-78,133,134,

188,296
横磁波(TM 波) 245,271,274,275,280
横电波(TE 波) 246,271,276
横电磁波(TEM 波)212,228,232,258,262,270,271,280,283,292,300
红外线 254
后瓣 304,305
互感系数 111,112,116,121,122,127
环形天线 308,309
回波 3
回旋角频率 223,224
回转器 233
惠更斯元 318-320
惠更斯原理 318,319
混合积 9,50

集中参数 5,258,288
极化电荷 34,44-46,82,83,142,143,157,183
极化率 43,45
极化滤波器 250
极化强度 42-45,82
极限边界条件 133
基波 204
简并 277
焦耳定律 74,76
焦耳热 197,208
角频率 211,224,226,231,250,253,271,279,340
角锥喇叭天线 322,323
接地 48,79,80,82,83,86,117,120,149,153,154,158,160,161,163,172,175,181-184,282,283,310
接地电极 79,80,86
接地电阻 79,80,86
接收天线 307,308
解析法 167
介电常数 43,45,48,49,51,52,58,76,78,81-84,141,152,156,177,182,183,193,217,222,224,226,232,253-255,271,280,282-286,288
介质波导 248,258
节点 71,168-172,174-177,184,264,266,269
节点电流定理 71
截止波长 256,273,274,276-279,282,292,293
截止波数 272,275,279
截止频率 273,274,276,278
进动 229-231,234
(天线的)近区 299
静电场 16,19,24-26,32-34,36,42,45,48,50,53,55,56,62-65,67,71,72,74,76-78,81,104,110,133,134,168,184,188,194,299
静电除尘 81
静电放电 4
静电屏蔽 81,83
镜像电荷 155-157,159-163,183,184
镜像法 56,57,77,134,154,155,158,159,163,167
距离矢量 9,26,27,95
矩形波导 258,274-280,292,293,322
矩形喇叭天线 322
聚焦电场 173,185
绝缘强度 43
均匀传输线 258-261,290
均匀介质 43,81,82,129,211
均匀平面波 208-212,216,217,219-222,226,228,229,232,235,237,238,241,252-255
均匀直线阵 316,317

开槽天线 323

抗磁质 93
抗干扰技术 3
库仑场 189
库仑定律 30
库仑规范 103
跨步电压 80,86

拉普拉斯方程 25,33,53,55,56,58,59,71,75,77,108,110,133,134,140,144,146,150,154,155,168,169,172,174,280
喇叭天线 320,322,323
勒让德多项式 150
雷达 3,4,324
类比法 104,134
楞次定律 121,188
立体角 34,35,90,91
理想导体 75,85,195,196,207,208,237-239,242-246,254,256,271,274,293
理想介质 207,208,212,217,218,220,237,238,241,243,246,250,254,271,274
理想点源天线 305
力矩 44,66,84,93,125,127,229
良导体 75,180,220,221,234,239,240,253
临界角 248,255
零功率点波瓣宽度 304
洛伦兹力 72,124,125,188
洛伦兹条件 198

麦克斯韦方程(组) 1,3,5,18,22,176,192,193,200,205,208,216,217,226,232,271,301
脉冲干扰 4
面磁化电流密度 92,98,99,102
面电荷密度 32,42,55,63,68,76
面电荷元 40
面电流 68-70,89,94,102,104,124,194,240,277
面电流密度 68,69,85,182,194,195,200,206,238,240
面电流元 70,104
面极化电荷密度 45
面天线 318-320,322

内自感 114,115,124
能量密度 62,64-67,123,124,196,201,238
能流密度矢量 196,201,252,253,299,300,303

欧姆定律 69,71,73,74,76,99,100,126,195
耦合 83

抛物面天线 320,323
匹配 242,243,264,267,269,291,306,308,322
匹配负载 264
频率 4,181,195,211,212,219,220,223,226,234,239-241,250-255,261,262,273,276,277,279,282,283,288,290,292,293,298,300,301,306,307,311,312,323
频谱 3,181,251,318
品质因数(Q 值) 288,290
(均匀)平面电磁波 209,212,221,224,226,232,252,254
平行极化(波)243,244-247,249,250

前后比 304,305
取向极化 44
趋肤深度(透入深度) 239-241,281

趋肤效应 68,277
球面波 209,252,296,300
全电流定律 192,194,222,226,232
全反射 225,237,242,248,249,264-266,269
全透射 249,250
群速度 250,279

入端阻抗 242,243
入射波 210,235,237-239,242-246,254,255,260,261,263-266,272,296
入射角 225,244,248,249,255
入射面 243,244,255,307

散度 15-17,21,24-26,33,36,92,103,193,198,200,341
散度定理 15,17,18,28,36,46,55,64,70,197
散射 3,180
色散 181,219,250,251,263
史密斯圆图 267,292
矢量场 6,10,15-17,19-25,28,33,70,82,103,193
矢量磁位 103-106,108,111,112,117-119,129,158,175,183,198
矢量积 8
矢量位 198,199,201,296,298
时变场 190,191,193,195,198,223,226,231,232,296
时变(交变)磁场 26,190,223,230,231
时变电磁场 28,167,193,194,196,198,199,201,204,296
时变(交变)电场 26
时域有限差分法 167,176,180
数值孔径 249
束缚电荷 44
输入阻抗 263-265,267,270,290-292,306,307,310
衰减常数 218,220,260,262,284
双脊喇叭天线 323
双锥天线 311
水平极化 213
顺磁质 93
瞬时形式 205,206,211,218,237
斯托克斯定理 19,21,22,28,36,92,189,192
损耗角 218,283,285
损耗滤波器 234
损耗媒质 216-219,250

特性阻抗 260,261,264,266,267,269,270,281-287,290-293,322
梯度 23-25,28,280,327,341
体磁化电流密度 92,94,98
体电荷密度 32,33,53,54,65,67,75,222
体电荷元 40
体电流密度 67,68,73,74
体电流元 70,104
体极化电荷密度 45,82
天线 3-5,209,242,243,255,258,291,297-301,303-312,314,316,322,323,324-326
天线罩 255
天线阵 312,314,315,325
调幅波 250
铁磁质 93,102,103
铁氧体 221,229,230,232-235,349
同轴波导 280
同轴线 58,59,65,75,78,82,85,123,124,128,207,208,242,258,262,271,280-282,290,293
透射 235,236,246,248
透射波 235,236,246,254

透射系数 236,247,248,254
椭圆度 214
椭圆极化(波)214,226,253,334

位移电流 76,191-193,200,218-220,292,337
位移电流密度 191,200
位移极化 44
位置矢量 9,10,12,14,38,95
唯一性定理 55-59,133,154,155,318
微带线 258,282-287
涡旋场 19,26
涡旋磁场 192
涡旋电场 189
涡流损耗 234
无极分子电介质 43,44
无耗传输线 261-264,266,267,270,291
无散场 25
无旋场 19,25,26

吸波材料 229,234
吸波尖劈 234
吸收边界条件 180
线电荷密度 32,38,70,81,183
线电荷元 40
线电流 70,89,94,95,104-106,129,158,297
线电流元 70,104
线极化(波)228-230,242,265-267,274-276,364
线性介质 42,43,63,65,92,121,123,193
衔接边界条件 133
相速度 211,219,220,224,228,232,250,252,262,273,279,283,284,293
相位 5,210-213,218,219,226,242,250,258,261,262,264,267,289,297,299-302,314-317,320
相位差 214,216,219,266,274,288,289,314-317,325
相位常数 218,220,227,228,232,252,260,272
相位角 268
谐波 204
谐振回路 288
谐振频率 288-290,293,311
谐振腔 5,288-290
信号接地 79
行波 180,238,241,245,246,250,260-264,266,289
行波系数 263,269
行驻波 241,264,266,267
虚位移原理 66,67,125
旋度 19-22,24-26,28,33,36,92,103,118,176,180,181,193,198-200,209,216,217,227

隐身技术 3,251
引向器 312
有极分子电介质 43,44
有散场 25
有限差分法 56,134,167,168,175
有效长度 307-309
有效高度 307
有效接收面积 308,322,339
右手关系(定则) 8,19,93,109,192,212,214,301,302,320
右旋(圆)极化波 214-216,228,232,253,254,333,334
源点 8,9,24,27,35,95,210,260,297
圆波导 258,322
圆极化(波)214-216,228,253,254,333,334
(天线的)远区 47,110,209,252,299,

300,303,314,316,319,320,324,325
圆形喇叭天线 322
运流电流 76,222

张量 222,230,232
折射定律 225,247-249
折射率 248
折射系数 225
阵元 314-317
阵因子 314-317,325
振荡偶极子 297,298
振荡频率 297
振幅(幅度) 5,200,207,213,214,215,216,218,221,237,242,250,252-254,261,264,266,291,314
正常色散 251
正弦电磁场(简谐场) 204,206,223,231,252,271
直线阵 314,316-318
直接积分法 54,56,57,71,75,77,83,85,108,133,167,280
滞后位 296,297
终端开路 266
终端短路 264-266
周期 135,140,148,201,211,237,266,274,290,311,339,346
主模 276,277,279-282,290,292
主瓣 304,305,326
主瓣宽度 304,305
柱面波 209
驻波 237,238,241,243,245,245,254,264-266,277,288-291
驻波比 241,242,254,263,266,269,270,291,292,339
驻波节点 264-266
增益 306-308,322,323,326,339
自然共振损耗 234
自由电荷 34,44,45,49,51,74,78,79,81-83,85
自感系数 111-114,116,121,122
自旋 229,230
自旋磁矩 229,230
紫外线 222,254
纵向场法 271,274
左手关系(定则) 189,214,301
左旋极化波 214-216,232
阻抗 242,243,259,264-270,290,291,306,339,346
阻抗匹配 206
阻抗变换器 243
阻抗圆图 267-270,350

参考文献

[1] 谢处方,饶克谨. 电磁场与电磁波[M]. 3 版. 北京:高等教育出版社,1999.

[2] 谢处方,饶克谨. 电磁场与电磁波[M]. 4 版. 北京:高等教育出版社,2006.

[3] 王蔷,李定国,龚克. 电磁场理论基础[M]. 北京:清华大学出版社,2002.

[4] 王增和,王培章,卢春兰. 电磁场与电磁波[M]. 北京:电子工业出版社,2001.

[5] Gru B S,Hiziroğlu H R. 电磁场与电磁波[M]. 周克定,张肃文,董天临,等译. 北京:机械工业出版社,2000.

[6] Lorrain P, Corson D R. 电磁场与电磁波[M]. 陈成钧,译. 北京:人民教育出版社,1980.

[7] 丁君. 工程电磁场与电磁波[M]. 北京:高等教育出版社,2005.

[8] 倪光正. 工程电磁场原理[M]. 北京:高等教育出版社,2002.

[9] Demarest K R. Engineering Electromagnetics. 影印本[M]. 北京:科学出版社,2003.

[10] Ulaby F T. Fnudamentals of Applied Electromagnetics. 影印本[M]. 北京:科学出版社,2002.

[11] Kraus J D,Fleisch D A. Electromagnetics with Applications. Fifth Edition. 影印本[M]. 北京:清华大学出版社,2001.

图书资源支持

感谢您一直以来对清华大学出版社图书的支持和爱护。为了配合本书的使用，本书提供配套的资源，有需求的读者请扫描下方的“书圈”微信公众号二维码，在图书专区下载，也可以拨打电话或发送电子邮件咨询。

如果您在使用本书的过程中遇到了什么问题，或者有相关图书出版计划，也请您发邮件告诉我们，以便我们更好地为您服务。